U0249309

普通高等教育"十一五"国家级规划教材

教育部高等学校电工电子基础课程教学指导委员会推荐教材
电子信息学科基础课程系列教材

通信原理
（第2版）

李晓峰　周宁　周亮　邵怀宗　朱立东　编著

清华大学出版社
北京

内 容 简 介

本书主要讨论通信系统的基础理论、技术与分析方法。全书共 11 章,内容包括绪论、基础知识、模拟传输、数字基带传输、基本的数字频带传输、模拟信号数字化与 PCM、信号空间分析与多元数字传输、现代数字传输技术、多用户与无线通信、信息论基础以及纠错编码等。

本书注重通信系统的理论基础与技术思想,联系工程实践。内容全面,条理分明,叙述清楚,例题与图示丰富,便于教学与自学。

本书可作为高等学校通信工程、信息工程等电子信息类专业的本科生教材与研究生参考书,也可供相关领域的科研和工程技术人员参考。

图书在版编目(CIP)数据

通信原理/李晓峰等编著. --2 版. --北京:清华大学出版社,2014 (2024.8重印)

电子信息学科基础课程系列教材

ISBN 978-7-302-36725-3

Ⅰ. ①通… Ⅱ. ①李… Ⅲ. ①通信原理-高等学校-教材 Ⅳ. ①TN911

中国版本图书馆 CIP 数据核字(2014)第 115906 号

责任编辑:文 怡
封面设计:常雪影
责任校对:李建庄
责任印制:沈 露

出版发行:清华大学出版社
      网 址:https://www.tup.com.cn, https://www.wqxuetang.com
      地 址:北京清华大学学研大厦 A 座   邮 编:100084
      社 总 机:010-83470000   邮 购:010-62786544
      投稿与读者服务:010-62776969, c-service@tup.tsinghua.edu.cn
      质量反馈:010-62772015, zhiliang@tup.tsinghua.edu.cn
      课件下载:https://www.tup.com.cn,010-83470236
印 装 者:三河市君旺印务有限公司
经 销:全国新华书店
开 本:185mm×260mm   印 张:29.75   字 数:738 千字
版 次:2008 年 11 月第 1 版 2014 年 8 月第 2 版   印 次:2024 年 8 月第 14 次印刷
定 价:69.00 元

产品编号:050166-02

《电子信息学科基础课程系列教材》
丛 书 序

电子信息学科是当今世界上发展最快的学科,作为众多应用技术的理论基础,对人类文明的发展起着重要的作用。它包含诸如电子科学与技术、电子信息工程、通信工程和微波工程等一系列子学科,同时涉及计算机、自动化和生物电子等众多相关学科。对于这样一个庞大的体系,想要在学校将所有知识教给学生已不可能。以专业教育为主要目的的大学教育,必须对自己的学科知识体系进行必要的梳理。本系列丛书就是试图搭建一个电子信息学科的基础知识体系平台。

目前,中国电子信息类学科高等教育的教学中存在着如下问题:

(1) 在课程设置和教学实践中,学科分立,课程分立,缺乏集成和贯通;

(2) 部分知识缺乏前沿性,局部知识过细、过难,缺乏整体性和纲领性;

(3) 教学与实践环节脱节,知识型教学多于研究型教学,所培养的电子信息学科人才不能很好地满足社会的需求。

在新世纪之初,积极总结我国电子信息类学科高等教育的经验,分析发展趋势,研究教学与实践模式,从而制定出一个完整的电子信息学科基础教程体系,是非常有意义的。

根据教育部高教司 2003 年 8 月 28 日发出的[2003]141 号文件,教育部高等学校电子信息与电气信息类基础课程教学指导分委员会(基础课分教指委)在 2004—2005 两年期间制定了"电路分析"、"信号与系统"、"电磁场"、"电子技术"和"电工学"5 个方向电子信息科学与电气信息类基础课程的教学基本要求。然而,这些教学要求基本上是按方向独立开展工作的,没有深入开展整个课程体系的研究,并且提出的是各课程最基本的教学要求,针对的是"2+X+Y"或者"211 工程"和"985 工程"之外的大学。

同一时期,清华大学出版社成立了"电子信息学科基础教程研究组",历时 3 年,组织了各类教学研讨会,以各种方式和渠道对国内外一些大学的 EE(电子电气)专业的课程体系进行收集和研究,并在国内率先推出了关于电子信息学科基础课程的体系研究报告《电子信息学科基础教程 2004》。该成果得到教育部高等学校电子信息与电气学科教学指导委员会的高度评价,认为该成果"适应我国电子信息学科基础教学的需要,有较好的指导意义,达到了国内领先水平","对不同类型院校构建相关学科基础教学平台均有较好的参考价值"。

在此基础上,由我担任主编,筹建了"电子信息学科基础课程系列教材"编委会。编委会多次组织部分高校的教学名师、主讲教师和教育部高等学校教学指导委员会委员,进一步探讨和完善《电子信息学科基础教程 2004》研究成果,并组织编写了这套"电子信息学科基础课程系列教材"。

在教材的编写过程中,我们强调了"基础性、系统性、集成性、可行性"的编写原则,突出了以下特点:

(1) 体现科学技术领域已经确立的新知识和新成果。

(2) 学习国外先进教学经验,汇集国内最先进的教学成果。

(3) 定位于国内重点院校,着重于理工结合。

(4) 建立在对教学计划和课程体系的研究基础之上,尽可能覆盖电子信息学科的全部基础。本丛书规划的 14 门课程,覆盖了电气信息类如下全部 7 个本科专业:

- 电子信息工程
- 通信工程
- 电子科学与技术
- 计算机科学与技术
- 自动化
- 电气工程与自动化
- 生物医学工程

(5) 课程体系整体设计,各课程知识点合理划分,前后衔接,避免各课程内容之间交叉重复,目标是使各门课程的知识点形成有机的整体,使学生能够在规定的课时数内,掌握必需的知识和技术。各课程之间的知识点关联如下图所示:

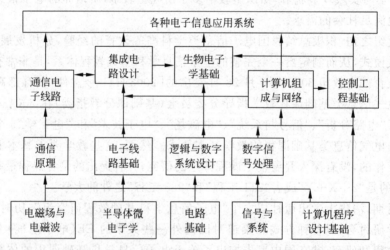

即力争将本科生的课程限定在有限的与精选的一套核心概念上,强调知识的广度。

(6) 以主教材为核心,配套出版习题解答、实验指导书、多媒体课件,提供全面的教学解决方案,实现多角度、多层面的人才培养模式。

(7) 由国内重点大学的精品课主讲教师、教学名师和教指委委员担任相关课程的设计和教材的编写,力争反映国内最先进的教改成果。

我国高等学校电子信息类专业的办学背景各不相同,教学和科研水平相差较大。本系列教材广泛听取了各方面的意见,汲取了国内优秀的教学成果,希望能为电子信息学科教学提供一份精心配备的搭配科学、营养全面的"套餐",能为国内高等学校教学内容和课程体系的改革发挥积极的作用。

然而,对于高等院校如何培养出既具有扎实的基本功,又富有挑战精神和创造意识的社会栋梁,以满足科学技术发展和国家建设发展的需要,还有许多值得思考和探索的问题。比如,如何为学生营造一个宽松的学习氛围?如何引导学生主动学习,超越自己?如何为学生打下宽厚的知识基础和培养某一领域的研究能力?如何增加工程方法训练,将扎实的基础和宽广的领域才能转化为工程实践中的创造力?如何激发学生深入探索的勇气?这些都需要我们教育工作者进行更深入的研究。

　　提高教学质量,深化教学改革,始终是高等学校的工作重点,需要所有关心我国高等教育事业人士的热心支持。在此,谨向所有参与本系列教材建设工作的同仁致以衷心的感谢!

　　本套教材可能会存在一些不当甚至谬误之处,欢迎广大的使用者提出批评和意见,以促进教材的进一步完善。

2008 年 1 月

　　本书第1版自2008年11月出版以来,在电子科技大学和国内其他许多高等院校用作主讲教材与参考书,获得了大量成功应用。被列为普通高等教育"十一五"国家级规划教材和国家精品课程教材。

　　第2版修订广泛吸取几年来诸多院校教师与学生们的反馈意见,并结合新的学术与教学研究,以适应当前通信理论的发展与教学需要。本次修订在保持原来的章节结构、组织特点与写作风格的基础上,力图在内容的先进与代表性、理论与实际应用的有机结合、简明易读与富有启发性方面进行优化。为了方便熟悉第1版的广大师生,下面对所作变动予以详细说明。

　　第1章:1.3节,更名为"消息与信源"。以具体的文字与语音消息开头,弱化抽象的信息描述方法。1.4节,改写"信道的影响"部分,突出信号衰减与加性噪声两个基本因素,补充传输带宽的概念。1.6节,简要说明基带与频带传输的概念。

　　第2章:对全章进行了结构调整与简化。2.1节,"分贝"小节更名为"功率单位与分贝",围绕"dBm与dBW"进行说明;缩减了傅里叶变换的性质与常见变换对。2.2节,略去复随机信号、互功率谱。2.3节,将高斯信号与高斯白噪声合为一节,删去"常用函数"部分。2.5节,将带通信号、带通随机信号与噪声简化后合为一节。本章还分解与删除了原2.5节、2.6节与2.9节,将等效噪声带宽移入"信号通过LTI系统"节;匹配滤波器与PAM信号功率谱分析移到第4章相关小节中。

　　第3章:3.1节,梳理与简化SSB的讨论,增加混频的概念。3.2节,解释调频信号公式中积分运算的不同记法,简化正弦信号角度调制的频谱分析,简化窄带调频,梳理接收方法。3.4节,梳理内容与次序以方便教学取舍:先归纳重要结论,再阐述常用的预加重技术,而后具体分析噪声性能,最后说明改善门限效应的方法。3.5节,采用案例形式讨论几种技术及其运用方法,包括:①模拟电话中的FDM,②无线电AM广播中的超外接收机,③立体声FM无线广播中的FDM与兼容性设计,④模拟电视广播中的VSB。本章例题中增加了3.1节(AM广播常识)与3.4节(FM广播常识)。

　　第4章:4.2节,梳理内容与次序以方便教学取舍:首先利用基本公式讨论矩形PAM信号功率谱的主要结论,而后说明信号的数据率与带宽,最后详细推导有关公式。4.3节,插入匹配滤波器小节,解释误码分析中的优化设计思路,充实最佳接收机的分析,最后将一般接收系统的讨论列作选修内容。4.4节,先讨论多元接收的基本方法、性能结论与格雷编码,而误码分析置于后面可作选修。4.5节,更名为"码间干扰与带限信道上的传输方法",突出带限信道的无ISI传输问题与方法,阐明基带信号的最小理论带宽值,充实根升余弦滤波器的设计例子。

第 5 章：5.1 节与 5.2 节，强调基于 E_b/N_0 形式的 BASK/BFSK 非相干解调性能公式（这种形式在研究中更为常用），略去关于功率谱的推导，采用通用形式的带宽表示（避免只用矩形 NRZ 特例）。5.3 节，侧重 BPSK 最佳接收系统的性能结论，修改 DPSK 差分检测的分析过程。5.4 节，侧重 QPSK 带格雷码的直接映射方法，改进例题，简化 DQPSK 讨论并补充差分接收框图。5.5 节，插入无 ISI 传输内容，侧重最小带宽与最高频带利用率的讨论（将矩形 NRZ 与滚降升余弦作为两种常见信号情形）。5.6 节，增加"多元数字频带调制"一节，包含 MASK、MFSK、MPSK 与 QAM 方法，引入星座图的概念性，比较两类调制的特点。

第 6 章：梳理 DPCM 编码的分析并简要介绍其在视频编码的应用，简述 ∑-Δ 调制的概念。

第 7 章：配合新增的 5.6 节，将原 MASK、MPSK 与 QAM 三节简化后合并为一节，并对 MFSK 节进行简化。

第 8 章：全章重新编著。8.1 节，梳理内容并充实 MSK 信号的 OQFSK 等效形式的详细推导。8.2 节，阐述并行/多音的思想，说明 IFFT 实现方法，简要介绍 WLAN 与 ADSL 两个重要案例。8.3 节，由原 8.3 节与 8.4 节合并梳理为"扩展频谱技术与 CDMA"一节，充实抗窄带干扰特性，阐述码分多址原理，梳理伪随机序列相关内容，充实跳频技术，简要介绍 CDMA、GPS 与蓝牙三个重要案例。

第 9 章：裁剪关于 FDM 模拟电话系统与 CDMA 蜂窝电话系统的介绍（它们已经移到前面章节）。

第 10、11 章：修正几处笔误。

最后，充实各章的例题与习题。增加附录 C——Q(x) 函数表。

本次修订由李晓峰教授统编定稿。

本书的出版，得到电子科技大学"通信原理"课程组同仁们的帮助，以及学校教务处和众多师生的大力支持。教材的使用过程中，许多院校的教师和学生提出了宝贵的意见。清华大学出版社的文怡编辑等花费了不少精力，作者在此一并表示衷心感谢。

书中不当之处在所难免，敬请批评指正。

作　者

2014 年 5 月

　　交流是人类社会的基本活动,交通系统实现了物质与人员的交流,通信系统实现了信息的交流。这两个重要的系统对人类社会的进步与文明的发展起着巨大的作用。21世纪的信息社会以广泛开发与运用电子通信系统为重要特征,《通信原理》阐述通信系统的基础理论、技术与分析方法,它是现代信息社会中许多专业技术人员所需的基础知识。

　　作者结合多年来从事通信与信息学科的科学研究与技术开发的经验,以及讲授这门课程的教学实践经验,在广泛参考了国内外现有的同类书籍基础上,编写了这本本科生教材。编写中,本教材力求突出下面几点:

　　(1) 通信理论与技术发展迅速,作为教科书要选择具有基础性与代表性的内容,注重揭示各个概念的来源、问题的提出与解决方法,引导学生领悟其中的思想,达到融会贯通、举一反三的目的。

　　(2) 强调理论与实际的结合,注意阐述各种技术方法的数学原理,解释数学概念所关联的物理含义。

　　(3) 注重内容与表述方式的简明性、系统性与可读性。书中配置了大量的图示与例题,帮助阅读理解。在叙述上重点突出、层次分明,并采用"＊"标志和不同字体来区分选读内容。

　　全书共分11章:

　　第1章——绪论,介绍通信及其系统的基础概念与入门知识;

　　第2章——基础知识,介绍信号、随机信号及线性系统的基本知识,着重关注它们在通信方面的内容;

　　第3章——模拟传输,介绍各种重要的模拟调制技术,包括幅度调制(常规 AM、DSB-SC、SSB 与 VSB)与角度调制(FM 与 PM)方式,说明它们的信号产生与接收方法、功率谱与带宽、噪声性能等,并介绍几个典型应用实例;

　　第4章——数字基带传输,介绍传输数字序列时基带信号的形成、功率谱与带宽等基本问题,说明噪声中的传输、无码间干扰、符号定时与同步,以及线路码型等问题;

　　第5章——基本的数字频带传输,介绍各种基本的数字频带调制技术,包括 2ASK、2FSK、2PSK、QPSK 及其差分调制等,说明它们的信号产生与接收方法、功率谱与带宽、误码分析方法,并比较各种系统的特性;

　　第6章——模拟信号数字化与 PCM,介绍模拟信号数字化中的抽样、量化与编码技术,解释脉冲编码及其相关技术,简要说明时分复用与有关的数字体系;

第 7 章——信号空间分析与多元数字传输,介绍信号空间、信号星座图、最佳接收准则、最佳接收机结构与差错概率,并运用它们讨论 MASK、MPSK、MQAM 与 MFSK 技术;

第 8 章——现代数字传输技术,介绍几种现代数字传输中的常见技术,包括具有最小频移间隔的 MSK、采用多个并行载波的 OFDM、伪随机序列的特性,以及扩展频谱的通信技术;

第 9 章——多用户与无线通信,介绍解决众多用户共享通信系统资源的多路复用与多址技术,说明无线系统设计中的链路预算分析,并简单介绍无线信道的多径衰落特征与分集接收技术;

第 10 章——信息论基础,介绍熵、相对熵与互信息的基本概念,解释信道的容量与信道编码定理,说明无失真信源编码定理、速率-失真关系等;

第 11 章——纠错编码,介绍编码信息传输的基本概念、纠错编码与译码的基本原理、线性分组码、循环码与二元卷积码等。

书中列举了大量的例题与图示,各章末附有充足的习题供练习。

本教材以高等数学、初等概率论、信号与系统的基本知识为基础,可以作为高等学校通信工程、信息工程等电子信息类专业的本科生的教材或教学参考书。为了适应不同学校教学与广大读者自学的需要,本书的内容大致分为两部分:第一部分为基本内容,包括第 1~6 章;第二部分为提高内容,包括第 7~11 章。为了尽量突出层次,书中对于一些可选的节或小节标注了"＊";还特意将繁琐的计算、数学证明等相对独立的段落采用楷体排版,读者阅读时可以视情况跳过这些内容,而不影响对整体内容的理解。本书建议了两种教学方案(参见图示):

(1) 作为一个学期课程的基本教学方案:建议教学学时数 48~64 学时;

(2) 作为两学期课程的完整教学方案:建议教学学时数 72~96 学时。

还可以在此基础上灵活调整,比如:①第 2 章的基础知识可以分散,结合具体章节讲授;②只关心数字通信时,第 3 章可以略去;③第 8 章中可以选择部分节讲授;④第 11 章的纠错编码可以留给专门课程讲授;⑤选择性地跳过各处标有"＊"的节与楷体排版的可选内容。

<table>
<tr><th colspan="2">基本教学方案(48~64 学时)</th><th colspan="2">完整教学方案(72~96 学时)</th></tr>
<tr><td>第 1 章</td><td>绪论</td><td colspan="2" rowspan="3">第 1~6 章</td></tr>
<tr><td>第 2 章</td><td>基础知识</td></tr>
<tr><td>第 3 章＊</td><td>模拟传输</td></tr>
<tr><td>第 4 章</td><td>数字基带传输</td><td>第 7 章</td><td>(也可以放在上一学期)</td></tr>
<tr><td>第 5 章</td><td>基本的数字频带传输</td><td>第 8 章</td><td>现代数字传输技术</td></tr>
<tr><td>第 6 章</td><td>模拟信号数字化与 PCM</td><td>第 9 章</td><td>多用户与无线通信</td></tr>
<tr><td>第 7 章＊</td><td>信号空间分析与多元数字传输</td><td>第 10 章</td><td>信息论基础</td></tr>
<tr><td>第 8 章＊</td><td>现代数字传输技术(部分节)</td><td>第 11 章＊</td><td>纠错编码</td></tr>
</table>

　　本书由李晓峰教授主编,经肖先赐教授主审。各章执笔分别是:李晓峰编写了第1,4,5,7和10章,周宁编写了第3章,邵怀宗编写了第8章,朱立东编写了第9章,周亮编写了第11章,周宁与李晓峰合作编写了第2,6章。全书由李晓峰统稿。

　　本书的编写得到了电子科技大学通信原理课程组同仁与学生们的鼓励、帮助和支持,李乐民院士、李在铭教授、国家教学名师彭启琮教授对本书给予了指导并提出了许多宝贵的意见,研究生任宏、范方豪、王娟、胡在洲、蒋晓燕和罗曦为本书的打印、整理和校对做了许多工作,本书的出版得到了清华大学出版社的大力支持,王一玲、陈志辉编辑花费了不少精力,作者在此对上述人士一并表示衷心的感谢。

　　限于作者水平,书中谬误与疏漏在所难免,敬请批评指正。

作　者

于成都　电子科技大学

2008 年 9 月

目录

目录

目录

目录

17

目录

目录

目录

20

目录

目录

第1章 绪论

现代信息社会以充分利用与交流信息为基本特征,人们每天都要接触与使用各式各样的通信系统。通信系统及其提供的各种服务,可以帮助人们有效地获取与调动信息资源,从而沟通彼此感情、享受娱乐生活、处理日常事务、取得事业进步与了解世界发展。通信已经成为人们日常生活与工作不可缺少的组成部分。

人类希望达到"任何人,在任何时间,任何地点,可与任何对象互通任何信息"的境界。通信是一个快速发展的领域,它涉及范围广泛。通信原理阐述通信及其系统的基础理论、技术与分析方法,它是现代信息社会中,许多专业领域的工作者必须掌握的基础知识。

本章介绍通信及其系统的基本概念与入门知识,内容要点包括:

(1) 基本知识:通信的基本单元、模式与关注的问题,重要历史事件。

(2) 消息与信源:消息、信号与信息,数字与模拟信源,随机与确定信号,信息的度量,文字、语音、音乐、图像与计算机数据。

(3) 信道与AWGN信道:信道与加性噪声、AWGN信道、几种重要的物理信道。

(4) 频带与电波传播:频带定义、无线电波传播特性、无线频谱管理、频分复用。

(5) 通信系统:模拟通信系统的结构、数字通信系统的结构、数字通信的优点、通信系统的基本指标、信道容量的概念。

(6) 通信网络:站点与交换节点、信令与协议。

1.1 通信的基本概念

通信(communication),顾名思义,就是沟通信息。实现通信的系统称为**通信系统**(communication system),它通过信息通道(信道)将信息从发信者传送到收信者。通信系统的基本结构可以简单地表示为三个单元:**发送器**(transmitter)、**信道**(channel)与**接收器**(receiver),如图1.1.1所示。

图 1.1.1　通信系统的基本框图

发信者发出所要传输的信息,它是信息的源头,也称为**信源**(source),接收者是信息传输的终点,也称为**信宿**(destination),即信息的"归宿"。它们位于通信系统的两端,有时也统称为**终端**(terminal)。信道是介于发信者与收信者之间的某种能够传递信息的物理媒质。信源给出的信息通常无法直接通过信道,因而发送方需要借助一种称为发送器的装置(或称发送设备)来把信息送入信道。相应地,接收方必须采用接收器(或称接收设备)从信道中提取信息。

本书讨论的通信系统是某种电子系统,它通过控制电信号来实现信息的传递。这里,电信号可以是某个电流、电压、电磁波或光波等形式的物理量,它携带信息,沿信道传向远端。电子通信基于电最基本的特性——神奇的超距作用力与无比的传输速度。这正是传输信息需要的特性。人们也使用**电信**(telecommunication)这个术语,很多时候,"通信"与

"电信"的含义是相同的,不特别加以区分。

第一个实用电信系统是传送文字消息的**莫尔斯电报系统**(**Morse's telegraph system**),诞生于 1837 年。该系统虽然古老且简单,但已经包含了现代通信系统的三个基本单元。它的发报机由一个按键开关和电池组成,发报员对不同的字符采用不同的按键方式,通过电路的通断形成不同的电码信号。例如,字符"A"的按键是"短、长";字符"B"的按键是"长、短、短、短"……收报机是一个发声器,它能够按传来的电码发出不同长度的声音,收报员依据听到的声音还原字符,从而获得文字消息。而信道是连接收报机、发报机的一条电线,电码信号经由这条导线传送。

今天,观察形形色色的现代通信系统,例如,固定电话系统、移动电话系统、对讲机系统、无线电台与电视广播系统、计算机网络系统,等等,它们无一例外地仍然由发送设备、信道与接收设备这三个基本单元组成。而且,从各种通信系统中还可以发现,通信具有两种基本方式:

(1) **广播**(**broadcasting**)方式:信道同时连接着多个收信者,信源发出的信息同时送到所有这些收信者。比如,无线电台与电视广播通信是广播方式的典型例子。

(2) **点-点**(**point-to-point**)方式:信道只连接着一个收信者,信源发出的信息只送到这一个收信者。例如,常规的电话通信是点-点方式的典型例子。

通信又可以分为单向的和双向的。双向通信系统实际上由两个方向相对的单向通信系统构成,允许通信双方互通信息。按照传输方向的特点,通信系统又分为三种:

(1) **单工**(**simplex**)系统:只能沿一个固定方向传输信息。例如,电视广播中,图像信息只能从电视台传输至千家万户的电视屏幕上。

(2) **双工**(**duplex**)系统:能够同时沿两个方向传输信息。例如,电话通信中,通话双方可以同时向对方讲话。

(3) **半双工**(**half-duplex**)系统:任何时候只能沿一个方向传输信息,但可以切换传输方向。例如,对讲机通信中,通话双方中的任何一方都可以向对方讲话,但只能轮流讲,而不能同时讲。

通信还可以引申成一个更为广泛的概念。存储过程也可以视为一个通信过程。人们利用写入器将数据送入存储介质,又通过读出器将信息接收回来,如图 1.1.2 所示。存储系统将信息从一个时期"转移"到另一个时期。因此,通信又可以定义为:信息或其表示方式的时/空转移。

通信系统所传输的信息本质上都是接收方所未知的,否则就没有传输的必要。通信的根本目的就在于交流原先未知的消息。收信者对所接收到的消息越感出乎意料("吃惊"),其获得的信息量就越大。

图 1.1.2 存储系统是一个通信系统

然而,所有的通信系统中都存在噪声,噪声也是无法预知的,噪声与信号混在一起,使得接收方不可能准确地分辨原来的信息,因而限制了通信的能力。噪声越大,信息经过传输后出现偏差的可能性也越大。如果没有噪声,通信系统能够以极小的功率准确无误地传输信息,并能够将信息传送到很远的地方。

通信系统涉及广泛的领域,包括电路学、电子学、电磁学、信号处理、微处理、通信网络、计算机系统等大量领域。通信原理无法覆盖所有的方面,它主要从宏观的角度阐述通信及其系统如何有效地传输信息的基本理论与方法。通信原理中要考虑的主要问题包括:

(1) 能够高效地携带信息的信号形式。

(2) 适合于特定信道的传输并充分利用信道资源的信号波形,如波形的推进方式、频域特点、带宽以及功率与能量等。

(3) 有效抑制噪声与其他干扰以保障传输质量的措施。

(4) 具体可行并尽量简单的技术方法,如发送端产生波形与接收端检测波形的实现方法。

(5) 系统的成本。

1.2　历史回顾

在漫长的历史中人类总是千方百计地发展通信能力。突破性的进展是近 200 年以来人们认识了电以后发明了各种电子通信方法,从而开启了现代通信的大门。

表 1.2.1 按时间顺序列举了一些通信发展中的重要事件,阅读这些事件可以粗略地了解到 200 多年来通信的发展历程。从中可以看到,通信从最基本的文字传送与话音传送开始,也就是电报与电话,它们长期占据主要地位。今天电报蜕变成了 Email、短消息以及其他新的形式,而电话机演化出更加灵活方便的手机。无线电通信中,除电报与电话外,收音与电视广播、卫星通信等是重要的系统,而现代移动电话系统发展成日常生活中运用最多的综合信息系统。通信朝着数字化、宽带化、网络化、综合化、移动与个人化方向发展。从历史的事件中还可以注意到,通信的不断发展是需求与应用、产业与协会组织、技术与理论等各个方面相互促进与共同推动的结果。通信总是运用最新的科学技术,推动社会的发展。

表 1.2.1　通信发展中的重要事件

时　　间	事　　件
1799 年	伏打(Volta)发明电池
1834 年	高斯(Gauss)和韦伯(Weber)发明电磁电报机
1837 年	莫尔斯(Morse)研究出莫尔斯编码与有线电报系统
1844 年	第一条电报线在美国华盛顿和巴尔迪摩之间投入运行
1858 年	首次安装连接美国和欧洲的跨洋电缆,约 4 周后失败
1864 年	麦克斯韦(Maxwell)预言电磁波的存在
1871 年	在伦敦成立了电报工程师协会,到 1889 年改名为电子工程师协会(IEE)
1876 年	贝尔(Bell)发明电话
1883 年	爱迪生(Edison)发现了真空管中的电子束,奠定了电子管的基础
1884 年	美国电子工程师协会(AIEE)成立
1887 年	赫兹(Hertz)用实验验证了电磁波的存在

续表

时 间	事 件
1894 年	洛奇(Lodge)在 150 码的距离上演示无线通信过程
1897 年	史端乔(Strowger)发明步进式电话交换机
1901 年	马可尼(Marconi)首次跨大西洋传输无线电报
1906 年	德福雷斯特(De Forest)发明电子三极管放大器
1912 年	美国无线电报工程师协会与无线电协会合并为无线电工程师协会(IRE)
1918 年	阿姆斯特朗(Armstrong)发明超外差式无线接收机
1920 年	匹兹堡的 KDKA 电台开始无线调幅(AM)广播
1924 年	奈奎斯特(Nyquist)提出无码间干扰数字传输技术
1926 年	英国人贝尔德(Baird)和美国人詹金斯(Jenkins)演示了电视
1933 年	阿姆斯特朗(Amstrong)发明了调频技术
1934 年	在联邦无线电委员会的基础上美国成立了联邦通信委员会(FCC)
1935 年	瓦森-沃特(Watson-Watt)研制出首部实用雷达
1936 年	英国广播公司(BBC)开始商业电视广播
1937 年	李维斯(Reeves)提出脉冲编码调制(PCM)
1942 年	维纳(Wiener)提出最佳线性滤波器理论
1943 年	诺斯(North)提出匹配滤波器理论
1945 年	莫奇勒(Mauchly)发明了电子数字计算机 ENIAC
1947 年	布拉顿(Brattain)、巴丁(Bardeen)和肖克利(Shockley)发明了晶体管
1947 年	莱斯(Rice)提出了噪声的统计理论
1947 年	捷尔尼科夫(Kotelnikov)提出了信号的几何表示理论
1948 年	香农(Shannon)发表信息论的奠基论文
1950 年	电报系统中引入了时分复用技术
1950 年	贝尔实验室研制出 PCM 数字设备
20 世纪 50 年代	微波通信开始使用
1953 年	NTSC 彩色电视制式在美国研制成功
1953 年	第一条跨洋电缆提供 36 路电话
1957 年	第一颗人造地球卫星 Sputnik I 在前苏联发射成功
1958 年	汤斯(Townes)和肖洛(Schawlow)发现了激光
1958 年	基尔比(Kilby)和诺伊斯(Noyce)发明了集成电路
1960 年	发明了激光器
20 世纪 60 年代	纠错编码理论和高速数字通信的自适应均衡理论的发展
1961 年	立体声 FM 广播在美国开播
1962 年	发射第一颗通信卫星(Telstar I),用于电视转播
1962 年	贝尔实验室研制出电话 modem,Dataphone 103A(300bps)
1963 年	AIEE 和 IRE 合并为电气与电子工程师协会(IEEE)
1964 年	电话程控交换机 No.1 ESS 投入运营

时　间	事　件
1966 年	有线 TV 系统投入使用
1966 年	高锟(K. C. Kao)与霍克汉姆(Hockham)提出光纤
1971 年	英特尔公司生产出第一块单片微处理器 4004
1972 年	摩托罗拉演示第一个蜂窝电话系统
1977 年	光纤通信系统正式开始商用
1978 年	贝尔实验室研制出先进移动通信系统(AMPS)，建立首个蜂窝移动通信网
1981 年	IBM-PC 计算机出现
1989 年	全球卫星定位系统(GPS)完成部署
1991 年	GSM 数字移动通信系统投入商用
1995 年	第一个商用 CDMA 移动通信系统在香港投入应用
1995 年	互联网(Internet)以及 WWW 浏览广泛流行
1995 年	欧洲数字音频广播(DAB)标准(Eureka 147)首先应用 OFDM 方案
1996 年	非对称数字用户线路(ADSL)标准建立
1997 年	无限局域网(WLAN)标准 802.11b 建立
1998 年	数字电视业务在美国开通
1999 年	ITU 决定发展第三代(3G)移动通系统(W-CDMA、CDMA2000 与 TD-SCDMA)
2005 年	移动通信长期演进(LTE)与 4G 移动通信系统

1.3　消息与信源

1.3.1　数字信源与模拟信源

借助电的特性传输消息首先要解决的是如何把它转化为电信号的形式。人们首先面对的是以下两种最基本的消息。

1. 最基本的消息——文字与语音

文字是人们日常生活中相互交流的一种常用消息形式。最早的电子通信系统 Morse 电报传送的就是文字消息。Morse 系统中，文字消息的表示方法非常经典且颇具启发意义。消息的表示方法也称为编码方法，Morse 编码规则如表 1.3.1 所示。表中的点（"·"）与划（"—"）代表长短不同的两种电脉冲信号，也可以用标准的二进制符号 0 与 1 来表示，例如，Hello 的 Morse 码为

$$\begin{array}{ccccc} \mathbf{H} & \mathbf{E} & \mathbf{L} & \mathbf{L} & \mathbf{O} \\ \cdots & \cdot & \cdot\!-\!\cdot\!\cdot & \cdot\!-\!\cdot\!\cdot & -\!-\!- \end{array} \quad \text{或} \quad \begin{array}{ccccc} \mathbf{H} & \mathbf{E} & \mathbf{L} & \mathbf{L} & \mathbf{O} \\ 0000 & 0 & 0100 & 0100 & 111 \end{array}$$

表 1.3.1　Morse 编码表

A	·—	N	—·			
B	—···	O	———			
C	—·—·	P	·——·	1	·————
D	—··	Q	——·—	2	··———
E	·	R	·—·	3	···——
F	··—·	S	···	4	····—
G	——·	T	—	5	·····
H	····	U	··—	6	—····
I	··	V	···—	7	——···
J	·———	W	·——	8	———··
K	—·—	X	—··—	9	————·
L	·—··	Y	—·——	0	—————
M	——	Z	——··			

(a) 字母　　　　　　　　　　　　　　　　　　　　　　　(b) 数字

句点(。)	·—·—·—	等待符号(AS)	·—···
逗号(,)	——··——	双划线(破折号)	—···—
问号(?)	··——··	错误符号	········
引号(")	·—··—·	斜杠(/)	—··—·
冒号(:)	———···	消息结束(AR)	·—·—·
分号(;)	—·—·—·	发送结束(SR)	···—·—
括号()			

(c) 特殊标点和特殊字符

　　Morse 电报的成功关键在于 Morse 编码的成功。其实 Morse 原本是一位画家,他并不是首先想到利用电的神奇特性来传送消息的人。Morse 编码是一个优秀的创新,它只用到两种简单信号。一方面,发报人很容易操控按键来产生电码;另一方面,收报人又很容易分辨与接收信号。

　　说话是人类最自然的交流方式。语音(或称话音)是人们更习惯的传递消息的形式。电话系统的发明首先在于拾音器(或麦克风)与扬声器的发明。人类语音原本以声波的形式在空气中传播,语音信源利用麦克风把声波转换为电压或电流波形,形成电形式的语音信号,其典型波形如图 1.3.1 所示。

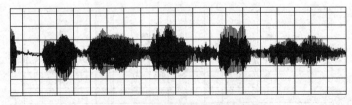

图 1.3.1　语音信号的典型波形

　　文字与语音是两种最为常见的消息,但又是两类不同本质的消息。前者一个个可分离,且取值总数有限;而后者连续不断,其取值虽然有一定的范围,但在其范围内可能为任意数值。它们分别是下面要说明的数字消息与模拟消息。

2. 数字信源与模拟信源

实际应用中信源的形式多种多样。依照它所提供消息的取值特征可以分为数字与模拟两个重要的类别，它们的定义如下：

（1）**数字信源**（digital information source）产生的消息只有有限种取值，这种消息称为数字消息。例如，文字是数字消息。又如，PC 键盘有约 100 个数字或字符，每次按键时产生的消息是这 100 余种之一。可见，PC 键盘是一个数字信源。

（2）**模拟信源**（analog information source）产生的消息是有无限多种取值的连续量，这种消息称为模拟消息。例如，语音是模拟消息，生成语音的拾音器是一个模拟信源，它输出的电压值随声音音量的大小取值，这种电压值可以是某个连续范围内的任何值，因而有无限多种可能。

数字消息的每一种取值称为一种**消息符号**（message symbol），数字消息的所有取值汇集在一起构成的集合称为消息符号集。例如，N 种取值的消息符号集可记为 $\{a_1, a_2, \cdots, a_N\}$，也可简记为 $\{a_i\}_{i=1}^{N}$。由于各种取值是分离的，数字信源只能一次次地产生消息。数字信源通常按某个固定时间间隔 T 不断地产生出消息，形成消息符号序列，形如 $\{x_1, x_2, x_3, \cdots\}$，如图 1.3.2(a)和(b)所示。

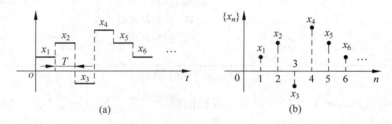

(a)　　　　　　　　　　(b)

图 1.3.2　数字消息信号示例

序列形式的信号是时间离散的，在信号与系统的理论中，称为离散（时间）信号。当这种信号的取值种类有限时，又称为**数字信号**。

模拟消息的取值是连续量，模拟信源随时间推进持续地输出消息值，形成时间的连续函数，形如图 1.3.3 所示。这种信号形式在信号与系统的理论中称为连续时间信号。这种信号的取值连续且种类无限，又称为**模拟信号**。

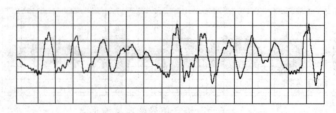

图 1.3.3　模拟消息信号示例

3. 数字信源与模拟信源的基本指标

数字信源及其对应信号的基本指标是它产生消息符号的速率与种类的数目。符号速率常记为 R_s，单位为符号/秒(sym/s)。符号种类的数目也称为元数，记为 M。具有 M 种种类的符号称为 M 元符号(M-any symbol)。显然，不同符号率与元数的消息信号需不同传输能力的通信系统，例如，每秒传送 1 个 100 元的符号与每秒传送 8000 个 256 元的符号是很不相同的。数字消息的具体取值对于通信而言，其实并不重要，通信系统总是传送取值的编号或代号而不是取值本身。例如，对于二元符号，我们传送代号 1 或 0，而不论其具体消息值是"有"与"无"，或"男性"与"女性"，或"污染超标"与"污染没有超标"，等等。接收方收到消息编号 1 或 0 后，可以按照与发送方固定的约定，还原其具体含义。

二元符号(即二进制符号)是最简单的数字符号，而多元符号都可以转换为二元符号。1 个二元符号称为 1 个**比特**(**bit**)，简记为 **b**，因此，二元符号的速率单位为 b/s 或 bps。由于二进制数据形式的广泛应用，多元符号常常表现为二进制串的形式。后面我们将看到，1 个多元符号可折合为约 $\log_2 M$ 个二元符号，因此各种消息信号常常采用 bps 作为其速率的单位。

模拟信息的基本特征是其变化的快慢，它反映在信号频谱的宽度(即带宽)上。因此，模拟信源及其对应信号的基本指标是其频谱的宽度，通常记为 B，单位为**赫兹**(**Hz**)或赫。模拟消息信号的频谱大多在零赫兹附近，这时其带宽就是其最高频率值。这种频带在零赫兹附近的信号又称为基带信号(baseband signal)。不同带宽的消息信号需要不同传输能力的通信系统。例如，模拟电视信号需要约 6MHz 的带宽，模拟话音信号只需要约 4kHz 的带宽，通信系统传输 1 路电视信号所占用的资源大致相当于传输 6MHz/4kHz＝1500 路话音信号所占用的资源。

1.3.2 随机信号与确定信号

有意义的信息对于接收者而言必须是新的，即事先未知的且无法预知的。因而消息本质上是随机的。随机量是一类表现"捉摸不定"，而又在大数量的统计下呈现出明确规律的量。人们通过随机量的统计规律来了解与分析其特性。

数字消息具有有限种可能的取值，对应于状态有限的离散型随机变量。其统计规律通常直接采用其各种取值的概率来描述，如 N 元消息 $\{a_1, a_2, \cdots, a_N\}$ 的取值概率分别为 $\{p_1, p_2, \cdots, p_N\}$，即消息取第 i 号符号的概率为

$$P(消息 = a_i) = p_i$$

进而数字信源产生的消息符号序列是离散随机变量序列，称为随机序列，形如 $\{x_n\}$。在简单的情形中，消息符号在所有时刻的取值特性相同，而在不同时刻上彼此独立，因此，$\{x_n\}$ 的特性可用任意第 n 时刻的取值概率描述

$$P(x_n = a_i) = p_i$$

模拟消息在某区间上连续取值，对应于连续型随机变量。模拟信源产生的消息是沿

t 推进的连续随机变量，即连续随机信号或随机过程，形如 $x(t)$。$x(t)$ 的统计规律通常用概率密度函数来描述，比如信号 $x(t)$ 的概率密度函数为 $f_{x(t)}(x)$，也记为 $f_x(x,t)$ 形式。

通信系统中还大量用到确定信号，即取值可以完全确定的时间函数或数列。例如，正弦波

$$w_1(t) = A\cos(2\pi f_c + \theta)$$

其振幅为 A，频率为 f_c，初相为 θ；矩形脉冲信号

$$w_2(t) = \begin{cases} 1, & t \in [-T/2, T/2] \\ 0, & \text{其他} \end{cases}$$

其高度为 1，宽度为 T。正弦波与矩形脉冲如图 1.3.4 所示。

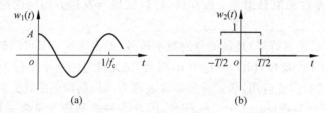

图 1.3.4　确定信号示例

确定信号本身是已知的，因而没有任何信息价值。但确定信号大量地用于协助传送消息信号，它们在通信中具有重要的作用。例如，很多消息信号 $x(t)$ 难以直接传输，但将它放到某个频率的正弦波的振幅上后就很容易传输了。于是通信系统常常通过发送

$$s(t) = Ax(t)\cos(2\pi f_c + \theta)$$

来传输消息 $x(t)$。当然，由于振幅的随机性，携带信息后的 $s(t)$ 已经变成了随机信号。

1.3.3　信息及其度量

信息是通信的核心概念，它又是一个含义丰富的哲学与社会词汇。在信息科学领域中，人们认为它涉及"外在的形"与"内在的质"两个层面，一般的看法是：

（1）**消息（Message）** 或**消息信号**由信源产生，是通信系统要传送的具体内容，如一段语音、文字、数据和一幅图像等。

（2）**信息（Information）** 是消息中新的、有意义的且可被理解的东西，这种东西是内在的与基本的，因而是不可再压缩的。

简单地讲，消息是具体的与实在的，而信息是抽象的与内在的。信源产生消息，通过消息来提供信息。实际上，消息与信息既是不同的，又是密切关联的。当不必突出它们的概念差异时，论述中并不刻意地进行区别。如何具体定义与度量信息，学术界有许多争议。我们定性地认为，一条消息的新奇与不可预知程度反映了信息的多少。目前广为接受的是香农（Shannon）在他的论文《通信的数学理论》中给出的基于概率模型的度量方法，他把信息定义为"不确定性的多少"。下面结合数字消息与信源来加以说明。

假定数字消息 X 有 M 种可能值 $\{a_1, a_2, \cdots, a_M\}$，相应的概率分别为 $\{p_1, p_2, \cdots, p_M\}$，

那么第 i 个可能值 a_i 蕴含的信息量为

$$I_i = \log_2(1/p_i) = -\log_2(p_i) \quad 1 \leqslant i \leqslant M \tag{1.3.1}$$

由上式可见,p_i 越小,则 I_i 越大,因为 a_i 的概率越小,它的出现带来的"惊奇"越大。显然,信息的定义只与消息出现的可能性(即概率值)有关,而与消息的内容以及内容是否有实际意义无关。

式(1.3.1)中,对数的底为 2,这时信息量的单位为**比特(bit)**;如果对数的底为 e(自然对数的底),则信息量的单位为**奈特(nat)**;如果对数的底为 10,则信息量的单位为**哈特莱(Hartley)**。1928 年,R. V. Hartley 首先建议用对数形式度量信息。实际应用中常用 bit 为单位,但以 10 为底的对数便于计算,需要时可以利用下面的公式

$$I_i = -\frac{1}{\log_{10}2}\log_{10}p_i = -3.32\log_{10}p_i \quad \text{(bit)}$$

应该注意,前面曾经使用比特代表 1 个二元符号,因此,比特具有两种含义:二元数据量的单位或信息量的单位。这两种含义是关联的,但也有着本质差别,应该结合上下文来正确理解。

假定数字信源的符号为 X,其取值为 $\{a_1, a_2, \cdots, a_M\}$,概率为 $\{p_1, p_2, \cdots, p_M\}$,则

$$H(X) = \sum_{i=1}^{M} I_i p_i = -\sum_{i=1}^{M} p_i \log_2 p_i \tag{1.3.2}$$

称为 X(或信源)的**熵(entropy)**。

$H(X)$ 是 X 的各种可能值所蕴含的信息量的平均值。熵原是热力学的术语,指气体分子运动的不规则性。这里借用它指 X 的内在"不确定性"。

假定数字信源每隔时间 T 产生一个熵为 $H(X)$ 的符号,则该信源的**熵率**为

$$R = H(X)/T \tag{1.3.3}$$

从信息的角度看,熵与熵率是信源的基本指标。

例 1.1 三个二元消息符号 X_1、X_2 与 X_3 的取值概率分别为

X_1	p	X_2	p	X_3	p
a_1	0.1	a_1	0.4	a_1	0.5
a_2	0.9	a_2	0.6	a_2	0.5

求它们的熵。

解 利用式(1.3.2)易见

$$H(X_1) = -0.1\log_2 0.1 - 0.9\log_2 0.9 \approx 0.469(\text{bit})$$
$$H(X_2) = -0.4\log_2 0.4 - 0.6\log_2 0.6 \approx 0.971(\text{bit})$$
$$H(X_3) = -0.5\log_2 0.5 - 0.5\log_2 0.5 = 1(\text{bit})$$

从直觉可知,X_1 有很大的概率出现 a_2,因此,它的值较容易被猜中,其不确定性也就小;X_2 的值比较难猜中,其不确定性也就大;特别是 X_3 的两个值等概率,猜它的值最没把握,它的不确定性也最大。

例 1.2 数字信源 X 的符号是 4 元的,取值等概,而数字信源 Y 的值是 2 元的,取值也等概,求它们的熵。

解 X 的 4 个取值的概率同为 $1/4$；Y 的 2 个取值的概率同为 $1/2$。由式(1.3.2)可得

$$H(X) = 4 \times \left(-\frac{1}{4}\log_2 \frac{1}{4}\right) = \log_2 4 = 2(\text{bit})$$

$$H(Y) = 2 \times \left(-\frac{1}{2}\log_2 \frac{1}{2}\right) = \log_2 2 = 1(\text{bit})$$

X 与 Y 都是等可能的，但 X 有 4 种值而 Y 只有 2 种值，因此 X 比 Y 难猜，其不确定性更高。

1.3.4 常见的消息类型

经常见到的消息形式包含文字、语音、音乐、图像与计算机数据等，下面分别给予简单的说明。

1. 文字

文字是数字消息。手机短消息、电子邮件、电报报文、文本文件等都是文字消息的例子。产生文字消息的信源通常由键盘与编码单元组成，如图 1.3.5 所示。

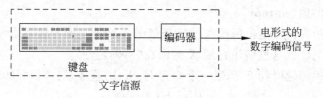

键盘

文字信源

编码器 → 电形式的数字编码信号

图 1.3.5 文字信源

考虑 Morse 码的例子，由表 1.3.1 可知它包括了 26 个字母、10 个数字与 13 个符号，因此这种信源是 49 元的。根据人工按键的常识估计，信源的符号率一般在 10sym/s 以下。又从表中易见，经过编码后的数字信号其实就只有点、划(或 0 与 1)两种符号(严格地讲还有空闲)，编码规则中每个文字符号平均转换为约 4 个点划码，于是，经编码产生的文字信号是二元数字信号，其速率估计约在 40bps 以内。

由表 1.3.1 还注意到，Morse 码中各种文字符号使用的点与划的数目不同，它是变长的编码方案。40 年后 Emile Baudot 发明了长度固定为 5 个二元符号的 Baudot 编码，这种定长编码方案方便易用，因此得到广泛应用。不过，后来的信息理论表明，Morse 变长码包含有独特的高明之处。

今天在计算机中大量用到文字消息，最常用的编码方案是包含 128 种文字符号的 7位 **ASCII 码**（**American Standard Code for Information Interchange**，美国信息交换标准码）。ASCII 码显然是针对西文的编码方案，而对于汉字(或其他语言文字)也有相应的编码方案。

2. 语音(或话音)

语音(或话音)是人类与生俱有的极为有效的交流工具。电话系统与移动电话系统等都是传输语音消息的例子,它们也是迄今为止最为重要的通信系统。

语音信源利用麦克风把声波转换为电信号,它是典型的模拟信号,其主要频率成分在300~3400Hz,因此,语音信号的带宽通常视为 3000~4000Hz。

近代电话系统中,模拟语音信号被进一步转换为数字形式,而后再传输。数字形式的语音信号称为数字语音信号。最典型的数字语音信号是**脉冲编码调制(PCM)**信号,它是只有高低两种电平的二进制(二元)数字信号,速率为 64kbps。另外还常用到压缩语音信号,其典型速率为 1~20kbps。

3. 音乐

音乐包含乐器的发声与人类的歌声等,是人们娱乐、休闲与文化生活中不可或缺的。音乐原本与话音一样,也以声波的形式在空气中传播,不过音乐具有更为宽广的频率范围,而且常常还需要多个声道来表现。立体声音乐信源通常采用两个高质量的麦克风把声波转换为两路模拟信号,每路信号的频率范围约为 20Hz~15kHz(或 20kHz)。显然,音乐信号比语音信号拥有更宽的带宽。

音乐信号也常常转换为数字形式后再传输或存储。数字音乐信号比数字语音信号的数据量要多许多。典型的数字音乐信号如 CD 数码音频与 MP3 数码音频,数据速率分别为 1411.2kbps 和 128~256kbps。

4. 图像

图像是人类视觉系统对场景的感知,是另一种重要的消息类型。图像可以是动态的,也可以是静态的。电视广播是传输活动图像的例子,而数码相片是静止图片的例子。

利用模拟摄像机可以获得场景的动态图像信号,称为模拟电视(或视频)信号,其频带通常在 0~6MHz。电视信号的带宽比语音或音乐信号要宽得多,因为活动图像包含的内在信息要丰富得多。

利用数字摄像机可以获得场景的数字电视(或视频)信号。数字摄像机中通常包含图像压缩编码器,使摄像机输出的数字电视信号的速率尽量的低,以方便后续的传输与存储。典型的压缩编码方案有 MPEG1、MPEG2、MPEG4 或 H.264 等,输出电视信号的速率通常为每秒几十万比特至几兆比特,与场景内容和拍摄尺寸有关。

利用数码照相机可以获得场景的静止图片,典型的数码相机大都采用 JPEG 压缩编码方案,所获得的图片的数据量随图片的大小、分辨率的多少以及图片的具体内容而不同。

5. 计算机的数据

计算机是人们日常工作与生活的常用工具。人们借助计算机处理、存储与共享信息,在计算机中，各种信息大都呈现为以字节 B(1B＝8b)为单位的数字形式，统称为数据。数据是各种信息的具体表现形式。收发电子邮件、交换软件与分享资料都是进行计算机数据通信的例子。

计算机数据通信常常具有突发性的特征，即需要传输的数据时有时无、时多时少。数据多时，通信系统必须以很高的速率进行传送；数据少时，通信系统可以零星、短促地进行传送；数据无时，通信系统完全空闲。与此相对照，在许多语音与视频通信中，音、视频信号通常以恒定的或小幅度波动的速度持续出现，通信系统必须及时地与"连绵不断"地进行传输，以保证接收到的语音与图像不发生间断与抖动。这类信息及其传输过程呈现出"流"(stream)的特征。

1.4　信道

信道是介于发信者与收信者之间供电信号经过的通道。它是某种传输电、电磁波或光信号的物理媒质。消息信号经发送器变换为相应的电信号，以便在媒质中传输。信道可分为有线与无线两大类，有线信道包括普通导线、电话线、电缆、波导与光纤；无线信道包括大气、真空与海水等。

1.4.1　信道的影响

信号在信道中传输时有两个最基本的问题。第一，信号要衰减，传播的距离越远衰减越大。例如，导线都有一定的电阻，电信号经过时会消耗功率；无线电波在空中扩散开去，强度不断地减弱，遇到或穿过物体时会被吸收，减弱得更快；光信号在光纤中传播时同样会逐渐变弱。因此，对较远距离的传输，通信系统中必须包含信号放大单元。发送出去时一般会经过功率放大器，接收进来时会使用小信号放大器。

第二，信号上会叠加噪声。由于这种噪声是加上去的，故称为**加性噪声(Additive noise)**。噪声主要源于信号"沿途"的电阻与固态原件等，这不只限于单纯的传输媒质部分，也包括发送器与接收器中的有关电路，诸如放大器、滤波器等。为了讨论方便，人们习惯上把这些电路也一并归入信道。特别是在接收机前端放大电路中，原本很小的噪声会随信号的放大而增大。噪声的产生机理是分子热运动引起的随机扰动效应，故此称这种噪声为热噪声。它们是电路与信道所固有的。

设信号为 $s(t)$，噪声为 $n(t)$，则经过信道的信号为

$$r(t) = s(t) + n(t)$$

噪声也是随机的，与携带有消息的传输信号一样，都是无法预知的未知量。当两个未知量混在一起后，接收机根本无法知道其中信号的准确值究竟是多少。因此，通信系统中有两个基本的因素：信号功率与噪声强度。信号强则通信容易，噪声强则通信困难。很多时候我们把两者综合起来，考虑信噪比(信号与噪声功率之比)，由它可以测算出通信的基本情况。

除以上两个问题外，实际信道中还可能有其他一些问题。首先，信道中可以有其他的

"外来"干扰。在无线通信中,自由空间是开放的,接收天线可能接收到各种外来干扰,有自然界的干扰,如雷电,也有人为干扰。人为干扰可以是其他通信信号,也可以是附近汽车点火脉冲辐射出的电磁干扰,或其他强电设备释放的电磁干扰。在有线通信中,靠得很近的导线之间可以发生"串话"干扰,即一根导线中的通信信号通过电磁场感应到另一根导线中,造成干扰。对于较强的与特定的干扰,一般需要针对性地进行抑制或避让。也有一些干扰可以视为额外的噪声来处理。

其次,信道的传输特性还可能引起信号的畸变,这种畸变不再是加性的,它使信号的形状发生某种形式的失真。例如,信道对信号中不同的频率成分产生不同的衰减与延迟,使信号的构成发生变异。在无线通信中,信号经常通过开放空间的多条路径抵达接收天线,来自多条路径的信号因时延与衰减的不一致形成的混合信号就可能出现严重的畸变。

要尽量避免信号发生较大的畸变。如果无法避免,需要针对性地加以矫正,有时称为信道均衡。有的物理媒质本身的参数特性是时变的,而且甚至是随机变化的,这种信道称为**变参信道**。变参信道引起的信号畸变也是变化的,这将给信号矫正带来更多的困难。无线移动通信中常常遇到这种情形,因此,需要用到很复杂的技术。

最后,信道还有一个重要的问题是它跟随信号变化的能力。这反映在其频率响应的宽度上,称为传输带宽。带宽小的信道跟随信号变化的能力低,只能传输带宽窄的电信号,带宽大的信道,既能传输带宽宽的电信号,也能传输带宽窄的。信道的带宽是其极为重要的另一个基本因素。

信道对于通信有着重要的影响,为了有效地进行通信,工程师们必须在收发信者之间建立(或寻找到)合适的信道,并针对信道设计通信系统。

1.4.2 加性噪声信道模型

在通信系统的研究中,人们把具体的物理信道影响信号传输的主要特性找出来,描述为数学形式,建立有关信道的模型。基于这种模型可以方便地研究与设计相应的最佳通信系统,分析系统的性能。

先只考虑信道的衰减与噪声问题。设 $s(t)$ 是进入信道的传输信号,$r_1(t)$ 是信道直接输出的信号,$n_1(t)$ 是加性噪声,A 为衰减因子。可以得到下面的关系

$$r_1(t) = As(t) + n_1(t) \tag{1.4.1}$$

为了简化分析,可以令 $r(t)=r_1(t)/A$ 与 $n(t)=n_1(t)/A$,其物理意义是:使接收信号放大到与 $s(t)$ 相同的电平,当然,噪声也同时被放大了。

于是,更简洁的形式为

$$r(t) = s(t) + n(t) \tag{1.4.2}$$

称为**加性噪声信道模型**。这里,$s(t)$ 仍然是传输信号;$r(t)$ 是接收信号;$n(t)$ 是接收到的加性噪声。

如前面解释,噪声 $n(t)$ 主要是热噪声。以后还将说明,它的特性采用一种称为高斯白噪声的随机过程来描述。这时的信道模型称为**加性高斯白噪声信道(Additive White**

Gaussian Noise channel，AWGN），如图 1.4.1 所示。AWGN 模型只需要一个反映噪声强度的参数：噪声的（双边）功率谱密度值，记为 $N_0/2$，其含义是频域中每 Hz 频带内噪声的功率。

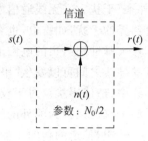

图 1.4.1 加性噪声
信道模型

AWGN 信道模型涉及信道两个最基本的因素：信号与噪声，人们发现，它能够合理地反映很多常用信道的主要特征，而且它的数学特性简单，易于分析。因此，AWGN 信道模型成为通信系统分析与设计中最为主要的一种模型。即使在更复杂的情形中，例如，必须涉及干扰与信号畸变时，常常是先分析 AWGN 模型下的结果，而后在其基础上再考虑其他因素的影响。

1.4.3 常用信道

常用的有线信道是双绞线与同轴电缆，它们是不同材质与构造的导线。另外一种重要的有线信道是光纤，专门传导光信号。常见的无线信道就是自由空间，因利用方法与典型系统的不同通常分为：无线视距中继信道、卫星中继信道、无线电广播信道与移动通信信道。下面分别给予简单的说明。

1. 双绞线

双绞线（twisted-pair）由两根互相绝缘的导线绞合而成，如图 1.4.2(a)所示，特征阻抗为 $90\sim110\Omega$。常常把一对或多对双绞线合在一起，放在一根保护套内，制成双绞线电缆。双绞线可以分为屏蔽（**STP**）的与非屏蔽（**UTP**）的。图 1.4.2(b)是非屏蔽双绞线缆用作局域网网线的例子。

(a) 双绞线结构   (b) 局域网线常见插头

图 1.4.2 双绞线

双绞线传输距离较近。它本质上易受电磁干扰；但两条导线绞合可以减轻这种影响。双绞线有多种规格，传输带宽通常在几十千赫至上百兆赫。双绞线价格较低廉，常用于传输话音信号与近距离的数字信号。应用包括本地环路、局域网、用户分配系统以及综合布线工程。

2. 同轴电缆

同轴电缆（coaxial cable）由同轴心的内层导线、绝缘层、外层导体与保护套组成，如图 1.4.3 所示。内层导线一般为实心铜线，外层导体为空心铜管或网状编织。特征阻抗通常为 50Ω 或 75Ω。实用中常将多根同轴电缆放入同一保护套内，以增强传输能力。

同轴电缆的电磁场封闭在内外导体之间,故辐射损耗小,受外界干扰影响小。与双绞线相比,同轴电缆具有更宽的带宽、更快的传输速率与更好的抗干扰能力。同轴电缆的直接传输距离仍较近,而且成本较高。同轴电缆的一个常见应用例子是有线电视网络。

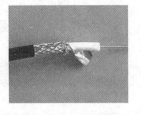

图 1.4.3　同轴电缆

3. 光纤

光纤(optical fiber)是光导纤维的简称,它是一种能传输光信号的玻璃或塑胶纤维。光纤的结构与同轴电缆类似,由内芯、包层和涂覆层构成。内芯由高度透明的材料制成;包层的折射率略小于内芯;由于内芯与包层的折射率不同,使光波在内外两层的边界处不断产生反射,从而束缚在内芯中传输,光纤的结构与光信号传输原理如图 1.4.4(a)所示;涂覆层的作用是增强光纤的柔韧性。实际应用时,光纤还必须外加几层保护结构的包覆,以提高机械强度,防止环境腐蚀与损害。

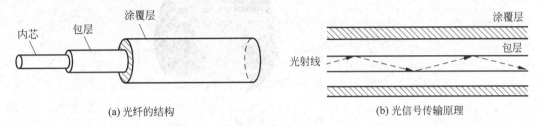

(a) 光纤的结构　　　　　　　　　　　(b) 光信号传输原理

图 1.4.4　光纤

光纤有以下的一些独特的优点:

(1) 频带宽,容量大:按照载波频率的 10% 估算,光纤信道的潜在带宽可达 2×10^{13} Hz。

(2) 传输损耗低:可低至 0.1dB/km,因而直接(无中继)传输距离可达几百公里。

(3) 光信号不受电磁干扰的影响,抗噪声好、保密性强。

(4) 光纤直径与人的头发相当,因而体积小、质量轻,易于使用。

(5) 光纤的材料主要为石英砂,而非稀有金属,因而材料丰富、价格低廉。

光纤作为一种优良的传输信道,已获得大量的应用,长途电话网与互联网干线中常用光纤作为传输媒质。

4. 无线电视距中继信道

无线电视距中继通信通常工作在几百兆赫至几十吉赫,无线电传输信号利用定向天线实现视距直线传播,途中不能有阻挡物。由于沿地球表面的直线视距一般仅有 $40 \sim 50 \mathrm{km}$,因此,需要通过反复中继来实现长距离通信,如图 1.4.5 所示。无线电视距信道通信容量大,性能可靠稳定。

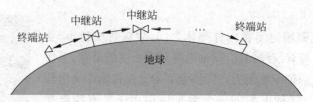

图 1.4.5 微波中继通信信道

5. 卫星中继信道

卫星通信是利用人造地球卫星作为中继转发站实现的通信,如图 1.4.6 所示。只需要三颗同步卫星就可以构成对全球几乎所有区域的覆盖,使地面上任何两点的用户可以借助卫星转发实现通信。同步卫星离地面约 35 866km,上/下行(地面至卫星/卫星至地面)链路上,电磁波采用直线传播,通常分别工作在 6GHz 与 4GHz。

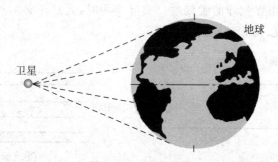

图 1.4.6 卫星通信

卫星中继信道的特点是覆盖地域广泛、不受地理条件限制、频带宽、性能稳定可靠;但线路长,传输时延大。它常用于多路长途电话、数据和电视节目的传输。

6. 无线电广播与移动通信信道

无线电广播信道通常处于几百千赫至几百兆赫,供电台、电视台广播语音、音乐与电视节目。发射台的天线通常安装在高塔上,这样无线电波可以无障碍地覆盖尽可能广阔的周边区域,把信号送到众多的收音机与电视接收机。

无线移动通信信道通常处于几百兆赫至几吉赫,供个人用户(手机)进行无线话音与数据通信。无线移动通信的电波必须覆盖基站与手机之间的地面环境。由于环境中通常存在大量的建筑物与其他障碍物,电波常常需要通过散射与衍射到达接收机,使得信号的特性复杂,并随用户的移动而变化,因而无线移动通信信道是复杂的时变信道。

1.5 频带与电波传播

频带指某个频率范围。每个信道都有自己的频带,它指明了该信道所能传送的信号频率范围。另一方面,信号的频谱给出了所处的频率与所占的带宽。不同频谱的信号需要选择合适的信道进行传输。

1.5.1 频带的名称

表 1.5.1 给出了大部分频带的位置、常用名称与典型的通信用途。

表 1.5.1 频带命名

频 率	波 长	频 带 名 称		典 型 用 途
		按频率命名	按波长命名	
30～300Hz	10 000～1000km	特低频 ELF		电力传输
300～3000Hz	1000～100km	音频 VF		语音信号
3～30kHz	100～10km	甚低频 VLF		远距离导航、海底通信
30～300kHz	10～1km	低频 LF	长波 LW	远距离导航、海底通信、无线信标
300～3000kHz	1km～100m	中频 MF	中波 MW	海事通信、定向、调幅广播（AM）
3～30MHz	100～10m	高频 HF	短波 SW	业余无线电、国际广播、军事通信、商用
30～300MHz	10～1m	甚高频 VHF	超短波	VHF 电视广播、调频广播、车辆通信与航空管制
300～3000MHz	1m～10cm	极高频 UHF	微波 micro wave	UHF 电视广播、GPS、个人通信系统、便携式电话、微波通信、卫星通信、雷达
3～30GHz	10～1cm	超高频 SHF		
30～300GHz	1cm～1mm	特高频 EHF		
10^3～10^7GHz			红外线、可见光、紫外线	光通信

频带由低到高按 10 倍频来划分与命名。早期应用于无线电通信的一块频带处于 300kHz～3MHz，称为**中频（MF）**；位于其上、其下两个频带分别是**高频（HF）**与**低频（LF）**；其他频带及其命名以此类推，如表 1.5.1 所示。

波长记为 λ，是频率的倒数，即

$$\lambda = c/f \qquad (1.5.1)$$

其中，$c=3\times10^8$ m/s，是光波的传输速度，f 是频率值。频带也常用其对应的波长来命名。中频频带也称为**中波（MW）**，而其上的频带称为**短波（SW）**，更上面的称为**超短波**与**微波（micro wave）**，而中波以下的称为**长波（LW）**。

在有线信道中，几百千赫以下的信号可以在各种普通导线中传输；几百千赫至 1 吉赫信号可以在合适的双绞线与同轴电缆中传输；而 1 吉赫及更高的信号可以在波导中传输；光波信号需要在光纤中传输。实际应用时，还与线路长度有很大的关系。

1.5.2 无线电波的传播

几千赫以上频率的信号都可能用于无线电通信，常用的无线电传输信号从几百千赫至上百吉赫。在以自由空间为传输媒质的无线电信道中，电波（电磁波）的传播特性主要由其频率值的大小决定。因此，无线通信系统必须选择合适的频率，其电波才能够准确传播到要求的区域。通信系统的电磁波信号通过天线耦合到空中，可形象地把天线比喻为"电波起飞与着陆的跑道"。要有效地辐射电磁能量，天线的物理尺寸必须大于电磁波波长的 1/10。例如，10kHz 对应的波长为 30km，天线长度至少为 3km；1MHz 对应的波长为 300m，天线长度至少为 30m；1GHz 对应的波长为 30cm，天线长度只需 3cm。因此，手机通信一般采用几百兆赫至几吉赫的电波，其天线可以做得小巧，便于手机携带。

在无线信道中，不同频率的电波以不同的方式传播。电波传播的主要模式有三种：**地波**（ground-wave）、**天波**（sky-wave）与**视线**（line-of-sight，LOS）传播。VLF 与 ELF 频带（几十千赫以下）的电波实际上沿地面传播，这一频带范围内的加性噪声主要为雷电干扰（尤其是热带地区）与频带内众多用户彼此间的干扰。这一频带主要用于为离岸的船舶提供导航。由于频率低、信号可用带宽很窄（通常仅几百赫），可传输的消息量很有限。

地波模式指电波沿地表面弯曲传播的方式，如图 1.5.1(a) 所示，它是较低频率电波的主要传播方式。MF（300kHz～3MHz）也以地波为主进行传播，频带中的加性噪声主要有大气噪声、人为干扰与电子器件产生的热噪声。这一频带主要用于**调幅**（AM）广播与海事无线电广播。

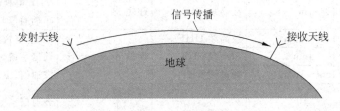

(a) 地波传播模式

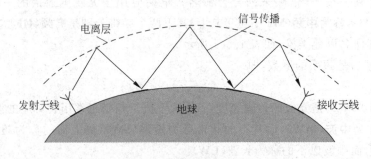

(b) 天波传播模式

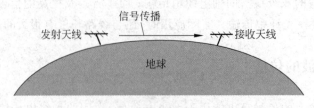

(c) 视线传播模式

图 1.5.1　电波传播的三种模式

天波模式指电波经天空中的电离层反射而折回地面的传播方式,如图 1.5.1(b)所示。电波还可能由地面反射回天空,而后再由电离层反射回地面,如此继续,形成多次来回反射,从而传播到很远的地方。**电离层(ionosphere)**是大气层受太阳紫外线与宇宙射线照射后产生的一层环绕地球的离子层,含 D、E、F_1 与 F_2 等多个子层,位于地面上方约 $60\sim400$km。电离层的特性在每天的不同时候、每年的不同季节,以及太阳的不同活动周期内都有所不同。其最基本的规律是每天白天与夜晚的变化。白天由于阳光充足,尤其是正午时分,内层(约 $60\sim80$km 处)的 D 层浓度高,D 层能够大量吸收 2MHz 以下的电波;夜晚,D 层浓度低,以至几乎消失,电波可达外层的 F 层,F 层能够类似于镜子反射光线一样反射 30MHz 以下的电波。因此,HF($3\sim30$MHz)电波主要以天波模式传播,而且,MF 夜晚也能够以天波模式有效地传播到远方。实际生活中可以发现,从收音机能够听到遥远的甚至在地球背面的短波电台,而且,夜晚的信号更为稳定。夜晚还常常可以收听到远处的中波电台。

天波传播的常见问题是**多径(multipath)**传播,即发射出的电波可以经过多条不同的途径抵达同一个接收点。由各路径到达的电波具有不同的幅度与相位,其组合结果造成信号中有的频率加强,有的频率抵消,这一现象称为**频率选择性(frequency selectivity)**。因而,HF 信道的性能不是很好。HF 信道的加性噪声主要为大气噪声、人为干扰与热噪声。

视线传播模式是指电波像光波那样作直线传播的方式,如图 1.5.1(c)所示。它是 VHF 及以更高的频率(30MHz 以上)电波的主要工作模式。这些频率的电波向上传播时会穿透电离层而不被反射回来,因此可用于卫星和外太空通信。在地面应用时,收发天线之间必须直接可视,中间不应有遮挡。所以,工作于 VHF 与 UHF 的电视广播、微波中继通信等总是将天线架设在高层建筑物、高塔或山顶。这种传播方式中的加性噪声主要有热噪声与进入接收机天线的外来宇宙噪声等。

地球表面的弯曲会限制视线传播的距离(视距),如图 1.5.2 所示。

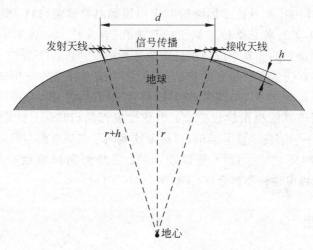

图 1.5.2　视距的计算

两天线之间的最大视距 d 与天线高度 h 有下面的关系

$$(d/2)^2 + r^2 = (h+r)^2$$

其中，$r \approx 6370\text{km}$，为地球半径。由于 h 相对很小，因此易得

$$d \approx \sqrt{8hr} \quad \text{或} \quad h \approx d^2/8r \tag{1.5.2}$$

例如，$h=50\text{m}$ 时，最大视距为 $d \approx 50\text{km}$。

电波在大气层内传播会受大气影响。大气中的氧气、水蒸气等都会吸收和散射电磁波，使 1GHz 以上的电波有明显的衰减，而且，频率越高，衰减会越严重。某些特定频率范围上的电波会因大气中的分子谐振而出现严重衰减，此外，降雨也会引起电波衰减，对 10GHz 以上的电波有较大的影响。

电波还可以以散射的方式进行传播。例如，30～60MHz 的电波可以借助电离层散射进行远距离传播；40MHz～4GHz 的电波可能借助对流层散射进行远距离的传播。通常，散射传播中电波的能量损失大，而且信道特性也很复杂。

1.5.3 无线频谱及其管理

无线信道实际上是人类共有的自由空间，是开放给所有发送与接收用户的共享资源。随着社会的发展、技术的进步，越来越多的人需要并能够使用这种资源交换信息。今天，仅仅在移动电话通信系统（手机）上，全世界每天就有许多亿人在使用着无线信道。无线电信号可以传播到相当远的地方，有的频带的无线电波甚至可能传播到地球的另一面。容易发现，在每个频带的有效作用范围内，只应该存在一个相同频率的传输信号，因为多个同频的传输信号同时出现时将彼此造成干扰，使大家都无法正常工作。所以，被大量利用着的无线电频谱早已成为极为稀缺与重要的通信资源。

为了维护电波传播的秩序，协调通信应用，减少干扰，各个国家都建立了有关政府部门进行管理，它们具体规定了无线频带的分配、用途与运用方法等。

在国际上，频率的指配及技术标准的制定由**国际电信联盟（ITU）**负责。ITU 是联合国的一个特殊机构，其行政总部位于瑞士的日内瓦，有大约 700 名工作人员。ITU 工作人员的职责是管理由它的 200 个成员国批准的各种协议。ITU 下属三个部门：无线电通信部门（ITU-R）的责任是进行频率的指配，它关注无线电频谱的使用效率；电信标准部门（ITU-T）的任务是研究协议的技术、执行及资费等问题，它对世界范围内的公共电信网络及相关的无线通信系统提出建议标准；电信发展部门（ITU-D）的职责是提供技术援助，特别是对发展中国家提供技术援助，以帮助这些国家提供全面与经济的电信服务并使之融入全球电信网络之中。1992 年以前，ITU 主要由**国际电话与电报咨询委员会（CCITT）**和**国际无线电咨询委员会（CCIR）**两个部门组成。

1.5.4 频分复用

多个传输信号共同利用一个频谱区域的基本原则就是错开使用，这种错开频率位置共用频带的方法称为**频分复用（frequency-division multiplexing，FDM）**。电视与无线电广

播电台就是借助 FDM 同时提供多套节目,图 1.5.3 是多个电视频道、调频收音机广播以及其他无线电应用共用 54～216MHz 这段频带的例子。

图 1.5.3 54～216MHz 的 FDM

在图 1.5.3 中,上面的数字 2,3,4,…,13 是电视频道编号,各频道占用 6MHz 传送各自的电视节目。88～108MHz 频段划分给调频广播电台,其中又进一步划分为更窄的调频收音机频道,供多个调频广播电台广播各自的音频节目。在 108～174MHz 部分还有一块频带供其他业务使用。

FDM 这种思想也大量用在有线信道内。许多电线与电缆的可用频带远宽于单个通信信号的带宽,因此,电线或电缆内实行 FDM 就可以让多个通信信号共享这条电线或电缆。例如在电话系统中,大量从 A 城市到 B 城市的话音就通过共享 A 与 B 之间的一条电缆进行传输。

从 FDM 中看出,单纯从传输信号的角度讲,信道就是适合于信号通过的可用带宽,而其具体物理形态是无关紧要的。因而,带宽是信道本质上的资源。例如,传输模拟话音信号,需要的信道是某个约 4kHz 带宽的可用频带;传输模拟视频信号需要的信道是某个约 6MHz 带宽的可用频带。

1.6 数字与模拟通信系统

人们借助通信系统交流信息。同数字信源与模拟信源相对应,通信系统也分为数字通信系统与模拟通信系统。**数字通信系统**(digital communication system)是传输数字消息的通信系统;**模拟通信系统**(analog communication system)是传输模拟消息的通信系统。

1.6.1 模拟通信系统

模拟通信伴随电话与无线电广播等语音通信的发展而发展,曾经盛行于世。模拟通信系统的结构通常都不复杂,大多数系统的核心是调制与解调单元,如图 1.6.1 所示。其他常见的处理主要是幅度调整、滤波与放大等。

1. 基带传输与频带传输

消息信号通常是基带的,其频谱集中在低频率处,如果信道能够直接传输基带信号,那么模拟通信系统不需要调制与解调单元而变得简单、直接。这种传输就是基带传输。

然而大多数模拟通信需要实施频带传输。首先无线通信都是频带传输。无线电波最

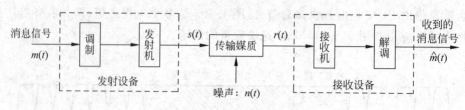

图 1.6.1　模拟通信系统结构

基本的形式是正弦波,其实 1864 年 Maxwell 预言电磁波时给出的理论形式就是正弦波。大多数无线电信号是正弦波的"变体",从频域上看它们是位于某频率处且有一定带宽的信号,这类信号称为**频带信号**,相应的传输方式就是**频带传输**。

其次,在有线通信中一条线路只有一个基带通路,而线路的传输带宽往往相当宽。在其较高频率处还可以传输很多路信号,这就必须采用频带传输。有的线路的基带部分存在干扰,例如工频干扰,即交流电源干扰,主频率为 50Hz 或 60Hz。这时可以使用较高频率处的通路。

我们发现,通信系统的信道不应该简单理解为某个物理媒质,它可以只是媒质中的一部分。信道本质上是一个有足够宽度的频域通道,通俗地讲信道是带宽。

2. 调制与解调

位于某非零频率处的信道称为频带信道。频带信道只能在其可用频带内传输信号,因此,需要将基带信号调整为适合于它的频带信号。例如,如果信道由光纤构成,那么传送消息的信号必须是光波信号,光波信号是一种频带信号。传统上,将基带信号变换为适当的频带信号的过程称为**调制**(modulation)。调制通常是借助于正弦载波来完成,所形成的频带信号的形式为

$$s(t) = R(t)\cos[2\pi f_c t + \theta(t)] \tag{1.6.1}$$

中心频率位于 f_c 处,在没有携带消息时,式中 $R(t)$ 为常数,并且 $\theta(t)=0$,这时的信号 $s(t)$ 是频率为 f_c 的纯正弦波,带宽为零。为了使 f_c 承载消息信号,调制时按照某种预定的映射关系,让 $R(t)$ 或 $\theta(t)$(或两者同时)随基带信号而变化。$R(t)$ 与 $\theta(t)$ 的变化使信号 $s(t)$ 成为具有一定带宽的频带信号。

人们形象地称频率为 f_c 的纯正弦波为**载波**——承载消息的波。也称利用载波的频带通信为**载波通信**。依据基带信号对应于 $R(t)$ 与 $\theta(t)$ 的具体映射关系的不同,调制分为不同的制式,例如幅度调制、角度调制。不同的调制制式形成的传输信号具有不同的带宽与抗噪声能力。

解调(demodulation)是调制的逆过程,接收端的解调单元从收到的频带信号中还原出基带的消息信号,解调过程中要尽量抑制信道引入的噪声与畸变。

图 1.6.1 中的发射机与接收机主要是指具体与信道相连的单元。在无线通信系统中,发射机通常包含频率上变换器、功率放大器与天线;接收机通常包含天线、低噪声放大器与频率下变换器等。

1.6.2 数字通信系统

近几十年来人们大力发展数字通信系统,使之日益成熟,功能强大。其基本原因是数字信号与数字系统的固有优点。

1. 系统结构

数字通信系统的结构要相对复杂一些。图 1.6.2 给出了一个功能较为完善的现代数字通信系统的结构和它的各种功能单元。一个具体的数字通信系统不一定包含该结构的所有单元。图中虚线框的灰色(阴影)单元是可选的,但实线框的白色(无阴影)单元基本上是所有系统都必需的。

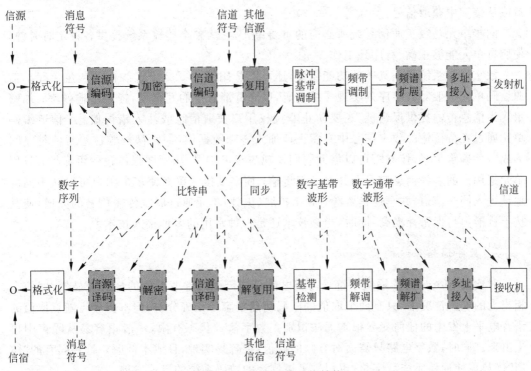

图 1.6.2 数字通信系统结构

图 1.6.2 的上半部分为发送端,下半部分为接收端,中间是信道。沿着消息信号的传送过程,发送端包括的单元有格式化、信源编码、加密、信道编码、复用、基带调制、频带调制、频谱扩展、多址接入与发射机;接收端包括的单元有多址接入、频谱解扩、频带解调、基带检测、解复用、信道译码、解密、信源译码与格式化;此外,收发两端还需要同步单元。容易看出,收、发两端的结构基本对称,相应的单元彼此互逆。后续章节将逐步介绍这些单元及其相关技术,这里先简要解释它们的基本功能。

大多数数字通信系统中必需的单元有格式化、基带调制与检测、频带调制与解调、发射机与接收机以及同步单元。发送端的格式化至基带调制或接收端的基带检测至格式化部分一般称为信号处理部分。在发方,格式化单元的功能是将消息信号整理为"规范"的数字符号序列,其中的符号可以是二进制符号或按多位二进制为组构成的多元符号。例如,按 L 比特一组可构成 $M = 2^L$ 元的符号序列。当输入为模拟消息时,格式化中还必须进行模数变换,将模拟消息表示为数字序列形式。而接收端的格式化单元会还原出用户需要的消息信号,如果要求输出模拟消息,还将进行数模变换。

基带调制是数字通信系统的一个关键单元,功能是把符号序列变换为基带波形信号,这种波形必须具有适合于传输的频谱与其他特点,通常采用特定形状的脉冲来实现,因此,这一过程也常称为脉冲成形。反过来,接收端的基带检测单元的任务是由波形信号还原出数字符号序列。

与模拟通信系统相仿,频带调制与解调单元是针对频带信道的,其基本任务是完成基带信号与频带信号之间的转换;发射机与接收机具体连接信道,其任务是将信号送入信道或从信道中获取信号。

同步单元是数字通信系统所必需的重要单元,它为整个传输系统提供各种定时时钟,使所有单元能够正确、有序地工作。

数字通信系统根据具体的功能需要,还可以选用图 1.6.2 中虚线框的灰色单元。信源编码单元一般对数字序列实现压缩编码,以降低消息中的冗余度,提高传输效率;加密单元为信息传输提供保密性,主要防止非授权用户获取信息或注入错误信息;信道编码单元通过在待传输的数字信号中有意识地加入特殊数据位(如奇偶校验位等),使符号间形成一些确定关系,接收端可以借助它们发现与纠正错误,从而增强传输的可靠性;复用单元把用户的多种消息信号合并在一起传输;而多址接入单元使多个用户可以从不同的地址进入同一信道,共享通信资源;频谱扩展(扩频)单元通过展宽传输信号的频谱,使其抗干扰能力与保密性提高,同时,扩频技术还是一种常用的多址接入技术。

2. 数字通信系统的优势

对比用 Morse 码传输文字符号与用电话系统传输语音电平值的情况。显然,即使在相当大的噪声情况下,只有两个取值的电码仍然很容易正确分辨,但本身就可随意取值的语音电平上发生的任何变异根本无法识别。数字信号状态有限,一般很容易从噪声中再生出来。同时,数字电路只需面对有限的取值,很容易实现,且成本低廉。这种固有的"体制"优势促使通信系统数字化,也促进了更广泛的数码系统的迅速发展。

数字通信系统与模拟通信系统相对比,有着许多突出的优点,如下所述:

(1) 数字信号状态有限,容易再生。因而,利用反复转发可以避免噪声积累,保持高的完好度。在长距离传输中,借助中继再生使得信号质量不受距离的限制。

(2) 数字信号易于分辨,即使在强噪声下,仍可能出现低误码率的传输。

(3) 数字电路成本低,可大规模集成,而且稳定性好,易于调试。

(4) 数字信号易于进行差错控制,可以实施更多的传输可靠性措施。

(5) 数字信号易于压缩与加密处理。

(6) 不同种类的信源数据,如语音、图片、文字、软件等,易于形成统一的传输序列,共用数字通信系统。

(7) 便于计算机与网络通信。

不过,数字通信也有下面的缺点:

(1) 一般而言,传输数字信号比传输模拟信号需要更多的带宽。

(2) 数字通信系统需要更复杂的同步系统。

随着通信技术及其应用的发展,以及与之关联的微处理器技术、计算机软件技术、数字信号处理技术与大规模集成电路技术的快速进展,数字系统的优点更为突出,其缺点也正被逐步解决。因此,数字通信系统成为主要的通信系统。

1.6.3 通信系统的基本性能指标

通信的根本任务是传送信息,因此,传输信息的有效性与可靠性是通信系统的基本性能指标。有效性是指在给定的时间内能传输的信息内容的多少,而可靠性是指接收到的信息的准确程度。这两者既相互矛盾又相互联系,并可以相互转换。

数字通信系统的有效性通常用它提供的传输速率(单位为 bps)来衡量。一定速率的数字消息信号采用不同的传输方式时,所需要的信道带宽是不同的。因此,当信道带宽一定时,通信系统能提供的速率越高,则有效性就越好。带宽是信道本质上的资源,于是,通信系统的有效性还可以进一步用频带利用率来衡量。**频带利用率**是平均每赫兹所能提供的传输速率,单位为 bps/Hz。

数字通信系统的可靠性用平均比特错误概率来衡量,平均比特错误概率简称为**误比特率(BER)**。由概率论的知识可知,当传输的总比特数目非常大时,误比特率也就是传输中的错误比特数目占总比特数目的比率,即

$$BER = \frac{错误比特数目}{传输的总比特数目} \tag{1.6.2}$$

显然,BER 越低,通信系统的可靠性越好。通信系统的可靠性应当满足具体消息信号的应用要求。例如,数字电话通信中,语音信号通常需要 $10^{-3} \sim 10^{-6}$ 的误比特率;而数字电视通信中,视频信号可能需要更低的误比特率。

模拟通信系统的有效性可用传输带宽来衡量,同样的模拟消息信号采用不同的传输方式所需要的信道带宽是不同的,因此,传输同样带宽的消息信号所占用的信道带宽越少,则通信系统的有效性越高。模拟通信系统的可靠性用接收端输出信号的**信噪比(SNR)**来衡量,SNR 是信号与噪声的功率比值,它反映了消息经传输后的"保真"程度。不同的传输方式在同样信道中可以达到不同的可靠性,例如,调频传输方式通常比调幅传输方式的输出信噪比高,但调频传输比调幅传输占用的信道带宽多。本质上来讲,可靠性与有效性总是彼此矛盾的,并可以相互转换。

1.6.4 信道的容量

信息通过信道来传递,通信的有效性与可靠性根本上由信道的特性制约。而实际信道总是带宽有限的,并存在噪声与干扰。于是,人们自然会关注一个问题:有没有可能设

计出一种通信系统，在存在错误的信道上仍然可以完全可靠地进行通信，即收方接收到的消息全部正确，系统误码率为零。长期以来，这个问题一直是令人困惑的。

1948年，**香农（Shannon）**发表论文《通信的数学理论》，回答了这个问题。香农指出，每个信道都有一个传输信息的"能力"，称为**信道容量（channel capacity）**，只要以不大于容量的速率传输信息，就可能以接近零的误码率实现可靠的通信，但如果以任何大于容量的速率传输信息，通信就必定存在差错。

香农计算出了加性高斯信道的容量公式

$$C = B\log_2\left(1 + \frac{S}{N}\right) \quad \text{(bps)} \tag{1.6.3}$$

其中，B 为信道的带宽，S/N 是信道中信号与噪声的功率比，C 为该信道的容量。高斯信道容量公式是通信理论中最重要的结论之一，它高度概括了通信系统的容量与它的关键参量：带宽、信号功率和噪声功率（或信噪比）之间的关联。

香农的结论其实只从理论上肯定了可靠通信的可能性与存在条件，而没有给出具体的实现方法。因此，他给出的正是通信工程师力求实现的理论极限。进一步的研究发现，通信系统要接近香农的理论极限，必须要借助信道编码等技术。

例 1.3　假设数字电视卫星系统的通信信道可近似为 AWGN 信道，它的带宽为 24MHz，信噪比为 16dB，试计算该信道的容量，并说明数据率为 40Mbps 时是否可能进行可靠通信。

解　信噪比 16dB 相当于 $S/N = 10^{16/10} = 39.81$，于是

$$C = 24\log_2(1 + 39.81) = 128.42 \text{(Mbps)}$$

显然，当数据率为 40Mbps 时是可能进行可靠通信的。∎

1.7　通信网络

通信系统可以在两点之间建立链路，使信息从发信端传送到收信端。随着越来越多的人需要进行通信，当人数众多时，我们无法为任意两人铺设信道，建立专用的通信系统。解决公众通信的方案是建立**通信网络（communication network）**。

最早的通信网络是电话网络。电话网络是由许多电话通信链路连接构成的网状通信系统，它连接着所有的电话终端（简称话机），如图 1.7.1 所示。当某人需要与远端的另一人进行通话时，他拿起身边的话机 A，通过拨号呼叫对方的话机 B，网络内部会依据所拨号码形成一条连接这两个话机的通路，使话音可以从 A 传输到 B，从而实现通话。通话完成后，这条通路撤销，网络内部又回归原状，等待新的通话需求。网络内部的链路相当多，能够同时建立起许多条通路，以保证很多人可以同时呼叫，进行通话。

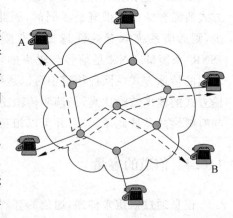

图 1.7.1　电话网络与通路

可见,整个通信网络涉及大量的终端、链路与转接点。终端是信息的源点或终点,在研究通信网络时又常称为**端点**(terminal)或**站点**(station)。端点可以是各种形态的,例如,连接到计算机网络的端点通常是计算机。转接就是交换信息,转接点又称为**交换节点**(switching node),或简称为**节点**(node),节点是一种能够识别信息去向并执行交换的智能设备。节点不同于端点,它并不关心信息的内容是什么,而只是提供一种交换功能,将信息从一个节点转送到另一节点,直至信息到达终点。每一段链路其实就是一个基本的点—点的通信系统。

所以,通信网络本身可定义为节点、链路以及信令与协议的集合。所谓**信令与协议**(signalling system and protocol)就是指导交换设备建立通路与交换信息的指令与约定。"信令"一词多用于电信网络,如公用电话交换网与移动通信网等,它们主要使用的信令是**7 号共路信令系统(SS7)**;而"协议"一词多用于计算机网络,如 Internet 等,它们常用的协议是 TCP/IP 协议。

通信网络是在通信系统的基础上发展起来的,点—点的通信系统解决了每段链路上信息传输的问题。通信原理着重关注作为网络基础的各种通信系统的理论、技术与设计方法。

本章关键词

通过下面的关键词,可以快速地回顾本章的主要知识点。

通信	频带、波长、天线长度
通信系统	长波、中波、短波、微波
发送器、信道、接收器	地波、天波、视线传播
信源、信宿	电离层
莫尔斯电报系统	多径传播
广播、点—点	ITU、CCITT、CCIR
单工、半双工、双工	频分复用(FDM)
文字、语音、音乐、图像、数据	数字通信系统
数字信源、模拟信源	模拟通信系统
消息符号	基带传输、频带传输
M 元符号、比特	调制、解调、载波
基带信号	频带利用率
消息、信息	误比特率(BER)
熵	信噪比(SNR)
信号衰减、加性噪声、传输带宽	信道容量公式
加性高斯白噪声(AWGN)	通信网络
双绞线、同轴电缆、光纤	端点、站点、交换节点
无线中继信道、卫星信道	信令与协议

习题

1. 考虑手机短消息通信，以你自己或其他某人的经验，试估计：(1)按键速率与每个中文字符需要的平均按键次数；(2)假定每个中文字符转换为两字节表示，短消息的二元符号速率是多少？

2. 两个消息符号 X_1 与 X_2 的取值及概率分别为

X_1	a_1	a_2		X_2	a_1	a_2	a_3	a_4
p	0.3	0.7		p	0.3	0.2	0.3	0.2

求它们的熵。

3. 据统计，26 个英文字母中 E 的概率最大，约为 0.105，试求，该字母的自信息量。

4. 假定电话按键由 10 个数字、"＊"与"＃"组成，按压每个数字键的概率均为 0.099，按压"＊"或"＃"的概率各为 0.005，按键速率为 2 次/s。试求：(1)每次按键产生的熵与连续按键的熵率。(2)如果每次按键采用 4 位二进制表示，按键产生的二进制数据率(二元符号率)。

5. 考虑仅用 26 个英文字母的电报通信，假定字母键入速度为 5 字母/s，采用 Morse 码或 Baudot 码将字母转换为二进制符号。试求：(1)如果所有字母出现的概率相等，两种转换方式的二元符号率分别是多少？(2)如果字母出现的概率为：E 的概率为 0.1，A、I、N、S 和 T 的概率均为 0.08，J、Q、X、Y、Z 的概率均为 0.01，其余 15 个字母的概率均为 0.03，那么两种转换方式的二元符号率又分别是多少？

6. 假定容量为 4.7GB 的 DVD 盘可存储 133min 的数字音视频资料，试计算该数字音视频信号的数据率(二元符号率)是多少？

7. 采用无线视距链路连接相距 70km 的两地，假定中间平坦，问收发天线应该架设多高？

8. 许多越洋电话借助卫星通信，假定同步通信卫星距离地面 35 866km，试估计话音传输的时延至少是多少？

9. 试估计下列无线通信设备的最小天线尺寸：(1)短波收音机；(2)FM 收音机；(3)1800MHz 频段的手机；(4)2.4GHz 的 WiFi 无线网络单元。

10. 假定电传打字机的信道带宽为 300Hz，信噪比为 30dB(即 $S/N=10^{30/10}=1000$)，试求该信道的容量。

11. 假定某用户采用拨号上网，已测得电话线可用频带 300～3400Hz，信噪比为 25dB(即 $S/N=10^{2.5}$)，试计算该信道的容量；在选用调制解调器时，可选速率为 56、28.8 或 9.6kbps 的调制解调器哪个较合适？

第
2
章

基础知识

电子通信系统通过某种电子或电气物理量来传输信息,如电流、电压、电磁波等,它们随时间变化,其数学模型是时间的函数,统称为信号。传输过程中会混入噪声与干扰,这些也随时间变化,是时间的函数。大量的信号是不确定的,称为随机信号,它们具有统计规律;也有一些信号是确知的,它们只用明确的时间函数就可以完全表示。为了研究通信系统,我们需要掌握各种信号的基本知识。

"信号与系统"和"随机信号分析"是专门讨论确知信号和随机信号及其相关知识的课程,它们应作为本课程的先修课程。本章将复习与总结信号的基础知识,并着重关注它们在通信方面的内容。本章的内容要点包括:

(1) 信号的基本特征:直流、幅度、功率与能量等。

(2) 傅里叶变换与频域特性:频谱、功率谱与带宽。

(3) 随机信号的特性:均值与相关函数、平稳性与各态历经性、功率谱、高斯分布与高斯信号。

(4) 噪声及其特性:白噪声、低通白噪声、高斯白噪声、热噪声。

(5) 信号通过系统:系统的频率响应、信号无失真传输条件、随机信号经过系统后的功率谱。

(6) 带通信号:复包络与载波、正交与同相分量、频谱(或功率谱)搬移过程、带通高斯白噪声,瑞利与莱斯分布。

2.1 确知信号

本节以确知信号为基础,概要地说明信号的基本知识:几种基本参数、傅里叶变换与频谱密度、能量谱与功率谱密度、频带特征与带宽。

2.1.1 信号及其基本参数

在电子通信中,**信号**(signal)所代表的是某个随时间变化的电气物理量,最常见的是电压 $v(t)$ 或电流 $i(t)$。应用中,随时间变化的物理量也常常称为**波形**(waveform)。

实际的物理波形总是实的、连续的与峰值有限的,并呈现在一个有限的时间段内,它们的频谱主要集中在某个有限的频带之中。为了简化数学分析过程,理论上的信号或波形既基于实际物理量,又进行了必要的理想化。于是,理论体系中定义了一批并不满足可实现条件的基础信号,例如时间范围为 $(-\infty, +\infty)$ 的理想正弦波 $\cos\omega t$、瞬间幅度为无穷大的冲激函数 $\delta(t)$、具有跳跃型间断的矩形脉冲。由此建立的理论体系,只要注意结合应用中问题的具体特点,就能够有效、深入地研究并解决实际问题。

信号或波形具有诸如周期、直流分量、功率与均方幅度等基本物理参数。下面主要以电压信号 $v(t)$ 为例予以说明。

1. 周期

许多信号是周期函数,即 $v(t) = v(t+T)$,T 称为信号的**周期**,而 $1/T$ 称为信号的基频。

2. 直流分量

信号的**直流分量**(**dc**)是其时间平均值,记为

$$v_{dc} = \overline{v(t)} = \lim_{T \to \infty} \frac{1}{2T} \int_{-T}^{T} v(t) \, dt \tag{2.1.1}$$

其中,$\overline{[\cdot]} = \lim_{T \to \infty} \frac{1}{2T} \int_{-T}^{T} [\cdot] \, dt$ 称为时间平均。

有的实际电路允许直流通过,有的不允许。周期信号的直流等于它在一个周期上的平均。

3. 功率与能量

功率定义为单位时间内所做的功。R(欧姆)的纯电阻负载上,电压信号 $v(t)$ 或电流信号 $i(t)$ 所产生的平均功率为

$$P = \frac{\overline{v^2(t)}}{R} \cdot \quad \text{或} \quad P = \overline{i^2(t)} R \tag{2.1.2}$$

为了单独讨论信号本身产生的作用,人们引入"归一化功率"的概念,即令 $R = 1\Omega$(欧姆)。因此,任意信号 $x(t)$ 的(**平均**)**功率**定义为

$$P = \overline{x^2(t)} = \lim_{T \to \infty} \frac{1}{2T} \int_{-T}^{T} x^2(t) \, dt \tag{2.1.3}$$

而信号所蕴含的(**总**)**能量**规定为

$$E = \lim_{T \to \infty} \int_{-T}^{T} x^2(t) \, dt = \int_{-\infty}^{+\infty} x^2(t) \, dt \tag{2.1.4}$$

信号的功率或能量可视为基"大小"的基本度量,它综合考虑了信号幅度与持续时间两方面的因素。容易发现,信号总是两种类型之一:

(1) 功率信号:P 为有限值,而 E 为无穷大。

(2) 能量信号:$P = 0$,而 E 为有限值。

4. 均方根值

信号的**均方根值**(**rms**)定义为

$$v_{rms} = \sqrt{\overline{v^2(t)}} \tag{2.1.5}$$

它是信号"大小"的另一种度量形式。它是一种幅度且又很容易计算功率,因为 $P = v_{rms}^2$。容易看出:

(1) 如果信号是直流,$v(t) = A$,则 $v_{rms} = A$。

(2) 如果信号是正弦波,$v(t) = A\cos(2\pi f t + \theta)$,则 $v_{rms} = 0.707A$。

*5. 功率单位与分贝

功率与能量的标准单位是瓦特(W)与焦耳(J)。但在通信工程中,使用对数尺度表述功率更为便捷,工程师习惯采用分贝瓦(dBW)或分贝毫瓦(dBm),它们与标准单位的换算关系为

$$PWatt = 10 \log_{10} PdBW = (30 + 10 \log_{10} P)dBm$$

例如，0dBW＝1W，3dBW＝2W，0dBm＝1mW，以及 23.01dBm＝200mW。

比较两个信号时，它们 dBW（或 dBmW）的差值正好是功率比值的对数值，即

$$G = 10 \log_{10} P_1 - 10 \log_{10} P_2 = 10 \log_{10} \frac{P_1}{P_2}(\text{dB}) \tag{2.1.6}$$

称为功率增益，单位记为**分贝（Decibel）**。功率的比值本身没有单位，但我们加上 dB 单位以表明其中使用了 10 为底的对数方法。

分析中常常比较信号与噪声，采用信噪比，即

$$\left(\frac{S}{N}\right)_{\text{dB}} = 10 \log_{10} \frac{P_s}{P_n} = (10 \log_{10} P_s) - (10 \log_{10} P_n)(\text{dB}) \tag{2.1.7}$$

其中，P_s 与 P_n 是信号与噪声的功率。

借助信号的均方根值，功率增益与信噪比的计算公式可方便地表述为如下形式

$$G = 20 \log_{10} \frac{x_{1\_\text{rms}}}{x_{2\_\text{rms}}}(\text{dB}) \quad 与 \quad \left(\frac{S}{N}\right)_{\text{dB}} = 20 \log_{10} \frac{s_{\text{rms}}}{n_{\text{rms}}}(\text{dB}) \tag{2.1.8}$$

当然，在实际电路的计算中需要根据信号是电压或电流，考虑具体的负载阻值，即

$$G = 10 \log_{10} \left(\frac{v_{1\_\text{rms}}^2/R_1}{v_{2\_\text{rms}}^2/R_2}\right) = 10 \log_{10} \left(\frac{i_{1\_\text{rms}}^2 R_1}{i_{2\_\text{rms}}^2 R_2}\right) \tag{2.1.9}$$

有时 $R_1 = R_2$，则负载的影响正好抵消。

2.1.2　傅里叶变换与信号的频谱密度

大量的信号都可以表示为各种频率的"单频"信号（正弦信号或复指数信号）的组合，这可以通过信号的傅里叶变换来实现。信号 $x(t)$ 的傅里叶变换与反变换公式为

$$\begin{cases} X(f) = \mathcal{F}[x(t)] = \int_{-\infty}^{+\infty} x(t)\mathrm{e}^{-\mathrm{j}2\pi ft}\,\mathrm{d}t \\ x(t) = \mathcal{F}^{-1}[X(f)] = \int_{-\infty}^{+\infty} X(f)\mathrm{e}^{\mathrm{j}2\pi ft}\,\mathrm{d}f \end{cases} \tag{2.1.10}$$

简记为 $x(t) \Leftrightarrow X(f)$。

$X(f)$ 称为 $x(t)$ 的**频谱密度（spectrum）**，简称频谱。它通常是复数，因而可进一步表示为 $|X(f)|\mathrm{e}^{\mathrm{j}\theta(f)}$。$X(f)$ 的物理含义可粗略解释为：组成 $x(t)$ 的各种"单频"信号中，频率为 f 的信号所占的密度为 $|X(f)|$，相位为 $\theta(f)$。

傅里叶变换的基本性质如表 2.1.1 所列。几种常见信号的傅里叶变换如表 2.1.2 所列。

表 2.1.1　傅里叶变换的基本性质

$x(t)$	$X(f)$
$ax(t) + by(t)$	$aX(f) + bY(f)$
$x(t - t_0)$	$X(f)\mathrm{e}^{-\mathrm{j}2\pi ft_0}$
$x(t)\mathrm{e}^{\mathrm{j}2\pi f_0 t}$	$X(f - f_0)$

续表

$x(t)$	$X(f)$
$x(at)$	$\dfrac{1}{\|a\|}X\left(\dfrac{f}{a}\right)$
$x^*(t)$	$X^*(-f)$
$x(-t)$	$X(-f)$
$x(t)*y(t)$	$X(f)Y(f)$
$x(t)y(t)$	$X(f)*Y(f)$
$\dfrac{\mathrm{d}^n x(t)}{\mathrm{d}t^n}$	$(\mathrm{j}2\pi f)^n X(f)$
$\displaystyle\int_{-\infty}^{t} x(u)\mathrm{d}u$	$\dfrac{X(f)}{\mathrm{j}2\pi f}+\dfrac{X(0)}{2}\delta(f)$

表 2.1.2 常见信号的傅里叶变换

$x(t)$	$X(f)$
$\delta(t)$	1
1	$\delta(f)$
$\mathrm{e}^{\mathrm{j}2\pi f_0 t}$	$\delta(f-f_0)$
$\Pi\left(\dfrac{t}{\tau}\right)$	$\tau\mathrm{sinc}(f\tau),\quad \tau>0$
$B\mathrm{sinc}(Bt)$	$\Pi\left(\dfrac{f}{B}\right),\quad B>0$
$\cos(2\pi f_0 t)$	$\dfrac{1}{2}[\delta(f-f_0)+\delta(f+f_0)]$
$\sin(2\pi f_0 t)$	$-\dfrac{\mathrm{j}}{2}[\delta(f-f_0)-\delta(f+f_0)]$
$\mathrm{e}^{-at}u(t)$ $(a>0)$	$\dfrac{1}{a+\mathrm{j}2\pi f}$

注：表中用到定义如下的几个函数：

① $u(t)=\begin{cases}1, & t\geqslant 0\\ 0, & t<0\end{cases}$　② $\Pi(t)=\begin{cases}1, & |t|\leqslant 1/2\\ 0, & |t|>1/2\end{cases}$　③ $\mathrm{sinc}(t)=\dfrac{\sin(\pi t)}{\pi t}$

2.1.3　能量谱密度与功率谱密度

频谱 $X(f)$ 给出了信号在频域上的构成，这种构成也可以通过能量谱或功率谱的形式表达出来。

1. 能量谱密度

对于能量信号 $x(t)$，能量谱密度定义为 $|X(f)|^2$。它反映了在信号的总能量中频率为 f 的单频信号所占的密度。利用帕塞瓦尔公式可见

$$E = \int_{-\infty}^{+\infty} x^2(t)\mathrm{d}t = \int_{-\infty}^{+\infty} |X(f)|^2 \mathrm{d}f \qquad (2.1.11)$$

因此，所有频率分量的能量之和就是信号的总能量 E。

2. 功率谱密度

对于功率信号 $x(t)$，仿照功率的定义方法定义功率谱密度为

$$P(f) = \lim_{T\to\infty}\frac{1}{2T}\mid X_T(f)\mid^2 \tag{2.1.12}$$

其中，$X_T(f)$ 是 $x_T(t)$ 的傅里叶变换，而 $x_T(t)$ 称为截断信号，它是从 $x(t)$ 上截取的 $[-T,+T]$ 段（在 $[-T,+T]$ 区间外为零），如图 2.1.1 所示。

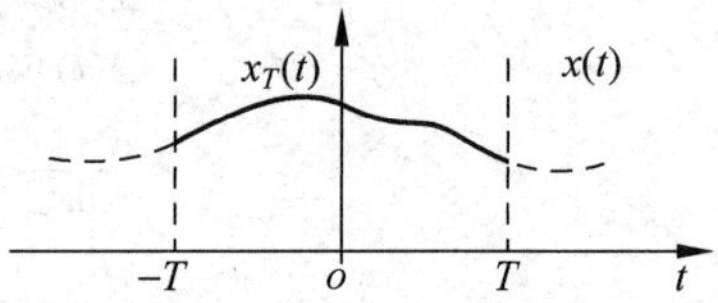

图 2.1.1　截断信号图示

功率谱密度反映了在信号的总功率中频率为 f 的单频信号所占的密度。由于

$$\int_{-T}^{T}x^2(t)\mathrm{d}t = \int_{-\infty}^{+\infty}x_T^2(t)\mathrm{d}t = \int_{-\infty}^{+\infty}\mid X_T(f)\mid^2\mathrm{d}f$$

于是

$$P = \lim_{T\to\infty}\frac{1}{2T}\int_{-T}^{T}x^2(t)\mathrm{d}t = \lim_{T\to\infty}\frac{1}{2T}\int_{-\infty}^{+\infty}\mid X_T(f)\mid^2\mathrm{d}f = \int_{-\infty}^{+\infty}P(f)\mathrm{d}f \tag{2.1.13}$$

因此，所有频率分量的功率之和就是信号的总功率。

定义功率信号的自相关函数

$$r_x(\tau) = \lim_{T\to\infty}\frac{1}{2T}\int_{-T}^{T}x(t)x(t+\tau)\mathrm{d}t \tag{2.1.14}$$

其物理含义反映了功率信号时间上相距 τ 的信号值之间的关联性。易见，总平均功率 $P=r_x(0)$。还可以证明

$$r_x(\tau)\Leftrightarrow P(f) \tag{2.1.15}$$

例 2.1　求正弦信号 $x(t)=\cos(2\pi f_0 t+\theta)$ 的频谱与功率谱。

解　信号的频谱为

$$X(f) = \frac{1}{2}[\delta(f-f_0)\mathrm{e}^{\mathrm{j}\theta}+\delta(f+f_0)\mathrm{e}^{-\mathrm{j}\theta}]$$

由于 $x(t)$ 是周期信号，也是功率信号，为了计算功率谱，我们先求它的相关函数，首先

$$\begin{aligned} x(t)x(t+\tau) &= \cos(2\pi f_0 t+\theta)\cos(2\pi f_0 t+2\pi f_0\tau+\theta) \\ &= \frac{1}{2}[\cos(2\pi f_0\tau)+\cos(4\pi f_0 t+2\pi f_0\tau+2\theta)] \end{aligned}$$

因此

$$\begin{aligned} r_x(\tau) &= \frac{1}{2}\cos(2\pi f_0\tau)+\lim_{T\to\infty}\frac{1}{4T}\int_{-T}^{T}\cos[4\pi f_0 t+(2\pi f_0\tau+2\theta)]\mathrm{d}t \\ &= \frac{1}{2}\cos(2\pi f_0\tau) \end{aligned}$$

所以

$$P(f) = \mathcal{F}\left[\frac{1}{2}\cos(2\pi f_0\tau)\right] = \frac{1}{4}[\delta(f-f_0)+\delta(f+f_0)]$$

可见，信号的频谱与功率谱同样反映出信号的成分集中在 $\pm f_0$ 处，而频谱中还含有相位信息。■

2.1.4　信号的频带与带宽

若信号的主要能量或功率集中在零频率附近,则称这种信号为**基带信号**或**低通信号**(baseband signal)。表征信源的消息信号,最初大都是这类基带信号。若信号的主要能量或功率集中在某一非零频率附近,则称这种信号为**频带信号**、**带通信号**或**通带信号**(bandpass signal)。大量的传输信号是频带信号,比如长途与无线通信中的传输信号。

信号的带宽指信号的能量或功率的主要部分所占的频率范围,我们依据信号的类型的不同,分别在其能量谱或功率谱上进行度量。具体的度量方法有多种,下面以功率型信号与图 2.1.2 的功率谱 $P(f)$ 为例,说明几种常用的带宽。

(1) **绝对带宽**(absolute bandwidth):功率谱上所有非零频率所占的总频率范围。理论上,许多信号的绝对带宽为无穷大,比如,功率谱如图 2.1.2 所示的信号。

(2) **零点带宽**(null-to-null bandwidth,B_0):功率谱的主要部分的两侧经常具有零点,由左、右第一零点之间的距离对应的带宽称为零点带宽。

(3) **功率(或能量)带宽**(power or energy bandwidth,B_{99}):信号 99%(或其他指定百分比)的功率部分对应的带宽,即

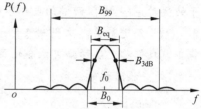

图 2.1.2　各种信号带宽含义示意图

$$\int_0^{B_{99}} P(f)\mathrm{d}f = \left[\int_0^{\infty} P(f)\mathrm{d}f\right] \times 99\% \tag{2.1.16}$$

如果信号的频谱是绝对有限的,绝对带宽是其宽度的合理度量。但是,大量信号的频谱趋于无限,这时只好以其大部分信号占有的宽度作为度量。例如,B_{99}——信号 99%(或其他百分比)的功率部分对应的带宽。这类带宽度量有时也称为**基本带宽**(essential bandwidth)。为了分析的简便,另一种十分常用的度量是零点带宽 B_0,本书就大量使用这种带宽。

其他常见的带宽定义还有:

① **等效矩形带宽**(equivalent rectangular bandwidth,B_{eq}):定义为

$$B_{eq} = \frac{1}{P(f_0)} \int_0^{\infty} P(f)\mathrm{d}f \tag{2.1.17}$$

其中,对于低通信号而言,$f_0 = 0$;对于带通信号而言,f_0 取中心频率。利用此带宽值特别便于计算信号的总功率

$$P = 2B_{eq}P(f_0) \tag{2.1.18}$$

② **3dB 带宽**(3-dB bandwidth,B_{3dB}):功率谱的主要部分的两侧下降到峰值的 1/2 处称为 3dB 点,由 3dB 点对应的带宽称为 3dB 带宽。

2.2 随机信号

通信中大多数的信号、干扰与噪声都是随机的。本节说明一般随机信号的基本概念、概率函数与数字特征，平稳随机信号的相关函数、各态历经性与功率谱密度，以及多个随机信号的联合特性、正交、无关与独立等关系。

2.2.1 概念与定义

实际应用中的物理量大都具有不确定性，因此，相应的信号是随机的，下面我们通过几个例子来考察这类信号。

例 2.2 噪声电压信号：电子设备中，电阻上的噪声电压是典型的随机信号。由于热电子的扰动，引起电阻两端的电压不确定的起伏，对该电压进行一次观测可能记录到一段波形 $x_1(t)$，而进行第二次观测又记录到一段不同的波形 $x_2(t)$，$\cdots$，如图 2.2.1 所示。每次观测前我们都无法预知可能会记录到什么样的波形，该电压信号是无穷多种波形中的某一个，是一族随机的函数。

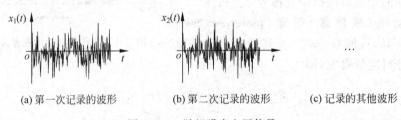

(a) 第一次记录的波形   (b) 第二次记录的波形   (c) 记录的其他波形

图 2.2.1　随机噪声电压信号

我们扩展概率论里随机变量的概念来描述这类信号。对于随机试验样本空间 Ω 上的每个样本点 ξ 定义一个函数 $X(t)$，则我们确定了一个具有一定统计特性的随机函数，称为**随机信号**（**random signal**），形象化地表示为图 2.2.2。

随机信号也可以是离散的，常表示为 $X(n)$ 或 X_n，如下例所述。

例 2.3 二元数字信号：在计算机等数字设备上信息以二进制的形式存储，一长串的二进制比特序列可代表某个图像、语音或其他数据文件。各个比特事先无法预知，因而是二值的随机变量，记为 X_n，而整个序列 $\{X_1, X_2, X_3, \cdots\}$ 称为二元数字信号。它既是一列有序的随机变量，又可视为无穷多种二值数列中的某个未知的数列（如 011010011$\cdots$）。

随机信号具有两层含义：①它的一次出现是一个 t 的确定函数，称为**样本函数**，是随机试验的某次结果；②它在任何时刻

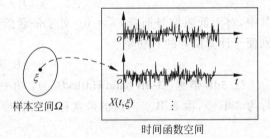

图 2.2.2　定义函数 $X(t)$（或 $X(t,\xi)$）

t 的取值都是事先无法确定的,它是沿 t"推进"的一族随机变量。在数学上更多地称随机信号为**随机过程**(**random process or stochastic process**)。

2.2.2 基本特性

随机信号虽然是不确定的,但也是有规律的,它的基本特性为概率分布与数字特征,通过带时间参量 t 的随机变量 $X(t)$ 来描述。由于含有时间 t,其符号上稍有不同。

1. 概率分布与密度函数

一阶(概率)分布函数(**cumulative distribution function,CDF**)定义为随机变量 $X(t)$ 的分布函数,记为

$$F_X(x;t) = F_{X(t)}(x) = P[X(t) \leqslant x] \qquad (2.2.1)$$

它是 t 时刻的随机变量直至 x 处的累积概率值。**一阶(概率)密度函数**(**probability density function,PDF**)为

$$f_X(x;t) = f_{X(t)}(x) = \frac{\mathrm{d}}{\mathrm{d}x}F_X(x;t) \qquad (2.2.2)$$

随机信号因 t 的不同而包含无穷多个随机变量,因此,深入地描述它需要**高阶(概率)分布与密度函数**,它们基于信号上任意 n 个时刻的随机变量定义如下

$$F(x_1, x_2, \cdots, x_n; t_1, t_2, \cdots, t_n) = P[X(t_1) \leqslant x_1, X(t_2) \leqslant x_2, \cdots, X(t_n) \leqslant x_n] \quad (2.2.3)$$

$$f(x_1, x_2, \cdots, x_n; t_1, t_2, \cdots, t_n) = \frac{\partial^n}{\partial x_1 \partial x_2 \cdots \partial x_n} F(x_1, x_2, \cdots, x_n; t_1, t_2, \cdots, t_n) \quad (2.2.4)$$

通过计算边缘分布,由高阶分布可以得出一阶分布的结果,因此,高阶分布包含了更多的信息,但也更为复杂。许多实际应用中,往往无法(也不必)获得较高阶的分布特性,而只需要一、二阶分布就可以解决大量问题,甚至仅需要几个基本的数字特征即可。

2. 基本数字特征

数字特征是随机变量的某些特定的统计平均(数学期望)值,它们刻画出随机变量的基本特性。随机信号最重要的数字特征是基于单个随机变量 $X(t)$ 或两个变量 $X(t_1)$ 与 $X(t_2)$ 来定义的。

(1) **均值**(**mean**)

$$m_X(t) = m_{X(t)} = E[X(t)] = \int_{-\infty}^{+\infty} x f_X(x;t)\mathrm{d}x$$

(2) **方差**(**variance**)

$$\sigma_X^2(t) = \sigma_{X(t)}^2 = E\{[X(t) - m_X(t)]^2\} = \int_{-\infty}^{+\infty} [x - m_X(t)]^2 f_X(x;t)\mathrm{d}x$$

(3) **自相关函数**(**auto-correlation**)

$$R_X(t_1, t_2) = E[X(t_1)X(t_2)] = \int_{-\infty}^{+\infty}\int_{-\infty}^{+\infty} x_1 x_2 f_X(x_1, x_2; t_1, t_2)\mathrm{d}x_1\mathrm{d}x_2$$

均值与方差反映了其平均部分（直流）的幅度与摆动部分（交流）的功率；均方值 $E[X^2(t)]$ 反映了随机信号的总平均功率。

上面讨论中，各种符号的下标 X 表示所针对的随机信号是 $X(t)$，在不引起混淆时，下标常常省略。

2.2.3 平稳随机过程

一般而言，随机过程的统计特性可能随时间参量变化，但有一类特殊的随机过程，它的统计特性关于时间保持"稳定不变"，称为**平稳（stationary）随机过程**。平稳随机过程具有突出的特性，并且在实际应用中十分常见，因而是一类重要的随机过程。

1. 严格平稳与广义平稳过程

平稳随机过程主要分为两类：

（1）**严格平稳（或强平稳）（SSS）过程**：过程的全部统计特性对于时间具有移动不变性，即，任取 u，其任意 n 维分布函数满足

$$F_X(x_1,x_2,\cdots,x_n;t_1,t_2,\cdots,t_n) = F_X(x_1,x_2,\cdots,x_n;t_1+u,t_2+u,\cdots,t_n+u)$$

$$(2.2.5)$$

（2）**广义平稳（或弱、宽平稳）（WSS）过程**：过程的均值与相关函数对于时间具有移动不变性，即

① 均值为常数：$E[X(t)]=m_X=$ 常数

② 相关函数与时间的绝对数值无关，而只与时间间隔 $\tau=t_1-t_2$ 有关

$$R_X(t_1,t_2) = R_X(t_1-t_2) = R_X(\tau), \quad \tau = t_1 - t_2 \qquad (2.2.6)$$

广义平稳过程常常简称为平稳过程，它只关注一、二阶矩的"时移不变性"，因而很容易得到满足。对于实际问题，如果产生与影响信号的主要物理条件不随时间而改变，那么可以认为此信号是平稳的。通常考虑的都是稳态中的信号，所以认为它们都是平稳过程。

2. 相关函数、协方差函数与相关系数

平稳过程的方差、标准差 σ_X 与均方值 $E[X^2(t)]$ 都是常数。相关函数 $R_X(\tau)$ 具有以下性质：

（1）是实偶函数：$R_X(\tau)=R_X(-\tau)$；

（2）在原点处（均方值）非负并达到最大：$E[X^2(t)]=R_X(0)\geqslant|R_X(\tau)|$。

协方差函数与相关系数分别为：

$$C_X(\tau) = E\{[X(t+\tau)-m_X][X(t)-m_X]\} = R_X(\tau) - m_X^2 \qquad (2.2.7)$$

$$\rho_X(\tau) = C_X(\tau)/C_X(0) \qquad (2.2.8)$$

相关函数、协方差函数与相关系数都反映着信号不同时刻之间在统计意义上的关联程度，它们给出大量同类事件总的关联趋势。其中，相关系数是关联程度的归一化形式。在实际工程中，信号的相关性总是集中在较小的间隔范围内，当两时刻的间隔 τ 大于某值

以后，$\rho(\tau)$ 就很小了。由此，我们定义**相关时间**（**correlation time**）τ_c

$$\tau_c = \int_0^{+\infty} \rho(\tau)\mathrm{d}\tau \tag{2.2.9}$$

作为相关性有无的大致间距度量。

3. 各态历经性

许多平稳信号具有**各态历经性**（**ergodicity**）（或称**遍历性**），即信号的任何一个样本函数的时间平均等于它的统计平均。设信号的样本函数为 $x(t)$，则其时间平均为

$$\overline{X(t)} = \lim_{T\to\infty}\frac{1}{2T}\int_{-T}^{T}x(t)\mathrm{d}t \tag{2.2.10}$$

各态历经性的物理含义为：只要观测的时间足够长，这种信号的每个样本函数都仿佛遍历了信号的各个状态，因此，从它的任何一个样本函数中都可以计算出其统计平均值。

随机信号的各态历经性分为：

(1) **均值各态历经性**：指 $E[X(t)] = \overline{X(t)}$；

(2) **自相关函数各态历经性**：指 $R_X(\tau) = \overline{X(t+\tau)X(t)}$。

如果随机信号同时具有均值与自相关函数各态历经性，则称它具有（**广义**）**各态历经性**。

随机过程的各态历经性是对它进行实际测量与数值分析的理论基础。虽然验证一个平稳信号是否具有遍历性并不容易，然而，物理信号的各个样本函数大都出自于相同的随机因素，因此，通常认为它们将经历信号的各个状态，具有各态历经性。

2.2.4 两个信号的联合特性

研究多个随机信号及相互关系时，我们用到联合特性。两个信号 $X(t)$ 与 $Y(t)$ 的**联合**（**joint**）概率分布函数由 $X(t_1)$ 与 $Y(t_2)$ 来定义

$$F_{XY}(x,y;t_1,t_2) = F_{X(t_1),Y(t_2)}(x,y) = P[X(t_1)\leqslant x, Y(t_2)\leqslant y] \tag{2.2.11}$$

相仿地可定义 $X(t)$ 与 $Y(t)$ 的高阶联合分布及其概率密度函数。

如果信号 $X(t)$ 与 $Y(t)$ 各自广义平稳，且它们的互相关函数对于时间具有移动不变性，即 $R_{XY}(t_1,t_2) = E[X(t_1)Y(t_2)] = R_{XY}(t_1-t_2)$，则称它们**联合广义平稳**。

联合广义平稳信号 $X(t)$ 与 $Y(t)$ 的（联合）数字特征主要是下面三种。

(1) **互相关函数**

$$R_{XY}(\tau) = E[X(t+\tau)Y(t)] = R_{YX}(-\tau)$$

(2) **互协方差函数**

$$C_{XY}(\tau) = E\{[X(t+\tau)-m_X][Y(t)-m_Y]\} = R_{XY}(\tau) - m_X m_Y$$

(3) **互相关系数**

$$\rho_{XY}(\tau) = \frac{C_{XY}(\tau)}{\sigma_X \sigma_Y}$$

至于两个随机信号 $X(t)$ 与 $Y(t)$ 的关系,我们常常考虑下面三种。

(1) **正交(orthogonal)**: $R_{XY}(\tau)=0$

(2) **线性无关,简称无关(uncorrelated)**: $C_{XY}(\tau)=0$,

(3) **独立(independent)**: 任取 $t_1,t_2,\cdots,t_n,s_1,s_2,\cdots,s_m\in T$,恒有

$$F_{XY}(x_1,x_2,\cdots,x_n;y_1,y_2,\cdots,y_m;t_1,t_2,\cdots,t_n;s_1,s_2,\cdots,s_m)$$
$$=F_X(x_1,x_2,\cdots,x_n;t_1,t_2,\cdots,t_n)F_Y(y_1,y_2,\cdots,y_m;s_1,s_2,\cdots,s_m)$$

正交与无关是基于二阶矩的概念,而独立性是基于概率特性的概念,独立性的概念更为苛刻,三者的关系如图 2.2.3 所示。

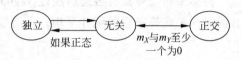

图 2.2.3 独立、无关与正交的关系图

例 2.4 联合平稳随机信号 $X(t)$ 与 $Y(t)$ 的合成信号为 $Z(t)=aX(t)+bY(t)$,其中 a 与 b 是确定量。求合成信号的均值与相关函数。

解 根据定义

$$m_Z = aE[X(t)] + bE[Y(t)] = am_X + bm_Y$$
$$R_Z(\tau) = E\{[aX(t+\tau)+bY(t+\tau)][aX(t)+bY(t)]\}$$
$$= a^2R_X(\tau) + b^2R_Y(\tau) + abR_{XY}(\tau) + baR_{YX}(\tau)$$

可见,$Z(t)$ 也是平稳的。如果 $X(t)$ 与 $Y(t)$ 正交,则交叉项为零,这时,$R_Z(\tau)=a^2R_X(\tau)+b^2R_Y(\tau)$。

2.2.5 功率谱密度

平稳信号在整个时间上稳定、持续,它本质上是功率信号,可以使用功率谱密度考察它们的频域构成。由于信号是随机的,我们在原功率与功率谱定义式(2.1.3)与式(2.1.12)的基础上引入统计平均,于是,随机信号的**功率**与**功率谱密度(power spectral density, PSD)**为

$$P_X = \lim_{T\to\infty}\frac{1}{2T}\int_{-T}^{T}E[X^2(t)]\mathrm{d}t \tag{2.2.12}$$

$$P_X(f) = \lim_{T\to\infty}\frac{1}{2T}E[|X_T(f)|^2] \tag{2.2.13}$$

其中,$X_T(f)$ 是随机信号 $X(t)$ 截取 $[-T,+T]$ 段的傅里叶变换,也是随机的。

维纳-辛钦(Wiener-Khintchine)定理: 平稳信号的功率谱与其自相关函数是一对傅里叶变换,即

$$R_X(\tau)\Leftrightarrow P_X(f) = \int_{-\infty}^{+\infty}R_X(\tau)\mathrm{e}^{-\mathrm{j}2\pi f\tau}\mathrm{d}\tau \tag{2.2.14}$$

该结论与确知信号的相应结论一致。由傅里叶反变换还可见

$$P_X = E[X^2(t)] = R_X(0) = \int_{-\infty}^{+\infty}P_X(f)\mathrm{d}f \tag{2.2.15}$$

因此，$P_X(f)$ 沿 f 轴的"总和"正是信号的平均功率。

例 2.5 正弦信号 $X(t)=A\cos(2\pi f_0 t+\Theta)$，其中 A 是常量，Θ 满足均匀分布 $\Theta\sim U(0,2\pi)$，求它的功率谱。

解 首先计算该信号的均值与相关函数

$$E[X(t)]=A\int_0^{2\pi}\cos(2\pi f_0 t+\theta)\frac{1}{2\pi}\mathrm{d}\theta=0$$

$$R_X(\tau)=A^2 E\{\cos[2\pi f_0(t+\tau)+\Theta]\cos(2\pi f_0 t+\Theta)\}$$

$$=\frac{A^2}{2}E[\cos 2\pi f_0\tau+\cos(4\pi f_0 t+2\pi f_0\tau+2\Theta)]$$

$$=\frac{A^2}{2}\cos 2\pi f_0\tau$$

因此它是平稳的，于是由傅里叶变换有

$$P_X(f)=A^2[\delta(f-f_0)+\delta(f+f_0)]/4$$

它表明该信号的功率全部集中在频率 f_0 处。

考察例中随机信号的频谱函数

$$X(f)=\mathcal{F}[x(t)]=A[\delta(f-f_0)\mathrm{e}^{\mathrm{j}\theta}+\delta(f+f_0)\mathrm{e}^{-\mathrm{j}\theta}]/2$$

它是随机的，由于相位可以取各种角度，该频谱函数的统计平均为零，因而无法描述信号的频谱特性。显然，功率谱没有这个问题，虽然损失了相位特性，但它是确知函数，可以明确有效地说明随机信号中各频率成分的含量。所以，随机信号的频域分析主要是考察信号的功率谱，而非频谱。

功率谱总是正的实函数，实信号的功率谱还必定是偶函数，即，$P_X(-f)=P_X(f)\geqslant 0$。鉴于这种固有的偶函数特点，实信号经常只使用正频率部分，称它为**单边功率谱**。相对地，有时称原定义为双边功率谱。如果记单边功率谱为 $G_X(f)$，为了保持计算的功率一样，有

$$G_X(f)=\begin{cases}2P_X(f),& f>0\\ 0,& f<0\end{cases}\quad(2.2.16)$$

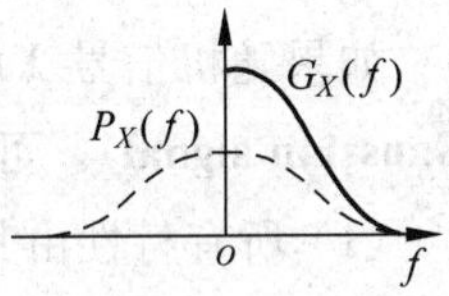

图 2.2.4 单边与双边功率谱

如图 2.2.4 所示。即单边功率谱密度值是双边的两倍。

2.3 高斯信号与高斯白噪声

高斯分布（或称正态分布）是一种极为重要的分布。它在工程应用中经常遇到，且具有良好的数学性质。噪声是所有通信系统的普遍问题。最常见的噪声是一种具有高斯分布的白噪声。本节简要说明高斯分布高斯信号、白噪声及高斯白噪声。

2.3.1 高斯分布与高斯信号

客观现实中的许多随机信号由大量相互独立的随机因素综合影响而形成，其中每

一个别因素在总的影响中所起的作用是微小的,这类随机信号大都近似地服从高斯分布。

高斯(Gaussian)分布是指随机变量 X 的概率密度函数为

$$f_X(x) = \frac{1}{\sqrt{2\pi}\sigma} \exp\left[-\frac{(x-\mu)^2}{2\sigma^2}\right] \tag{2.3.1}$$

其中,μ 和 σ^2 是均值与方差。二维高斯分布是指两个随机变量 X,Y 的联合概率密度函数为

$$f_{XY}(x,y) = \frac{1}{2\pi\sigma_1\sigma_2\sqrt{1-\rho^2}} e^{-\frac{1}{2(1-\rho^2)}\left[\frac{(x-\mu_1)^2}{\sigma_1^2} - 2\rho\frac{(x-\mu_1)(y-\mu_2)}{\sigma_1\sigma_2} + \frac{(y-\mu_2)^2}{\sigma_2^2}\right]} \tag{2.3.2}$$

其中,μ_1,μ_2 和 σ_1^2,σ_2^2 是各自的均值与方差,ρ 是互相关系数。

一维、二维高斯分布简记为 $X \sim N(\mu,\sigma^2)$ 与 $(X,Y) \sim N(\mu_1,\sigma_1^2;\mu_2,\sigma_2^2;\rho)$,它们的密度函数如图 2.3.1 所示。

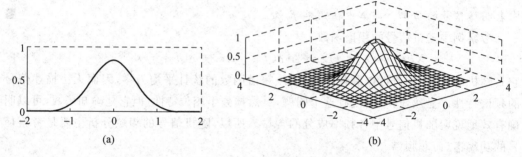

图 2.3.1 一维、二维高斯分布的密度函数

如果随机信号 $X(t)$ 的任意 n 个随机变量是联合高斯分布的,则称该信号为**高斯信号**(**Gaussian signal**)。可以证明,高斯随机信号有下面的重要性质:

(1) 所有特性由其均值函数 $m(t)$ 和协方差函数 $C(t_1,t_2)$ 完全决定。

(2) 是独立信号的充要条件是其协方差函数满足:$C(t_1,t_2)=0,(t_1\neq t_2)$。

(3) 通过任意线性系统后仍然是高斯信号。

对于平稳的高斯信号 $X(t)$,给定其均值 m 与相关函数 $R(\tau)$ 后,信号的各种特性可方便地写出。例如,信号的一阶密度函数为

$$f(x,t) = \frac{1}{\sqrt{2\pi}\sigma} e^{\frac{(x-m)^2}{2\sigma^2}} \tag{2.3.3}$$

其中,方差 $\sigma^2 = R(0) - m^2$。

2.3.2 白噪声

考虑一种理想与简单的零均值平稳过程,其功率谱为常数,即

$$P(f) = \frac{N_0}{2} \tag{2.3.4}$$

则称它是(平稳)白噪声(**white noise**),于是,$R(\tau) = C(\tau) = \frac{N_0}{2}\delta(\tau)$。

白噪声是一种具有无限带宽的理想随机信号,如图 2.3.2 所示,定义中采用常数 $N_0/2$,使得它的单边功率谱正好是 N_0。由于功率谱为常数,具有与光学中白色光相似的功率分布特点,因此被称为白色的。相对地,我们称任意非白色噪声为**有色噪声**(**colored noise**)。

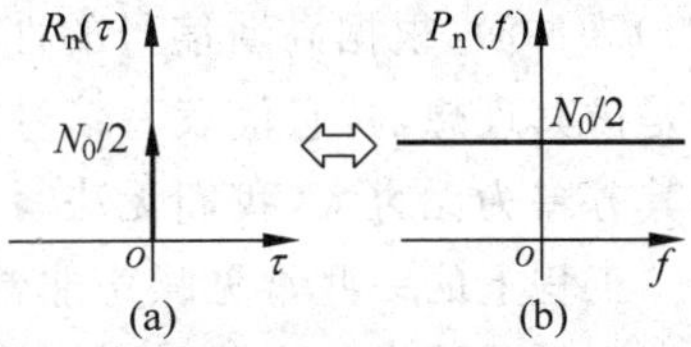

白噪声信号的功率(即方差)为无穷大,而在不同时刻上信号彼此间完全正交与无关,有时也通俗地称这种信号是"纯随机的"。相仿地,**白噪声序列**是功率谱为常数的序列,指

$$P(\mathrm{e}^{\mathrm{j}2\pi f}) = \sum_{k=-\infty}^{+\infty} R_X[k]\mathrm{e}^{-\mathrm{j}2\pi fk} = \frac{N_0}{2}$$

即 $R[k] = \frac{N_0}{2}\delta[k]$。与连续信号不同,离散冲激函数 $\delta[k]$ 在 $k=0$ 是有限的,因此,白噪声序列的方差(或功率)是有限的,取值 $N_0/2$。

若零均值平稳随机过程 $n(t)$ 的功率谱为

$$P_n(f) = \frac{N_0}{2}\Pi\left(\frac{f}{2B}\right) \tag{2.3.5}$$

如图 2.3.3(a)所示,则称它为带宽 B Hz 的**低通(或带限)白噪声**。

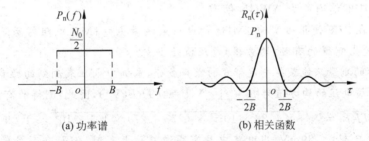

(a) 功率谱   (b) 相关函数

图 2.3.3 低通白噪声的功率谱与相关函数

抑制噪声的基本方法是运用滤波器。对于低频信号采用低通滤波器(LPF),在保证信号通过的情况下尽量清除噪声部分。低通白噪声常常是白噪声通过低通滤波器形成的。低通白噪声的 $P_n(f)$ 是矩形的,可以很方便地计算出其功率为 $P_n = \frac{N_0}{2} \times 2B = N_0 B$。这也是它的方差。如果是高斯的,则在任何时刻都有 $n(t) \sim N(0, N_0 B)$,即它的概率密度函数为

$$f_{n(t)}(x) = \frac{1}{\sqrt{2\pi N_0 B}}\exp\left[-\frac{x^2}{2N_0 B}\right] \tag{2.3.6}$$

还容易得出,$R_n(\tau) = C_n(\tau) = N_0\,\mathrm{sinc}(2B\tau)$,如图 2.3.3(b)所示。由此可见,不同时刻的 $n(t_1)$ 与 $n(t_2)$ 不再是始终无关的,只有在特定的 τ(间距)上,$C_n(\tau) = 0$。从趋势来看,相距较近时相关性很强,相距较远时相关性较弱。

图 2.3.2 白噪声的相关函数与功率谱

2.3.3 高斯白噪声

若白噪声服从高斯分布，则称为**高斯白噪声**（**white Gaussian noise**，**WGN**）。由于 $C(\tau)$ 为冲激，根据高斯信号的性质容易知道，它在不同时刻上彼此独立。可见，高斯白噪声是极其理想的，它代表着信号"随机性"的一种极限。尽管知道该信号的概率特性，但由于其方差为无穷大，我们无法写出其概率分布函数或密度函数。

工程上的一些常见噪声非常接近高斯白噪声，其中最重要的一个是由电阻等固态器件产生的热噪声。实际电阻器中的自由电子呈现出随机扰动，在电阻的两端形成噪声电压，称为**热噪声**（**thermal noise**）。电子热扰动的物理特性使得这种噪声的统计特性具有平稳性并呈高斯分布。实验与理论分析发现，在 1000GHz 以内，电阻器 R 上的等效噪声电压（或电流）的单边谱密度近似为常数

$$P_V(f) \approx 4kTR(\mathrm{V}^2/\mathrm{Hz}), \quad f \geqslant 0 \tag{2.3.7}$$

其中，$k=1.38\times10^{-23}\mathrm{J/K}$（玻尔兹曼常数），$T=(273+C)\mathrm{K}$（绝对温度，$C$ 为摄氏温度），R 是电阻值。1000GHz 包含了极其宽的实用频率，因此，热噪声被视为理想的平稳高斯白噪声，它的（双边）功率谱值是

$$N_0/2 = 2kTR \tag{2.3.8}$$

通信信道中普遍存在的加性噪声主要是这种热噪声，因此称为加性高斯白噪声（AWGN），相应的信道称为 AWGN 信道。

例 2.6 在 27℃ 使用带宽为 1MHz 的电压表测量 $R=1\mathrm{M}\Omega$ 电阻器两端的开路噪声电压，问：理论上测得的有效（均方根）电压值是多少？

解 实际的测量只能获得一定带宽的噪声成分，本例中电压表测到的噪声电压部分只有 $B=1\mathrm{MHz}$，该电压的均方值为 $E[V_0^2]=N_0B=4kTRB(\mathrm{V}^2)$，因此，测得的有效电压值为

$$V_{\mathrm{rms}} = \sqrt{4kTRB} = \sqrt{4\times1.38\times10^{-23}\times(273+27)\times10^6\times10^6} \approx 1.29\times10^{-4}(\mathrm{V})$$

虽然 V_{rms} 只有 0.129mV，当电路中具有高增益放大器时，例如在高灵敏接收机的前端电路中，这种噪声是不可忽视的。

2.4 信号通过线性时不变系统

传输信号的过程中要运用到许多处理系统。本节说明确知与随机信号通过线性时不变系统的基本分析方法，以及信号无失真传输的条件。

2.4.1 确知信号通过系统

给定冲激响应为 $h(t)$ 的线性时不变系统，信号 $x(t)$ 通过该系统后的输出为

$$y(t) = x(t) * h(t) = \int_{-\infty}^{\infty} x(t-u)h(u)\mathrm{d}u \tag{2.4.1}$$

从频谱上看，则

$$Y(f) = X(f)H(f) \tag{2.4.2}$$

其中 $H(f) = \mathcal{F}[h(t)]$，称为系统的**频率响应函数**。若从功率谱看，则

$$P_y(f) = |H(f)|^2 P_x(f) \tag{2.4.3}$$

称 $|H(f)|^2 = \mathcal{F}[r_h(\tau)]$ 为系统的功率传输函数，$r_h(\tau) = \displaystyle\int_{-\infty}^{+\infty} h(t+\tau)h(t)\,\mathrm{d}t$。

2.4.2 无失真传输条件

信号在信道中传输的过程可以看成它通过某个系统的过程。如果将信道的影响表述为频率响应 $H(f)$，则信号经过该信道传输后输出的频域形式为 $Y(f) = H(f)X(f)$，这表明信道的影响以乘法的形式作用到信号 $X(f)$ 上。

好的信道应该让信号无畸变地通过，使传输结果只产生时延与线性缩放，即

$$y(t) = kx(t-\tau)$$

其中 k 与 τ 为常数，相应地

$$Y(f) = (k\mathrm{e}^{-\mathrm{j}2\pi\tau f})X(f)$$

因此，无失真传输条件是：信道的频响特性应为

$$H(f) = k\mathrm{e}^{-\mathrm{j}2\pi\tau f}, \quad 当 f \in \{x(t) \text{ 的绝对带宽范围}\} \tag{2.4.4}$$

如图 2.4.1 所示。对于信号频带之外的地方，$H(f)$ 的取值无所谓。或者说，信号无失真传输的条件是：在信号的频带内系统的频率响应满足：

(1) 幅度特性平坦：$|H(f)| = k$（实常数）；

(2) 相位特性为线性：$\angle H(f) = -(2\pi\tau)f$。

其中，对相位特性的要求还经常用群时延来表述。

定义**群时延（group delay）**为

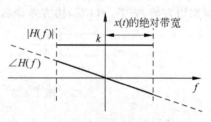

图 2.4.1 无失真传输系统的频响特性

$$T_g(f) = -\frac{1}{2\pi}\frac{\mathrm{d}}{\mathrm{d}f}[\angle H(f)] \tag{2.4.5}$$

它是相位的导数形式，于是，无失真传输的相位要求：$T_g(f) = \tau$（常数）。

2.4.3 平稳随机信号通过系统

给定线性时不变系统 $h(t)$，当输入为平稳随机信号 $X(t)$ 时，系统的输出也是平稳随机信号，并可以表示为

$$Y(t) = X(t) * h(t) = \int_{-\infty}^{+\infty} X(t-u)h(u)\,\mathrm{d}u \tag{2.4.6}$$

而且，$X(t)$ 与 $Y(t)$ 是联合平稳的。上式在形式上与确知信号的结果式是一样的，但其被积函数中包含随机过程，因而积分运算要在均方意义下进行。

1. 输出的概率特性

由式（2.4.6）要显式地解出 $Y(t)$ 与它的概率分布通常是很困难的。因此我们仅讨论

下面几种特定的简单情形：

(1) 如果 $X(t)$ 是高斯过程，则 $Y(t)$ 也是高斯过程。

(2) 如果系统的带宽足够宽，使得 $Y(t) \approx kX(t)$，则 $Y(t)$ 与 $X(t)$ 具有相似的概率特性。

(3) 如果随机信号是宽带的，而系统带宽很窄，则系统从信号中过滤出一窄带信号，当 $X(t)$ 的带宽大于系统带宽约 $7 \sim 10$ 倍以上时，$Y(t)$ 通常趋于高斯信号。

2. 输出的均值、相关函数与功率谱

分析输出过程的均值、相关函数与功率谱是较容易的，而且它们也最为有用，因为由它们可以获得输出过程的主要平均特性、关联程度、功率与频谱特性等。

可以证明，平稳过程 $X(t)$ 通过系统 $h(t)$ 后，输出过程 $Y(t)$ 满足

(1) $$m_Y = m_X H(0) \tag{2.4.7}$$

(2) $$R_{YX}(\tau) = R_X(\tau) * h(\tau) \tag{2.4.8}$$

(3) $$R_{XY}(\tau) = R_X(\tau) * h(-\tau) \tag{2.4.9}$$

(4) $$R_Y(\tau) = R_X(\tau) * h(\tau) * h(-\tau) \tag{2.4.10}$$

其中，$H(0) = H(f)|_{f=0} = \int_{-\infty}^{+\infty} h(t)\mathrm{d}t$，是系统的直流增益。

输出过程的均值、自相关函数与互相关函数的计算公式如图 2.4.2 所示。其他参数，例如均方值、方差、自(互)协方差函数等都可由它们导出。

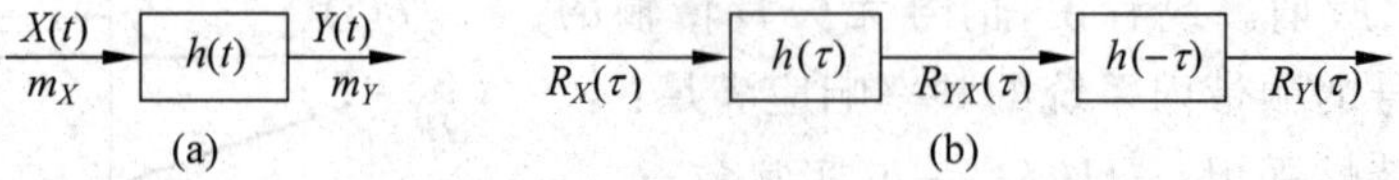

图 2.4.2 输出过程的均值与相关函数

若系统的频响函数为 $H(f)$，由傅里叶变换可知，功率谱与互功率谱关系如下

(1) $$P_{YX}(f) = P_X(f)H(f) \tag{2.4.11}$$

(2) $$P_{XY}(f) = P_X(f)H^*(f) \tag{2.4.12}$$

(3) $$P_Y(f) = P_X(f)|H(f)|^2 \tag{2.4.13}$$

例 2.7 某线性系统的冲激响应为 $h(t) = \mathrm{e}^{-bt}u(t)$，$(b>0)$，输入 $X(t)$ 是零均值平稳信号，其自相关函数是 $R_X(\tau) = \sigma_X^2 \mathrm{e}^{-a|\tau|}$，$(a>0, a \neq b)$。求输出信号 $Y(t)$ 的功率谱与自相关函数。

解 采用频域分析方法，首先

$$h(t) = \mathrm{e}^{-bt}u(t) \iff \frac{1}{b+\mathrm{j}2\pi f}$$

$$R_X(\tau) = \sigma_X^2 \mathrm{e}^{-a|\tau|} \iff \frac{2a\sigma_X^2}{a^2+(2\pi f)^2}$$

由功率谱之间的关系有

$$P_Y(f) = P_X(f)|H(f)|^2 = \frac{2a\sigma_X^2}{a^2+(2\pi f)^2} \times \frac{1}{b^2+(2\pi f)^2}$$

$$= \frac{2a\sigma_X^2}{b^2-a^2}\left[\frac{1}{a^2+(2\pi f)^2} - \frac{1}{b^2+(2\pi f)^2}\right]$$

因此

$$R_Y(\tau) = \frac{a\sigma_X^2}{b^2 - a^2}\left(\frac{1}{a}\mathrm{e}^{-a|\tau|} - \frac{1}{b}\mathrm{e}^{-b|\tau|}\right)$$

*2.4.4　系统的等效噪声带宽

给定系统 $H(f)$，由上面的结论可得，白噪声通过它的输出 $Y(t)$ 的功率谱与功率分别为

$$P_Y(f) = \frac{N_0}{2}|H(f)|^2 \tag{2.4.14}$$

$$P_Y = \frac{N_0}{2}\int_{-\infty}^{+\infty}|H(f)|^2\mathrm{d}f \tag{2.4.15}$$

为了简便快速地计算输出噪声功率，我们定义系统的**等效噪声带宽**（equivalent noise bandwidth）为 B_N，使得

$$P_Y = N_0 B_N G_0 \tag{2.4.16}$$

其中，$G_0 = |H(f_0)|^2$ 为系统的中心功率增益，对于低通系统 $f_0 = 0$，G_0 为直流功率增益；对于带通系统 f_0 为其中心频率，G_0 为该频率处的功率增益。由式（2.4.15）得

$$B_N = \frac{P_Y}{N_0 G_0} = \frac{1}{2|H(f_0)|^2}\int_{-\infty}^{+\infty}|H(f)|^2\mathrm{d}f \tag{2.4.17}$$

容易看出，B_N 正是系统功率传递函数 $|H(f)|^2$ 的矩形等效宽度，如图 2.4.3 所示，B_N 是系统自身的一种带宽参数，它度量白噪声"透过"该系统的程度。显然，B_N 越窄，则系统对白噪声的抑制能力越强。

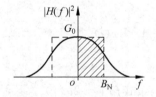
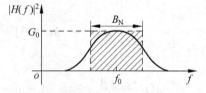

(a) 低通型系统的等效噪声带宽　　　　(b) 带通型系统的等效噪声带宽

图 2.4.3　等效噪声带宽

例 2.8　试求图 2.4.4 中 RC 积分电路的等效噪声带宽。

解　根据电路分析、信号与系统的知识，容易求得

$$H(f) = \frac{1/\mathrm{j}2\pi fC}{R + 1/\mathrm{j}2\pi fC} = \frac{1}{1 + \mathrm{j}2\pi fRC}$$

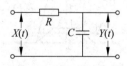

图 2.4.4　RC 积分电路

而 $f_0 = 0$，$|H(0)|^2 = 1$ 与

$$|H(f)|^2 = \frac{1}{1 + (2\pi fRC)^2} \quad\Leftrightarrow\quad r_h(t) = \frac{1}{2RC}\mathrm{e}^{-|t|/RC}$$

得到 $\displaystyle\int_{-\infty}^{+\infty}|H(f)|^2\mathrm{d}f = r_h(0) = 1/2RC$，于是 $B_N = 1/4RC$。

2.5 带通信号

很多信道是带通型的,相应的通信系统必须运用带通信号来传递消息。因此,带通信号是一种基本的信号形式。本节介绍带通信号的基础知识与分析方法,并说明带通随机信号、带通高斯信号与带通高斯白噪声的特性。

2.5.1 希尔伯特变换与解析信号

希尔伯特变换与解析信号是分析带通信号的重要工具。信号 $x(t)$ 的**希尔伯特（Hilbert）变换**记为 $\hat{x}(t)$ 或 $H[x(t)]$,它是下式规定的信号

$$\hat{x}(t) = H[x(t)] = x(t) * \frac{1}{\pi t} \tag{2.5.1}$$

显然,$\hat{x}(t)$ 是 $x(t)$ 通过 LTI 系统 $h(t)=1/(\pi t)$ 的输出,该系统的频响为

$$H(f) = -j\,\mathrm{sgn}(f) = \begin{cases} -j, & f > 0 \\ j, & f < 0 \end{cases} \tag{2.5.2}$$

可见,希尔伯特变换的实质是对信号的正、负频率部分分别实施 $-\pi/2$ 与 $+\pi/2$ 的相移,而幅度保持不变。

由实信号 $x(t)$ 与它的希尔伯特变换 $\hat{x}(t)$ 构造的复信号

$$z(t) = x(t) + j\hat{x}(t) \tag{2.5.3}$$

称为 $x(t)$ 的**解析信号**或**信号预包络（analytic signal or pre-envelope）**。

可以看出

$$z(t) = \left[\delta(t) + j\left(\frac{1}{\pi t}\right)\right] * x(t)$$

而

$$\delta(t) + j\left(\frac{1}{\pi t}\right) \iff 1 + j[-j\,\mathrm{sgn}(f)] = 2u(f) \tag{2.5.4}$$

其中,$u(f)$ 是频域的单位阶跃函数,因此

(1) 解析信号的频谱为 $\quad Z(f)=2X(f)u(f) \tag{2.5.5}$

(2) 解析信号的功率谱为 $\quad P_Z(f)=P_x(f)|2u(f)|^2$
$$=4P_x(f)u(f) \tag{2.5.6}$$

它们如图 2.5.1 所示。

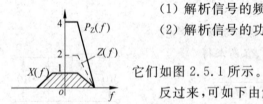

图 2.5.1 频谱与功率谱示意图

反过来,可如下由解析信号求出原信号

$$x(t) = \mathrm{Re}[z(t)] = \frac{z(t) + z^*(t)}{2} \tag{2.5.7}$$

显然,解析信号与原来的实信号一一对应。

2.5.2 带通信号及其复包络

所谓**带通信号**（**bandpass signal**）是指它的频谱 $X(f)$ 只在某个有限的区间 (f_1,f_2) 上非零,其中,$f_2>f_1>0$,而在该区间以外为零。带通信号的典型频谱如图 2.5.2(a)所示,带通信号的频域区间还经常表示为:中心频率 f_c 与带宽 $\Delta f=f_2-f_1$,这时,$f_1=f_c-\Delta f/2$,$f_2=f_c+\Delta f/2$。通信中,中心频率常常就是载波频率。下面只考虑实带通信号,它们的频谱是偶函数。

给定频谱如图 2.5.2(a)所示的带通信号 $x(t)$,其解析信号 $z(t)$ 的频谱如图 2.5.2(b)所示,将 $z(t)$ 的频谱搬移到零频率处得到信号 $x_L(t)$,相应的频谱为 $X_L(f)$ 如图 2.5.2(c)所示。

称 $x_L(t)$ 为带通信号 $x(t)$ 的**复包络**（**Complex envelop**）,它很可能是复信号,记为

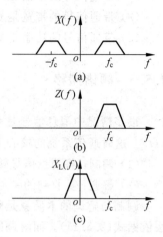

图 2.5.2 带通信号及有关信号的典型频谱

$$x_L(t)=x_c(t)+jx_s(t)=a(t)e^{j\theta(t)} \qquad (2.5.8)$$

其中,$x_c(t)$ 与 $x_s(t)$ 分别称为**同相**（**In-phase**）与**正交**（**Quadrature**）分量,$a(t)$ 与 $\theta(t)$ 分别称为**包络**（**Envelop**）与**相位**（**Phase**）分量。它们之间的关系是:

$$\begin{cases} x_c(t)=a(t)\cos\theta(t) \\ x_s(t)=a(t)\sin\theta(t) \end{cases} \quad 与 \quad \begin{cases} a(t)=|x_L(t)|=\sqrt{x_c^2(t)+x_s^2(t)} \\ \theta(t)=\angle x_L(t)=\arctan\dfrac{x_s(t)}{x_c(t)} \end{cases} \qquad (2.5.9)$$

由带通信号的带宽 Δf 可知,$x_L(t)$ 带宽为 $B=\Delta f/2$,它是低频带限的。进而,$x_c(t)$、$x_s(t)$、$a(t)$ 与 $\theta(t)$ 也是相似的低频带限信号。由频谱位置关系可以得出

$$z(t)=x_L(t)e^{j2\pi f_c t} \qquad (2.5.10)$$

由于 $x(t)=\mathrm{Re}[z(t)]$,结合式(2.5.8)与式(2.5.10),展开后可以得到两种形式

$$x(t)=x_c(t)\cos 2\pi f_c t-x_s(t)\sin 2\pi f_c t \qquad (2.5.11)$$

与

$$x(t)=a(t)\cos[2\pi f_c t+\theta(t)] \qquad (2.5.12)$$

其中,式(2.5.11)这种形式常称为信号 $x(t)$ 的**莱斯表示**。

通常 f_c 远大于 $a(t)$ 与 $\theta(t)$ 的带宽,因此由式(2.5.12)可见:带通信号的波形大体上是正弦波,其包络按 $a(t)$ 缓慢波动,相位按 $\theta(t)$ 缓慢"抖动"。典型的波形如图 2.5.3所示。

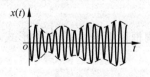

图 2.5.3 带通信号的典型波形

上述讨论方法同样适用于带通随机信号的情形,只不过解析信号 $z(t)$、复包络 $x_L(t)$、同相与正交分量 $x_c(t)$ 与 $x_s(t)$ 以及包络与相位分量 $a(t)$ 与 $\theta(t)$ 都是随机信号,这时借助功率谱来分析更为方便。

对于实的带通信号,其核心是它的复包络 $x_L(t)$（即

$x_c(t)$ 与 $x_s(t)$ ）。要了解带通信号的特性研究其复包络即可。参照图 2.5.2 可以很快得出几个基本结论：

（1）带通信号的频谱（或功率谱）与其复包络的一样，只是位于 f_c 且高度不同而已。

（2）带通信号的带宽是复包络的 2 倍：$B_x = 2B_L$。

（3）带通信号的功率是复包络的 $1/2$：$P_x = P_L/2$。

*2.5.3　频谱搬移

很多情况中消息信号是基带的而传输信号是带通的，它们分别对应于 $x_c(t)$、$x_s(t)$ 与 $x(t)$。这时通信系统的核心工作是完成如下的两个任务：

（1）调制：将消息信号转换为带通信号以便传输，即由 $x_c(t)$ 与 $x_s(t)$ 构造 $x(t)$。

（2）解调：从收到的带通信号中提取消息信号，即从 $x(t)$ 获得 $x_c(t)$ 与 $x_s(t)$。

调制与解调的本质就是频谱搬移，它们的原理框图如图 2.5.4 所示。其中，调制的方法依据式 (2.5.11)。而解调的方法可借助 $x(t) = \mathrm{Re}[z(t)] = [z(t) + z^*(t)]/2$ 与 $z(t) = x_L(t)\mathrm{e}^{\mathrm{j}2\pi f_c t}$，作如下推导

$$2x(t)\mathrm{e}^{-\mathrm{j}2\pi f_c t} = [z(t) + z^*(t)]\mathrm{e}^{-\mathrm{j}2\pi f_c t} = x_L(t) + x_L^*(t)\mathrm{e}^{-\mathrm{j}4\pi f_c t}$$

由于 $x_L(t)$ 是低频带限的，其带宽为 $B = \Delta f/2 < f_c$，因此，上式右端的二次频项 $x_L^*(t)\mathrm{e}^{-\mathrm{j}4\pi f_c t}$ 可用截止频率为 $B = \Delta f/2$（或 f_c）的低通滤波器（LPF）完全清除。于是

$$x_L(t) = \mathrm{LPF}\{x(t) \times 2\mathrm{e}^{-\mathrm{j}2\pi f_c t}\} \tag{2.5.13}$$

即

$$x_c(t) + \mathrm{j}x_s(t) = \mathrm{LPF}\{x(t) \times 2\cos 2\pi f_c t\} - \mathrm{j}\mathrm{LPF}\{x(t) \times 2\sin 2\pi f_c t\} \tag{2.5.14}$$

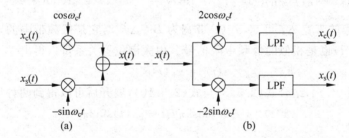

图 2.5.4　调制与解调框图（图中，$\omega_c = 2\pi f_c$，LPF 截止频率为 f_c）

可以看到，一路带通信号可以同时携带两路消息信号 $x_c(t)$ 与 $x_s(t)$。其原因是各自对应的载波 $\cos 2\pi f_c t$ 与 $\sin 2\pi f_c t$ 是彼此正交的，因此，这种系统也称为**正交调制与解调系统**。其中解调的关键是借助正弦振荡 $\cos 2\pi f_c t$ 与 $\sin 2\pi f_c t$，它们必须与传输信号的载波精确一致，这种一致称为**相干**，因此这类解调技术称为**相干解调**。接收端产生高质量的相干正弦振荡是不容易的，相干解调是一种有难度的技术。

如果只有一路消息信号，可以令 $x_s(t) = 0$，则调制与解调框图简化为单支路形式，如图 2.5.5 所示，这是频谱搬移的简单形式。

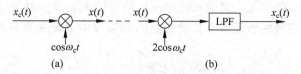

图 2.5.5　简单调制解调框图（图中，$\omega_c = 2\pi f_c$，LPF 截止频率为 f_c）

*2.5.4　带通系统

带通系统是处理与传输带通信号的系统，因此，它频率响应的非零区间应该对准信号的非零区域，而在此区域外的频率响应可以为零。可见，这类系统的冲激响应也是带通的。讨论带通信号与系统相互作用时，总是考虑它们具有相同的频率区间，即有着相同的中心频率与相近的带宽。因为这样才有合适的物理意义。

假定 LTI 带通系统的冲激响应为 $h(t)$，输入信号 $x(t)$ 通过它后的输出为

$$y(t) = h(t) * x(t)$$

在频域上这一过程如图 2.5.6(a) 所示。系统对信号的作用实质上发生在 $\pm f_0$ 附近，由于正负频域的对称性，只需考虑 $+f_0$ 附近即可。显然还可以理解为：这个作用等效地发生在它们的复包络信号上，如图 2.5.6(b) 所示，即

$$y_L(t) = \left(\frac{1}{2} h_L(t)\right) * x_L(t) \tag{2.5.15}$$

请注意，复包络的频谱高度为带通信号的 2 倍，式中 1/2 因子是必须的。

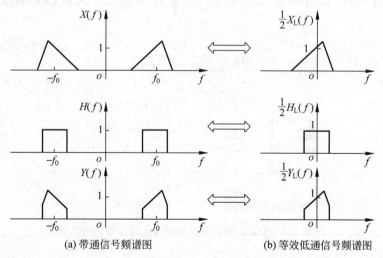

(a) 带通信号频谱图　　　　　　　　(b) 等效低通信号频谱图

图 2.5.6　带通信号通过系统及其低通等效

式(2.5.15)说明分析与研究带通信号及其系统时，可以等效地在它们相应的低通信号与系统上进行。这种等效是很有用的，它在通信系统的计算机模拟分析中大量应用。比如，对于 1.8GHz 的无线通信系统，模拟仅几十千赫带宽的复包络信号的过程，显然比直接模拟 1.8GHz 射频信号的过程要有效得多。

带通信号通过信道后无失真的条件与一般信号的无失真条件原则上一样。不过，人们关注的只是消息信号能够无失真传输，这样，**频带传输的无失真条件**可以通过 $H_L(f)$ 表述为

$$\begin{cases} |H_L(f)| = k（实常数） \\ \tau_g(f) = -\dfrac{1}{2\pi}\dfrac{\mathrm{d}}{\mathrm{d}f}\angle H_L(f) = \tau（实常数） \end{cases} \tag{2.5.16}$$

可以证明：带通信号 $x(t) = x_c\cos 2\pi f_c t - x_s\sin 2\pi f_c t$ 经过满足这种信道传输后形如

$$y(t) = k'x_c(t-\tau)\cos[2\pi f_c(t-\tau_c)] - k'x_s(t-\tau)\sin[2\pi f_c(t-\tau_c)] \tag{2.5.17}$$

其中 k' 与 τ_c 为常数。τ_c 是载波部分的时延，它可能不等于 τ，这时 $y(t)$ 相对于 $x(t)$ 是有失真的，但其中的复包络部分却是无失真。

2.5.5 带通高斯白噪声

分析通信系统时经常遇到带通型的高斯白噪声及其中的传输信号的情况。下面专门予以讨论。

若零均值平稳带通过程 $n(t)$ 具有如图 2.5.7(a) 所示的平坦功率谱密度（双边功率谱值为 $N_0/2$），则称它是带宽为 B 的**带通白噪声**。如果还服从高斯分布，则称它为**带通高斯白噪声**。带通高斯白噪声具有下述性质：

(1) 同相分量 $n_c(t)$ 与正交分量 $n_s(t)$ 是彼此独立的低通高斯白噪声，它们功率谱相同，如图 2.5.7(b) 所示，带宽为 $B/2$，双边功率谱值为 N_0。

(2) 包络 $a_n(t)$ 和相位 $\theta_n(t)$ 彼此独立，它们分别服从**瑞利（Rayleigh）**与均匀分布，即

$$f_{a_n(t)}(r) = \frac{r}{N_0 B}\mathrm{e}^{-\frac{r^2}{2N_0 B}} \quad (r \geqslant 0), \qquad f_{\theta_n(t)}(\theta) = \begin{cases} \dfrac{1}{2\pi}, & \theta \in [0,2\pi] \\ 0, & \theta \notin [0,2\pi] \end{cases} \tag{2.5.18}$$

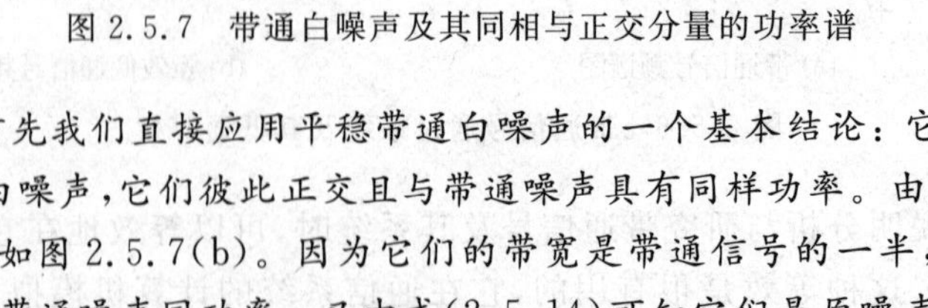

(a) 带通白噪声功率　　　　(b) 同相与正交分量的功率谱

图 2.5.7　带通白噪声及其同相与正交分量的功率谱

证明　(1) 首先我们直接应用平稳带通白噪声的一个基本结论：它的同相与正交分量是相同的低通白噪声，它们彼此正交且与带通噪声具有同样功率。由此可以知道 $n_c(t)$ 与 $n_s(t)$ 的功率谱如图 2.5.7(b)。因为它们的带宽是带通信号的一半，其谱密度应该为两倍，这样保持与带通噪声同功率。又由式(2.5.14)可知它们是原噪声（高斯过程）乘以确知量后通过线性滤波器的结果，所以它们仍然是高斯的。作为高斯过程，它们正交则必

定彼此独立。

（2）为了简化书写，不妨略去符号的时间参数，即分别记 $n(t)$ 的同相、正交、包络与相位为 n_c、n_s、a_n 和 θ_n。由于

$$a_n = \sqrt{n_c^2 + n_s^2} \quad \text{与} \quad \theta_n = \arctan \frac{n_s}{n_c}$$

它们是 n_c 与 n_s 的函数。根据随机变量函数的（联合）概率密度计算公式有

$$f_{a_n \theta_n}(a_n, \theta_n) = f_{n_c n_s}(n_c, n_s) \mid J \mid \quad (a_n \geqslant 0) \tag{2.5.19}$$

其中，$f_{n_c n_s}(\cdot)$ 是 n_c 与 n_s 的联合概率密度函数，由于它们是独立的高斯随机变量，易得

$$f_{n_c n_s}(n_c, n_s) = f_{n_c}(n_c) f_{n_s}(n_s) = \left(\frac{1}{\sqrt{2\pi N_0 B}}\right)^2 \exp\left(\frac{-n_c^2}{2N_0 B}\right) \exp\left(\frac{-n_s^2}{2N_0 B}\right)$$

$$= \frac{1}{2\pi N_0 B} \exp\left(\frac{-a_n^2}{2N_0 B}\right)$$

而 J 是雅克比行列式

$$J = \begin{vmatrix} \dfrac{\partial n_c}{\partial a_n} & \dfrac{\partial n_c}{\partial \theta_n} \\[2mm] \dfrac{\partial n_s}{\partial a_n} & \dfrac{\partial n_s}{\partial a_n} \end{vmatrix} = \begin{vmatrix} \cos\theta_n & -a_n \sin\theta_n \\ \sin\theta_n & a_n \cos\theta_n \end{vmatrix} = a_n$$

所以

$$f_{a_n \theta_n}(a_n, \theta_n) = \frac{a_n}{2\pi N_0 B} \exp\left(\frac{-a_n^2}{2N_0 B}\right), \quad a_n \geqslant 0$$

于是，a_n 和 θ_n 的概率密度函数是

$$f_{a_n}(r) = \int_0^{2\pi} f_{a_n \theta_n}(r, \theta) \mathrm{d}\theta = \frac{r}{N_0 B} \exp\left(-\frac{r^2}{2N_0 B}\right), r \geqslant 0$$

$$f_{\theta_n}(\theta) = \int_0^{+\infty} f_{a_n \theta_n}(r, \theta) \mathrm{d}r = \begin{cases} \dfrac{1}{2\pi}, & \theta \in [0, 2\pi) \\[2mm] 0, & \text{其他} \end{cases}$$

它们正是瑞利与均匀分布。易见，$f_{a_n \theta_n}(r, \theta) = f_{a_n}(r) f_{\theta_n}(\theta)$，可知 a_n 和 θ_n 彼此独立。（证毕）。

例 2.9　零均值带通高斯白噪声：$n(t) = n_c(t)\cos 2\pi f_c t - n_s(t)\sin 2\pi f_c t$，其带宽为 B，双边功率谱值为 $N_0/2$。试求同相与正交分量的概率密度函数与联合密度函数。

解　计算功率得到，$P_n = N_0 B$。因此 $n_c(t)$ 与 $n_s(t)$ 的概率密度函数同为

$$f_{n_c}(x, t) = f_{n_s}(x, t) = \frac{1}{\sqrt{2\pi N_0 B}} e^{-\frac{x^2}{2N_0 B}}$$

又由独立性，所以它们的联合概率密度函数为

$$f_{n_c n_s}(x, y; t_1, t_2) = f_{n_c}(x, t_1) f_{n_s}(y, t_2) = \frac{1}{2\pi N_0 B} e^{-\frac{(x^2 + y^2)}{2N_0 B}} \qquad ■$$

带通信号在高斯白噪声信道中的传输是一种典型情况。接收机前端设置带通滤波器抑制噪声，收到的信号是含有高斯白噪声的带通信号，形如

$$r(t) = s(t) + n(t) \tag{2.5.20}$$

其中，$s(t)$ 是传输的信号，$n(t)$ 是带通高斯白噪声。

假定白噪声（双边）功率谱值为 $N_0/2$，接收带通滤波器增益为 1，带宽为 B_{BPF}，在给定传输信号 $s(t)$ 的条件下，接收信号 $r(t)$ 具有下述性质：

（1）同相信号 $r_c(t)$ 与正交信号 $r_s(t)$ 是彼此独立的高斯信号，它们的均值分别是 $s(t)$ 的同相分量 $s_c(t)$ 与正交分量 $s_s(t)$，方差同为 $N_0 B_{BPF}$。

（2）包络 $a_r(t)$ 服从**莱斯（Rice）分布**，即

$$f_{a_{r(t)}}(r) = = \frac{r}{N_0 B_{BPF}} \exp\left(-\frac{r^2 + a_s^2(t)}{2N_0 B_{BPF}}\right) I_0\left(\frac{ra_s(t)}{N_0 B_{BPF}}\right), \quad r \geqslant 0 \qquad (2.5.21)$$

其中，$a_s(t)$ 为信号的幅度，$I_0(x)$ 为修正的零阶贝塞尔函数，定义为

$$I_0(x) = \frac{1}{2\pi} \int_0^{2\pi} e^{x\cos\theta} d\theta$$

接收信号的相位特性比较复杂，这里不做仔细讨论。莱斯分布也称为**广义瑞利分布**，它在信号为零时退化为瑞利分布，其特性如图 2.5.8 所示。图中采用了归一化包络 $a_0 = a_r(t)/\sqrt{N_0 B}$ 与信号幅度参数 $\alpha = a_s(t)/\sqrt{N_0 B}$。$\alpha$ 其实指示着信噪比。

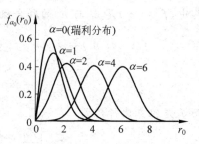

图 2.5.8 瑞利与莱斯分布曲线

证明 （1）由式（2.5.21）有

$$r(t) = [s_c(t)\cos 2\pi f_c t - s_s(t)\sin 2\pi f_c t] + [n_c(t)\cos 2\pi f_c t - n_s(t)\sin 2\pi f_c t]$$
$$= [s_c(t) + n_c(t)]\cos 2\pi f_c t - [n_s(t) + s_s(t)]\sin 2\pi f_c t$$

即 $r_c(t) = s_c(t) + n_c(t)$ 与 $r_s(t) = s_s(t) + n_s(t)$。由于 n_c 与 n_s 是同分布的零均值独立高斯变量，方差为 $N_0 B_{BPF}$，于是，在给定传输信号 $s(t)$ 的条件下，$r_c(t)$ 与 $r_s(t)$ 仍然彼此独立且是高斯的，它们的均值分别是 $s_c(t)$ 与 $s_s(t)$，方差同为 $N_0 B_{BPF}$。

（2）仿照前面关于 $n(t)$ 包络的分析方法，略去时间参数简化符号书写。这时

$$f_{r_c r_s}(r_c, r_s) = \frac{1}{2\pi N_0 B} \exp\left[-\frac{(r_c - s_c)^2 + (r_s - s_s)^2}{2N_0 B}\right]$$

在指数部分中有

$$(r_c - s_c)^2 + (r_s - s_s)^2 = r_c^2 + r_s^2 + s_c^2 + s_s^2 - 2(r_c s_c + r_s s_s)$$
$$= a_r^2 + a_s^2 - 2a_r a_s \cos(\theta_n - \theta_s)$$

代入随机变量函数的概率密度计算式（2.5.20），可得

$$f_{a_r \theta_r}(a_r, \theta_r) = \frac{a_r}{2\pi N_0 B_{BPF}} \exp\left(-\frac{a_r^2 + a_s^2}{2N_0 B_{BPF}} + \frac{a_r a_s \cos(\theta_n - \theta_s)}{N_0 B_{BPF}}\right), \quad a_r \geqslant 0$$

于是

$$f_{a_r}(r) = \int_0^{2\pi} f_{a_r \theta_r}(r, \theta) d\theta = \frac{r}{2\pi N_0 B_{BPF}} e^{-\frac{r^2 + a_s^2}{2N_0 B_{BPF}}} \int_0^{2\pi} e^{\frac{ra_s \cos(\theta - \theta_s)}{N_0 B_{BPF}}} d\theta$$
$$= \frac{r}{N_0 B_{BPF}} \exp\left(-\frac{r^2 + a_s^2}{2N_0 B_{BPF}}\right) I_0\left(\frac{ra_s}{N_0 B_{BPF}}\right), \quad r \geqslant 0$$

（证毕）。

本章关键词

通过下面的关键词,可以快速地回顾本章的主要知识点。

信号与波形	平稳过程、联合平稳
周期	各态历经性
直流分量	互相关与互协方差函数
均方根值	正交、线性无关、独立
分贝	维纳-辛钦定理
功率与能量	双边与单边功率谱
功率信号与能量信号	高斯分布、高斯信号
傅里叶变换与逆变换	白噪声、低通(带限)白噪声
频谱密度	高斯白噪声
能量谱密度	热噪声
功率谱密度	频率响应函数
截断信号	无失真传输的条件
基带信号或低通信号	群时延
频带信号、带通信号	等效噪声带宽
绝对带宽	希尔伯特变换、解析信号
零点带宽	带通信号
(基本)功率带宽	复包络
等效矩形带宽	同相与正交信号
随机信号、随机过程	包络与相位
样本函数	频带传输的无失真条件
概率分布与密度函数	莱斯表示式
均值、方差、均方值	带通高斯白噪声
自相关函数、协方差函数	瑞利与莱斯分布

习题

1. 已知周期信号 $v(t) = \sum\limits_{n=-\infty}^{\infty} p(t-n)$,其中 $p(t)$ 为

$$p(t) = \begin{cases} \mathrm{e}^t, & 0 \leqslant t \leqslant 1 \\ 0, & \text{其他} \end{cases}$$

试求:(1) v_{dc} 与 v_{rms};(2) 当 $v(t)$ 作用于 600Ω 负载上时,负载所消耗功率的瓦数与 dBm 数。

2. 求 $s(t) = \mathrm{rect}\left(\dfrac{t-5}{10}\right) - 20\cos 20\pi t$ 的频谱。

3. 试证明(1) $x(t) * y(t) \leftrightarrow X(f)Y(f)$；(2) $(-j2\pi t)^n x(t) \leftrightarrow \dfrac{d^n X(f)}{df^n}$。

4. 设 $X(t) = x_1\cos 2\pi t + x_2\sin 2\pi t$ 是一个随机过程，其中 x_1 和 x_2 是互相统计独立的高斯随机变量，数学期望均为 0，方差均为 σ^2。试求：

(1) $E[X(t)]$ 与 $E[X^2(t)]$；　　(2) $X(t)$ 的概率密度函数；　　(3) $R_X(t_1,t_2)$。

5. 乘积信号 $Y(t) = X(t)\cos(\omega_0 t + \Theta)$，其中，相位 Θ 服从均匀分布 $U(-\pi,\pi)$，$X(t)$ 为实广义平稳随机信号，均值为零、功率谱 $S_X(\omega)$ 是带限的，Θ 与 $X(t)$ 统计独立。试求 $Y(t)$ 的均值、相关函数与功率谱。

6. 若功率谱为 5×10^{-8} W/Hz 的平稳白噪声作用到冲激响应为 $h(t) = e^{-at}u(t)$ 的系统上，求系统的均方值与功率谱密度。

7. 设正弦过程为 $X(t) = a\cos(2\pi f_0 t + \Phi)$，其中 a 为常量，Φ 在 $[0,2\pi)$ 上均匀分布。当 $X(t)$ 作用到图题 2.7 所示的 RC 电路上时，求稳态时输出信号的功率谱与自相关函数。

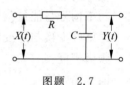

图题　2.7

8. 功率谱为 $N_0/2$ 的白噪声作用到 $|H(0)| = 2$ 的低通网络上，网络的等效噪声带宽为 2MHz。若噪声输出平均功率是 1mW，求 N_0 的值。

9. 某电子系统中，中频放大器的频率特性具有高斯曲线形状，表示为
$$H(f) = K_0 \exp[-(f-f_0)^2/2\beta^2]$$
式中，K_0，β 为正常数，f_0 为中心频率。当输入信号是功率谱密度为 $N_0/2$ 的平稳随机信号时，试求：

(1) 输出功率谱密度；　　(2) 输出自相关函数；　　(3) 等效噪声带宽。

10. 已知 $a(t)$ 的频谱为实函数 $A(\omega)$，假定 $|\omega| > \Delta\omega$ 时，$A(\omega) = 0$，且满足 $\omega_0 \gg \Delta\omega$，试比较：

(1) $a(t)\cos\omega_0 t$ 和 $(1/2)a(t)\exp(j\omega_0 t)$ 的傅里叶变换；

(2) $a(t)\sin\omega_0 t$ 和 $(-j/2)a(t)\exp(j\omega_0 t)$ 的傅里叶变换；

(3) $a(t)\cos\omega_0 t$ 和 $a(t)\sin\omega_0 t$ 的傅里叶变换。

11. 已知某带通系统的冲激响应为
$$h(t) = \begin{cases} \cos\omega_c t, & 0 \leqslant t \leqslant T \\ 0, & \text{其他} \end{cases}$$
输入信号为窄带信号 $x(t) = x_L(t)\cos\omega_c t$，求输出信号 $y(t)$。

12. 假定 $z(t) = \dfrac{d}{dt}x(t)$，试证明：$\mathcal{F}[\hat{z}(t)] = 2\pi|f|\mathcal{F}[x(t)]$，(式中 $\mathcal{F}[\cdot]$ 表示傅里叶变换)。

13. 若零均值平稳窄带高斯随机信号 $X(t)$ 的功率谱密度如图题 2.13 所示。

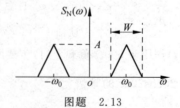

图题　2.13

（1）试写出此随机信号的一维概率密度函数；

（2）写出 $X(t)$ 的两个正交分量的联合概率密度函数。

14. 相干解调器如图题 2.14 所示，输入 $X(t)$ 为窄带平稳噪声，它的自相关函数为

$$R_X(\tau) = \sigma_X^2 e^{-\beta|\tau|} \cos\omega_0\tau, \beta \ll \omega_0$$

若另一输入 $Y(t) = A\sin(\omega_0 t + \theta)$，其中 A 为常数，θ 服从 $[0,2\pi)$ 上的均匀分布，且与 $X(t)$ 独立。求解调器输出 $Z(t)$ 的平均功率。

图题 2.14

第3章

模拟传输

大量的消息信号是模拟的,它们可以直接借助模拟通信系统传输,也可以先转换成数字形式再借助数字通信系统传输。虽然数字通信是发展的主流趋势,但是至今为止仍有许多重要的通信系统还是模拟的,而且,有的通信过程还将继续采用模拟方式。模拟传输的相关理论与技术是深入学习后续各种通信系统的重要理论基础。

模拟通信系统的结构与框图在绪论中已经讨论过了,其核心内容是调制与解调。模拟调制通常采用正弦波来携带基带消息信号,以便在频带信道中传输。调制中,正弦波又**称为载波(carrier)**,消息信号称为**调制信号(modulating signal)**;而输出信号称为**已调信号(modulated signal)**。调制信号大都是基带的,而已调信号是带通的。

典型的调制方式有许多种,它们又分为幅度调制与角度调制两大类,分别具有不同的带宽、抗噪声能力与复杂程度。通信系统通常运用调制技术实现三种基本目的:①把基带消息信号转换为要求的频带信号,才能在特定的频带信道中传输;②使多个消息信号可以基于不同的频带合并在一起传输,称为频分复用;③通过扩展带宽实现优良的抗噪声性能,例如高保真的调频传输。本章将介绍各种重要的模拟调制技术及其特性,内容要点包括:

(1) 幅度调制:常规 AM、DSB-SC、SSB 与 VSB 的概念与特点,信号产生与接收方法,功率谱与效率。

(2) 角度调制:FM 与 PM 的概念与特点,带宽估算公式、正弦调制信号频谱分析,信号产生与接收方法。

(3) 调幅系统性能:模拟调制系统噪声性能分析方法,常规 AM 包络检波性能,常规 AM、DSB-SC、SSB 的相干接收性能。

(4) 调角系统性能:FM 与 PM 系统的噪声性能,预加重与去加重技术,噪声性能的详细分析,门限效应与改善方法。

(5) 比较与应用:几种模拟系统的性能比较,频分复用技术,典型应用系统:无线 AM 广播、立体声 FM 广播、模拟电视广播。

3.1 幅度调制

幅度调制(amplitude modulation)用消息信号去控制载波的瞬时幅度,使载波的幅度随调制信号而变化。幅度调制简称为调幅,它主要包括模拟常规调幅(AM)、抑制载波双边带调幅(DSB-SC)、单边带调幅(SSB)和残留边带调幅(VSB)。下面分别讨论这几种方法。

3.1.1 常规调幅(AM)

1. AM 信号

常规调幅(conventional AM)信号(简称 **AM 信号**)的时域表达式为

$$s_{\text{AM}}(t) = A_c[1 + m(t)]\cos 2\pi f_c t \qquad (3.1.1)$$

其中，A_c是载波幅度，$m(t)$是基带消息信号。它的产生方案如图 3.1.1 所示。

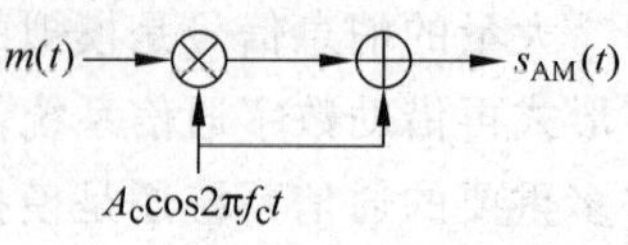

常规调幅信号的典型波形如图 3.1.2（a）所示。由图 3.1.2(a)的波形可见，$s_{AM}(t)$信号的包络直接对应着信号 $m(t)$ 的变化规律。这是通过适当控制 $m(t)$ 的幅度获得

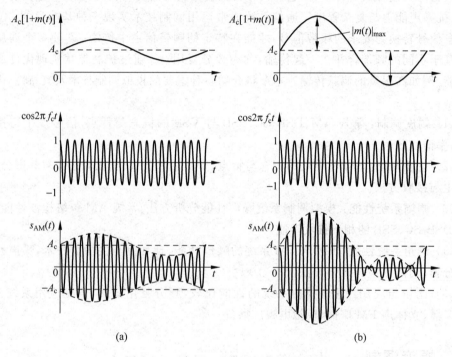

图 3.1.1　AM 信号产生方案

的。只要$|m(t)| \leqslant 1$，使式（3.1.1）中载波振幅恒为正值即可实现。如果不是这样，如图 3.1.2(b)所示，此时$|m(t)|>1$，造成信号 $s_{AM}(t)$ 的包络与消息信号 $m(t)$ 变化规律不一样，这种现象是由于 $m(t)$ 幅度过大造成的，称为**过调幅（over modulation）**失真。通过包络直接反映消息信号的变化规律正是常规 AM 的核心。

图 3.1.2　常规双边带调幅信号波形图

定义**调幅指数（modulation index）**为

$$\beta_{AM} = \frac{\max[s_{AM}(t)] - A_c}{A_c} = \max[m(t)] \tag{3.1.2}$$

它反映了信号在载波幅度上的"调制程度"。正常情况下，$\beta_{AM} \leqslant 1$。$\beta_{AM} = 1$ 时为临界调制，而 $\beta_{AM} > 1$ 时将发生过调制。

2. AM 信号的频域分析

假定调制信号 $m(t)$ 的频谱为 $M(f)$，带宽为 B，由式（3.1.1）易见 AM 信号的频谱 $S_{AM}(f)$ 可表示为

$$S_{AM}(f) = \frac{A_c}{2}[\delta(f - f_c) + M(f - f_c)] + \frac{A_c}{2}[\delta(f + f_c) + M(f + f_c)] \tag{3.1.3}$$

$m(t)$ 与 AM 信号的频谱如图 3.1.3 所示。

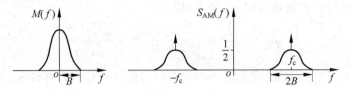

图 3.1.3　常规 AM 信号的幅度谱

由图 3.1.3 可得以下结论：

(1) 幅度调制的过程是频谱搬移的过程，即将 $m(t)$ 的频谱 $M(f)$ 的中心位置搬到载频 f_c 处，频谱的结构没有变化，未产生新的频率分量。

(2) 若基带信号的带宽为 B，AM 信号的带宽(也是系统的传输带宽)用 B_T 表示，则

$$B_T = 2B$$

可见，调制后信号带宽是基带信号带宽的两倍。

(3) 常规调幅 AM 信号两倍宽的频谱中包括上、下两个边带。

频率高于载频 f_c 的边带称为**上边带**(**upper sideband，USB**)；

频率低于载频 f_c 的边带称为**下边带**(**lower sideband，LSB**)。

(4) 在 $\pm f_c$ 处有两个冲激，由式(3.1.1)中 $[1+m(t)]$ 项的 1 产生，它与消息信号无关，因而不携带任何信息。

例 3.1　中波 AM 广播系统的频率范围为 $540 \sim 1600 \mathrm{kHz}$，其中每个电台可占用 10kHz 带宽，调制方式为常规 AM，试估算音频信号的带宽。

解　由题意，$B_T = 10 \mathrm{kHz}$，因此，音频信号的带宽大致为 $B = 5 \mathrm{kHz}$。 ■

3. AM 信号的功率与效率

AM 信号的功率用 P_{AM} 表示，可以通过时间平均来计算

$$P_{\mathrm{AM}} = \overline{s_{\mathrm{AM}}^2(t)} = \overline{A_c^2[1+m(t)]^2 \cos^2 2\pi f_c t}$$

$$= \overline{\frac{A_c^2[1+m(t)]^2}{2}} + \overline{\left\{\frac{A_c^2[1+m(t)]^2}{2}\cos 4\pi f_c t\right\}}$$

上式的第二项中，振幅部分相对于 $\cos 4\pi f_c t$ 是缓慢变化的。因此，其时间平均类似于 $\overline{K\cos 4\pi f_c t} = 0$($K$ 近似为常数)，即第二项可视为 0(还可以根据信号的时间平均等于其直流成分，由于 $B \ll f_c$，该项的傅里叶变换在零频处为 0)。

通常认为调制信号 $m(t)$ 没有直流分量，即 $\overline{m(t)} = 0$，于是，上式中的第一项为

$$\frac{A_c^2}{2}\left[1 + 2\overline{m(t)} + \overline{m^2(t)}\right] = \frac{A_c^2}{2} + \frac{A_c^2}{2}\overline{m^2(t)}$$

仔细观察可见，$A_c^2/2$ 实质上是 $s_{\mathrm{AM}}(t)$ 中纯载波功率，可记为 P_c；$A_c^2\overline{m^2(t)}/2$ 实质上是 $s_{\mathrm{AM}}(t)$ 中的消息信号部分的功率，可记为 P_m，因此

$$P_{\mathrm{AM}} = P_c + P_m = \frac{A_c^2}{2} + \frac{A_c^2}{2}\overline{m^2(t)} \tag{3.1.4}$$

定义**调制效率**（**modulation efficiency**）为传输信号总功率中用于消息部分的功率所占的比例。AM 信号的调制效率用 η_{AM} 表示，即

$$\eta_{AM} = \frac{P_m}{P_{AM}} = \frac{P_m}{P_m + P_c} = \frac{\overline{m^2(t)}}{1 + \overline{m^2(t)}} \tag{3.1.5}$$

为了不产生过调制现象，应保证 $|m(t)| \leqslant 1$，因此，$\overline{m^2(t)} \leqslant 1$，可得 $\eta_{AM} \leqslant 50\%$。例如，单频调制时，$m(t) = A_m \cos(2\pi f_m t + \theta_m)$，此时 $\overline{m^2(t)} = A_m^2/2$，$\beta_{AM} = A_m$，因此

$$\eta_{AM} = \frac{A_m^2/2}{1 + A_m^2/2} = \frac{\beta_{AM}^2}{2 + \beta_{AM}^2} \tag{3.1.6}$$

临界时，$\beta_{AM} = A_m = 1$，有 $\eta_{AM} = 1/3$。实用中常传输语音，此时，η_{AM} 还会更低。可见常规双边带调制是低效率调制，这对通信而言是不利的。

4. AM信号的接收

实际应用中，接收 AM 信号的主要方法是包络检波器——直接提取 $s_{AM}(t)$ 的实包络来恢复消息信号。这种方法显然是基于常规 AM 调制的固有特点。常用的晶体二极管包络检波电路如图 3.1.4 所示，它实质上是一个整流器与一个低通滤波器的结合。

当检波器的输入信号为正半周的高电压时，二极管 D 导通，电流经二极管向电容器 C 充电，当电路的输入信号降低到一定程度（或处于负半周）时，二极管 D 截止，电容 C 上的电压经电阻 R_L 放电，从而产生图 3.1.5 所示的输出电压波形。包络检波器的输出虽然会出现频率为 f_c 的波纹，但当载波频率 $f_c \gg B$（调制信号带宽）时，这种波纹并不明显，并且还可用低通滤波器加以平滑。仔细分析可发现，要很好地提取 $s_{AM}(t)$ 信号的包络，必须使低通滤波器的截止频率远小于 f_c，且远大于 B，即

$$B \ll \frac{1}{2\pi R_L C} \ll f_c$$

式中，$R_L C$ 是滤波时间常数。由图 3.1.5 可见包络检波器的输出信号近似正比于调制信号。

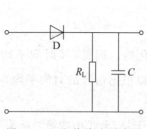

图 3.1.4　包络检波电路图

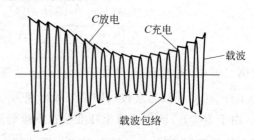

图 3.1.5　包络检波波形

用包络检波器接收信号是一种非常简单的方法，接收机不需要产生与接收信号中的载波完全同频同相的本地载波，这种解调称为**非相干解调**（**non-coherent demodulation**）。因为可以用这种简单廉价的方法进行接收，从而使常规 AM 调制方法在需要大量接收机的情况下非常有优势。广泛应用的调幅广播系统就是用了常规 AM 调制，调幅收音机极其便宜。

3.1.2 抑制载波双边带调幅（DSB-SC）

由于常规 AM 调制的效率极低，为了提高调制效率，人们想到了能否在传输信号中不包含纯载波成分，于是便产生了"没有载波"的调幅方式，称为**抑制载波双边带（double-sideband suppressed carrier，DSB-SC）**调幅。

1. DSB-SC 信号

DSB-SC 信号的时域表达式为

$$s_{\text{DSB}}(t) = A_c m(t)\cos 2\pi f_c t \qquad (3.1.7)$$

其波形如图 3.1.6 所示。抑制载波双边带信号由乘法器产生，实际电路可为平衡调制器或环形调制器。

2. DSB-SC 信号的频域分析

易见，DSB-SC 信号的频谱为

$$S_{\text{DSB}}(f) = \frac{A_c}{2}\big[M(f+f_c) + M(f-f_c)\big]$$

$$(3.1.8)$$

其频谱与 AM 信号的频谱相似，但在载频 $\pm f_c$ 处没有冲激（一般假定 $m(t)$ 没有直流分量）。和 AM 一样，DSB 信号的频带比调制前的基带信号的频带扩宽了一倍，即 $B_{\text{T}} = 2B$。

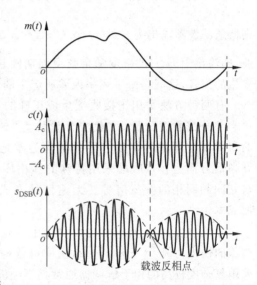

图 3.1.6　DSB 调制波形

3. DSB-SC 信号的功率与效率

DSB-SC 信号的功率为

$$P_{\text{DSB}} = \overline{s_{\text{DSB}}^2(t)} = \overline{A_c^2 m^2(t)\cos^2 2\pi f_c t} = \frac{A_c^2}{2}\overline{m^2(t)} + \frac{A_c^2}{2}\overline{m^2(t)\cos 4\pi f_c t}$$

与 AM 信号的相关分析类似，上式的第二项为 0，于是，$P_{\text{DSB}} = A_c^2\overline{m^2(t)}/2$。因为没有载波功率，所以调制效率 $\eta_{\text{DSB}} = 1$，调制效率得到了极大的提高。

4. DSB-SC 信号的接收

从 DSB-SC 信号的波形图可见，它的包络已不再与调制信号 $m(t)$ 的形状一致，所以 DSB-SC 信号不能用包络检波器解调，只能用相干解调。相干解调原理图如图 3.1.7 所示。

图 3.1.7 中的乘法器与低通滤波器级联构成相干解调器。其中 $\cos(2\pi f_c t + \theta_o)$ 是接收端产生的本地载波。当它与接收信号中的载波完

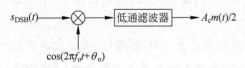

图 3.1.7　DSB-SC 信号的相干解调原理图

全同频同相时，称为双方同步。这时 $f_o = f_c, \theta_o = 0$，于是乘法器的输出信号为

$$s_{\text{DSB}}(t)\cos 2\pi f_c t A_c m(t)\cos^2 2\pi f_c t = \frac{1}{2}A_c m(t)\left[1 + 2\cos 4\pi f_c t\right]$$

低通滤波器滤除 $2f_c$ 分量，输出 $A_c m(t)/2$，系统可无失真地恢复调制信号 $m(t)$。接收端需产生本地载波的解调方法称为**相干解调法**（coherent demodulation）。

若本地载波与发方载波不同步，设 $f_o = f_c + \Delta f$，Δf 为频率误差，$\theta_o = \Delta\theta$ 为相位误差，此时

$$m(t)\cos 2\pi f_c t \cos(2\pi f_o t + \theta_o) = \frac{1}{2}m(t)\{\cos(2\pi\Delta f t + \Delta\theta) + \cos[2\pi(f_c + f_o)t + \theta_o]\}$$

则低通滤波器输出为 $\frac{1}{2}m(t)\cos(2\pi\Delta f t + \Delta\theta)$。当 $\Delta f \neq 0$ 时，它是一载频为 Δf 的调幅波，即输出中 $m(t)$ 的幅度随余弦项周期性起伏，在传输话音时就会听到一种周期性强弱变化的声音，这就是由于频率误差所产生的差拍现象，是一种非线性失真。

有两种方法常用于接收端生成正确的正弦波振荡。一种方法是在发射信号中加入一小部分纯载波分量，该载波分量称为"导频单音"。在接收端，用一个调谐在载频上的窄带滤波器滤出导频信号分量作为本地振荡即可。另一种方法不需要发送端发送导频信号而是在接收端采用特殊的锁相环（PLL），它能从无载波的接收信号中产生出与其同频同相的振荡信号。无论何种方式，技术上要保持同步都是比较繁杂的，会增加成本。

显然，乘法相干解调器也可以用于接收 AM 信号。当 AM 信号作为输入时，相干解调器的输出为 $A_c[1 + m(t)]/2$，从中可获得消息信号。当然，为了接收常规 AM 信号而采用复杂度较高的相干解调器通常是不经济的。

3.1.3 单边带调幅（SSB）

1. SSB 信号及滤波法

抑制载波双边带与常规 AM 信号的频谱都包含上下两个边带，它们对应于原基带信号 $m(t)$ 的正、负频率部分。由于实信号 $m(t)$ 的正、负频率部分是共轭对称的，因此已调信号的频谱中两个边带以载波为轴彼此共轭对称。显然，同时传输两个边带是多余的，因为由任何一个边带可依照对称性复制出另外一个边带。于是，当频带资源紧张时，应该只传输一个边带来提高频带利用率，这样便出现了单边带调幅。**单边带**（single-sideband，**SSB**）调幅信号是只取 DSB-SC 信号中的上边带或下边带分量所得到的信号。产生 SSB 信号的一种基本方法是**滤波法**（Filtering method），其框图与频域原理分别如图 3.1.8 与图 3.1.9 所示，图中 $H_{\text{SSB}}(f)$ 为单边带滤波器的传递函数，$S_{\text{USB}}(f)$ 或 $S_{\text{LSB}}(f)$ 分别表示上、下边带的单边带信号 $s_{\text{USB}}(t)$ 或 $s_{\text{LSB}}(t)$ 的频谱。

一般 $m(t)$ 具有非常丰富的低频成分，因此用滤波法产生 SSB 信号时，要求滤波器的截止特性极为陡峭才行，这种滤波器难于实现。实际应用中往往采用多级调制、多级滤波的办法来降低实现难度。

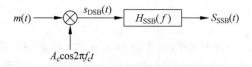

图 3.1.8 SSB 滤波法框图

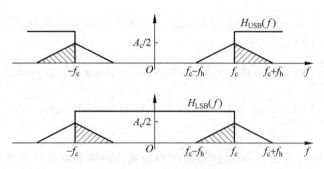

图 3.1.9 滤波法的频域原理

多级调制、多级滤波的框图如图 3.1.10 所示,频域过程如图 3.1.11 所示。可见第一级滤波器频率最低,截止特性的要求高,以后的滤波器频率逐渐升高,但截止特性的要求在下降。最后,f_{c_n} 正好生成最终的 SSB 信号。

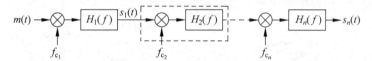

图 3.1.10 多级调制、多级滤波生成 SSB AM 信号的模型

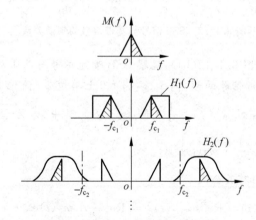

图 3.1.11 多级调制、多级滤波的频域过程

每一次处理(如虚线框)类似一次 SSB,其本质就是频谱再次搬移。这种处理也称为**混频(mixing)**,通信系统中常常需要向上或向下搬移,有时称为**向上或向下变频**。原理上,它由乘法器与 BPF 组成。

2. SSB 信号的接收

SSB 信号与 DSB-SC 一样只能用相干解调法接收，需要用到收发双方完全同步的本地振荡。可以证明 SSB 信号的数学表达式为

$$s_{\text{SSB}}(t) = \frac{1}{2}[A_c m(t)\cos 2\pi f_c t \mp A_c\,\hat{m}(t)\sin 2\pi f_c t] \tag{3.1.9}$$

其中，$\hat{m}(t)$ 为基带信号 $m(t)$ 的希尔伯特变换。由此可得出 SSB 的解调原理为

$$
\begin{aligned}
s_o(t) &= \text{LPF}[s_{\text{SSB}}(t)\cos 2\pi f_c t]\\
&= \frac{1}{2}\text{LPF}[A_c m(t)\,\cos^2 2\pi f_c t \mp A_c\,\hat{m}(t)\sin 2\pi f_c t\cos 2\pi f_c t]\\
&= \frac{1}{4}\text{LPF}\{A_c m(t)[1+\cos 4\pi f_c t] \mp A_c\,\hat{m}(t)\sin 4\pi f_c t\} = \frac{1}{4}A_c m(t)
\end{aligned}
$$

$$\tag{3.1.10}$$

其中，LPF[·] 是以基带信号 $m(t)$ 的最高频率为截止频率的单位增益低通滤波器。

* 3. SSB 信号的相移法

记基带信号 $m(t)$ 的希尔伯特变换与解析信号分别为 $\hat{m}(t)$ 与 $m_Z(t)$，根据解析信号的定义有 $m_Z(t)=m(t)+\text{j}\,\hat{m}(t)=2m_+(t)$，这里，$m_+(t)$ 指 $m(t)$ 频谱中正频率部分对应的信号，其频谱如图 3.1.12(a) 所示。

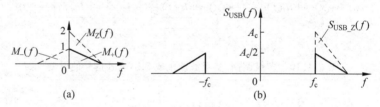

图 3.1.12　SSB 信号与基带信号的频谱关系

以 $S_{\text{USB}}(f)$ 为例（见图 3.1.12(b)），观察 SSB 带通信号与基带信号的频谱关系，图中 $M_Z(f)$ 为基带信号的解析信号的频谱，$S_{\text{USB\_Z}}(f)$ 为上单边带（简记为 USSB）信号的解析信号的频谱。可以发现：$S_{\text{USB\_Z}}(f)=\frac{1}{2}A_c M_Z(f-f_c)$，其中 A_c 为 SSB 信号的幅度。相应的时域关系为 $s_{\text{USB\_Z}}(t)=\frac{1}{2}A_c m_Z(t)\text{e}^{\text{j}2\pi f_c t}$。

因此，由解析信号的有关公式

$$
\begin{aligned}
s_{\text{USB}}(t) &= \text{Re}[s_{\text{USB\_Z}}(t)] = \text{Re}\left[\frac{1}{2}A_c m_Z(t)\text{e}^{\text{j}2\pi f_c t}\right]\\
&= \frac{1}{2}\text{Re}\{A_c[m(t)+\text{j}\,\hat{m}(t)]\text{e}^{\text{j}2\pi f_c t}\}\\
&= \frac{1}{2}[A_c m(t)\cos 2\pi f_c t - A_c\,\hat{m}(t)\sin 2\pi f_c t]
\end{aligned}
$$

类似地,针对下单边带(简记为 LSSB)信号我们需要基带信号频谱中负频率部分 $M_-(f)$ 及其相应的 $m_-(t)$ 信号。易知,$m_z^*(t) = 2m_-(t) = m(t) - \mathrm{j}\,\hat{m}(t)$。于是

$$s_{\mathrm{LSB}}(t) = \frac{1}{2}\left[A_c m(t)\cos 2\pi f_c t + A_c \hat{m}(t)\sin 2\pi f_c t\right]$$

综上所述,SSB 信号的时域统一式为

$$s_{\mathrm{SSB}}(t) = \frac{1}{2}\left[A_c m(t)\cos 2\pi f_c t \mp A_c \hat{m}(t)\sin 2\pi f_c t\right]$$

其中,"一"对应于 USB 信号,"十"对应于 LSB 信号,这便是式(3.1.9)。

基于式(3.1.9)可得相移法产生方案,框图如图 3.1.13 所示,其中 $1/(\pi t)$ 为希尔伯特滤波器的冲激响应。信号 $m(t)$ 通过希尔伯特滤波器后其各频率分量的幅度保持不变,正频率部分相移 $-\pi/2$,负频率部分相移 $+\pi/2$,使后面的双边带信号在载频 f_c 的一边相互抵消,在另一边相互叠加,从而产生单边带信号。这种系统不需要边带滤波器,而利用移相网络,故称为移相法。系统的主要技术难点是希尔伯特滤波器的实现,必须对信号 $m(t)$ 的所有频率分量都进行准确的移相,如果信号低频成分丰富,这是很有难度的。

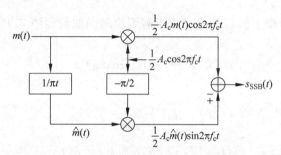

图 3.1.13　单边带信号的相移法产生模型

实际中也常用图 3.1.14 的**维佛法**（Weaver's method）产生单边带信号,其中 f_a 取 $m(t)$ 带宽的一半,$f_b = f_c \pm f_a$,十或一产生上或下边带信号。**维佛法**（Weaver's method）采用正交调制来产生 SSB 信号,既避免采用宽带相移网络,又用一般的低通滤波器来代替边带滤波器,克服了滤波法与相移法的难点。对其工作原理这里不进行详细分析。

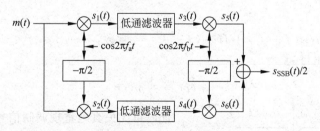

图 3.1.14　维佛法产生单边带信号

3.1.4 残留边带调幅(VSB)

残留边带(vestigial sideband，VSB)调制类似于单边带，但残留了少部分的另一边带。

1. VSB 信号

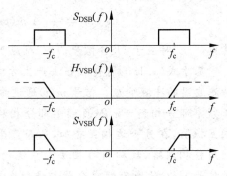

VSB 信号采用滤波法产生，滤波器为残留边带滤波器 $H_{\mathrm{VSB}}(f)$。$H_{\mathrm{VSB}}(f)$具有一定的过渡带的滤波器，因而残留下少量的其他边带，如图 3.1.15 所示。$H_{\mathrm{VSB}}(f)$的过渡带不太陡峭，它比 SSB 的滤波器容易实现。设计时，主要关注其在 $\pm f_c$ 处的过渡带形状，从后面的接收分析可知，它们必须保持互补对称。

图 3.1.15 VSB 滤波法的频域过程

*2. VSB 信号的接收

VSB 信号需要用相干解调接收。相干解调原理图如前面图 3.1.7 所示，令乘法器的输出为

$$s_p(t) = s_{\mathrm{VSB}}(t)\cos 2\pi f_c t$$

傅里叶变换后得到

$$\begin{aligned}
S_p(f) &= \frac{1}{2}S_{\mathrm{VSB}}(f) * [\delta(f+f_c)+\delta(f-f_c)] \\
&= \frac{1}{2}[S_{\mathrm{DSB}}(f)H_{\mathrm{VSB}}(f)] * [\delta(f+f_c)+\delta(f-f_c)] \\
&= \frac{A_c}{4}[M(f)H_{\mathrm{VSB}}(f+f_c)+M(f)H_{\mathrm{VSB}}(f-f_c)] \\
&\quad + \frac{A_c}{4}[M(f-2f_c)H_{\mathrm{VSB}}(f-f_c)+M(f+2f_c)H_{\mathrm{VSB}}(f+f_c)]
\end{aligned}$$

经过低通滤波器，输出信号的频谱用 $S_o(f)$表示为

$$S_o(f) = \frac{A_c}{4}M(f)[H_{\mathrm{VSB}}(f-f_c)+H_{\mathrm{VSB}}(f+f_c)]$$

只要满足

$$H_{\mathrm{VSB}}(f-f_c)+H_{\mathrm{VSB}}(f+f_c) = \text{常数}, \quad -B \leqslant f \leqslant B \tag{3.1.11}$$

则相干解调的输出可为

$$s_o(t) = \frac{1}{4}m(t)$$

图 3.1.16 残留边带滤波器频谱要求

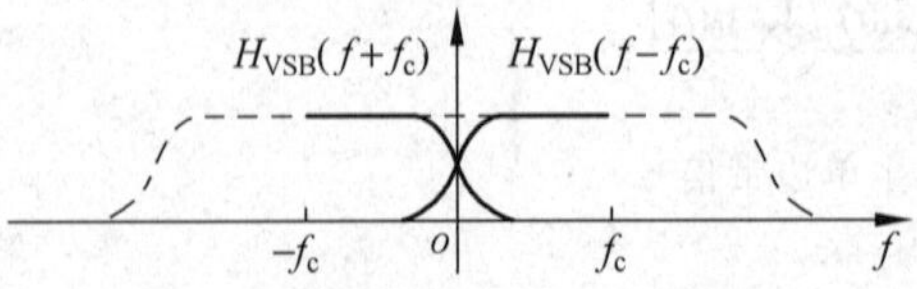

此时可无失真地重现调制信号 $m(t)$。

式(3.1.11)为 $H_{\mathrm{VSB}}(f)$应满足的条件。其中，B 为基带信号带宽，图 3.1.16 在频域示意了这个条件。由图 3.1.16 可见，$H_{\mathrm{VSB}}(f+f_c)+$

$H_{\text{VSB}}(f-f_c)$ 要在 $|f|<B$ 内保持常数,这要求 $H_{\text{VSB}}(f)$ 对于 $\pm f_c$ 是互补对称的。

3.2 模拟角度调制

模拟角调制是连续波调制中的另一种调制方式,与幅度调制的区别在于已调波的幅度不随调制信号变化,而是相位或频率随着调制信号变化。下面详细讨论模拟角调制系统。

3.2.1 角调制的基本概念

角度调制(angle modulation)是已调波的总相角 $\phi(t)$ 随着基带信号 $m(t)$ 作某种变化的调制方式。它包括频率调制和相位调制。一般而言,角调制信号的表达式为

$$s(t) = A_c\cos[\phi(t)]$$

其中,$\phi(t)$ 称为相角,它是随 $m(t)$ 变化的。

1. 相位调制与频率调制的概念

由于已调波是位于频率 f_c 附近的频带信号,其相角 $\phi(t)$ 总是围绕 $2\pi f_c t$ 变化,它呈现为 $2\pi f_c t + \theta(t)$ 的形式。其中,f_c 是常数,称为频带信号的**载波频率**,$\theta(t)$ 称为**相位**。而

$$f_i(t) = \frac{1}{2\pi}\frac{\mathrm{d}}{\mathrm{d}t}\phi(t) = f_c + \frac{1}{2\pi}\frac{\mathrm{d}}{\mathrm{d}t}\theta(t) \qquad (3.2.1)$$

称为**瞬时频率**(instantaneous frequency)。

角调制中,$m(t)\sim\phi(t)$ 的映射有两类典型的规则,分别称为相位调制与频率调制。

(1) **相位调制**(phase modulation,PM,简称调相)

$$\theta(t) = k_{\text{PM}}m(t) \quad 或 \quad f_i(t) = f_c + \frac{k_{\text{PM}}}{2\pi}\frac{\mathrm{d}}{\mathrm{d}t}m(t) \qquad (3.2.2)$$

其中,k_{PM} 称为**相偏常数**,单位 rad/V。故调相信号的数学表达式为

$$s_{\text{PM}}(t) = A_c\cos[2\pi f_c t + k_{\text{PM}}m(t)] \qquad (3.2.3)$$

(2) **频率调制**(frequency modulation,FM,简称调频)

$$\theta(t) = 2\pi k_{\text{FM}}\int m(t)\mathrm{d}t \quad 或 \quad f_i(t) = f_c + k_{\text{FM}}m(t) \qquad (3.2.4)$$

其中,k_{FM} 称为**频偏常数**,单位 Hz/V。因此,调频信号的数学表达式为

$$s_{\text{FM}}(t) = A_c\cos[2\pi f_c t + 2\pi k_{\text{FM}}\int m(t)\mathrm{d}t] \qquad (3.2.5)$$

相位调制或频率调制的名称源于 $m(t)$ 与已调信号的相位或频率直接呈线性关系。无论哪种方式,已调信号需要借助相位来表示。因此,调频信号涉及积分公式。有些书籍习惯采用变上限积分代替这里的不定积分,即写作 $\int_{-\infty}^{t}m(t)\mathrm{d}t$ 或 $\int_{0}^{t}m(t)\mathrm{d}t$,本质上是一样的。其实,只要它的微分为 $m(t)$ 即可,从数学上讲,它是 $m(t)$ 的原函数(即不定积分)。

例 3.2 试用图形表示方波与三角波信号的相位与频率调制信号。

解 方波与三角波信号的相位与频率调制信号如图 3.2.1 所示。从图中可明显地看到 $m(t)$ 信号与已调波的频率或相位的关系,以及调频波与调相波的区别。 ■

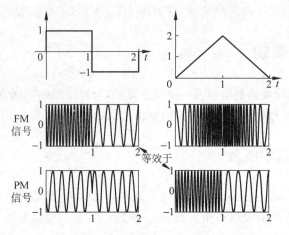

图 3.2.1 方波和三角波的 FM 和 PM 信号

对照 AM 与 DSB-SC 信号的波形可见，PM 与 FM 波形的突出特点是其包络是恒定的，但是过零点的疏密不均匀。恒包络信号在传输中有一个显著的优点，它可以承受非线性放大。实际系统中，实现非线性放大器比实现线性放大器容易许多。

2. PM 与 FM 的等效关系

调频与调相信号其实没有本质的差别，信号的相位与频率同时随时间变化，只是已调信号与调制信号之间的相对关系不同而已。式（3.2.1）表明相位上的变化可以等效为频率上的变化，而频率上的变化也可以等效为相位上的变化。显然 PM 与 FM 可相互等效，如图 3.2.2 所示。

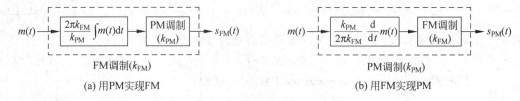

(a) 用PM实现FM   (b) 用FM实现PM

图 3.2.2 PM 与 FM 的等效关系

3. 最大相偏、最大频偏与调制指数

在角调制系统中，调制的程度可用最大频偏 $\Delta f_{\max}$ 和最大相偏 $\Delta\theta_{\max}$ 这两个重要参数来衡量。

（1）**最大相偏（peak phase deviation）** $\Delta\theta_{\max} = |\Delta\theta(t)|_{\max}$：指调角信号相位偏离零相位（未调载波相位）的最大值。它反映了调角信号的相角被调制的程度。对于调相信号而言，$\Delta\theta_{\max} = k_{PM}|m(t)|_{\max}$。

（2）**最大频偏（peak frequency deviation）** $\Delta f_{\max} = |\Delta f_i(t)|_{\max} = |f_i(t) - f_c|_{\max}$：指已调信号的瞬时频率与未调载波频率之差的最大值。它反映调角信号的瞬时频率被调制的程度。对于调频信号而言，$\Delta f_{\max} = k_{FM}|m(t)|_{\max}$。

例 3.3 若消息信号为

$$m(t) = a\cos(2\pi f_m t)$$

它既可对载波 $A_c\cos(2\pi f_c t)$ 进行频率调制，又可对载波进行相位调制。试确定调频信号和调相信号的表达式。

解 若按 PM 调制有 $\theta(t) = k_{PM}m(t) = k_{PM}a\cos(2\pi f_m t)$，因此

$$s_{PM}(t) = A_c\cos[2\pi f_c t + k_{PM}a\cos(2\pi f_m t)]$$

易见最大相偏为 $\Delta\theta_{max} = k_{PM}a$。由于 $f_i(t) = f_c - f_m k_{PM}a\sin(2\pi f_m t)$，得最大频偏为 $\Delta f_{max} = f_m k_{PM}a$。

若按 FM 调制有 $\theta(t) = 2\pi k_{FM}\int m(t)\mathrm{d}t = \dfrac{k_{FM}a}{f_m}\sin(2\pi f_m t)$，因此

$$s_{FM}(t) = A_c\cos\left[2\pi f_c t + \frac{k_{FM}a}{f_m}\sin(2\pi f_m t)\right]$$

易见最大相偏为 $\Delta\theta_{max} = \dfrac{k_{FM}a}{f_m}$。又由于 $f_i(t) = f_c + k_{FM}m(t) = f_c + k_{FM}a\cos(2\pi f_m t)$，得最大频偏为 $\Delta f_{max} = k_{FM}a$。可见，两种情况下都有 $\Delta\theta_{max} = \Delta f_{max}/f_m$。∎

角调制系统难于进行理论分析，研究中常常借助简单的正弦调制信号作为参考。角调制系统在正弦信号调制下的最大相偏称为其调制指数。记正弦信号频率为 f_m，具体定义如下：

(1) PM 信号的**相位调制指数**或**调相指数**（**phase modulation index**）为

$$\beta_{PM} = \Delta\theta_{max} \tag{3.2.6}$$

(2) FM 信号的**频率调制指数**或**调频指数**（**frequency modulation index**）为

$$\beta_{FM} = \frac{\Delta f_{max}}{f_m} = \frac{\Delta f_{max}}{B} \tag{3.2.7}$$

调制指数有时也扩展到一般信号的情形中，以推测其特性，但需要注意具体的条件。这时令 $\beta_{FM} = \Delta f_{max}/B$，其中 B 为调制信号的带宽，通常取其最高频率值。

3.2.2 角度调制信号的频谱特性

1. 基本结论

角度调制信号是一种带通信号，为了分析它的频谱，可以将其写成

$$s(t) = A_c\cos[2\pi f_c t + \theta(t)] = \mathrm{Re}[A_c e^{j\theta(t)}e^{j2\pi f_c t}] = \mathrm{Re}[g(t)e^{j2\pi f_c t}]$$

易见，其复包络为 $g(t) = A_c e^{j\theta(t)}$。

由第 2 章相关知识，带通信号的频谱是其复包络频谱平移到 $\pm f_c$ 处的结果，即

$$S(f) = \frac{1}{2}[G(f - f_c) + G^*(-f - f_c)] \tag{3.2.8}$$

式中，$G(f) = \mathcal{F}[g(t)] = A_c\,\mathcal{F}[e^{j\theta(t)}]$。

因此，分析 $g(t)$ 的傅里叶变换 $G(f)$ 就可以得到 $s(t)$ 的频谱特性。但是，由于 $m(t)$ 映射为 $\theta(t)$ 后位于指数部分，所以精确地推导 $\mathcal{F}[e^{j\theta(t)}]$ 的数学表达式是十分困难的。研究角度调制信号频谱的实用方法是选用一些典型信号进行分析，再由这些典型结果推广出一般结论。最常用的一种信号是正弦消息信号。

在分析角度调制信号的频谱特性时，最为重要的是了解它所占用的带宽。幸运的是，许多学者经过大量研究后得出了一个简单且极为有用的经验公式，称为**卡森（Carson）规则**

$$B_T = 2\Delta f_{max} + 2B = 2(D+1)B \tag{3.2.9}$$

其中，B_T 为已调信号带宽，B 是基带调制信号的带宽（这里 B 应该取基带信号的最高频率，或包含绝大部分信号的带宽）。D 称为**频偏比**，定义为

$$D = \frac{\Delta f_{max}}{B} \tag{3.2.10}$$

另外，在 $D>2$ 时由卡森公式估算的带宽偏窄，必要时可改用 $B_T=2(D+2)B$。

对于正弦调制信号，$B=f_m$，D 正是调制指数 β（无论 β_{PM} 或 β_{FM}）。有的文献中将 D 作为调制指数的扩展定义。

在卡森公式中，通常 Δf_{max} 远大于 B，它对信号的带宽有主要影响。注意到 PM 与 FM 信号的 Δf_{max} 分别为 $\frac{1}{2\pi}k_{PM}|m'(t)|_{max}$ 与 $k_{FM}|m(t)|_{max}$，容易发现：PM 信号的带宽对消息信号的带宽与幅度都是敏感的；而 FM 信号的带宽对消息信号的带宽就不怎么敏感。显然，FM 信号在应用时更容易控制一些。

例 3.4 实际 FM 广播系统的频率范围为 88～108MHz，电台频率间隔为 200kHz。音频信号的最高频率设定为 $f_m=15$kHz，调制方式为 FM，最大频偏 75kHz。试计算传输带宽与系统的调制指数。

解 由卡森公式，$B_T=2\Delta f_{max}+2B=2\times75+2\times15=180$(kHz)。而调制指数可由消息信号的最高频率计算，即 $\beta_{FM}=\Delta f_{max}/f_m=75/15=5$。∎

例 3.5 已知某单频调频波的振幅为 10V，瞬时频率为 $f_i(t)=10^6+10^4\cos2\pi f_m t$，其中，$f_m=10^3$Hz。试求：(1)信号的表达式与带宽 B_T；(2)若将频率 f_m 提高到 2×10^3Hz，再求带宽 B_T。

解 易见基带信号带宽为 $B=f_m$。

(1) 该调频波的瞬时相位为

$$\phi(t) = \int 2\pi f_i(t)dt = \int (2\pi\times10^6 + 2\pi\times10^4\cos2\pi\times10^3 t)dt$$

$$= 2\pi\times10^6 t + \frac{2\pi\times10^4}{2\pi\times10^3}\sin2\pi\times10^3 t = 2\pi\times10^6 t + 10\sin2\pi\times10^3 t$$

$$s_{FM}(t) = 10\cos(2\pi\times10^6 t + 10\sin2\pi\times10^3 t)$$

$$\Delta f_{max} = |10^4\cos2\pi\times10^3 t|_{max} = 10^4(\text{Hz})$$

$$\beta_{FM} = \frac{\Delta f_{max}}{B} = \frac{10^4}{10^3} = 10$$

$$B_T = 2\Delta f_{max} + 2B = 2\times10^4 + 2\times10^3 = 22\times10^3(\text{Hz})$$

(2) 若 $f_m=2\times10^3$(Hz)

$$\Delta f_{max} = |10^4\cos(2\pi\times2\times10^3 t)|_{max} = 10^4(\text{Hz}) \quad (\text{不变})$$

$$\beta_{FM} = \frac{\Delta f_{max}}{B} = \frac{10^4}{2\times10^3} = 5 \quad (\text{变为一半})$$

$$B_T = 2\Delta f_{max} + 2B = 2\times10^4 + 2\times2\times10^3 = 24\times10^3(\text{Hz}) \quad (\text{变化不大})$$

可见,由于 Δf_{max} 不变,调频信号的带宽 B_T 基本不变。

例 3.6 给定某调相信号 $s_{PM}(t) = 10\cos(2\pi \times 10^6 t + 10\sin 2\pi f_m t)$,$f_m = 10^3 \mathrm{Hz}$。试求:(1)信号的带宽 B_T;(2)若将调制信号的频率提高到 $2 \times 10^3 \mathrm{Hz}$,再求带宽 B_T。

解 易见基带信号带宽为 $B = f_m$。

(1)该信号最大相偏为 $\Delta\theta_{max} = 10$,于是,$\beta_{PM} = 10$
$$B_T = 2(\beta_{PM} + 1)B = 2 \times (10 + 1) \times 10^3 = 22 \times 10^3 (\mathrm{Hz})$$

(2)最大相偏仍为 $\Delta\theta_{max} = 10$,于是,$\beta_{PM} = 10$
$$B_T = 2(\beta_{PM} + 1)B = 2 \times (10 + 1) \times 2 \times 10^3 = 44 \times 10^3 (\mathrm{Hz})$$

可见,由于基带信号带宽提高了一倍,调相信号带宽 B_T 也提高了一倍。

*2. 正弦信号角度调制的分析

当 $m(t)$ 是频率为 f_m 的单频正弦信号时,考察角度调制信号的功率谱构成与特点具有很好的启发性。对于不同的调制指数 β,已调信号 $s(t) = A_c\cos[2\pi f_c t + \beta\sin(2\pi f_m t)]$ 的功率谱可以如下分析:

考虑 $s(t)$ 的复包络,$g(t) = A_c e^{j\theta(t)} = A_c e^{j\beta\sin 2\pi f_m t}$。易见,它是周期为 $T_m = 1/f_m$ 的周期信号。所以,$g(t)$ 的频谱由一组冲激组成,各冲激的幅度正是 $g(t)$ 的傅里叶系数 c_n。由定义 c_n 的计算公式如下

$$c_n = \frac{A_c}{T_m} \int_{-T_m/2}^{T_m/2} (e^{j\beta\sin 2\pi f_m t}) e^{-jn2\pi f_m t} dt$$

简化后,$c_n = A_c J_n(\beta)$。其中,$J_n(\beta) = \frac{1}{2\pi} \int_{-\pi}^{\pi} e^{j(\beta\sin\theta - n\theta)} d\theta$,称为第一类 n 阶贝塞尔函数。它没有解析解,因此,我们通过数值方法计算它,进而分析 c_n 的特性。

图 3.2.3 以 $\beta = 0.2$、1.0、2.0 和 5.0 为例给出了理论分析获得的幅度谱图形。图中还标出了按 Carson 公式估算的带宽,易见,该估计是准确的。

正弦角度调制的频谱由离散谱线构成,它们以载波 f_c 为中心向两边展开。第 n 谱线的高度为贝塞尔函数值 $J_n(\beta)$。分析这些频谱可得以下几点具有普遍意义的结论:

(1)影响角调制信号频谱特性的核心参数是调制指数 β。β 很小时频带很集中,当 $\beta \ll 1$ 时为窄带角调制;β 变大时频带变宽且结构(形状)发生变化,此时为宽带角调制。

(2)图中的有效带宽 B_T 是以 Carson 公式估算的结果,显然它准确地反映了信号的带宽。

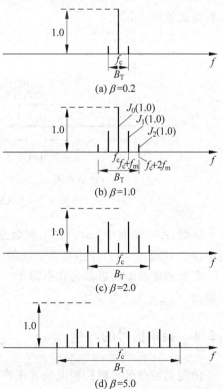

图 3.2.3 不同 β 下采用正弦调制的 FM 或 PM 的幅度频谱

实际上，B_T 对应的部分包括约 $98\% \sim 99\%$ 的信号功率。

（3）载波的强度由 $J_0(\beta)$ 决定，选择合适的 β，可使载波功率减小或为零，从而使已调信号的功率充分应用在信号传输上。

（4）虽然调制信号 $m(t)$ 为单一频率，但由它产生的 FM 或 PM 信号却包含了除载波分量以外的无穷多个边频分量，即产生了许多新的频率分量，这样的调制显然是非线性的。

*3.2.3 窄带角度调制

通常，调制指数远小于 1 弧度的角度调制被称为窄带角度调制。其实，如果 PM 与 FM 系统中，k_{PM} 与 k_{FM} 的值以及基带信号 $m(t)$ 的值很小，使 $\theta(t) \ll 1$，则 $\cos\theta(t) \approx 1$，$\sin\theta(t) \approx \theta(t)$。于是，已调信号可以作下述近似

$$
\begin{aligned}
s(t) &= A_c \cos[2\pi f_c t + \theta(t)] \\
&= A_c \cos\theta(t)\cos 2\pi f_c t - A_c \sin\theta(t)\sin 2\pi f_c t \\
&\approx A_c \cos 2\pi f_c t - A_c \theta(t)\sin 2\pi f_c t
\end{aligned} \tag{3.2.11}
$$

注意到消息信号 $m(t)$ 反映在 $\theta(t)$ 中，对照常规 AM 调制

$$
s_{AM}(t) = A_c \cos 2\pi f_c t + A_c m(t)\cos 2\pi f_c t
$$

可见，这时的角度已调信号非常类似于 AM 信号。只不过消息信号先映射成 $\theta(t)$，而后调制在正弦波（$\sin$）上。

窄带角度调制信号与 AM 信号可以通过相关图形进行直观的比较，如图 3.2.4 所示。

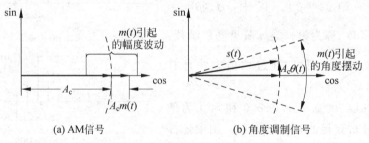

(a) AM信号 (b) 角度调制信号

图 3.2.4　AM 与角调制信号的相量图

显然，AM 调制中，$m(t)$ 作用在余弦波的幅度上，使信号相量的长度波动；而角度调制中，$m(t)$（通过 $\theta(t)$）作用在余弦波的角度上，使信号相量在圆周上"晃动"。

窄带角度调制的近似公式引出了一种很重要的角度调制信号的产生方法，这在后面将讨论。

3.2.4　调角信号的产生

角度调制信号可以按相关公式来产生，主要是直接法和间接法两种。由图 3.2.2 看到，PM 与 FM 是可以相互等效的，因此按一种方法可以等效地产生另一种信号。在实际应用中，调频信号与调频系统更为常见。因为，由 FM 方式产生角度调制信号时更易于控制。

1. 直接调频法

用调制信号直接改变载波振荡器频率的方法称为**直接调频法**。这种方法通过控制振荡器中决定振荡频率的元件参数，使其随调制信号变化来完成调频的任务。直接调频法常用的核心器件是压控振荡器（VCO），它是一种频率随输入电压变化的晶体振荡器。直接调频法的具体原理框图如图 3.2.5 所示。

$$m(t) \rightarrow \boxed{\text{VCO}} \rightarrow \boxed{\text{倍频器}} \rightarrow s_{\text{FM}}(t)$$

图 3.2.5　直接调频原理图

VCO 的输出频率正比于所加的控制电压 $m(t)$，使用倍频器允许 VCO 按较低的调制指数产生 FM 信号。该方法的缺点是载频的稳定性不太好，实用中通常需要附加稳频电路。

*2. 间接调频法

先按式（3.2.11）的近似公式产生窄带调频信号，再经倍频产生宽带 FM 信号的方法称为**间接调频法**，该方法也称为**阿姆斯特朗（Armstrong）法**，其原理如图 3.2.6 所示。

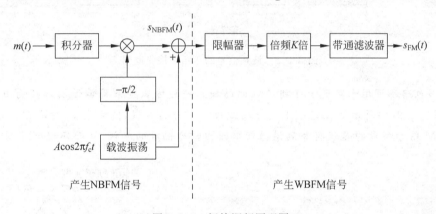

图 3.2.6　间接调频原理图

首先将调制指数 β 除以 K 倍，通常使 $\beta/K < 0.2$ 满足窄带角调制的近似条件要求，而后按式（3.2.11）产生 $s_{\text{NBFM}}(t)$，随后限幅器削除信号包络上因近似引入的小幅波动，然后，K 倍频使信号相角扩大 K 倍，将调制指数扩大到 β。实用中可能通过多级倍频与限幅的组合来完成。最后用 BPF 滤去不需要的频率分量，从而得到宽带 FM 信号。间接调频法的好处是避免使用复杂的 VCO。

3.2.5　调角信号的接收

调频信号通常采用非相干解调方式来接收。这种方式的本质是首先产生一个振幅正比于 FM 信号瞬时频率的 AM 信号，而后再利用 AM 解调器恢复消息信号，其原理框图如图 3.2.7 所示。FM 到 AM 的转换规律为：频率增大则信号幅度增大，频率减小则信号幅度减小。其频率特性形如：$|H(f)| = 2\pi f$，这实质上是微分器所具有的频响特性。其实，FM 信号微分后得到

$$s_d(t) = \frac{d}{dt} A_c \cos\left[2\pi f_c t + 2\pi k_{FM} \int m(t)\,dt\right]$$

$$= -A_c[2\pi f_c + 2\pi k_{FM} m(t)]\sin\left[2\pi f_c t + 2\pi k_{FM} \int m(t)\,dt\right]$$

由于 f_c 很大,使 $2\pi f_c + 2\pi k_{FM} m(t) > 0$,因此它类似 AM 信号,利用包络检波器就可以提取其中的消息信号 $m(t)$。因此,FM 的非相干接收机框图为图 3.2.8 的形式,其中,微分器和包络检波器级联的核心单元称为**鉴频器**(**frequency discriminator**)或频率检波器(**frequency detector**)。FM 信号是等幅信号,限幅器及带通滤波器的作用是尽量抑制噪声。

图 3.2.7　角调制信号的接收原理图

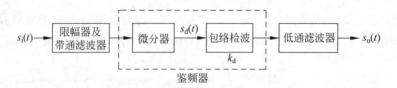

图 3.2.8　调频信号的非相干接收框图

许多电路都可用于实现 FM 到 AM 的转换。一种方案是采用调谐回路频响曲线的斜坡,如图 3.2.9(a)所示。在斜边上选一段线性度较好的区域,使频率 f_c 对准其中心位置,这样,FM 信号频率的起伏将导致谐振回路输出信号幅度的起伏,从而实现 FM 到 AM 的

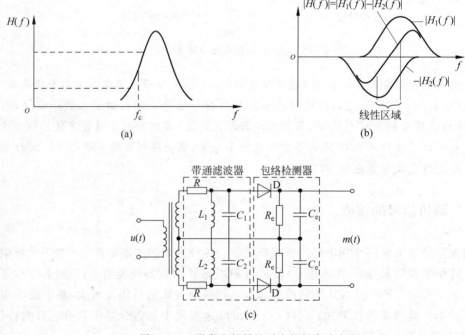

图 3.2.9　平衡鉴频器及对应的频率响应

转换。调谐回路容易实现,但其线性区域一般较窄,为此,可以用两个互补的调谐回路组合成如图 3.2.9(c)所示的平衡鉴频器。它可以提供如图 3.2.9(b)所示的频响曲线。

另一种方案还可采用简单 RC 高通滤波器频响的斜坡过渡段。

3.3 幅度调制系统的抗噪声性能

分析噪声对传输信号的影响是研究通信系统可靠性的基本内容。在模拟通信中,调制系统的抗噪声性能由它最终的输出信噪比给出。本节将说明模拟传输系统的噪声问题及其研究方法,分析噪声对各种调幅系统的影响,并具体计算各个系统的抗噪性能。

3.3.1 模拟传输中的噪声问题

噪声是信道的基本问题,经过传输的信号总会混入噪声使消息信号受到污染,我们关注最终消息信号的质量。

1. 基带传输系统

首先考虑直接传输模拟消息信号的情形,如图 3.3.1 所示。

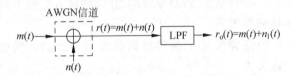

图 3.3.1 基带传输系统

由于消息信号 $m(t)$ 是基带的,该系统为**模拟基带系统**。考虑基本的加性高斯白噪声(AWGN)信道,令噪声功率谱密度为 $N_0/2$。

假定 $m(t)$ 的带宽为 B,为了抑制噪声,接收时采用同样带宽的低通滤波器,这样在不损伤 $m(t)$ 的条件下,最大限度地滤除了噪声。输出中残留的噪声 $n_1(t)$ 是带宽为 B 的低通白噪声,功率为 $N_0 B$。

作为模拟信号,$r_o(t)$ 的噪声性能通过信噪比来衡量,记为 $(S/N)_o$。显然

$$\left(\frac{S}{N}\right)_o = \frac{P_m}{P_{n_1}} = \frac{\overline{m^2(t)}}{N_0 B} \tag{3.3.1}$$

为了分析简便,考虑 LPF 的增益为 1。

2. 频带传输系统

为了在带通信道上进行传输,模拟通信系统采用本章前面讨论的各种调制解调技术。这时,传输过程如图 3.3.2 上边通路所示。

传输中,已调信号 $s(t)$ 经过 AWGN 信道。接收时先由带通滤波器尽量滤除带外噪声,该滤波器对准 f_c 且带宽刚好为信号 $s(t)$ 的带宽。记解调器的输入信号为 $r_i(t) = s(t) +$

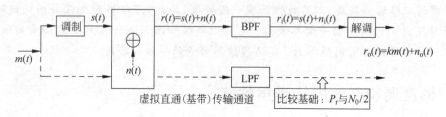

图 3.3.2　频带传输系统

$n_i(t)$，其中，$n_i(t)$ 是带宽为 B_T 功率谱密度为 $N_0/2$ 的带通白噪声。

于是，解调器的输入信噪比为

$$\left(\frac{S}{N}\right)_i = \frac{P_s}{P_{n_i}} = \frac{P_s}{N_0 B_T} \tag{3.3.2}$$

其中，P_s 是接收到的频带信号的功率，P_{n_i} 为带通白噪声的功率。

$r_i(t)$ 通过解调器处理后，最终输出基带信号 $r_o(t)$，其中除消息信号部分 $km(t)$ 外，还含有噪声 $n_o(t)$。常数 k 反映具体的解调方法可能引入的固有增益。为了衡量输出信号的噪声性能，定义解调器输出信噪比为

$$\left(\frac{S}{N}\right)_o = \frac{k^2 \overline{m^2(t)}}{P_{n_o}} \tag{3.3.3}$$

其中，P_{n_o} 为 $n_o(t)$ 的功率。$n_o(t)$ 是由 $n_i(t)$ 导致的，并因解调方法的不同而不同，如果 $n_o(t)$ 不是白噪声，则 P_{n_o} 不能简单求出。

$(S/N)_o$ 与 $(S/N)_i$ 的差异反映了某种解调器对信噪比的改善能力，称为**解调增益**（**demodulation gain**），定义为

$$G_{DEM} = \frac{(S/N)_o}{(S/N)_i} \tag{3.3.4}$$

为了衡量各种频带传输系统的总体性能，我们以直接传输消息信号的虚拟基带系统作为参照系统，如图 3.3.2 中虚线所示。作为比较基础，假定：

（1）实际系统与虚拟系统接收到的信号功率相同，记为 P_r；

（2）实际系统与虚拟系统的噪声功率谱密度值相同，记为 $N_0/2$。

这样虚拟的基带传输系统中 $P_r = P_m$，因此，输出信噪比为 $\left(\frac{S}{N}\right)_{baseband} = \frac{P_r}{N_0 B}$。实际系统中 $P_r = P_s$，输出信噪比可表示为 $\left(\frac{S}{N}\right)_o = G_{DEM}\left(\frac{S}{N}\right)_i = G_{DEM} \times \frac{P_r}{N_0 B_T}$。定义**系统增益**（**System gain**）为

$$G_{SYS} = \frac{(S/N)_o}{(S/N)_{baseband}} = G_{DEM} \times \left(\frac{B}{B_T}\right) \tag{3.3.5}$$

它反映了某种调制解调系统相对于统一参照系统的总体增益。

从定义可见，对比 G_{DEM} 可以了解某频带传输系统的解调器对信噪比的影响；对比 G_{SYS} 可以了解不同频带传输系统之间在信噪比上的整体优劣。

3.3.2 常规 AM 系统(非相干解调)

对于常规 AM 系统,接收信号带宽 $B_T=2B$,功率为 $P_{AM}=A_c^2[1+\overline{m^2(t)}]/2$,于是

$$\left(\frac{S}{N}\right)_i = \frac{A_c^2[1+\overline{m^2(t)}]/2}{2N_0B}$$

包络检波器是非线性器件,分析其输出信号的信噪比较为复杂,这里先给出有关结论:

(1) 当信号很强时,输入信噪比 $(S/N)_i \gg 1$,则 $\left(\dfrac{S}{N}\right)_o = \dfrac{A_c^2\overline{m^2(t)}}{2N_0B}$。

(2) 当信号很弱时,输入信噪比 $(S/N)_i < 1$,则 $(S/N)_o$ 很小,通信无法正常进行。

这种现象称为"门限效应":仿佛存在某个门限,当 $(S/N)_i$ 高于门限时通信正常;低于门限时通信几乎中断。实际上,常规 AM 系统正常工作时总是要达到 $(S/N)_i \gg 1$ 的条件,通常要求 $(S/N)_i$ 在 10dB 以上。例如 AM 收音机应用中,收听者只会收听信噪比足够高(常常高于 25dB)的电台。

于是,正常通信(即输入信号很强)时

$$G_{DEM\_AM} = \frac{(S/N)_o}{(S/N)_i} = \frac{\overline{2m^2(t)}}{1+\overline{m^2(t)}} = 2\eta_{AM} \tag{3.3.6}$$

其中,η_{AM} 是调制效率,如式(3.1.5)。并且

$$G_{SYS\_AM} = G_{DEM\_AM}\frac{B}{2B} = \frac{\overline{m^2(t)}}{1+\overline{m^2(t)}} = \eta_{AM} \tag{3.3.7}$$

以 100% 调制的正弦消息信号($\eta_{AM} = 1/3$)为例,考察常规 AM 调制的性能。首先,$G_{DEM\_AM}=2/3$,即常规 AM 解调器使信号的信噪比有所下降;又 $G_{SYS\_AM}=1/3$,即常规调幅系统比基带系统要差 4.77dB。常规调幅系统的抗噪声能力较差。信噪比差的原因是发送功率的很大一部分用来发送已调信号的载波分量而不是其中的消息信号分量。

下面详细说明 $(S/N)_o$ 的推导过程:由第 2 章知窄带噪声可写为同相分量与正交分量 $n_c(t)$ 与 $n_s(t)$ 的组合,接收信号可表示为

$$r_i(t) = s_{AM}(t) + n_i(t) = A_c[1+m(t)]\cos2\pi f_c t + n_c(t)\cos2\pi f_c t - n_s(t)\sin2\pi f_c t$$
$$= \{A_c[1+m(t)] + n_c(t)\}\cos2\pi f_c t - n_s(t)\sin2\pi f_c t$$

包络检波器的输出是 $r_i(t)$ 的包络,记为 $a_i(t)$,则

$$a_i(t) = \sqrt{\{A_c[1+m(t)]+n_c(t)\}^2 + n_s^2(t)} \tag{3.3.8}$$

上式表明,由于噪声的影响,包络与消息信号 $m(t)$ 的关系变得较为复杂。要研究输出信号的信噪比,需要分两种情形来讨论:

(1) 信号很强,即解调器输入信噪比 $(S/N)_i \gg 1$。

式(3.3.8)开方中的第一项远大于第二项,则该式可如下化简

$$a_i(t) = \{A_c[1+m(t)]+n_c(t)\} \cdot \sqrt{1+x^2}$$

其中,$x = \dfrac{n_s(t)}{A_c[1+m(t)]+n_c(t)} \ll 1$,这时

$$\sqrt{1+x^2} \approx 1 + \frac{1}{2}x^2 \approx 1 \qquad (3.3.9)$$

于是

$$a_i(t) \approx A_c[1+m(t)] + n_c(t)$$

由此易知，隔除直流与低通滤波后，输出信号为

$$s_o(t) = A_c m(t) + n_c(t)$$

其中，$n_c(t)$ 是（双边）功率谱密度为 N_0，带宽为 B 的低通白噪声，于是

$$\left(\frac{S}{N}\right)_o = \frac{A_c^2 \overline{m^2(t)}}{P_{n_c}} = \frac{A_c^2 \overline{m^2(t)}}{2N_0 B}$$

（2）信号很弱，即输入信噪比 $(S/N)_i < 1$。

式（3.3.8）的被开方项可写为

$$\{A_c[1+m(t)]\}^2 + 2A_c[1+m(t)]n_c(t) + n_c^2(t) + n_s^2(t)$$
$$\approx 2A_c[1+m(t)]a_n(t)\cos\theta_n(t) + a_n^2(t)$$

其中，因 $A_c[1+m(t)]$ 相对很小，其平方项可忽略；$a_n(t)$ 与 $\theta_n(t)$ 是带通噪声 $n_i(t)$ 的包络与相位分量，它们满足

$$a_n^2(t) = n_c^2(t) + n_s^2(t),\ a_n(t)\cos\theta_n(t) = n_c(t)$$

代回式（3.3.8），并注意到 $a_n(t)$ 很大，利用式（3.3.9）得

$$a_i(t) \approx a_n(t)\sqrt{1 + \frac{2A_c[1+m(t)]\cos\theta_n(t)}{a_n(t)}}$$
$$\approx a_n(t) + A_c[1+m(t)]\cos\theta_n(t)$$

可见，在小信噪比情况下，检波器输出的分量中没有直接与信号 $m(t)$ 保持正比关系的成分，$\theta_n(t)$ 是噪声的相位，$m(t)$ 受其影响很大，结果是小信号"淹没"在大噪声中，此时 $(S/N)_o$ 不再按比例随 $(S/N)_i$ 下降，而是急剧恶化，这时称此系统工作于门限之下，这种现象称为**门限效应**。出现门限效应的输入信噪比称为**门限值**，记为 $(S/N)_{ith}$，门限值 $(S/N)_{ith}$ 通常约在 0dB 附近。门限效应是由包络检波器的非线性解调作用引起的，是包络检波器固有的特性，它本身无法克服。而在后面讨论的相干解调中，由于解调过程可视为信号和噪声分别解调，因而解调器输出端总是单独存在有用信号项，所以相干解调不存在门限效应。但常规实用 AM 系统中几乎总是采用非相干解调方式，并使之工作在门限值之上。

3.3.3 DSB-SC 与 AM（相干解调）系统

对于 DSB-SC 系统，接收信号带宽 $B_T = 2B$，功率为 $P_s = P_{DSB} = \frac{1}{2}A_c^2\overline{m^2(t)}$，于是

$$\left(\frac{S}{N}\right)_{i,DSB} = \frac{\frac{1}{2}A_c^2\overline{m^2(t)}}{2N_0 B}$$

DSB-SC 采用相干解调器（即乘法检测器），结构如图 3.3.3 所示。不妨考虑 LPF 是单位增益的，并令本地载波前因子为 2，这样可使输出结果简洁，以方便分析。输入信号为

$$r_\mathrm{i}(t) = A_\mathrm{c} m(t)\cos 2\pi f_\mathrm{c} t + n_\mathrm{i}(t)$$

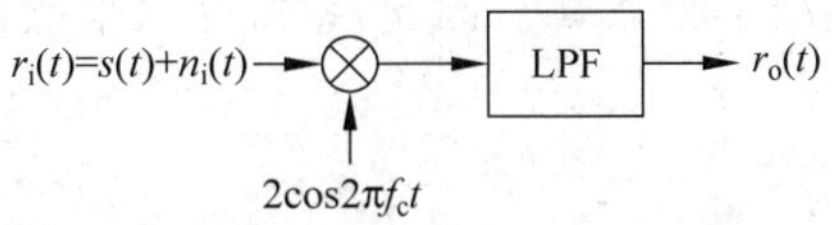

其中,$n_\mathrm{i}(t)$为平稳带通白噪声,由第 2 章知识可写为同相与正交分量 $n_\mathrm{c}(t)$ 与 $n_\mathrm{s}(t)$ 的组合,使上式变为

图 3.3.3　相干解调器

$$r_\mathrm{i}(t) = \left[A_\mathrm{c} m(t) + n_\mathrm{c}(t)\right]\cos 2\pi f_\mathrm{c} t - n_\mathrm{s}(t)\sin 2\pi f_\mathrm{c} t$$

于是,图中乘法器输出为

$$r_\mathrm{i}(t) \times 2\cos 2\pi f_\mathrm{c} t = \left[A_\mathrm{c} m(t) + n_\mathrm{c}(t)\right] \times (1 + \cos 4\pi f_\mathrm{c} t) - n_\mathrm{s}(t)\sin 4\pi f_\mathrm{c} t$$

这里载波前面的因子 2 不影响结果,但有助于简化推导。经过 LPF 后

$$r_\mathrm{o}(t) = A_\mathrm{c} m(t) + n_\mathrm{c}(t)$$

又由于带通噪声与它的同相或正交分量的功率一样,可得,$P_{n_\mathrm{o}} = P_{n_\mathrm{c}} = N_0 B_\mathrm{T} = 2N_0 B$。于是,输出信噪比为

$$\left(\frac{S}{N}\right)_{\mathrm{o\_DSB}} = \frac{A_\mathrm{c}^2 \overline{m^2(t)}}{2N_0 B} \tag{3.3.10}$$

最后,计算系统的 G_DEM 与 G_SYS,可得

$$G_{\mathrm{DEM\_DSB}} = 2 \quad 与 \quad G_{\mathrm{SYS\_DSB}} = 2 \times \frac{B}{2B} = 1 \tag{3.3.11}$$

相干解调器实际上也能够解调常规 AM 信号。对于常规 AM 信号

$$r_\mathrm{i}(t) = A_\mathrm{c}\left[1 + m(t)\right]\cos 2\pi f_\mathrm{c} t + n_\mathrm{i}(t)$$

同理得到,$r_\mathrm{o}(t) = A_\mathrm{c}\left[1 + m(t)\right] + n_\mathrm{c}(t)$ 与 $P_{n_\mathrm{o}} = P_{n_\mathrm{c}} = N_0 B_\mathrm{T} = 2N_0 B$。于是,输出信噪比为

$$\left(\frac{S}{N}\right)_{\mathrm{o\_AM}} = \frac{A_\mathrm{c}^2 \overline{m^2(t)}}{2N_0 B} \tag{3.3.12}$$

$$G_{\mathrm{DEM\_AM}} = \frac{2\overline{m^2(t)}}{1 + \overline{m^2(t)}} \tag{3.3.13}$$

与

$$G_{\mathrm{SYS\_AM}} = \frac{2\overline{m^2(t)}}{1 + \overline{m^2(t)}} \times \frac{B}{2B} = \frac{\overline{m^2(t)}}{1 + \overline{m^2(t)}} \tag{3.3.14}$$

特别注意到,常规 AM 信号在相干解调下的有关结论,与它在大信噪比情况中用包络检波器时的结论相同。这表明,在输入信噪比很高时,廉价的包络检波可以达到与相干解调同样的性能,而随着信噪比下降,相干解调的性能会逐渐下降,但包络检波器的性能可能急剧下降至无法工作。

*3.3.4　SSB 系统

对于 SSB 系统,发送信号如式(3.1.9),接收的有用信号为

$$s_{\mathrm{SSB}}(t) = \frac{1}{2}\left[A_\mathrm{c} m(t)\cos 2\pi f_\mathrm{c} t \mp A_\mathrm{c}\,\hat{m}(t)\sin 2\pi f_\mathrm{c} t\right]$$

由于 SSB 信号的频谱只有 DSB 的一半,可知 $P_\mathrm{s} = \dfrac{P_{\mathrm{DSB}}}{2} = \dfrac{1}{4}A_\mathrm{c}^2\,\overline{m^2(t)}$;而且输入的噪声功

率减半为 N_0B。因此，系统输入信噪比为

$$\left(\frac{S}{N}\right)_{\text{i\_SSB}} = \frac{A_c^2\ \overline{m^2(t)}}{4N_0B}$$

SSB 信号采用相干解调器（即乘法检测器）来接收，类似于 DSB-SC 的分析可得

$$r_{\text{o\_SSB}}(t) = \frac{1}{2}A_c m(t) + n_{\text{c\_SSB}}(t)$$

其中，消息信号部分为 $A_c m(t)/2$。由于 SSB 信号的带宽只是 DSB-SC 信号的一半，相应的带通噪声的带宽也减半，因此输出信号中低通白噪声的功率也减半为 $P_{n_o} = N_0B$。于是，SSB 系统的输出信噪比为

$$\left(\frac{S}{N}\right)_{\text{o\_SSB}} = \frac{A_c^2\ \overline{m^2(t)}/4}{N_0B} \tag{3.3.15}$$

最后得到

$$G_{\text{DEM\_SSB}} = 1 \quad \text{与} \quad G_{\text{SYS\_SSB}} = 1 \times \frac{B}{B} = 1 \tag{3.3.16}$$

注意到，SSB 系统总体增益与 DSC-SC 系统是一样的，虽然其解调增益只是 DSC-SC 的一半。但是，SSB 信号占用的带宽要窄一半，信道的利用更为充分。

3.4 角度调制系统的抗噪声性能

本节将讨论模拟角度调制系统的噪声问题。首先给出调频与调相系统抗噪声性能的基本结论，介绍预加重/去加重技术；而后，详细分析角度调制系统的门限效应，并具体计算 PM 与 FM 系统的噪声性能；最后，说明改善门限效应的主要方法。

3.4.1 FM 与 PM 系统的抗噪声性能

角度调制系统的噪声分析方法与前面幅度调制系统的基本相同。系统的抗噪声性能通过与基带参照系统的对比来衡量，即由系统增益 G_{SYS} 来表示。

通过分析发现，角度调制系统也存在门限效应：当输入信噪比较高时，系统可以很好地工作；但当输入信噪比较低时，系统工作困难，甚至根本无法通信。角度调制系统的门限效应比常规 AM 系统的更为严重，因为其信号带宽大，接收机前端的 BPF 通过的噪声多，因此，其正常工作需要的信号功率更高。

正常运用角度调制系统时，应该保证它具有足够的输入信噪比，通常需要 10dB 以上。这时，可以分别计算出 FM 与 PM 的抗噪性能如下：

$$G_{\text{SYS\_FM}} = 3\left(\frac{\Delta f_{\max}}{B}\right)^2 \frac{\overline{m^2(t)}}{|\,m(t)\,|_{\max}^2} \tag{3.4.1}$$

与

$$G_{\text{SYS\_PM}} = (\Delta\theta_{\max})^2 \frac{\overline{m^2(t)}}{|\,m(t)\,|_{\max}^2} = (2\pi\Delta f_{\max})^2 \frac{\overline{m^2(t)}}{|\,m'(t)\,|_{\max}^2} \tag{3.4.2}$$

其中，$\Delta f_{\max}$ 与 $\Delta\theta_{\max}$ 为调制时的最大频偏与最大相偏，B、$\overline{m^2(t)}$、$|\,m(t)\,|_{\max}$ 与 $|\,m'(t)\,|_{\max}$ 分

别为消息信号的带宽、功率、峰值与导函数的峰值。

显然,FM 与 PM 的抗噪性能与消息信号的特性有关。为了简便,可以考虑正弦单音信号,记幅度为 A_m,易知,$\overline{m^2(t)}/|m(t)|^2_{max}=0.5$。因此

(1) FM 信号:$\beta=\Delta f_{max}/B$,则 $G_{SYS\_FM}=1.5\beta^2$。

(2) PM 信号:$\beta=\Delta\theta_{max}$,则 $G_{SYS\_PM}=0.5\beta^2$。

从公式可见,Δf_{max}(或 β)越高,则 G_{SYS_FM} 与 G_{SYS_PM} 的值越好。但 Δf_{max}(或 β)的增加有一个上限,因为,它们的增加对应于信号与接收 BPF 带宽的增加,进而造成输入噪声的加大。如果增加过度,就会破坏信号明显高于噪声的前提条件,导致系统无法正常工作,使上面的 G_{SYS_FM} 与 G_{SYS_PM} 计算值没有意义。

例 3.7 标准 FM 广播与模拟 TV 伴音系统是两个典型的调频系统。两系统中,基带信号带宽同为 15kHz,最大频偏分别为 75kHz 与 25kHz。试分别计算它们的调制指数与抗噪性能。

解 (1) 标准 FM 广播系统:$\beta=\dfrac{\Delta f_{max}}{B}=\dfrac{75}{15}=5$。考虑正弦调制信号

$$G_{SYS\_FM}=1.5\times25=37.5=15.74\text{dB}$$

(2) 模拟 TV 伴音系统:$\beta=\dfrac{\Delta f_{max}}{B}=\dfrac{25}{15}=1.67$。考虑正弦调制信号

$$G_{SYS\_FM}=1.5\times25/9=4.1=6.12\text{dB}$$

图 3.4.1 示意了几种典型的 β 值条件下,FM 系统(相对于基带系统)的输出信噪比情况。由于调幅 DSB-SC 与 SSB 的系统增益为 1,它们与基带系统相当,因此该图可以视为 FM 系统相对于这两个系统的输出信噪比增益。显然,正常工作的角度调制系统比幅度调制系统的抗噪性能要优越得多。

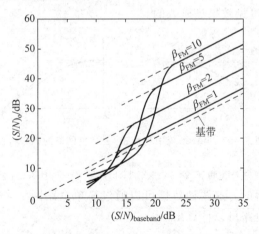

图 3.4.1 FM 系统(相对于基带系统)的输出信噪比(以正弦调制为例)

比较 FM 与 PM 的抗噪性能可知,在正弦调制时,FM 优于 PM 三倍。但这只是一种特殊情况。实际上,绝大多数消息信号具有一定的带宽,且低频成分更为丰富,这时,PM 的性能反而优于 FM 的性能。

*3.4.2 预加重/去加重技术

预加重/去加重（**preemphasis-deemphasis**）技术是通过调节信号和（或）噪声的频谱形状以提高抗噪声性能的方法。应用预加重/去加重技术的一般系统框图如图 3.4.2 所示。其中，$H_p(f)$ 与 $H_d(f)$ 分别是预加重与去加重单元（或网络）的频响特性。两者彼此互逆，因此，消息信号通过它们后保持不变。而噪声只会经过去加重单元，因此其功率谱将被改变。设计预加重与去加重特性的原则是在保持传输信号的功率与带宽等主要特性基本不变的条件下，力求输出信噪比最大。

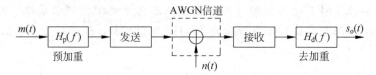

图 3.4.2 预加重/去加重技术系统框图

理论上讲，各种调制系统都可以运用预加重/去加重技术。但实际上，角度调制系统中运用这一技术较为普遍。因为，其效果特别明显。

FM 系统的预加重/去加重方案最为典型。研究发现，FM 系统中包含微分单元，因而噪声的影响随频率的增加而快速增强。因此，抑制高端噪声是提高其性能的有效手段。传输声音信号时 FM 系统常常采用图 3.4.3 的预加重与去加重特性，这样，噪声通过 $H_d(f)$ 后 f_1 以上的噪声被大大地压缩了。图 3.4.4 给出了标准 FM 广播与模拟 TV 伴音系统中运用预加重/去加重的效果（要求接收机工作在噪声门限以上），两种典型系统的性能改善为 12.3dB。可见效果是显著的。

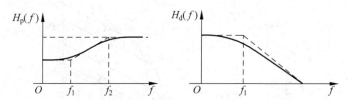

图 3.4.3 FM 系统中预加重/去加重网络的幅频特性

图 3.4.3 的频响特性中，通常令 $f_1=2.1\text{kHz}$ 与 $f_2=30\text{kHz}$，它们是根据声音信号的特性通过反复实验获得的。这两种特性可以通过简单电路网络来实现，分别如图 3.4.5 和图 3.4.6 所示。由电路可以计算出

$$H_p(f)=\frac{R_2}{R_2+\dfrac{R_1/\text{j}2\pi fC}{R_1+1/\text{j}2\pi fC}}=\frac{1+\text{j}2\pi fR_1C}{1+\text{j}2\pi fR_1C+R_1/R_2}=K\frac{1+\text{j}(f/f_1)}{1+\text{j}(f/f_2)}$$

其中，$f_1=\dfrac{1}{2\pi R_1C}$，$f_2=\dfrac{R_1+R_2}{2\pi R_1R_2C}$，$K$ 为常数。以及

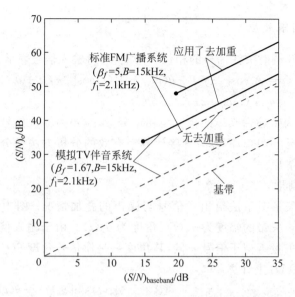

图 3.4.4 两种典型系统预加重/去加重技术的效果

$$H_d(f) = \frac{1/j2\pi fC}{R_1 + 1/j2\pi fC} = \frac{1}{1 + j2\pi fR_1 C} = \frac{1}{1 + j(f/f_1)}$$

其中，$f_1 = 1/2\pi R_1 C$。

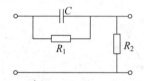

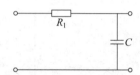

图 3.4.5 预加重网络电路图　　　　图 3.4.6 去加重网络电路图

*3.4.3 角度调制系统的噪声性能分析

与幅度调制系统的噪声分析基本相同，我们从接收信号入手，首先分析解调器的输入、输出信噪比，而后计算解调器增益 G_{DEM}，最后获得系统增益 G_{SYS}。

角度调制系统中，接收到的信号首先通过 BPF，再送入解调器。记解调器的输入信号为

$$r_i(t) = A_c \cos[2\pi f_c t + \theta(t)] + n_i(t)$$

其中，$\theta(t)$ 为角度调制信号的相位，$n_i(t)$ 为通过 BPF 后的带通白噪声。假定消息信号的带宽为 B，依据 Carson 公式选择 BPF 的带宽为 $B_T = 2(D+1)B$。于是，解调器的输入信噪比为

$$\left(\frac{S}{N}\right)_i = \frac{A_c^2/2}{N_0 \times B_T} = \frac{A_c^2}{4(D+1)BN_0} \tag{3.4.3}$$

1. 解调器的门限效应

角度调制信号解调时关注信号的相位。为此，可将输入信号表示为

$$r_i(t) = A_c\cos[2\pi f_c t + \theta(t)] + a_n(t)\cos[2\pi f_c t + \theta_n(t)]$$
$$= A_i(t)\cos[2\pi f_c t + \theta_i(t)] \tag{3.4.4}$$

其中，$a_n(t)$ 与 $\theta_n(t)$ 为带通白噪声的幅度与相位分量，$\theta_i(t)$ 为输入信号的相位，而 $A_i(t)$ 为信号幅度。一般情况下，$\theta_i(t)$ 不容易直接计算。有效的分析方法是分别讨论大信噪比与小信噪比两种典型情形。

（1）大信噪比情形

图 3.4.7 采用矢量图示法给出了信号与噪声的叠加情况。图中信号矢量的幅度为 A_c、角度为 $\theta(t)$，噪声矢量的幅度为 $a_n(t)$、角度为 $\theta_n(t)$。由于输入信噪比 $(S/N)_i$ 较大，使得 $A_c \gg a_n(t)$，合矢量近似于信号矢量，其角度只是比信号角度 $\theta(t)$ 有少量变化。具体的变化量可以从 ΔOAB 上计算

$$\sin[\theta_i(t) - \theta(t)] = \frac{|\overline{AB}|}{|\overline{OA}|} = \frac{a_n(t)\sin[\theta_n(t) - \theta(t)]}{A_i(t)}$$

由于 $\theta_i(t) - \theta(t)$ 很小，且 $A_i(t) \approx A_c$，因此有

$$\theta_i(t) \approx \theta(t) + A_c^{-1} a_n(t)\sin[\theta_n(t) - \theta(t)] \tag{3.4.5}$$

消息信号包含在上式右端的 $\theta(t)$ 中。

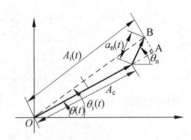

图 3.4.7　大信噪比时的信号与噪声的叠加矢量图

（2）小信噪比情形

如果输入信噪比 $(S/N)_i$ 很小，使得 $A_c \ll a_n(t)$，则与上面的情况正好相反，合矢量近似于噪声矢量，类似地

$$\theta_i(t) \approx \theta_n(t) + a_n^{-1}(t)A_c\sin[\theta(t) - \theta_n(t)]$$

上式右端第二项虽然含有 $\theta(t)$，该项数值很小，无法有效地提取到消息信号。

显然，角度调制系统具有门限效应。在大信噪比时，可以通过 $\theta(t)$ 还原消息信号；但在小信噪比时，系统无法正常通信。

2. PM 与 FM 的抗噪性能

下面，我们进一步分析大信噪比的情形下 PM 与 FM 的具体抗噪性能。首先考察式（3.4.5）中的噪声项，记 $n_s(t) = a_n(t)\sin[\theta_n(t) - \theta(t)]$。令

$$n_{i_1}(t) = a_n(t)\cos[2\pi f_c t + \theta_n(t) - \theta(t)]$$

它的正交分量正是 $n_s(t)$。注意到 $\theta(t)$ 的带宽大致为 B，它相对于 $n_i(t)$ 缓慢变化，因此可以认为 $n_{i_1}(t)$ 是 $n_i(t)$ 相移的结果，两者具有相同功率谱，是同样特性的带通白噪声。由第 2 章的知识可知，作为正交分量的 $n_s(t)$ 为带宽 $B_T/2$ 的低通白噪声，其功率仍然为 $N_0 B_T$。$n_s(t)$ 的功率谱密度如图 3.4.8 所示。

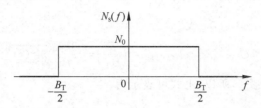

图 3.4.8 噪声 $n_s(t) = a_n(t)\sin[\theta_n(t) - \theta(t)]$ 的功率谱

现在，$\theta_i(t) \approx \theta(t) + A_c^{-1} n_s(t)$，针对 PM 与 FM 信号的不同特点，可以具体分析各自解调器的输出信噪比。

(1) PM 信号情形

对于 PM 信号，$\theta(t) = k_{PM} m(t)$，因此，解调器的输出信号如下

$$s_o(t) = \text{LPF}[\theta_i(t)] = k_{PM} m(t) + A_c^{-1}\text{LPF}[n_s(t)]$$

其中，LPF 的截止频率取 B，用于输出消息信号 $m(t)$。于是，输出噪声功率为 $A_c^{-2} \times N_0 \times 2B$，输出信噪比为

$$\left(\frac{S}{N}\right)_{o\_PM} = \frac{k_{PM}^2 \overline{m^2(t)}}{2A_c^{-2} N_0 B} = \frac{A_c^2 k_{PM}^2 \overline{m^2(t)}}{2N_0 B}$$

再结合式(3.4.3)得 PM 的解调增益为

$$G_{DEM\_PM} = \frac{(S/N)_{o\_PM}}{(S/N)_i} = 2(D+1)k_{PM}^2 \overline{m^2(t)} \tag{3.4.6}$$

系统增益为

$$G_{SYS\_PM} = G_{DEM\_PM} \times \left(\frac{B}{B_T}\right) = k_{PM}^2 \overline{m^2(t)}$$

因为 $\Delta\theta_{max} = k_{PM}|m(t)|_{max}$ 与 $\Delta f_{max} = \frac{1}{2\pi}k_{PM}|m'(t)|_{max}$，所以，上式可表示为

$$G_{SYS\_PM} = (\Delta\theta_{max})^2 \frac{\overline{m^2(t)}}{|m(t)|_{max}^2} = (2\pi\Delta f_{max})^2 \frac{\overline{m^2(t)}}{|m'(t)|_{max}^2} \tag{3.4.7}$$

(2) FM 信号情形

对于 FM 信号，$\theta(t) = 2\pi k_{FM}\int m(t)dt$，因此，解调器的输出信号如下

$$s_o(t) = \text{LPF}\left[\frac{1}{2\pi}\frac{d}{dt}\theta_i(t)\right] = k_{PM} m(t) + A_c^{-1}\text{LPF}\left[\frac{1}{2\pi}\frac{d}{dt}n_s(t)\right]$$

其中，LPF 的截止频率取 B，用于输出消息信号 $m(t)$。注意到微分处理的频率响应为 $2\pi f$，易知，输出噪声的功率可以如下求出

$$P_{n_o} = \int_{-B}^{B} N_0 \times |2\pi f|^2 \left(\frac{A_c^{-1}}{2\pi}\right)^2 df = \frac{N_0}{3A_c^2}f^3\Big|_{-B}^{B} = \frac{2N_0 B^3}{3A_c^2} \tag{3.4.8}$$

于是，输出信噪比为

$$\left(\frac{S}{N}\right)_{\text{o\_FM}} = \frac{3A_c^2 k_{\text{FM}}^2 \overline{m^2(t)}}{2N_0 B^3}$$

再结合式(3.4.3)得 FM 的解调增益为

$$G_{\text{DEM\_FM}} = \frac{(S/N)_{\text{o\_FM}}}{(S/N)_i} = \frac{6(D+1)k_{\text{FM}}^2}{B^2} \overline{m^2(t)} \qquad (3.4.9)$$

系统增益为

$$G_{\text{SYS\_PM}} = G_{\text{DEM\_FM}} \times \left(\frac{B}{B_T}\right) = \frac{3k_{\text{FM}}^2}{B^2} \overline{m^2(t)}$$

因为 $\Delta f_{\max} = k_{\text{FM}} |m(t)|_{\max}$，所以，上式可表示为

$$G_{\text{SYS\_FM}} = 3\left(\frac{\Delta f_{\max}}{B}\right)^2 \frac{\overline{m^2(t)}}{|m(t)|_{\max}^2} \qquad (3.4.10)$$

最后，我们比较 PM 与 FM 的性能。对比式(3.4.7)和式(3.4.10)可得

$$\frac{G_{\text{SYS\_PM}}}{G_{\text{SYS\_FM}}} = \frac{(2\pi B)^2}{3} \frac{|m(t)|_{\max}^2}{|m'(t)|_{\max}^2}$$

可见，在带宽与峰值相同的时候，消息信号的最大变化率决定了哪种模式具有优势。而信号的变化率主要取决于其高频成分的丰富程度。深入分析可得出如下结论：

(1) 若消息信号的高低频率成分比较均衡，则 PM 与 FM 的抗噪性能接近。

(2) 若消息信号以高频率成分为主，则 FM 优于 PM。

(3) 若消息信号以低频率成分为主，则 PM 优于 FM。

正弦单音调制时，消息信号集中于最高频率处，是上面第(2)种情况。而实际应用中，PM 通常都优于 FM，因为，绝大多数的消息信号属于上面第(3)种情况。

*3.4.4 改善门限效应的解调方法

调频系统的门限效应比常规 AM 系统更为明显，压低门限使系统在较弱的信号时也能正常工作是很有必要的。方法主要有两个：采用反馈解调器(FMFB)或锁相环解调器。这两种方法都是通过减小系统的等效带宽，从而降低输入噪声的功率，提高输入信噪比，使系统工作在门限以上。

1. 反馈解调器(FMFB)

所谓**反馈解调器**是将输出信号通过 VCO 再次调频后又送回到输入端的解调器，其原理图如图 3.4.9 所示。其中，VCO 以 $s_o(t)$ 产生 FM 信号 $s_v(t)$，中心频率为 f_o，压控灵敏度为 k_{vco}。记 $f_{\text{if}} = f_c - f_o$（$f_c$ 为输入信号的载频），带通滤波器以它为中心频率。由图 3.4.9 有

$$s_i(t) = A_c \cos\left[2\pi f_c t + 2\pi k_{\text{FM}} \int m(t) \mathrm{d}t\right]$$

$$s_v(t) = A_o \cos\left[2\pi f_o t + 2\pi k_{\text{vco}} \int s_o(t) \mathrm{d}t\right]$$

$$s_p(t) = s_i(t)s_v(t)$$

$$= \frac{1}{2}A_cA_o\left\{\cos\left[2\pi(f_c-f_o)t + 2\pi\int(k_{FM}m(t) - k_{vco}s_o(t))dt\right]\right.$$

$$\left. + \cos\left[2\pi f_c t + 2\pi f_o t + 2\pi\int(k_{FM}m(t) + k_{vco}s_o(t))dt\right]\right\}$$

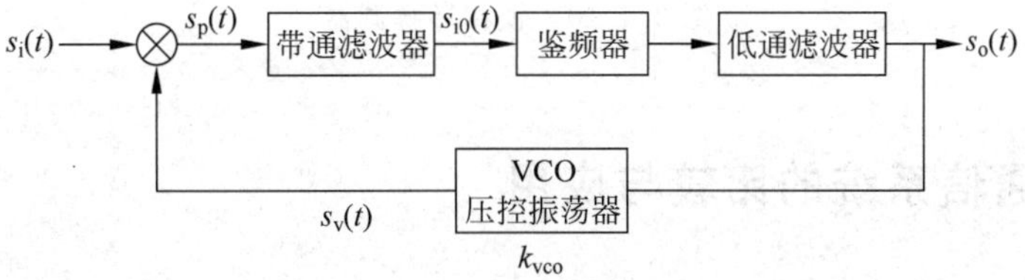

图 3.4.9　反馈解调器原理图

经过带通滤波器后输出差频分量

$$s_{i0}(t) = \frac{1}{2}A_cA_o\cos\left[2\pi f_{if}t + 2\pi\int(k_{FM}m(t) - k_{vco}s_o(t))dt\right] \quad (3.4.11)$$

令 K 为通路总的增益,于是鉴频后的输出为

$$s_o(t) = K\frac{d}{dt}\left\{\int(k_{FM}m(t) - k_{vco}s_o(t))dt\right\} = K[k_{FM}m(t) - k_{vco}s_o(t)]$$

所以

$$s_o(t) = \left(\frac{Kk_{FM}}{1 + Kk_{vco}}\right)m(t)$$

可见,反馈解调器的输出信号 $s_o(t)$ 与 $m(t)$ 呈线性关系,故它能够恢复调制信号。再将 $s_o(t)$ 表达式代入式(3.4.11)中,得到

$$s_{i0}(t) = \frac{1}{2}A_cA_o\cos\left[2\pi f_{if}t + \frac{2\pi k_{FM}}{1 + Kk_{vco}}\int m(t)dt\right]$$

可以看出 $s_{i0}(t)$ 的调频指数恰好是 $s_i(t)$ 的 $1/(1+Kk_{vco})$ 倍,调频信号带宽变窄,所以鉴频器 BPF 的带宽只需原 $s_i(t)$ 信号带宽的 $1/(1+Kk_{vco})$ 倍,故叠加的噪声功率减小了,输入信噪比提高了 $1/(1+Kk_{vco})$ 倍,从而改善了门限效应。FMFB 接收机能提供的门限扩展大约为 5dB 左右,这对于工作于门限值附近的系统非常重要。如在卫星通信系统中,应用门限扩展设备代替传统接收机的系统比应用双天线(3dB 增益)的系统要便宜得多。

2. 锁相环解调器

FM 信号还可以采用锁相环(PLL)进行解调。锁相环解调器结构如图 3.4.10 所示,其中压控振荡器 VCO 的中心频率为 f_c。简单地讲,当 PLL 稳定后 VCO 的输出信号会与 $s_i(t)$ 同步,而驱动 VCO 的信号是 $s_o(t)$,为此,它必须是 $s_i(t)$ 的瞬时频率。于是,$s_o(t)$ 可以还原 FM 信号中的消息信号。

由于环路滤波器的输出即为基带信号,所以其宽度只需要与 $m(t)$ 的带宽相同即可,从而减小了白噪声,使得 PLL 解调器工作在门限以上。与常规 FM 鉴频器相比,PLL 对信噪比的改善量约为 3dB。

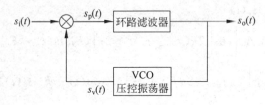

图 3.4.10　锁相环解调器

3.5　各类通信系统的比较与应用

比较各类通信系统的性能是一件有意义的事情。有效性和可靠性是通信系统的最主要的性能指标。系统的**有效性**是指在给定的信道中单位时间内传输的信息内容的多少。模拟通信系统的有效性用有效传输带宽来度量。系统的**可靠性**是指接收信息的准确程度。模拟通信系统的可靠性用接收机输出信噪比来衡量。输出信噪比越高，信号的质量越好，表示系统的抗噪声能力越强。因此本节也主要从传输带宽和抗噪声能力两方面来比较各种调制系统的性能。

3.5.1　各类通信系统的比较

几种模拟调制系统的基本性能参数如表 3.5.1 所示。

表 3.5.1　模拟调制系统的带宽与噪声性能

	调制	传输带宽	$G_{SYS} = \left(\dfrac{S}{N}\right)_o / \left(\dfrac{S}{N}\right)_{baseband}$	实现的难易
线性调制	AM	$2B$	$\dfrac{\overline{m^2(t)}}{1+\overline{m^2(t)}} = \eta_{AM}$	最简单
	DSB-SC	$2B$	1	复杂
	SSB	B	1	最复杂
	VSB	$\approx B$	1	复杂
非线性调制	FM	$2(\beta_{FM}+1)B$	$1.5\beta_{FM}^2$	简单
	PM	$2(\beta_{PM}+1)B$	$0.5\beta_{PM}^2$	稍复杂

表中应注意：①AM 信号的 $m(t)$ 幅度要保证系统不发生过调制；②AM、FM 与 PM 系统工作在门限以上；③AM、FM 与 PM 系统中考虑正弦单音调制。

通过比较可粗略地得出以下结论（在常规情况下）：

（1）带宽上具有下述特点

$$B_{FM}(\text{或 } B_{PM}) > B_{DSB\_SC}(\text{或 } B_{AM}) > B_{SSB}(\text{或 } B_{VSB})$$

（2）抗噪声性能方面

$$\text{FM（或 PM）} \overset{\text{优于}}{>} \text{DSC} - \text{SC（或 SSB，或 VSB）} \overset{\text{优于}}{>} \text{AM}$$

值得注意的是：

（1）幅度调制和角度调制系统各有优缺点，角度调制在抗噪声性能方面的长处是以增加传输带宽为代价的。换而言之，以牺牲系统的有效性来换取系统的可靠性。

（2）常规 AM、FM 与 PM 具有门限效应，应该使系统工作在各自的门限以上（即高性噪比状态）。

（3）角度调制信号的幅度恒定，它不怕非线性失真。在很多应用中这是一个非常重要的优势。例如，在一些微波接力系统与第一代蜂窝电话系统中就利用了这一优势应对非线性问题与无线信号的快衰落问题。

调制技术还常常分为线性与非线性。**线性调制**是满足线性关系的调制，即

$$\text{Modulation}\big[\alpha m_1(t) + \beta m_2(t)\big] = \alpha \times \text{Modulation}\big[m_1(t)\big] + \beta \times \text{Modulation}\big[m_2(t)\big]$$

其中，$\text{Modulation}[\,\cdot\,]$ 表示某种幅度调制过程，$m_1(t)$ 与 $m_2(t)$ 是任意的基带信号，α 与 β 是任意常数。**非线性调制**是不满足线性关系的调制。

可以发现，上述各种幅度调制方式均为线性调制，而角度调制方式为非线性调制。正是由于非线性的原因，FM 与 PM 信号难于进行理论分析，我们只好借助简单信号获得一些基本结论。

例 3.8　假定调频系统和常规调幅系统的输出信噪比均为 40dB，即 $(S/N)_{\text{o\_FM}} = (S/N)_{\text{o\_AM}} = 40\text{dB}$，基带信号是频率 f_m 为 4kHz、振幅为 A_m 的正弦波。噪声单边功率谱密度 $N_0 = 0.5 \times 10^{-8}\,\text{W/Hz}$，幅度调制效率 $\eta_{\text{AM}} = 1/3$，调频指数 $\beta_{\text{FM}} = 5$，信道传输损耗为 $L_t = 40\text{dB}$。求：两种调制系统的发送信号功率和带宽。

解　考虑基带信号带宽 $B = f_m$，由表 3.5.1 可知两种系统的传输带宽为

$$B_{\text{FM}} = 2(\beta_{\text{FM}} + 1)B = 2 \times (5 + 1) \times 4 = 48(\text{kHz})$$
$$B_{\text{AM}} = 2B = 2 \times 4 = 8(\text{kHz})$$

又由于 $G_{\text{SYS}} = G_{\text{DEM}}\left(\dfrac{B}{B_T}\right) = \dfrac{(S/N)_o}{(S/N)_i}\left(\dfrac{B}{B_T}\right)$，可知 $(S/N)_i = \dfrac{(S/N)_o}{G_{\text{SYS}}}\left(\dfrac{B}{B_T}\right)$。

代入两种系统各自的 G_{SYS} 参数，分别得到

$$(S/N)_{\text{i\_AM}} = \frac{10^4}{\eta_{\text{AM}}}\left(\frac{B}{2B}\right) = \frac{10^4}{1/3}\left(\frac{1}{2}\right) = 15000$$

$$(S/N)_{\text{i\_FM}} = \frac{10^4}{1.5\beta_{\text{FM}}^2}\left(\frac{B}{2(\beta_{\text{FM}} + 1)B}\right) = \frac{10^4}{1.5 \times 25}\left(\frac{1}{12}\right) = 22.22$$

由于输入信噪比大于 10，保证两系统都工作在门限以上。

进而，发送功率为

$$P_t = L_t P_r = L_t(S/N)_i \times N_0 B_T$$

代入两种系统各自的参数，得到发送功率分别是

$$P_{t\_AM} = L_r \times 15000 \times 2N_0 B$$
$$= 10^4 \times 15000 \times 0.5 \times 10^{-8} \times 8000 = 6000(\text{W})$$
$$P_{t\_FM} = L_r \times 22.22 \times N_0 B_{\text{FM}}$$

$$= 10^4 \times 22.22 \times 0.5 \times 10^{-8} \times 48 \times 10^3 = 53.3(\text{W})$$

可见，当 $(S/N)_o$ 相同时，AM 系统的信号发射功率远远高于 FM 系统的信号发射功率，但 FM 系统所占的传输带宽远远大于 AM 系统的带宽。

3.5.2　频分多路复用

将多路消息信号按某种方法合并为一个复合信号，共同在一条信道上进行传输的技术称为**多路复用**或**复用**（Multiplexing）。基本的多路复用方法有 3 种：**频分复用**（FDM）、**时分复用**（TDM）和**码分复用**（CDM）。FDM 复用方式是最基本的一种，它大量地用于模拟与数字通信系统中。而 TDM 与 CDM 仅用于数字通信系统，将在后面的相关章节中介绍。

FDM 通过调制技术与带通滤波来完成。发端用不同频率的载波调制各个信号，使它们的频谱搬移到彼此相邻但又互不重叠的频带上，叠加后便形成了复合信号。收端用不同频率位置的带通滤波器获取各个信号频谱，而后解调还原相应的消息。合并信号的过程称为**复用**或**复接**；分离信号的过程称为**解复用**或**分接**。下面举例说明 FDM 的原理。

应用案例（1）——模拟电话系统中的 FDM

图 3.5.1 示例了三路模拟话音（300～3400Hz）进行 FDM 的情形。其要点是：①各路语音通过 SSB 调制搬移到以 4kHz 的整倍数为边界的频带上。这种用 SSB 调制的方法具有最高的频带效率。②为了方便 SSB 解调，复合信号中还插入了导频单音，由于各路 SSB 的载波为 4kHz 的整倍数，这里只需一路 64kHz 的导频即可。③各频带间有约 900Hz 的保护间隔，因为 $4000-(3400-300)=900(\text{Hz})$。保护间隔便于滤波器实现，在国际电联建议的标准中，间隔为 900Hz 时要求邻道干扰电平低于 -40dB。

实际系统中，FDM 模拟电话系统采用的就是本例的方法。只不过，FDM 体制以 12 路话音为最小基本单位，形成的复合信号称为**基群**，占 48kHz 带宽（60kHz～108kHz 范围）；5 个基群信号又可以复用成 60 路的**超群**，占 240kHz；依次类推，10 个超群复合成**主群**，……

FDM 的概念直观清楚，而且技术成熟。但当信号路数很多时，需要大量的并行设备，整个系统显得复杂庞大。同时当需要高的信道利用率时，各信号频带应该尽量靠近，这要求陡峭的滤波器，且频率准确性和元件的稳定性要求很高，否则会产生干扰，影响通信质量。

频分复用系统的另一个主要问题是各种信号之间的相互干扰，这一现象被称为**串扰**。主要是系统的非线性造成合成信号变异，使各路信号的频谱交叉重叠。因此 FDM 系统的线性性要求较高，必须小心处理。例如，在早期的长途电话系统中，为了在微波中继信道上有效地传输，需要用到非线性的 C 类放大器，为此，电信公司对 FDM 信号再进行一次 FM 调制，利用 FM 信号的恒幅特性应对非线性问题。这时，不需要过多的抗噪性能，因此采用了窄带的 FM 技术。

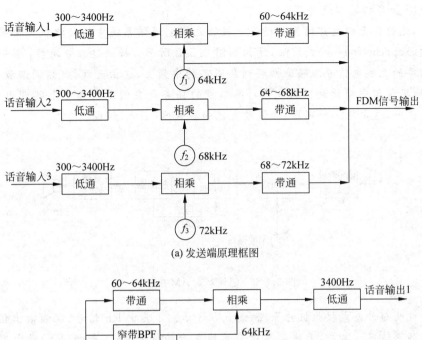

(a) 发送端原理框图

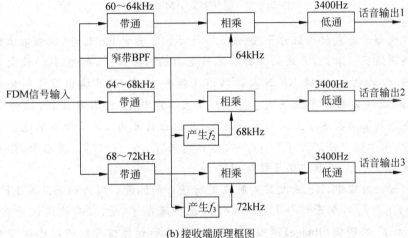

(b) 接收端原理框图

图 3.5.1　模拟电话中的 FDM

*3.5.3　模拟调制应用举例

无线电音频和电视广播是人们最为熟知的采用模拟信号传送的通信形式。下面介绍三种类型的广播,即调幅(AM)广播,调频(FM)广播和电视广播。

应用案例(2)——无线电 AM 广播中的超外差接收机

典型的无线电 AM 广播系统利用中波频段广播音频信号,电台的频率范围为 540～1600kHz,其中每个电台可占用 10kHz 带宽,调制方式为常规 AM,音频信号的带宽接近 5kHz。在 AM 广播系统中,接收机(收音机)为数众多,而发射机相对就少得多。从经济的角度考虑,无线电广播电台采用常规 AM 进行信号传输是相当合理的,因为在接收端可用廉价的包络检波器解调,避免了复杂的相干解调。这样做大幅降低了接收机的成本,促进了 AM 收音机的广泛普及。

　　目前，无论是无线电广播系统还是一般的无线电通信系统中的接收机大都采用所谓的**超外差（Superhetrodyne）**式接收，结构如图 3.5.2 所示。接收过程分两步：第一步的任务是将需要的无线电信号准确地搬移到某固定的中频上，这由天线、射频调谐放大器、混频器、本地振荡与中频放大器来完成；第二步的任务是在固定的频率上解调出信号，在 AM 收音机中，这由包络检测器、音频放大器和扩音器（喇叭）组成。

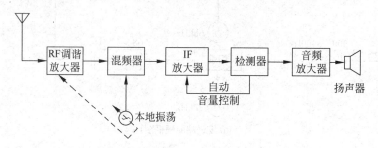

图 3.5.2　超外差式 AM 接收机

　　为了说明超外差式接收机的原理，图 3.5.3 示意了其中 RF 信号、混频输出信号与中频信号的频谱情况。首先，天线收集所有无线电台的信号，送入射频（RF）放大器。若要接收频率为 f_c 的电台，就将 RF 放大器调谐在频率 f_c 上，使其输出信号包含该射频信号。同时，本地振荡的频率设置为 $f_{LO}=f_c+f_{IF}$，其中 f_{IF} 为固定常数，称为**中频频率（IF）**。接下来的混频器本质上进行乘法运算，其输出信号为 RF 信号与本地振荡的合频与差频信号，中心频率分别为 $f_{LO}+f_c=2f_c+f_{IF}$ 与 $f_{LO}-f_c=f_{IF}$。其后面的 IF 放大器正好对准差频信号，只提取它供后续处理。

　　这一部分的处理中，RF 放大器同时要进行适当的滤波。因为如果没有 RF 滤波，载频为 $f_{IM}=f_{LO}+f_{IF}$ 的电台信号与 f_{LO} 混频后也会落在 f_{IF} 处，从而被误认为有用信号。f_{IM} 常被称为 f_c 的**镜像（image）频率**，相应的信号称为镜像信号。假定已调信号带宽为 B_T，从图可见，只要 $B_T<B_{RF}<2f_{IF}$ 即可。这个要求相当宽松，使得 RF 滤波容易实现。中频放大器必须完成准确的滤波，以清除邻近信号，选取需要的电台信号。由于 IF 固定且频率不高，可以通过定制来降低成本。实际 AM 收音机的典型参数为：中频 $f_{IF}=455\text{kHz}$，带宽为 10kHz，射频带宽只要满足 $10\text{kHz}<B_{RF}<910\text{kHz}$，而本振范围 f_{LO} 为 995～2055kHz。

　　AM 接收机的第二部分中，IF 放大器的输出通过包络检测器产生所需要的消息信号 $m(t)$，再经放大后驱动扩音器。自动音量控制（AVC）由反馈控制环提供，它根据包络检测器的输出功率来调整 IF 放大器增益，以保持信号电平稳定。

　　通常，无线电接收机要对多种频率的信号进行选择性接收，它必须完成几种基本的处理：

　　（1）调谐：其目的是对准与选出所需要的无线电信号。

　　（2）放大：将微弱的信号放大到足够的电平。

　　（3）带通滤波：仅让需要的信号通过，滤除邻近信道的信号。

　　（4）解调：针对具体调制制式，提取消息信号。

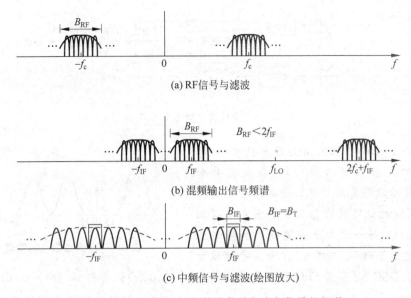

(a) RF信号与滤波

(b) 混频输出信号频谱

(c) 中频信号与滤波(绘图放大)

图 3.5.3 RF 信号、混频输出信号与中频信号的频谱

超外差接收机的方案是先将需要的无线电信号搬移到统一的中频上,而后在固定的中频上进行特定的解调。其巧妙之处在于:首先,RF 放大器的滤波特性要求比较宽松,容易实现。其次,IF 放大器的滤波器特性虽较为严格,但由于频率不高且固定,因此也不难实现。最后,在固定中频上进行解调较容易完成与获得高性能。

最早的无线电接收机打算在 RF 上一次完成准确的选频任务,其制作难度极高,因而只能要求各电台的载频相距足够远,这样会浪费不少的频带资源。超外差接收机对于充分利用频率资源有着重要的贡献。

应用案例(3)——立体声 FM 无线电广播中的 FDM 与兼容性设计

FM 广播系统的频率范围为 88~108MHz,电台频率间隔为 200kHz。为了传输悦耳的音乐,音频信号的最高频率设定为 $f_m = 15\text{kHz}$。调制方式为 FM,最大频偏 75kHz,系统采用预加重技术,增强抗噪性能。仿 AM 收音机,FM 收音机通常也采用超外差接收机,$f_{IF} = 10.7\text{MHz}$,中频以后采用限幅器与鉴频器进行 FM 解调。

最初的 FM 广播是单声道的,后来随着人们对音乐质量的追求,出现了大量的立体声 FM 广播。立体声 FM 广播中的双声道复用是频分复用与技术兼容的一个典型实例。

立体声系统利用两个传声器置于演播厅的两侧,获取左、右声道音频信号,记为 $m_L(t)$ 和 $m_R(t)$。为了传输两路消息信号,立体声 FM 广播采用图 3.5.4 的复用方案,该方法并不直接传输 $m_L(t)$ 与 $m_R(t)$ 信号,而是传输相加信号 $m_L(t) + m_R(t)$ 与相减信号 $m_L(t) - m_R(t)$。这样做的原因是为了与早期已有的单声道 FM 系统兼容。合成信号的频谱图如图 3.5.5 所示,它包括相加信号的频带,相减信号的频带(借助 DSB-SC 调制频移到 38kHz 处),与 19kHz 的导频。该合成信号最后经过 FM 调制传送出去。

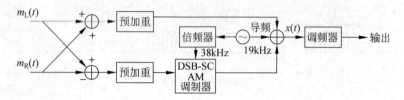

图 3.5.4　立体声 FM 发射机框图

立体声 FM 收音机采用超外差接收机,但解调输出的是合成信号 $x(t)$。后面需要如图 3.5.6 所示的解复用处理。合成信号一边通过 $0\sim15\text{kHz}$ 的低通滤波器及去加重电路得到 $m_\text{L}(t)+m_\text{R}(t)$,另一边由窄带滤波器和带通滤波器分别滤出导频和 DSB-SC 信号。导频信号

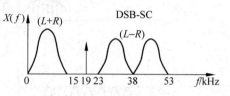

图 3.5.5　合成信号的频谱

倍频后用于 DSB-SC 信号的相干解调,得到 $m_\text{L}(t)-m_\text{R}(t)$。再将 $m_\text{L}(t)+m_\text{R}(t)$ 信号和 $m_\text{L}(t)-m_\text{R}(t)$ 信号分别相加及相减,恢复出 $m_\text{L}(t)$ 及 $m_\text{R}(t)$,最后经音频放大后驱动扬声器。

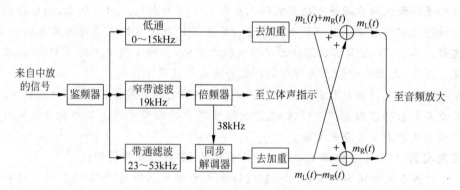

图 3.5.6　立体声调频广播接收机框图

早期的单声道 FM 收音机只工作在 $0\sim15\text{kHz}$ 部分。它遇到新的立体声 FM 广播信号时,仍然可以收到合成信号的 $0\sim15\text{kHz}$ 部分。这部分信号设计成 $m_\text{L}(t)+m_\text{R}(t)$,正好可供单声道收听。

还容易算出,单声道 FM 信号的带宽为 $B_\text{T}=2\Delta f_{\max}+2B=180\text{kHz}$;而立体声 FM 信号的带宽为 $B_\text{T}=2\times75+2\times53=256(\text{kHz})$。立体声 FM 信号的带宽稍微超出了频道间隔 200kHz 的规定。实际上,立体声复合信号中高频部分的幅度通常很小,因为是两声道的差值信号,所以,传输信号带宽的问题并不严重。但是立体声系统的预加重效果会明显降低,总的信噪比损失可达约 22dB。

*应用案例(4)——模拟电视广播中的 VSB

电视广播所分配的频率范围位于 VHF 和 UHF 频段内。我国分配给电视信号传送的信道带宽是 8MHz。由于图像信号的频带很宽,因此采用 DSB-SC 传输是很浪费的。又因为视频信号中含有丰富的低频分量,使得 SSB 滤波器难以实现,因此 VSB 传输就成

为较好的选择。实际系统还在已调信号中加入大载波,这样收端可采用包络检波,使得电视接收机的解调很简单。

我国黑白电视信号的发射频谱如图 3.5.7 所示,这里伴音信号与图像信号是复合在一起传输的,也是借助频分复用技术。伴音位于高端,载频为 6.5MHz,采用 FM 调制,最大频偏为 25kHz。图中复合信号总频带为 8MHz,包括信号的上边带和下边带残留部分(1.25MHz)。但注意到,该信号频谱并非是标准的残留边带滤波特性。其原因是发射功率很大,若严格地控制边带滤波特性,其发射滤波器价格昂贵。完整的残留边带滤波是由收发端共同实现的,接收机的中频滤波器的频率特性示于图 3.5.8 中,符合 VSB 调幅的边带特性要求。

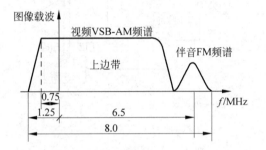

图 3.5.7 黑白电视信号发射频谱   图 3.5.8 接收中频残留边带滤波器频率特性

黑白电视广播发射机框图如图 3.5.9 所示。其中,图像信号采用残留边带调幅,伴音信号则采用调频。复合的信号经频谱搬移变成 VHF 或 UHF 频段的信号供发送。电视机通常采用超外差接收机结构,框图如图 3.5.10 所示。若是 UHF 频段的射频信号,先通过 UHF 混频器搬到 VHF 频段。这样,各种信号都经过 VHF 频段的 RF 放大器,再混频至 38MHz 的中频段。随后,通过包络检波还原成基带信号。接下来,伴音部分经中心频率为 6.5MHz 的中频滤波、放大后送往鉴频器解调,然后经去加重、音频放大后驱动扬声器;图像部分则严格以"斜坡"式互补对称滤波特性重建图像频谱,生成基带视频信号,最后经直流恢复等处理后馈送到显像管。

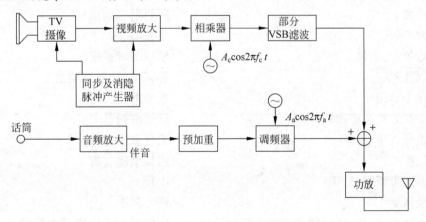

图 3.5.9 黑白电视发射机

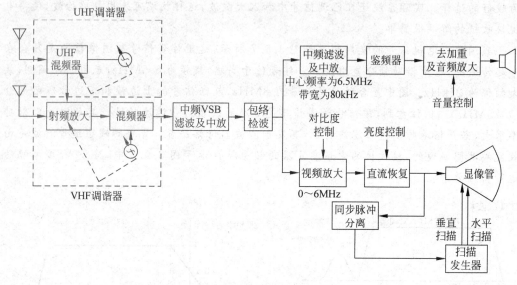

图 3.5.10　黑白电视超外差接收机框图

本章关键词

通过下面的关键词,可以快速地回顾本章的主要知识点。

调制信号	频率调制(FM)
基带信号	相偏常数、频偏常数
载波	最大相偏、最大频偏
已调信号	调相指数、调频指数
信道噪声	卡森公式
幅度调制	频偏比
常规调幅信号(AM)	直接与间接调频法
过调幅	阿姆斯特朗法
调幅指数	鉴频器
上边带、下边带	模拟基带系统
调制效率	解调增益、系统增益
非相干解调	预加重、去加重
抑制载波双边带调幅(DSB-SC)	反馈解调器
单边带调幅(SSB)	频分多路复用
滤波法	超外差接收机
残留边带调制(VSB)	中频
角度调制	镜像频率
载波频率、相位、瞬时频率	立体声 FM 广播
相位调制(PM)	

习题

1. 已知已调信号表达式如下：

(1) $s(t) = \cos 2\pi f_m t \cdot \cos 2\pi f_c t$

(2) $s(t) = (1 + \sin 2\pi f_m t)\cos 2\pi f_c t$

式中，$f_c = 4f_m$。试分别画出它们的波形图和频谱图。

2. 一个 AM 信号具有如下形式

$$s(t) = [20 + 2\cos 3000\pi t + 10\cos 6000\pi t]\cos 2\pi f_c t$$

其中 $f_c = 10^5 \text{Hz}$。

(1) 试确定每个频率分量的功率；

(2) 确定调制指数；

(3) 确定边带功率、全部功率，以及边带功率与全部功率之比。

3. 用调制信号 $m(t) = A_m \cos 2\pi f_m t$ 对载波 $A_c \cos 2\pi f_c t$ 进行调制后得到的已调信号为 $s(t) = A_c[1 + m(t)]\cos 2\pi f_c t$。为了能够无失真地通过包络检波器解调出 $m(t)$，问 A_m 的取值应满足什么条件。

4. 已知调制信号 $m(t) = \cos(2000\pi t) + \cos(4000\pi t)$，载波为 $\cos 10^4 \pi t$，进行单边带调制，试确定该单边带信号的表达式，并画出频谱图。

5. 一单边带调幅信号，其载波幅度 $A_c = 100$，载频 f_c 为 800kHz，模拟基带信号 $m(t) = \cos 2000\pi t + 2\sin 2000\pi t$。

(1) 写出 $\hat{m}(t)$ 表达式；

(2) 写出单边带信号的下边带时域表达式；

(3) 画出单边带信号的下边带频谱。

6. 某调制方框图如图题 3.6(a)所示。已知 $m(t)$ 的频谱如图题 3.6(b)所示，载频 $f_1 \ll f_2, f_1 > f_H$，且理想低通滤波器的截止频率为 f_1，试求输出信号 $s(t)$，并说明 $s(t)$ 为何种已调信号。

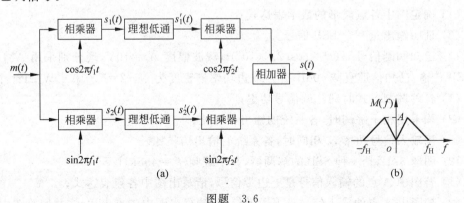

图题 3.6

7. 将调幅波通过残留边带滤波器可得残留边带信号。若此滤波器的传输函数 $H(f)$ 如图题 3.7 所示。当调制信号为 $m(t) = A(\sin 100\pi t + \sin 6000\pi t)$ 时，试确定所得残留边带信号的时域表达式。

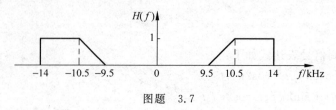

图题 3.7

8. 已知调制信号频谱如图题 3.8(a)所示，采用相移法产生 SSB 信号，试根据相移法的原理框图画出各点频谱图。

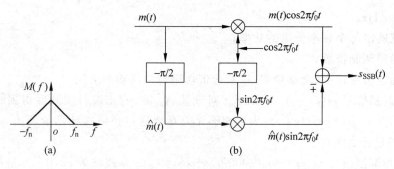

图题 3.8

9. 考虑图 3.1.12 的 SSB 维佛产生法，假定信号 $m(t)$ 频谱如图题 3.9(a)所示，试用频谱图解释维佛法产生 USSB 或 LSSB 信号的过程。

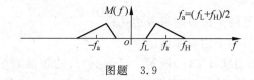

图题 3.9

10. SSB 信号由维佛法产生，如图题 3.10 所示，令 B 为信号的带宽。

（1）确定图中各点波形的数学表达式；

（2）证明输出是一个 SSB 信号。

11. 已知调制信号 $m(t)=\cos(2\pi\times10^4)t$，载波幅度 $A_c=10\mathrm{V}$，现分别采用 AM、DSB 及 SSB 传输，已知信道衰减 40dB，噪声双边功率谱密度为 $N_0/2=5\times10^{-11}\,\mathrm{W/Hz}$。试求：

（1）各种调制方式时的已调信号功率；

（2）均采用相干解调时，各系统的输出信噪比；

（3）当输入信号功率 S_i 相同时，各系统的输出信噪比。

12. 图题 3.12 是一种 SSB 的解调器，其中载频 $f_c=455\mathrm{kHz}$。

（1）若图中 A 点的输入信号是上边带信号，请写出图中各点表达式；

（2）若图中 A 点的输入信号是下边带信号，请写出图中各点表达式，并回答图中解调器应做何修改方能正确解调出调制信号。

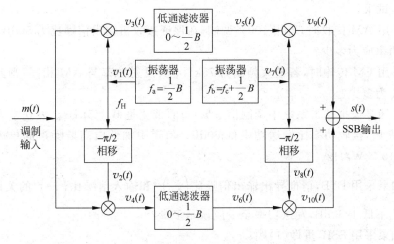

图题 3.10

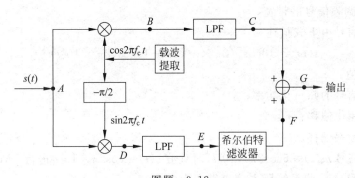

图题 3.12

13. 若对某一信号用 DSB 进行传输,设加至发射机的调制信号 $m(t)$ 之功率谱密度为

$$P_m(f) = \begin{cases} \dfrac{N_0}{2}\dfrac{|f|}{f_m}, & |f| \leqslant f_m \\ 0, & |f| > f_m \end{cases}$$

试求:

(1) 接收机的输入信号功率;

(2) 接收机的输出信号功率;

(3) 若叠加于 DSB 信号的白噪声具有双边功率谱密度为 $N_0/2$,设解调器的输出端接有截止频率为 f_m 的理想低通滤波器,求输出信噪比。

14. 某线性调制系统的输出信噪比为 20dB,输出噪声功率为 10^{-9} W,由发射机输出端到解调器输入之间总的传输损耗为 100dB,试求:

(1) DSB 时的发射机输出功率;

(2) SSB 时的发射机输出功率。

15. 已知调制信号 $m(t) = \cos(30\pi \times 10^3)t$,分别采用 AM、FM 传输,若载波频率为 30MHz,信道噪声为高斯白噪声,其双边功率谱密度为 $N_0/2 = 10^{-12}$ W/Hz,信道使信号

衰减 50dB,试求:

(1) 采用 AM 接收时,若用 100% 调制,在保证接收机输出信噪比为 50dB 时,发射机最低发射功率应为多少?

(2) 采用 FM 传输时,若最大频偏为 75kHz,其发射功率与 AM 相同,则此接收机的输出信噪比为多少?

16. 已知某模拟基带系统中调制信号 $m(t)$ 的带宽是 $W=5kHz$。发送端发送的已调信号功率是 P_t,接收功率比发送功率低 60dB。信道中加性白高斯噪声的单边功率谱密度为 $N_0=10^{-13}W/Hz$。

(1) 如果采用 DSB,请推导出输出信噪比 $\left(\dfrac{S}{N}\right)_o$ 和输入信噪比 $\left(\dfrac{S}{N}\right)_i$ 的关系;若要求输出信噪比不低于 30dB,发送功率至少应该是多少?

(2) 如果采用 SSB,重做(1)题。

17. 有一个 FM 发射机,它的最大调频频偏为 10kHz,已知调频的调制信号最高频率为 3kHz,求此调频信号的带宽。

18. 已知信号由下式描述

$$s(t) = 10\cos\left[(2\pi \times 10^8)t + 10\cos(2\pi \times 10^3 t)\right]$$

试确定以下各值:

(1) 已调信号的归一化功率;

(2) 最大相位偏移;

(3) 最大频率偏移。

19. 已知信号 $m(t)=5\cos2\pi \times 10^3 t$,对载波 $c(t)=\cos2\pi \times 10^6 t$ 进行 FM 调制,调制常数为 $K_{FM}=1kHz/V$,此系统所占信道带宽为多少?

20. 已知调频信号 $s_{FM}(t)=10\cos\left[10^6 t + 8\cos(10^3 \pi t)\right]$,设调制器的比例常数 $k_{FM}=2Hz/V$,求其载频、调制信号、调频指数和最大频偏。

21. 某调频信号 $s(t)=10\cos(2\pi \times 10^6 t + 4\cos200\pi t)$,求其平均功率、调制指数、最大频偏以及近似带宽。

22. 单音调制时,幅度 A_m 不变,改变调制频率 f_m,试确定:

(1) 在 PM 中,其最大相移 $\Delta\theta_{PM}$ 与 f_m 的关系,其最大频偏 Δf_{PM} 与 f_m 的关系;

(2) 在 FM 中,$\Delta\theta_{FM}$ 与 f_m 的关系,Δf_{FM} 与 f_m 的关系。

23. 调角信号 $s(t)=100\cos(2\pi f_c t + 4\sin2\pi f_m t)$,其中载频 $f_c=10MHz$,调制信号的频率是 $f_m=1000Hz$。

(1) 假设 $s(t)$ 是 FM 调制,求其调制指数及发送信号带宽;

(2) 若调频器的调频灵敏度不变,调制信号的幅度不变,但频率 f_m 加倍,重复(1)题;

(3) 假设 $s(t)$ 是 PM 调制,求其调制指数及发送信号带宽;

(4) 若调相器的调相灵敏度不变,调制信号的幅度不变,但频率 f_m 加倍,重复(3)题。

24. 幅度为 3V 的 1MHz 载波受幅度为 1V 频率为 500Hz 的正弦信号调制,最大频偏为 1kHz,当调制信号幅度增加 5V 且频率增至 2kHz 时,写出新调频波的表达式。

25. 已知某调频系统中,调频指数是 β_f,到达接收端的 FM 信号功率是 P_R,信道噪声的单边功率谱密度是 N_0，基带调制信号 $m(t)$ 的带宽是 W，解调输出的信噪比和输入信噪比之比为 $3\beta_f^2(\beta_f+1)$。

(1) 求解调输出信噪比；

(2) 如果发送端将基带调制信号 $m(t)$ 变成 $2m(t)$，接收端按照此条件设计解调器，请问输出信噪比将大约增大多少分贝。

26. 设一宽带频率调制系统，载波振幅为 $100\mathrm{V}$，频率为 $100\mathrm{MHz}$，调制信号 $m(t)$ 的频带限制于 $5\mathrm{kHz}$，$k_f=1500\mathrm{Hz/V}$，最大频偏 $\Delta f=75\mathrm{kHz}$，并设信道中噪声功率谱密度是均匀的，其 $P_n(f)=10^{-3}\mathrm{W/Hz}$（单边谱），试求：

(1) 接收机输入端理想带通滤波器的传输特性 $H(f)$；

(2) 解调器输入端的信噪功率比；

(3) 解调器输出端的信噪功率比；

(4) 若 $m(t)$ 以振幅调制方法传输，并以包络检波器检波，试比较在输出信噪比和所需带宽方面与频率调制系统有何不同。

27. 某模拟广播系统中基带信号 $m(t)$ 的带宽为 $W=10\mathrm{kHz}$，峰均功率比（定义为 $|m(t)|_{\max}^2/P_M$，其中 P_M 是 $m(t)$ 的平均功率）是 5。此广播系统的平均发射功率为 $40\mathrm{kW}$，发射信号经过 $80\mathrm{dB}$ 信道衰减后到达接收端，并在接收端叠加了双边功率谱密度为 $N_0/2=10^{-10}\mathrm{W/Hz}$ 的白高斯噪声。

(1) 若此系统采用 SSB 调制，求接收机可达到的输出信噪比；

(2) 若此系统采用调幅指数为 0.85 的常规幅度调制（AM），求接收机可达到的输出信噪比。

28. 某话音 $m(t)$（最大值为 $1\mathrm{V}$，带宽为 $4\mathrm{kHz}$）FM 发射机先采用 Armstrong 间接调频方法产生 NBFM 信号 $s_{\mathrm{NBFM}}(t)$，载频为 $320\mathrm{kHz}$，最大频偏为 $80\mathrm{Hz}$。而后采用 USSB 作二次频谱搬移（载频为 $440\mathrm{kHz}$），经带通滤波后得到 $s_{\mathrm{SSB}}(t)$；经 128 倍倍频与带通滤波后输出最后的调频信号 $s_{\mathrm{FM}}(t)$。试问：

(1) 发射机总体框图；

(2) $s_{\mathrm{NBFM}}(t)$ 的信号公式与带宽；

(3) $s_{\mathrm{SSB}}(t)$ 的信号公式与带宽；

(4) $s_{\mathrm{FM}}(t)$ 的信号公式与带宽。

（提示：128 倍倍频器使输入正弦波的角度乘以 128。）

第4章 数字基带传输

在第 1 章中已指出,数字信息表现为离散序列的形式。例如某个计算机文件以字节序列的形式呈现,某段数字音频以声音波形的采样序列的形式呈现。数字通信系统的基本任务就是传输各种信息序列。实际上,所有的电子通信系统最终总是通过某种电气物理量来传递信息,例如电流与电压波形。这些物理量本质上都是时间连续的,因此,表征数字信息的离散序列必须变换为某种(时间)连续信号来传输。广义地讲,这个将数字序列变换为一种(时间)连续信号的过程就是数字调制。

数字脉冲幅度调制(PAM)是一种基本、常用的数字调制方法,它利用脉冲幅度承载数字序列,从而构成连续信号。这类信号的功率谱密度通常从直流和低频开始,主要成分集中在零频率附近,因此是一种基带信号。PAM 信号可以直接在合适的基带(低通型)信道中传输。运用各种基带信号传输数字序列的方法统称为**数字基带传输(digital baseband transmission)**技术,相应的传输信号与通信系统分别称为**数字基带信号**与**数字基带传输系统**。

总的来讲,数字通信系统分为基带传输系统与频带传输系统两大类。其中,数字基带传输系统是最基本的,它涉及各种基础概念与基本技术。本章将集中讨论数字基带传输系统的相关内容,这些内容的要点包括:

(1)二元与多元基带信号:脉冲波形、基带信号形成、传输速率、功率谱的计算,以及信号带宽。

(2)AWGN 中的基带接收系统:LPF 与匹配滤波器接收法、误比特率公式与曲线、E_b/N_0 的含义。

(3)传输误码的分析:噪声引起误码的过程、误码率公式的推导。

(4)码间干扰(ISI)问题:Nyquist 准则、带限信道的 Nyquist 速率、升余弦滚降滤波器、兼顾 ISI 与噪声的系统设计方法、眼图。

(5)信道均衡器:迫零算法与均方误差算法、预置模式与自适应模式。

(6)部分响应系统:第 I 类与第 IV 类系统、相关编码器与预编码器。

(7)符号定时与同步:外同步法与自同步法、非线性滤波同步法、早迟门同步法。

(8)线路码型:码型的设计原则,几种重要的码型(包括 AMI 码、数字双相码、密勒码、CMI 码、HDB3 码等)。

4.1 二元与多元数字基带信号

本节阐述如何构造 PAM 数字基带信号用以传输信息序列的方法,这种方法适用于各种基带信道,即能够让基带信号顺利通过的低通型信道。本节将说明二元与多元 PAM 信号的概念与数据传输速率的定义。

4.1.1 数据传输的基本概念

在一些距离较近的有线信道上,数字基带传输得到广泛的应用。随着数字与数码技术的发展,各种电路芯片之间需要传输数据序列,其中大量采用二元 PAM 信号进行通信,例 4.1 的通信方法是一个典型的示例。

例 4.1 典型的数据通信方法。

数字芯片 A 向芯片 B 传送数据序列{…,0XF1,0X73,0XFF,…},电路中经常采用图 4.1.1(a)的连线方法,其中一根数据线用于传输数据,两根同步线用于指明数据出现的时刻。各条连线上的信号波形如图 4.1.1(b)所示。

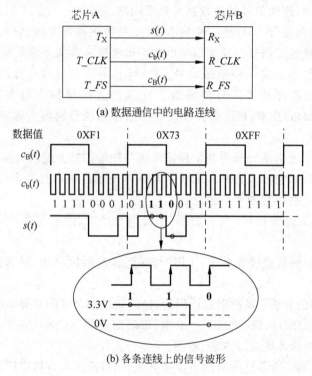

(a) 数据通信中的电路连线

(b) 各条连线上的信号波形

图 4.1.1 数据传输的例子

数据通信的过程是这样进行的:

(1) 序列中的每个数据原本是 8 位二进制表示的数值,范围通常认为在(-127~128)之间,例如 0XF1=-15、0X73=115、0XFF=-1。

(2) 芯片 A 传输各个数据时依次传输它的 8 个位。传输每个位时,采用方波脉冲幅度的高低表示各信息位为 0 或 1,构成波形 $s(t)$,在数据线上传输。

(3) 芯片 B 接收 $s(t)$ 时,依据脉冲幅度的高低还原 1 或 0,采样数据的时刻由同步时钟 $c_b(t)$ 的上升沿指明。

(4) 再由 0 或 1 还原数据值,这时还需借助字节同步信号 $c_B(t)$,$c_B(t)$ 指明哪几位是同一个数据的。

例 4.1 给出了数据传输中的几个基础概念。

(1) **二进制序列(binary sequence)**:数据序列经常转换成二进制位序列来传输,由于每位只有两种取值,因此称这种序列为二进制(或二值、二元)数据序列。数据的取值记为 0 与 1,有时也使用 +1 与 -1。

（2）**二元 PAM 信号**（binary PAM signal）：二元序列的每一位可用不同高度的脉冲来传输，这样构成的信号称为二元脉冲幅度调制信号，简称二元 PAM（pulse amplitude modulation）信号，它只用两种电平。

（3）**定时**（timing）与**同步**（synchronization）：接收信号时必须对准相应的脉冲来检测它的幅度，因此需要定时信号（或称同步信号）。

（4）**时隙**（slot）：用于传输单个数据（例如二进制值 0 或 1）的基本时间单元称为时隙，整个序列的传输是通过"一个时隙一个数据位"逐个完成的。

我们看到，产生传输信号的过程是在每个时隙上用某种电流或电压信号来表示 0 或 1，这种时隙局部上的电信号可以（广义地）看作脉冲信号。基本的脉冲信号是矩形（方形）的，并有几种典型形状。图 4.1.2 示意了用它们产生的各种传输波形。

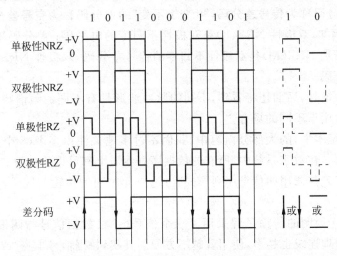

图 4.1.2　基本脉冲波形及相应的传输信号

图 4.1.2 中的脉冲波形包含下面几个基础概念：

（1）**单极性**（unipolar）与**双极性**（polar）

单极性脉冲采用正电平（或负电平）与零电平，因而只有一种极性。讨论这种脉冲时，考虑二值数据取值为 1 与 0 较为方便。单极性信号的优点是可以使用单电源电路（例如，对于 TTL 电路，只需＋5V 电源）；它的缺点是波形中具有直流分量，因而只能在直流耦合的线路中使用。单极性信号常用在导线连接的近距离传输中，例如在印刷电路内和机箱内大量使用。

双极性脉冲采用正、负电平，因而有两种极性。讨论这种脉冲时，考虑二值数据取值为＋1 与－1 较为方便。通常，两种数据值近似等概出现，因而，双极性波形中基本没有直流分量，传输线路无需具有直流耦合能力。然而，产生双极性信号的电路比较麻烦，既需要正电源，也需要负电源。双极性信号的抗噪能力要强一些，信号的传输距离也可以远一些。著名的 RS232C 的接口标准中采用了双极性信号。

（2）**不归零**（nonreturn-to-zero，NRZ）与**归零**（return-to-zero，RZ）

所谓"不归零"指每个脉冲的电平在整个时隙内保持不变，（"中途"不回归零电平）；

相反,所谓"归零"指每个脉冲的电平在一个时隙的"中途"回归零电平,脉冲宽度通常是时隙的1/2。一般而言,不归零脉冲的信号能量饱满,抗噪能力较强;而归零脉冲的跳变边沿丰富,便于接收端定时。

(3) 差分码或相对码（differential encoding）

差分码也称为差分波形,其特征是:不用电平的绝对值而用电平的相对变化来表示符号0与1。以图中波形为例,表示符号1时,电平发生相对翻转,表示符号0时,波形保持不变,简称为"1变0不变"。此规则也可以相反,即"0变1不变"。由于差分码通过波形边沿"携带"信息,其信号是否反相不影响信息的理解。这一点在实际应用中很重要,因为信号经过反复传输后,有时很难知道到底反相了几次。

电报通信采用"传号"（mark）与"空号"（space）术语,分别指1与0。借用这种术语,"1变0不变"的差分码称为**传号差分码**,"0变1不变"的差分码称为**空号差分码**。电平码用字母"L"标示,例如,双极性NRZ(L)是双极性不归零的电平码;差分码用"主变"的符号标示,例如,双极性NRZ(M)是双极性不归零的传号差分码,双极性NRZ(S)是双极性不归零的空号差分码。

除了上述特征外,后面还将看到,不同的脉冲波形具有不同的频谱特性,而这些特性使得它们分别适用于不同的场合。

在本章(甚至本书)的大部分内容中,我们不过多地关注由多个(8个)二进制位如何组成字节的问题。在数字系统中,所有的数据序列本质上都可以等效为二进制形式,所以二元序列是最基础与通用的信息序列形式,讨论二元序列的传输问题是数字通信的基本问题。

另外,例4.1说明的传输过程采用了三个信号(一根数据信号与两根同步信号),显然,信号越多,物理连线也越多,使用就越不方便。其实,数据信号本身(或适当处理后)含有丰富的定时信息,因此,当距离较远时实际传输系统中几乎总是只保留数据信号,而在接收端采用某种称为"同步"的方法从该信号中提取出需要的定时信号。所以,本章大量讨论的是如何传输(一个)数据信号的问题。

4.1.2　二元与多元PAM信号

二元PAM信号的数据只有两种取值。我们很容易想到:可否直接用8位数据构造PAM信号? 答案是可以的,如图4.1.3(a)所示。这种PAM有256种可能的电平,因此称为256元PAM信号。图4.1.3(b)给出了相应的二元PAM信号,与图4.1.1不同的是这里改用了+1与−1的二元符号,使信号有正有负,直流为零。

进一步,我们还可以把二进制序列的两个比特结合成四进制序列,而后构造四元PAM信号,如图4.1.3(c)所示。仿此,我们不难发现还可以构造出其他各种进制的PAM信号。

比较图4.1.3中的三种PAM,我们很快注意到下面几个问题:

(1) 2PAM信号只有单纯的两种电平,4PAM信号有四种电平,而256PAM有多达256种电平。电平太多会给接收时分辨脉冲的幅度带来麻烦。接收2PAM最为简单,接

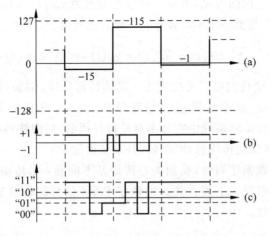

图 4.1.3　256PAM、2PAM 与 4PAM

收器只需要使用一个参考电平 V_T，比如 $V_T = 0V$，正脉冲判为 +1，负脉冲判为 -1 即可。而对于 256PAM，接收器就要麻烦一些。

（2）实际应用中，信号的幅度总是有限的，因为大幅度的信号需要更多的功率，而且物理系统都是功率有限的。若限定信号的峰峰值，多电平就意味着接收器必须有精细的幅度分辨率。如果传输中混入噪声与干扰，多进制 PAM 信号显然比 2PAM 更容易出错。

（3）传送同样长度的数据序列时，如果采用同样宽度的脉冲，2PAM 方式显然要用更长的时间；反之，如果要求同样的时间内传送完毕，2PAM 方式必须采用更窄的脉冲。窄的脉冲要求同步定时更准，而且后面将说明，窄脉冲的 PAM 信号占用更大的带宽。

可见，2PAM 与多元 PAM 各有优劣，究竟是采用 2PAM 还是多元 PAM，以及 M 的具体值是多少，是一个需要折中考虑的问题，要结合具体应用来定。实际上，简便的 2PAM 应用得很多。

一般而言，M 进制序列的数据具有 M 种可能值，每个数据又称为一个**符号**或**码元**（**symbol**），由它形成的 PAM 信号称为 M 进制 PAM 或 M 元 PAM（M-ary PAM signal），记为 MPAM。通常 M 进制序列可以视为由二进制序列转换而得，转换时将每 K 个比特对应于一个 M 进制符号，因此，$M = 2^K$，它通常是 2 的整数幂。当 $K = 1$ 时，$M = 2$，相应的信号就是 2PAM 信号，即二元 PAM 信号是 MPAM 中最基本的一种。

假定二进制序列为 $\{b_n\}$，产生 MPAM 信号的原理框图如图 4.1.4 所示。

图 4.1.4　产生 MPAM 信号的原理框图

图 4.1.4 中 $\{a_n\}$ 为 M 元符号序列，T_s 为传输时的符号间隔（即时隙宽度），$g_T(t)$ 是选择的传输脉冲，例如，方波脉冲。脉冲形成单元也称为发送滤波器，它按符号的数值生成

不同幅度的传输脉冲。由图可见，第 n 个符号可表示为 $a_n\delta(t-nT_s)$，因此，发送滤波器的冲激响应应正是 $g_T(t)$。显然 MPAM 信号的一般表达式为

$$s(t) = \left[\sum_{n=-\infty}^{+\infty} a_n\delta_T(t-nT_s)\right] * g_T(t) = \sum_{n=-\infty}^{+\infty} a_n g_T(t-nT_s) \tag{4.1.1}$$

这里，采用 $g_T(t)$ 使我们可以考虑更为一般的传输脉冲，例如，圆顶的、三角形的或其他的。显然，矩形 NRZ 脉冲是最直观与简单的，因此，我们常常以它为代表来讨论 MPAM 信号。不过，在实际系统中它并不总是最好用的，后面还将指出，在带宽有限的信道上，需要采用某些特殊的传输脉冲（例如，升余弦谱脉冲）。

用一种信号传输数据序列时，我们关心两个基本问题：①传输速率有多少？②功率谱是什么和占用多少带宽？下面首先讨论数字 PAM 信号的传输速率，下一节将进一步说明它的功率谱与带宽。

4.1.3　数字基带信号的传输速率

衡量某种数字基带信号（或相应的通信系统）传送数据的速率常用下面两种术语：

（1）**符号速率或码元速率（symbol rate）**：R_s

单位时间传送符号的数目，单位为**符号/秒（symbol/s）**或**波特（Baud）**。当符号间隔为 T_s 时，显然

$$R_s = 1/T_s \quad (\text{symbol/s 或 Baud}) \tag{4.1.2}$$

（注意，单位不要写成 Baud/s，因为 Baud 已经包含了"每秒"的含义）。码元速率也常称为**波特率**。

（2）**比特率（bit rate）**：R_b

每秒传送的比特数目，单位为**比特/秒（bps 或 b/s）**。由于 MPAM 信号每个 T_s 期间传送 $K(=\log_2 M)$ 个比特，因此

$$R_b = KR_s = R_s\log_2 M \quad (\text{bps}) \tag{4.1.3}$$

即，$T_s = KT_b$。反过来，我们有 $R_s = R_b/K$ 与比特间隔 $T_b = 1/R_b = T_s/K$。

有时我们也直接称比特率为信息速率，实际上指的是此时的最大信息传输率，因为一位二进制包含的信息量最多为一比特，于是，比特率为 R_b（bps）时，系统每秒可以传输的最大信息量正好是 R_b（比特）。

显然，符号速率 R_s 考虑的是数字基带信号以符号为基本传输单位；而比特率 R_b 考虑的是消息序列以比特为通用单位。比特率是数字通信更为统一的速率单位。

例 4.2　给定一段二元序列 $\{1011010001111101011\}$，假定传输时间为 1ms。试求：(1)相应的四元与八元序列；(2)相应的 R_b、R_s 与 T_s。

解　(1)按两两位、三三位组成符号，可得到

四元符号序列：$\{10\ 11\ 01\ 00\ 01\ 11\ 10\ 10\ 11\} = \{2\ 3\ 1\ 0\ 1\ 3\ 2\ 2\ 3\}$；

八元符号序列：$\{101\ 101\ 000\ 111\ 101\ 011\} = \{5\ 5\ 0\ 7\ 5\ 3\}$。

(2)根据传输时间为 1ms 可见，相应的 R_b、R_s 与 T_s 如表 4.1.1 所示。

表 4.1.1　相应的 R_b、R_s 与 T_s

M 元	序列长度	R_b(bps)	R_s(Baud)	T_s(ms)
2	18	18 000	18 000	1/18
4	9	18 000	9000	1/9
8	6	18 000	6000	1/6

4.2　数字基带信号的功率谱与带宽

采用某种数字基带信号传输数据序列时,我们最关心传输信号的功率谱是什么和占用了多少带宽。下面讨论数字基带信号功率谱的计算方法、频带特点以及所用的带宽。

4.2.1　信号的功率谱

一般而言,数字 PAM 信号的功率谱密度由相应序列的自相关函数 $R_a(k)$ 与所用脉冲的频谱特性 $G_T(f)$ 决定。只要合理地设计 $R_a(k)$ 和 $G_T(f)$,就可以控制数字 PAM 信号的功率谱密度的形状。许多情况中,信息序列 $\{a_n\}$ 可看作是平稳无关序列,即各个符号之间是互不相关的,若序列的均值是 $m_a = E[a_n]$,方差为 $\sigma_a^2 = E[a_n^2] - m_a^2$,那么,相应 MPAM 信号的功率谱密度为

$$P_s(f) = \frac{\sigma_a^2}{T_s} \mid G_T(f) \mid^2 + \frac{m_a^2}{T_s^2} \sum_{k=-\infty}^{\infty} \left| G_T\left(\frac{k}{T_s}\right) \right|^2 \delta\left(f - \frac{k}{T_s}\right) \qquad (4.2.1)$$

其中,T_s 为码元间隔。

注意到,式中的第一项为连续谱,它主要由脉冲 $g_T(t)$ 的能量谱决定。第二项为一组位于 kR_s 的离散线谱(k 为整数,$R_s = 1/T_s$),各线谱的功率正比于脉冲的能量谱在该处的值。但如果数字序列具有零均值,则离散线谱完全消失。另外,PAM 信号的功率谱与它的元数 M 无关,即,2PAM 与多元 PAM 信号具有同样的功率谱。

例 4.3　NRZ 信号的功率谱密度:已知 M 元数字序列各符号无关,其均值与方差分别为 m_a 与 σ_a^2。发送脉冲 $g_T(t)$ 为矩形 NRZ 脉冲,幅度为 A,如图 4.2.1(a)所示。求 MPAM 信号的功率谱密度。

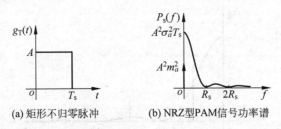

(a) 矩形不归零脉冲　　(b) NRZ型PAM信号功率谱

图 4.2.1　矩形不归零脉冲与 PAM 信号功率谱

解 首先，脉冲 $g_T(t) = A\Pi\left(\dfrac{t - T_s/2}{T_s}\right)$，其傅里叶变换为

$$G_T(f) = AT_s \mathrm{sinc}(fT_s)\mathrm{e}^{-\mathrm{j}\pi fT_s} \tag{4.2.2}$$

其中，$\mathrm{sinc}(x) = \dfrac{\sin\pi x}{\pi x}$（参见表 2.1.2 注释）。由于 k 取非零整数时 $\mathrm{sinc}(k) = 0$，根据式(4.2.1)可得

$$P_s(f) = A^2\sigma_a^2 T_s \mathrm{sinc}^2(fT_s) + A^2 m_a^2 \delta(f) \tag{4.2.3}$$

可见，功率谱中只含有离散的直流谱线，如图 4.2.1(b)所示。 ■

不妨考虑 2PAM 信号的两种特例。①双极性信号：符号等概且取值+1与−1，可得 $m_a = 0, \sigma_a^2 = 1$；②单极性信号：符号等概且取值+1与0，可得 $m_a = 1/2, \sigma_a^2 = 1/4$。它们的功率谱分别为

① 双极性 NRZ：$P_s(f) = A^2 T_b \mathrm{sinc}^2(fT_b)$；

② 单极性 NRZ：$P_s(f) = \dfrac{A^2 T_b}{4}\mathrm{sinc}^2(fT_b) + \dfrac{A^2}{4}\delta(f)$。

其中，T_s 被替换为 T_b。可见，双极性与单极性的核心差别在于是否有直流成分。

例 4.4　二元单极性 RZ 信号的功率谱密度：已知二元数字序列各符号取值1与0、等概率出现且各不相关，相应的 2PAM 信号幅度取值为+A与0，发送脉冲 $g_T(t)$ 为矩形 RZ 脉冲（只占半个时隙），求该 2PAM 信号的功率谱密度。

解 首先，记二元码元间隔为 T_b，RZ 脉冲 $g_T(t) = A\Pi\left(\dfrac{t - T_b/4}{T_b/2}\right)$，其傅里叶变换为

$$G_T(f) = \frac{AT_b}{2}\mathrm{sinc}\left(\frac{fT_b}{2}\right)\mathrm{e}^{-\mathrm{j}\pi fT_b/2} \tag{4.2.4}$$

易知，序列的 $m_a = 1/2, \sigma_a^2 = 1/4$，根据式(4.2.1)，其功率谱为

$$P_s(f) = \frac{\sigma_a^2}{T_b}\mid G_T(f)\mid^2\left[1 + \frac{m_a^2}{\sigma_a^2 T_b}\sum_{k=-\infty}^{\infty}\delta(f - kR_b)\right]$$

$$= \frac{A^2 T_b}{16}\mathrm{sinc}^2\left(\frac{fT_b}{2}\right)\left[1 + R_b\sum_{k=-\infty}^{\infty}\delta(f - kR_b)\right] \tag{4.2.5}$$

其中，$R_b = 1/T_b$。$P_s(f)$ 如图 4.2.2 所示。可见，单极性使功率谱中含有离散的直流谱线；而归零使信号的总功率降低，带宽加倍，并在 R_b 的奇数倍频处出现离散谱线。 ■

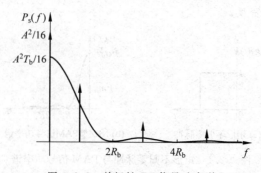

图 4.2.2　单极性 RZ 信号功率谱

4.2.2 信号的带宽

从上面功率谱的分析容易看出,矩形 MPAM 信号的绝对带宽是无穷大,但是,它们的主要功率仍然集中在零频率附近的主瓣上。为了简便,我们经常采用第一零点带宽来度量其带宽。于是,认为矩形 MPAM 信号的带宽为

$$B_\mathrm{T} = 1/T_\mathrm{s} = R_\mathrm{s} = R_\mathrm{b}/K \qquad (4.2.6)$$

可见,脉冲越窄,信号的带宽越大。显然,由符号速率 R_s 可以方便地计算信号占用的频带宽度,而由比特率 R_b 无法计算。

综合考察信号的传输速率与占用带宽等方面的因素,我们注意到,在同样的信息传输率 R_b 的情况下,2PAM 与 MPAM($K = \log_2 M \geqslant 1$)的特点如表 4.2.1 所示。

表 4.2.1   2PAM 与 MPAM 信号的符号率与带宽

	符 号 率	带 宽	评 注
2PAM	R_b	$B_\mathrm{T} = R_\mathrm{b}$	M 越高,越节约带宽;但抗噪性能弱,并要求接收器具有优良的幅度分辨率
MPAM	R_b/K	$B_\mathrm{T} = R_\mathrm{b}/K$	

一般而言,数字基带信号的带宽与 $g_\mathrm{T}(t)$ 密切相关。后面的深入分析可知,速率为 R_s (Baud)时基带信号(绝对)带宽的理论最小值为 $R_\mathrm{s}/2$ (Hz)。比较之下,矩形 PAM 信号是相当耗费带宽的。但这种信号简单直观,易于理解。因此在基本分析中,它通常是我们主要的讨论对象。

例 4.5   例 4.2 中分别采用二元、四元与八元 PAM 按 18kbps 传输信息序列,如果脉冲为双极性 NRZ 码,试求:相应信号的带宽。

解   由于三种方式的符号位数分别是 1、2 与 3,按式(4.2.6)可求出信号的第一零点带宽为 18kHz、9kHz 与 6kHz。

*4.2.3   一般 PAM 信号功率谱公式及推导

定理:给定平稳序列 $\{a_n\}$,其均值为 m_a,自相关函数为 $R_a[k]$,以脉冲信号 $g(t)$ 按间隔 T_s 构造 PAM 信号 $s(t)$,形如

$$s(t) = \sum_{n=-\infty}^{+\infty} a_\mathrm{n} g(t - nT_\mathrm{s}) \qquad (4.2.7)$$

那么,$s(t)$ 是广义循环平稳信号,并且

(1) 均值 $$E[s(t)] = m_a \sum_{n=-\infty}^{+\infty} g(t - nT) \qquad (4.2.8)$$

（2）平均自相关函数　$\bar{R}_s(\tau) = \overline{R_s(t+\tau,t)} = \dfrac{1}{T}\displaystyle\sum_{k=-\infty}^{+\infty} R_a[k] r_g(\tau - kT)$　(4.2.9)

（3）功率谱　$P_s(f) = \dfrac{1}{T}\,|\,G(f)\,|^2 \displaystyle\sum_{k=-\infty}^{+\infty} R_a[k] \mathrm{e}^{-\mathrm{j}2\pi fkT}$　(4.2.10)

其中，$G(f)$ 是 $g(t)$ 的傅里叶变换，并且

$$r_g(\tau) = \int_{-\infty}^{+\infty} g(t+\tau)g^*(t)\mathrm{d}t = g(\tau) * g^*(-\tau)$$

证明　通过下面三个部分来证明。

（1）计算均值并证明信号 $s(t)$ 是循环平稳信号。

首先，$E[s(t)] = \displaystyle\sum_{n=-\infty}^{+\infty} E(a_n)g(t-nT) = m_a \sum_{n=-\infty}^{+\infty} g(t-nT)$，它是周期为 T 的函数。

进而

$$
\begin{aligned}
R_s(t+\tau,t) &= E[s(t+\tau)s^*(t)] = E\left[\sum_{n=-\infty}^{+\infty} a_n g(t+\tau-nT)\sum_{m=-\infty}^{+\infty} a_m^* g^*(t-mT)\right]\\
&= \sum_{n=-\infty}^{+\infty}\sum_{m=-\infty}^{+\infty} E[a_n a_m^*] g(t+\tau-nT)g^*(t-mT)\\
&= \sum_{k=-\infty}^{+\infty}\left\{R_a[k]\sum_{m=-\infty}^{+\infty} g(t+\tau-mT-kT)g^*(t-mT)\right\}
\end{aligned}
$$
(4.2.11)

其中，令 $k=n-m$，并更换了求和变量。显然，$R(t+\tau,t)$ 与两个时刻都有关，因此 $s(t)$ 不是广义平稳的。容易看出，对于任何整数 l，有

$$
\begin{aligned}
&R_s(t+\tau+lT,t+lT)\\
&= \sum_{k=-\infty}^{+\infty}\left\{R_a[k]\sum_{m=-\infty}^{+\infty} g(t+\tau-(m-l)T-kT)g^*(t-(m-l)T)\right\}
\end{aligned}
$$

只要令 $m_1=m-l$，它与式(4.2.11)相同。

这种均值与相关函数都是周期函数的随机信号称为(广义的)循环平稳随机信号。

（2）计算 PAM 信号 $s(t)$ 的平均相关函数。

对于循环平稳过程，为了计算功率谱，先要计算其相关函数的时间平均，由于是周期函数，只需在它的一个周期上计算，于是

$$
\begin{aligned}
\bar{R}_s(\tau) &= \overline{R_s(t+\tau,t)} = \frac{1}{T}\int_{-T/2}^{T/2} R(t+\tau,t)\mathrm{d}t\\
&= \frac{1}{T}\sum_{k=-\infty}^{+\infty}\left\{R_a[k]\sum_{m=-\infty}^{+\infty}\left[\int_{-T/2}^{T/2} g(t+\tau-mT-kT)g^*(t-mT)\mathrm{d}t\right]\right\}
\end{aligned}
$$

对于式中的第二个和式部分，令 $u=t-mT$，有

$$
\begin{aligned}
\sum_{m=-\infty}^{+\infty}\int_{-T/2-mT}^{T/2-mT} g(u+\tau-kT)g^*(u)\mathrm{d}u &= \int_{-\infty}^{+\infty} g(u+\tau-kT)g^*(u)\mathrm{d}u\\
&= r_g(\tau-kT)
\end{aligned}
$$

于是

$$\bar{R}_s(\tau) = \overline{R_s(t+\tau,t)} = \frac{1}{T}\sum_{k=-\infty}^{+\infty} R_a[k]r_g(\tau - kT)$$

（3）计算 PAM 信号 $s(t)$ 的功率谱。

循环平稳过程的功率谱是其平均相关函数的傅里叶变换。容易看出

$$\bar{R}_s(\tau) = \frac{1}{T}\left\{\sum_{k=-\infty}^{+\infty} R_a[k]\delta(\tau - kT)\right\} * r_g(\tau)$$

其中，卷积的前一项是冲激串形式，而 $r_g(\tau) \leftrightarrow |G(f)|^2$，于是，根据傅里叶变换的基本性质易知

$$P_s(f) = \mathcal{F}[\bar{R}_s(\tau)] = \frac{1}{T}|G(f)|^2\sum_{k=-\infty}^{+\infty} R_a[k]e^{-j2\pi fkT} \qquad ■$$

定理： 假定信息序列 $\{a_n\}$ 是平稳无关序列，其均值与方差分别为 m_a 与 σ_a^2，那么，其 PAM 信号的功率谱密度为

$$P_s(f) = \frac{\sigma_a^2}{T_s}|G_T(f)|^2 + \frac{m_a^2}{T_s^2}\sum_{k=-\infty}^{\infty}|G_T(kR_s)|^2\delta(f - kR_s)$$

其中，T_s 为码元间隔。

证明 由符号间的无关性，可知

$$R_a(k) = E[a_n a_{n+k}] = \begin{cases} \sigma_a^2 + m_a^2, & k = 0 \\ m_a^2, & k \neq 0 \end{cases}$$

于是，由式（4.2.10）有

$$P_s(f) = \frac{1}{T_s}|G(f)|^2\left(\sigma_a^2 + m_a^2\sum_{k=-\infty}^{\infty}e^{j2\pi fkT_s}\right) \qquad (4.2.12)$$

式中的 $\sum_{k=-\infty}^{\infty}e^{j2\pi fkT_s}$ 可以看成是自变量为 f 的某个周期函数 $D(f)$ 的傅里叶级数形式，即

$$D(f) = \sum_{k=-\infty}^{+\infty}e^{jk(2\pi T_s)f}$$

$D(f)$ 的周期为 T_s^{-1}，而傅里叶系数全部为 1。其实 $D(f) = \frac{1}{T_s}\sum_{k=-\infty}^{\infty}\delta\left(f - \frac{k}{T_s}\right)$，因为，按傅里叶系数的计算方法

$$\frac{1}{T_s^{-1}}\int_{-T_s^{-1}/2}^{T_s^{-1}/2} D(f)e^{-jk(2\pi/T_s^{-1})f}df = T_s\int_{1/2T_s}^{1/2T_s}\frac{\delta(f)}{T_s}df = 1$$

由此可见，$\sum_{k=-\infty}^{+\infty}e^{jk(2\pi T_s)f} = \frac{1}{T_s}\sum_{k=-\infty}^{\infty}\delta\left(f - \frac{k}{T_s}\right)$，代入式（4.2.12）整理后得到结论。 ■

4.3 二元信号的接收方法与误码分析

数字基带传输过程中的信道可能是简单的电缆,也可能包含复杂的电路系统,信道中总是存在噪声与干扰,使传输信号的电平发生改变,从而造成接收错误。

大多数信道中的基本问题是加性噪声,它主要是通信系统的收发电路与传输电路中产生的热噪声。这类信道的数学模型为加性白高斯噪声(AWGN)信道。

本节围绕二元基带信号,主要探讨:在 AWGN 信道中如何有效地接收信号?接收的误码性能具体是什么?什么是匹配滤波器?以及 AWGN 到底是怎样造成误码、影响接收的?

4.3.1 噪声中二元信号的接收方法

考虑图 4.3.1 的 AWGN 信道,可知

$$r(t) = s(t) + n(t) \qquad (4.3.1)$$

其中,$s(t)$ 是送入信道的传输信号,$n(t)$ 是功率谱密度为 $N_0/2$ 的零均值高斯型白噪声,$r(t)$ 是接收到的信号。

在噪声中接收信号的关键在于要尽量地抑制噪声,主要的方法为低通滤波与匹配滤波,下面具体说明。

图 4.3.1 AWGN 信道模型

1. 利用低通滤波的基本接收方法

利用低通滤波器(LPF)抑制噪声是一种简单实用的平滑技术,这种接收系统的框图如图 4.3.2 所示。图中标示了有关各个部分,并给出了主要参数。与 4.1 节例 4.1 的基本接收方法对照可见,这里只是新增了 LPF 部分,以抑制噪声。框图中主要信号的典型波形如图 4.3.3 所示。

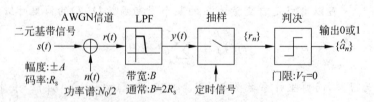

图 4.3.2 数字基带的 LPF 接收系统

在这个接收系统中主要应该注意下面两点:

(1) LPF 的带宽既要足够宽,以保证信号尽量完整地通过;同时又要相当窄,以最大限度地滤除噪声。对于 2PAM 矩形 NRZ 信号,理论上可取 $B=R_s$,实际上通常必须取 $B \geqslant 2R_s$ 才能获得良好的信号波形。

（2）最佳判决门限 V_T 通常应该取在两种脉冲电平的中间，对于最常用的双极性 NRZ 信号，取 $V_T = 0$。对于单极性信号，易见，$V_T = A/2$（不妨假定传输系统的增益为1）。

2. 利用匹配滤波的最佳接收方法

接收数字基带信号的本质问题是要检测通过 AWGN 信道传输后的脉冲 $g_T(t)$ 的幅度，匹配滤波是在噪声中检测某已知信号的最佳措施，其具体原理详见 4.3.3 节。匹配滤波的做法是采用一个与脉冲信号 $g_T(t)$"相匹配"的滤波器 $h(t) = kg_T(T_s - t)$，让接收信号 $r(t)$ 通过它，而后在 $t = T_s$ 处抽样，这种抽样值具有最大的信噪比。也就是说，抽样值中的噪声相对于信号被抑制到最低，由此判断脉冲的幅度就能够达到最准。匹配滤波器接收系统的框图如图 4.3.4 所示。框图中主要信号的典型波形如图 4.3.5 所示。

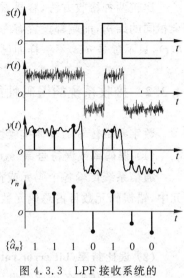

图 4.3.3　LPF 接收系统的主要信号波形

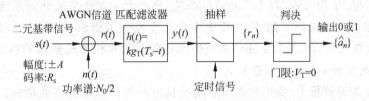

图 4.3.4　数字基带的匹配滤波器接收系统

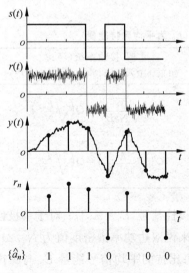

图 4.3.5　匹配滤波器接收系统的主要信号波形

在这个接收系统中，主要应该注意下面几点：

（1）选择匹配滤波器，使其与 PAM 信号的脉冲信号相匹配，于是，滤波器的冲激响应为 $g_T(t)$ 的反转延迟形式，即

$$h(t) = kg_T(T_s - t) \qquad (4.3.2)$$

其中 k 为任意常数，T_s 为符号间隔。

（2）要获得最大的信噪比，抽样各脉冲时应定时在 $t = nT_s$ 时刻，即在相应时隙的末端，参见图 4.3.5。对照 LPF 接收系统可见，由于被抽样的信号 $y(t)$ 不再是"平顶"脉冲，因此，抽样定时的准确度必须足够高。

（3）判决门限 V_T 的选择原则与前面一样，位于匹配滤波器两种输出峰值的中心，对于双极性 2PAM 信号，V_T 仍为 0。对于单极性信号，则 V_T = 输出峰值/2。

比较两种接收方法，容易看出，LPF 接收系统与匹配滤波器接收系统实际上具有完全相同的结构，前端都设置有一个抑制噪声的接收滤波器，不妨统一地记它的冲激响应为 $h(t)$，只不过是 $h(t)$ 不一样而已。而正是这种不同，导致它们具有不同的抗噪性能。

4.3.2 接收系统的误码性能

数字基带传输的具体抗噪性能采用误码率或误比特率衡量。

（1）**误码率或误符号率**（symbol error rate）：P_e

通信系统传输各个码元或符号发生错误的概率，在物理意义上，它近似于传输大量码元中，错误码元数目占总码元数目的比例，即

$$P_e \approx \frac{\text{错误码元数目}}{\text{总传输的码元数目}} \qquad (4.3.3)$$

（2）**误比特率**（bit error rate，BER）：P_b

通信系统传输各个比特发生错误的概率，同样

$$P_b \approx \frac{\text{错误比特数目}}{\text{总传输的比特数目}} \qquad (4.3.4)$$

显然，P_e 与 P_b 相关联，对于二元通信系统，$P_b = P_e$；对于多元通信系统，要在 P_e 的基础上再考虑每个错误码元的 K 比特中究竟几个发生了错误，因此，$P_b \leqslant P_e$。另外，与 R_s 与 R_b 的概念相仿，P_e 与数字通信系统内部以符号为单位传输数据的特征相对应；而 P_b 是数字通信系统通用的差错指标。

在一般性理论分析中，我们重点考察构造良好的通信系统的性能指标。对于 2PAM 数字基带传输系统，采用匹配滤波器的接收系统是最佳接收系统，相应的误比特率列于表 4.3.1 中。作为对比，表中也列出了采用 LPF 方案的接收系统相应的误比特率。这些结论的具体推导将在后面给出。

表 4.3.1　主要 2PAM 数字基带传输系统的 P_b（E_b 为平均比特能量）

	最佳接收系统 （匹配滤波器接收系统）	LPF 接收系统（考虑 矩形 NRZ 脉冲信号，取 $B=1/T_s$）
双极性 2PAM	$Q\left(\sqrt{\dfrac{2E_b}{N_0}}\right)$	$Q\left(\sqrt{\dfrac{A^2}{N_0 B}}\right) = Q\left(\sqrt{\dfrac{E_b}{N_0}}\right)$
单极性 2PAM	$Q\left(\sqrt{\dfrac{E_b}{N_0}}\right)$	$Q\left(\sqrt{\dfrac{A^2}{4N_0 B}}\right) = Q\left(\sqrt{\dfrac{E_b}{2N_0}}\right)$

表中 E_b 为传送每个比特所用能量的平均值，对于双极性信号，$E_b = A^2 T_b$；对于单极性信号 $E_b = A^2 T_b / 2$。N_0 为 AWGN 信道的噪声参数（具体来说双边功率谱密度值为 $N_0/2$）。

由表看到，P_b 由参量 E_b/N_0 决定。该参量定义为每比特的平均信号能量 E_b 与噪声功率谱密度值 N_0 的比值。虽然，E_b 与 N_0 的物理含义不同，但它们的比值是无量纲的，因为

$$\frac{E_{\mathrm{b}}\ 单位}{N_0\ 单位} = \frac{焦耳}{瓦特每赫兹} = \frac{瓦特 \times 秒}{瓦特 \times 秒} \qquad (4.3.5)$$

E_{b}/N_0 本质上仍反映着信号与噪声大小的比值。我们后面将讨论更多的数字通信系统，会发现决定它们误码性能的基本因素都是 E_{b}/N_0。

表中还用到 $Q(x)$ 函数，其定义如下

$$Q(x) = \frac{1}{\sqrt{2\pi}} \int_x^\infty \mathrm{e}^{-\frac{z^2}{2}} \mathrm{d}z \qquad (4.3.6)$$

后面我们将大量用到它。$Q(x)$ 函数无法简单计算，本书末尾附录给出了它的数据表，以方便应用。下面是 $Q(x)$ 函数的一个很好的近似公式

$$Q(x) \approx \frac{1}{x\ \sqrt{2\pi}}\left(1 - \frac{0.7}{x^2}\right)\mathrm{e}^{-\frac{x^2}{2}}, \quad x > 2 \qquad (4.3.7)$$

当 $x > 2.15$，近似误差小于 1%，且随 x 的增加而趋于 0。一些文献中习惯采用互补误差函数 $\mathrm{erfc}(x) = \frac{2}{\sqrt{\pi}} \int_x^\infty \mathrm{e}^{-t^2} \mathrm{d}t (x \geqslant 0)$。两者的换算关系为 $Q(x) = \frac{1}{2}\mathrm{erfc}\left(\frac{\sqrt{2}}{2}x\right)$。

为了直观地了解通信系统在 AWGN 中的差错性能，工程师经常将表 4.3.1 中的公式绘制成图 4.3.6 的曲线形式。图中横坐标是 E_{b}/N_0 的分贝值，即 $10\log_{10}(E_{\mathrm{b}}/N_0)$，纵坐标是以对数尺度标示的 P_{b}。由图可见，P_{b} 随 E_{b}/N_0 的增加呈抛物线或指数下降，这正是 Q 函数的特征。

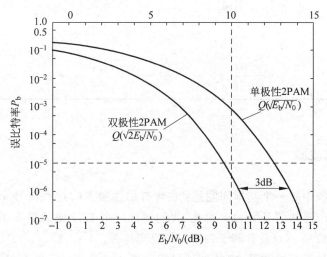

图 4.3.6　误比特率曲线图

由误比特率曲线可以方便地对几种传输方案进行性能比较：

（1）纵向比较：给定某个 E_{b}/N_0，例如 10dB，做一条垂线，可见单极性信号（上边曲线）可达 $P_{\mathrm{b}} \approx 10^{-3}$，而双极性信号（下边曲线）可达 $P_{\mathrm{b}} \approx 4 \times 10^{-6}$，因此，下边曲线的性能较好。

（2）横向比较：给定某个 P_{b}，例如 10^{-5}，做一条水平线，可见单极性信号（右边曲线）要求 $E_{\mathrm{b}}/N_0 \approx 12.5\mathrm{dB}$，而双极性信号（左边曲线）只要求 $E_{\mathrm{b}}/N_0 \approx 9.5\mathrm{dB}$，因此，左边曲线的性能较好。这时，我们常简称双极性信号比单极性信号性能好 3dB（12.5dB 减 9.5dB）。

一般而言,靠下、靠左的曲线对应于性能较好的方案。实际上,横向比较的结论也容易从公式中直接得到。容易看出,基本的结论是:

(1) 双极性信号比单极性信号抗噪性能好 3dB。

(2) 匹配滤波器接收系统比 LPF 接收系统的抗噪性能至少好 3dB。这里 LPF 带宽取 R_b。如果带宽更宽,则性能差距会更大。

因此,最佳基带传输系统应该采用双极性信号结合匹配滤波器的接收系统。

P_b 曲线的指数下降特征还形成门限效应:以双极性信号的匹配滤波器系统为例,门限大约为 11dB。当 E_b/N_0 低于门限时,接收机的误码是明显的;当 E_b/N_0 高于门限时,接收机的误码可以忽略不计。简单地讲,只要 E_b/N_0 高于门限,信道几乎没有误码。

例 4.6 计算 E_b/N_0 对误比特率 P_b 的影响。分别考虑单极性与双极性信号的匹配滤波器系统,给出 P_b 达到 10^{-2}、10^{-4}、$\cdots$、10^{-12} 所要求的 E_b/N_0,并估计按 $R_b = 1$Mbps 进行二元传输时的平均错误间隔。

解 根据表 4.3.1 的公式或图 4.3.6 的曲线,可以得到表 4.3.2 的数据。

表 4.3.2 E_b/N_0 对误比特率 P_b 的影响示例

P_b	E_b/N_0 (dB)		平均错误间隔
	单极性	双极性	
10^{-2}	7.3	4.3	0.1 毫秒
10^{-4}	11.4	8.4	10 毫秒
10^{-6}	13.5	10.5	1 秒
10^{-8}	15.0	12.0	100 秒
10^{-10}	16.1	13.1	约 3 小时
10^{-12}	16.9	13.9	约 11 天半

4.3.3 匹配滤波器

数字通信接收中的一个基本问题是:在含有加性噪声的接收信号 $x(t)$ 中,准确地判断出是否收到某个已知信号 $s(t)$。为此,我们设计一个 LTI 滤波器 $h(t)$ 来处理 $x(t)$,希望处理后的输出信号 $y(t)$ 最有利于判断 $s(t)$ 收到与否。

这种滤波器是匹配滤波器,它的处理过程如图 4.3.7 所示:匹配滤波器能从噪声中把它所关注的信号提取起来,并在 $t = t_0$ 时刻提供最佳判断依据,因为这时信号最大限度地超过了背景噪声。

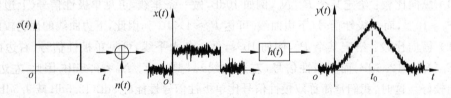

图 4.3.7 匹配滤波处理

如果信号 $s(t)$ 存在,则接收信号为 $x(t)=s(t)+n(t)$,其中 $n(t)$ 是白噪声。滤波后的输出信号为

$$y(t) = x(t) * h(t) = s(t) * h(t) + n(t) * h(t)$$

现在并不在乎 $h(t)$ 是否会造成信号变形,而只关心在某 t_0 时可以由它的输出有效地"认出" $s(t)$。为此将目标设定为:使 $y(t_0)$ 中的信号与噪声之比最大化,这样 $y(t_0)$ 就可以作为信号的"征兆",当它大于某个合适的门限时,可以最有把握地认定 $s(t)$ 确实存在。

定理 在加性白噪声 $n(t)$ 环境中,有限时间信号 $s(t)$ 的**匹配滤波器**(**matched filter**)为

$$h(t) = cs(t_0 - t) \tag{4.3.8}$$

式中,c 与 t_0 为任意非零实常数。在 $x(t)=s(t)+n(t)$ 输入下,$h(t)$ 是使输出信噪比在 t_0 时刻最大的滤波器。

证明 记 $y_s(t)=s(t)*h(t)$ 与 $y_n(t)=n(t)*h(t)$,前者是确定量,而后者是随机量,我们采用式

$$\left(\frac{S}{N}\right)_{\text{out}} = \frac{y_s^2(t_0)}{E[y_n^2(t_0)]} \tag{4.3.9}$$

来衡量 $y(t_0)$ 的信噪比。首先,$y_s(t_0)=\int_{-\infty}^{+\infty} h(\tau)s(t_0-\tau)\mathrm{d}\tau$。而输出噪声 $y_n(t)$ 是平稳的,有

$$E[y_n^2(t_0)] = R_{y_n(t)}(0) = \frac{N_0}{2}\delta(\tau)*h(\tau)*h(-\tau)\Big|_{\tau=0} = \frac{N_0}{2}h(\tau)*h(-\tau)\Big|_{\tau=0}$$

$$= \frac{N_0}{2}\int_{-\infty}^{+\infty} h^2(\tau)\mathrm{d}\tau$$

记 $G_E = \int_{-\infty}^{+\infty} h^2(\tau)\mathrm{d}\tau$,它实际上是滤波器的能量增益。因此

$$\left(\frac{S}{N}\right)_{\text{out}} = \frac{2\left[\int_{-\infty}^{+\infty} h(\tau)s(t_0-\tau)\mathrm{d}\tau\right]^2}{N_0 G_E} \tag{4.3.10}$$

滤波器的增益会同时影响信号与噪声部分,对于输出信噪比没有作用。因此可以考虑在固定增益的情况下,使上式的分子达到最大。利用许瓦兹不等式的相关结论:不等式

$$\left|\int u(t)v(t)\mathrm{d}t\right|^2 \leqslant \int |u(t)|^2\mathrm{d}t \times \int |v(t)|^2\mathrm{d}t \tag{4.3.11}$$

在 $u(t)=cv^*(t)$ 时取等号(其中,c 为任意非零实常数)。依据该结论

$$\left[\int_{-\infty}^{+\infty} h(\tau)s(t_0-\tau)\mathrm{d}\tau\right]^2 \leqslant \int_{-\infty}^{+\infty} h^2(\tau)\mathrm{d}\tau \int_{-\infty}^{+\infty} s^2(t_0-\tau)\mathrm{d}\tau = G_E E_s$$

其中,$E_s = \int_{-\infty}^{+\infty} s^2(t)\mathrm{d}t$ 正是信号的能量。可见令 $h(t)=cs(t_0-t)$ 时,可使等号成立,上面不等式的左端达到最大值。于是

$$\left(\frac{S}{N}\right)_{\text{max}} = \frac{2G_E E_s}{N_0 G_E} = \frac{2E_s}{N_0}$$

容易看出匹配滤波器的冲激响应实际上是信号的反转平移形式。c 与 t_0 的取值以方便实际应用为准。实际的 $s(t)$ 总是有限时间信号,如果 $s(t)$ 的时间持续期为 0 到 T,则通常取 $t_0=T$,这样 $h(t)$ 的持续期间也为 0 到 T,它是物理可实现的。注意到这种滤波器根据信号而定,也因信号而异,所以说它与信号匹配。由图 4.3.8 示意了匹配滤波器的工作过程,可见,它能将所匹配信号的能量累积起来,使 $t=t_0$ 时输出中的信号成分达到最强。

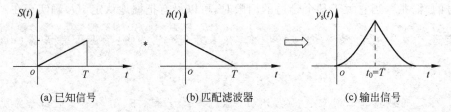

(a) 已知信号　　　　　　(b) 匹配滤波器　　　　　　(c) 输出信号

图 4.3.8　匹配滤波器及其滤波过程

最后,我们从证明中看到:匹配滤波器在 t_0 时刻的最大输出信噪比为

$$\left(\frac{S}{N}\right)_{\max} = \frac{2E_s}{N_0} \tag{4.3.12}$$

有趣的是该结论只取决于信号能量与噪声的功率谱密度的比值,而与信号的具体形状没有关系。

*4.3.4　误码过程的分析

下面具体分析数字基带传输的误码过程与噪声的影响,分析中为了获得一般结论,我们考虑下面两点:

(1) 考虑更一般的二元基带信号:假定 0 与 1 比特(即码元)分别对应幅度为 A_0 与 A_1 的脉冲,记为 $s_0(t)=A_0 g_T(t)$ 与 $s_1(t)=A_1 g_T(t)$(这里,脉冲 $g_T(t)$ 是单位幅度的)。显然,这种 PAM 信号包括了单/双极性等情形。

(2) 如前所述,LPF 接收系统与匹配滤波接收系统具有完全相同的结构,只不过接收滤波器 $h(t)$ 不一样而已,因此,两种接收方案可以统一分析。

数字基带传输是分时隙进行的,各个码元各自独立地形成脉冲,通过 AWGN 信道,再被接收。因此,分析单个码元的过程就可以计算出系统的误码率。具体的分析如下。

1. 噪声造成抽样值的随机性

由于是二元信号,下面按码元的两种取值来具体考察传输过程中的各个主要信号,为了简便,分析中不妨取第 $n=0$ 时隙。

(1) 码元取值为 0 的情形
在相应时隙上,几个主要信号为
基带传输信号

$$s(t) = s_0(t) \tag{4.3.13}$$

接收信号

$$r(t) = s(t) + n(t) = s_0(t) + n(t) \qquad (4.3.14)$$

滤波器输出信号

$$y(t) = r(t) * h(t) = s_0(t) * h(t) + n(t) * h(t)$$
$$= y_{s0}(t) + y_n(t) \qquad (4.3.15)$$

其中,$y_{s0}(t) = s_0(t) * h(t)$,$y_n(t) = n(t) * h(t)$。显然,$y_{s0}(t)$是确知信号,而$y_n(t)$是高斯白噪声$n(t)$通过线性系统的输出,它仍然是零均值的高斯随机过程。假定本时隙抽样定时为t_0,则抽样值为

$$r = y_{s0}(t_0) + y_n(t_0) = y_{s0} + y_n \qquad (4.3.16)$$

其中简记$y_{s0} = y_{s0}(t_0)$,$y_n = y_n(t_0)$。

容易看出,y_{s0}是已知常量,而y_n是零均值高斯随机变量。不妨先假定y_n的方差为σ_n^2(以后再具体计算),于是,在发送码元 0 时,抽样值r是随机的,并服从高斯分布,即$r \sim N(y_{s0}, \sigma_n^2)$,这个概率密度实质上是在$a_n = 0$时的条件分布,因此可记为

$$f(r \mid 0) = \frac{1}{\sqrt{2\pi}\,\sigma_n} e^{-\frac{(r-y_{s0})^2}{2\sigma_n^2}} \qquad (4.3.17)$$

(2) 码元取值为 1 的情形

同理,在相应时隙上,基带传输信号为$s(t) = s_1(t)$。该信号在传输中经历与上面相同的过程,只是信号不同而已,仿照上面的分析易知,抽样值也是随机的并服从高斯分布,$r \sim N(y_{s1}, \sigma_n^2)$,这里$y_{s1}$为$A_1 g_T(t) * h(t)$在$t = t_0$处的抽样值,而$\sigma_n^2$与前面讨论的一致(因为是源自同一个白噪声$n(t)$)。因此$r$(在$a_n = 1$时)的条件概率密度是

$$f(r \mid 1) = \frac{1}{\sqrt{2\pi}\,\sigma_n} e^{-\frac{(r-y_{s1})^2}{2\sigma_n^2}} \qquad (4.3.18)$$

综上所述,因为噪声的影响,抽样值r是高斯随机变量,其均值因发送码元不同而不同,但方差都一样。

2. 判决规则与误判概率

接收系统最终都由抽样值r来判断当前时隙发送的码元是 0 或 1,恢复出的码元记为$\hat{a}_n$。假定判决门限为V_T,则判决规则为:如果$r \geqslant V_T$,则$\hat{a}_n = 1$;如果$r < V_T$,则$\hat{a}_n = 0$。简记为

$$r \underset{0}{\overset{1}{\gtrless}} V_T \qquad (4.3.19)$$

其中,符号"$\gtrless$"上下给出两种相应的判决输出值。由于r是随机的,判决有可能出现错误。

为了说明判决r时的情况,图 4.3.9(a)与(b)分别绘出了$f(r \mid 0)$与$f(r \mid 1)$,它们反映了发送码元为 0 或 1 时抽样值r的分布。图中还

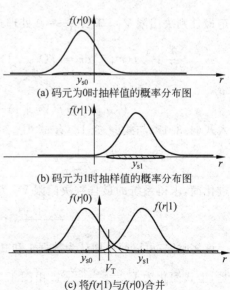

(a) 码元为0时抽样值的概率分布图

(b) 码元为1时抽样值的概率分布图

(c) 将$f(r \mid 1)$与$f(r \mid 0)$合并

图 4.3.9　抽样值r的分布与判决门限V_T

在水平轴上突出标示了发送 0 或 1 码元时 r 的取值中心(均值)与随机散布情况。图 4.3.9(c)是将 $f(r|1)$ 与 $f(r|0)$ 合并,绘于同一幅图中情形,并标示了判决门限 V_T 的位置。图(c)与图(a)和图(b)等效,且更简明,后面我们主要使用这种示意方式。

结合图 4.3.9 易见,误判的情况有两种:

(1) 发送的码元 $a_n=0$ 时,抽样值 r 在数轴上虽然以较大的概率落在 V_T 的左边(y_{s0} 附近),但仍有落在 V_T 右边的可能性。落在 V_T 右边时,按照规则判 $\hat{a}_n$ 为 1,造成误码。显然

$$P(\text{err} \mid a_n = 0) = P(r \geqslant V_T \mid a_n = 0) = \int_{V_T}^{\infty} f(r \mid 0)\mathrm{d}r \tag{4.3.20}$$

在图 4.3.9(c)中,$P(\text{err}|a_n=0)$ 为图中门限 V_T 右侧的阴影区的面积。

(2) 同理,发送的码元 $a_n=1$ 时

$$P(\text{err} \mid a_n = 1) = P(r < V_T \mid a_n = 1) = \int_{-\infty}^{V_T} f(r \mid 1)\mathrm{d}r \tag{4.3.21}$$

在图 4.3.9(c)中,$P(\text{err}|a_n=1)$ 为图中门限 V_T 左侧的阴影区的面积。

把发"1"的概率记为 $P(a_n=1)$,发"0"的概率记为 $P(a_n=0)$,则二元基带系统的总平均误码率为

$$P_e = P(a_n = 1)P(\text{err} \mid a_n = 1) + P(a_n = 0)P(\text{err} \mid a_n = 0)$$
$$= P(a_n = 1)\int_{-\infty}^{V_T} f(r \mid 1)\mathrm{d}r + P(a_n = 0)\int_{V_T}^{\infty} f(r \mid 0)\mathrm{d}r \tag{4.3.22}$$

上式表明,P_e 与概率 $P(a_n=1)$、$P(a_n=0)$ 与 V_T 有关,还与 $f(\cdot)$ 中的 y_{s0},y_{s1} 与 σ_n^2 有关。从接收机角度看,应该优化 V_T 与滤波器 $h(t)$(它影响着 y_{s0}、y_{s1} 与 σ_n^2)。下面我们先优化 V_T,再优化 $h(t)$,从而获得最佳 P_e。

3. 最佳门限与相应的平均误码率

对于某种给定的接收系统,适当选择门限 V_T 的值,可使平均误码率达到最小。为了确定最佳判决门限 V_T,基于 $\frac{\partial P_e}{\partial V_T}=0$ 处理式(4.3.22),并利用定积分的性质

$$\frac{\partial}{\partial V_T}\int_{-\infty}^{V_T} f(r \mid 1)\mathrm{d}r = f(V_T \mid 1) \quad \text{与} \quad \frac{\partial}{\partial V_T}\int_{V_T}^{\infty} f(r \mid 0)\mathrm{d}r = -f(V_T \mid 0)$$

可得

$$P(a_n = 1)f(V_T \mid 1) - P(a_n = 0)f(V_T \mid 0) = 0$$

代入式(4.3.17)与式(4.3.18)有

$$P(a_n = 1)\frac{1}{\sqrt{2\pi}\sigma_n}e^{-\frac{(V_T-y_{s1})^2}{2\sigma_n^2}} - P(a_n = 0)\frac{1}{\sqrt{2\pi}\sigma_n}e^{-\frac{(V_T-y_{s0})^2}{2\sigma_n^2}} = 0$$

经过化简,求得系统的最佳判决门限 V_T 为

$$V_T = \frac{y_{s1} + y_{s0}}{2} + \frac{\sigma_n^2}{y_{s1} - y_{s0}}\ln\frac{P(a_n = 0)}{P(a_n = 1)} \tag{4.3.23}$$

许多时候,可以简单地认为数据 1 和 0 是等概率的,这时,$P(a_n=1)=P(a_n=0)=1/2$,于是,上式简化为 $V_T=\frac{y_{s1}+y_{s0}}{2}$。由图 4.3.9(c)可见,最佳 V_T 位于两条概率分布曲线的交点处,可使两块阴影面积之和为最小,其物理意义是明显的。

再将该 V_T 代入式(4.3.22),求得相应的平均误码率为

$$P_e = \frac{1}{2}\int_{-\infty}^{\frac{y_{s1}+y_{s0}}{2}} \frac{1}{\sqrt{2\pi}\,\sigma_n} e^{-\frac{(r-y_{s1})^2}{2\sigma_n^2}}\,dr + \frac{1}{2}\int_{\frac{y_{s1}+y_{s0}}{2}}^{\infty} \frac{1}{\sqrt{2\pi}\,\sigma_n} e^{-\frac{(r-y_{s0})^2}{2\sigma_n^2}}\,dr$$

在第一个积分式中令 $z = -(r-y_{s1})/\sigma_n$,在第二个积分中令 $z = (r-y_{s0})/\sigma_n$,得到

$$P_e = \frac{1}{2}\int_{\frac{y_{s1}-y_{s0}}{2\sigma_n}}^{\infty} \frac{1}{\sqrt{2\pi}} e^{-\frac{z^2}{2}}\,dz + \frac{1}{2}\int_{\frac{y_{s1}-y_{s0}}{2\sigma_n}}^{\infty} \frac{1}{\sqrt{2\pi}} e^{-\frac{z^2}{2}}\,dz$$

$$= \int_{\frac{y_{s1}-y_{s0}}{2\sigma_n}}^{\infty} \frac{1}{\sqrt{2\pi}} e^{-\frac{z^2}{2}}\,dz = Q\left(\frac{y_{s1}-y_{s0}}{2\sigma_n}\right)$$

综上所述,对于等概取值的二进制序列,基带接收系统的最佳判决门限是

$$V_T = \frac{y_{s1}+y_{s0}}{2} \tag{4.3.24}$$

系统相应的平均误码率为

$$P_e = Q\left(\frac{y_{s1}-y_{s0}}{2\sigma_n}\right) = Q\left(\sqrt{\frac{(y_{s1}-y_{s0})^2}{4\sigma_n^2}}\right) \tag{4.3.25}$$

从本小节开始处的讨论我们知道,上面的结论具有一般性。它既适用于不同电平模式的 2PAM 信号,例如单极性或双极性模式;也适用于采用不同接收滤波器的系统。结论中包含了三个参数 y_{s0}、y_{s1} 与 σ_n,它们反映了不同信号模式与不同接收系统的影响。其中,y_{s0} 与 y_{s1} 对应于信号的强度,由信号电平与接收滤波器共同决定;而 σ_n 对应于噪声的影响,由接收系统决定。

4. 最佳接收机及最小误码率

现在我们看如何优化滤波器 $h(t)$。有趣的是式(4.3.25)中的 $\frac{(y_{s1}-y_{s0})^2}{\sigma_n^2} = \frac{[y_{s1}(t_0)-y_{s0}(t_0)]^2}{E[y_n^2(t)]}$ 是类似于信噪比的一种度量。记 $s_d(t)=s_1(t)-s_0(t)$ 与 $y_d(t)=s_d(t) * h(t)$,则 $\frac{(y_{s1}-y_{s0})^2}{\sigma_n^2} = \frac{y_d^2(t_0)}{E[y_n^2(t)]}$。依照匹配滤波器可知,若取 $h(t)$ 为 $s_d(t)$ 的匹配滤波器,能够使 $\frac{y_d^2(t_0)}{E[y_n^2(t)]}$ 达到最大,由于 $Q(x)$ 函数是单调递减的,则 P_e 最小。因此,最佳接收机应该采用如下的匹配滤波器

$$h(t) = ks_d(t_0-t) = k[s_1(t_0-t)-s_0(t_0-t)] \tag{4.3.26}$$

其中,k 为任意常数。

又由式(4.3.12),采用该滤波器时,$\left.\frac{(y_{s1}-y_{s0})^2}{\sigma_n^2}\right|_{\max} = \frac{2E_d}{N_0}$。其中,$E_d$ 是 $s_d(t)=s_1(t)-s_0(t)$ 的能量。所以,代入式(4.3.25),最佳接收机的误码率为

$$P_e = Q\left(\sqrt{\frac{E_d}{2N_0}}\right) \tag{4.3.27}$$

下面将所得结论具体应用到双极性与单极性信号的特定情形:

(1) 双极性信号:脉冲幅度为 $\pm A$,则 $s_d(t)=Ag_T(t)-[-Ag_T(t)]=2Ag_T(t)$。码

元的平均能量 E_b 为 $Ag_T(t)$ 的能量，因此，$E_d = 4E_b$。

（2）单极性信号：脉冲幅度为 A 与 0，则 $s_d(t) = Ag_T(t) - 0$。码元的平均能量为 $Ag_T(t)$ 的能量的一半，因此，$E_d = 2E_b$。

综上所述可得：①$h(t)$ 应采用 $g_T(t)$ 的匹配滤波器；②双极性与单极性信号的最佳误码率分别是：

$$P_e = Q(\sqrt{2E_b/N_0}) \quad 与 \quad P_e = Q(\sqrt{E_b/N_0})$$

这便是表 4.3.1 的结果。

注意到其中的 $g_T(t)$ 可以是任意脉冲，例如，NRZ、RZ、矩形或非矩形等，只要平均能量 E_b 一样，则 P_e 的结论一样。这是匹配滤波器所具有的有趣且重要的结论。

*4.3.5 一般接收系统的误码率计算

4.3.4 小节分析了二元传输的误码过程，得出了最佳接收系统及其最小平均误码率结论。对于一般的系统，如 LPF 系统，可以结合分析中的参数 y_{s0}、y_{s1} 与 σ_n 进行具体分析。下面我们结合 LPF 与匹配滤波器接收系统举例说明。

例 4.7 采用 LPF 接收的单极性 2PAM 传输系统：假定单极性 NRZ 信号的幅度分别为 0 与 $+A$，信道加性高斯白噪声的双边功率谱为 $N_0/2$，接收滤波器采用带宽为 B 的 LPF，并认为 B 足够大使 $s_0(t)$ 或 $s_1(t)$ 能够几乎无失真地通过（这里 $g_T(t)$ 为单位幅度的脉冲）。计算接收系统的 y_{s0}、y_{s1} 与 σ_n^2；并给出抽样值 r 的条件概率密度。

解 由于信号几乎无失真通过 LPF

$$\begin{cases} y_{s0}(t) \approx s_0(t) = 0 \\ y_{s1}(t) \approx s_1(t) = Ag_T(t) \end{cases} \tag{4.3.28}$$

所以，抽样后的值为

$$y_{s0} \approx 0 \quad 与 \quad y_{s1} \approx +A \tag{4.3.29}$$

而 $y_n(t)$ 是 $N_0/2$ 的高斯白噪声通过 LPF 的输出，易知其方差（也就是其功率）为

$$\sigma_n^2 = N_0 B \tag{4.3.30}$$

因此，接收系统的抽样值 r 具有下述的条件概率密度

$$\begin{cases} f(r \mid 0) = \dfrac{1}{\sqrt{2\pi N_0 B}} e^{-\frac{r^2}{2N_0 B}} \\ f(r \mid 1) = \dfrac{1}{\sqrt{2\pi N_0 B}} e^{-\frac{(r-A)^2}{2N_0 B}} \end{cases} \tag{4.3.31}$$

相仿地，对于双极性 NRZ 信号的 LPF 接收系统，容易得

$$\begin{cases} y_{s0} \approx -A \\ y_{s1} \approx +A \end{cases} \quad 与 \quad \sigma_n^2 = N_0 B \tag{4.3.32}$$

例 4.8 采用匹配滤波器接收的双极性 2PAM 传输系统：假定双极性 NRZ 信号的幅度分别为 $-A$ 与 $+A$，AWGN 信道的双边功率谱为 $N_0/2$。计算匹配滤波器接收系统

的 y_{s0}、y_{s1} 与 σ_n^2。

解 记单位幅度的发送脉冲为 $g_T(t)$，则 $s_1(t)=Ag_T(t)$ 与 $s_0(t)=-Ag_T(t)=-s_1(t)$。又滤波器为 $h(t)=kg_T(T_s-t)$，不妨考虑 $k=A$，即 $h(t)=s_1(T_s-t)$，可见

$$\begin{cases} y_{s0}(t)=s_0(t)*h(t)=-s_1(t)*s_1(T_s-t) \\ y_{s1}(t)=s_1(t)*h(t)=+s_1(t)*s_1(T_s-t) \end{cases}$$

采样时刻为 $t=t_0=T_s$，这时

$$\left[s_1(t)*s_1(T_s-t)\right]\big|_{t=T_s}=\left\{\int_{-\infty}^{+\infty}s_1(\tau)s_1[t-(T_s-\tau)]d\tau\right\}\bigg|_{t=T_s}=\int_{-\infty}^{+\infty}s_1^2(\tau)d\tau$$

这其实正是信号 $s_1(t)$ 或 $s_0(t)$ 的能量，不妨记为 E_1，于是

$$y_{s0}=-E_1 \quad 与 \quad y_{s1}=+E_1 \tag{4.3.33}$$

至于 $y_n(t)$，它是白噪声通过 $h(t)$ 的输出，首先计算其相关函数

$$R_{y_n}(\tau)=\frac{N_0}{2}h(\tau)*h(-\tau)=\frac{N_0}{2}\int_{-\infty}^{+\infty}h(\alpha)h(\alpha-\tau)d\alpha$$

于是

$$\sigma_n^2=R_{y_n}(0)=\frac{N_0}{2}\int_{-\infty}^{\infty}h^2(\alpha)d\alpha=\frac{N_0}{2}\int_{-\infty}^{\infty}s_1^2(T_s-\alpha)d\alpha=\frac{N_0}{2}E_1 \tag{4.3.34}$$

综合并仿照上面例题的结果，可得出一批典型的 y_{s0}、y_{s1}、σ_n^2 与最佳判决门限 V_T 数据，如表 4.3.3 所示。表中 E_s 是每码元的平均能量，对于双极性信号，$E_s=E_1=\int_{-\infty}^{\infty}s_1^2(t)dt$；对于单极性信号，$E_s=(E_1+0)/2=E_1/2$。进而，代入式(4.3.25)，可计算出相应的平均误码率，结果如表 4.3.1 所示。

表 4.3.3 典型信号模式与接收滤波器的 y_{s0}、y_{s1} 与 σ_n^2（其中 E_s 为每码元的平均能量）

信号模式	接收滤波器	y_{s0}	y_{s1}	σ_n^2	V_T
双极性	LPF	$-A$	$+A$	N_0B	0
单极性		0	$+A$	N_0B	$A/2$
双极性	匹配滤波器	$-E_s$	$+E_s$	$\frac{N_0E_s}{2}$	0
单极性		0	$+2E_s$	N_0E_s	E_s

从表 4.3.3 还应该注意，对于单极性 2PAM 信号，接收系统的判决门限 V_T 实际上随系统接收滤波器的增益变化，而对于双极性 2PAM 信号，V_T 恒为 0。因此，双极性系统不仅性能更好，而且门限很容易确定。

*4.4 多元信号的接收方法与误码分析

4.3 节以简单的 2PAM 信号为例，说明了数字基带传输的主要接收方法，本节将进一步扩展说明多元基带传输的相关情况。由于 MPAM 信号与 2PAM 信号相比只是脉冲电平多样化而已，因此，扩展中的许多讨论主要是围绕这一点来展开的。

4.4.1 接收方法与误码性能

根据 4.3 节 2PAM 的相关讨论,容易想到,在 AWGN 信道中,M 元 PAM 信号的接收方法是相仿的,接收系统的框图如图 4.4.1 所示。

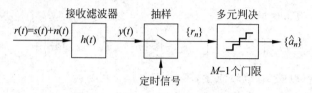

图 4.4.1 M 元信号的接收系统框图

与 2PAM 同理,最佳接收系统采用匹配滤波器:$h(t) = kg_T(T_s - t)$,系统定时于每个码元的末端(nT_s 处)抽样可获得最佳的抗噪性能。为了得出 M 元符号,判决器有 $M-1$ 个门限:$V_{T1} < V_{T2} < \cdots < V_{T(M-1)}$,规则为

$$\hat{a}_n = \begin{cases} 0, & r_n < V_{T1} \\ 1, & V_{T1} \leqslant r_n < V_{T2} \\ 2, & V_{T2} \leqslant r_n < V_{T3} \\ \vdots & \vdots \\ M-1, & r_n > V_{T(M-1)} \end{cases} \tag{4.4.1}$$

通常 M 种传输电平采用 $\{\pm A, \pm 3A, \pm 5A, \cdots\}$,这时接收系统的 $M-1$ 个判决门限应设置为:$\{0, \pm 2y_A, \pm 4y_A, \cdots\}$,以保证误码率达到最小,其中,$y_A = \{Ag_T(t) * h(t)\}$ 在抽样时刻的取值。最佳接收系统的误码率为(详细推导见 4.4.4 节)

$$P_e = \frac{2(M-1)}{M} Q\left(\sqrt{\frac{6}{M^2-1} \times \frac{E_s}{N_0}}\right) \tag{4.4.2}$$

其中,$E_s = \dfrac{M^2-1}{3} E_A$,为平均每符号的信号能量;而 $E_A = \displaystyle\int_{-\infty}^{+\infty} [Ag_T(t)]^2 \, \mathrm{d}t$。

当然,也可以采用简单的 LPF 进行接收,系统的抗噪性能降低将 3dB(带宽 B 取为 $1/T_s$,T_s 是传输多元符号的间隔;如果带宽更宽,则性能下降得更多。)

4.4.2 误比特率

由于是多元系统,每个 M 元符号对应于 $K = \log_2 M$ 个比特,因而,单个错误可能造成不止一个比特出错。为了便于统一比较,需要将误码率换算成误比特率。多元数字通信系统经常采用格雷编码,这种编码可以保证每个符号出错时几乎总是只造成 1 个比特错误,因而其误比特性能最好。可以算出,采用格雷编码的 MPAM 基带系统的误比特率为

$$P_b = \frac{P_e}{K} = \frac{2(M-1)}{M \log_2 M} Q\left(\sqrt{\frac{6 \log_2 M}{M^2-1} \frac{E_b}{N_0}}\right) \tag{4.4.3}$$

其中，$E_b = E_s / \log_2 M$ 是平均每比特的信号能量。

图 4.4.2 给出了 $M = 2, 4, 8, 16$ 时多元传输系统的误比特率曲线，其中 $M = 2$ 是二元传输系统的情形。从图中可以看到，随着 M 的增大，传输系统的抗噪性能将会下降。为了保证同样的 P_b，M 每增大 1 倍，E_b / N_0 的增量开始为 4dB，并逐渐趋近于 6dB。

4.4.3 格雷编码

在 M 元符号系统中，每个 M 符号对应于一组 $K = \log_2 M$ 位的二进制比特串，它们两者之间的映射规则称为 M 元符号的**编码规则**，表 4.4.1 给出了 $M = 4, 8, 16$ 元符号的**格雷（Gray）编码**规则。

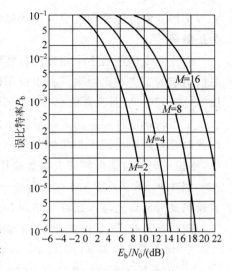

图 4.4.2 MPAM 基带系统误比特率曲线

表 4.4.1 格雷编码规则

符 号 值	格雷编码	自然编码
0	0 0 **0 0**	0 0 0 0
1	0 0 **0 1**	0 0 0 1
2	0 0 **1 1**	0 0 1 0
3	0 0 **1 0**	0 0 1 1
4	0 1 1 0	0 1 0 0
5	0 1 1 1	0 1 0 1
6	0 1 0 1	0 1 1 0
7	0 1 0 0	0 1 1 1
8	1 1 0 0	1 0 0 0
9	1 1 0 1	1 0 0 1
10	1 1 1 1	1 0 1 0
11	1 1 1 0	1 0 1 1
12	1 0 1 0	1 1 0 0
13	1 0 1 1	1 1 0 1
14	1 0 0 1	1 1 1 0
15	1 0 0 0	1 1 1 1

表中的黑体部分是四元（2 位）格雷编码规则。在它的基础上，如果需要产生八元（3 位）格雷码，只要做如下处理：

（1）将 2 位格雷码前面补 0 成为 3 位，作为 3 位码的 0～3 符号值的编码。

（2）再将 2 位格雷码按相反顺序（即成镜像）排列，前面补 1，作为 3 位码的 4～7 符号值的编码。

仿照这种方法可构造更高位的格雷码。由于格雷码的这种镜像对称规律,因而又称为**反射码**。

表 4.4.1 中还给出了相应的自然编码规则,仔细观察可发现,格雷码的任何两相邻符号值对应的二进制比特串只有 1 位不同。例如,符号值 7 与 8,其格雷码只是最高 1 位不同,形如"x100";而其自然码有 4 位全部不同,形如"xxxx"。

格雷码的这种特点与多电平传输的误码特性可以很好地结合,因为传输中任何电平出错时总是最容易错成相邻的电平,当采用格雷码规则时,就只会造成 1 比特的错误。所以,格雷编码因容错性好而大量地应用在各种 M 元系统中。

例 4.9 采用 MPAM 信号传输一段二元序列{101101000111101011},试求:符合格雷编码规则的四元与八元符号序列。

解 按两位、三位组成符号,并按格雷码规则可得到

四元符号序列:{10 11 01 00 01 11 10 10 11} 编码为{3 2 1 0 1 2 3 3 2};

八元符号序列:{101 101 000 111 101 011} 编码为{6 6 0 5 6 2}。

例 4.10 已知 MPAM 系统的传输误码率为 P_e,系统不采用格雷码,每错误符号等概地造成 $1 \sim K = \log_2 M$ 个比特错误。试求:误比特率 P_b。

解 设每错误符号平均造成 K_e 个比特出错,由题意,$K_e = \frac{1}{K}\sum_{i=1}^{K} i = \frac{K+1}{2}$。于是,在每个码元中,比特错误的平均比例为 $\frac{K_e}{K} = \frac{K+1}{2K} = \frac{1}{2} + \frac{1}{2K}$,所以

$$P_b = \left(\frac{1}{2} + \frac{1}{2K}\right)P_e > \frac{1}{2}P_e \tag{4.4.4}$$

当 K 较大时,$P_b \approx P_e/2$。

4.4.4 误码分析

与二元传输过程相同,信道噪声使得抽样值 r_n 具有随机性,因而判决输出可能出现误码。从单个符号的传输过程来看,MPAM 与 2PAM 是完全一样的,只是具体的电平种类与取值不同而已。假定发送码元 $a_n = i$(取值 i,$0 \leqslant i \leqslant M-1$)时,信号电平为 A_i,则

接收信号 $\qquad\qquad s_i(t) = A_i g_T(t)$

抽样值 $\qquad\qquad r_n \sim N(y_{si}, \sigma_n^2)$

其中

$\qquad y_{si} = \{A_i g_T(t) * h(t)\}$ 在抽样时刻的取值

$\qquad \sigma_n^2 = $ 功率谱为 $N_0/2$ 的白噪声通过 $h(t)$ 后的功率

即 r_n 是同方差的高斯随机变量,其均值因符号的不同而不同。

M 元信号最常用的电平取值为 $\{\pm A, \pm 3A, \pm 5A, \cdots, \pm(M-1)A\}$,它们共 M 种,围绕原点正负对称,并以间隔 $2A$ 等距排列。相应的 y_{si} 为 $\{\pm y_A, \pm 3y_A, \pm 5y_A, \cdots, \pm(M-1)y_A\}$,其中令

$$y_A = \{A g_T(t) * h(t)\}\ 在抽样时刻的取值$$

易见，y_{si} 与电平 A_i 一一对应。

以 $M=4$ 为例

$$\{A_i\} = \{-3A, -A, +A, +3A\}$$

$$\{y_{si}\} = \{-3y_A, -y_A, +y_A, +3y_A\}$$

于是，抽样值 r_n 的条件概率密度示意图如图 4.4.3 所示。

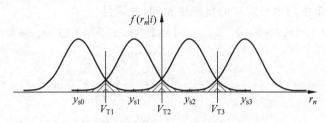

图 4.4.3　抽样值 r_n 的（条件）概率密度示意图

图 4.4.3 示意了 r_n 的散布特性与门限 V_{Ti}，借助该图可以看出传输过程的平均误码率为

$$
\begin{aligned}
P_e = {} & P(a_n = 0)P[r_n > V_{T1} \mid a_n = 0] \\
& + P(a_n = 1)P[(r_n \leqslant V_{T1}) \bigcup (r_n > V_{T2}) \mid a_n = 1] \\
& + \cdots \\
& + P(a_n = M-1)P[(r_n \leqslant V_{T(M-1)}) \mid a_n = M-1]
\end{aligned}
\tag{4.4.5}
$$

在没有更多先验知识的条件下，只能考虑 a_n 的各种取值等概率的情况，即 $P(a_n = i) = 1/M$。这时由图形可直接看出，使 P_e 最小的门限应位于图中相邻曲线的交点处，由于图中各高斯曲线形状完全一样，易见

$$
\begin{cases}
V_{T1} = (y_{s1} + y_{s0})/2 \\
V_{T2} = (y_{s2} + y_{s1})/2 \\
\quad\vdots \\
V_{T(M-1)} = (y_{s(M-1)} + y_{s(M-2)})/2
\end{cases}
\tag{4.4.6}
$$

如果电平取值为 $\{\pm A, \pm 3A, \pm 5A, \cdots, \pm(M-1)A\}$，则门限取值为

$$\{0, \pm 2y_A, \pm 4y_A, \cdots, \pm(M-2)y_A\} \tag{4.4.7}$$

它们位于各个 y_{si} 之间，距相邻 y_{si} 的距离为 y_A。以 $M=4$ 为例，它们是 $\{-2A, 0, +2A\}$。

这时，由式(4.4.5)可得平均误码率为

$$
\begin{aligned}
P_e = {} & \frac{1}{M}P[r_n > V_{T1} \mid a_n = 0] \\
& + \frac{1}{M}P[(r_n \leqslant V_{T1}) \bigcup (r_n > V_{T2}) \mid a_n = 1] \\
& + \cdots + \frac{1}{M}P[r_n \leqslant V_{T(M-1)} \mid a_n = M-1]
\end{aligned}
\tag{4.4.8}
$$

由于 M 种条件概率密度 $f(r_n \mid i)$ 是同方差的高斯分布，容易看出：

(1) 两个外层电平对应的概率相同，并满足

$$P[r_n > V_{T1} \mid a_n = 0] = P[r_n \leqslant V_{T(M-1)} \mid a_n = M-1]$$

$$= \int_{-(M-2)y_A}^{\infty} \frac{1}{\sqrt{2\pi}\sigma_n} e^{-\frac{[r_n+(M-1)y_A]^2}{2\sigma_n^2}} dr_n$$

$$= \int_{y_A}^{\infty} \frac{1}{\sqrt{2\pi}\sigma_n} e^{-\frac{r_n^2}{2\sigma_n^2}} dr_n$$

$$= Q(y_A/\sigma_n) \tag{4.4.9}$$

（2）$(M-2)$ 个中间电平对应的概率也相同，并满足

$$P[(r_n \leqslant V_{T1}) \cup (r_n > V_{T2}) \mid a_n = 1] = P[(r_n \leqslant V_{T2}) \cup (r_n > V_{T3}) \mid a_n = 2]$$

$$= \cdots\cdots$$

$$= 2\int_{y_A}^{\infty} \frac{1}{\sqrt{2\pi}\sigma_n} e^{-\frac{r_n^2}{2\sigma_n^2}} dr_n$$

$$= 2Q(y_A/\sigma_n) \tag{4.4.10}$$

于是

$$P_e = \frac{1}{M}[(M-2) \times 2Q(y_A/\sigma_n) + 2Q(y_A/\sigma_n)]$$

$$= \frac{2(M-1)}{M} Q(y_A/\sigma_n) \tag{4.4.11}$$

最后，针对匹配滤波器方案，借助前节的相关结论容易求出 $y_A = E_A$ 与 $\sigma_n^2 = \frac{N_0 E_A}{2}$，其中，$E_A = \int_{-\infty}^{+\infty} [Ag_T(t)]^2 dt$。通常，我们需要统一采用平均符号能量 E_s 参数。对于电平取值为 $\{\pm A, \pm 3A, \pm 5A, \cdots, \pm(M-1)A\}$ 的等概 MPAM 信号，有

$$E_s = \frac{2}{M} \sum_{i=1}^{M/2} (2i-1)^2 E_A = \frac{M^2-1}{3} E_A \tag{4.4.12}$$

于是，M 元最佳传输系统的误码率为

$$P_e = \frac{2(M-1)}{M} Q\left(\sqrt{\frac{6}{M^2-1} \times \frac{E_s}{N_0}}\right)$$

4.5　码间串扰与带限信道上的传输方法

本章前几节简单说明了传输数字消息序列的大体过程，包括从产生基带 PAM 信号到噪声中的最佳接收方法。分析中我们采用了 AWGN 信道，但忽略了一个重要的问题——信道的传输带宽。我们认为除了加性噪声以外信道是理想的，其带宽无限宽，任何数字 PAM 信号都可以顺利通过。事实上，所有信道的带宽都是有限的。因此需要考察信号在带限信道上会受到什么影响？用什么方法才能够很好地传输数字消息。

本节首先说明不理想的信道将造成码间串扰的问题，以及怎样设计系统才能够消除它；而后讨论如何应用升余弦滚降滤波器解决带限信道上的码间串扰问题；最后介绍带限信道上兼顾加性噪声与码间串扰的最佳基带传输系统。

4.5.1　码间串扰问题

信道通常只在某个给定的带宽内保持平坦,其(归一化)频率响应 $C(f)$ 不是对所有频率 f 都恒为1。更进一步,我们不妨广泛地考虑任何形式的非理想信道,包括(良好的)带限信道与具有各种畸变的信道,它们的频响都表现为 $C(f) \neq 1$,相应的冲激响应记为 $c(t) \neq \delta(t)$。

这时,数字 PAM 传输系统的整体框图如图4.5.1所示。其中发送滤波器的传递函数为 $G_T(f)$,冲激响应为 $g_T(t)$;接收滤波器的传递函数为 $G_R(f)$,冲激响应为 $g_R(t)$(这里,接收滤波器不再使用上节的 $h(t)$,而改用 $g_R(t)$)。

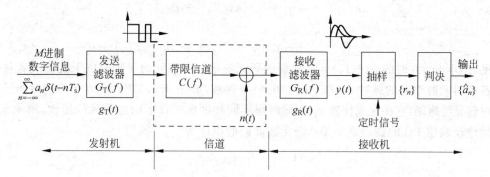

图 4.5.1　数字 PAM 传输系统的整体框图

我们发现从 $\{a_n\}$ 到 $\{\hat{a}_n\}$ 的传输过程中,各个脉冲信号经过信道与接收滤波器后可能发生不期望的变形,从而影响接收。下面仔细分析这个问题。

容易看到,信道 $C(f)$ 的影响完全反映在 $y(t)$ 的抽样值 r_n 中,而经过接收滤波器后的输出信号为

$$y(t) = \left\{ \left[\sum_{k=-\infty}^{\infty} a_k \delta(t-kT_s) \right] * g_T(t) * c(t) + n(t) \right\} * g_R(t)$$

令 $y_n(t) = n(t) * g_R(t)$,并令数字基带传输系统总的冲激响应为

$$h(t) = g_T(t) * c(t) * g_R(t) \tag{4.5.1}$$

相应地,总的频响函数为

$$H(f) = G_T(f)C(f)G_R(f) \tag{4.5.2}$$

于是

$$y(t) = \sum_{k=-\infty}^{\infty} a_k \delta(t-kT_s) * h(t) + y_n(t)$$

$$= \sum_{k=-\infty}^{\infty} a_k h(t-kT_s) + y_n(t) \tag{4.5.3}$$

记抽样定时为 $t = nT_s + t_0$,得到抽样值 $r_n = y(nT_s + t_0)$。其中,t_0 是相对每个时隙开始处的某个固定的时延,为了叙述简明,下面的讨论中不妨将其省略。于是

$$r_n = y(nT_s) = \sum_{k=-\infty}^{\infty} a_k h(nT_s - kT_s) + y_n(nT_s)$$

$$= a_n h(0) + \sum_{\substack{m=-\infty \\ m \neq 0}}^{\infty} a_{n-m} h(mT_s) + y_n(nT_s) \tag{4.5.4}$$

式中，令 $m = n - k$。式中的第一项对应所期望接收的 a_n 符号，（不妨认为 $h(t)$ 是归一化的，即 $h(0) = 1$）；第二项由 a_n 符号以外的其他符号构成，是其他符号对当前符号 a_n 的干扰，称为**码间串扰**或**码间干扰**（inter-symbol interference，ISI）；第三项为噪声的影响。

码间干扰反映的是基带系统传递函数的不良，其中包括信道的部分，也包括接收与发送滤波器等部分。展开式(4.5.4)中的 ISI 对应项有

$$\sum_{\substack{m=-\infty \\ m \neq 0}}^{\infty} a_{n-m} h(mT_s) = \cdots + a_{n-2} h(2T_s) + a_{n-1} h(T_s)$$

$$+ a_{n+1} h(-T_s) + a_{n+2} h(-2T_s) + \cdots \tag{4.5.5}$$

可见，由于 $m \neq 0$ 时的 $h(mT_s) \neq 0$，前后的码元对第 n 个码元的接收造成干扰。或者从传输各个码元时引起的脉冲 $a_n h(t - nT_s)$ 的角度观察，如图 4.5.2 所示，由于传输后的脉冲存在前导与拖尾，它在完成传递 a_n 的同时也不同程度地干扰了前后码元的接收，图 4.5.2 清楚地反映出 ISI 的物理意义是"码元彼此间的串扰"。

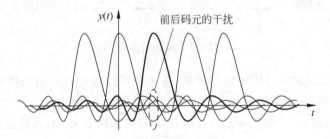

图 4.5.2　码元彼此间串扰的示意图

因为前后码元是随机的，所产生的码间串扰也是随机的，如果它足够大就可能直接引起误码，即使它本身不太大，也会增加噪声产生误码的机会。而且，码间串扰的影响无法通过增加信号功率等方法来减弱。

依据前两节与上面的分析，基带传输系统总的不良因素，集中体现在码间串扰与噪声影响两点上。解决噪声影响的方法已在前两节中进行了讨论，主要是运用 LPF 与匹配滤波器来抑制；解决 ISI 的方法是本节下面将要重点讨论的。

4.5.2　无码间串扰传输与 Nyquist 准则

为了最好地传输数字信号，应该保证接收时没有码间串扰，这就要求传输系统总的冲激响应 $h(t)$ 满足

$$h(nT_s) = \delta[n] = \begin{cases} 1, & n = 0 \\ 0, & n \neq 0 \end{cases} \tag{4.5.6}$$

即，$h(t)$ 的抽样序列是数字冲激序列 $\delta[n]$（这里不妨考虑归一化后的 $h(t)$）。

式(4.5.6)这一条件是数字基带传输系统无码间串扰的充要条件，它也可以用传输系统总的频率响应 $H(f)$（从频域上）来表述，被称为奈奎斯特(Nyquist)准则。

> **定理（Nyquist 准则）** 数字基带传输系统无码间干扰的充要条件是式(4.5.6)。其频域形式为
>
> $$\sum_{k=-\infty}^{+\infty} H\left(f-\frac{k}{T_s}\right) = 常数 \tag{4.5.7}$$

证明 根据前面 ISI 的分析，这一结论的时域部分是明显的，而频域部分可以如下说明。式(4.5.6)等价于

$$h(t)\sum_{k=-\infty}^{+\infty}\delta(t-kT_s) = \sum_{k=-\infty}^{+\infty} h(kT_s)\delta(t-kT_s) = h(0)\delta(t)$$

两边进行傅里叶变换，注意到

$$\mathcal{F}\left[\sum_{k=-\infty}^{+\infty}\delta(t-kT_s)\right] = \frac{1}{T_s}\sum_{k=-\infty}^{+\infty}\delta\left(f-\frac{k}{T_s}\right) \quad 与 \quad \mathcal{F}[\delta(t)] = 1$$

于是

$$H(f)*\left[\frac{1}{T_s}\sum_{k=-\infty}^{+\infty}\delta\left(f-\frac{k}{T_s}\right)\right] = \frac{1}{T_s}\sum_{k=-\infty}^{+\infty} H\left(f-\frac{k}{T_s}\right) = h(0)（常数）$$

于是定理得证。

Nyquist 准则的含义是：判断任何信道是否含有 ISI 的有效方法是计算并观察 $\sum_{k=-\infty}^{+\infty} H(f-k/T_s)$ 是否为常数。由于它是 $H(f)$ 按 $R_s=1/T_s$ 周期重复的结果，一定是周期为 R_s 的函数，因此，只需观察它在 $(-R_s/2, R_s/2)$ 上是否为常数就可以做出判断。

例 4.11 给定图 4.5.3(a)的几种信道传输特性 $H(f)$，如果按 R_s 码率进行数字传输，试分析传输中是否存在 ISI。

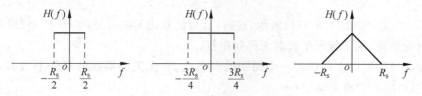

(a) 几种信道传输特性($H(f)$)

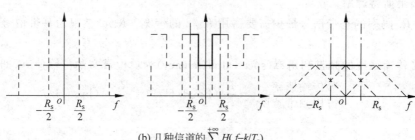

(b) 几种信道的 $\sum_{k=-\infty}^{+\infty} H(f-k/T_s)$

图 4.5.3 例 4.11 图

解 按 R_s 将图中的各个 $H(f)$ 重复后得到相应的 $\sum_{k=-\infty}^{+\infty} H(f-k/T_s)$ 在 $(-R_s/2,+$ $R_s/2)$ 部分如图 4.5.3(b) 所示。显然，第 1、3 幅图是平坦的，而第 2 幅图不是。因此，在第 1、3 信道上的传输中无 ISI，而在第 2 信道上的传输中有 ISI。 ■

应该特别注意的是：在这里与后面讨论 ISI 问题时，总是说传输系统总的 $h(t)$ 或 $H(f)$ 需要具有某种特性，其实，为了实现这种特性，设计者最终是通过控制发送滤波器与接收滤波器来完成。由于 $h(t)=g_T(t)*c(t)*g_R(t)$，其中，信道特性不是人为可控的，因此，该要求只有通过控制发送滤波器 $g_T(t)$ 与接收滤波器 $g_R(t)$ 来实现。

4.5.3　带限信道上的无码间串扰传输

现在我们回到实际基带信道的基本情形。基带信道大都是带限信道，通常在给定的带宽上它们基本上是平坦的，相应的 $C(f)$ 可以视为理想低通滤波器。下面讨论这类信道上的无码间干扰传输问题。

由于基带信道是带限的，于是，传输系统总的频响函数也是带限的。假定 $H(f)$ 的带宽为 W，传输系统欲以 $R_s=1/T_s$ 的码率通过它传输数字序列，依据奈奎斯特准则，会出现下面三种情况：

(1) $W<R_s/2$：如图 4.5.4(a) 所示，将 $H(f)$ 按 R_s 周期重复后根本无法形成常数频谱，因此，该系统根本无法满足奈奎斯特准则，接收中一定存在码间串扰；

(2) $W=R_s/2$：如图 4.5.4(b) 所示，当且仅当 $H(f)$ 正好为 $R_s/2$ 的 LPF 时，它按 R_s 周期重复后恰好可构成常数频谱。因此，无码间串扰接收的充要条件为 $H(f)$ 是如下的理想 LPF

$$H(f)=\begin{cases} 常数, & |f|\leqslant R_s \\ 0, & |f|>R_s \end{cases} \tag{4.5.8}$$

(3) $W>R_s/2$：如图 4.5.4(c) 所示，这时，有可能找出某些合适的 $H(f)$，周期重复时满足奈奎斯特准则，从而保证接收时无码间串扰。

由上面的讨论可以立即得到一个简明的关系式，在无码间串扰的条件下必有：$R_s\leqslant 2W$。进而引出如下的重要结论：

(1) W(Hz) 宽的基带信道每秒最多可能传输 $2W$ 个符号。$2W$ 波特被称为基带传输系统的**奈奎斯特速率**；或者，

(2) R_s 码率的基带信号最少需要占用 $R_s/2$ 的带宽。$R_s/2$ 被视为基带信号的理论最小带宽。

定义传输系统的**频带利用率**（**spectral efficiency**）为单位带宽的传输速率，即

$$\eta=\frac{传输速率}{占用频带宽度}=\frac{R_s}{B_T}(\text{Baud/Hz})=\frac{R_b}{B_T}\quad(\text{bps/Hz}) \tag{4.5.9}$$

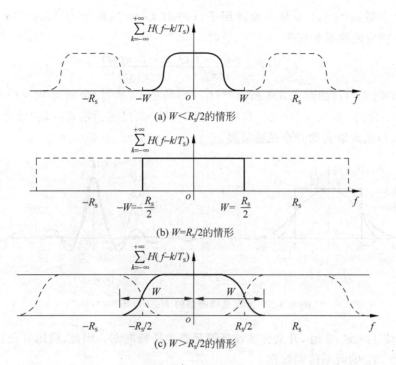

(a) $W < R_s/2$ 的情形

(b) $W = R_s/2$ 的情形

(c) $W > R_s/2$ 的情形

图 4.5.4　带限信道 $\sum\limits_{k=-\infty}^{+\infty} H(f - k/T_s)$ 的三种情况

于是，无码间串扰传输中

$$\eta \leqslant 2 \quad (\text{Baud/Hz}) \quad \text{或} \quad \eta \leqslant 2\log_2 M \quad (\text{bps/Hz}) \tag{4.5.10}$$

显然，二元传输方式的频带利用率的上限为 2bps/Hz，M 元为 $2\log_2 M\,\text{bps/Hz}$。保持高的频带利用率是非常有意义的，因为同样的信道上可以传输更多的数据，进而可以服务更多的用户。而提高频带利用率（bps/Hz 数值）的基本途径就是增加码元的元数 M。

4.5.4 升余弦滚降滤波器

为了在 W 宽的信道上最大限度地传输信息，理论上讲，可令 $R_s = 2W$，这要求传输系统总的频率响应 $H(f)$ 为理想低通滤波器特性，如式（4.5.8）。但是理想的低通特性具有绝对陡峭的频谱变化，它实际上是无法实现的。为了解决上述问题，工程上广泛采用升余弦滚降特性的 $H(f)$，因为，它的频谱宽度与边沿特性都很容易控制，又能够较好地近似实现。

升余弦滚降（raised cosine-rolloff filter，RC）滤波器的传输函数定义为

$$H_{\text{RC}}(f) = \begin{cases} \dfrac{1}{2f_0}, & 0 \leqslant |f| \leqslant (1-\alpha)f_0 \\[2mm] \dfrac{1}{4f_0}\left\{1 + \cos\dfrac{\pi\big[\,|f| - (1-\alpha)f_0\,\big]}{2\alpha f_0}\right\}, & (1-\alpha)f_0 < |f| \leqslant (1+\alpha)f_0 \\[2mm] 0, & |f| > (1+\alpha)f_0 \end{cases}$$

$$\tag{4.5.11}$$

它包含两个参数，α 与 f_0。α 称为**滚降因子（rolloff factor）**，取值为 $0 \leqslant \alpha \leqslant 1$；$f_0$ 是它的 6dB 带宽。相应的冲激响应为

$$h_{RC}(t) = \frac{\sin(2\pi f_0 t)}{2\pi f_0 t} \frac{\cos(2\pi \alpha f_0 t)}{1 - (4\alpha f_0 t)^2} \qquad (4.5.12)$$

$H_{RC}(f)$ 与 $h_{RC}(t)$ 如图 4.5.5 所示。$H_{RC}(f)$ 的最大（绝对）带宽为 $W = (1+\alpha)f_0$；而 $h_{RC}(t)$ 是归一化的，即 $h_{RC}(0) = 1$。容易看出，$H_{RC}(f)$ 的过渡边沿是一段"提升起来的"余弦波形，$H(f)$ 因此取名为升余弦滤波器。

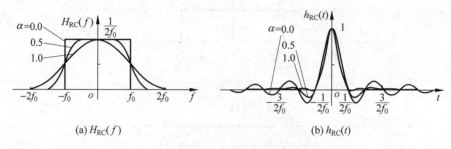

(a) $H_{RC}(f)$ (b) $h_{RC}(t)$

图 4.5.5　升余弦滤波器的 $H_{RC}(f)$ 与 $h_{RC}(t)$

显然，使 $f_0 = R_s/2$ 时，升余弦滤波器满足奈奎斯特准则。因此，应用升余弦滤波器时总是按 $R_s = 2f_0$ 的码率传输数据。

α 控制着 $H_{RC}(f)$ 边沿的陡峭程度，或称为"滚降"特性。较大的 α 使频谱边沿平坦，但频带利用率也被降低了，一般而言

$$\eta = \frac{2}{1+\alpha}(\text{baud/Hz}) = \frac{2\log_2 M}{1+\alpha} \quad (\text{bps/Hz}) \qquad (4.5.13)$$

例如

(1) $\alpha = 0.0$：$H_{RC}(f)$ 正是理想低通滤波器，$\eta = 2(\text{baud/Hz})$；

(2) $\alpha = 0.5$：$H_{RC}(f)$ 边沿已相当平缓，$\eta = 1.333(\text{baud/Hz})$；

(3) $\alpha = 1.0$：$H_{RC}(f)$ 边沿已非常平坦，$\eta = 1(\text{baud/Hz})$。

实际应用中，总是在频带利用率与实现难度之间进行平衡。需要较高的频带利用率时，通常将 α 控制在 0.3 以内。观察时域的 $h_{RC}(t)$ 还注意到，α 的加大使其拖尾加快衰减，而拖尾正是干扰其他码元接收的原因。当拖尾比较低时，即使定时偏差一点，由于拖尾在 kT_s 周围的值已经很小，也不会造成明显的码间干扰。因此较大的 α 还增加了对定时偏差的容许度，这在应用中是很有用的。

严格地讲，升余弦滤波器的 $H_{RC}(f)$ 具有无穷长的 $h_{RC}(t)$，也不是物理可实现的，但只要 α 适度大，采用比较长的有限冲激响应可以很好地近似它，比理想低通滤波器特性要容易实现得多。

例 4.12　某基带传输系统信道的频响特性在 5MHz 内是平坦的。试求：(1)无 ISI 的最大传输码率；(2)采用 $\alpha = 0.3$ 的升余弦滤波器时的最大传输码率；(3)采用 $\alpha = 0.3$ 的升余弦滤波器实现 10Mbps 传输时如何利用信道？

解　(1) 根据奈奎斯特准则，由于 $W = 5\text{MHz}$，因此，$R_s(\max) = 2W = 10(\text{Mbaud})$。

(2) 应用 $\alpha = 0.3$ 的升余弦滤波器时，由于 $W = (1+\alpha)f_0$，最大传输码率为 $R_s = 2f_0$。

于是

$$R_s(\max) = \frac{2W}{1+\alpha} = \frac{10}{1+0.3} = 7.69(\text{Mbaud})$$

（3）对于 10Mbps，如果采用二元传输，由于 $R_s = 10(\text{Mbaud}) > 7.69(\text{Mbaud})$，因此，无法进行无 ISI 传输。如果改用四元传输，$R_s = 5(\text{Mbaud})$。利用升余弦滤波器时，令 $f_0 = R_s/2 = 2.5(\text{MHz})$，可得，$\alpha = (W - f_0)/f_0 = (5 - 2.5)/2.5 = 1$。

当然，α 也可以小于 1，比如 0.3，则传输信号最高频率为

$$(1+\alpha)f_0 = 1.3 \times 2.5 = 3.25(\text{MHz})$$

即，它实际上只需要部分信道。

*4.5.5　带限 AWGN 信道上的最佳传输系统

考虑带宽 W 的基带信道，以如下的低通滤波器表征它的频率响应函数

$$C(f) = \begin{cases} 1, & |f| \leqslant W \\ 0, & |f| > W \end{cases} \tag{4.5.14}$$

另外，信道还存在加性高斯白噪声，其功率谱密度在所关注的频带内平坦，即

$$P_n(f) = \begin{cases} N_0/2, & |f| \leqslant W \\ 0, & |f| > W \end{cases} \tag{4.5.15}$$

这种信道模型称为**带限型 AWGN 信道**。

在这种信道中进行数字基带 PAM 传输需要兼顾加性白噪声与码间干扰的影响。理想的数字传输系统应该既是无码间干扰的，又使噪声下的误码率达到最低。应用中广泛采用的系统框图仍然如图 4.5.1 所示，其中，发送与接收滤波器具体设计为

$$\begin{cases} |G_T(f)|^2 = H_{RC}(f) \\ G_R(f) = G_T^*(f)e^{-j2\pi f\tau} \end{cases} \tag{4.5.16}$$

其中的升余弦滤波器 $H_{RC}(f)$ 按参数 $f_0 = R_s/2$ 与某个滚降系数 α 来设计，选 α 时应保证 $H_{RC}(f)$ 完全落在信道通带的 $[-W, +W]$ 之内；τ 为某个时延常数。

容易看出，式（4.5.16）使得总的传递函数为

$$H(f) = G_T(f)C(f)G_R(f) = |G_T(f)|^2 e^{-j2\pi f\tau} = H_{RC}(f)e^{-j2\pi f\tau}$$

式中，$e^{-j2\pi f\tau}$ 只引起固定的时延，因而 $H(f)$ 满足奈奎斯特准则，保证传输系统中无码间干扰。另一方面，式（4.5.16）的第二式的时域形式为 $g_R(t) = g_T^*(\tau - t)$，即接收滤波器正好为发送脉冲的匹配滤波器，因此传输系统兼有最佳的抗噪声性能。由于无 ISI，系统的误码仅由加性噪声引起，具体的误码率可在求出每码元的平均信号能量 E_s 后，代入前面匹配滤波器系统的相关公式直接计算。因为，前面推导中已经指出，匹配滤波器接收系统的有关结论适用于各种发送脉冲情形（包括升余弦谱脉冲）。

这种设计中的发送与接收滤波器的幅频特性都是升余弦幅频特性的平方根，即

$$|G_T(f)| = |G_R(f)| = \sqrt{H_{RC}(f)} \tag{4.5.17}$$

而相位特性采用线性函数，线性相位特性只引入时延，时延的具体值视应用需要确定。这

种滤波器被称为**平方根升余弦滤波器**（squared raised-cosine filter，SRC）。

例 4.13 假定基带信道带宽为 1400Hz，系统传输码率为 2400Baud，码元为四元。试设计相应的方根升余弦滤波器并计算系统的频带利用率。

解 令 $f_0 = R_s/2 = 1200(\text{Hz})$，于是，$\alpha = (W - f_0)/f_0 = (1400 - 1200)/1200 = 1/6$。由式（4.5.11）得

$$H_{RC}(f) = \begin{cases} \dfrac{1}{2400}, & 0 \leqslant |f| \leqslant 1000\text{Hz} \\[2mm] \dfrac{1}{4800}\left\{1 + \cos\dfrac{\pi[|f| - 1000]}{400}\right\}, & 1000\text{Hz} < |f| \leqslant 1400\text{Hz} \\[2mm] 0, & |f| > 1400\text{Hz} \end{cases}$$

确定某常数 τ_d，并取 $G_T(f) = \sqrt{H_{RC}(f)}\, e^{-j2\pi f\tau_d}$ 与 $G_R(f) = G_T^*(f)e^{-j2\pi f\times 2\tau_d} = \sqrt{H_{RC}(f)}$ $e^{-j2\pi f\tau_d}$。显然，它们满足上述设计要求。

系统的频带利用率为

$$\eta = \frac{2\log_2 M}{1+\alpha} = \frac{2\log_2 4}{1 + 1/6} = 3\frac{3}{7}(\text{bps/Hz})$$

选择 τ_d 时应注意：为了较好地近似平方根升余弦频谱特性，并保持滤波器的因果性，τ_d 需要适当大一点。但也要考虑系统时延，因为，由 $H(f) = H_{RC}(f)e^{-j2\pi f\times 2\tau_d}$ 可知系统总时延为 $2\tau_d$。本例中 α 较小，$g_T(t)$ 与 $g_R(t)$ 的旁瓣衰减较慢，故 τ_d 可取大一点，如 $\tau_d = 5T_s$，这样我们用 $[-5T_s, +5T_s]$ 上的部分近似实现整个冲激响应，如图 4.5.6 所示。

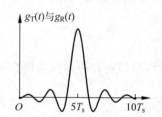

图 4.5.6　发送与接收滤波器的冲激响应

4.5.6 眼图

实际应用中，评价基带传输系统性能的一种定性而方便的实验方法是观察接收端的基带信号波形。在示波器上，基带信号波形会呈现为类似人眼的图案，称为**眼图**（**eye pattern**）。观察眼图是一种非常重要的实验手段，因为，这种显示形式包含了传输系统大量的有用信息。

眼图的形成机理很简单。示波器显示波形时实质上是周期性地重叠显示，在显示基带信号时，通过示波器面板的水平扫描旋钮可以调节重叠显示的周期，使重叠的各段基带波形的时隙彼此对齐。该过程如图 4.5.7 所示，图（a）的波形是被观察的基带信号，图（b）中间的图形是重复显示的结果。由于各段波形所表示的符号是随机的，当许多段波形重叠在一起时，每个时隙上就形成了一个眼状图案。

显然，眼图是基带波形的大量不同时隙段重叠的效果，是基带波形质量的宏观表现：

（1）如果基带波形质量优良，既没有码间干扰又没有噪声（见图 4.5.7（b）右图），那么，所有时隙上的波形在图中的 A、B 处将准确地重合为两点，形成轮廓清晰的图案；

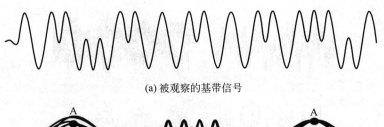

(a) 被观察的基带信号

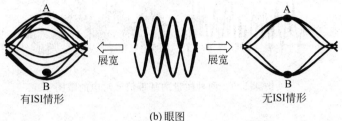

有ISI情形　　　　　　　　　无ISI情形

(b) 眼图

图 4.5.7　眼图的形成机理

(2) 如果基带波形中存在码间干扰(见图 4.5.7(b)左图),那么,各时隙上的波形就会变形,在图中的 A、B 处彼此错开;如果包含噪声,线条就会模糊。因此,不良信号将形成轮廓粗、边缘模糊、中空小的图案;严重时,中空会完全消失,称为"眼睛"闭合。

图 4.5.8 重新绘制了眼图,并标出了眼图中的有用信息。图中的 A、B 处位于眼图中央,"眼睛"张开最大处,是抽样的最佳时刻。"上眼线"对应于符号"1","下眼线"对应于符号"0",判决电平为"眼睛"中间水平横线。由图可见:

(1) "眼睛"张得愈开,信号质量愈好;

(2) "眼睛"张开的高度决定了系统可以提供的噪声容限;

(3) "眼睛"张开的宽度决定了接收波形可以抽样的时间范围;

(4) "眼线"顶部的斜率决定了接收波形对抽样定时的敏感程度,斜率愈大则对定时误差愈敏感。

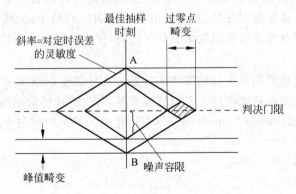

图 4.5.8　眼图中的信息

图 4.5.9 示意了两种质量的基带信号对应的眼图,相应的误码率分别是 10^{-2} 与 10^{-4}。图 4.5.10 给出了多电平($M=4$)信号的眼图,它是二元基带信号眼图的扩展。

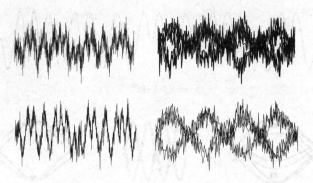

图 4.5.9　两种质量的基带信号对应的眼图

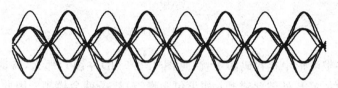

图 4.5.10　多电平($M=4$)信号的眼图

*4.6　信道均衡

4.5 节说明了 ISI 的问题并集中讨论了在"局部"平坦的带限信道上如何有效传输数字消息序列的方法。但如果实际信道不只是带限的而且是明显非平坦的,那么应该对其进行补偿以消除或至少减小 ISI 问题,这种处理称为信道均衡。

许多时候,信道的特性还随环境与时间变化的,无法预先精确知道,例如,在电话线上传送数据的应用里,信道是拨号后临时建立的,每次建立的信道通常具有不同的 $C(f)$;另外,信道的特性还常常是时变的,移动通信是一个明显的例子,无线信道的特性一般都是时变的,并随通信双方的移动而发生变化。这时,预先按照奈奎斯特准则进行补偿的策略无能为力。

实际上,消除或减低码间串扰的实用方法是:在尽量按照奈奎斯特准则进行"事前"设计的基础上,再在传输系统中插入专门的滤波器,"现场"补偿信道的不完善。这种滤波器被称为**信道均衡器**（**channel equalizer**）,本节讨论它的基本原理与方法。

4.6.1　均衡原理

具有均衡器的数字基带传输系统的原理框图如图 4.6.1 所示,其中,均衡器的频率响应为 $G_E(f)$,冲激响应为 $g_E(t)$。该系统原有的频率响应为

$$H(f) = G_T(f)C(f)G_R(f)$$

它可能不完全符合奈奎斯特准则。均衡器的作用就是对其进行补偿。使总的系统频率响应

$$H_E(f) = G_T(f)C(f)G_E(f)G_R(f) \tag{4.6.1}$$

符合奈奎斯特准则。

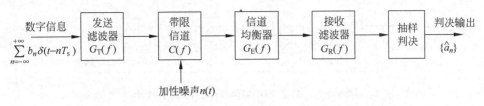

图 4.6.1　具有均衡器的数字基带传输系统

　　信道均衡技术可以分为频域均衡和时域均衡。频域均衡的基本思想是从频域上用滤波器补偿基带系统,使之满足奈奎斯特准则的频域条件;时域均衡是从时域波形上进行处理,使系统总的冲激响应 $h_E(t)$ 满足奈奎斯特准则的时域条件。

　　均衡技术是现代数字通信,尤其是高速数字传输中的重要技术之一。广义地讲,"均衡"指所有消除或减低码间串扰影响的信号处理或滤波技术,包括一些综合与复杂的技术。本节中,仅讨论均衡器的基本原理与方法。

4.6.2　数字均衡器

　　大量的均衡器安置在抽样器之后、判决器之前,采用数字技术来实现。考察式(4.5.4)给出的抽样值

$$r_n = \sum_{k=-\infty}^{\infty} a_k h(nT_s - kT_s) + y_n(nT_s) = \sum_{k=-\infty}^{\infty} a_k h_{n-k} + z_n = a_n * h_n + z_n \tag{4.6.2}$$

其中,记 $h_n = h(nT_s)$ 与 $z_n = y_n(nT_s)$。$\{h_n\}$ 是传输系统前部分(包括发送滤波器、基带信道与接收滤波器)的等效数字冲激响应序列,z_n 是加性噪声序列。记均衡器的冲激响应序列为 $\{g_{En}\}$,则,经过均衡器补偿后总的冲激响应序列为

$$h_{En} = h_n * g_{En} \tag{4.6.3}$$

　　均衡器的目的就是:设计合理的 $\{g_{En}\}$,使得 $i \neq 0$ 时的 h_{Ei}(相当于 $h_E(iT_s)$)全部为零,从而消除码间串扰。

　　数字均衡器是实现特定要求的数字处理系统。按照均衡器所采用的具体结构特点,它常分为线性均衡器与非线性均衡器(如,判决反馈均衡器,Decision feedback equalizer);或按照抽样分辨率与更新速率分为码元间隔(Symbol spaced)与部分码元间隔(Fractional spaced)模式;或按照调节模式分为预置式与自适应式。

　　一种广为应用的均衡器是时域的线性均衡器,它采用基本的数字 FIR 滤波器来实现。假定它具有 $2N+1$ 个抽头,即

$$g_{Ei} = \begin{cases} c_i, & -N \leqslant i \leqslant N \\ 0, & |i| > N \end{cases} \tag{4.6.4}$$

于是,$h_{En} = h_n * g_{En} = \sum\limits_{k=-N}^{N} c_k h_{n-k}$。其典型结构如图 4.6.2 所示。这种结构的滤波器也称

为**横向滤波器**（**Transversal filter**），它简单且易于调节。由于 N 有限，实际上只能使码间串扰充分地减小。

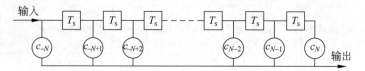

图 4.6.2　数字 FIR 均衡器（用 T_s 表示时延）

4.6.3　基本均衡算法

确定 FIR 均衡器的抽头系数有两种基本算法：一种是确定性方法，称为迫零算法；另一种是统计方法，称均方误差算法。

1. 迫零算法

迫零（**zero forcing**）算法是由 Luchy 于 1965 年提出，其基本思想是：迫使 h_{Ei} 中的"畸变"为零，即迫使 $i \neq 0$ 时的 $h_{Ei} = 0$。

为了度量 h_{Ei} 中的"畸变"，本算法中定义

$$D = \frac{1}{h_{E0}} \sum_{i \neq 0} |h_{Ei}| \qquad (4.6.5)$$

为**峰值畸变**。它表示了抽样时刻上（相对于当前码元值而言）码间干扰的最大可能值，即（码间干扰的）峰值。容易看出，$D=0$ 与 $h_{Ei}=0 (i \neq 0)$ 是密切关联的。

当实际均衡器是具有 $2N+1$ 个抽头的横向滤波器时，由于 N 有限，均衡器无法使所有的 $h_{Ei}=0 (i \neq 0)$，因而不可能完全消除码间串扰，只能尽量降低峰值畸变 D。有效的方法是设定抽头系数，使得

$$h_{Ei} = \begin{cases} 1, & i = 0 \\ 0, & |i| \leqslant N \end{cases} \qquad (4.6.6)$$

即迫使 $i=0$ 的前后各 N 个 h_{Ei} 为零。事实上，它们通常就是最严重的干扰部分。由式(4.6.6)可以建立求解抽头系数 c_i 的联立方程，从而解出 c_i。下面的例题说明了这种方法。

例 4.14　三抽头的迫零均衡器。

某传输系统存在码间干扰，测得其冲激相应的抽样值为 $h_{-1}=0.2, h_0=0.9, h_1=-0.3$，$h_2=0.1$，其他 $h_i=0$。试求：均衡器的抽头系数并计算均衡前后的峰值畸变值。

解　由 $h_{Ei} = \sum_{k=-1}^{1} c_k h_{i-k} = c_{-1} h_{i+1} + c_0 h_i + c_1 h_{i-1}$ 并按式(4.6.6)可得

$$\begin{bmatrix} h_{E-1} \\ h_{E0} \\ h_{E1} \end{bmatrix} = \begin{bmatrix} h_0 & h_{-1} & h_{-2} \\ h_1 & h_0 & h_{-1} \\ h_2 & h_1 & h_0 \end{bmatrix} \begin{bmatrix} c_{-1} \\ c_0 \\ c_1 \end{bmatrix} = \begin{bmatrix} 0 \\ 1 \\ 0 \end{bmatrix}$$

代入具体数据得到

$$\begin{bmatrix} 0.9 & 0.2 & 0 \\ -0.3 & 0.9 & 0.2 \\ 0.1 & -0.3 & 0.9 \end{bmatrix} \begin{bmatrix} c_{-1} \\ c_0 \\ c_1 \end{bmatrix} = \begin{bmatrix} 0 \\ 1 \\ 0 \end{bmatrix}$$

可解得$[c_{-1} \quad c_0 \quad c_1]=[-0.2140 \quad 0.9631 \quad 0.3448]$。

利用$h_{Ei}=c_{-1}h_{i+1}+c_0h_i+c_1h_{i-1}$,考虑$i=-2\sim+3$,计算出均衡后的非零冲激响应值为$\{h_{Ei},i=-2,\cdots,+3\}=\{-0.0428,0,1,0,-0.0071,0.0345\}$。根据峰值畸变的定义得

$$均衡器前,D=(0.2+0.3+0.1)/0.9=0.667$$
$$均衡器后,D=(0.0428+0.0071+0.0345)/1=0.0844$$

易见均衡后码间干扰与峰值畸变都有显著降低。■

迫零算法的目标是尽量降低码间串扰,它是一种最小峰值畸变准则算法。实现迫零算法的步骤通常是:传输系统先估计出原来的数字冲激响应序列$h_i=h(iT_s)$,而后解联立方程确定均衡器的抽头系数c_i,最后再进行实际的数据传输。为了估计h_i,一般在实际传输前,系统要发送窄脉冲或其他特定的训练信号,供测量传输特性。这种在通信前训练并建立均衡器系数,而后保持系数进行通信的均衡器,称为**预置式均衡器**。

迫零算法的缺点是:它忽略了噪声的影响,因而,系统最终难于获得好的误码性能。例如,当原传输系统的频响特性在某频率处有很大衰减时,均衡器将提供高增益进行补偿,由于信号中总是伴随有噪声,因而,高增益可能放大噪声使总的信噪比明显下降。所以,迫零算法不适用于这类信道。下面介绍的均方误差算法没有这个缺点。

*2. 均方误差算法

均方误差(mean square error,**MSE**)算法以最小均方误差为准则来计算横向滤波器的抽头系数。它不着眼于补偿h_i,而是直接处理传输中的抽样值r_n,使之尽量接近原码元a_n,从而降低误码率。

假设传输码元a_n时,接收系统中的抽样值为r_n,均衡器以它作为输入信号,并输出r_{En}。均方误差算法关注的误差为

$$e_n=a_n-r_{En}=a_n-\sum_{k=-N}^{N}c_kr_{n-k} \tag{4.6.7}$$

由于e_n中既含有码间串扰又含有噪声,因此,它是随机变量。所以,算法的目标函数规定为误差的均方值,即$J=E(e_n^2)$。进一步的分析可证明,该目标函数具有最小值,可用求极值的方法解出,于是

$$\frac{\partial J}{\partial c_k}=2E\left(e_n\frac{\partial e_n}{\partial c_k}\right)=-2E[e_nr_{n-k}]=0, \quad -N\geqslant k\geqslant N$$

所以,获得最小均方误差的条件是:$E[e_nr_{n-k}]=0$。该式表明,选择横向滤波器的$2N+1$个抽头系数,使得误差与均衡器的输入抽样值相互正交时,均方误差达到最小。这个结论也称为**正交原理**。进一步

$$E[e_nr_{n-k}]=E\left[\left(a_n-\sum_{i=-N}^{N}c_ir_{n-i}\right)r_{n-k}\right]=E[a_nr_{n-k}]-\sum_{i=-N}^{N}c_iE[r_{n-i}r_{n-k}]=0$$

令 $R_{rr}(k-i)=\mathrm{E}[r_{n-i}r_{n-k}]$ 与 $R_{ar}(k)=\mathrm{E}[a_{n}r_{n-k}]$，由上式可得到 $2N+1$ 个联立方程

$$\sum_{i=-N}^{N}c_{i}R_{rr}(k-i)=R_{ar}(k), \quad -N\geqslant k\geqslant N \tag{4.6.8}$$

易见，$R_{rr}(m)$ 是抽样值序列 $\{r_n\}$ 的自相关序列，$R_{ar}(m)$ 是码元序列 $\{a_n\}$ 与抽样值序列 $\{r_n\}$ 的互相关序列。

实现均方误差算法的步骤是先估计出 $R_{rr}(m)$ 与 $R_{ar}(m)$，而后解联立方程确定均衡器的抽头系数 c_i，最后再进行实际的数据传输。一般在实际传输前，系统要先发送伪随机序列，以便估计 $R_{rr}(m)$ 与 $R_{ar}(m)$。

均方误差算法不像迫零算法那样只考虑码间串扰，而是综合地降低码间串扰与噪声等各种不良因素。因此，它适应性强，而具有更好的效果。

4.6.4　自适应均衡算法

大量的实际信道是时变的或缓慢时变的，针对这种信道，均衡器必须不断地更新系数 c_i 以适应信道的变化，这种均衡器称为**自适应均衡器**（adaptive equalizer）。自适应均衡器又分为周期调节与连续调节两种方式。周期调节通过周期性地发送收方已知的报头或训练序列来实现；而连续调节通过直接使用输出序列充当训练序列来实现。直接使用输出序列来充当训练序列的方法在误码率较小时是可行的，这种方法称为"**判决指导**"（decision directed），它在实际应用中十分有效，因而大量使用。

自适应均衡器采用的准则可以是前面讨论过的峰值畸变（迫零）准则或均方误差最小准则，但具体算法采用迭代求解法。这种算法使均衡器系数逐渐收敛于最佳值，并可以动态地跟踪信道的变化。一种简单而常用的自适应均衡算法是 LMS(least mean-square)算法，其基本公式如下

$$\begin{cases} c_i(n+1)=c_i(n)+\alpha e_n r_{n-i}, & -N\geqslant i\geqslant N \\ e_n=\hat{a}_n-r_{En}=\hat{a}_n-\sum_{k=-N}^{N}c_k(n)r_{n-k} \end{cases} \tag{4.6.9}$$

其中，$c_i(n+1)$ 与 $c_i(n)$ 是 $n+1$ 与 n 时刻均衡器的第 i 个系数，α 是步长常数，e_n 是 n 时刻的误差，r_n 是 n 时刻的抽样值，$\hat{a}_n$ 是由 r_n 判决出的符号值。式(4.6.9)的思想是：均衡器是不断变化的，每个时刻的系数值是其上一个时刻的值，在"吸取差错教训"的基础上，更新而来。

*4.7　部分响应系统

码间干扰问题是每个数字基带传输系统都必须重点考虑的问题。本节继 4.6 节后，再次讨论带限信道上无 ISI 传输的问题，介绍一种称为部分响应或相关电平编码的技术。相应的传输系统称为部分响应或相关编码系统。不同于升余弦滚降滤波器，部分响应系统能够在带宽 W 的带限信道上以 $2W$ 波特的最高码率进行无 ISI 的传输，同时，又不必像 4.5 节中所讨论的那样，要求系统的频响特性为具有陡峭边沿的理想低通滤波器特性。

相关电平编码技术是 W 带限信道达到 Nyquist 码率的一种实用方法。

部分响应技术解决频谱边沿陡峭问题的基本思想在于：通过编码在前后符号间引入相关性,有意使发送信号中存在 ISI,让系统的频响特性不必具有陡峭的边沿,而引入的 ISI 是预知的,可以在接收端加以消除。这种想法是 Adam Lender 于 1963 年提出的。

依据具体方法的不同,部分响应系统可分为多种类别,其中最典型的是第 Ⅰ 与第 Ⅳ 类部分响应系统。

4.7.1 第 Ⅰ 类部分响应系统(又名双二进制系统)

1. 基本原理

第 Ⅰ 类部分响应系统也称为双二进制系统,其构成如图 4.7.1 所示,它是一个带限信道的基带传输系统。其中,符号序列 $\{a_n\}$ 是取值 ±1 的二元无关序列,带限信道的频响特性 $H_c(f)$ 简化为截止频率为 W 的理想低通滤波器(LPF)。系统按 Nyquist 码率 $R_s=2W$（或 $R_b=2W$）进行传输,码元宽度为 $T_b=1/2W$。为了实现无 ISI,发送与接收滤波器都是截止频率为 W 的理想 LPF。

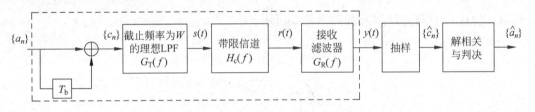

图 4.7.1　第 Ⅰ 类部分响应系统

该系统的特别之处主要在于发送前安置了一个相关编码器,使得实际传输的码元为

$$c_n = a_n + a_{n-1} \tag{4.7.1}$$

虽然 a_n 是彼此无关的,c_n 的前后码元间已引入了相关性,举例说明如下。

例 4.15　相关编码示例。

$\{a_n\}$	+1	+1	+1	−1	−1	+1	−1	+1	+1	+1	−1	−1	+1	−1
$\{c_n\}$		+2	+2	0	−2	0	0	0	+2	+2	0	−2	0	0

从例中可见,由于 a_n 是 ±1 的二元符号,c_n 必定为取值 $-2,0$ 与 $+2$ 的三元符号。而且易知,当 a_n 是二元等概时,c_n 的取值概率为 $P(c_n=0)=0.5,P(c_n=-2)=P(c_n=+2)=0.25$。

接收系统首先得到 $\{\hat{c}_n\}$,它是 $\{c_n\}$ 的传输结果。为了获得原始数据的传输结果 $\{\hat{a}_n\}$,必须对 $\{\hat{c}_n\}$ 解相关,其实质是从 $\hat{c}_n$ 中消除前一码元 a_{n-1} 的影响,即 $\hat{a}_n=\hat{c}_n-a_{n-1}$。由于是在接收端,只能利用前一个判决结果 $\hat{a}_{n-1}$ 充当 a_{n-1},只要传输的误码率较低,系统就可以正常工作。因此,具体方法如下

$$\hat{a}_n = \hat{c}_n - \hat{a}_{n-1} \tag{4.7.2}$$

实际系统中判决安排在解相关之后，$\hat{c}_n$ 是直接的抽样值。最后我们注意到，整个传输过程中，$\{c_n\}$ 是无 ISI 的，也可认为是 $\{a_n\}$ 是间接无 ISI 的。

现在，从传输 $\{a_n\}$ 的角度来考察总的传输系统，如图 4.7.1 中整个虚线框部分。由于 $g_T(t)$、信道与 $g_R(t)$ 是理想 LPF，易见，虚线框部分的冲激响应等效于

$$h_I(t) = g_T(t) + g_T(t-T_b) = \frac{\sin(\pi t/T_b)}{\pi t/T_b} + \frac{\sin(\pi(t-T_b)/T_b)}{\pi(t-T_b)/T_b}$$

$$= \frac{T_b}{\pi}\left[\frac{\sin(\pi t/T_b)}{t} + \frac{\sin(\pi t/T_b - \pi)}{(t-T_b)}\right]$$

$$= \frac{T_b\sin(\pi t/T_b)}{\pi}\left(\frac{1}{t} + \frac{-1}{t-T_b}\right) = \frac{T_b^2\sin(\pi t/T_b)}{\pi t(T_b-t)} \qquad (4.7.3)$$

而且，传输系统总的频率响应是

$$H_I(f) = G_T(f)H_C(f)G_R(f)(1+e^{-j2\pi fT_b}) = G_T(f)(1+e^{-j2\pi fT_b})$$

$$= G_T(f)\frac{(e^{-j\pi fT_b}+e^{j\pi fT_b})}{2} \times 2e^{-j\pi fT_b}$$

$$= \begin{cases} \cos(\pi fT_b)e^{-j\pi fT_b}, & |f| \leqslant W = \dfrac{1}{2T_b} \\ 0, & |f| > W \end{cases} \qquad (4.7.4)$$

$h_I(t)$、$|H_I(f)|$ 与 $\angle H_I(f)$ 如图 4.7.2 所示。

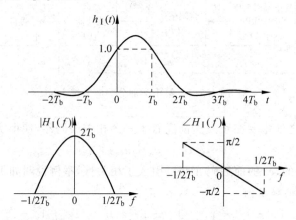

图 4.7.2　$h_I(t)$、$|H_I(f)|$ 与 $\angle H_I(f)$

注意到一个有趣的特点：这种部分响应系统传输系统能够以 Nyquist 码率传送 $\{a_n\}$，而系统的等效传输特性 $H_I(f)$ 不是理想低通滤波器。那么，这点与 Nyquist 准则相矛盾吗？其实，$h_I(t)$ 覆盖范围超出了 1 个码元的宽度 T_b，使 $h_I(T_b) \neq 0$，因此传输 a_n 的过程中本质上存在 ISI，这正是由相关编码引入的，但这个 ISI 是确知的，最终被解相关消除了。

分析 $h_I(t)$ 与 $H_I(f)$ 可以注意到，部分响应传输系统的好处是：

(1) $h_I(t)$ 的拖尾按 $1/|t|^2$ 衰减，比 sinc 函数的 $1/|t|$ 更快，这一特性有利于实际应用。

(2) $H_I(f)$ 的边沿是平缓的，实现起来比理想低通特性容易。

2. 具有预编码器的部分响应系统

上面式(4.7.2)中,这类借助于已有判决结果的方法可称为**判决反馈**(decision feedback),显然,①如果 $\hat{a}_{n-1}$ 的接收正确,则 $\hat{a}_n$ 可望正确接收;②如果 $\hat{a}_{n-1}$ 的接收出错,则 $\hat{a}_n$ 将受其错误的影响,并很可能随后产生一连串的误码,这种现象称为**误码传播**。

为了避免"误码传播"现象,可以将解相关处理转移到发送端,而改由预编码来实现,这时传输系统的结构如图 4.7.3 所示。

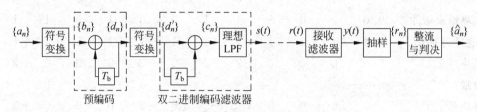

图 4.7.3 （带预编码的）第 I 类部分响应系统

图中,预编码处理定义为

$$d_n = b_n \oplus d_{n-1} \tag{4.7.5}$$

其中,$\oplus$ 表示模二加,即

$$0 \oplus 0 = 0, \quad 0 \oplus 1 = 1, \quad 1 \oplus 0 = 1, \quad 1 \oplus 1 = 0 \tag{4.7.6}$$

由于没有采用普通的线性相加,预编码器是非线性的,并容易用简单的二进制数字电路实现。预编码器的输入 $\{b_n\}$ 与输出 $\{d_n\}$ 都是取值为 0 与 1 的二进制序列,为此,在输入时,取值为 ± 1 的 $\{a_n\}$ 需要先进行符号变换;而在输出处,$\{d_n\}$ 又需要经过符号变换还原为 ± 1 的序列,供相关编码处理。由 a_n 的符号变换可见

$$a_n = 2b_n - 1 = 2(d_n \oplus d_{n-1}) - 1 \tag{4.7.7}$$

又由相关编码可见

$$c_n = d'_n + d'_{n-1} \tag{4.7.8}$$

而 $d'_n = 2d_n - 1$。通过 $d_n \oplus d_{n-1}$ 与 $d'_n + d'_{n-1}$ 可以将 a_n 与 c_n 联系在一起,如表 4.7.1 所示。

表 4.7.1　a_n 与 c_n 的关系

(d_n, d_{n-1})		$d_n \oplus d_{n-1}$	$a_n = 2(d_n \oplus d_{n-1}) - 1$	(d'_n, d'_{n-1})		$c_n = d'_n + d'_{n-1}$
0	0	0	-1	-1	-1	-2
0	1	1	$+1$	-1	$+1$	0
1	0	1	$+1$	$+1$	-1	0
1	1	0	-1	$+1$	$+1$	$+2$

从表中可以看出

$$a_n = \begin{cases} +1, & c_n = 0 \\ -1, & c_n = +2 \ 或 \ -2 \end{cases} \tag{4.7.9}$$

于是,接收系统中的判决可由抽样值 r_n 整流(取绝对值)后如下得到

$$\hat{a}_n = \begin{cases} +1, & |r_n| < 1 \\ -1, & |r_n| \geqslant 1 \end{cases} \tag{4.7.10}$$

显然,这一过程中不会发生误码传播现象。

例 4.16 带预编码的第 I 类部分响应系统。

发送端:

输入数据$\{a_n\}$	+1	+1	+1	−1	−1	+1	−1	+1	+1	+1	−1	−1
0、1 序列$\{b_n\}$		1	1	1	0	0	0	1	0	1	1	0	0
预编码输出$\{d_n\}$	0	1	0	1	1	1	0	0	1	0	1	1	1
±1 电平序列$\{d'_n\}$	−1	+1	−1	+1	+1	+1	−1	−1	+1	−1	+1	+1	+1
发送序列$\{c_n\}$		0	0	0	+2	+2	0	−2	0	0	0	+2	+2

接收端:

抽样序列$\{r_n\}$		0	0	0	+2	+2	0	−2	0	0	0	+2	+2
绝对值序列$\{|r_n|\}$		0	0	0	2	2	0	2	0	0	0	2	2
判决输出$\{\hat{a}_n\}$		+1	+1	+1	−1	−1	+1	−1	+1	+1	+1	−1	−1

最后需要指出的是,部分响应系统的好处是需要付出代价的。系统相关器的输出是三电平符号,电平的增多意味着抗噪性能的下降。可以证明,双二进制信号比普通二进制信号的 E_b/N_0 需要多出 2.5dB 左右。其他部分响应系统的抗噪性能也会有相应的下降。

4.7.2 第 IV 类部分响应系统(又名改进双二进制系统)

实际应用中的许多带限基带信道是不"完善"的,这种信道中包含有"隔直"元件,因而零频率附近的信号无法通过它们。由图 4.7.2 可以看出,第 I 类部分响应信号含有丰富的直流分量,将它应用在这类具有"隔直"特性的带限信道上具有明显的缺陷。

第 IV 类部分响应系统可以解决这个问题,其构成如图 4.7.4 所示。

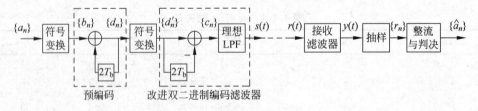

图 4.7.4 第 IV 类部分响应系统

与图 4.7.3 第 I 类部分响应系统对比后可发现,该系统只有少量的差别,预编码与相关编码中都改用了 $2T_b$ 的时延,并在相关编码中采用了负的关联形式,即

$$\begin{cases} d_n = b_n \oplus d_{n-2} \\ c_n = d'_n - d'_{n-2} \end{cases} \tag{4.7.11}$$

因此,这种系统也被称为改进的双二进制系统。

可以证明,这里的接收判决方法应为

$$\hat{a}_n = \begin{cases} -1, & |r_n| < 1 \\ +1, & |r_n| \geqslant 1 \end{cases} \tag{4.7.12}$$

进而还容易证明,改进的双二进制滤波器的冲激响应为

$$h_{\text{IV}}(t) = \frac{\sin(\pi t/T_b)}{\pi t/T_b} - \frac{\sin(\pi(t-2T_b)/T_b)}{\pi(t-2T_b)/T_b} = \frac{2T_b^2 \sin(\pi t/T_b)}{\pi t(2T_b-t)} \tag{4.7.13}$$

相应的频率响应为

$$H_{\text{IV}}(f) = G_T(f)(1 - e^{-j4\pi fT_b})$$

$$= \begin{cases} 2j\sin(\pi fT_b)e^{-j\pi fT_b}, & |f| \leqslant W = \dfrac{1}{2T_b} \\ 0, & |f| > W \end{cases} \tag{4.7.14}$$

$H_{\text{IV}}(t)$、$|H_{\text{IV}}(f)|$ 与 $\angle H_{\text{IV}}(f)$ 如图 4.7.5 所示。

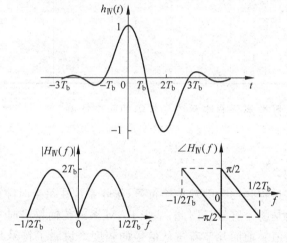

图 4.7.5 $H_{\text{IV}}(t)$、$|H_{\text{IV}}(f)|$ 与 $\angle H_{\text{IV}}(f)$

观察 $h_{\text{IV}}(t)$ 与 $H_{\text{IV}}(f)$ 可见,它们的各种特性同 $h_{\text{I}}(t)$ 与 $H_{\text{I}}(f)$ 的是相似的,同时,$H_{\text{IV}}(f)$ 不包含零频率成分,因此,可以应用于具有"隔直"特性的带限信道上。

4.7.3 部分响应系统的一般形式

由上面两类部分响应信号的原理可以推广出产生其他一般部分响应信号的方法,如图 4.7.6 所示。

图中的相关编码器由一个通用的横向滤波器实现,相应的冲激响应为

$$h(t) = \sum_{k=0}^{N-1} w_k g_T(t - kT_b)$$

$$= \sum_{k=0}^{N-1} w_k \frac{\sin(\pi(t-kT_b)/T_b)}{\pi(t-kT_b)/T_b} \tag{4.7.15}$$

从式(4.7.15)可见,$h(t)$的覆盖范围加宽至NT_b的宽度,使得在一个码元间隔T_b内,$h(t)$只有部分响应呈现,因此这类系统被统称为**部分响应系统**(**partial response system**)。由于$h(t)$覆盖范围的加宽,这种系统在达到 Nyquist 码率(2W)的同时频率响应不必具有陡峭的边沿,因而具有可实现性。

适当地配置N个抽头系数w_k就可以产生适合于不同应用的频谱形式,从而构成不同类型的部分响应系统。五类常用的部分响应信号的抽头系数如表 4.7.2 所示。

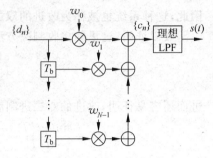

图 4.7.6 一般相关编码器

表 4.7.2 五类常用的部分响应信号

类 型	N	加权系数					注 释
		w_0	w_1	w_2	w_3	w_4	
I	2	1	1	—	—	—	双二进制编码
II	3	1	2	1	—	—	
III	3	2	1	−1	—	—	
IV	3	1	0	−1	—	—	改进双二进制编码
V	5	−1	0	2	0	−1	

由表可见,第 I、IV 类部分响应系统是其中的两个特例。

4.8 符号同步

数字通信的基本过程是逐时隙地传输符号,接收系统在每个时隙上进行抽样,而后依据抽样值识别发送的是哪个符号。因此,基带 PAM 系统传输符号时本质上利用了两点:某个时隙与某个幅度值。前面几节着重从信号的幅度上说明了符号是如何发送的、噪声与码间干扰是如何影响接收的,讨论中总是假设接收系统已经得到了理想的符号定时信号。

符号定时信号又称为符号同步信号,是实施抽样所必需的控制信号。它显然是进行数字通信的关键信号之一。本节主要说明这种信号相关的基本概念,并介绍它的几种产生方法。

4.8.1 基本概念

符号(或码元)**同步信号**(**symbol synchronization signal**),也称为**符号**(或码元)**定时信号**(**symbol timing signal**),是一种时钟(clock)信号,用于指出在接收信号中的哪些时刻上进行抽样可以有效地恢复码元。例如,例 4.1 中的$c_b(t)$通过上升沿来指明抽样时刻。这些时刻通常位于各个码元的中央(例如,在 LPF 接收系统中),或者位于各个码元的末端(例如,在匹配滤波器接收系统中)。显然,同步信号必须"与传输信号的内在节奏合拍",

所以,它要与发送端的定时时钟保持一致,并存在一定的时延,这是由于信号通过信道与收发滤波器时经历了传输与处理时延。

1. 符号同步的方法

系统通常可以通过两大类方法获取符号同步信号。第一大类方法利用单独的信道(或额外信息)传输时钟信号,称为**外同步法**或**辅助信息同步法**(data-aided synchronization),具体的方法有多种。在某些数字通信系统中,由同一主时钟系统为收发双方提供精确的定时信号,在此情况下,接收系统只需估计和补偿收发送端之间的相对时延。应该注意,直接使用接收端的本地时钟经过时延校准来作为定时信号是不行的,由于本地时钟与发送端的时钟独立,两者之间一定存在频率与相位差别,即使最初时延已经校准了,随着时间的进展,频率的差别还会使两个时钟逐渐错位。

外同步法提供时钟信号的另一种常用方法是在发送信息序列的同时,发送时钟信号或时钟信号的倍频信号,接收机可以使用对准该信号的窄带滤波器简单地提取时钟。该方案的优点是实现简单,而缺点是:发射机必须分配部分信道带宽与信号功率来传输时钟信号,因而是不经济的。在有些系统中,这并不是问题。比如,多路电话传输系统在传送多个用户的话音数据时,还额外发送一路时钟信号,接收端多个接收系统共享该时钟信号,分摊它所造成的额外开销。又如例 4.1 的芯片间的数据通信中,通过额外的线路提供符号时钟 $c_b(t)$,这种方法在近距离的应用中是很常见的。

第二大类方法是直接由信息序列的传输信号提取(或生成)同步信号,称为**自同步法**或**非辅助信息同步法**。自同步法要充分借助传输信号中的某些特性,其主要的方法又可以分为两类:① 开环同步法,这类方法从接收信号中直接恢复出发送时钟的副本;② 闭环同步法,这类方法自己产生本地时钟,并比较本地时钟与接收信号,利用反馈控制使本地时钟锁定到接收信号的"内在节拍"上。相比之下,闭环法更复杂,它生成的时钟信号也更精确。本节后面两小节将着重讨论两类自同步法。

其实,同步方法是灵活多样的,下面的例子说明了这点。

例 4.17 异步串行通信中的位同步方法。

解 异步串行通信是一种每次传输 1 字节的二元通信方法。通信前收发双方约定了传输速率,因而可以各自计算出时隙宽度 T_b。字节传输按图 4.8.1 所示,其规定是:

图 4.8.1 异步串行通信传输格式

(1) 线路空闲时保持高电平,开始传输时电平下跳,并保持一个时隙的低电平。该时隙称为**起始位**;

(2) 而后,逐时隙采用高或低电平传输 $b_0, b_1, \cdots, b_7$,称为**数据位**;

(3) 结束时返回高电平,并保持至少一个时隙以便再次传输。该时隙称为**停止位**。

每次接收都由起始位的下跳沿触发,接收方以自行计算的 T_b 定时接收 $b_0, b_1, \cdots, b_7$。即使接收方的 T_b 与发送方的时隙宽度稍有差异,由于对齐起始位的下跳沿后只接收 8 个比特,定时位置是足够准确的。

2. 符号同步质量对于传输性能的影响

符号同步信号给出的抽样时刻可能有偏差,这种偏差将使得接收系统不能在最佳时刻抽样,因而增大传输系统的误码率。同步信号的偏差是随机的,通常用它的均值 ε 与标准差 σ_e 相对于码元宽度的比例值来度量,即用 ε/T_s 与 σ_e/T_s 来度量。而 σ_e/T_s 反映了抽样时刻的"晃动"程度,形象地称为定时抖动。高质量的符号同步信号应该是 ε/T_s 为零和 σ_e/T_s 非常小。

图 4.8.2 给出了 2PAM 信号在 AWGN 情况下,符号定时抖动对误码率的影响(假定 $\varepsilon/T_s=0$)。从图可见,当定时抖动 $\sigma_e/T_s<5\%$ 时,误码率不会明显恶化,而当 $\sigma_e/T_s>10\%$ 时,误码率将严重恶化。

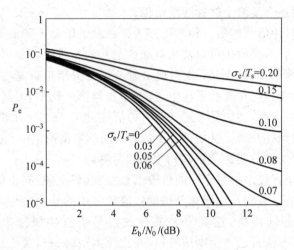

图 4.8.2   符号定时抖动 σ_e/T_s 对误码率的影响($\varepsilon/T_s=0$)

例 4.18   定时抖动的影响。由图 4.8.2,确定 10% 的定时抖动对于 2PAM 基带系统的影响(误码率要求为 10^{-3})。

解   由图可见,当 $\sigma_e/T_s=0$ 时,误码率 10^{-3} 要求接收信号的 $E_b/N_0\approx6.7$dB;当 $\sigma_e/T_s=0.1$ 时,误码率 10^{-3} 要求接收信号的 $E_b/N_0\approx12.9$dB。因此,10% 的定时抖动导致 E_b/N_0 的要求增加 6.2dB,即在同样的 AWGN 信道中,发送功率要提高 4 倍以上。

这个代价是很高的,实际应用中,应该尽量将定时抖动控制到更小的程度,使发送功率不必大幅度增高。■

4.8.2   非线性滤波同步法——开环自同步法

自同步法利用传输信号的某些特征提取符号定时信号,方法的复杂度取决于码元脉冲的具体特性。例如,如果传输信号采用单极性或双极性 RZ 码,其同步电路可以很简单,因为传输信号的 PSD 在 $f=R_s$ 处有一个冲激函数,只要利用一个中心位于 R_s 的窄带滤波器就可以直接获得符号同步信号,最后再通过放大限幅,形成矩形时钟信号。有的实现中还采用锁相环(PLL)代替窄带滤波器提取信号,PLL 电路要复杂许多,但它抗噪性好,提取的信号更加稳定。

对于利用双极性 NRZ 码（或类似发送脉冲）的传输信号，同步电路要稍微复杂一些，如图 4.8.3(a)所示。这里首先使接收信号通过平方律或全波整流器（即绝对值运算），使之转换成图 4.8.3(c)的信号，该信号具有单极性 RZ 码信号的类似特征，可采用窄带滤波器提取符号同步信号，如图 4.8.3(d)和(e)所示。

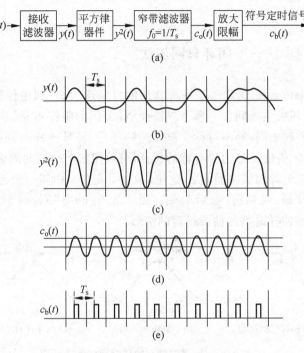

图 4.8.3 非线性滤波同步方法

这种方法的实质是先对信号进行非线性处理，使它的 PSD 在 $f = R_s$ 处形成冲激函数，再从中提取符号同步信号。同步器的非线性处理单元还可以采用其他形式实现，如图 4.8.4 所示。

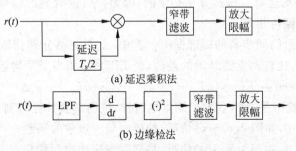

图 4.8.4 非线性滤波的另外两种常见形式

图 4.8.4(a)采用延迟乘积方法，其最佳延时为 $T_s/2$，这时相乘的两个码元之间有半个码元必定相同，而另外半个码元随传输数据随机变化，乘积后的信号在时隙 $T_s/2$ 处引入许多翻转，（呈现出类似于 RZ 码的特征），在 $f = R_s$ 处形成离散谱线。

图 4.8.4(b)实际上是一个边缘检测器,通过微分与整流在信号的过零点处形成正、负窄脉冲,新的信号在 $f = R_s$ 处具有离散谱线。这种电路的潜在问题是微分运算对于宽度噪声很敏感,因此,必须前置 LPF 抑制输入信号中的高频噪声。

开环同步法的主要问题是,它的定时误差的均值无法为零,即 $\varepsilon/T_s \neq 0$。即使信噪比很高,误差的均值仍无法减少至零,因为同步信号的波形直接源于含噪声的接收信号。闭环同步法没有这个问题。

4.8.3 早迟门同步法——闭环自同步法

早迟门(early-late gate)同步法是一种常用的自同步法,它利用传输信号边缘自身的对称性和反馈控制环来实现同步。参考双极性 NRZ 码的眼图可见,从宏观角度讲,传输信号上、下边缘的个数相同,趋向对称。根据这种特性,符号抽样时刻应该定位于眼图中央(张开的最大处)。借助信号边缘对称的特点,可以用三个时刻共同确定最佳抽样时刻。如图 4.8.5 所示,三个时刻依次间隔 Δ(这里 $0 < \Delta < T_s/2$),中间一个为符号抽样时刻,前后两个称为早、迟时刻,或超前、滞后时刻。图 4.8.5(b)是抽样时刻正确时的情形,而图 4.8.5(a)与(c)是抽样时刻过前或过后的情形。

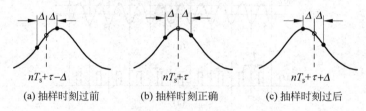

(a) 抽样时刻过前   (b) 抽样时刻正确   (c) 抽样时刻过后

图 4.8.5 早、迟时刻与抽样时刻的几种情形

记接收滤波后的信号为 $y(t)$,抽样时刻为 $nT_s + \tau$,那么,早、迟时刻分别为 $nT_s + \tau - \Delta$ 与 $nT_s + \tau + \Delta$。当抽样时刻位于最佳位置时,早、迟时刻处的信号幅度值相同,即

$$E[|y(nT_s + \tau - \Delta)|] = E[|y(nT_s + \tau + \Delta)|] \tag{4.8.1}$$

其中,$E[\cdot]$ 是求平均运算。该运算是必须的,因为,早、迟时刻的信号幅度值只是在足够数量的宏观意义下保持相等。

图 4.8.6 是早迟门同步器的原理框图。其中,上下支路分别获取信号的超前与滞后样本的幅度值,而后比较两支路结果的差值,经 LPF 后(相当于平均运算)得到误差信号

$$err = E[|y(nT_s + \tau - \Delta)| - |y(nT_s + \tau + \Delta)|] \tag{4.8.2}$$

用 err 通过压控振荡器(VCO)控制本地时钟,进而调整抽样时刻:

(1) 如果 $err > 0$,如图 4.8.5(c)情形,抽样时刻应该向前调整;

(2) 如果 $err < 0$,如图 4.8.5(a)情形,抽样时刻应该向后调整;

(3) 如果 $err \approx 0$,如图 4.8.5(b)情形,抽样时刻应该保持。

显然,早迟门同步器是一个反馈控制环,通过调整后,本地时钟将锁定在正确的抽样时刻上。

早迟门同步器也可以用图 4.8.7(a)的实现形式,其中积分器相当于一个"门"。两积

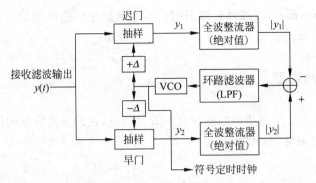

图 4.8.6 早迟门同步器原理框图

分器因此称为"**早门**"与"**迟门**",分别提取信号的"前沿"与"后沿",如图 4.8.7(b)所示,原理与上面讨论的一样。

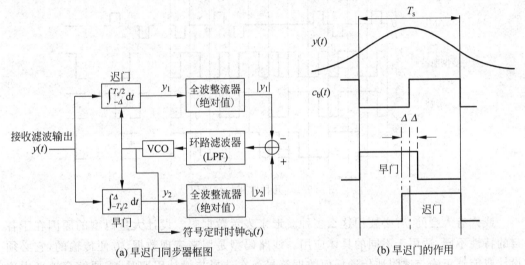

(a) 早迟门同步器框图 (b) 早迟门的作用

图 4.8.7 用积分器实现的早迟门同步器

还需注意的是,对于一般的单、双极性的 NRZ 信号,只有当数据序列中存在足够频繁的 0、1 交替时同步电路才能很好地工作,长连 0 或长连 1 串容易造成同步丢失。解决该问题的主要方法是:预先对数据序列进行处理,使它不出现长连 0 与长连 1 串,一种常用的方法称为**扰码**,它是一种随机化处理方法,将在后面的章节中介绍。

下节将讨论传输信号的各种线路码型。采用合适的线路码型可以传输长连 0 或长连 1 串,保持同步器工作正常,但这时用到的带宽通常要多一些。RZ 码其实就是这类码型中的一个。

4.9 线路码型

4.1 节中指出,产生基带传输信号的过程,实际上就是采用某些恰当的脉冲信号逐时隙地表示数据的过程,更广义地讲,这些脉冲信号指一些适合于线路传输的"波形格式",

称为**线路码型**（**line code**），或**线路传输码型**。本节将阐述线路码型的有关问题，介绍几种重要的线路码及其特点。

4.9.1 基本线路码型

4.1节曾经说明了几种基本的脉冲波形及其特点，它们是最简单的线路码。图 4.9.1 给出了另一些简单而常用的线路码。

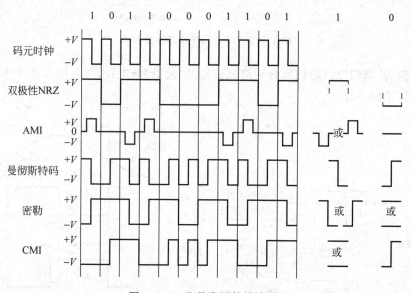

图 4.9.1 几种常用的线路码

或许有人会问，有必要用这么多种波形来表示数据吗？设计大量码型的原因在于各自的特性不同，适用于不同的具体应用。线路码型是用来表现数据、方便传输的，它必须设计成能够正确与透明地传递任何数据符号。在选择与设计码型时，需要综合地考虑这样一些因素：

（1）功率谱形状：功率谱形状要适合传输信道的特性。例如，有无直流分量影响到信号可否在许多交流耦合的电路中传输，如磁带记录系统和采用变压器耦合的系统。有时后面还需要进行频带调制，也希望信号无直流分量。

（2）传输带宽：传输带宽通常要尽量小，要窄于信道的带宽，并有利于提高频带利用率。

（3）定时信息：有的码型中包含足够的定时信息，使同步电路容易建立码元定时信号，而不必担心长连 0 或长连 1 串的影响。

（4）差分编码：不必担心传输中究竟发生过多少次反相的问题，对于某些通信系统是非常重要的。

（5）抗噪性能：不同的波形，可能抗噪能力不同，比如，双极性信号一般优于单极性信号，NRZ 信号一般优于 RZ 信号。

（6）检错能力：有的码型自身已经具有规律性的特征，在不额外增加错误检测位的情况下,已经具备基本的检错能力。

最后,还必须考虑的因素是:尽量简单。

下面结合图中的波形,进一步介绍这些线路码型。

*1. 交替传号反转码(alternative mark inversion,AMI)

AMI 码的编码规则是:用交替的正电平(+1)与负电平(-1)表示符号 1(传号);用零电平(0)表示符号 0(空号),例如:

信息序列:　1 0　1　1 0 0 0　1　　1 0

AMI 码:　+1 0　-1　+1 0 0 0　-1 +1 0

当使用电压信号时,±1 实际上代表幅度为 ±A 的电压波形。

由于 AMI 码中的"+1"与"-1"交替出现,所以它没有直流分量,它的功率集中于 $f=R_b/2$ 处。AMI(RZ)码的接收(译码)电路很简单,通过一个全波整流电路,信号就变成了单极性的 RZ 信号,即可从中提取定时信号。此外,AMI 码易于检测错误,因为接收码中如果发现连续的"+1"或"-1",就说明其中发生了错误。但是,AMI 码有一个严重的缺点,当信息序列出现长连"0"串时,会使信号波形长时间处于零电平,因而,接收系统无法提取时钟。实际应用中的主要解决方法是对信息序列进行扰码(随机化处理),缩短其中的连"0"串。AMI(RZ)码(结合随机化处理技术)得到应用广泛,它是北美电话系统中的接口标准之一。

AMI 码实际上是一种 3 电平信号,其编码过程可以理解为:将 1 位二进制符号转换成了 1 位三进制码元,常简记为"1B1T"码。推而广之,"nBmT"码是将 n 位二进制符号转换成 m 位三进制码元的编码方法。

另外,英文文献中也常称 AMI 码为 bipolar 码,阅读时不要与中文书籍中通常指的双极性码相混淆。

*2. 数字双相(biphase)码

数字双相码也称为曼彻斯特(Manchester)码或分相(split-phase)码,它的编码规则是:用"下跳脉冲"(半个正电平+半个负电平)表示符号 1;用"上跳脉冲"(半个负电平+半个正电平)表示符号 0。不妨认为符号间隔"分裂"成两半:"半个正电平+半个负电平"可记为 10,而"半个负电平+半个正电平"可记为 01,例如:

信息序列:　1　0　1　1　0　0　0　1　1　0

数字双相码:　10　01　10　10　01　01　01　10　10　01

10 与 01 中的 1 与 0 分别代表"半个正电平"与"半个负电平"。而"下跳脉冲"与"上跳脉冲"的相位分别是 0 与 π,因此,称为双相码。

数字双相码没有直流分量,而且包含丰富的定时信息,其编码规则也很简单。缺点是占用的带宽加大了,另外,提取定时信号时存在相位模糊性。数字双相码常常结合差分码使用,即在编码前先对比特流做差分编码。数字双相码应用也很广泛,10Mbps 的以太网中,采用它作为电缆中的传输码型。

数字双相码的编码过程可以理解为:将一位二进制符号转换成了两位二进制码元,

简记为"1B2B"码(后面的密勒码与 CMI 码也属于这种情况)。推而广之,"nBmB"码是将
n 位二进制符号转换成 m 位二进制码元的编码方法。

*3. 密勒(Miller)码

密勒码也称为延迟调制码(delayed modulation,DM),它编码规则是:用"下跳脉冲"
或"上跳脉冲"表示符号 1;用负或正电平表示符号 0。"下跳脉冲"指"半个正电平＋半个
负电平",可记为 10,而"上跳脉冲"指"半个负电平＋半个正电平",可记为 01。表示符号
0 的方法:①对于单个 0,采用与前面一致的电平;②对于多个连 0,第一个采用与前面一
致的电平,而后采用交替相反的电平,例如:

信息序列:　1　0　1　1　1　0　0　0　0　1　1　0

密勒码:　　10　00　01　10　00　11　00　01　10　00

观察波形可以发现,密勒码是数字双相码经过一级触发器后的结果,因此,它是数字
双相码的差分码形式,它能够克服数字双相码的定时相位不确定性。

*4. 传号反转码(coded mark inversion,CMI)

CMI 码的编码规则是:交替的正电平与负电平表示符号 1(传号);用"上跳脉冲"(半
个负电平＋半个正电平)表示符号 0(空号)。"上跳脉冲"可记为 01;而常规的电平可记
为 11 与 00,例如:

信息序列:　1　0　1　1　0　0　0　1　1　0

CMI 码:　　11　01　00　11　01　01　01　00　11　01

比较 CMI 码与 AMI 发现,CMI 改变了符号 0 的表示方法,而且它采用正、负两电平
的 NRZ 码(AMI 采用正、负与零三电平的 RZ 码)。CMI 码规律清楚,因而易于检测错
误。它也没有直流分量,并含有丰富的跳变,容易接收。从波形可见,从它的下跳沿就可
直接提取定时信号,不会产生相位不确定性。CMI 码应用广泛,它是 ITU-T 建议的一种
接口标准。

例 4.19　AMI 信号的功率谱密度:已知二元数字序列 $\{b_n\}$ 各符号取值 1 与 0、等概
率出现且各不相关,相应的 AMI 信号幅度取值为 $\pm A$ 与 0,发送滤波器的冲激响应 $g_T(t)$
为矩形 RZ 脉冲,求该 AMI 信号的功率谱密度。

解　AMI 信号是 3 电平的,电平值 a_n 可能为 $\pm A$ 与 0,易见

$$P(a_n = 0) = P(b_n = 0) = 1/2$$
$$P(a_n = +A) = P(b_n = 1)/2 = 1/4$$
$$P(a_n = -A) = P(b_n = 1)/2 = 1/4$$

因此,均值 $m_a = E[a_n] = 0$。为了计算相关函数,我们考察 $a_n a_{n+k}$ 乘积的取值,如表 4.9.1 所示。

表 4.9.1　$a_n a_{n+k}$ 乘积的取值

符号 (b_n, b_{n+k})	0,0	0,1	1,0	1,1
电平 (a_n, a_{n+k})	0,0	0,X	X,0	X,Y
乘积 $(a_n a_{n+k})$	0	0	0	XY

表中 X 与 Y 代表由数字 1 对应的 $+A$ 或 $-A$,于是相关函数为

$$R(k) = E[a_n a_{n+k}] = XY \cdot P(b_n = 1, b_{n+k} = 1)$$

显然,① $k=0$ 时,同一码元的电平相同,则 $XY=A^2$,并且 b_n 为 1 的概率为 1/2;② $|k|=1$ 时,两个 1 对应的码元电平反号,则 $XY=-A^2$,并且 b_n 与 b_{n+k} 同为 1 的概率为 1/4;③ $|k|>1$ 时,两个 1 之间可能有奇数个 1 或偶数个 1,概率相等,则 $XY=A^2$ 或 $-A^2$,且等概。综上所述

$$R(k) = E(a_n a_{n+k}) = \begin{cases} A^2/2, & k = 0 \\ -A^2/4, & |k| = 1 \\ 0, & |k| > 1 \end{cases}$$

AMI 信号采用 RZ 脉冲 $g_T(t)$(此处幅度为 1),由式(4.2.4)得 $|G_T(f)|^2 = \dfrac{T_b^2}{4}\mathrm{sinc}^2\left(\dfrac{fT_b}{2}\right)$。

借助式(4.2.10)计算功率谱为

$$P_s(f) = \frac{1}{T_b}|G_T(f)|^2\left[\frac{A^2}{2} - \frac{A^2}{4}(\mathrm{e}^{-\mathrm{j}2\pi f T_b} + \mathrm{e}^{\mathrm{j}2\pi f T_b})\right]$$

$$= \frac{A^2 T_b}{8}\mathrm{sinc}^2\left(\frac{fT_b}{2}\right)[1 - \cos(2\pi f T_b)]$$

$$= \frac{A^2 T_b}{4}\mathrm{sinc}^2\left(\frac{fT_b}{2}\right)\sin^2(\pi f T_b)$$

*4.9.2 HDB3 码及其他

1. 3 阶高密度双极性码(3rd order high density bipolar,HDB3)

HDB3 是前述 AMI 码的一种改进码型,它有效地克服了 AMI 码在连"0"时无法提供定时时钟的缺点,因而得到了广泛的应用,它是 ITU-T 推荐使用的码型之一。

HDB3 的编码规则是:首先对二进制序列进行 AMI 编码,而后检查 AMI 码中连 0 的情况。如果没有发现 4 个及其以上(包括 4 个)的连 0 串,则不做调整,这时的 AMI 码就是 HDB3 码。如果发现 4 个以上的连 0 串,那么,将第 4 个 0 调整为特殊的 1(称为"破坏码元"),通过它既切断连 0 串,又不会被误解为 1。"破坏码元"的特殊性在于:①它采用正或负电平表示;②它与前面的非零电平同极性,因而破坏了"极性交替反转"的规则,例如:

```
信息序列: 1   0 1  1   0 0 0 0   0 0 0 1   1   0 0 0 0   0 0 1
AMI 码:   B₊  0 B₋ B₊  0 0 0 0   0 0 0 B₋  B₊  0 0 0 0   0 0 B₋
调整码:   B₊  0 B₋ B₊  0 0 0 V₊  0 0 0 B₋  B₊  0 0 0 V₊  0 0 B₋
```

为了书写方便,其中采用 B 表示由 1 产生的非零电平,V 表示由"破坏码元"产生的非零电平,并通过下标给出正或负极性。从例中我们看到,这种改进增加了两个正电平,损害了码型无直流分量的特性。由于 B_+ 与 B_- 是交替反转的,因此,规定 V_+ 与 V_- 也交替反转地排列。于是,上例的正确结果是:

信息序列：1　0　1　1　0000　0001　1　0000　001

调整码：B_+　0　B_-　B_+　000　V_+　000　B_-　B_+　000　V_+　00　B_-

HDB3 码：B_+　0　B_-　B_+　$\boxed{000\ V_+}$　000　B_-　B_+　$\boxed{B_-\ 00\ V_-}$　00　$\underline{\underline{B_+}}$

其中，后一个 V_- 反转了，但为了保持"破坏性"，它的前面又需要增加一个 B_-，这又使得后面的 B_- 必须反转为 B_+（如双下划线所示）。所以，HDB3 码的调整规则是：将"0000"替换为"000V"或"B00V"，选择的原则是使任意相邻 V 之间具有奇数个 B。这样可保证 B 的极性交替反转，V 的极性也交替反转，而相邻的 B 与 V 同极性。

HDB3 码的波形不是唯一的。例如，HDB3 码的波形也可以如下：

信息序列：1　0　1　1　0　000　0001　1　0　000　001

调整码：B_+　0　B_-　B_+　0　00　V_+　000　B_-　B_+　0　00　V_+　00　B_-

HDB3 码：B_+　0　B_-　B_+　$\boxed{B_-\ 00\ V_-}$　000　B_+　B_-　$\boxed{B_+\ 00\ V_+}$　00　B_-

虽然 HDB3 码的编码比较复杂，但它的译码却很简单。首先，从波形中检测出极性相同的"破坏码元"V，将该 V 及其前面 3 个码元一并变为 4 个符号"0000"。再将所有非零电平变为 1，就完成了接收。HDB3 码具有 AMI 码的优点，而且，无论信息序列是什么样的，信号连续零电平长度不会超过 3 个码元，因此，容易提取定时时钟。

推而广之，只需简单地将调整连 0 的长度由 4 个改为 $n+1$ 个，便可得到一般的 HDBn 码，即 n 阶高密度双极性码，这种码的连续零电平长度小于 n。

2. nBmB、nBmT 与 nBmQ 码

前面的数字双相码讨论中，提到 nBmB 码的概念，这是一类分组码，即将二进制序列中的 n 位二元码元编为一组，整体转换为另外 m 位二元码元，其中，$m \geqslant n$。由于变换前的 n 位码元共有 2^n 种组合，变换后的 m 位码元共有 $2^m（>2^n）$ 种组合，编码规则可以规定这 2^m 种组合中某些特定的部分为可用码组，其余部分为禁用码，以获得好的编码特性。

上述的数字双相、密勒码与 CMI 都可以看作 1B2B 码。光纤通信系统中还常常使用 5B6B 码等 $m=n+1$ 的 nBmB 码。

前面的 AMI 码讨论中，还提到 nBmT 码的概念，它们也是分组码，但字母"T"表示 3 元码元。例如，4B3T 码，由于变换后是 3 元，m 可以小于 n，但一定满足 $3^m \geqslant 2^n$。推而广之，还有 nBmQ 码的概念，字母"Q"表示 4 元码元。例如，2B1Q 码。

本章关键词

通过下面的关键词，可以快速地回顾本章的主要知识点。

数字基带传输	单极性与双极性
二进制序列	不归零(NRZ)与归零(RZ)
二元 PAM 信号	差分码
时隙、定时与同步	符号或码元

M 元 PAM 信号	眼图
发送滤波器	信道均衡器
符号(或码元)速率、波特	横向滤波器
比特率	迫零算法
基带信号的 PSD 与带宽	预置式均衡器
LPF 接收系统	均方误差算法
匹配滤波形及其接收系统	自适应均衡器
判决门限、最佳判决门限	第Ⅰ类部分响应系统(双二进制系统)
误码率或误符号率	相关编码器、误码传播、预编码
误比特率及其曲线图	第Ⅳ类部分响应系统(改进双二进制系统)
E_b/N_0	符号(或码元)同步信号或定时信号
基带传输系统总的冲激响应、总的频	外同步法、自同步法
响函数	定时抖动
码间串扰或码间干扰(ISI)	开环与闭环同步法
Nyquist 准则	非线性滤波同步法
奈奎斯特速率	早迟门同步法
升余弦滚降滤波器、滚降因子	线路码型
带限型 AWGN 信道	AMI、数字双相码、密勒码、CMI、
平方根升余弦滤波器	HDB3、nBmB 码、nBmT、nBmQ 码

习题

1. 给定二进制比特序列{1101001},试给出相应的单极性 NRZ 信号、双极性 RZ 信号与传号差分码信号的波形。

2. 某数字基带系统速率为 2400Baud,试问以四进制或八进制码元传输时系统的比特速率为多少? 采用双极性 NRZ 矩形脉冲时,信号的带宽估计是多少?

3. 某数字基带系统速率为 9600bps,试问以四进制或十六进制码元传输时系统的符号率为多少? 采用单极性 RZ 矩形脉冲时,信号的带宽估计是多少?

4. 某二元数字基带信号的基本脉冲如图题 4.4 所示,图中 T_s 为码元间隔。数字信息 1 和 0 出现概率相等,它们分别用脉冲的有、无表示。试求该数字基带信号的功率谱密度与带宽,并画出功率谱密度图。

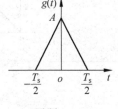

图题 4.4

5. 已知随机二进制序列 1 和 0 出现概率为 p 和 $(1-p)$,基带信号中分别用 $g(t)$ 和 $-g(t)$ 表示 1 和 0。试问:

(1) 基带信号的功率谱密度及功率;

(2) 若 $g(t)$ 为图题 4.5(a)所示波形,T_s 为码元宽度,该信号是否含有离散分量 $f_s = 1/T_s$;

(3) 若 $g(t)$ 改为图题 4.5(b),重新回答问题(2)。

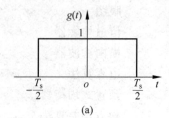 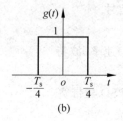

图题　4.5

6. 采用低通滤波技术接收二元双极性 NRZ 信号。假设二进制符号 0 和 1 是等概率的，问接收机的平均差错概率 P_e 计算公式是什么？$P_e=10^{-6}$ 需要的 E_b/N_0 是多少？（提示：借鉴例题 4.6 数值）

7. 某计算机系统以二元单极性 NRZ 信号和速率 $R_b=2400$bps 传输数据，信道带宽为 $B=3000$Hz，高斯白噪声（单边带）功率谱密度为 $N_0=4\times10^{-8}$W/Hz。试问：

（1）若每秒错传的比特数不大于 1，平均每比特信号的能量是多少？整个信号的功率是多少？

（2）当接收端的信噪比为 10 时，求误比特率。（提示：$S/N=(R_b E_b)/(N_0 B)$）

8. 在功率谱密度为 $N_0/2$ 的加性高斯白噪声下，设计一个与图题 4.8 所示波形 $g(t)$ 匹配的滤波器。试确定：

（1）最大输出信噪比的时刻；

（2）匹配滤波器的冲激响应和输出波形，并绘出相应图形；

（3）最大输出信噪比值。

9. 对于图题 4.9 所示的几种确定信号：

（1）绘出相应的匹配滤波器的冲激响应，并给出 t_0 时刻；

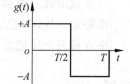

图题　4.8

（2）如果白噪声功率谱密度为 $N_0/2$，求 t_0 时刻匹配滤波器的输出信噪比。

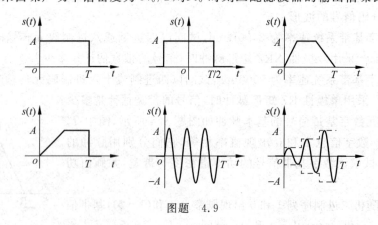

图题　4.9

10. 给定如下的矩形脉冲

$$g(t)=\begin{cases} A, & 0\leqslant t\leqslant T \\ 0, & 其他 \end{cases}$$

假设用一个带宽为 B 的理想低通滤波器来近似 $g(t)$ 对应的匹配滤波器 $h(t)$。

（1）确定 B 的最优值,使理想低通滤波器达到对 $h(t)$ 的最佳近似;

（2）就峰值信噪比而言,理想低通滤波器与 $h(t)$ 相差多少分贝。

11. 使用双极性 2PAM 基带信号在长为 1000km 的有线信道上传输数据。线路具有 1dB/km 的衰减,每隔 50km 插入一个再生中继器。每段线路在 $0 \leqslant f \leqslant 1200\,\text{Hz}$ 频段上具有理想（恒定）的频率响应,可近似为带限 AWGN 信道（$N_0 = 5 \times 10^{-10}\,\text{W/Hz}$）。试问:

（1）无 ISI 传输的最高比特速率是多少;

（2）在最高比特速率下,每次中继达到 $P_b = 10^{-10}$ 比特错误概率所需的 E_b/N_0 与相应的发送功率是多少;

（3）每次中继达到 $P_b = 10^{-10}$ 时,整个线路的传输误码率。

12. 假定二元单极性 NRZ 信号幅度为 A,经过噪声功率谱 $N_0/2$ 的 AWGN 信道传输。接收端采用 LPF。

（1）画出接收系统框图;

（2）在发送 0 的条件下,给出滤波器输出表达式、抽样值的条件均值及条件方差、条件概率密度函数表达式;

（3）在发送 1 的条件下,重新回答问题（2）。

13. 双极性矩形不归零 2PAM 信号通过噪声功率谱密度为 $N_0/2$ 的 AWGN 信道传输,假定码元 0 与 1 的概率分别是 1/3 与 2/3,接收机采用低通滤波器。试问:

（1）平均误比特率计算公式;

（2）接收系统的最佳判决门限;

（3）最小误比特率。

14. 在功率谱密度为 $N_0/2$ 的 AWGN 信道中进行二元基带传输,假定码元等概且发射信号分别为

$$m_1(t) = \begin{cases} \dfrac{At}{T}, & 0 \leqslant t \leqslant T \\ 0, & \text{其他} \end{cases}, \quad m_2(t) = \begin{cases} A\left(1 - \dfrac{t}{T}\right), & 0 \leqslant t \leqslant T \\ 0, & \text{其他} \end{cases}$$

（1）确定最佳接收机的结构（确定滤波器特性）;

（2）给出最佳错误概率。

15. 由误码曲线图或公式估计 4 元与 8 元双极性 NRZ 基带信号在 $E_b/N_0 = 14\text{dB}$ 时的接收误码率是多少? 如果采用格雷编码,相应的误比特率是多少?

16. 设 4 种基带传输系统的发送滤波器、信道及接收滤波器组成的 $H(f)$ 如图题 4.16 所示,若要求以 $1/T_s$ 波特的速率进行数字传输,问它们是否会造成码间干扰。

17. 设基带传输系统的发送滤波器、信道和接收滤波器的总传输特性如图题 4.17 所示。

其中,$f_1 = 1\text{MHz}$,$f_2 = 3\text{MHz}$。试确定该系统无码间干扰传输时的码元速率和频带利用率。

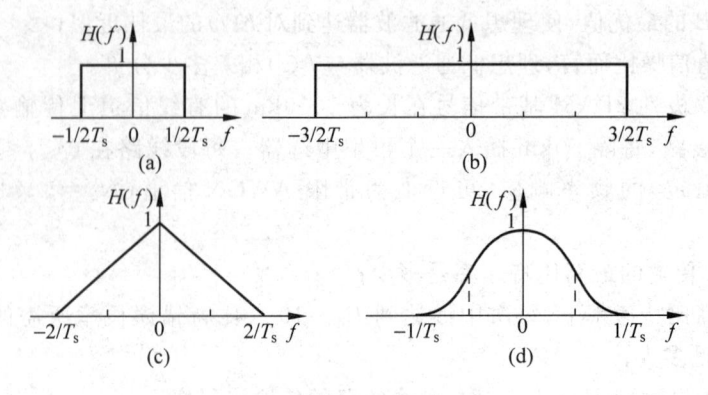

图题 4.16

18. 设无码间干扰基带传输系统的传输特性为 $\alpha = 0.3$ 的升余弦滚降滤波器，基带码元为十六进制，速率是 1200Baud。试求：

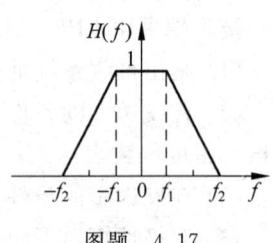

图题 4.17

(1) 该系统的比特速率；

(2) 传输系统的截止频率值；

(3) 该系统的频带利用率。

19. 计算机以 56kbps 的速率传输二进制数据，试求升余弦滚降因子分别为 0.25、0.3、0.5、0.75 和 1 时，下面两种方式所要求的传输带宽。(1)采用 2PAM 基带信号；(2)采用8电平 PAM 基带信号。

20. 在某理想带限信道 $0 \leqslant f \leqslant 3000\mathrm{Hz}$ 上传送 PAM 信号。

(1) 要求按 9600bps 的速率传输，试选择 PAM 的电平数 M；

(2) 如果发送与接收系统采用平方根升余弦频谱，试求滚降因子 α；

(3) 保证 $P_{\mathrm{b}} = 10^{-5}$ 所需要的 E_{b}/N_0 是多少？

21. 试给出下列情形中基带信号的眼图示意图：

(1) 二元单极性 NRZ 矩形基带信号，信道带宽无限；

(2) 二元基带信号，线路传输特性为 $\alpha = 1$ 的升余弦谱；

(3) 四元基带信号，线路传输特性为 $\alpha = 0.3$ 的升余弦谱。

22. 某信道的码间干扰长度为 3，信道脉冲响应采样值为 $h(-T) = 0.3, h(0) = 1, h(T) = 0.2$，求 3 抽头迫零均衡器的抽头系数以及均衡前后的峰值畸变值。

23. 对于带预编码的第Ⅳ类部分响应系统，给定输入数据 $\{a_n\} = \{+1, +1, +1, -1, -1, +1, -1, +1, +1, +1, -1, -1\}$。试给出：(1)实际发送序列；(2)判决输出过程与输出序列。

24. 已知基带传输系统的速率为 10kbps，若要求误比特率为 10^{-6}，试问下列信号需要的 E_{b}/N_0 与带宽是多少？

(1) 二元单极性 NRZ 信号；

(2) 二元双极性 NRZ 信号；

(3) 采用格雷码的 8 元双极性 NRZ 信号；

（4）双二进制信号。

25. 由图 4.8.2 估计 2PAM 基带系统在定时抖动为 5％时，达到 10^{-5} 误码率所需的 E_b/N_0，并与理想定时的结果做比较。

26. 考虑第 4 题中采用三角形脉冲的二元基带信号，试问：能否采用滤波法从信号中提取码元同步时钟。

27. 给定二进制比特序列{1101001}，试给出相应的传号差分码、CMI 码、数字双相码与密勒码的波形。

28. 给定二进制比特序列{1010000011000011}，试给出相应的 AMI 码以及 HDB_3 码序列。

29. 试求曼彻斯特码信号的功率谱密度。

第5章

基本的数字频带传输

许多重要的通信信道是带通型的,这些信道的传输频带位于某非零频率附近,例如,所有的无线电信道(微波与卫星信道)和很多的有线信道都是带通的。在带通信道上传输数字信号的方法统称为**数字频带传输技术**,也称为**数字调制技术**。广义地讲,调制包括基带调制与带通调制,但在很多场合中,调制只做狭义的理解,主要指带通调制。

带通调制的基本思想在第 3 章的模拟频带传输中已经讨论过了,大都是利用正弦载波的振幅、频率和相位把信息信号(通常是基带的),"带入"到信道的通带内。具体的方法有三类:调幅(AM)、调频(FM)与调相(PM),在数字调制中,它们又分别称为:幅移键控(ASK)、频移键控(FSK)与相移键控(PSK)。图 5.0.1 给出了对应于二元序列的这三种已调信号的波形,从中可以清楚地看到三种调制制式分别借助于载波的振幅、频率与相位承载二元符号的基本特点。

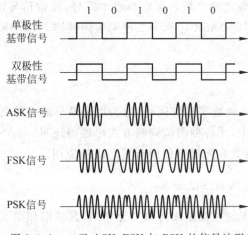

图 5.0.1 二元 ASK、FSK 与 PSK 的信号波形

发送端产生 ASK、FSK 或 PSK 信号的过程称为调制,接收端由 ASK、FSK 或 PSK 信号恢复出数字符号的过程称为解调。与模拟信号的解调相仿,数字信号的解调方法也分为非相干解调与相干解调。相干解调中需要先还原载波,而后基于载波来恢复数字符号,这类方法性能良好,但实现更为复杂。

为了在有限的频带内尽量多地传输数据,通信系统需要采用多元(或多进制)的调制方式。相应的调制分别称为多元的 ASK、PSK 与 FSK。另外还有一种非常重要的多元调制,称为正交幅度调制(QAM),它是一种振幅/相位混合的调制方式。

本章系统地讨论基本的数字带通调制技术,内容要点包括:

(1) BASK 信号:调制方法、包络检波接收、功率谱与带宽、误码分析。

(2) BFSK 信号:调制方法、包络检波接收、功率谱与带宽、误码分析。

(3) BPSK 信号:调制方法、相干解调、功率谱与带宽、误码分析、载波同步。

(4) QPSK 信号:基本原理、正交调制与解调、功率谱与带宽、误码分析、恒包络与OQPSK。

(5) 差分调制:DPSK、DQPSK、差分检测方法。

(6) 多元传输:MASK、MFSK、MPSK 与 QAM 基本原理、调制与解调方法、功率谱与带宽、误码性能。

（7）系统讨论：二元与 QPSK 系统的误码性能比较、功率谱特点与带宽；多元系统的比较、各自特点与应用方向。

（8）复包络分析：已调信号的复包络表示、等效基带系统。

在基本调制方法的基础上，还出现了一些新的、更复杂的调制技术，例如，MSK、扩频技术与 OFDM 等，将在第 8 章中进行讨论。

5.1 BASK

BASK（或 **2ASK**）是**二进制幅移键控**（**binary amplitude shift keying**）的简称。这种制式通过键控（改变）正弦载波的振幅来传输 0 或 1 符号，传输信号的波形表现为正弦波的有（开启）与无（关闭），因此 **2ASK** 也称为**二进制启闭键控**，即 **OOK**（**on-off keying**）。

5.1.1 基本原理

2ASK 是最简单的一种数字频带调制方式，也是最早的一种调制方式，它曾经应用于 Morse 码的无线电传输中，比各种模拟调制方式出现得还早。2ASK 实现简单，但性能不如其他调制方式，这种方式在光纤通信中有着广泛的应用。

1. 2ASK 信号及其调制方法

2ASK 通过"键控"正弦波幅度来传输二元序列，其波形如图 5.1.1 所示，并可按时隙表述为

$$s_{2ASK}(t) = \begin{cases} A\cos 2\pi f_c t, & \text{"传号"} \\ 0, & \text{"空号"} \end{cases}, \quad (n-1)T_b \leqslant t \leqslant nT_b \quad (5.1.1)$$

其中，T_b 为码元间隔。"传号"与"空号"原来是电报术语，分别对应于码元 1 或 0。"传"与"空"直观地反映着 2ASK 方式的"启闭"特点。

由图可见，2ASK 信号其实是单极性二元基带信号与载波相乘的结果，即

$$s_{2ASK}(t) = Am(t)\cos 2\pi f_c t \quad (5.1.2)$$

其中，$m(t)$ 为单极性二元基带信号。设二进制消息序列为 $\{a_n\}$，取值 0 或 1，发送脉冲 $g_T(t)$ 是幅度为 1 的单极性矩形 NRZ（不归零）脉冲，则 $m(t) = \sum_n a_n g_T(t - nT_b)$。

显然，2ASK 信号的调制框图有如图 5.1.2 所示的两种，分别对应于式（5.1.2）与式（5.1.1）。

2. 包络检波解调方法

2ASK 信号最常用的解调方法是包络检波法，这种方法根据信号的振幅与数字符号直接对应的特点，其原理与 AM 的包络检波相同。

记 $m_1(t)$ 是幅度为 1 的双极性二元基带信号，$A_1 = A/2$，易见

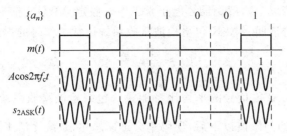

图 5.1.1　2ASK(或 OOK)信号的波形

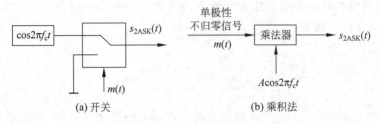

(a) 开关　　　　　　　　(b) 乘积法

图 5.1.2　2ASK 调制框图

$$s_{2\text{ASK}}(t) = Am(t)\cos2\pi f_c t = A_1[1 + m_1(t)]\cos2\pi f_c t \tag{5.1.3}$$

可见,2ASK 信号类似于模拟的常规 AM 调制信号。包络检波是它最常用的接收方法,如图 5.1.3 所示。

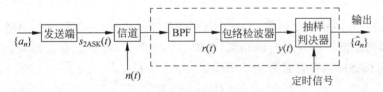

图 5.1.3　2ASK 包络检波解调框图

接收系统中包含下面三个基本单元:

(1) 带通滤波器(BPF):对准信号的频带(中心频率 f_c),让信号通过的同时尽量抑制带外噪声。输出信号为

$$r(t) \approx s_{2\text{ASK}}(t) + n(t)$$

式中 $n(t)$ 为输出的带通高斯白噪声。

(2) 包络检波器:可用简单的整流滤波电路实现(同 3.1 节)。由图 5.1.1 可见 $s_{2\text{ASK}}(t)$ 的包络就是 $m(t)$,只要信号足够强,包络检波器的输出 $y(t) \approx m(t)$,只是还包含有噪声成分。

(3) 抽样器与判决:用于接收单极性基带信号。定时信号由符号同步单元从 $y(t)$ 中提取,方法同 4.8 节。判决器的门限通常设为 $V_T = A/2$,假定抽样值为 y,则判决准则为

$$y \underset{0}{\overset{1}{\gtrless}} A/2 \quad \text{即} \quad \hat{a}_n = \begin{cases} 1, & y > A/2 \\ 0, & y < A/2 \end{cases}$$

2ASK 系统简单实用,其抗噪性能不强。实际工程中通常要求解调器的输入信噪比

足够高（大致为 10 倍以上），解调器才能正常工作。假定 AWGN 信道中噪声双边功率谱密度为 $N_0/2$，后面将证明，2ASK 包络检波接收系统正常工作时的误码率为

$$P_e \approx \frac{1}{2} e^{-(E_b/N_0)/2} \tag{5.1.4}$$

其中 $E_b = \frac{A^2 T_b}{4}$，是 2ASK 信号的平均比特能量。包络检波接收系统具有门限效应，即，当 E_b/N_0 低到一定的门限值以下后，误码率会迅速恶化，系统无法工作。

例 5.1 假定 2ASK 系统的传输率为 5Mbps，接收带通滤波器的输出信号幅度为 223.6mV，高斯噪声的功率谱密度分别为 $N_0 = 1 \times 10^{-10}$ 和 $N_0 = 3 \times 10^{-9}$。求两种情况中包络检波器接收的误码率。

解 首先

$$\frac{E_b}{N_0} = \frac{A^2 T_b}{4 N_0} = \frac{A^2}{4 N_0 R_b} = \frac{0.2236^2}{4 N_0 \times 5 \times 10^6} = \frac{2.5 \times 10^{-9}}{N_0}$$

(1) 当 $N_0 = 1 \times 10^{-10}$，$E_b/N_0 = 25$，由式(5.1.4)得，$P_e \approx \frac{1}{2} e^{-\frac{25}{2}} = 1.86 \times 10^{-6}$。

(2) 当 $N_0 = 3 \times 10^{-9}$，$E_b/N_0 = 0.83$，由于它很小，系统误码率不能用式(5.1.4)计算。包络检波器具有门限效应，可以估计到这时系统的误码性能很差，无法正常工作。■

5.1.2 功率谱与带宽

2ASK 信号是单极性基带信号 $m(t)$ 与正弦载波的乘积，它很像模拟 AM 信号。其功率谱是 $m(t)$ 功率谱平移到 $\pm f_c$ 的结果，如图 5.1.4 所示，载波处存在冲激。记基带信号带宽为 B，则 2ASK 信号带宽为

$$B_{2ASK} = 2B \tag{5.1.5}$$

采用矩形 NRZ 基带信号时，取第一零点带宽 $B = R_b = 1/T_b$，则 $B_{2ASK} = 2R_b$。但理论上讲，二元基带信号的最小带宽为 $R_b/2$，因此，2ASK 信号的最小带宽为 $B_{2ASK} = R_b$。

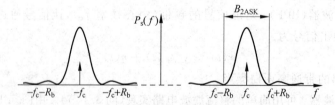

图 5.1.4 2ASK 信号的功率谱密度示意图

*5.1.3 包络检波的误码性能分析

为了具体分析 2ASK 系统的误码性能，下面观察单个码元的接收过程。

(1) 发送码元"1"的情形：$s_{2ASK}(t) = A\cos 2\pi f_c t$

这时，$r(t) \approx A\cos 2\pi f_c t + n(t)$，是含有高斯白噪声的带通信号，由 2.5 节可知，其包络

$y(t)$服从莱斯分布,于是,包络的抽样 y 有下面的条件密度函数

$$f(y \mid 1) = \frac{y}{\sigma_n^2}\exp\left(-\frac{y^2+A^2}{2\sigma_n^2}\right)I_0\left(\frac{yA}{\sigma_n^2}\right), \quad y \geqslant 0 \qquad (5.1.6)$$

其中,$\sigma_n^2 = N_0 B_{BPF}$,是带通白噪声 $n(t)$ 的功率。

(2) 发送码元"0"的情形:$s_{2ASK}(t)=0$

这时,$r(t) \approx n(t)$,是单纯的带通高斯白噪声,由 2.5 节可知,其包络 $y(t)$ 服从瑞利分布,于是,包络的抽样 y 有下面的条件密度函数

$$f(y \mid 0) = \frac{y}{\sigma_n^2}\exp\left(-\frac{y^2}{2\sigma_n^2}\right), \quad y \geqslant 0 \qquad (5.1.7)$$

其中,$\sigma_n^2 = N_0 B_{BPF}$。

图 5.1.5 将上述两个条件密度函数绘于同一幅图中,便于比较抽样值 y 的统计特性。假定发送端的符号序列是等概的二元无关序列,容易发现,误码率就是图中阴影部分的面积。为了使误码率最小,接收系统的判决门限 V_T 应该选在两条曲线的交点处。于是,发送码元 1 时,错误接收为 0 的概率是包络 y 值小于等于 V_T 的概率,即有

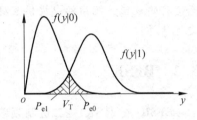

图 5.1.5 ASK 包络检波输出信号的
条件密度函数

$$P_{e1} = P(y \leqslant V_T \mid \text{发}1) = \int_0^{V_T} f(y \mid 1)\mathrm{d}y$$

$$= 1 - \int_{V_T}^{\infty} \frac{y}{\sigma_n^2}\exp\left(-\frac{y^2+A^2}{2\sigma_n^2}\right)I_0\left(\frac{yA}{\sigma_n^2}\right)\mathrm{d}y$$

类似地,当发送码元 0 时,错误接收为 1 的概率是包络 y 值大于 V_T 的概率,即有

$$P_{e1} = P(y > V_T \mid \text{发}0) = \int_{V_T}^{\infty} f(y \mid 0)\mathrm{d}y$$

$$= \int_{V_T}^{\infty} \frac{y}{\sigma_n^2}\exp\left(-\frac{y^2}{2\sigma_n^2}\right)\mathrm{d}y = \exp\left(-\frac{V_T^2}{2\sigma_n^2}\right) = \exp\left(-\frac{A^2}{8\sigma_n^2}\right)$$

所以,总平均误码率为 $P_e = \frac{1}{2}P_{e1} + \frac{1}{2}P_{e0}$。

要准确求解最佳门限 V_T 的值通常很困难。然而,2ASK 系统的抗噪性能不强,实际应用中要求信号足够强,使 $\gamma = A^2/(2\sigma_n^2) \gg 1$。深入的分析可知,此时可以近似得出:最佳门限为 $V_T \approx A/2$,$P_{e1} \approx 0$。于是

$$P_e \approx \frac{1}{2}P_{e0} = \frac{1}{2}\exp\left(-\frac{A^2}{8\sigma_n^2}\right) = \frac{1}{2}e^{-\frac{\gamma}{4}} \qquad (5.1.8)$$

其中,γ 称为**解调器的输入信噪比**。

为了方便比较不同系统的 P_e,常常需要将 γ 折算为 E_b/N_0。根据 $\sigma_n^2 = N_0 B_{BPF}$,易见

$$\gamma = \frac{A^2}{2N_0 B_{BPF}} = \frac{E_b}{N_0} \times \frac{2R_b}{B_{BPF}}$$

其中,令 $E_b = \left[\int_0^{T_b}(A\cos 2\pi f_c t)^2\mathrm{d}t + 0\right]/2 = A^2 T_b/4$,它是 2ASK 信号的平均比特能量。显然,$B_{BPF}$ 越小,P_e 也越小。简单起见,理论分析中取 $B_{BPF} = R_b$,它是 2ASK 信号的理论最小带宽。这时,$\gamma = 2(E_b/N_0)$,$P_e \approx \frac{1}{2}e^{-(E_b/N_0)/2}$。

例 5.2 考虑矩形 NRZ 基带信号，试利用式(5.1.8)重新计算例题5.1。

解 对于矩形 NRZ 基带信号，带宽 $B=R_b$，则 $B_{BPF}=2B=2R_b$，于是

$$\gamma = \frac{A^2}{2\sigma_n^2} = \frac{A^2}{2N_0 B_{BPF}} = \frac{0.2236^2}{4N_0 \times 5 \times 10^6} = \frac{2.5 \times 10^{-9}}{N_0}$$

(1) 当 $N_0 = 1 \times 10^{-10}$，$\gamma=25$，由式(5.1.8)，$P_e \approx \frac{1}{2}e^{-\frac{25}{4}} = 9.65 \times 10^{-4}$。

(2) 当 $N_0 = 3 \times 10^{-9}$，$\gamma=0.83$，由于 γ 很小，系统无法正常工作。

对比例 5.1 可见，两次计算的结果有所不同。仔细分析发现，其根本原因在于 B_{BPF} 选取的值不同。实际上，数字通信系统的误码性能常常是在某些典型情况下得出的，其数值可能因条件的不同而不同。要具体问题具体分析。在大量的一般性比较中，通常采用理想情况的最佳性能指标以提供宏观指导。而在具体条件十分明确时，又可以尽量准确地进行计算。■

5.2 BFSK

BFSK（或 2FSK）是**二进制频移键控**（binary frequency shift keying）的简称，这种制式通过键控正弦载波的频率来传输二元符号。

5.2.1 基本原理

1. 2FSK 信号及其调制方法

2FSK 利用两个频率（f_1 和 f_0）的正弦波来传送符号 1 与 0，其信号可以表述为

$$s_{2FSK}(t) = \begin{cases} A\cos 2\pi f_1 t, & a_n = 1 \\ A\cos 2\pi f_0 t, & a_n = 0 \end{cases}, \quad (n-1)T_b \leqslant t \leqslant nT_b \qquad (5.2.1)$$

实现电路可以是简单的电子开关。

容易看出，2FSK 信号是两个频率的正弦波的交错组合，它可以表示为

$$s_{2FSK}(t) = Am(t)\cos 2\pi f_1 t + A\overline{m(t)}\cos 2\pi f_0 t \qquad (5.2.2)$$

式中，A 为载波的振幅，$m(t)$ 为符号序列 $\{a_n\}$ 的单极性矩形 NRZ 基带信号，$\overline{m(t)}=1-m(t)$ 为反相信号，这表明 2FSK 信号可以看作两路互补的 OOK 信号的叠加，其解释如图 5.2.1 所示。

*2. 相位连续性

由式(5.2.1)产生的信号在 1 与 0 码转换处很可能是不连续的，由常识可知不连续的信号占据很多的频带，因此应该尽量避免。产生相位连续的 FSK 信号的一种方法是合理地选择 T_b、f_1 和 f_0 的取值，使码元连接处总能保证连续衔接，如图 5.2.2 所示。一种称为桑德(Sunde's)FSK 信号的参数为

$$f_1 = (k+1)R_b \quad 与 \quad f_0 = kR_b \qquad (5.2.3)$$

其中，k 为某固定正整数。它具有连续性。

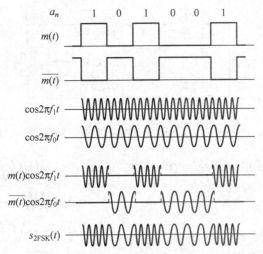

图 5.2.1　2FSK 信号的时域波形及其互补 OOK 特点

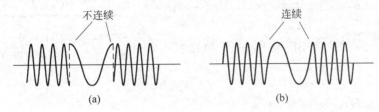

图 5.2.2　不连续与连续的 2FSK 信号

另一种方法是按照模拟 FM 的方法,通过压控振荡器(VCO)来产生,如图 5.2.3 所示。这时,信号可以表示为

$$s_{2FSK}(t) = A\cos\left[2\pi f_c t + D_f \int_{-\infty}^{t} m(\tau)d\tau\right] \tag{5.2.4}$$

其中,$f_c = (f_1 + f_0)/2$,D_f 是调频器的频偏常量,$m(t)$ 是符号序列 $\{a_k\}$ 的双极性 NRZ 基带信号。虽然 $m(t)$ 间断,但积分器必定给出连续相位,由此产生的 FSK 信号(正弦函数)是连续的。

图 5.2.3　利用 VCO 产生连续相位 2FSK 信号

3. 包络检波解调方法

2FSK 常用的解调方法为包络检波法。这种方式不需要任何载波信息,因而,是非相干解调法。其具体接收框图如图 5.2.4 所示,它实际上是工作在 f_1 和 f_0 上的两个互补 OOK 接收系统的组合。该系统的要点是:

(1)上支路接收的是式(5.2.2)中的 $Am(t)\cos2\pi f_1 t$ 部分,而下支路接收的是式(5.2.2)中的 $A\overline{m(t)}\cos2\pi f_0 t$ 部分;由后面功率谱的分析可以得出,应该必须满足:$|f_1 - f_0| \geqslant R_b$,这样,两个 BPF 就能分离开两路 OOK 信号。

(2)上、下支路包络检波器的输出 $y_1(t)$ 和 $y_0(t)$ 如图 5.2.5 所示,它们是互补对称的。

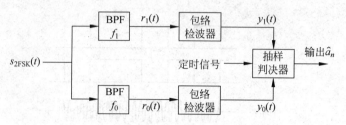

图 5.2.4　FSK 信号的包络检波接收框图

（3）两支路的抽样值分别是 y_1 和 y_0，而判决准则为

$$y_1 \underset{0}{\overset{1}{\gtrless}} y_0 \quad 或 \quad (y_1 - y_0) \underset{0}{\overset{1}{\gtrless}} 0$$

假定 AWGN 信道中噪声双边功率谱密度为 $N_0/2$，该接收系统的误码率为

$$P_e \approx \frac{1}{2} e^{-(E_b/N_0)/2} \qquad (5.2.5)$$

其中，$E_b = \dfrac{A^2 T_b}{2}$，是 2FSK 信号的平均比特能量。

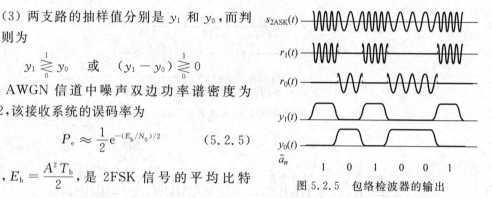

图 5.2.5　包络检波器的输出

*4. 鉴频解调(过零检测)方法

另一种常用的解调方法是过零点检测，它本质上是一种鉴频方法。过零点检测器及其中各点的主要波形如图 5.2.6 和图 5.2.7 所示。过零点检测法将信号频率的变化转化为幅度的变化，其主要过程是：

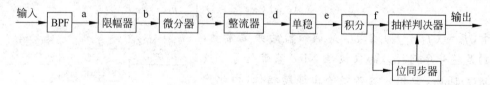

图 5.2.6　过零检测器

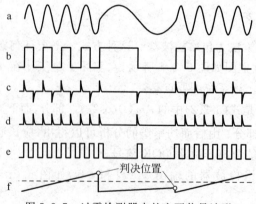

图 5.2.7　过零检测器中的主要信号波形

（1）检测过零点：由放大限幅来实现。

（2）在过零点处生成窄脉冲：由微分与整流实现。

（3）将脉冲的疏密变换为电平高低：由脉冲展宽、积分与判决实现。

过零检测方法的大部分可由数字电路技术来完成，简便实用，易于集成，一些实用的方案中也常常通过从波形 b 上检测方波的宽度来识别发送的符号是 0 或 1。

5.2.2 功率谱与带宽

基于"2FSK 信号等效于两路互补的 OOK 信号的叠加"的想法，2FSK 信号的功率谱是两个 2ASK 信号的功率谱的组合，如图 5.2.8 所示。记基带信号带宽为 B，图中分 $|f_1-f_0|>2B$ 与 $|f_1-f_0|\leqslant 2B$ 两种情况给出了 2FSK 信号功率谱的示意图。显然，当 f_1 和 f_0 过于接近时，功率谱中两个 2ASK 频谱将发生重叠。为了保持两个 2ASK 部分在频域上基本可分离，通常要求 $|f_1-f_0|\geqslant B$。

2FSK 信号的带宽定义为：两个频峰外侧边缘间的距离，即

$$B_{2FSK} = | f_1 - f_0 | + 2B \tag{5.2.6}$$

例如，对于矩形 NRZ 基带信号，取 $B=R_b$，于是可认为，$B_{2FSK}\geqslant 3R_b$。后面将说明 f_1 和 f_0 的理论最小间距是 $|f_1-f_0|=R_b/2$，结合基带信号的理论最小带宽为 $R_b/2$，因此，2FSK 信号的最小带宽为 $B_{2FSK}=1.5R_b$。

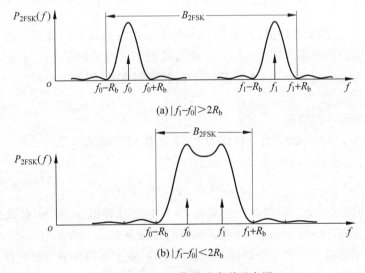

图 5.2.8　FSK 信号功率谱示意图

例 5.3　Bell 103 型 FSK 调制解调器（Modem）是一种早期流行的电话线 Modem。它通过频带为 300～3300Hz 的电话线进行全双工数字通信。两个通信方分别称为主叫与应答方，每个方向上采用 300 波特的 2FSK 调制，频率参数如表 5.2.1 所示。求两路通信的带宽与频带位置。

表 5.2.1　Bell 103 型 FSK 调制解调器频率参数

传输方向	传号频率(f_1)	空号频率(f_0)
主叫方→应答方	1270Hz	1070Hz
应答方→主叫方	2225Hz	2025Hz

解　显然，两路通信均有$|f_1-f_0|=200$Hz 与 $R_b=300$bps，考虑矩形 NRZ 基带信号，取 $B=R_b$，由式(5.2.6)可见

$$B_{2FSK}=|f_1-f_0|+2R_b=200+2\times300=800(Hz)$$

可见，两频带分别是：770～1570Hz 与 1725～2525Hz。两个频带都落在 300～3300Hz 范围内，它们频分复用、互不重叠。　■

*5.2.3　包络检波法的误码性能分析

与 2ASK 的有关分析相似，通过观察单个码元的接收过程，就可以得出 2FSK 包络检波法的误码性能。

(1) 发送码元 1 的情形

这时，$s_{2FSK}(t)=A\cos2\pi f_1t$，可以认为图 5.2.5 上、下支路 BPF 的输出是

$$\begin{cases} r_1(t)=A\cos2\pi f_1t+n_1(t) \\ r_0(t)=n_0(t) \end{cases} \tag{5.2.7}$$

其中，$n_1(t)$ 与 $n_0(t)$ 都是零均值、方差为 $\sigma_n^2=N_0B_{BPF}$ 的带通高斯白噪声。由 2.5 节知识，信号 $r_1(t)$ 与 $r_0(t)$ 的包络抽样值 y_1 与 y_0 的条件概率密度函数 $f(y_1|1)$ 与 $f(y_0|1)$ 分别是莱斯与瑞利分布。又由于上、下支路 BPF 的频带不重叠，因此 $n_1(t)$ 与 $n_0(t)$ 彼此独立。于是，y_1 与 y_0 彼此独立。

(2) 发送码元 0 的情形

这时，$s_{2FSK}(t)=A\cos2\pi f_0t$，可以认为上、下支路 BPF 的输出是

$$\begin{cases} r_1(t)=n_1(t) \\ r_0(t)=A\cos2\pi f_0t+n_0(t) \end{cases} \tag{5.2.8}$$

显然，该情形与发送码元 1 的情形正好相反，这样包络抽样值 y_1 与 y_0 彼此独立，相应的概率密度函数 $f(y_1|0)$ 与 $f(y_0|0)$ 分别是瑞利与莱斯分布。

考虑发送端的符号序列是等概的二元无关序列，由上述两种情形的对称性可知，最佳判决准则是：$y_1 \gtrless_0^1 y_0$，即上支路大则判为 1，下支路大则判为 0。而平均误码率为

$$P_e=P(码元=1)P(err|1)+P(码元=0)P(err|0)$$

$$=\frac{1}{2}P(y_1<y_0|1)+\frac{1}{2}P(y_1>y_0|0)$$

两种情形的 y_1 与 y_0 的概率特性是对称的，这使得，$P(y_1<y_0|1)=P(y_1>y_0|0)$。于是

$$P_e=P(y_1<y_0|1)=\int_0^\infty\int_{y_1}^\infty f(y_0,y_1|1)\mathrm{d}y_0\mathrm{d}y_1$$

前面的分析已经指出 y_1 与 y_0 是独立的,因此它们的联合概率密度等于各自概率密度的乘积,又利用 $f(y_1|1)$ 与 $f(y_0|1)$ 是莱斯与瑞利分布,于是得到

$$P_e = \int_0^\infty f(y_1 \mid 1) \left[\int_{y_1}^\infty f(y_0 \mid 1) \mathrm{d}y_0 \right] \mathrm{d}y_1$$

$$= \int_0^\infty \frac{y_1}{\sigma_n^2} \exp\left(-\frac{y_1^2 + A^2}{2\sigma_n^2}\right) I_0\left(\frac{y_1 A}{\sigma_n^2}\right) \left[\int_{y_1}^\infty \frac{y_0}{\sigma_n^2} \exp\left(-\frac{y_0^2}{2\sigma_n^2}\right) \mathrm{d}y_0 \right] \mathrm{d}y_1$$

$$= \int_0^\infty \frac{y_1}{\sigma_n^2} \exp\left(-\frac{2y_1^2 + A^2}{2\sigma_n^2}\right) I_0\left(\frac{y_1 A}{\sigma_n^2}\right) \mathrm{d}y_1$$

其中利用到 $\int_{y_1}^\infty \frac{y_0}{\sigma_n^2} \exp\left(-\frac{y_0^2}{2\sigma_n^2}\right) \mathrm{d}y_0 = \exp\left(-\frac{y_1^2}{2\sigma_n^2}\right)$。再令 $t = \sqrt{2}\, y_1$,$a = A/\sqrt{2}$,则上式可改写为

$$P_e = \frac{1}{2} \exp\left(-\frac{a^2}{2\sigma_n^2}\right) \int_0^\infty \frac{t}{\sigma_n^2} \exp\left(-\frac{t^2 + a^2}{2\sigma_n^2}\right) I_0\left(\frac{ta}{\sigma_n^2}\right) \mathrm{d}t$$

可以看出上式中的被积函数正好是莱斯分布形式,故其积分值为 1。记解调器的输入信噪比为 $\gamma = A^2/(2\sigma_n^2)$,所以

$$P_e = \frac{1}{2} \exp\left(-\frac{a^2}{2\sigma_n^2}\right) = \frac{1}{2} \exp\left(-\frac{A^2}{4\sigma_n^2}\right) = \frac{1}{2} e^{-\gamma/2} \tag{5.2.9}$$

将 γ 折算为 E_b/N_0 时,根据 $\sigma_n^2 = N_0 B_{\mathrm{BPF}}$,并注意到 2FSK 信号的平均比特能量为

$$E_b = \left[\int_0^{T_b} (A\cos 2\pi f_1 t)^2 \mathrm{d}t + \int_0^{T_b} (A\cos 2\pi f_0 t)^2 \mathrm{d}t \right]/2 = \frac{A^2 T_b}{2}$$

它是 2ASK 平均比特能量的两倍(因为,2FSK 在符号 0 时也有正弦信号传输),于是

$$\gamma = \frac{A^2}{2N_0 B_{\mathrm{BPF}}} = \frac{E_b}{N_0} \times \frac{R_b}{B_{\mathrm{BPF}}}$$

同样取 B_{BPF} 为理论最小值 R_b,可得,$\gamma = E_b/N_0$,$P_e \approx \frac{1}{2} e^{-(E_b/N_0)/2}$。

5.3 BPSK 与 DPSK

BPSK(或 **2PSK**)是**二进制相移键控**(**binary phase shift keying**)的简称,它利用两种相位来传输二元符号。2DPSK 是结合了差分编码的 2PSK,是应用中更为常见的形式。

5.3.1 2PSK

1. 2PSK 信号及其调制方法

2PSK 常用的两种相位是 0 与 π,在第 n 时隙 $(n-1)T_b \leqslant t < nT_b$ 上,其信号可以表述为

$$s_{2\mathrm{PSK}}(t) = \begin{cases} A\cos 2\pi f_c t, & a_n = 1 \\ -A\cos 2\pi f_c t, & a_n = 0 \end{cases} \tag{5.3.1}$$

即传输码元 1 时采用与载波同相的正弦波,而传输码元 0 时采用与载波反相的正弦波,如图 5.3.1 所示。要注意的是,所谓"同相"与"反相"是相对于当前时隙的载波相位而言的,例如图中波形上的 a、a'、b 与 b' 四段加粗的部分,由于 a 与 a' 同相,b 与 b' 反相,因此,a 传输的是码元 1,而 b 传输的是码元 0。尽管 a 与 b 形状相同但传输的是不同的码元。

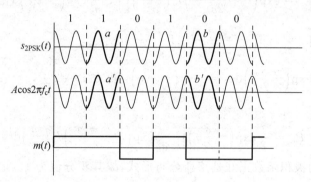

图 5.3.1　2PSK 及其相关信号的波形

图 5.3.1 中还绘出了序列 $\{a_n\}$ 的双极性矩形 NRZ 基带信号 $m(t)$,易见,它与载波相乘正好形成 2PSK 信号,即

$$s_{2PSK}(t) = Am(t)\cos 2\pi f_c t \tag{5.3.2}$$

与 2ASK 信号的相应公式对照可见,它们具有相同的乘积形式,但 $m(t)$ 分别是单极性或双极性的。其实,2ASK 与 2PSK 信号分别类似模拟常规 AM 与 DSB-SC 调制。

另外,2PSK 还常用到 $\pi/2$ 与 $-\pi/2$ 两种相位,这种方式与前面(相位为 0 与 π)的没有本质差别,除非特别说明,本书主要讨论相位为 0 与 π 的方式。

2. 功率谱与带宽

类似于 2ASK 信号,2PSK 信号的功率谱是极性基带信号的功率谱平移到 $\pm f_c$ 的结果,如图 5.3.2 所示,但载波处没有冲激。同样,它的带宽是 $B_{2PSK} = 2B$。

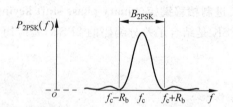

图 5.3.2　2PSK 信号的功率谱密度示意图

3. 2PSK 的相干解调

在 2PSK 信号中,符号信息既不反映在幅度上,又不反映在频率中,因此无法利用包络检波或频率检测的方法来恢复码元。类似 DSB-SC,2PSK 的接收方法是相干解调,具体框图如图 5.3.3 所示。该解调系统的要点如下:

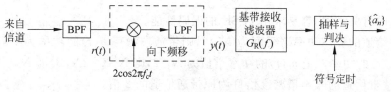

图 5.3.3   2PSK 相干解调框架

(1) 前端 BPF：接收机尽量抑制带外噪声，带宽取 $B_{BPF}=2B$，B 为基带信号带宽。输出信号为

$$r(t) = s_{2PSK}(t) + n(t) \tag{5.3.3}$$

式中，$n(t)$ 是带宽 $2B$ 的带通高斯白噪声。

(2) 相干解调单元：利用本地振荡 $2\cos2\pi f_c t$（它必须与 $r(t)$ 中的载波同频同相）实现频谱向下搬移。LPF（低通滤波器）的增益为 1，带宽为 $B_{LPF}=B$。这样信号 $m(t)$ 通过的同时尽量滤除噪声。解调输出为

$$
\begin{aligned}
y(t) &= \text{LPF}\{r(t) \cdot 2\cos2\pi f_c t\} \\
&= \text{LPF}\{Am(t)\cos2\pi f_c t \cdot 2\cos2\pi f_c t + n(t) \cdot 2\cos2\pi f_c t\} \\
&= Am(t) + n_c(t)
\end{aligned}
\tag{5.3.4}
$$

其中，$n_c(t)=\text{LPF}\{n(t) \cdot 2\cos2\pi f_c t\}$，正是 $n(t)$ 的同相分量因为 $n(t)=n_c(t)\cos2\pi f_c t - n_s(t)\sin2\pi f_c(t)$。

(3) 式(5.3.4)表明，$y(t)$ 仿佛是基带信号通过 AWGN 信道的结果。因此，后面的接收部分是标准的二元基带接收，其最佳接收方法为 MF（匹配滤波）接收。实际上，基带接收滤波器与前面的 LPF 经常合二为一。

本地振荡是解调单元依靠的关键信号，接收过程实质上以它作为参考相位来识别 2PSK 的每一个时隙上信号是同相还是反相，从而还原基带信号 $m(t)$。本地振荡可以通过载波同步方法获得，稍后予以说明。与模拟解调技术一样，这类依靠准确的载波频率或相位信息进行接收的方法统称为 **相干（coherent）接收** 或 **相干解调**。

4. 误码性能

结合上面的分析，2PSK 的整个传输系统可以表述为框图，如图 5.3.4 所示。

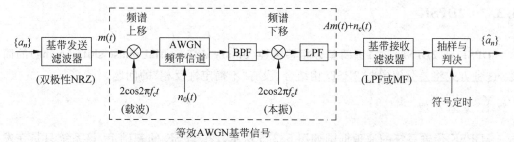

图 5.3.4   2PSK 传输系统与等效 AWGN 基带信道

由于 $y(t)=Am(t)+n_c(t)$，其中 $n_c(t)$ 是带限高斯白噪声，因此，图中间的虚线框部分相当于带限 AWGN 信道，而整个传输系统可以等效于一个二元基带传输系统。由此

借助第 4 章的有关结论,容易求出 2PSK 的误码性能。

假定原信道的噪声功率谱密度为 $N_0/2$,则带通白噪声 $n(t)$ 的功率为 $2N_0B$,它等于同相分量 $n_c(t)$ 的功率。记 $n_c(t)$ 的功率谱值为 $N_0'/2$,则 $N_0'B=2N_0B$,即 $N_0'=2N_0$。也就是说,等效基带信道的噪声谱密度恰好为原带通信道的 2 倍。

另一方面,2PSK 信号的平均码元能量为

$$E_b = \int_0^{T_b} (A\cos 2\pi f_c t)^2 \, dt = \frac{A^2 T_b}{2} \tag{5.3.5}$$

而双极性基带信号的码元能量为 $E_b'=A^2 T_b=2E_b$。综上所述,按表 4.3.1 的相关公式可以得到 2PSK 最佳接收系统(采用匹配滤波)的误码率为

$$P_b = Q\left(\sqrt{\frac{2E_b'}{N_0'}}\right) = Q\left(\sqrt{\frac{2E_b}{N_0}}\right) \tag{5.3.6}$$

有趣的是,2PSK 的结论与双极性 2PAM 基带传输系统的形式相同。

例 5.4 假定 2PSK 系统的传输率为 5Mbps,接收带通滤波器的输出信号的幅度为 223.6mV,高斯噪声的功率谱密度为 $N_0=5\times 10^{-10}$。求相干接收的最佳误码率。

解 由于

$$\frac{E_b}{N_0} = \frac{A^2 T_b}{2N_0} = \frac{A^2}{2R_b N_0} = \frac{0.2236^2}{2\times 5\times 10^6 \times 5\times 10^{-10}} = 10$$

于是

$$P_b = Q\left(\sqrt{\frac{2E_b}{N_0}}\right) = Q(\sqrt{20}) = 3.87\times 10^{-6} \quad ■$$

本例与例 5.1 的情况相似,而这里的噪声 N_0 更为严重,但即使 E_b/N_0 低一些,PSK 的误码率更低。从公式容易看出,PSK 的误码性能明显优于 2ASK 与 2FSK。不过这种系统需要进行载波同步,其复杂度要高出许多。

最后,2PSK 的本地振荡常常存在着"不确定性反相"的问题,这使得 2PSK 输出的"0"与"1"可能颠倒,而系统自身对此却无法知道。实际应用中,2PSK 可以与差分编码相结合来解决这种"不确定性反相"的问题,由此结合而产生的制式称为 2DPSK,下面予以讨论。

5.3.2 2DPSK

DPSK 或 **2DPSK** 是二进制差分相移键控(**binary differential phase shift keying**)的简称,这种方式将差分编码与 2PSK 相结合,没有"不确定性反相"的问题。

1. 基本原理

2DPSK 传输系统的原理框图如图 5.3.5 所示。在 2PSK 的基础上,该系统只是在发送端与接收端分别增加了差分编码器与解码器。

差分编码器与解码器的工作原理是

$$d_n = b_n \oplus d_{n-1} \quad \text{与} \quad \hat{b}_n = \hat{d}_n \oplus \hat{d}_{n-1} \tag{5.3.7}$$

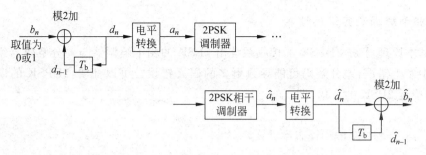

图 5.3.5　2DPSK 传输系统

通常,其中的 b_n 与 $\hat{b}_n$ 称为**绝对码**,d_n 与 $\hat{d}_n$ 称为**相对码**或**差分码**。它们是取值 0 与 1 的二进制码元。

例 5.5　举例说明 2DPSK 信号产生过程中各码元以及载波相位的变化(设 d_n 的初值为 1,示为①;载波相位初值为 0。)

绝对码 $\{b_n\}$		1	0	0	1	0	0	1	1
相对码 $\{d_n\}$	①	0	0	0	1	1	1	0	1
电平变换 $\{a_n\}$		-1	-1	-1	$+1$	$+1$	$+1$	-1	$+1$
载波相位 $\{\theta_n\}$	0	π	π	π	0	0	0	π	0
载波相位变化 $(\theta_n-\theta_{n-1})$		π	0	0	$-\pi$	0	0	π	$-\pi$

其实,上面的差分编码就是单极性的 NRZ 传号差分码。比较例中的第一行与最后一行可以看出,2DPSK 信号载波的相位与信息比特 b_n 的对应关系是:"1 变 0 不变"。显然,2DPSK 信号通过相邻时隙载波相位的变化与否来"携带"信息,它不受传输过程中反相与否的影响,因此,没有"不确定性反相"的问题。

例 5.6　说明 2DPSK 信号的接收过程。

(1) 假定例 5.4 的 $\{a_n\}$ 经 2PSK 传输后结果正确,则差分解码的过程为(设 d_n 的初值为 1,示为①)

2PSK 解调结果 $\{\hat{a}_n\}$		-1	-1	-1	$+1$	$+1$	$+1$	-1	$+1$
相对码 $\{\hat{d}_n\}$	①	0	0	0	1	1	1	0	1
绝对码 $\{\hat{b}_n\}$		1	0	0	1	0	0	1	1

(2) 假定例 5.4 的 $\{a_n\}$ 经 2PSK 传输后结果反相,则差分解码的过程为(设 d_n 的初值为 1,示为①)

2PSK 解调结果 $\{\hat{a}_n\}$		$+1$	$+1$	$+1$	-1	-1	-1	$+1$	-1
相对码 $\{\hat{d}_n\}$	①	1	1	1	0	0	0	1	0
绝对码 $\{\hat{b}_n\}$		1	0	0	1	0	0	1	1

可见,不论 2PSK 传输过程中是否发生反相,2DPSK 都能正确收到信息。另外,初值的选取最多影响第一位接收结果,而不影响后面的。

2. 相干解调及其误码性能

从基本原理可见，2DPSK 的接收系统由 2PSK 的相干解调器与差分解码器组成。如果传输中发生错误，差分解码可能导致更多的码元错误。可以证明，2DPSK 的误码率要大一些，接近 2PSK 的 2 倍，即

$$P_{ed} \approx 2P_{e\_2PSK} \tag{5.3.8}$$

其中，P_{e_2PSK} 为 2PSK 传输误码率。

上述结论可如下说明：由于 2DPSK 最后的输出符号为 $\hat{b}_n = \hat{d}_n \oplus \hat{d}_{n-1}$，经过分析可以发现，$\hat{b}_n$ 的误码情况如表 5.3.1 所示。

表 5.3.1 $\hat{b}_n$ 的误码情况

$\hat{d}_{n-1}$	$\hat{d}_n$	$\hat{b}_n = \hat{d}_n \oplus \hat{d}_{n-1}$
正确	正确	正确
错误	正确	错误
正确	错误	错误
错误	错误	正确

相对码序列 $\{d_n\}$ 经 2PSK 传输后是否错误彼此独立，于是，2DPSK 的误码率为

$$
\begin{aligned}
P_{ed} &= P(\hat{b}_n \text{ 错误}) \\
&= P[(\hat{d}_{n-1} \text{ 错误}) \cap (\hat{d}_n \text{ 正确})] + P[(\hat{d}_{n-1} \text{ 正确}) \cap (\hat{d}_n \text{ 错误})] \\
&= P_{e\_2PSK}(1 - P_{e\_2PSK}) + (1 - P_{e\_2PSK})P_{e\_2PSK} \\
&= 2P_{e\_2PSK}(1 - P_{e\_2PSK})
\end{aligned}
$$

实际通信系统中一般满足 $P_{e\_2PSK} \ll 1$，使得 $P_{ed} = 2P_{e\_2PSK} - 2P_{e\_2PSK}^2 \approx 2P_{e\_2PSK}$。

3. 差分检测

2DPSK 系统的另一种很重要的接收方法称为**差分检测**，有时也称为**差分相干解调**，如图 5.3.6 所示。其中判决门限为 0，判决准则为 $y_n \underset{1}{\overset{0}{\gtrless}} 0$。

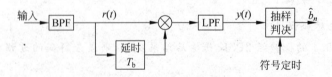

图 5.3.6 2DPSK 的差分检测

容易看出，该方法的核心思想是比较两个相邻时隙上正弦信号的相位（计算相位差），从而直接还原出绝对码（信息比特）$\hat{b}_n$。这种接收方法充分利用了 2DPSK 信号的独特之处，而不需要本地振荡，它本质上是一种非相干解调方法。

下面具体分析其接收过程。暂不考虑噪声，记接收信号为 $r(t) = A\cos[2\pi f_c t + \theta(t)]$，其

中 $\theta(t)$ 为 DPSK 信号的相位。因此,乘法器输出信号为

$$r(t)r(t-T_b) = A^2\cos[2\pi f_c t + \theta(t)]\cos[2\pi f_c(t-T_b) + \theta(t-T_b)]$$

经过 LPF 后输出为

$$y(t) = \frac{1}{2}A^2\cos[2\pi f_c T_b + \theta(t) - \theta(t-T_b)]$$

记 n 时隙(末端)$y(t)$ 的抽样值为 y_n,有

$$y_n = \frac{1}{2}A^2\cos[2\pi f_c T_b + (\theta_n - \theta_{n-1})]$$

其中,θ_n 与 θ_{n-1} 分别为 n 与 $n-1$ 时隙的载波相位。y_n 的核心是获得载波相位差。由于 $f_c T_b$ 为已知常数,不妨控制 $f_c T_b$,使 $y_n \approx \frac{1}{2}A^2\cos(\theta_n - \theta_{n-1})$。由此可总结出表 5.3.2 的信号关系与判决方法 $y_n \gtreqless_1^0 0$(表中考虑"1 变 0 不变"的规律)。

表 5.3.2 差分检测的信号关系与判决方法

信息比特 b_n	载波相位差 $\theta_n - \theta_{n-1}$	y_n	判决结果 $\hat{b}_n$
0	0	$A^2/2$	0
1	π 或 $-\pi$	$-A^2/2$	1

实际过程中,噪声总是存在的,噪声大时就引起误差。仔细分析可以得出这种接收系统的误码性能,这里省去繁琐的推导,直接给出结论

$$P_e = \frac{1}{2}\exp\left(-\frac{A^2}{2\sigma_n^2}\right) = \frac{1}{2}e^{-\gamma} \qquad (5.3.9)$$

其中,$\gamma = A^2/(2\sigma_n^2) = A^2/(2N_0 B_{BPF})$ 是 BPF 的输出信噪比。

将 γ 折算为 E_b/N_0 时,根据带通高斯白噪声的方差为 $\sigma_n^2 = N_0 B_{BPF}$,2DPSK 的平均能量为 $E_b = A^2 T_b/2$,并取 B_{BPF} 为最小理论值 R_b,于是

$$\gamma = \frac{A^2}{2N_0 B_{BPF}} = \frac{E_b}{N_0} \times \frac{R_b}{B_{BPF}} = \frac{E_b}{N_0}$$

所以,$\gamma = E_b/N_0$,$P_e \approx \frac{1}{2}e^{-E_b/N_0}$。

对比式(5.3.8)与 $\frac{1}{2}e^{-E_b/N_0}$ 可得,差分检测的性能不如相干解调。从物理意义上讲,这是因为差分检测中相乘器的两个支路都含有噪声,使乘积结果中的噪声增大了。

例 5.7 假定 2DPSK 系统的传输率为 5Mbps,接收带通滤波器的输出信号的幅度为 223.6mV,高斯噪声的功率谱密度为 $N_0 = 5 \times 10^{-10}$。求相干接收与差分检测的误码率。

解 由式

$$\frac{E_b}{N_0} = \frac{A^2 T_b}{2N_0} = \frac{A^2}{2R_b N_0} = \frac{0.2236^2}{2 \times 5 \times 10^6 \times 5 \times 10^{-10}} = 10$$

和式(5.3.8),相干接收时误码率为

$$P_b = 2Q\left(\sqrt{\frac{2E_b}{N_0}}\right) = 2Q(\sqrt{20}) = 7.74 \times 10^{-6}$$

而差分检测时误码率为

$$P_e \approx \frac{1}{2}e^{-E_b/N_0} = \frac{1}{2}e^{-10} = 2.3 \times 10^{-5}$$

*5.3.3 载波同步

为了进行相干解调,接收方需要提供与传输信号中的载波相干的(即同频同相的)本地振荡,这一工作由载波同步单元完成。虽然 2PSK 信号的功率谱中不含有离散的载波分量,但可以通过非线性变换产生与载波关联的离散谱线,进而提取相干载波。常用的方法是两种:**平方环法**与**科斯塔斯(Costas)环法**。

1. 平方环法

平方环法也称为平方变换法,如图 5.3.7 所示。

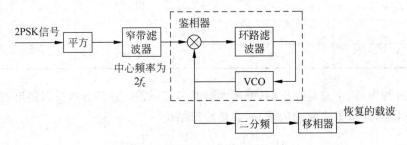

图 5.3.7 平方环法提取载波

平方环同步器的工作原理是:接收到的 2PSK(或 2DPSK)信号的平方为

$$[s_{2PSK}(t)]^2 = [Am(t)\cos 2\pi f_c t]^2 = \frac{1}{2}A^2 m^2(t)(1+\cos 4\pi f_c t)$$

其中,$m(t)$ 为双极性二元基带信号,它的平方含有直流成分,因而上式中包含 $2f_c$ 频率分量,可由一窄带滤波器滤出;而后再用锁相环(图中虚线框部分)进一步滤除噪声与扰动,获得稳定的本地振荡;最后经二分频、移相后,送出可用的本地相干载波。

需要指出,二分频器输出的正弦波存在 0 与 π 相位的不确定性,也称为相位模糊,正是这个原因造成 2PSK 解调输出存在"不确定性反相"问题,为此可以使用 2DPSK。

另外,平方环同步器工作在 2 倍载频上,当 2PSK 的载波 f_c 较高时,$2f_c$ 更高,这使电路的实现与调测变得很困难。下面给出的 Costas 环法没有这个弱点。

2. 科斯塔斯环法

科斯塔斯环也称为**同相正交环**,它是如图 5.3.8 所示的锁相环。

由图可见,Costas 环用到两个正交(相差 90°)的本地振荡,由同相与正交两个支路构成,其工作原理为:假定本地振荡与 2PSK(或 2DPSK)信号中的载波相位差为 $\theta(t)$,即

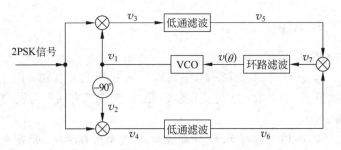

图 5.3.8　利用 COSTAS 环从 2PSK 信号中提取载波

$$v_1 = \cos[2\pi f_c t + \theta(t)] \quad v_2 = \sin[2\pi f_c t + \theta(t)]$$

于是

$$\begin{cases} v_3 = Am(t)\cos(2\pi f_c t) \times v_1 = \dfrac{A}{2}m(t)\{\cos\theta(t) + \cos[4\pi f_c t + \theta(t)]\} \\[2mm] v_4 = Am(t)\cos(2\pi f_c t) \times v_2 = \dfrac{A}{2}m(t)\{\sin\theta(t) + \sin[4\pi f_c t + \theta(t)]\} \end{cases}$$

经过 LPF 滤波后为

$$\begin{cases} v_5 = \dfrac{A}{2}m(t)\cos\theta(t) \\[2mm] v_6 = \dfrac{A}{2}m(t)\sin\theta(t) \end{cases}$$

进而

$$v_7 = v_5 \cdot v_6 = \frac{A^2}{4}m^2(t)\sin 2\theta(t)$$

v_7 提供了相位误差信息(当 $\theta(t)$ 较小时, $v_7 \approx A^2 m^2(t)\theta(t)/2$), 该信号经过环路滤波后控制 VCO, 使 VCO 输出的本地振荡达到同步。电路设计应保证同步后的稳态误差 $\theta(t)$ 十分小, 这样 v_1 就是所需要的相干本振。

可以证明, COSTAS 环输出的本地振荡也存在相位模糊(0 与 π)的问题。这可用 2DPSK 来解决。COSTAS 环虽多用一个支路, 但工作在载频 f_c 上, 比平方环的工作频率低, 因而在卫星及微波通信等载波较高的系统中, 应用很广泛。

5.4　QPSK 与 DQPSK

QPSK 是**四相移键控**(**quadrature phase shift keying**)的简称。一方面, 它采用了 4 种相位; 另一方面, 它采用了两个正交的载波。**DQPSK** 是**差分四相移键控**(**differential QPSK**)的简称, 是结合差分编码的 QPSK。

5.4.1　QPSK 信号的基本原理

QPSK 实际上是一种多元(4 元)数字频带调制方式, 它利用 4 种离散的相位状态传输四元的符号序列, 因此称为四相移键控, 也常常简记为 4PSK。

1. QPSK 信号

第 n 时隙的 QPSK 信号可以表达为

$$s_{\mathrm{QPSK}}(t) = A\cos(2\pi f_c t + \theta_n), \quad (n-1)T_s \leqslant t \leqslant nT_s \tag{5.4.1}$$

其中，A 是信号的振幅，为常数；θ_n 为受调制的相位，其取值有四种可能，具体值由该时隙所传送的符号值决定。

QPSK 常用的四种相位值有两套，分别称为 **A 方式**与 **B 方式**，如表 5.4.1 所示，相应的相位矢量图如图 5.4.1 所示。四元符号对应两个比特，表与图中还给出了两个比特（比特对）的具体对应方法。

表 5.4.1 QPSK 的两套相位值

比特对 （格雷编码）	四元符号	A 方式		B 方式	
		角度	弧度	角度	弧度
00	0	180°	π	225°	$5\pi/4$
01	1	270°	$3\pi/2$	315°$(-45°)$	$7\pi/4$
11	2	0°	0	45°	$\pi/4$
10	3	90°	$\pi/2$	135°	$3\pi/4$

A 方式或 B 方式的四种相位值都等间距地分布在 2π 相位中，只不过 A 方式位于 0 相位的十字上，B 方式位于 $\pi/4$ 的十字上。相位可表达为

$$\theta_{n\_\text{A方式}} = [\pi + (\text{四元符号值}) \times \pi/2]_{\text{模}2\pi} \tag{5.4.2}$$

$$\theta_{n\_\text{B方式}} = [5\pi/4 + (\text{四元符号值}) \times \pi/2]_{\text{模}2\pi}$$

$$= [\pi/4 + \theta_{n\_\text{A方式}}]_{\text{模}2\pi} \tag{5.4.3}$$

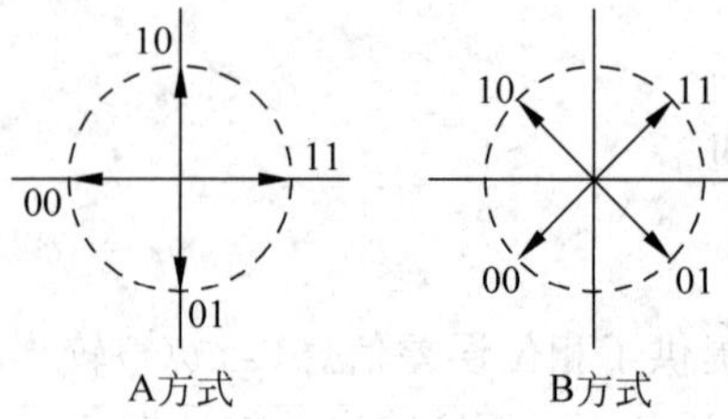

图 5.4.1 QPSK 的两套矢量图

其实，两种方式本质上是一样的，只是相差 45°（即 $\pi/4$），因而

$$s_{\mathrm{QPSK\_B方式}}(t) = A\cos(2\pi f_c t + \theta_{n\_\text{B方式}}) = A\cos(2\pi f_c t + \theta_{n\_\text{A方式}} + \pi/4)$$

$$= s_{\mathrm{QPSK\_A方式}}(t) \text{ 相移 } \pi/4 \tag{5.4.4}$$

于是，不妨着重讨论其中的一种方式，除非特别声明，下面主要讨论 B 方式。

另一方面，注意到相位值（或四元符号）对应比特对的方法不是一般的自然编码规律，而是格雷编码的特殊规律。可以发现，格雷码的主要特点是相邻相位（或四元符号）对应的比特中只有 1 位不同。这种特点带来的好处是：当噪声与干扰影响相位值时，即使造成错误，多数情况下只是错成相邻的相位值（比如 $\pi/4$ 错成 $-\pi/4$ 或 $3\pi/4$），故格雷编码方法保证这时只有 1 个比特的损失。

2. QPSK 与两路正交 2PSK

四相 PSK 实质上是一种正交调制，它等于两路正交的 2PSK 的叠加。将每对消息比特的前后比特与低位比特分别排成 $\{b_{1n}\}$ 与 $\{b_{0n}\}$ 序列，那么，QPSK 正是这两个二元序列

生成的 2PSK 信号的正交叠加。记 b_{0n} 与 b_{1n} 的双极性形式为

$$a_{1n} = \begin{cases} +1, & \text{若 } b_{0n} = 1 \\ -1, & \text{若 } b_{0n} = 0 \end{cases} \quad \text{与} \quad a_{Qn} = \begin{cases} +1, & \text{若 } b_{1n} = 1 \\ -1, & \text{若 } b_{1n} = 0 \end{cases}$$

以 B 方式的相位取值为例,可以证明,在时隙 $(n-1)T_s \leqslant t \leqslant nT_s$ 上

$$\begin{aligned} s_{QPSK}(t) &= \frac{A}{\sqrt{2}} a_{1n} \cos 2\pi f_c t - \frac{A}{\sqrt{2}} a_{Qn} \cos\left(2\pi f_c t - \frac{\pi}{2}\right) \\ &= \frac{A}{\sqrt{2}} (a_{1n} \cos 2\pi f_c t - a_{Qn} \sin 2\pi f_c t) \\ &= \frac{A}{\sqrt{2}} \left[s_{I\_PSK}(t) - s_{Q\_PSK}(t) \right] \end{aligned} \tag{5.4.5}$$

式中,$s_{I\_PSK}(t) = a_{1n} \cos 2\pi f_c t$ 与 $s_{Q\_PSK}(t) = a_{Qn} \sin 2\pi f_c t$。它们是载波相差 $\pi/2$、彼此正交的 2PSK 信号。

图 5.4.2 是两路 2PSK 波形合成 QPSK 波形的示意图。

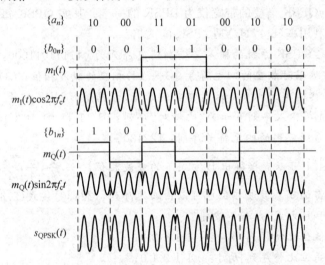

图 5.4.2 两路正交 2PSK 与 QPSK 的波形

下面证明式(5.4.5)。首先将式(5.4.1)改写成如下形式

$$s_{QPSK}(t) = A(\cos\theta_n \cos 2\pi f_c t - \sin\theta_n \sin 2\pi f_c t) \tag{5.4.6}$$

其中,$(\cos\theta_n, \sin\theta_n)$ 正是矢量图中各矢量端点的坐标值。观察 B 方式中每对比特与 $(\cos\theta_n, \sin\theta_n)$ 的对应关系,可以得到表 5.4.2。

表 5.4.2 每对比特与 $(\cos\theta_n, \sin\theta_n)$ 的对应关系等

比特对 (b_{1n}, b_{0n})	比特对的双极性形式 (a_{Qn}, a_{1n})	相位 θ_n	矢量坐标 $(\cos\theta_n, \sin\theta_n)$
00	$-1 \quad -1$	$5\pi/4$	$-\sqrt{2}/2 \quad -\sqrt{2}/2$
01	$-1 \quad +1$	$7\pi/4$	$+\sqrt{2}/2 \quad -\sqrt{2}/2$
11	$+1 \quad +1$	$\pi/4$	$+\sqrt{2}/2 \quad +\sqrt{2}/2$
10	$+1 \quad -1$	$3\pi/4$	$-\sqrt{2}/2 \quad +\sqrt{2}/2$

由表可见,比特对的双极性形式(a_{Qn}, a_{In})满足

$$a_{In} = \sqrt{2}\cos\theta_n \quad \text{与} \quad a_{Qn} = \sqrt{2}\sin\theta_n \qquad (5.4.7)$$

代入式(5.4.6)得到式(5.4.5)。

3. 功率谱与带宽

对于正交信号,和信号的相关函数是它们相关函数之和,因此,和信号的功率谱是它们功率谱之和。

考虑式(5.4.5),由于$\{b_{0n}\}$与$\{b_{1n}\}$统计特性相同,相应的2PSK信号的功率谱形状与载波位置都相同。因此,它们合成的QPSK信号的功率谱与2PSK的功率谱形状完全一样。但这时传输间隔为$T_s = 2T_b$,即2PSK信号码元加倍了(因此带宽将减半)。所以,QPSK信号的带宽是

$$B_{QPSK} = 2B = B_{2PSK}/2 \qquad (5.4.8)$$

这里B是码率为R_s的基带信号的带宽,B_{2PSK}是具有$R_b = 2R_s$的BPSK信号的带宽。同样信息速率下,QPSK需要的带宽仅为BPSK的一半。其实QPSK每个时隙传输两比特,因此,其频带利用率(bps/Hz)是2PSK的两倍。

例5.8 假定QPSK系统的输入二进制消息序列为011111011000,考虑B方式。试说明:(1)在格雷编码时相应的四元符号序列;(2)相应的载波相位;(3)同相与正交支路的比特序列;(4)传输率为4800bps时需要的带宽(考虑矩形NRZ信号)。

解 (1)首先将输入序列表示为"比特对"序列:01 11 11 01 10 00,而后按表5.4.1可得格雷编码时系统采用的四元符号序列:122130。

(2)由表5.4.1可以直接得出B方式下的载波相位:$\dfrac{7\pi}{4}, \dfrac{\pi}{4}, \dfrac{\pi}{4}, \dfrac{7\pi}{4}, \dfrac{3\pi}{4}, \dfrac{5\pi}{4}$(注意,其中已经应用了格雷编码。载波相位也可以由四元序列$\{122130\}$按式(5.4.3)得到)。

(3)为了对于B方式,应如下安排

同相支路为低位比特序列$\{b_{0n}\}$:1 1 1 1 0 0;

正交支路为高位比特序列$\{b_{1n}\}$:0 1 1 0 1 0;

(4)传输率为4800bps时,$R_s = R_b/2 = 2400$(baud),采用矩形NRZ基带信号时,$B = R_s$,由式(5.4.8)可得,$B_{QPSK} = 2B = 4800$(Hz)。

5.4.2 QPSK的调制解调方法及误比特性能

1. 调制解调方法

基于"QPSK等效于两路正交的2PSK之和"的想法,可以得出如图5.4.3(a)与(b)的正交调制/解调框图。

容易看出,调制器按式(5.4.5)产生QPSK信号。其中,串并变换将信息序列拆分为两个二元序列,以实现在一个T_s的时隙上同时发送2个比特的目的,具体的拆分过程如图5.4.4所示(这里考虑B方式,低比特送I支路,高比特Q支路。其实两个支路独立工作,相互交换没有实质性影响)。

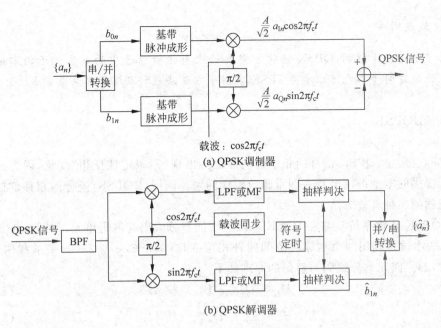

(a) QPSK调制器

(b) QPSK解调器

图 5.4.3　QPSK 调制解调框图

$$\{a_n\} \quad 1\,0\,0\,1\,1\,1\,0\,1\,0\,1 \cdots \begin{cases} 0\,1\,1\,1\,1 \cdots \ \{b_{0n}\} \\ 1\,0\,1\,0\,0 \cdots \ \{b_{1n}\} \end{cases}$$

图 5.4.4　串并变换过程

图 5.4.3(b)的解调器由上、下支路的相干解调器构成,分别针对 cos 与 sin 载波形式。在上支路的相乘器之后

$$s(t)\cos2\pi f_ct = \frac{A}{\sqrt{2}}a_{1n}\cos2\pi f_ct\cos2\pi f_ct - \frac{A}{\sqrt{2}}a_{Qn}\sin2\pi f_ct\cos2\pi f_ct$$

式中,后一项是 f_c 的二次频率项,将被 LPF 完全滤出。因而只有 $\frac{A}{\sqrt{2}}a_{1n}\cos2\pi f_ct$ 分量起作用。这是由于 $\cos2\pi f_ct$ 与 $\sin2\pi f_ct$ 正交,两者之积通过 LPF 后为零。同理,在下支路中,只有 $\frac{A}{\sqrt{2}}a_{Qn}\sin2\pi f_ct$ 分量起作用。也就是说,同相与正交解调器是彼此独立工作的。

2. 误比特性能

再来分析 QPSK 的误比特性能。注意到 QPSK 的每次传输中两个比特都独立、并行地按 2PSK 传输,各比特的传输误比特率均为 P_{b_2PSK}(相干 2PSK 的误比特率),显然,QPSK 的误比特率为

$$P_b = P_{b\_2PSK} \tag{5.4.9}$$

也就是说,QPSK 系统与 2PSK 系统具有完全相同的误比特性能。

*3. 载波同步

为了进行相干解调，QPSK 接收方需要产生与传输信号中的载波相干的本地振荡。QPSK 的载波同步单元可以参照 2PSK 采用平方环法或科斯塔斯环法来完成。

*5.4.3 DQPSK

实际应用中，QPSK 信号的相干解调器也会出现"不确定性反相"现象，因为，载波同步单元提供的本地振荡会存在四重相位模糊问题。同样，DQPSK（差分四相移键控）是解决该问题的一种有效方法。

DQPSK 传输系统只需在 QPSK 基础上增加差分编码与解码单元，如图 5.4.5 所示。DPSK 的本质是利用两个相邻时隙的四种相位变化（$0, \pi/2, \pi$ 与 $3\pi/2$）来承载四元符号（$0, 1, 2, 3$）。四元差分编码与解码的原理如下

$$D_n = D_{n-1} + B_n \quad （模\ 4） \tag{5.4.10}$$

$$\hat{B}_n = \hat{D}_n - \hat{D}_{n-1} \quad （模\ 4） \tag{5.4.11}$$

其中，B_n 与 D_n 分别是比特对 (b_{1n}, b_{0n}) 与 (d_{1n}, d_{0n}) 对应的四元符号，$\hat{B}_n$ 与 $\hat{D}_n$ 是接收端相应的四元符号。B_n 与 $\hat{B}_n$ 使用格雷编码，D_n 与 $\hat{D}_n$ 使用自然编码。公式采用模 4 加、减法。由公式可见，原符号 B 是新符号 D 的变化量，因此用相位值传送 D 就相当于用相位差传送 B。

图 5.4.5　DQPSK 系统的差分编解码单元

从相位差上看，DQPSK 系统的映射规则其实非常简单，如表 5.4.3 所示。应用中常常由此产生 DQPSK 信号。

表 5.4.3　DQPSK 方案映射规则（含格雷编码）

比　特　对 (b_{1n}, b_{0n})	四元符号 B_n	相　位　差 $\Delta\theta = \theta_n - \theta_{n-1}$
00	0	0
01	1	$-3\pi/2$ 或 $+\pi/2$
11	2	$-\pi$ 或 $+\pi$
10	3	$-\pi/2$ 或 $+3\pi/2$

例 5.9 假定 DQPSK 系统的输入为二进制序列 011010011100，试说明：(1)相应的载波相位差；(2)相应的绝对载波相位(令初相位为 $\pi/4$)。

解 (1) 首先将输入序列表示为“比特对”序列：01 10 10 01 11 00。

由表 5.4.3 可以直接得出的载波相位差：$\frac{\pi}{2},-\frac{\pi}{2},-\frac{\pi}{2},\frac{\pi}{2},\pi,0$。

(2) 相应的绝对载波相位为：$\frac{3\pi}{4},\frac{\pi}{4},\frac{7\pi}{4},\frac{\pi}{4},\frac{5\pi}{4},\frac{5\pi}{4}$。

类似于二元 DPSK，DQPSK 常常用非相干的差分检测方法来接收。其原理框图如图 5.4.6 所示。$\varphi_n=\arctan(Q_n/I_n)$对应于载波相位差，由它可以判断当前时隙传输的符号。

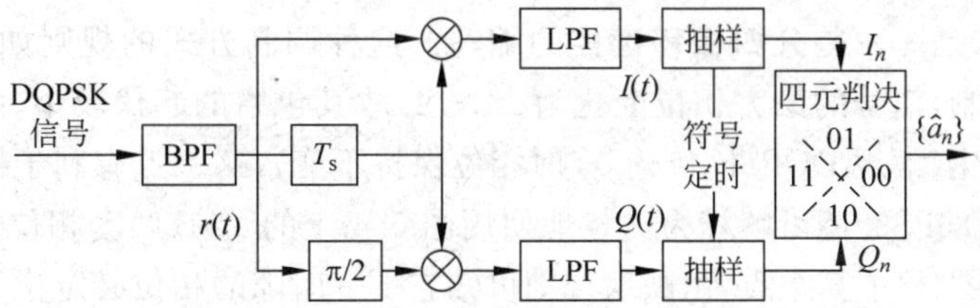

图 5.4.6 DQPSK 差分检测框图

*5.4.4 OQPSK 与$\frac{\pi}{4}$DQPSK

理论上讲，QPSK 采用相位传输信息，其波形的包络是恒定的。但这种波形的时隙边界处具有间断，因而需要很多带宽。为了在有限带宽的实际信道上传输，需要控制基带信号的带宽，如采用升余弦滚降脉冲等，由此产生的 QPSK 信号不再保持恒定的包络，如图 5.4.7 所示。

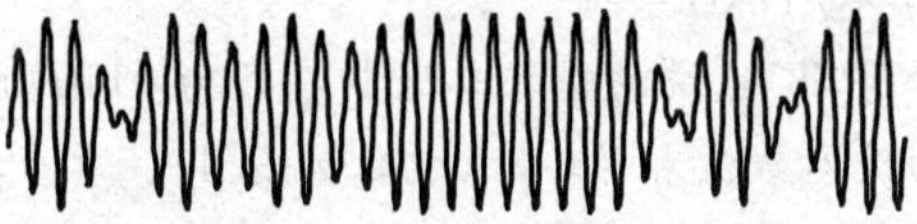

图 5.4.7 宽带 QPSK 与带限 QPSK 信号

恒包络信号的优点是允许非线性放大，这种放大器的效率高、容易实现。所以人们力求降低 QPSK 信号的包络起伏程度，提出 OQPSK 与 $\pi/4$DQPSK 等方案。

1. OQPSK

分析发现，QPSK 信号带外旁瓣很高的重要原因是相邻码元相位变化可达$\pm\pi$，大幅度的相位变化在带限条件下造成包络的起伏大。一种减小相位变化的有效方法是让两个正交支路的 2PSK 信号相互错开 $T_s/2$ 的时间，使相位改变不同时发生，其合成信号的相位变化缩小为$\pm\pi/2$，如图 5.4.8 所示。这种 QPSK 方案称为**偏移(或偏置)四相移键控**(**Offset QPSK**)，缩写为 OQPSK。将信号幅度设定为 1，通过计算机仿真发现，在带限条件下 QPSK 信号的包络可以低到零,起伏大致在 $0 \sim 1.25$ 之间;而 OQPSK 信号的包络最低为 0.7 左右,起伏通常在 $0.7 \sim 1.15$ 之间。显然,OQPSK 的包络起伏有了显著的改善。

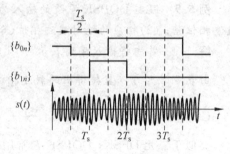

图 5.4.8 （宽带）OQPSK 信号

OQPSK 的调制解调框图只需在 QPSK 的上面略加修改,其相关解调的抗噪性能也与 QPSK 完全一样。

2. $\pi/4$ DQPSK

$\pi/4$ DQPSK 是 $\pi/4$ **差分四相移键控**的缩写。这种调制方式的规则如表 5.4.4 所示。它是一种差分调制,信号的最大相位变化为 $\pm 3\pi/4$,故其包络的起伏较小。而且,它每个时隙间总有相位变化(常规 DQPSK 传输 00 时相位保持不变),这一点有利于接收机提取符号同步信号。$\pi/4$ DQPSK 还可解释为交替地使用图 5.4.1 的 A、B 两套相位值:假定当前时隙信号相位位于图(a)中某个点,由映射规则可知它下一时隙的相位必定位于图(b)中某点,再下一时隙它又必定回到图(a)中的某点,等等。

表 5.4.4　$\pi/4$ DQPSK 符号映射规则

信息比特对	相　位　差	信息比特对	相　位　差
00	$\pi/4$	11	$-3\pi/4$
01	$3\pi/4$	10	$-\pi/4$

$\pi/4$ DQPSK 的调制解调方法与 DQPSK 基本一样。应用中常常采用差分检测方法来接收。$\pi/4$ DQPSK 结合 $\alpha = 0.35$ 的平方根升余弦滤波器,实用于北美第二代数字蜂窝网络 (IS-136)中。另外,它还成功应用于日本 JDC 数字蜂窝系统与 PHS 无绳电话、欧洲中继无线 TETRA 以及数字音频广播 DAB 系统。

例 5.10　假定 $\pi/4$ DQPSK 系统的输入二进制序列为 011010011100,试说明:(1)相应的载波相位差;(2)相应的绝对载波相位(令初相位为 $\pi/4$)。

解　(1)首先将输入序列表示为比特对序列:01 10 10 01 11 00。

由表 5.4.4 可以得出的载波相位差:$\dfrac{3\pi}{4}, -\dfrac{\pi}{4}, -\dfrac{\pi}{4}, \dfrac{3\pi}{4}, -\dfrac{3\pi}{4}, \dfrac{\pi}{4}$。

(2)相应的绝对载波相位为:$\pi, \dfrac{3\pi}{4}, \dfrac{\pi}{2}, \dfrac{5\pi}{4}, \dfrac{\pi}{2}, \dfrac{3\pi}{4}$。

5.5　基本频带调制的讨论

前面几节分别介绍了利用正弦载波的幅度、频率与相位在频带信道中传输数字信号的基本方法,它们是 2ASK、2FSK、2PSK 与 QPSK 等,其中 QPSK 也可以看作通过正交载波在同一频带上并行传输两路 2PSK。本节将通过对比与讨论,进一步说明这几种频带调制方法的一些特点,以及彼此之间的相似与差异。

5.5.1 ASK 与 FSK 的相干解调

接收 2ASK 与 2FSK 信号时,通常都采用简单实用的非相干解调,但也可以借鉴 2PSK 的相干解调。其实,2PSK 的相干解调是一种标准的频谱(向下)搬移方法,正如 2.5.3 小节所述,它是适用于各种频带已调信号的通用解调方法。

2ASK 与 2PSK 的信号公式形式相同,可以直接采用 2PSK 的相干解调框图。只不过还原出的 $y(t)$ 是单极性基带信号,因此,判决门限应取为 $A/2$,而不像 2PSK 取 0。

仿照 2PSK 的误码分析方法,可以借助等效基带系统求出 2ASK 相干解调系统的性能。类似于式(5.3.6),可得出 2ASK 最佳系统的误码性能是

$$P_{\text{b}} = Q\left(\sqrt{\frac{E_{\text{b}}'}{N_0'}}\right) = Q\left(\sqrt{\frac{E_{\text{b}}}{N_0}}\right) \tag{5.5.1}$$

其中,E_{b} 与 E_{b}' 分别是 2ASK 信号及其相应基带信号的平均码元能量,$N_0'=2N_0$。有

$$E_{\text{b}} = \frac{1}{2}\left[\int_0^{T_{\text{b}}} (A\cos 2\pi f_c t)^2 \, \mathrm{d}t + 0\right] = \frac{A^2 T_{\text{b}}}{4} = \frac{1}{2} E_{\text{b}}' \tag{5.5.2}$$

相仿地,2FSK 的相干解调的原理框图如图 5.5.1 所示。它由两个 2ASK 支路合并而成,因而需要两个相干载波 f_0 和 f_1。两个"互补"支路合并后形成的基带信号是双极性的,因此,判决门限为 0。

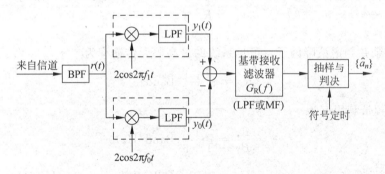

图 5.5.1 2FSK 相干解调原理框图

可以证明,2FSK 相干解调的误码性能形式上同为式(5.5.1),但这时的 E_{b} 是 2FSK 信号的平均码元能量,即

$$E_{\text{b}} = \frac{1}{2}\left[\int_0^{T_{\text{b}}} (A\cos 2\pi f_0 t)^2 \, \mathrm{d}t + \int_0^{T_{\text{b}}} (A\cos 2\pi f_1 t)^2 \, \mathrm{d}t\right] = \frac{A^2 T_{\text{b}}}{2}$$

5.5.2 无码间串扰传输

在前面 2PSK 的误码性能小节中,我们看到频带传输系统中包含一个等效基带传输系统。仔细考察其他各种调制的频带传输系统不难发现,码元序列 $\{a_n\}$ 都将经过等效的基带传输过程。而且,传输中所经过的频带信道、BPF、LPF 等单元总是带宽有限的。因此,所形成的基带信道是带限的。显然,为了实现可靠传输,频带传输系统中应该进行无 ISI 的设计。

下面以 2PSK 系统为例,予以说明。考察图 5.3.4,2PSK 传输系统中虚线框部分提供了一定带宽的平坦信道。按照 4.5 节的方法,可设计传输系统如图 5.5.2 所示。

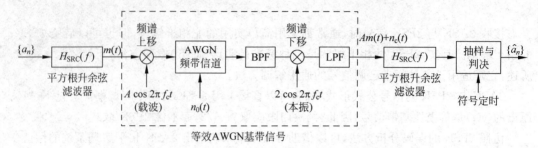

图 5.5.2　采用升余弦滤波器的 ISI 方案

其中,重点是基带发送与接收滤波器都采用平方根升余弦滤波器 $H_{SRC}(f)$。具体讲,其幅频特性为 $|H_{SRC}(f)| = \sqrt{H_{RC}(f)}$,而 $H_{RC}(f)$ 为升余弦频谱;相位特性采用线性函数,线性相位特性只引入一定的时延。这种设计使系统总的频域特性呈升余弦形状,从而实现无 ISI 传输。同时,由于接收与发送滤波器匹配,接收系统达到最佳抗噪性能。因此,该设计兼顾无 ISI 与抗噪声性能,是最佳传输系统。

假定频带传输系统的带宽为 B_T,则相应基带通道的带宽为 $B_T/2$。传输系统总的频带与基带频域特性如图 5.5.3 所示。使 $H_{RC}(f)$ 的 6dB 带宽为 $R_s/2$,并保证

$$B_T \geqslant (1+\alpha) \frac{R_s}{2} \times 2 = (1+\alpha)R_s \tag{5.5.3}$$

其中,α 为升余弦频谱滚降因子。可见系统的最高码元传输率为

$$R_s = \frac{B_T}{1+\alpha} \text{ (Baud)} \tag{5.5.4}$$

这种方案的频带利用率为

$$\eta = \frac{R_s}{B_T} = \frac{1}{1+\alpha} \text{(Baud/Hz)} \tag{5.5.5}$$

例如,对于二元系统,$\eta = \frac{1}{1+\alpha}$(bps/Hz);对于 QPSK 系统,$\eta = \frac{2}{1+\alpha}$(bps/Hz)。

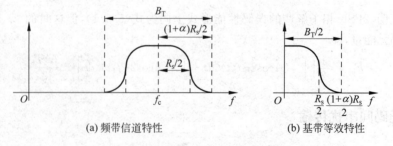

图 5.5.3　传输系统总的频域特性

例 5.11　电话线频带为 $300 \sim 3300\text{Hz}$,其调制解调器码率经常取 2400 波特率。求:
(1)载频为多少合理?(2)采用升余弦滤波器时,滚降系数的选取范围;(3)假定采用

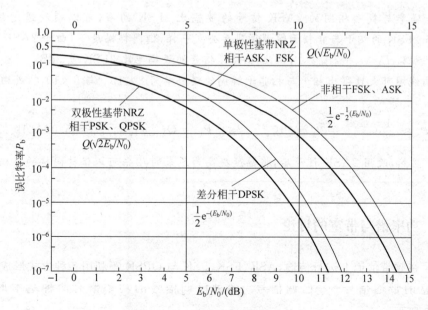

QPSK 调制,频带利用率是多少?

解 (1)载频宜于选在电话线可用频带的中央,即 $f_c = \dfrac{300+3300}{2} = 1800(\mathrm{Hz})$。

(2)由 $B_T \geqslant (1+\alpha)R_s$ 可见 $\alpha_{\max} = \dfrac{B_T}{R_s} - 1 = \dfrac{3300-300}{2400} - 1 = 0.25$。因此,滚降系数的选取范围为,$0 \leqslant \alpha \leqslant 0.25$。

(3)QPSK 调制下的频带利用率,$\eta = \dfrac{R_s \log_2 M}{B_T} = \dfrac{2400\times2}{3000} = 1.6(\mathrm{bps/Hz})$。

5.5.3 差错概率的比较

表 5.5.1 总结了在 AWGN 信道中几种基本的频带调制的误比特率公式。图 5.5.4 是相应的曲线,图中横坐标是 E_b/N_0 的分贝值,纵坐标是以对数尺度标示的 P_b 值。图中的粗线正是基带传输系统 NRZ 双/单极性信号的相应误比特率。所有 $P_b \sim E_b/N_0$ 曲线都呈抛物线下降形状,靠左下方的曲线对应于优良的传输系统。

表 5.5.1 几种基本的频带调制信号的误比特率公式

频带调制制式	相干解调 P_b	非相干解调 P_b
2ASK	$Q(\sqrt{E_b/N_0})$	$\dfrac{1}{2}\mathrm{e}^{-(E_b/N_0)/2} = \dfrac{1}{2}\mathrm{e}^{-\gamma/4}$
2FSK	$Q(\sqrt{E_b/N_0})$	$\dfrac{1}{2}\mathrm{e}^{-(E_b/N_0)/2} = \dfrac{1}{2}\mathrm{e}^{-\gamma/2}$
2PSK/QPSK	$Q(\sqrt{2E_b/N_0})$	—
2DPSK	$2Q(\sqrt{2E_b/N_0})$	$\dfrac{1}{2}\mathrm{e}^{-(E_b/N_0)} = \dfrac{1}{2}\mathrm{e}^{-\gamma}$

图 5.5.4 主要的误比特率曲线

总体而言,几种系统依误比特性能可以大致排序为

$$QPSK/PSK \overset{\text{好3dB}}{>} \text{相干 FSK(或 ASK)} \overset{\text{好1dB}}{>} \text{非相干 FSK(或 ASK)} \tag{5.5.6}$$

$$QPSK/PSK \overset{\text{好1dB}}{>} \text{差分检测 DQPSK/DPSK} \tag{5.5.7}$$

(1) PSK 与 QPSK 是几种方式中性能最优秀、复杂度最高的,适用于要求高的应用。尤其是 QPSK,其占用的频带也最少。

(2) DPSK 与 DQPSK 当信道质量较好时,差分检测的性能接近最佳(差别小于1dB)。这种方式接收较简单,且没有"不确定性反相"问题,因而非常实用。

(3) FSK 是一种性能一般的传输方式,当信道质量好(E_b/N_0 高)时,FSK 的非相干接收性能接近最佳(差别小于1dB)。因而,非相干接收方法更为实用。其实,FSK 占用频带多,其重要特点是在 AWGN 以外的更恶劣信道上,例如在衰落或有干扰的信道上,FSK 比其他几种传输方式更为"顽强"。

(4) 最后,非相干 ASK(或 OOK)主要适用于信道质量好、要求传输设备尽量简单的应用。

例 5.12 假定 2FSK 信号通过某带通 AWGN 信道后采用非相干解调的误码率为 10^{-5}。问:(1)改用相干解调的误码率是多少?(2)改用码率、载频与幅度相同的 2ASK 信号通过该信道时相干与非相干解调的 P_b 是多少?(3)改用 2ASK 信号后,如何调整幅度,可使 P_b 不变?

解 (1) 由非相干解调误码率公式,$P_e \approx \frac{1}{2} e^{-\frac{E_b/N_0}{2}} = 10^{-5}$,于是

$$\frac{E_b}{N_0} = -2\ln(2 \times 10^{-5}) = 21.64 = 13.35\text{dB}$$

查曲线图 5.5.4 可大致得出相干解调误码率为 1×10^{-6},或由相干解调误码率公式得

$$P_b = Q\left(\sqrt{\frac{E_b}{N_0}}\right) = Q(\sqrt{21.64}) = 1.64 \times 10^{-6}$$

(2) 码率与载频相同的 2ASK 信号的带宽比 2FSK 的窄,可以顺利通过该信道。2ASK 与 2FSK 的相干与非相干解调误码率公式一样,但同样幅度下,由于 2ASK 在比特 0 时信号为零,$E_{b\_2FSK} = 2E_{b\_2ASK}$,因此,2ASK 信号的误码率比 2FSK 差 3dB。

查曲线图可大致得出相干与相非干解调的误码率为 2×10^{-3} 与 5×10^{-4},或由误码率公式得

$$P_e \approx \frac{1}{2} e^{-\frac{21.64/2}{2}} = 2.2 \times 10^{-3} \quad \text{与} \quad P_b = Q(\sqrt{21.64/2}) = 5.02 \times 10^{-4}$$

(3) 显然,改用 2ASK 信号后,将幅度提高为原来的 $\sqrt{2}$ 倍可以保持同样的误码率。 ∎

5.5.4 功率谱与带宽的讨论

为了在频带信道上进行传输,ASK、FSK、PSK 与 QPSK 等利用各种方式形成"携带"数字信息的带通信号——已调信号。各种已调信号的功率谱有两种基本形式,如图 5.5.5 所示。

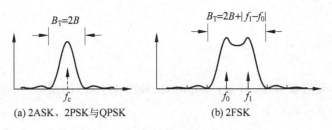

(a) 2ASK、2PSK与QPSK　　　(b) 2FSK

图 5.5.5　基本频带调制信号的功率谱形式

观察它们可以发现几个特征：

（1）单频点与多频点形式：2ASK、2PSK 与 QPSK 只使用单个载波，功率谱集中在一个频点处；而 2FSK 信号利用了两个载波，它的功率谱由多个频点处功率谱合成，带宽相应地增加。

（2）同相与正交通道：在同一频带上，借助载波相位的正交性，可以建立两个通道并行传输信号。QPSK、OQPSK 与 π/4QPSK 正是基于这一点，以两倍的速率传输数据而无须增加带宽。

（3）有无离散载波谱线：2PSK 与 QPSK 是"抑制载波"的传输方式，它们在 f_c 处没有离散的载波谱线。而 2ASK 与 2FSK 具有离散的载波谱线，其信号中消耗了一部分能量在这些载波上。

从图中还可以估算各种信号的带宽。为了衡量它们使用信道的有效性，我们特别关注各种信号所需要的最小带宽与相应的（最高）频带利用率，如表 5.5.2 所示。显然，QPSK 类信号具有最高的频带利用率，而 2FSK 信号最差。

其实，分析中常常考虑简单的矩形 NRZ 脉冲，其功率谱相当宽，基带带宽通常按第一零点带宽估算，即 $B=R_s$。另外，实际系统若采用升余弦滤波器设计，若滚降因子为 α，则 $B=(1+\alpha)R_s/2$。

表 5.5.2　各种信号的理论最小带宽与最高频带利用率

调 制 制 式	带 宽 公 式	理论最小带宽（Hz）	最高频带利用率（bit/s/Hz）
2ASK	$2B$	R_b	1
2PSK	$2B$	R_b	1
QPSK 等	$2B$	$R_b/2$（即 R_s）	2
2FSK（$\vert f_1-f_0\vert$ 取 $0.5R_b$）	$\vert f_1-f_0\vert+2B$	$1.5R_b$	2/3

*5.6　多元数字频带调制

为了尽可能多地传输信息，数字通信系统运用多元（或多进制）调制技术，即在每个时隙上借助多元符号一次传输多个比特。MASK、MFSK 与 MPSK 是多元的幅移、频移与相移调制，它们是相应二元方式直接推广的结果。QAM 是一种兼有振幅与相位变化的混合多元调制方式。几种调制具有各自的特点，适用于不同的应用场合。

5.6.1 MASK

MASK 是**多元幅移键控**（**M-ary amplitude shift keying**）的缩写，它是 2ASK 的推广。MASK 的信号公式可以表示为

$$s_{\text{MASK}}(t) = Am(t)\cos 2\pi f_c t = A\sum_n a_n g_{\text{T}}(t-nT_s)\cos 2\pi f_c t \qquad (5.6.1)$$

其中，A 是幅度因子，$m(t) = \sum_n a_n g_{\text{T}}(t-nT_s)$ 是多电平基带信号，a_n 是符号的取值，$g_{\text{T}}(t)$ 为发送脉冲。

MASK 的典型波形如图 5.6.1 所示，它借助多种电平来表征 M 元符号。图 5.6.2 简明地展示了这一特性。图中每个点代表一种电平的信号，对应于符号的一种取值。这种简洁形象的图示方法常用于描述各种调制模式的特点，称为**信号星座图**（**constellation**）。

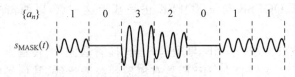

图 5.6.1 MASK 信号的典型波形（$M=4$）

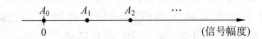

图 5.6.2 MASK 信号星座图

如果符号 a_n 取值为 $0,1,\cdots,M-1$，则 $m(t)$ 是单极性的，这时，MASK 只利用了载波的振幅，因而，接收机可以直接采用包络检波解调。如果符号 a_n 取值为 $\pm 1,\pm 3,\cdots,\pm(M-1)$，则 $m(t)$ 是双极性的，这时，MASK 主要利用了载波的振幅但也利用了极性，因而，接收机采用相干解调。两种解调方案的框图分别如图 5.6.3(a) 与 (b) 所示。

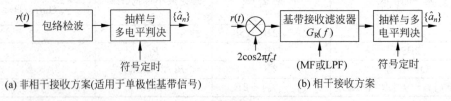

图 5.6.3 MASK 的解调框图

5.6.2 MFSK

MFSK 是**多元频移键控**（**M-ary frequency shift keying**）的简称，它是 2FSK 的推广。MFSK 信号可以表示为

$$s_{\text{MFSK}}(t) = Ag_{\text{T}}(t)\cos(2\pi f_n t), \quad (n-1)T_s \leqslant t \leqslant nT_s \qquad (5.6.2)$$

其中，$g_T(t)$ 通常为矩形 NRZ 脉冲，f_n 为第 n 时隙上的频率，它具有 M 种取值，与该时隙上符号 a_n 的各种取值相对应。通常规定 f_n 等间距，形如

$$f_n = f_c + \frac{(2i-M+1)}{2}\Delta f, \quad i = 0,1,\cdots,(M-1) \tag{5.6.3}$$

这里，f_c 称为总的载波频率，$\Delta f>0$ 为频率间隔。可见，M 种频率取值为：$f_c \pm \frac{\Delta f}{2}$，$f_c \pm 3\times\frac{\Delta f}{2}$，$\cdots$，$f_c \pm (M-1)\times\frac{\Delta f}{2}$。

为了减小信号带宽，这些频率应该尽量靠近。另一方面，我们还要求各频率两两正交，即 $\int_0^{T_s}\cos2\pi f_i t\cos2\pi f_j t\,\mathrm{d}t = 0$。可以证明，各频率正交的条件是频率间隔为 $R_s/2$ 的整倍数。因此，最小频率间隔为 $\Delta f = R_s/2$。

MFSK 的典型波形如图 5.6.4(a)所示，它借助不同频率的正弦波来表征 M 元符号。FSK 的 M 个信号彼此正交，而幅度相等，其特性也常用星座图来表现，如图 5.6.4(b)所示(以 $M=3$ 为例)，图中每个点代表一个信号。MFSK 的星座图实际上是 M 维的。

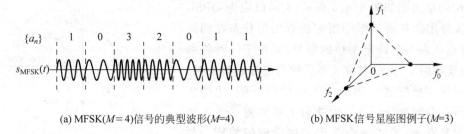

(a) MFSK($M=4$)信号的典型波形($M=4$)　　　(b) MFSK信号星座图例子($M=3$)

图 5.6.4　MFSK 信号的典型波形和信号星座图

MFSK 信号常用的解调方法为多路包络检波法。它是一种非相干解调法，由 M 路 OOK 接收支路组成，其框图如图 5.6.5 所示。MFSK 信号也可以采用相干解调法，这时图中各个支路更换为相干接收电路，分别采用不同的本地振荡 f_n。相干解调需要用到 M 个不同的本地载波，接收系统的复杂度高。

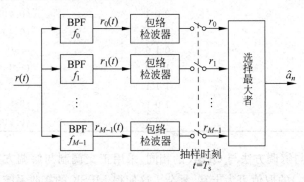

图 5.6.5　MFSK 信号的包络检波接收框图

5.6.3 MPSK

MPSK 是**多元相移键控（M-ary phase shift keying）**的缩写，它是 2PSK 与 4PSK 的推广。MPSK 信号可以表示为

$$s_{MPSK}(t) = Ag_T(t)\cos(2\pi f_c t + \theta_n), \quad (n-1)T_s \leqslant t \leqslant nT_s \tag{5.6.4}$$

其中，$g_T(t)$ 为发送脉冲；θ_n 为第 n 时隙上的相位，它具有 M 种取值。通常规定如下

$$\theta_n = 2\pi i/M, \quad i = 0, 1, \cdots, (M-1) \tag{5.6.5}$$

θ_n 的值与该时隙 M 元符号 a_n 的取值相对应。

将式(5.6.4)展开，得到

$$s_{MPSK}(t) = Ag_T(t)(\cos\theta_n \cos 2\pi f_c t - \sin\theta_n \sin 2\pi f_c t)$$
$$= Ag_T(t)(a_{cn}\cos 2\pi f_c t - a_{sn}\sin 2\pi f_c t) \tag{5.6.6}$$

式中，令 $a_{cn} = \cos\theta_n$，$a_{sn} = \sin\theta_n$。

可见，MPSK 信号与 QPSK 类似，是两路正交调制信号的合成信号。以 $M=8$ 为例，MPSK 的星座图如图 5.6.6 所示，它可以视为 QPSK 相位矢量图的扩展。图中所有的点均匀分布在圆周上，每点代表一个特定相位的信号，对应于一种符号值（或比特组）。这种对应关系常称为**星座映射关系**，也可以用表格描述。例如，8PSK 的符号值、比特组与信号点参数对 (a_{cn}, a_{sn}) 的映射关系如表 5.6.1 所示。容易看出，该映射中采用了格雷编码规则。与 QPSK 类似，MPSK 系统也常常结合差分编码来应用。

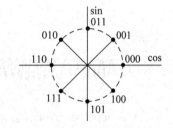

图 5.6.6　MPSK 的星座图（8PSK）

表 5.6.1　一种 8PSK 的星座映射关系

8元符号值	$b_2 b_1 b_0$	(a_{cn}, a_{sn})
0	0 0 0	(1, 0)
1	0 0 1	(0.707, 0.707)
2	0 1 1	(0, 1)
3	0 1 0	(−0.707, 0.707)
4	1 1 0	(−1, 0)
5	1 1 1	(−0.707, −0.707)
6	1 0 1	(0, −1)
7	1 0 0	(0.707, −0.707)

MPSK 的调制与解调方法与 QPSK 的相同，采用正交调制与解调方案。只是信号点数更多，参数组 (a_{cn}, a_{sn}) 的取值更为丰富、复杂。这使得 MPSK 的接收系统中不能简单地在两分支上独立完成判决，而应该由两支路抽样值 r_0 与 r_1 联合计算相角值 $\theta_r = \arctan \dfrac{r_1}{r_0}$，而后由此相角判决符号值。因为，关键信息为 M 种相位值。

5.6.4 QAM

QAM 是**正交幅度调制**（**Quadrature amplitude modulation**）的缩写，它利用两路正交载波的多种幅度来携带信息符号。QAM 总是多元的，有时记为 MQAM。QAM 信号的形式为

$$s_{\text{QAM}}(t) = Aa_{cn}g_T(t)\cos2\pi f_c t - Aa_{sn}g_T(t)\sin2\pi f_c t \tag{5.6.7}$$

其中，$g_T(t)$ 为发送脉冲，参数组 (a_{cn}, a_{sn}) 对应于当前时隙的符号取值。每个 (a_{cn}, a_{sn}) 称为一个信号点，它通过式(5.6.7)唯一地规定了一个传输信号。

QAM 具有 M 个信号点，它们可用星座图来描述。其图案的形状可以是圆形的、矩形的或其他形式的，图 5.6.7 给出了两个典型的例子。其实，QAM 与 MPSK 大致相同，但 MPSK 的信号点局限于圆周上，即 $a_{cn}^2 + a_{sn}^2 = 1$。这样，合成信号的幅度恒定，只利用相位携带信息，所以它是相位调制。而 QAM 充分利用整个二维平面安排信号点，通过振幅与相位的多种组合来联合携带信息。因此 QAM 是一种**幅度/相位混合调制**。

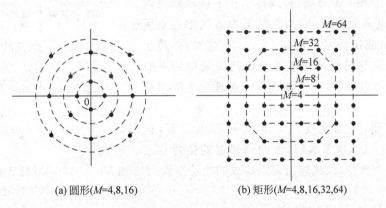

(a) 圆形(M=4,8,16)　　　　(b) 矩形(M=4,8,16,32,64)

图 5.6.7　QAM 信号星座图例子

理论分析发现，影响数字传输系统误码率的关键因素是其星座图中最邻近信号点之间的距离。信号点距离越大，则系统的误码率越低。基于这一理论，QAM 的星座图总是在给定的范围内尽量均匀地配置信号点，使它们彼此之间相距最远。与 MPSK 相比，QAM 虽然失去了恒定幅度的优点，但它可以在二维平面中更有效地布置信号点，因而具有更好的误码性能。尤其是当 M 较大时，QAM 的误码率优势非常大。

容易想到，QAM 同 MPSK 相似，发送与接收系统采用正交调制与解调方案。只是信号点的安排不同，使得具体的映射关系与判决规则不同。图 5.6.8 以更为一般的形式给出正交调制与解调系统的框图。这里考虑 M 为 2 的整数幂，$K = \log_2 M$ 为符号对应的比特数。

该接收系统采用了匹配滤波器方案，其判决器采用如下的（二维）最小距离准则，

$$\hat{a}_n = \text{与}(r_0, r_1)\text{最邻近的}(a_{cn}, a_{sn})\text{点所对应的} a_n \tag{5.6.8}$$

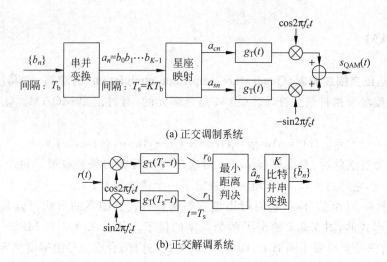

(a) 正交调制系统

(b) 正交解调系统

图 5.6.8　正交调制与解调系统框图

图 5.6.9 以 16QAM 为例，直观地示意了这种判决规则：若信号落入阴影区，则判决结果为该区中心点所对应的符号（或比特组），例如 1100。不难发现，最小距离判决规则与前面讨论过的最佳判决规则的本质是一样的。可以证明，这种接收系统是理论上的最佳系统。

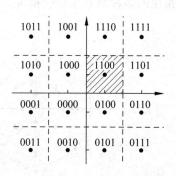

　　另一方面，仔细观察图 5.6.9 还可以发现，该 QAM 采用了二维格雷编码，使四周邻近的信号点之间只相差一个比特，以减轻由误码造成的比特损失。

图 5.6.9　16QAM 的星座图与最小距离判决规则示意

5.6.5　信号功率谱与带宽

　　MASK 是 2ASK 的广义形式，它是基带信号与载波信号的乘积；MPSK 与 QAM 是 QPSK 的广义形式，它们是两个同频正交支路的合成，而支路信号同样是基带信号与载波信号的乘积。仿照前面的分析可知，MASK、MPSK 与 QAM 的功率谱是相应基带信号功率谱平移到载频 f_c 的结果，它们形态大致相同，如图 5.6.10 所示。图中的虚线冲激对应于单极性 MASK 的载波成分，因为这种信号的基带信号中存在直流分量，如同 2ASK 的情形。

　　显然，QAM、MPSK 与 MASK 的带宽为

$$B_T = 2B \tag{5.6.9}$$

其中，B 为相应基带信号的带宽。设数据率为 R_s，则基带信号的最小带宽为 $B = R_s/2$。因此，传输信号的最小带宽为

$$B_{T\_min} = R_s \tag{5.6.10}$$

分析中可能采用简单的矩形 NRZ 发送脉冲,其基带信号的带宽通常以第一零点带宽估算,即 $B=R_s$,这时,传输信号带宽为 $B_{T\_NRZ}=2R_s$。

如果系统采用升余弦滤波器特性(设滚降因子为 α),则 $B=(1+\alpha)R_s/2$,这时,传输信号带宽为 $B_{T\_RC}=(1+\alpha)R_s$。

MFSK 是 2FSK 的广义形式,它可以视为 M 路非重叠 OOK 信号之和。因此,MFSK 的功率如图 5.6.11 所示。可见,传输信号的带宽为

$$B_{T\_MFSK} = |f_{M-1} - f_0| + 2B = (M-1)\Delta f + 2B \tag{5.6.11}$$

考虑 Δf 与 B 都取理论最小值 $R_s/2$,于是,MFSK 信号的理论最小带宽为

$$B_{T\_MFSK\_min} = (M+1)\frac{R_s}{2} \tag{5.6.12}$$

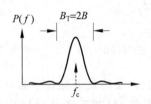

图 5.6.10 QAM、MPSK 与 MASK 的功率谱示意图

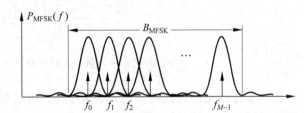

图 5.6.11 MFSK 的功率谱示意图

有趣的是,QAM、MPSK 与 MASK 的带宽不随 M 而变,但 MFSK 的带宽却与 M 几乎成正比。考察频带利用率可知

$$\eta_{QAM/MPSK/MASK} = \frac{R_s \log_2 M}{B_T} \leqslant \log_2 M \tag{5.6.13}$$

与

$$\eta_{MFSK} = \frac{R_s \log_2 M}{B_{T\_MFSK}} \leqslant \frac{2\log_2 M}{M+1} \tag{5.6.14}$$

上式不等式的右端是各自的最高频带利用率。我们发现如下的特点:QAM、MPSK 与 MASK 可以通过加大 M 提高频带利用率,从而增加信息速率;但 MFSK 在加大 M 时反而会降低频带利用率,即使其信息速率有所增加,但利用信道的效率将显著下降。

5.6.6 误码性能与比较

要准确计算出各种多元频带调制方式的误码性能是困难的。这里,我们直接给出一组典型的结果,第 7 章中有详细的分析与推导。图 5.6.12 以 $M=16$ 为例,给出了各种调制方式的部分典型误码率结果,即 $p_e \sim E_{bav}/N_0$ 曲线。其中,E_{bav} 为相应信号的平均比特能量。多元调制中每个符号包含 $K=\log_2 M$ 位比特,为了降低误码造成的比特损失,MASK、MPSK 与 QAM 系统普遍采用格雷编码,使每次误码基本上只引起一位比特错误,这样,相应的误比特率为 $p_b \approx p_e/K$。但 MFSK 系统无法利用这种特性,其误比特率为 $p_b \approx p_e/2$(当 M 较大时)。

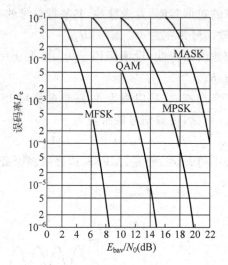

图 5.6.12　多元频带调制方式的典型 $p_e \sim E_{bav}/N_0$ 曲线（$M = 16$）

　　通过上述结果的对比与更为深入的分析,可以得出两个方面的重要结论:第一,在 QAM、MPSK 与 MASK 三种方式之间,QAM 的误码性能最好,MPSK 次之,MASK 最差。并且,随着 M 的增加,这种差距会更大。因此,在实际应用中,当 M 较高时,应该首先选择 QAM;当 M 中等时,例如 $M = 8$ 或 16,也常常见到 MPSK,因为可以利用其恒包络的优点;只有在少数特殊的情况中才使用 MASK,它简单直观,特别在理论分析上具有一定的意义。

　　第二,QAM、MPSK 与 MASK 的误码性能都随 M 的增加而逐渐下降,这是它们获得更高频带利用率的代价;与此正好相反,MFSK 的误码性能随 M 的增加而逐渐上升,这是它牺牲频带利用率的结果。其实,它们是具有不同特性的两类方式。

　　从理论层面讲,通信系统的信道带宽、噪声程度与信号功率是三个最基本的因素,可以发现:①在频带资源受限、信号功率充分的情况下,可以尽量运用 QAM 与 MPSK,借助它们实现高的频带利用率,并通过加大发送功率保障误码性能;②在频带资源丰富、信号功率受限的情况下,可以尽量运用 MFSK,通过充分利用带宽实现可靠通信。

　　工程应用中必须平衡考虑各种因素,包括恒包络特性、实现复杂度、经济成本与开发时间等等。例如,常常希望信号包络平稳以便利用非线性功放的效率,这时 FSK、PSK、OQPSK、$\pi/4$DQPSK 是不错的方案,尤其是具有连续相位的 CPFSK、CPM,甚至经高斯预滤波的 GFSK 与 GMSK,如第 8 章所述。有时还希望使用非相干解调以降低接收机难度,那么,FSK、DPSK、DQPSK、$\pi/4$DQPSK,以及第 8 章讨论的 MSK 与 GMSK 等方案可选。

*5.7　复包络与等效基带系统

　　复包络是频带信号重要的表示方法,借助复包络形式可以更为深入地理解与分析频带传输系统。本节讨论各种已调信号的复包络表示,给出数字频带传输系统的基带等效形式。

5.7.1 已调信号的复包络

由 2.5 节的知识,任何带通信号 $s(t)$ 实质上由两个要素组成:低频形式的复包络 $s_L(t)$ 与载波频率 f_c,它们分别对应于功率谱的几何形状与频带的中心位置。对于载频为 f_c 的已调信号 $s(t)$,分别记复包络信号与解析信号分别为

$$s_L(t) = s_c(t) + js_s(t) = a_s(t)e^{j\theta_s(t)} \tag{5.7.1}$$

$$s_Z(t) = s_L(t)e^{j2\pi f_c t} \tag{5.7.2}$$

其中,$s_c(t)$、$s_s(t)$ 分别是同相分量与正交分量;$a_s(t)$ 与 $\theta_s(t)$ 分别是幅度与相位分量,而且

$$s(t) = \text{Re}[s_Z(t)] = a_s(t)\cos[2\pi f_c t + \theta_s(t)]$$

$$= s_c(t)\cos2\pi f_c t - s_s(t)\sin2\pi f_c t \tag{5.7.3}$$

具体考察各种数字频带调制的已调信号时,假定 $m(t)$、$m_I(t)$ 与 $m_Q(t)$ 为适当的基带信号,由前面各节的介绍可知

$$s_{ASK}(t) = Am(t)\cos2\pi f_c t$$

$$s_{PSK}(t) = A\cos\left[2\pi f_c t + \frac{2\pi}{M}m(t)\right]$$

$$= Am_I(t)\cos2\pi f_c t - Am_Q(t)\sin2\pi f_c t$$

$$s_{QAM}(t) = Am_I(t)\cos2\pi f_c t - Am_Q(t)\sin2\pi f_c t$$

$$s_{FSK}(t) = A\cos\left[2\pi f_c t + D_f\int m(\tau)d\tau\right] \quad (其中 D_f = 2\pi k_{FM})$$

将这些公式与式(5.7.3)对照,可以得出各种调制方式的复包络信号、同相与正交分量信号以及幅度与相位信号,如表 5.7.1 所示。

表 5.7.1 基本频带调制信号的复包络与有关分量信号

	$s_L(t)$	$s_c(t)$	$s_s(t)$	$a_s(t)$	$\theta_s(t)$
ASK	$Am(t)$	$Am(t)$	0	$Am(t)$	0
PSK	$Ae^{j\frac{2\pi}{M}m(t)}$	$Am_I(t)$	$Am_Q(t)$	A	$\frac{2\pi}{M}m(t)$
QAM	$A[m_I(t)+jm_Q(t)]$	$Am_Q(t)$	$Am_Q(t)$	$A\sqrt{m_I^2(t)+m_Q^2(t)}$	$\arctan\frac{m_Q(t)}{m_I(t)}$
FSK	$Ae^{jD_f\int_{-\infty}^t m(\tau)d\tau}$	$A\cos\left[D_f\int_{-\infty}^t m(\tau)d\tau\right]$	$A\sin\left[D_f\int_{-\infty}^t m(\tau)d\tau\right]$	A	$D_f\int_{-\infty}^t m(\tau)d\tau$

其实,任何一种具体的频带调制方式不过是要形成某种特定的带通信号而已。而带通信号本质上又对应于特定的复包络信号 $s_L(t)$ 和具体的载频 f_c。其中,载频是某个由信道频带位置决定的固定数值,因此频带调制方式的核心就是它的 $s_L(t)$ 表达形式。在理论研究中,分析某调制方式的复包络信号就能够深入地了解其许多重要的特性。

5.7.2 等效基带传输系统

数字频带传输过程可以表示为图 5.7.1 的通用形式。

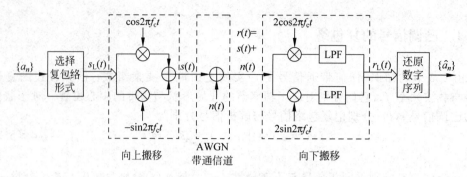

图 5.7.1　复包络信号及其频带传输过程

图 5.7.1 中 $n(t)$ 是功率谱密度为 $N_0/2$ 的带通高斯白噪声,其复包络可记为

$$n_{\mathrm{L}}(t) = n_{\mathrm{c}}(t) + \mathrm{j}n_{\mathrm{s}}(t) \tag{5.7.4}$$

其中同相分量与正交分量 $n_{\mathrm{c}}(t)$ 与 $n_{\mathrm{s}}(t)$ 是(双边)功率谱密度为 N_0 的低通高斯白噪声,而且

$$n(t) = n_{\mathrm{c}}(t)\cos 2\pi f_{\mathrm{c}}t - n_{\mathrm{s}}(t)\sin 2\pi f_{\mathrm{c}}t \tag{5.7.5}$$

于是

$$r(t) = s(t) + n(t) = \big[s_{\mathrm{c}}(t) + n_{\mathrm{c}}(t)\big]\cos 2\pi f_{\mathrm{c}}t - \big[s_{\mathrm{s}}(t) + n_{\mathrm{s}}(t)\big]\sin 2\pi f_{\mathrm{c}}t$$

即

$$r_{\mathrm{L}}(t) = \big[s_{\mathrm{c}}(t) + n_{\mathrm{c}}(t)\big] + \mathrm{j}\big[s_{\mathrm{s}}(t) + n_{\mathrm{s}}(t)\big] = s_{\mathrm{L}}(t) + n_{\mathrm{L}}(t) \tag{5.7.6}$$

这表明,图 5.7.1 中传输 $s(t)$ 的过程实质上就是传输 $s_{\mathrm{L}}(t)$ 的过程,不妨简化为图 5.7.2 的形式。由于 $s_{\mathrm{L}}(t)$、$n_{\mathrm{L}}(t)$ 与 $r_{\mathrm{L}}(t)$ 都是基带信号,因此,简化形式是原频带传输系统的等效基带形式。原系统中的"向上频谱搬移"、带通信道与"向下频谱搬移"三个单元合并在一起成为**等效基带信道**。

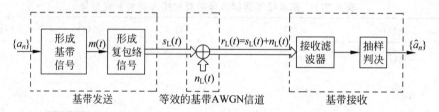

图 5.7.2　等效基带传输系统

图中的 $s_{\mathrm{L}}(t)$、$n_{\mathrm{L}}(t)$ 与 $r_{\mathrm{L}}(t)$ 可能是复值的,例如在 QAM 与 MPSK 的情形中,这时,它们就是成对的实信号。

通过等效,可以在基带传输中研究频带传输的问题。这一等效方法不只在通信系统的理论分析中很有价值,在传输过程的仿真研究中也是很有效的。因为在计算和仿真中,要处理的数据量与信号的频率有关,仿真基带系统比仿真频带系统需要的数据量通常少得多,因而获得结果的速度也要快得多。

对于更一般的频带信道,例如,除了加性噪声外信道还含有畸变,基带等效的方法也是可以运用的。假定频带信道对输入的带通信号 $s(t)$ 的畸变影响可以用线性时不变系统 $h(t)$ 来表示,如图 5.7.3(a)所示。显然,$h(t)$ 是一个带通系统,而频带信道输出的带通信

号为 $r(t)=s(t)*h(t)+n(t)$，由 2.5 节的知识可得，$r(t)$ 复包络信号为

$$r_L(t) = s_L(t) * \left[\frac{1}{2}h_L(t)\right] + n_L(t) \tag{5.7.7}$$

于是，这种频带信道的基带等效形式如图 5.7.3(b) 所示。

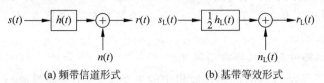

(a) 频带信道形式   (b) 基带等效形式

图 5.7.3 信道的影响及其低频等效形式

本章关键词

通过下面的关键词，可以快速地回顾本章的主要知识点。

数字调制与数字频带传输	偏移四相移键控(OQPSK)
二进制幅移键控(2ASK、BASK)	$\pi/4$ 差分四相移键控($\pi/4$ DQPSK)
二进制启闭键控(OOK)	ASK/FSK 相干解调
传号与空号	无 ISI 频带传输方法
包络检波	理论最小传输带宽
二进制频移键控(2FSK、BFSK)	矩形 NRZ 信号传输带宽
连续相位 FSK	升余弦信号传输带宽
过零点检测	频带利用率
二进制相移键控(2PSK、BPSK)	多元幅移键控(MASK)
相干与非相干解调	信号星座图
二进制差分相移键控(2DPSK)	多元频移键控(MFSK)
绝对码与相对码	多元相移键控(MPSK)
差分检测与差分相干解调	正交幅度调制(QAM)
平方环法与科斯塔斯环法	幅度/相位混合调制
四相移键控(QPSK)	最小距离准则
正交调制/解调器	E_{bav}/N_0
差分四相移键控(DQPSK)	复包络与分量信号
QPSK 格雷编码	等效基带信道

习题

1. 已知某 2ASK 系统的码元速率为 1000 波特，所用载波信号为 $A\cos(4\pi\times10^6 t)$。

(1) 假定比特序列为 {0110010}，试画出相应的 2ASK 信号波形示意图；

(2) 求 2ASK 信号第一零点带宽。

2. 某 2ASK 系统的速率为 $R_b = 2\text{Mbps}$，接收机输入信号的振幅 $A = 40\mu\text{V}$，AWGN 信道的单边功率谱密度为 $N_0 = 5 \times 10^{-18}\,\text{W/Hz}$，试求传输信号的带宽与系统的接收误码率。

3. 某 2FSK 发送码 1 时，信号为 $s_1(t) = A\sin(\omega_1 t + \theta_1)$，$0 \leqslant t \leqslant T_s$；发送码 0 时，信号为 $s_0(t) = A\sin(\omega_0 t + \theta_0)$，$0 \leqslant t \leqslant T_s$。式中 θ_1 及 θ_0 为均匀分布随机变量，$\omega_0 = 2\omega_1 = 8\pi/T_s$，码 1 与 0 等概率出现。

(1) 画出包络检波形式的接收机框图；

(2) 设码元序列为 11010，画出接收机中的主要波形（不考虑噪声）；

(3) 若接收机输入高斯噪声功率谱密度为 $N_0/2$，试给出系统的误码率公式。

4. 某 2FSK 系统的速率为 $R_b = 2\text{Mbps}$，两个传输信号频率为 $f_1 = 10\text{MHz}$ 与 $f_0 = 12\text{MHz}$，接收机输入信号的振幅 $A = 40\mu\text{V}$，AWGN 信道的单边功率谱密度为 $N_0 = 5 \times 10^{-18}\,\text{W/Hz}$，试求传输信号的（第一零点）带宽、工作频带与系统的接收误码率。

5. 对于码率为 $R_b = 1200$ 或 $R_b = 2400\text{bps}$ 的 BPSK 调制，假定 $N_0 = 10^{-10}\,\text{W/Hz}$，为了达到误比特率 $P_b = 10^{-5}$，请问信号功率应为多大？

6. 已知 2PSK 信号在功率谱密度为 $N_0/2 = 10^{-10}\,\text{W/Hz}$ 的 AWGN 信道传输的平均误比特率为 $P_b = 10^{-5}$，试求在速率 R_b 分别为 10kbps、100kbps 或 1Mbps 时，2PSK 信号的幅度值。

7. 假定在采用 LPF 的 BPSK 相干解调系统中，恢复载波和发送载波相位差为固定的 θ，LPF 带宽为 B。试证明该系统的平均误比特率计算公式为

$$P_b = Q\left(\sqrt{\frac{A^2\cos^2\theta}{2N_0 B}}\right)$$

8. 考虑图 5.3.4 的 BPSK 传输系统。假设基带信号带宽为 $B(\ll f_c)$，AWGN 信道双边功率谱密度为 $N_0/2$，BPF 与 LPF（增益为 1）带宽分别为 W_B 与 W_L，输出噪声分别为 $n_B(t)$ 与 $n_L(t)$。试问下列情况下，$n_B(t)$ 与 $n_L(t)$ 的功率分别是多少？滤波器输出信号是否完整？

(1) 若 $W_B = 2B$ 与 $W_L = B$；

(2) 若 $W_B = 4B$ 与 $W_L = B$；

(3) 若 $W_B = 4B$ 与 $W_L = 2B$；

(4) 若 $W_B = B$ 与 $W_L = B$。

9. 假定 2DPSK 数字通信系统的输入比特序列为 110100010110…

(1) 写出相对码（考虑相对码的初始比特为 1）；

(2) 画出 2DPSK 发送与相干接收框图。

10. DPSK 系统采用相位偏移 $\Delta\theta = 0°$ 代表"0"，$\Delta\theta = 180°$ 代表"1"。假设信息序列为 011010，码元速率为 1200 波特，试按下面两种方式画出信号的波形（第一个码元初相为 0）。

(1) 载频为 1800Hz；(2) 载频为 2400Hz。

11. 假设在某 2DPSK 系统中，载波频率为 2400Hz，码元速率为 1200Baud，已知相对码序列为 1100010111。

(1) 试画出 2DPSK 信号波形;

(2) 若采用差分相干解调法接收该信号,试画出解调系统的各点波形;

(3) 若发送符号 0 和 1 的概率相同,试给出 2DPSK 信号的功率谱示意图。

12. 给定取值 $+1$ 与 -1 的二元码,试给出采用乘法运算实现差分编解码的方法。(提示:对于 0 与 1 的二元码,差分编解码采用异或(模二加)运算。)

13. 假定 QPSK 系统的输入二进制序列为 00100111010010,试问:

(1) 载波相位序列(B 方式);

(2) 相应的载波相位序列(A 方式);

(3) 同相与正交支路的比特序列;

(4) 传输率为 4Mbps 时需要的带宽。

14. 在图 5.4.3 与图 5.4.4 的 QPSK 调制框图中,如果交换 I、Q 路的比特序列,试给出:

(1) 传输信号的表达式;

(2) 相应的相位矢量图,并说明其特点(注意格雷编码)。

15. 参照 2PSK 载波同步的有关方案,试给出 QPSK 系统的 Costas 环框图,并说明它的工作原理。

16. 假定 DQPSK 系统的输入为二进制序列 011010011100,试给出:

(1) B_n 与 D_n(假定初值 $D_{-1}=2$);

(2) 载波绝对相位与相位差(并与例 5.9 比较)。

17. 根据 DQPSK 差分编解码公式与格雷编码规则。试:

(1) 写出由比特对 (b_{1n},b_{0n}) 产生 (d_{1n},d_{0n}) 的映射表;

(2) 设计编码电路(给出该电路的布尔式,绘出电路图)。

18. DQPSK 系统中 n 时刻相位与差分相位关系为 $\Delta\theta_n=\theta_n-\theta_{n-1}$,记 $I_n=\cos\theta_n$ 与 $Q_n=\sin\theta_n$。

(1) 试证明:

$$I_n = I_{n-1}\cos(\Delta\theta_n) - Q_{n-1}\sin(\Delta\theta_n), Q_n = I_{n-1}\sin(\Delta\theta_n) + Q_{n-1}\cos(\Delta\theta_n)$$

(2) 利用(1)的公式给出 DQPSK 系统的递推生成方案。

19. 已知 OQPSK 调制器速率为 $R_b=2$Mbps,载波为 2MHz。若输入数据为 1110010010…,请画出:OQPSK 调制器中的同相及正交支路的基带信号、两路 2PSK 信号与合成的 OQPSK 信号的波形图。

20. $\pi/4$ DQPSK 调制器的输入数据为 1110010010…,试给出各时刻的载波相位(假定初相为 0)。

21. 对 2ASK 信号进行非相干接收,已知发送信号的峰值为 5V,带通滤波器输出端的正态噪声功率为 3×10^{-6}W。试问:

(1) 若 $P_e=10^{-4}$,则发送信号传输到解调器输入端共衰减多少分贝(dB)? 这时最佳门限为多少?

(2) 若改用相干接收,P_e 大约是多少?

22. 电话线频带为 300~3300Hz,试给出下面调制方式下的最大符号率与比特率:

(1) OOK、BPSK、2DPSK（采用 $\alpha=0.25$ 的升余弦滚降特性）；

(2) BFSK（采用矩形 NRZ 信号，非相干解调）；

(3) QPSK、DQPSK（采用 $\alpha=0.25$ 的升余弦滚降特性）；

(4) QPSK、OQPSK（采用矩形 NRZ 信号）；

(5) QPSK、OQPSK（采用最小理论带宽估算）；

(6) 16QAM（采用 $\alpha=0.25$ 的升余弦滚降特性）。

23. 电话线频带为 $300\sim3300\text{Hz}$，噪声的双边功率谱密度为 $N_0=10^{-8}\text{W/Hz}$，假定数字频带传输的符号率为 2400baud，要求误码率为 $P_e=10^{-6}$。试估计下面调制方式下的比特平均能量与信号幅度：

(1) 相干与非相干 OOK；

(2) BPSK；

(3) 相干与非相干 2DPSK；

(4) QPSK。

24. 8PSK 系统，采用 $\alpha=0.25$ 的升余弦基带信号，信道带宽为 20MHz，求无码间串扰传输的最大速率。

25. 设通信系统的频率特性为 $\alpha=0.25$ 的余弦滚降特性，传输的信息速率为 160kbps，要求无码间串扰。

(1) 采用 16PSK 调制，$E_b/N_0=14\text{dB}$，求占用信道带宽、频带利用率与最佳接收的误比特率；

(2) 采用 16QAM 调制，$E_b/N_0=14\text{dB}$，求占用信道带宽、频带利用率与最佳接收的误比特率。

26. 考虑正方形 16QAM 星座图，试计算 16-QAM 信号的最大与平均功率之比。

27. 假定 QPSK 与 DQPSK 等系统中，消息序列 $\{a_n\}$ 的前后位比特分别排成的序列为 $\{b_{1n}\}$ 与 $\{b_{0n}\}$，基带成形脉冲为 $g_T(t)$。试写出：

(1) QPSK 已调信号的复包络信号 $s_L(t)=s_c(t)+js_s(t)$；

(2) OQPSK 已调信号的复包络信号 $s_L(t)=s_c(t)+js_s(t)$。

28. MPSK 信号表达式为

$$s_j(t)=A\cos\left[2\pi f_c t+\frac{2\pi(j-1)}{M}\right] \quad (j=1,2,\cdots,M, 0\leqslant t\leqslant T_s)$$

请分别给出 QPSK 和 8PSK 信号的解析信号及复包络表示式。

第6章

模拟信号数字化与PCM

模拟信号的数字化是通信与信息处理的基础技术。常见的语音、图像等许多消息信号必须转换为数字形式才能有效地进行存储、传输与处理。从原理上讲，数字化过程由抽样、量化与编码三个基本环节组成，它们分别完成模拟信号的时间的离散化、取值的离散化、以及将离散的信号值表示成二进制码字的工作。数字化过程中抽样、量化与编码的作用如图 6.0.1 所示。

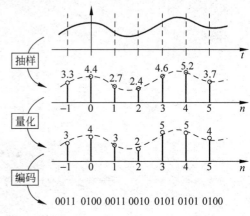

电话通信系统主要采用 PCM（脉冲编码调制）技术实施语音信号的数字化，PCM 是一种最重要与最具代表性的数字化方法。采用 PCM 技术的电话通信系统极大地促进了数字通信的发展，形成了几种重要的时分复用数字体系。

图 6.0.1　模拟信号数字化过程

本章着重介绍模拟信号的数字化、脉冲编码调制技术与时分复用体系等相关基础知识，内容要点包括：

（1）时间抽样：带限抽样定理、自然与平顶抽样、脉冲幅度、宽度与位置调制、带通抽样。

（2）量化原理：量化器的结构、误差与噪声、均匀量化器、最佳量化器。

（3）对数量化：量化的信噪比、6dB 规则、动态范围、对数压缩-扩张、A 律与 13 折线法、μ 律与 15 折线法。

（4）PCM 技术：脉冲编码调制（PCM）原理、FBC 编码、PCM 传输系统的信噪比。

（5）DPCM 与 DM：波形编码、差分脉冲编码调制、增量调制。

（6）时分复用：时分复用（TDM）原理、帧与帧同步、E1 与 T1、准同步体系与同步体系、复接与码率调整。

6.1　模拟信号的抽样

把时间连续信号转换为时间离散序列通过抽样来完成。抽样过程应该完整、高效地保留原信号的信息，因此，要求得到的抽样序列能够完全还原出来原来的模拟信号，并要求抽样序列的速率尽量的低。抽样定理是抽样的理论基础。

本节讨论带限信号的抽样定理、实际抽样中的自然与平顶抽样、模拟信号的脉冲调制以及带通信号的抽样定理。

6.1.1　带限信号的抽样

抽样或**采样（sampling）**就是在某些时刻上抽取信号值，形成反映原信号的样值序列。基本的抽样定理是针对带限或低通信号的，因此也称为**带限（或低通）抽样定理**，该定理可叙述如下：

给定最高非零频率为 f_H 的带限信号 $m(t)$，如果取抽样间隔 $T_s<1/(2f_H)$（或抽样率 $f_s>2f_H$），则 $m(t)$ 由其样值序列 $\{m_n=m(nT_s)$，n 为整数$\}$ 唯一决定，即

$$m(t) \xrightarrow[\text{只要} f_s>2f_H]{} \{m_n, n=0, \pm 1, \pm 2, \cdots\} \tag{6.1.1}$$

抽样定理中，抽样速率必须大于 $2f_H$，该频率 $2f_H$ 通常称为**奈奎斯特频率**（**Nyquist frequency**）。对于低通或基带信号，f_H 正是信号的带宽 B，因此其奈奎斯特频率为 $2B$，而采样率必须满足 $f_s>2B$。

式(6.1.1)左边是时间连续信号，右边是时间离散信号，如图 6.1.1(a)和(b)所示。分析中常常借助图 6.1.1(c)的冲激抽样信号 $m_s(t)$ 将两种信号联系在一起。因为 $m_s(t)$ 既可以称为时间连续的，又与序列 $\{m_n\}$ 直接对应。也就是说，$m_s(t)$ 就是序列 $\{m_n\}$ 的“替身”。$m_s(t)$ 可以表示为 $m(t)$ 与周期冲激串的乘积，即

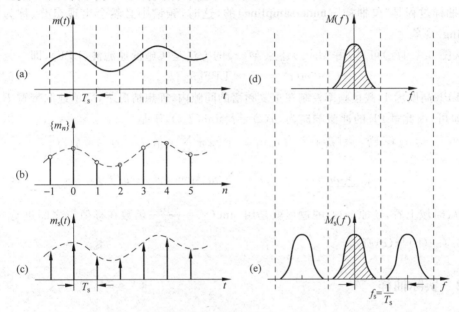

图 6.1.1　抽样的时域与频域过程

$$m_s(t) = m(t) \times \sum_n \delta(t-nT_s) = \sum_n m_n \delta(t-nT_s) \tag{6.1.2}$$

其中利用冲激函数的性质

$$m(t)\delta(t-nT_s) = m(nT_s)\delta(t-nT_s) = m_n\delta(t-nT_s)$$

式(6.1.2)实际上给出了抽样框图，如图 6.1.2 所示。

为了了解抽样的频域过程，可以对式(6.1.2)两边作傅里叶变换，由于时域冲激串的傅里叶变换为频域的冲激串，于是有

$$M_s(f) = M(f) * \left[\frac{1}{T_s}\sum_n \delta(f-nf_s)\right] = \frac{1}{T_s}\sum_n M(f-nf_s) \tag{6.1.3}$$

该式中的 $M(f)$ 与 $M_s(f)$ 如图 6.1.1(d)与(e)所示。由图可见，抽样的频域过程是频谱按 f_s 进行周期重复，而条件 $f_s>2f_H$ 保证了重复过程中频谱彼此不重叠。当 f_s 低于该条

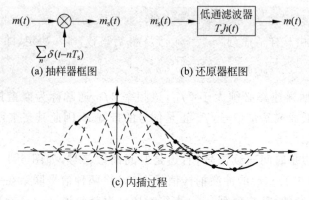

(a) 抽样器框图　　　　　　　　(b) 还原器框图

(c) 内插过程

图 6.1.2　抽样、还原与内插

件时，抽样过程是"**欠抽样**"（**undersampling**）的，这时，频谱中必然会出现交叠，称为**混叠**（**aliasing**）现象。

从图 6.1.1(e) 可见，由 $M_s(f)$ 还原 $M(f)$ 的方法是实施低通滤波（LPF），即

$$m(t) = T_s \times \text{LPF}[m_s(t)] \tag{6.1.4}$$

其中，LPF 高度为1，截止频率控制在重复频谱的间隙内，理想情况下，简单地取带宽 $B_{\text{LPF}} = f_s/2$ 即可，因此，LPF 的冲激响应为，$h(t) = f_s\text{sinc}(f_s t)$，于是

$$m(t) = T_s \times [m_s(t) * h(t)] = T_s \times \left[\sum_n m_n \delta(t - nT_s) * h(t) \right]$$

$$= T_s \sum_n m_n h(t - nT_s) = \sum_n m_n \text{sinc}[f_s(t - n/f_s)] \tag{6.1.5}$$

可见，从时域上看，还原 $m(t)$ 的过程就是用 $\text{sinc}(x) = \dfrac{\sin\pi x}{\pi x}$ 函数在样值点之间进行内插，如图 6.1.2(b) 与 (c) 所示。

6.1.2　实际抽样

实际抽样中不可能采用理想的 δ 函数，而只能是某种物理可实现的窄脉冲，常用的为矩形脉冲。这时有下面两种典型的抽样方法。

1. 自然抽样

如图 6.1.3(a) 至 (c) 所示，抽样函数改用矩形脉冲串，抽样仍然为乘法过程，可以通过门控电路实现，抽样结果信号如图 6.1.3(c) 所示。易见，各个脉冲有一定的宽度，脉冲顶部随 $m(t)$ 相应时段的值"自然波动"，因此称为**自然抽样**（**natural sampling**）。由于自然抽样的各脉冲的顶部是变化的，它没有确切地给出固定的样点值。

2. 平顶抽样

平顶抽样信号如图 6.1.3(d) 所示，该信号的各个脉冲的顶部是平坦的，其高度是该脉冲前沿处 $m(t)$ 的值。平顶抽样器由瞬时抽样与保持电路构成，其原理与框图如图 6.1.4(a)

与(b)所示。

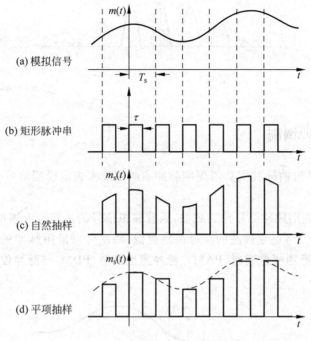

(a) 模拟信号

(b) 矩形脉冲串

(c) 自然抽样

(d) 平顶抽样

图 6.1.3　自然抽样与平顶抽样

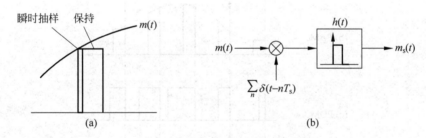

图 6.1.4　平顶抽样及其框图

记宽度为 τ、高度为 1 的矩形脉冲为 $h(t)$，由图 6.1.3(d)可见

$$m_s(t) = \sum_n m_n h(t - nT_s) = \left[\sum_n m_n \delta(t - nT_s) \right] * h(t) \tag{6.1.6}$$

相应的频域形式为

$$M_s(f) = \left[\frac{1}{T_s} \sum_n M(f - nf_s) \right] H(f) \tag{6.1.7}$$

如图 6.1.5 所示。

与理想抽样的频谱公式(6.1.3)与图 6.1.1(e)比较可见，平顶抽样的频谱上多了一个乘性因子 $H(f)$，它引起的变化是一种失真，称为**孔径失真**。因为该失真与光学成像中由光圈孔径引起的失真有着相似之处。显然，脉冲宽度 τ 越小，则 $H(f)$ 越平坦，失真也越小。

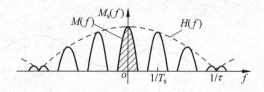

图 6.1.5 平顶抽样信号频谱

*6.1.3 模拟脉冲调制

自然抽样与平顶抽样其实是用周期脉冲串的幅度来表示模拟信号 $m(t)$，它们是脉冲幅度调制过程。

一般而言，以周期脉冲信号作为载波，承载模拟信号的过程称为**模拟脉冲调制**（**analog pulse modulation**）。与正弦载波的频带调制类似，调制可以借用脉冲的幅度、宽度与位置来实现，分别称为**脉冲幅度调制**（**PAM**）、**脉冲宽度调制**（**PDM**）与**脉冲位置调制**（**PPM**），如图 6.1.6 所示。

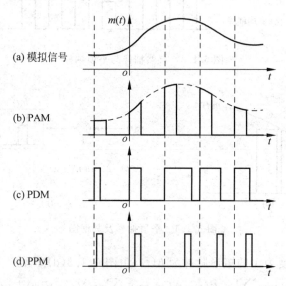

图 6.1.6 模拟信号及其 PAM、PDM、PPM

这三种已调信号在时间上由离散的脉冲组成，但脉冲相应参量的取值是模拟，因此都是模拟调制。

*6.1.4 带通信号的抽样

给定带通信号 $s(t)$，其频谱 $S(f)$ 位于 $f_L \leqslant |f| \leqslant f_H$ 上，带宽为 $B = f_H - f_L$。如果以抽样间隔 T_s（或速率 f_s）进行抽样，要求从抽样序列 $\{s_n = s(nT_s), n = 0, \pm 1, \pm 2, \cdots\}$ 中能够完全还原 $s(t)$，那么 T_s（或 f_s）应该如何选取呢？

　　显然,按照带限信号抽样定理,使 $f_s > 2f_H$,上述要求是可以满足的。然而,下面将说明,使 f_s 为 $[2B, 4B)$ 之间的某些值也是可行的。由于很多时候 $f_H \gg B$,使后面一个结论给出的 f_s 比前一个给出的低很多,因而,这一结论是很有用的。

　　从前面的分析可见,抽样过程使频谱按 f_s 重复,而正确抽样的条件是频谱重复过程中不能相互交叠。依据这一想法,下面分两种情形来讨论。

1. f_H 是 B 的整数倍的情形

　　这时,$f_H = nB$,n 为某正整数。图 6.1.7 以 $n = 3$ 为例示意了这种情形,图中分别示出了带通信号的正负频率部分按 $f_s = 2B$ 的重复过程,易见它们彼此恰巧错开,所有的重复频谱部分不会发生交叠,于是,只要取 $f_s = 2B$,可以正确抽样。

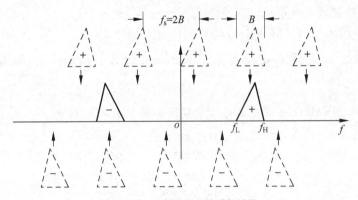

(a) 正、负频率部分的重复过程

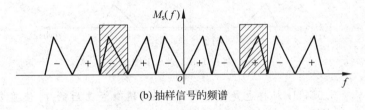

(b) 抽样信号的频谱

图 6.1.7　$f_H = nB$ 情形

2. f_H 不是 B 的整数倍的情形

　　不妨记 $f_H = nB + kB$,其中 $0 < k < 1$。这时可适当下移 f_L,将带宽扩展为 B',使 f_H 是 B' 的整数倍,即

$$f_H = nB' = n\left[B\left(1 + \frac{k}{n}\right) \right]$$

可见 $B' = B(1 + k/n)$。而后可按情形 1,取抽样率 $f_s = 2B'$ 就可以正确抽样。

　　综上所述,得出带通信号的抽样原则:对于一般带通信号,不妨设 $f_H = nB + kB$(其中,$n = [f_H/B]$,n 是至少为 1 的正整数,而 $0 \leqslant k < 1$),f_s 的选取原则为

$$f_s = \frac{2f_H}{n} = 2B\left(1 + \frac{k}{n}\right) \tag{6.1.8}$$

可见，$2B \leqslant f_s < 4B$。当 n 很大时，$f_s \approx 2B$。

又由图 6.1.7(b) 易见，由 $M_s(f)$ 还原 $M(f)$ 的方法是使用带通滤波器（BPF），即

$$m(t) = \mathrm{BPF}[m_s(t)] \tag{6.1.9}$$

其中，BPF 应该对准频率范围：$f_L \leqslant |f| \leqslant f_H$。

最后注意到，带限抽样的条件为范围 $f_s > 2B$，而带通抽样的条件为精确值 $f_s = 2B(1+k/n)$。其实，带通抽样的条件通常也是某些范围，而 $2B(1+k/n)$ 是这个范围的下限值，从下面的例题中可以看到这一点。

例 6.1 假定带通信号的中心频率为 4MHz、带宽为 2MHz。(1)试求带通抽样的频率并绘出抽样信号的频谱示意图；(2)将采样率提高 0.5MHz 是否还能够正确抽样，绘出新的抽样信号的频谱示意图。

解 易见 $f_H = 4+1 = 5(\mathrm{MHz})$，$B = 2\mathrm{MHz}$。

(1) $n = \left[\dfrac{5}{2}\right] = 2$，于是抽样率为 $f_s = \dfrac{2f_H}{n} = \dfrac{2 \times 5}{2} = 5(\mathrm{MHz})$。抽样信号频谱如图 6.1.8(a) 所示。

(2) 按 $f_s = 5.5\mathrm{MHz}$ 可得新抽样信号频谱如图 6.1.8(b) 所示。

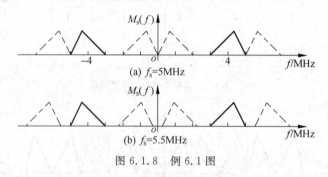

图 6.1.8 例 6.1 图

显然，按 $f_s = 5.5\mathrm{MHz}$ 抽样也是可行的。而且，稍微修改后的 f_s 使重复的频谱左右有 0.5MHz 或 1MHz 的间隙，有利于使用 BPF 进行还原。就本例而言，只要 $5\mathrm{MHz} \leqslant f_s \leqslant 6\mathrm{MHz}$，抽样都可以正确进行。而式(6.1.8)得出的正是该频率范围的下限。■

6.2 均匀量化与最佳量化

模拟信号经过抽样后得到抽样序列，这种序列是时间离散的，但其取值仍然是连续的，即模拟的，它还需要经过量化处理。本节讨论量化的基本原理、均匀量化器与最佳量化器。

6.2.1 量化原理

量化（quantization）是一个近似过程，它以适度的误差为代价，使无限精度（或较高精

度)的数值可以用较少的数位来表示。较少的数位本质上只能区分较少的取值种类。人们熟知的"四舍五入"是量化的例子。

例 6.2 几个"四舍五入"的例子如表 6.2.1 所示。记原数为 x,其范围为 $(0,1)$;新数是原数只保留 1 位小数的结果,记为 y。

表 6.2.1 "四舍五入"量化举例(只保留 1 位小数)

数 值		需要的小数位数		位数对应的取值种类		误 差
原数 x	新数 y	原 数	新 数	原 数	新 数	$e=x-y$
2/3	0.7	∞	1	∞	10	$-0.0333\cdots$
$\sqrt{2}/2$	0.7	∞	1	∞	10	$+0.0071\cdots$
0.48	0.5	2	1	100	10	-0.02

实施量化处理的单元称为**量化器**(**quantizer**)。例 6.2 中量化的具体过程如图 6.2.1 所示,其中包括下面几个要点:

(1) 量化器把整个输入区域划分成多个区间;对落入每个区间的输入,以同一个 y_i 值作为输出,y_i 被称为**输出电平**;

(2) 各区间之间的分界记为 x_i,称为**分层或阈值电平**;

(3) 所分区间的个数记为 M,称为**量化电平数**;实际上 M 常常取为 2 的幂次,不妨记为 $M=2^n$,n 称为**量化器的位数**(或**比特数**)。

对于 $[0,1)$ 的数值,保留 1 位小数的"四舍五入"量化器,可以认为:

(1) 量化电平数为: $M=10$;

(2) 输出电平 M 个为: $\{y_i\}=\{0.0,0.1,0.2,\cdots,0.9\}$;

(3) 分层电平 $M+1$ 个为: $\{x_i\}=\{0.00,0.05,0.15,\cdots,0.85,1.00\}$。

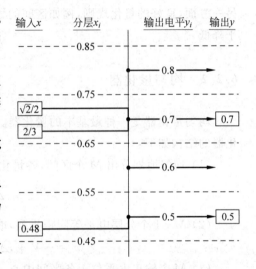

图 6.2.1 量化过程示意

一般而言,量化器的框图可表示为图 6.2.2(a)。量化器的输入范围是某个连续区间 $[a,b]$;输出只是 M 种取值之一,取自 $\{y_1,y_2,\cdots,y_M\}$;量化规则由 $Q(x)$ 给出,它由具体的区间划分与输出电平映射关系等决定。$Q(x)$ 的特性常常形象地用阶梯状曲线表示,如图 6.2.2(b)所示。

量化器产生的误差称为**量化误差**,记为 $e_q=x-y=x-Q(x)$。量化器的输入一般源于语音、图像等信息信号,它们是随机的,因而 e_q 也是随机的。通常又把量化误差称为**量化噪声**,采用均方误差(即噪声功率)来度量,即

$$\sigma_q^2 = E\{[x-Q(x)]^2\} = \int_{-\infty}^{+\infty}[x-Q(x)]^2 f(x)\,\mathrm{d}x \tag{6.2.1}$$

其中,$f(x)$ 为输入值的概率密度函数。

显然,好的量化器应该具有小的 σ_q^2。容易看出,M 越多,区间划分越细,则 σ_q^2 越小;

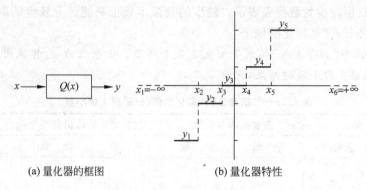

(a) 量化器的框图　　　　　　　　　　　　　(b) 量化器特性

图 6.2.2　量化器的框图与特性

另一方面，良好的量化规则，例如区间的划分方法、输出电平的选取与映射关系等也有助于降低 σ_q^2。

6.2.2　均匀量化器

均匀量化器是一种最基本的量化器。假定输入范围为 $[-V, +V]$，M 电平的均匀量化器的结构如下：

(1) 均匀地划分出 M 个区间，各量化间隔（区间长度）相等，记为 Δ，则

$$\Delta = \frac{2V}{M} \tag{6.2.2}$$

(2) $M+1$ 个分层电平等间距排列，取值为

$$x_i = -V + i\Delta, \quad i = 0, 1, 2, \cdots, M \tag{6.2.3}$$

(3) M 个输出电平位于各区间中心，取值为

$$y_i = \frac{x_{i-1} + x_i}{2} = x_{i-1} + \frac{\Delta}{2}, \quad i = 1, 2, \cdots, M \tag{6.2.4}$$

关于均匀量化器的量化误差，考虑输入 x 服从 $[-V, +V]$ 的均匀分布的情形，由式(6.2.1)可得

$$\sigma_q^2 = \int_{-V}^{+V} [x - Q(x)]^2 \frac{1}{2V} dx = \frac{1}{2V} \sum_{i=1}^{M} \int_{x_{i-1}}^{x_i} [x - Q(x)]^2 dx$$

注意到第 i 区间上 $Q(x) = y_i, x_{i-1} = y_i - \Delta/2, x_i = y_i + \Delta/2$，而且，通过变量代换可使各区间上的积分形式完全相同，即

$$\sigma_q^2 = \frac{1}{2V} \sum_{i=1}^{M} \int_{y_i - \Delta/2}^{y_i + \Delta/2} (x - y_i)^2 dx = \frac{1}{2V} \sum_{i=1}^{M} \int_{-\Delta/2}^{+\Delta/2} x^2 dx$$

$$= \frac{M}{2V} \times \frac{1}{3} x^3 \Big|_{-\Delta/2}^{+\Delta/2} = \frac{\Delta^2}{12} \tag{6.2.5}$$

其实，即使输入不是均匀分布的，后面可以证明：当 $M \gg 1$ 时，均匀量化器的均方误差仍然是 $\sigma_q^2 \approx \Delta^2/12$。

*6.2.3　最佳量化器

均匀量化器简单常用,但不一定保证误差最小。使 σ_q^2 达到最小的量化器称为**最佳量化器**(optimal quantizer)。记一般量化器的结构参数为:电平数目 M、分层电平 $\{x_i\}$ 与输出电平 $\{y_i\}$,则式(6.2.1)可写成

$$\sigma_q^2 = \sum_{i=1}^{M} \int_{x_{i-1}}^{x_i} (x-y_i)^2 f(x)\mathrm{d}x \tag{6.2.6}$$

其中,$f(x)$ 为输入信号的概率密度函数。显然,σ_q^2 与输入信号特性及量化器的具体结构参数密切相关。因此,最佳量化器必须针对输入来设计,它因输入特性的不同而不同。

Lloyd-Max 规则:给定输入信号特性 $f(x)$ 与量化电平数目 M 时,最佳量化器的结构参数满足

(1)　$$\begin{cases} x_0 = -\infty, x_M = +\infty \\ x_i = \frac{1}{2}(y_i + y_{i+1}), \quad i = 1, 2, \cdots, M-1 \end{cases} \tag{6.2.7}$$

(2)　$$y_i = \frac{\int_{x_{i-1}}^{x_i} x f(x)\mathrm{d}x}{\int_{x_{i-1}}^{x_i} f(x)\mathrm{d}x}, \quad i = 1, 2, \cdots, M \tag{6.2.8}$$

即 y_i 是各区间的质心,而 x_i 位于相邻 y_i 的中点。这一规则是 Lloyd-Max 于 1960 年提出的。

证明　根据求解极值的方法,最佳参数的必要条件是

$$\begin{cases} \frac{\partial}{\partial x_i}\sigma_q^2 = 0, \quad i = 0, 1, 2, \cdots, M \\ \frac{\partial}{\partial y_i}\sigma_q^2 = 0, \quad i = 1, 2, \cdots, M \end{cases}$$

由式(6.2.6)可得

$$\frac{\partial}{\partial x_i}\left[\int_{x_{i-1}}^{x_i} (x-y_i)^2 f(x)\mathrm{d}x + \int_{x_i}^{x_{i+1}} (x-y_{i+1})^2 f(x)\mathrm{d}x \right] = 0$$

即　$$(x_i - y_i)^2 f(x_i) - (x_i - y_{i+1})^2 f(x_i) = 0$$

则可得到式(6.2.7)。由式(6.2.6)又可得

$$\frac{\partial}{\partial y_i}\int_{x_{i-1}}^{x_i} (x-y_i)^2 f(x)\mathrm{d}x = 0$$

即　$$\int_{x_{i-1}}^{x_i} 2(x-y_i)f(x)\mathrm{d}x = 0$$

则得到式(6.2.8)。

一般情况下,当 $M>2$ 时,Lloyd-Max 规则无法给出显式解,而只能通过迭代求解。具体迭代步骤如下:

(1) 给定初值 y_1,由 y_1 与已知条件 $x_0 = -\infty$,按式(6.2.8)求 x_1,(使 y_1 为第一区间的质心)。

（2）由 y_1 与 x_1 按式(6.2.7)求出 y_2，(使 x_1 位于 y_1 与 y_2 的中心)。

（3）又由 y_2 与 x_1 仿步骤(1)求 x_2。

如此反复，直至求出全部 $x_1, x_2, \cdots, x_{M-1}$ 与 $y_1, y_2, \cdots, y_M$，最后验证 y_M 的合理性，即它是否位于 x_{M-1} 与 $x_M = +\infty$ 的质心。如果不是，则调整初值 y_1，重复上述步骤，…直至满足容差要求。

表 6.2.2 给出了几种特定分布下的最佳量化器参数。表中的分布都是正负对称的，其均值为零，方差为 1，因此表中只列出了 $\{x_i\}$ 与 $\{y_i\}$ 的正值部分，其负值部分可利用对称性得到。另外，如果方差不为 1，则表中的 $\{x_i\}$ 与 $\{y_i\}$ 的值应该乘以标准差 σ_x。

表 6.2.2　几种特定分布(方差为 1)的最佳量化器参数

$f(x)$	i	$M=2$		$M=4$		$M=8$		$M=16$	
		x_i	y_i	x_i	y_i	x_i	y_i	x_i	y_i
均匀分布	1	0.000	0.866	0.000	0.433	0.000	0.217	0.000	0.109
	2			0.866	1.299	0.433	0.650	0.217	0.326
	3					0.866	1.083	0.433	0.542
	4					1.299	1.516	0.650	0.759
	5							0.866	0.975
	6							1.083	1.192
	7							1.299	1.408
	8							1.516	1.624
高斯分布	1	0.000	0.798	0.000	0.453	0.000	0.245	0.000	0.128
	2			0.982	1.510	0.501	0.756	0.258	0.388
	3					1.050	1.344	0.522	0.657
	4					1.748	2.152	0.800	0.942
	5							1.099	1.256
	6							1.437	1.618
	7							1.844	2.069
	8							2.401	2.733
拉普拉斯分布	1	0.000	0.707	0.000	0.420	0.000	0.233	0.000	0.124
	2			1.127	1.834	0.533	0.833	0.264	0.405
	3					1.253	1.673	0.567	0.729
	4					2.380	3.087	0.920	1.111
	5							1.345	1.578
	6							1.878	2.178
	7							2.597	3.017
	8							3.725	4.432

图 6.2.3 示出了八电平的高斯最佳量化器(正半部分)的 $\{x_i\}$ 与 $\{y_i\}$。从中可以看到 Lloyd-Max 规则的特点：量化区间的疏、密不等，随 $f(x)$ 的高、低分布；取值概率大的地方区间划分细，取值概率较小的地方区间划分粗，这样可使总的平均误差较低。而各个区间以其质心作为该区间的"代表值"——输出电平。显然，对于均匀分布而言，均匀量化器满足 Lloyd-Max 规则，它是最佳量化器。

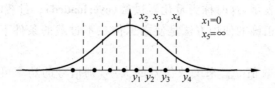

图 6.2.3 高斯最佳量化器($M=8$)

关于量化误差 σ_q^2,当 $M \gg 1$ 时,可如下近似计算。由于区间比较小,在各区间上的 $f(x)$ 近似相等,记区间长为 Δ_i,区间面积为 P_i,则

$$P_i = P\{x \in [x_{i-1}, x_i)\} \approx f(x)\Delta_i$$

因此,$f(x) \approx P_i/\Delta_i$,代入式(6.2.6)得

$$\sigma_q^2 \approx \sum_{i=1}^{M} \int_{x_{i-1}}^{x_i} (x-y_i)^2 \frac{P_i}{\Delta_i} dx = \sum_{i=1}^{M} \frac{P_i}{\Delta_i} \left[\int_{x_{i-1}}^{x_i} (x-y_i)^2 dx \right]$$

$$= \sum_{i=1}^{M} \frac{P_i}{\Delta_i} \left[\frac{1}{3}(x-y_i)^3 \Big|_{x_{i-1}}^{x_i} \right]$$

由于区间较小,y_i 大致位于各区间的中心,因此

$$\sigma_q^2 \approx \sum_{i=1}^{M} \frac{P_i}{\Delta_i} \times \frac{\Delta_i^3}{12} = \frac{1}{12} \sum_{i=0}^{M} P_i \Delta_i^2 \qquad (6.2.9)$$

如果将上面的近似计算方法运用于均匀量化器,易见

$$\sigma_q^2 \approx \frac{1}{12} \left(\sum_{i=1}^{M} P_i \right) \Delta^2 = \frac{\Delta^2}{12} \qquad (6.2.10)$$

因此,只要 $M \gg 1$,均匀量化器的均方误差都可以由上式近似计算。

6.3 量化信噪比与对数量化

量化器采用近似方法将模拟信号值转换为数字信号值,量化后信号的噪声性能由量化信噪比衡量。本节介绍量化信噪比及其与信号幅度的密切关系;解释实际电话通信系统中为了获得良好的信噪比需要采用对数量化的原因;着重说明 A 律与 μ 律的对数量化方案及其相应的折线近似法。

6.3.1 量化信噪比

量化误差的实际影响取决于它与信号的相对大小,因此,度量量化器性能的指标是**量化信噪比**,记为

$$\left(\frac{S}{N} \right)_q = \frac{P_s}{\sigma_q^2} \qquad (6.3.1)$$

其中,P_s 为信号的功率。

对于给定的量化器,信号的幅度越大,则信噪比应该越高。然而,任何实际的量化器总有一个允许的输入范围,称为**量化范围**,记为 $[-V, +V]$。超过该范围的信号值只能用

最大或最小输出电平表示，这时称为量化器**过载**（overloaded）。过载时产生的误差通常是显著的，因此，量化器正确的使用方法是使之工作在不过载的条件下，并保持信号的幅度尽量大。

用信号幅度的有效值 x_{rms} 来反映信号的大小，则信号的功率可表示为 $P_s = x_{rms}^2$，因此，量化信噪比为

$$\left(\frac{S}{N}\right)_q = \frac{x_{rms}^2}{\sigma_q^2} = \frac{V^2}{\sigma_q^2} \times \left(\frac{x_{rms}}{V}\right)^2 = \frac{V^2}{\sigma_q^2} \times D^2 \tag{6.3.2}$$

其中，$D = x_{rms}/V$ 称为信号相对于量化范围的**归一化有效值**。

下面讨论均匀量化器的信噪比。实际应用中量化电平数 M 几乎总是取为 2 的幂次，记 n 为量化器的位数（或比特数），即 $M = 2^n$。在信号不过载时，量化噪声由式(6.2.5)有

$$\sigma_q^2 = \frac{\Delta^2}{12} = \frac{1}{12}\left(\frac{2V}{2^n}\right)^2 = \frac{1}{3} \times 2^{-2n}V^2$$

于是

$$\left(\frac{S}{N}\right)_q = 3 \times 2^{2n}D^2$$

通常采用分贝形式，即（不过载条件下）均匀量化器的信噪比的分贝数为

$$\left(\frac{S}{N}\right)_{q\_dB} = 6.02n + 4.77 + 20\log_{10}D \quad (dB) \tag{6.3.3}$$

例 6.3 分析输入信号为均匀分布与正弦信号时，量化器不过载时允许的最大信号幅度与相应的均匀量化信噪比。

解 (1) 输入为均匀分布时，信号分布占满范围 $[-V, +V]$ 时，信号达到最大幅度，这时信号功率为

$$P_s = \sigma_x^2 = \frac{(2V)^2}{12} = \frac{V^2}{3}$$

相应的 $x_{rms} = \sqrt{P_s}$，$D_{max} = \sqrt{P_s}/V = \sqrt{3}/3$，于是

$$\left(\frac{S}{N}\right)_{qAvr\_dB} = 6.02n + 4.77 - 4.77 = 6.02n \quad (dB) \tag{6.3.4}$$

该信噪比通常称为均匀量化器的**平均信噪比**。

(2) 当输入为正弦信号时，信号不过载的最大幅度为 $x_{rms} = \sqrt{2}V/2$，即 $D_{max} = \sqrt{2}/2$，于是

$$\left(\frac{S}{N}\right)_{q\_dB} = 6.02n + 4.77 - 3.01$$
$$= 6.02n + 1.76 (dB) \tag{6.3.5}$$

式(6.3.3)是均匀量化器的重要的基本公式，常常形象地表示为图 6.3.1。图中还示出了信号过载时的情况，显然信号过大时，$(S/N)_q$ 会快速衰减。在不过载的情况下，均匀量化器的 $(S/N)_q$ 由 n 与 D 两者决定，其特点如下：

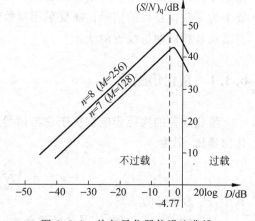

图 6.3.1 均匀量化器信噪比曲线

（1）**6dB 规则（6dB rule）**：（在不过载时）量化信噪比与位数 n 成正比，n 每增或减 1 位，信噪比会变化约 6dB；

（2）受信号类型与幅度影响：信号的幅度应尽量大，但不同类型的信号允许的 D_{max} 不一样，因而可能达到的信噪比是不相同的。信号的 D_{max} 实际上反映了该信号的峰平（峰值与平均）功率比，理论上 D 的最大值不超过 1，因而 $D=1$ 时的信噪比称为**峰值信噪比**，记为

$$\left(\frac{S}{N}\right)_{qPk\_dB} = 6.02n + 4.77 \text{(dB)} \tag{6.3.6}$$

（3）平均信噪比是典型实际信号（以平均分布为例）在均匀量化时所能达到的最大信噪比。

例 6.4　为了高保真地保存 $20 \sim 20\text{kHz}$ 的音乐信号，CD 数字音响系统采用 44.1kHz 的采样率与 16 位的均匀量化器，试求：（1）该系统的峰值信噪比与平均信噪比是多少？（2）立体声 CD 信号的数据率是多少？

解　（1）由式(6.3.6)与式(6.3.4)易知

$$\left(\frac{S}{N}\right)_{qPk\_dB} = 101.09 \text{(dB)} \quad \text{与} \quad \left(\frac{S}{N}\right)_{qAvr\_dB} = 96.62 \text{(dB)}$$

（2）立体声包括左、右两个声道的信号，因此，总数据率为

$$R_b = 44.1 \times 16 \times 2 = 1411.2 \text{(kbps)}$$

6.3.2　对数量化

1. 语音信号量化的问题

模拟语音信号的量化是电话通信系统中的重要问题。语音是一种峰平功率差异很大的信号，它的峰值很高，但较少，而大部分成分分布在零值附近。在保持无明显过载噪声的情况下，语音信号的有效幅度通常只有最大量化范围的 20% 左右，因此其均匀量化信噪比比峰值信噪比至少低十几个分贝。

语音信号大致服从拉普拉斯分布，改用最佳量化器可望获得更低的量化误差。但实用电话系统中，更突出的问题是语音信号的幅度无法调整到"理想"的大小。一方面，不同的发话人的不同情绪状态使语音的平均功率的变动范围可达 30dB；另一方面，实际用户的话机与通信系统的数字化单元之间的距离千差万别，不同的线路之间的衰耗差别也可达 $20 \sim 30\text{dB}$。实际的电话系统必须面对约 $40 \sim 50\text{dB}$ 的动态范围，并在这一范围内为用户提供高质量的通话感受。实验发现，高质量电话（长途电话）的量化信噪比至少应大于 25dB。

例 6.5　假定信号平均功率为 -40dB（相对于量化范围），试计算：（1）8 比特均匀量化器的信噪比；（2）12 比特均匀量化器的信噪比。

解　信号平均功率比量化范围 V 低 40dB，即 $20\log_{10} x_{rms} - 20\log_{10} V = 20\log_{10} D = -40$，由式(6.3.3)有：

（1）如果 $n=8$，$\left(\frac{S}{N}\right)_{dB} = 6.02 \times 8 + 4.77 - 40 = 12.93 \text{(dB)}$；

（2）如果 $n=12$，$\left(\dfrac{S}{N}\right)_{dB}=6.02\times12+4.77-40=37.01(dB)$。

考虑到语音信号的峰平功率差异还需要扣去大约十余分贝，可见，经 8 比特均匀量器后无法恢复出高质量的话音；只有经 12 比特以上的均匀量器后才有可能。

所以，采用较少的量化比特（通常为 8），在宽的输入动态范围上达到良好的量化信噪比，是电话系统中语音量化所面对的重要问题。解决这一问题的方案是使用对数型非均匀量化，简称对数量化。

2. 对数量化

对数量化及其还原系统的框图如图 6.3.2 所示。量化过程中先对输入值 x 进行对数型非线性变换，而后再做均匀量化，还原时进行指数型非线性反变换。两个非线性变换互逆，使整个过程没有额外的失真。量化中的对数变换称为**压缩（compression）**，它使大幅度的语音信号值缩小到量化范围内；而还原中的指数变换称为**扩张（expansion）**，它把相应的量化值扩张回去。两个处理单元合在一起称为**压缩—扩张器（compandor）**，简称为**压扩器**。

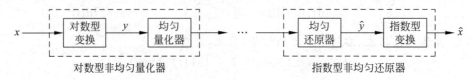

图 6.3.2　对数量化及还原系统

实用中对数变换与均匀量化器结合在一起形成对数型的非均匀量化器，其量化特性如图 6.3.3 所示。其特点是：各输出电平间距 Δy_i 均匀，而各量化间距 Δx_i 不均匀。

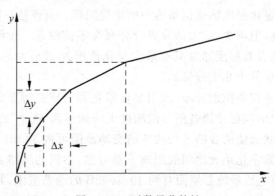

图 6.3.3　对数量化特性

为了应付宽的动态范围，期望对不同的信号幅度保持恒定的信噪比，为此，量化间隔 Δx 在 x 值较大时应取大，在 x 值较小时应取小，并保持 $\Delta x \propto x$，由于 Δy 固定，于是

$$\frac{\Delta x}{\Delta y} \propto x \quad \text{或} \quad \frac{\Delta y}{\Delta x} \propto \frac{1}{x}$$

写成微分形式便是 $\dfrac{dy}{dx} \propto \dfrac{1}{x}$。易知对数函数 $\ln x$ 的导数为 $\dfrac{1}{x}$，所以 y 与 x 的关系应该是对数型关系。

6.3.3 A 律与 μ 律及其折线近似

1. A 律与 μ 律

国际电信联盟(ITU)关于电话系统的语音量化制定了两种对数压缩建议,分别称为 **A 律(A-law)** 与 **μ 律(μ-law)**。A 律为我国大陆、欧洲各国等国家与地区采用的标准;μ 律为北美、日本等国家与地区采用的标准。

下面说明它们的相关规定,为了叙述简便,说明中使用归一化量化范围,即取 $V=1$。

(1) A 律:对数压缩规律为

$$y = \begin{cases} \dfrac{A}{1+\ln A} \mid x \mid, & 0 \leqslant \mid x \mid \leqslant 1/A \\[2mm] \dfrac{1+\ln(A \mid x \mid)}{1+\ln A}, & 1/A \leqslant \mid x \mid \leqslant 1 \end{cases} \tag{6.3.7}$$

其中 A 为正常数,典型值为 87.6。A 律特性曲线如图 6.3.4(a)所示。

(2) μ 律:对数压缩规律为

$$y = \frac{\ln(1+\mu \mid x \mid)}{\ln(1+\mu)}, \quad 0 \leqslant \mid x \mid \leqslant 1 \tag{6.3.8}$$

其中 μ 为正常数,典型值为 255。μ 律特性曲线如图 6.3.4(b)所示。

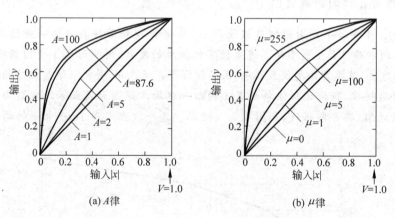

图 6.3.4 A 律与 μ 律的特性曲线

容易发现,A 律与 μ 律都是对 $\ln x$ 进行一定修正的结果。由于在 $x \to 0$ 时,$\ln x \to -\infty$, A 律在[0,1/A]段改用一段直线代替;而 μ 律进行平移,利用 $\ln(1+x)$ 形式来解决。两种修正方案中的控制参数 A 与 μ 及其典型取值是综合考虑保持 $(S/N)_q$ 优良与便于折线化近似等需要的结果。

A 律与 μ 律的对数量化信噪比在相当宽的范围基本恒定,可以证明:在输入信号适当大以后,其量化信噪比可分别用下式近似

$$\left(\frac{S}{N}\right)_{q\_dB} \approx 6.02n + 4.77 - 20 \log_{10}[1+\ln A] \tag{6.3.9}$$

与
$$\left(\frac{S}{N}\right)_{q\_dB} \approx 6.02n + 4.77 - 20 \log_{10}[\ln(1+\mu)] \qquad (6.3.10)$$

可见,它们仍遵循 6dB 规则,且对输入电平不敏感。取典型值的 A 律与 μ 律量化器的信噪比曲线示意图如图 6.3.5 所示。由图可见,两种方案在宽达 40~50dB 的动态范围中的信噪比性能是优良的。

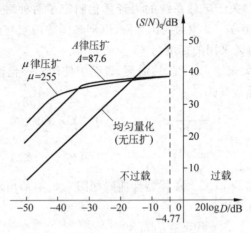

图 6.3.5　A 律与 μ 律对数量化的信噪比

*2. A 律与 μ 律的折线近似

A 律与 μ 律特性早期由模拟二极管实现,要保证模拟器件特性的一致性与稳定性以及压扩匹配的准确性是很困难的。随着数字化技术的发展,逐步形成了使用折线分段近似压扩特性的方法,这类方法简便且准确,因而获得了广泛应用,并被采纳为相应的国际建议。

基于对数规律,折线近似法将 0 至 1 的归一化输入范围大致成等比地划为 8 个段,每个段用折线近似,共 8 条折线,如图 6.3.6 所示。各个段上采用 16 个电平的均匀量化,因

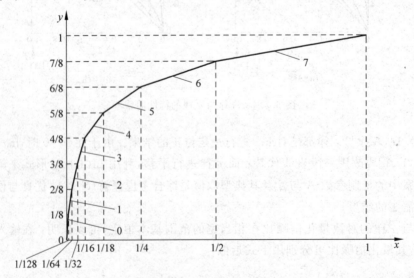

图 6.3.6　8 段折线的划分

此 $8 \times 16 = 128$ 个电平,正负两部分结合在一起共 256 个电平,对应于 $n = 8$ 个量化比特,其中,A 律与 μ 律的近似方法有少量的差异。

(1) A 律近似——13 折线法

在 A 律的近似中,第 0、1 段合并在一起只做一条折线,其余各段每段做一条折线,这样正负两部分共形成 14 条折线,其中央(原点)处相连的两条折线斜率相同,因而重合为一条,使总的折线数目为 13 条,故称为 13 折线法。13 折线法的分段与量化的主要参数如表 6.3.1 所示。其中,第 0 段的量化间隔最小,该间隔长度记为 $\Delta = (1/128)/16 = 1/2048$。

表 6.3.1 13 折线法(A 律)的主要参数

段序号	输入分段		输出分段		折线	段内均匀量化参数	
	段区间	段长	段区间	段长		电平数	量化间隔
0	$[0,1/128)$	$1/128$	$[0,1/8)$		1	32	Δ
1	$[1/128,1/64)$	$1/128$	$[1/8,2/8)$				
2	$[1/64,1/32)$	$1/64$	$[2/8,3/8)$		2	16	2Δ
3	$[1/32,1/16)$	$1/32$	$[3/8,4/8)$		3	16	4Δ
4	$[1/16,1/8)$	$1/16$	$[4/8,5/8)$	$1/8$	4	16	8Δ
5	$[1/8,1/4)$	$1/8$	$[5/8,6/8)$		5	16	16Δ
6	$[1/4,1/2)$	$1/4$	$[6/8,7/8)$		6	16	32Δ
7	$[1/2,1)$	$1/2$	$[7/8,1)$		7	16	64Δ

(2) μ 律近似——15 折线法

μ 律的第 0、1 段不作合并,但正负两部分在原点处相连的两条折线斜率相同,也重合为一条,因而共 15 条折线,故称为 15 折线法。15 折线法的分段与量化的主要参数如表 6.3.2 所示。其中,第 0 段的量化间隔最小,该间隔长度记为 $\Delta = (1/255)/16 = 1/4080$,它约为 A 律的一半。

表 6.3.2 15 折线法(μ 律)的主要参数

段序号	输入分段		输出分段		折线	段内均匀量化参数	
	段区间	段长	段区间	段长		电平数	量化间隔
0	$[0,1/255)$	$1/255$	$[0,1/8)$		1		Δ
1	$[1/255,3/255)$	$2/255$	$[1/8,2/8)$		2		2Δ
2	$[3/255,7/255)$	$4/255$	$[2/8,3/8)$		3		4Δ
3	$[7/255,15/255)$	$8/255$	$[3/8,4/8)$		4		8Δ
4	$[15/255,31/255)$	$16/255$	$[4/8,5/8)$	$1/8$	5	16	16Δ
5	$[31/255,63/255)$	$32/255$	$[5/8,6/8)$		6		32Δ
6	$[63/255,127/255)$	$64/255$	$[6/8,7/8)$		7		64Δ
7	$[127/255,1)$	$128/255$	$[7/8,1)$		8		128Δ

最后,上面主要讨论的是 A 律与 μ 律的压缩特性与相应的折线近似法,至于还原信号时的扩张特性及实现方法,完全与压缩过程相反。这里不再赘述。

6.4 脉冲编码调制

6.4.1 PCM 的基本原理

把模拟信号表示成串行二进制码流的方法称为**脉冲编码调制**（**pulse code modulation，PCM**），简称**脉码调制**。PCM 是 20 世纪 40 年代提出的，它当时主要是用于以数字脉冲形式传输电话信号。PCM 实际上也是一种基本与常用的模拟/数字转换方法，有时直接称其为 **A/D 转换**（**analog-to-digital conversion**）。

电话系统中的 PCM 传输框图如图 6.4.1 所示。其中 PCM 过程由抽样、量化与编码三个基本单元完成。它们的要点如下：

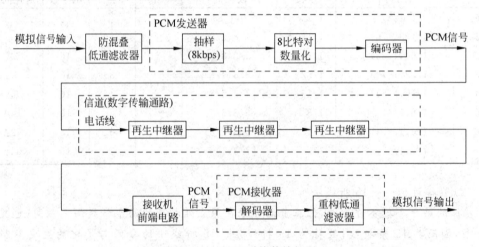

图 6.4.1 PCM 系统传输框图

（1）电话信号带宽通常为 300～3400Hz，根据抽样定理，最低抽样为 $f_s = 2 \times 3400 = 6800$（Hz）。实际系统中的抽样率为 8000Hz，这样允许前置的防混叠低通滤波器有足够宽的过渡带，便于其低成本实现。

（2）量化单元采用 8 比特 A 律或 μ 律的对数量化，在 40～50dB 的输入动态范围上可以保持良好的量化信噪比。

（3）**编码**（**encoding**）是将量化输出电平表示为串行二进制格式的码字的过程，其逆过程称为**解码**或**译码**（**decoding**）。电话 PCM 中采用折叠码。

传输系统的发送端通过 PCM 把模拟电话信号变换成二进制数字信号，而后表示为基带脉冲形式；接收端由收到的基带信号检测出二进制数字信号，再通过解码形成量化电平，最后由还原滤波器恢复出语音信号。

PCM 电话系统是一个数字通信系统，它传输的是数据率为 64kbps 的二进制数字信号，因而可以充分发挥数字通信的各种优势。下面几点是其中最主要的：

（1）长途电话通信中借助中继，可以及时再生出"干净"的数字信号，使总的传输错误非常低，保持了长距离通话的质量。

（2）数字化的话音信号格式规范统一，便于多个用户的信号组合在一起，共用公共的高速数字通信系统。

（3）数字化技术方便可靠、成本低，利于广泛应用。

（4）数字通信系统可充分利用多种纠错技术与保密技术。

例 6.6 试计算标准 PCM 电话系统的数据率与基带信号的带宽（考虑矩形 NRZ 脉冲）；如果改用 12 比特线性（均匀）量化，重新计算。

解 （1）由于标准 PCM 系统的采样率为 8kHz，量化电平为 8 比特，易知，数据率为

$$R_b = 8000 \times 8 = 64000 (\text{bps})$$

采用矩形 NRZ 脉冲时，基带信号的第一零点带宽为 $B = 64\text{kHz}$。

（2）改用 12 位均匀量化时，数据率为 $R_b = 8000 \times 12 = 96(\text{kbps})$，带宽为 $B = 96\text{kHz}$。可见数据率与带宽都增加了 50%。

6.4.2 编码规则

8 位 PCM 的编码结合 13 或 15 折线法进行，具体的规则定义如表 6.4.1 所示。

表 6.4.1 PCM 编码规则

b_7	$b_6 b_5 b_4$	$b_3 b_2 b_1 b_0$
1 位极性码	3 位段落码	4 位段内码
1=正，0=负	（对应 8 段）	（对应 16 电平）

PCM 实质上采用了折叠二进制编码，简称**折叠码**（**folded binary code，FBC**）。它是一种与自然码稍有不同的简明编码方法。表 6.4.2 给出了 3 位折叠码与自然码的比较。易见，自然码从最负到最正，按电平自然顺序进行编号；而折叠码对电平的绝对值进行自然编码，而用 1 与 0 表示电平极性的正与负。

表 6.4.2 折叠码与自然码规则

量化电平序号	量化电平极性	自 然 码	折 叠 码
7	（最正）	111	111
6		110	110
5	正	101	101
4		100	100
3		011	000
2	负	010	001
1		001	010
0	（最负）	000	011

折叠码的一个特点是在绝对值小的电平附近，1 位传输错误造成的信号误差比自然码的小。比如，在最高位发生错位，"100"变成"000"时，折叠码中将使"序号 4"错成"序号 3"，而自然码中将使"序号 4"错成"序号 0"。折叠码的特点与话音信号的小信号比例大的特点相结合，可在平均意义下使传输误码造成的破坏轻一些。

例 6.7 试求 0.72 与 −0.003 在 A 律 PCM 系统中的编码值（采用归一化量化范围）。

解 (1) $0.72 \in [0.5, 1]$，因此按第 7 段编码，由表 6.3.1 可得 $\Delta_7 = \dfrac{64}{2048} = \dfrac{1}{32}$，又

$\dfrac{0.72 - 0.5}{\Delta_7} = 7.04$。根据编码规则，码字为："1 111 0111"，即 0xF7。

(2) 以 −0.003 的绝对值计算，有 $0.003 \in \left[0, \dfrac{1}{128}\right)$，因此按第 0 段编码，$\Delta_0 = \dfrac{1}{2048}$，

又 $\dfrac{0.003 - 0}{\Delta_0} = 6.14$。根据编码规则，码字为："0 000 0110"，即 0x06。 ■

*6.4.3 PCM 传输系统的信噪比

PCM 通信系统中，还原的话音信号与原始信号相比，误差主要由量化与传输误码引起。这些误差都是随机的，又常称为噪声。分别记总噪声，量化噪声与误码导致的噪声为 e_n, e_q 与 e_t，则

$$e_n = e_q + e_t$$

由于量化过程与传输过程彼此独立，相应的噪声功率满足

$$\sigma_n^2 = \sigma_q^2 + \sigma_t^2 \tag{6.4.1}$$

因此，系统总的信噪比为

$$\left(\frac{S}{N}\right)_{\text{PCM}} = \frac{P_s}{\sigma_q^2 + \sigma_t^2} \tag{6.4.2}$$

为了简化分析，考虑 n 位（$M = 2^n$ 电平）的均匀量化器与自然编码规则的 PCM 系统，其传输码字是 n 位的。对于均匀量化器，已有结论 $\sigma_q^2 = \Delta^2/12$。下面讨论 σ_t^2：不妨假定传输误比特率为 P_b，且错误彼此独立，那么

$$P(\text{码字出错}) = 1 - P(n \text{ 位全正确}) = 1 - (1 - P_b)^n \approx nP_b$$

P_b 通常很小，可以认为每个码字中最多只会有 1 位出错，该位错误造成的误差因错误位置的不同而不同，依次可为 $2^0\Delta, 2^1\Delta, \cdots, 2^{n-1}\Delta$，因此码字错误的均方误差为

$$\sigma_t^2 = \frac{1}{n} \sum_{i=0}^{n-1} (2^i \Delta)^2 \times nP_b = \frac{(1 - 2^{2n})\Delta^2 P_b}{1 - 2^2} = \frac{1}{3}(M^2 - 1)\Delta^2 P_b$$

利用 $\sigma_q^2 = \Delta^2/12$ 得 $\sigma_t^2 = 4(M^2 - 1)P_b \sigma_q^2$。

于是，PCM 总的信噪比为

$$\left(\frac{S}{N}\right)_{\text{PCM}} = \frac{P_s}{\sigma_q^2 + 4(M^2 - 1)P_b \sigma_q^2} = \frac{(S/N)_q}{1 + 4(M^2 - 1)P_b} \tag{6.4.3}$$

又由于 $(S/N)_{\text{qPk}} = 3M^2$ 与 $(S/N)_{\text{qAvr}} = M^2$，得到 PCM 的峰值与平均信噪比为

$$\left(\frac{S}{N}\right)_{\text{PCM\_pk}} = \frac{3M^2}{1 + 4(M^2 - 1)P_b} \tag{6.4.4}$$

$$\left(\frac{S}{N}\right)_{\text{PCM\_Avr}} = \frac{M^2}{1 + 4(M^2 - 1)P_b} \tag{6.4.5}$$

显然，如果 P_b 很小，有 $4(M^2 - 1)P_b \ll 1$，则 $(S/N)_{\text{PCM}} \approx (S/N)_q$，量化噪声起主导作

用;如果 P_b 使 $4(M^2-1)P_b \gg 1$,则 $(S/N)_{PCM\_Avr} \approx 1/(4P_b)$,则误码起主导作用。$P_b = $ $\dfrac{1}{4(M^2-1)}$ 时,误码噪声与量化噪声相当,可作为评判哪一个起主导作用的参考值。以 $n=8(M=256)$ 为例,其值约为 3.8×10^{-6}。

上述结论是在均匀量化器与自然编码规则的前提下得出的,在采用对数量与折叠编码的标准 PCM 系统中,推导过程要复杂得多。而这些结论及其趋势仍然成立,而且对于语音信号采用折叠码时,可使小信号的信噪比有明显改善。

*6.5 差分脉冲编码调制与增量调制

标准 PCM 系统的一路数字语音为 64kbps,易知,相应二进制基带信号带宽的理论最小值为 32kHz,这比原来仅有 4kHz 的模拟话音信号占用的带宽要宽很多倍。因此,多年来人们一直努力寻求更低速率的数字化方法,以便更有效地传输与存储话音信号。

本节介绍差分脉冲编码调制与增量调制的基本概念,它们是两种重要的语音压缩编码方法。

6.5.1 语音压缩编码

习惯上,人们把 64kbps 的 PCM 作为标准的语音数字化技术,而把低于 64kbps 的称为语音压缩编码技术。几十年来,人们成功地提出了许多方案,表 6.5.1 给出了几种典型与常见的语音压缩技术的名称与特点。其中一类称为**波形编码**(waveform coding),它关注的是尽可能准确地表征信号的波形;另一类称为**分析—合成**(analysis-by-synthesis,ABS)技术,它关注人类语音的产生原理与听觉上尽可能相似;此外还有一些其他技术。相比之下,分析—合成技术在保证听觉效果的条件下可以达到比波形编码低得多的数据率;而波形编码可以高保真地还原信号波形,因此,适用于更广泛的信源。

表 6.5.1 常见语音压缩技术

编码方法	典型数据率(kbps)	语音质量	典型应用
PCM	64	优良	电话通信
ADPCM	32	良好	电话通信
DM	32	中等	卫星通信、军事通信等
CS-ACELP	8	良好	IP 电话
RPE-LTP	13	良好	移动电话
MBE	2.4~4.8	中等	卫星通信等
LPC-VQ	1.2~4.8	较差和一般	军事通信

下面两部分只介绍差分脉冲编码调制与增量调制的基本概念,它们是两种重要的波形编码方法。

6.5.2　差分脉冲编码调制

语音信号的相邻抽样值之间存在很强的关联性(也称记忆性),而 PCM 编码中的每个样值是单独量化与编码的,它完全没有用到这种特点所提供的信息。针对有记忆的信号,由前面的样值预测后面的样值,而后对预测的误差信号进行量化与编码的方法称为**差分脉冲编码调制(differential PCM,DPCM)**。由于记忆性,预测应该较为准确,因而差信号的幅度范围可能远小于原信号的幅度范围,对它的量化与编码应该更为有效。

DPCM 的原理框图如图 6.5.1 所示。其中,x_n 为当前的样值,$\hat{x}_n$ 是对 x_n 预测值,预测的误差为

$$d_n = x_n - \hat{x}_n \tag{6.5.1}$$

差信号的量化输出为 $\hat{d}_n$,再经编码后进行传输。收端收到后解出 $\hat{d}_n$,而后加上本地预测值 $\hat{x}_n$,还原出样值 $\tilde{x}_n$,即 $\tilde{x}_n = \hat{d}_n + \hat{x}_n$。

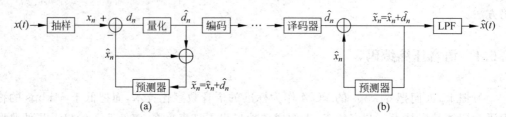

图 6.5.1　DPCM 原理框图

DPCM 系统中的关键量是预测值 $\hat{x}_n$,它由预测器利用过去时刻的样值 x_{n-1} 来估计。记 Pred{ • }为所用的预测估计算法,得到 $\hat{x}_n = \mathrm{Pred}\{x_{n-1}\}$。收发双方都需要预测值,但收发没有真正的 x_{n-1},只有还原值 $\tilde{x}_{n-1}$。为了统一,双方都采用 $\tilde{x}_{n-1}$ 来估计,即

$$\hat{x}_n = \mathrm{Pred}\{\tilde{x}_{n-1}\} \tag{6.5.2}$$

由于量化误差通常很小,$\tilde{x}_{n-1}$ 接近 x_{n-1},所以改用 $\tilde{x}_{n-1}$ 来估计是可行的。

在 DPCM 系统中,保证收发双方的每个环节完全一致是非常重要的。设想发端与收端分别采用 x_{n-1} 与 $\tilde{x}_{n-1}$ 计算预测值,由于这两个数值略有不同,使双方出现差异,这种差异会随时间积累成很大的差别,造成收方还原出的信号与发方的很不相同。

DPCM 系统把样值 x_n 最终还原成 $\tilde{x}_n$。因此,量化误差为 $e_q = \tilde{x}_n - x_n$。因此

$$e_q = (\hat{d}_n + \hat{x}_n) - x_n = \hat{d}_n + (\hat{x}_n - x_n) = \hat{d}_n - d_n \tag{6.5.3}$$

可见,它是差信号的量化误差。由于差信号的幅度范围总体上小于原信号,因而其量化误差会变小。或者,用较少的量化比特可以达到相同的量化误差。

预测器通常采用多阶(p 阶)线性预测公式,形如

$$\hat{x}_n = c_1 \tilde{x}_{k-1} + c_2 \tilde{x}_{k-2} + \cdots + c_p \tilde{x}_{k-p} = \sum_{i=1}^{p} c_i \tilde{x}_{k-i} \tag{6.5.4}$$

它通过前面 p 个样值来估计当前的样值。最简单的情形是 $p=1$。为了达到好的效果,还

可利用自适应算法,即随时自动调整系数$\{c_i\}$,保持预测值在均方意义下达到最佳。其原理实质上与 4.6 节中的自适应均衡器相仿。常用的算法包括 LMS 算法,这里不再作更多的讨论。

采用自适应技术的 DPCM 又称为 **ADPCM(adaptive DPCM)**。国际标准化组织于 20 世纪 80 年代中提出的 G.721 建议就是一种 ADPCM 方案,其中采用了自适应估计与量化的技术,差信号的量化比特减少至 4 比特,仍能够保持与原 PCM 方案几乎相同的话音效果,这样,一路数字话音的数据率为 32kbps,是原 PCM 的 50%。将 PCM 信号转换为 ADPCM 信号可以使电话系统增加 1 倍的通话容量,G.761 建议就给出了在原 30 路 PCM 通道上传输 60 路 ADPCM 数字话音的建议。

差分编码技术广泛应用到各种信息编码应用中。例如,目前最先进的各种视频编码技术都需要进行差分编码。在视频图像序列中,相邻图片(称为帧)之间的内容通常变化并不大,通过帧间差分可以明显减少图片的数据量,如图 6.5.2 所示,差分图像中大面积数值小(暗)。视频压缩利用了这一原理。

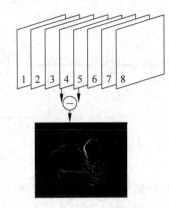

图 6.5.2　视频编码中利用差分编码

6.5.3　增量调制

增量调制(delta modulation,DM) 简称为 DM 或 ΔM,是 20 世纪 40 年代继 PCM 后提出的,它是一种简单的模拟信号数字化方法。这种方法在低比特率时的质量优于 PCM,而且抗误码性优良,能够在 P_b 为 $10^{-2} \sim 10^{-3}$ 的信道上工作;而 PCM 信号必须在 P_b 好于 10^{-4} 的信道上工作。因此,DM 适合于一些要求低码率与顽存性的应用,如军事通信等。

1. DM 的基本原理

DM 可以看做一种最简单的 DPCM,它的预测器只是一个简单的延时器,而量化器只有 1 比特。其差信号是当前的信号增量,而量化器输出反映的只是增量的极性。DM 的原理框图如图 6.5.3 所示,其中 Δ 为增量的量化步长。

由于

$$\hat{x}_n = \tilde{x}_{n-1} = \hat{x}_{n-1} + \hat{d}_{n-1} = \hat{x}_{n-2} + \hat{d}_{n-2} + \hat{d}_{n-1}$$
$$= \cdots$$
$$= \hat{x}_0 + \sum_{i=1}^{n} d_{n-i}$$

不妨令初值 $\hat{x}_0 = 0$,于是,$\hat{x}_n$ 是直至 n 时所有 $\hat{d}_n$ 的累加,可以用积分器来实现。这样,框图可改成图 6.5.4 的简明形式。

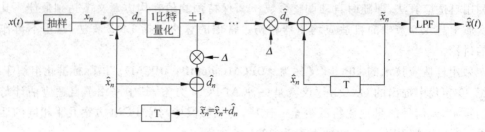

图 6.5.3　DM 原理框图

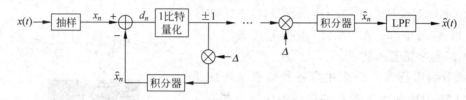

图 6.5.4　用积分器实现的 DM

DM 实质上通过反复增减 1 个 Δ 高度的阶梯来近似信号的波形，其基本过程如图 6.5.5 所示。

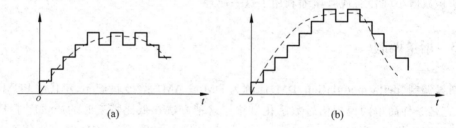

图 6.5.5　DM 的量化噪声与斜率过载

DM 的量化误差有两种情况：

（1）当信号相对平缓时，阶梯将围绕信号的波形"上下抖动"，引起的误差称为**颗粒噪声**（**granular noise**）。

（2）当信号变化太快，斜率过大时，阶梯波形不能跟上其变化，出现较大失真，称为**斜率过载失真**（**slope-overload distortion**）。

直观观察可见，由于只有 1 个比特，DM 的抽样间隔必须远小于 PCM 与 DPCM 的间隔。因此，DM 的抽样率通常高达几十千赫。另外，Δ 过大，则颗粒噪声会增大；Δ 过小，则容易造成过载；因此，Δ 应取得适中。更好的方法是使 Δ 跟随信号自适应变化，如图 6.5.6 所示，采用自适应 Δ 的增量调制又称为**自适应增量调制**（**ADM**）。

图 6.5.5 的 DM 系统有一个严重问题，传输中的误差会因为接收端的积分器累积。为此可以稍作

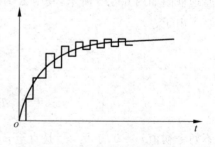

图 6.5.6　自适应增量调制

改动：将积分器移到发端并巧妙地与发端原来的积分器合并，变成图 6.5.7 的结构，这种改进系统称为 **Σ-Δ**（**Sigma-delta**）**调制**系统。虽然只改动了一小点，但却带来几个显著的好处：

（1）传输噪声不会累积。

（2）积分器能够强化低频成分，有利于消息信号的量化。

（3）积分器还能平滑信号，增加相关性与降低变化速率，减少量化噪声。

（4）接收机变得很简单。

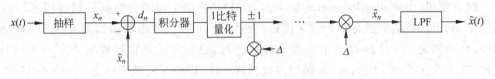

图 6.5.7 Σ-Δ 调制系统

*2. 不过载条件与量化信噪比

应用 DM 时要避免过载，这要求信号满足

$$\left|\frac{\mathrm{d}x(t)}{\mathrm{d}t}\right| \leqslant \frac{\Delta}{T_s} = \Delta f_s$$

以正弦信号 $x(t)=A\sin 2\pi f_0 t$ 为例，由于其斜率的最大绝对值为 $|x'(0)|=2\pi f_0 A$，于是，不过载要求为 $2\pi f_0 A \leqslant \Delta f_s$，即

$$A \leqslant \frac{\Delta f_s}{2\pi f_0} \text{ 或 } \Delta \geqslant \frac{2\pi f_0 A}{f_s} \tag{6.5.5}$$

可见，要避免过载需要较大的步长 Δ 或较小的信号幅度 A，但 Δ 不宜过大，A 也不宜过小，因为会增加颗粒噪声。

关于不过载时的量化噪声，可以认为它是白色的，并服从 $[-\Delta, +\Delta]$ 上的均匀分布。易知，该噪声的功率（即均匀分布的方差）为

$$\sigma_q^2 = \frac{(2\Delta)^2}{12} = \frac{\Delta^2}{3}$$

又由于抽样率为 f_s，因此，量化噪声的功率谱在 $[0, f_s)$ 上平坦。假定还原信号时的低通滤波器带宽为 B，则量化噪声中只有部分会通过滤波器，进入最终信号，该部分噪声的功率大致为

$$\sigma_{q0}^2 = \frac{B}{f_s}\sigma_q^2 = \frac{\Delta^2 B}{3 f_s} \tag{6.5.6}$$

考虑不过载的正弦信号 $x(t)=A\sin 2\pi f_0 t, f_0 < B$，由式（6.5.5）可知，其不过载时的最大功率应满足

$$P_{s\_max} = \frac{A^2}{2} \leqslant \frac{\Delta^2 f_s^2}{8\pi^2 f_0^2}$$

所以，不过载时正弦信号的最大量化信噪比为

$$\left(\frac{S}{N}\right)_{q\_DM} = \frac{P_{s\_max}}{\sigma_{q0}^2} = \frac{3}{8\pi^2}\left(\frac{f_s^3}{f_0^2 B}\right) \tag{6.5.7}$$

可见，DM 的量化信噪比正比于 f_s 的三次方，因此，提高抽样率 f_s 对于改善 DM 信号的信噪比是十分重要的。

6.6　时分复用

6.6.1　TDM 的基本原理

时分复用（time-division-multiplexing，TDM）是使多个信源的数据分别占用不同的时隙位置，共用一条信道进行串行数字传输的技术。TDM 的原理框图如图 6.6.1(a)所示。图中，合路器对 $N=3$ 路模拟语音信号轮流进行抽样，合成器轮转频率为 $f_s=8000\text{Hz}$。这样，在 $T_s=1/8000\text{s}$ 时间内，每路信号被抽样一次，即信号的抽样率为 $f_s=8000\text{Hz}$。合成器输出的复合信号的样值速率为 Nf_s，经 8 比特量化编码后形成复合数据流，如图 6.6.1(b)所示，总数据率为 $N\times64\text{kbps}$。接收端采用分路器分离各路信号，分路器与发送端的合路器必须严格同步，协调动作，以实现正确的分解。

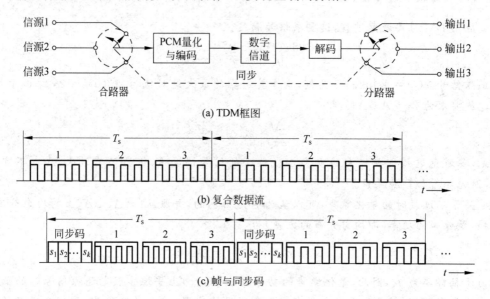

图 6.6.1　TDM 原理与帧结构示意

TDM 技术包含几个基本要点：

（1）各信号的数据轮流占用不同时隙，在传输中互不影响。

（2）各信号的时隙组成一个确定的结构，称为**帧结构**，简称**帧**（frame）。帧是 TDM 信号的最小组成单元。帧中各个时隙与信号间的对应关系通常是固定的。

（3）收发双方必须同步工作。这种同步称为**帧同步**（frame synchronization），其目的是要准确地定位各帧的起始位置，以便正确地放置与取出各路信号的数据。帧同步通常借助在帧结构中插入供识别的特定码组来实现，这种特定的标志性码组称为**帧同步码**（synchronization word）。图 6.6.1(c)是添加了同步码的帧结构例子。

例 6.8　某 TDM 系统如图 6.6.2 所示。图中三路模拟信号带宽分别为 2kHz，4kHz 与 2kHz，合路器 1 按 4kHz 轮流对它们采样，而后进行 4 比特量化与编码，生成 TDM 信号 $s_1(n)$。合路器 2 按 4kHz 的频率再将 $s_1(n)$ 与另一路 28kbps（填充为 32kbps）的数字信号进行复用，并插入同步字节 11100100，形成 TDM 信号 $s_2(n)$。（1）说明 $s_1(n)$ 的帧结构与数据率；（2）设计 $s_2(n)$ 的帧结构与数据率。

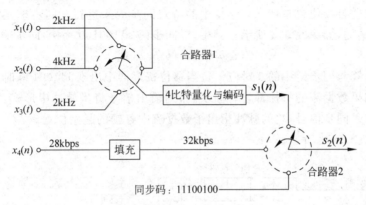

图 6.6.2　TDM 系统举例

解　（1）由图可见合路器 1 以 4kHz 对 $x_1(t)$ 与 $x_3(t)$ 各采样 1 次，对 $x_2(t)$ 采样 2 次，因而 3 个信号的抽样率分别为 4kHz、8kHz 与 4kHz，都满足抽样定理的要求。易见 $s_1(t)$ 的帧由 4 个样值共 16 位组成，结构如下

4b $x_1(t)$	4b $x_2(t)$	4b $x_3(t)$	4b $x_2(t)$

每帧共 16b，帧率为 4k 帧/秒，因此数据率为 $16\times 4 = 64$（kbps）。

（2）合路器 2 的频率为 4kHz，因此 $s_2(n)$ 的帧结构可如下设计，每帧共 32b，帧率为 4k 帧/秒，因此数据率为 $32\times 4 = 128$（kbps）。

11100100	4b $x_1(t)$	4b $x_2(t)$	4b $x_3(t)$	4b $x_2(t)$	7b $x_4(t)$	

1比特填充

由例可见，TDM 技术通过不同的时隙分配，可以实现不同信源与不同速率的复用。TDM 的优点在于它采用全数字电路技术，可以充分发挥数字通信的各种优势。与 FDM（频分复用）相比，它借助单个数字通信系统传输多路信号，不需要大量的并行设备，也不会因为系统的非线性引起各路信号之间的串扰。当然，为了传输多路信号，TDM 需要更高速率的数字传输技术与更为严格的同步定时技术。

TDM 本质上是一种同步传输模式，每个数据都被分配在一个特定的时隙上，有着固定的速率。这种模式应用于突发（或异步）特性的数据时有其局限性。突发性数据业务中，信源的数据率有时很高，有时很低，甚至为零。个人计算机上网应用就常常是这样，运用 TDM 系统时，如果信源没有数据需要发送，同步传输系统仍然必须插入填充位以维持系统正常运转,这些插入的填充位实际上是对通信资源的浪费。对于突发型数据业务,另外一种称为**分组传输模式**(packet transmission mode)是更为合适的复用方法。

6.6.2　帧同步方法

接收端定位各帧位置是依靠帧结构中的特定同步码来进行。同步单元常常采用"匹配检测器"的结构,如图 6.6.3 所示。其中,以同步码 11100100 为例,同步输出设计为

$$C = b_1 b_2 b_3 \, \overline{b_4} \, \overline{b_5} b_6 \, \overline{b_7} \, \overline{b_8}$$

式中"取非"运算与同步码中的 0 对应。每当移位寄存器中出现 11100100 时,输出 C 形成脉冲峰值。如果数据流的每帧都含有同步码,则输出信号将呈脉冲串形式。帧同步单元的输出信号就是同步信号,它的脉冲指出了数据流中各帧的起始位置。

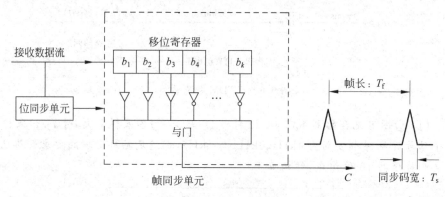

图 6.6.3　帧同步器框图

在同步码以外的位置上,如果连续 k 个数据位碰巧与帧同步码相同,则将出现**虚假同步脉冲**。假设数据流中 0 与 1 等概且独立,易知,发生虚假同步的概率为

$$P_{\text{false}} = P(k \text{ 比特与同步码一样}) = 0.5^k = 2^{-k}$$

于是加大 k 可以降低虚假同步的概率,使之符合系统的要求。实际应用中,可采用多种技术防止虚假同步的发生,例如,要求连续检测多个相距正好为帧长的同步脉冲。有时还对信息部分进行特殊处理,使之不出现与同步码相同的比特串。

上述同步检测单元实质上以同步码为模板在接收数据流中进行滑动相关,而输出同步信号正是两者的相关函数。为了便于准确地识别同步位置,还希望所选的同步码的自相关函数 $R_s(\tau)$ 具有类似冲激的形状,即 $R_s(0)=1$,而当 $\tau \neq 0, R_s(\tau) \approx 0$。其物理含义是:在对准与未对准同步码之间,检测单元的输出有着很大的差别。例如,伪随机序列就具有这种特点。

6.6.3　E1 与 T1

国际电信联盟(ITU)对采用 TDM 的数字通信系统提出了两类重要的标准:E 体系与 T 体系。它们的基础层都是先将一定路数的数字信号(64kbps)复用成一个标准的数

据流,称为**基群**或**一次群**,而后再根据需要把多个基群数据流复合成更高速率的数据信号。E 体系为我国大陆、欧洲各国等国家与地区采用的标准;T 体系为北美、日本等国家与地区采用的标准。

E 体系与 T 体系的基群分别称为 E1 与 T1。其最早的应用背景为多路电话传输,因此其规定中以 64kbps 的 PCM 信号为基础。下面分别说明这两种基群。

1. E1

E1 将 30 个 64kbps 的 PCM(A 律)信号复用在一起,它的帧率设计为 8000 帧/秒,正好与 PCM 的抽样率相配合,其每帧中包含各路 PCM 信号的一个编码字节。E1 的帧长为 $1/8000=125(\mu s)$,结构如图 6.6.4 所示。E1 的每帧含 32 个时隙,依次标记为 TS0~TS31;连续 16 帧形成一个更大的结构,称为**复帧**,复帧中的各帧依次记为 F0~F15。

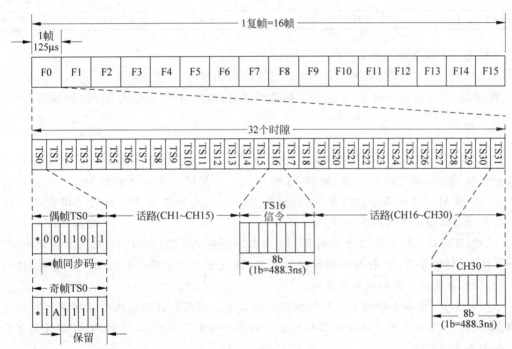

图 6.6.4　E1 的帧结构

每帧除 TS0 与 TS16 外,30 个时隙正好对应于 30 路 PCM 信号的各个编码字节(8b)。TS0 与 TS16 用于同步码、信令等其他一些特殊用途。具体规定如下:

(1) TS0:第 1 位供国际通信使用;后 7 位(第 2~8 位)在奇偶帧的功用不同。偶帧时,这七位是"0011011",作为同步码;奇帧时,这 7 位是"1A11111",其中第 2 位(七位中的首位)为固定的 1,使之有别于偶帧的同步码,第 3 位的 A 用于远端告警等用途:0=正常,1=告警,后几位保留为其他待定用途,通常为全 1。

(2) TS16:用于传输信令。信令是辅助电话通信的各种控制指令与业务信息,例如,用户所拨的电话号码或链路状态信息等。信令数据量通常很少,可以随路传输或集中起来共路传输。E1 中的一种安排是:每个 TS16 服务于两个话路,每个复帧中的 16 个帧的 TS16 可服务完全部 30 个话路,具体分配方案如表 6.6.1 所示。表中,F0 的 TS16 为其他用途,其前 4 位为"0000",用于复帧定位;而后面的 x 为备用,y 用于远端告警:0＝正常,1＝告警。

表 6.6.1　E1 中的信令（TS16）

帧	字　节							
	前 4 比特				后 4 比特			
F0	0	0	0	0	x	y	x	x
F1	CH1				CH16			
F2	CH2				CH17			
F3	CH3				CH18			
⋮	⋮				⋮			
F15	CH15				CH30			

易见,E1 的总数据率为

$$8000 \text{ 帧/s} \times (30+2)\text{时隙/帧} \times 8\text{b/时隙} = 2048\text{kbps}$$

E1 每帧的 32 个时隙中有 30 个用于实际话音通信,因此,有时也称为 30/32 路基群。

*2. T1

T1 将 24 个 64kbps 的 PCM(μ 律)信号复用在一起,它的帧率也设计为 8000 帧/秒,每帧长为 $125\mu s$,由 193 位构成,连续 12 帧构成一个复帧。每帧中的前 192 位正好对应于 24 路 PCM 信号的各个编码字节(8b),即 $24 \times 8 = 192$。而第 193 位用于同步码。T1 的同步码与信令的具体规定如下:

(1) 同步码:复帧中 12 个帧的第 193 位共同提供码字"010001101110",作为同步码。如果按奇、偶帧分开,可见,6 个偶帧提供"000111";6 个奇帧提供"101010"。这样,帧同步的同时,也实现了复帧的同步定位。

(2) 信令:由第 6 帧的第 8 位来传递随路信令。即第 6 帧的每路信号中前 7 位仍是 PCM 数据,第 8 位改用于该路通信的信令。由于只占用了最低位,这对 PCM 信号的质量不会构成多少影响。

易见,T1 总的数据率为

$$8000 \text{ 帧/s} \times (192+1)\text{b/帧} = 1544\text{kbps}$$

显然,T1 用于同步码的开销低于 E1,但由于完整的同步码需由复帧提供,其同步时间要长一些,同步检测器也要复杂一些。

6.6.4　准同步与同步数字体系

时分复用发展的初期主要是为了在一条长途数字通信链路上传输多路电话信号。那时,复用与去复用设备分别安置于链路的两端,如图 6.6.1(a)所示。在发送端,多路模拟话音汇入复用设备,在同一个时钟下轮流抽样、量化与编码;在接收端,去复用设备在同步时钟控制下完成相反的过程。随着通信业务的扩大与更高速的数字通信系统的发展,越来越多的数字信号需要复合在一起共用骨干通信系统,结果逐渐形成了在已经复用过的数字信号基础上再次反复复用的多层次的 TDM 数字体系。

TDM 数字体系可分为**准同步体系**(plesiochronous digital hierarchy,PDH)与**同步体系**(synchronous digital hierarchy,SDH)两大类别。在准同步体系中,参与合并的数字信号各自独立地按标称值设定自己的时钟频率,由于精度等原因,彼此之间实际上存在一定的误差,复用设备在合并信号时必须容忍这些误差。在同步体系中,所有参与合并的数字信号与复用设备的主时钟严格同步,这样,复用与去复用很容易完成,但是,系统中必须解决精确的同步问题。

E 体系与 T 体系实际上是两种准同步数字体系。E 体系与 A 律 PCM 方案结合,主要应用与我国大陆与欧洲各国等国家与地区。其复用信号的基础层为一次群 E1,它由 30 路 PCM 电话信号复用而成,速率为 2.048Mbps,4 个 E1 再经过二次复用得到二次群信号,速率为 8.448Mbps,仿此按 4 倍关系再次复用上去,可得三次、四次、五次群信号。各次群之间的层次关系如图 6.6.5 所示,参数如表 6.6.2 所示。

表 6.6.2　E 体系的各层次参数

层　　次	比特率(Mb/s)	路　　数
E-1	2.048	30
E-2	8.448	120
E-3	34.368	480
E-4	139.264	1920
E-5	565.148	7680

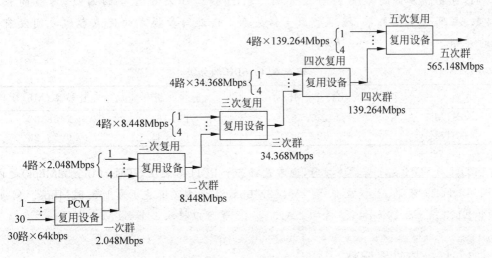

图 6.6.5　E 体系层次结构图

从表 6.6.2 中可见,每次复用后的高次群都又加入了一些额外开销,其数据率比输入信号的 4 倍还要高一些。这些额外的开销用于同步与速率配合等需要。

T 体系与 μ 律 PCM 方案结合,主要应用与北美与日本等国家与地区。其复用信号的基础层为一次群 T1,由 24 路 PCM 电话信号复用而成,速率 1.544Mbps。T 体系中再次复用的基本原理与 E 体系的一样,具体参数如表 6.6.3 所示。其中北美与日本在三次群及以上的规定上有所差别。

表 6.6.3 T 体系各层次参数

层 次	比特率(Mb/s)	路 数
T-1	1.544	24
T-2	6.312	96
T-3	32.064(日本)	480
	44.736(北美)	672
T-4	97.728(日本)	1440
	274.176(北美)	4032
T-5	397.200(日本)	5760
	560.160(北美)	8064

随着光纤通信系统的发展与数字通信速率的不断提高,E 体系与 T 体系已不能满足新的应用需求,因为非同步造成的不方便日益突出。1985 年,美国贝尔通信研究中心(Bell Communication Research)提出了一种新的 TDM 体系称为同步光网络(**synchronous optical network**,**SONET**)。1989 年 ITU 在此基础上提出了同步体系(**SDH**)的建议。

在 SDH 中,信息以同步传输模块(STM)的结构进行传输,STM 重复周期为 $125\mu s$,包括信息的有效负荷与段开销。SDH 分为如表 6.6.4 的四级,各级的容量(路数)之间为 4 倍关系,速率也为 4 倍关系。借助同步模式的优点各级之间没有额外的开销。

表 6.6.4 SDH 的分级

等 级	比特率(Mb/s)	等 级	比特率(Mb/s)
STM-1	155.52	STM-16	2488.32
STM-4	622.08	STM-64	9953.28

PDH 与 SDH 之间需要连接时,通常是将若干 PDH 封装在 STM-1(155.52Mbps)之内。这时 PDH 信号的速率应低于 155.52Mbps,经调整(填充)为 155.52Mbps。例如,63 个 E1、3 个 E3、1 个 E4、84 个 T1 或 3 个 T3 等可以接入 1 个 STM-1 中。

*6.6.5 复接与码率调整

在数字体系中,将低次群合并成高次群的过程称为复接(**multiplexing**);将高次群分解为低次群的过程称为**分接**(**demultiplexing**)。在双工通信系统中,每个终端设备既需要复接器,也需要分接器,两者合在一起称为**复接分接器**(**muldex**),简称复接器。

在同步体系中,各输入支路的数字信号与复接器的定时时钟严格同步,复接时只需将信号相位调整到合适的位置,就可以直接按帧结构的规定组织数据,完成合并过程。但在准同步体系中,各输入支路数字信号的速率虽然按标称值设定,但实际上彼此间有一个很小的误差,这样,复接必须在信号间调整码元速率,使它们相互配合,以完成合并过程。

准同步复接实际上包括码率调整与同步复接两个部分。下面介绍一种最基本与常用的码率调整方案称为**正码率调整**。所谓正码率调整就是指复接器的主时钟与输出速率比各支路信号的略微高一些,由于"输出快于输入",经过一段时间的累积,某个支路上就会"来不及"提供新的数据,这时,复接器就在输出信号中为该支路填充 1 个空闲位,以等待其数据的到来。

图 6.6.6 是 ITU 建议的 E 体系复接方案之一,用于将 4 个 2.048Mbps 的 E1 信号合并为 8.448Mbps 的二次群信号。图中的复接帧长为 848 位,前 10 位为复接帧的同步码,第 11、12 位分别用于告警与国内用途。而码速调整是通过下面两点来实施的:

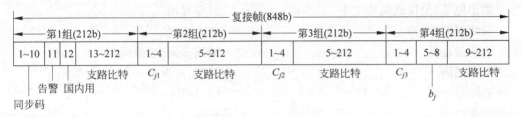

图 6.6.6　复接帧结构与正码速调整 Ⅳ

(1) $C_{j1}C_{j2}C_{j3}$ 是第 j 个支路的码速调整标志位,其中 $j=1,2,3,4$,共有 4 个支路。三个标志位取值相同,分布在复接帧中的不同位置处,以提高其可靠性。无需调整时,它们为"000";需要调整时,为"111"。传输中如果出现误码,使三个位不一致,接收方采用大数判决来处理;

(2) $b_j(j=1,2,3,4)$ 是与 $C_{j1}C_{j2}C_{j3}$ 相配合的实际调整位。不调整时,$C_{j1}C_{j2}C_{j3}=000$,b_j 位为第 j 支路的正常信息位;调整时,$C_{j1}C_{j2}C_{j3}=111$,b_j 位为填充位,分接器处理时视其为无用位删除。

在复接帧中,4 个支路的有效信息部分的总位数最多可达到 $848-12-3\times4=824$ 位,故平均每路最多为 206 位。当调整位是填充位时,则只有 205 位。可见,以复接输出的 8448kbps 为基准,允许各支路的速率介于

$$\frac{205}{848}\times8448\approx2042.264 \sim \frac{206}{848}\times8448\approx2052.266(\text{kbps})$$

之间。由支路的标准速率 2048kbps 可以算出,每复接帧中应该有 205.576 位信息位,即调整位作为信息位的比例约为 57.6%;作为填充位的比例约为 42.4%。比例值 0.424 称为该方案的**标准码速调整比**。

本章关键词

通过下面的关键词,可以快速地回顾本章的主要知识点。

抽样、采样	压缩、扩张
带限抽样定理	A 律与 13 折线法
奈奎斯特频率	μ 律与 15 折线法
欠抽样、混叠	脉码调制(PCM)
自然抽样	A/D 转换
平顶抽样	折叠码
PAM、PDM、PPM	波形编码
带通抽样	DPCM、ADPCM
量化、量化器	DM、ADM 与 Σ-Δ
量化电平数、位数	颗粒噪声、斜率过载失真
输出电平、分层或阈值电平	时分复用
量化误差(噪声)	帧结构、帧
均匀量化器	帧同步码、虚假同步
量化间隔	基群、高次群
最佳量化器	E1 与 T1
过载	复帧
量化信噪比	准同步体系
平均或峰值信噪比	同步体系
6dB 规则	复接、分接、复接器
对数量化	正码率调整、码速调整比

习题

1. 对模拟信号 $m(t)=\sin(200\pi t)/200t$ 进行抽样。试问：(1)无失真恢复所要求的最小抽样频率为多少？(2)在用最小抽样频率抽样时,1分钟有多少个抽样值？

2. 已知信号 $m(t)$ 的频谱为

$$M(f)=\begin{cases}1-\dfrac{|f|}{1000}, & |f|<1000\,\mathrm{Hz}\\ 0, & 其他\end{cases}$$

(1) 假设以 1500 Hz 的速率对它进行抽样,试画出已抽样信号 $m_s(t)$ 的频谱图;

(2) 若用 $f_s=3000\,\mathrm{Hz}$ 的速率抽样,重做(1)小题。

3. 指出下列信号的奈奎斯特频率,其中 $\mathrm{sinc}(x)=\sin(\pi x)/(\pi x)$。

(1) $m(t)=\mathrm{sinc}(1000t)$

(2) $m(t)=\mathrm{sinc}^2(1000t)$

（3）$m(t) = \text{sinc}(1000t) + \text{sinc}^2(1000t)$

4. 在自然抽样中，模拟信号 $m(t)$ 和周期性的矩形脉冲串 $c(t)$ 相乘。已知 $c(t)$ 的重复频率为 f_s，每个矩形脉冲的宽度为 $\tau(f_s\tau < 1)$。假设时刻 $t = 0$ 对应于矩形脉冲的中心点。试问：

（1）$m(t)$ 经自然抽样后的频谱，说明 f_s 与 τ 的影响；

（2）自然抽样的无失真抽样条件与恢复 $m(t)$ 的方法。

5. 已知 $m(t)$ 的最高频率为 f_m，用矩形脉冲串对其进行平顶抽样，脉冲宽度为 2τ，重复频率为 f_s，幅度为 1。试给出已抽样信号的时域与频域表示式，说明 f_s 与 τ 的影响。

6. 求下面中频信号最小抽样频率：

（1）中心频率为 60MHz，带宽为 5MHz；

（2）中心频率为 30MHz，带宽为 6.5MHz；

（3）中心频率为 70MHz，带宽为 2MHz。

7. 设带通信号的频率范围为 $2\sim2.5$MHz：

（1）求最小抽样频率；

（2）给出已抽样信号的频谱图；

（3）调整抽样频率，使已抽样信号的频谱图间隔均匀。

8. 在要求量化误差不超过量化器输入范围的 $P\%$ 时，试说明均匀量化器的位数应满足

$$n \geqslant 3.32 \log_{10}(50/P)$$

9. 假定输入信号具有均值为 1、方差为 0.5 的高斯分布，试计算其最佳 8 电平量化器的各个分层与输出电平值。

10. 假定输入信号具有均值为 0、方差为 2 的拉普拉斯分布，试计算其最佳 8 电平量化器的各个分层与输出电平值。

11. 对于具有 256 个量化电平的均匀量化器，试求下面几种输出信噪比：

（1）峰值信噪比；

（2）高斯分布随机信号的最大信噪比；

（3）均匀分布随机信号的最大信噪比。

12. 已知输入为正弦信号，若需要预留的动态范围为 45dB，并求量化信噪比不能低于 26dB，求线性 PCM 的编码位数。

13. 在 A 律 PCM 系统中，当（归一化）输入信号抽样值为 0.12、0.3 与 -0.7 时，输出二进制码组是多少？

14. 单路语音信号最高频率为 4kHz，抽样速率为 8kHz，以 PCM 方式传输。假设采用单极性 NRZ 矩形脉冲传输，试问：

（1）采用 7 比特量化时，PCM 基带信号（第一零点）带宽为多少？

（2）采用 8 比特量化时，结果又是多少？

15. 假定标准 PCM 语音信号通过误码率为 10^{-5} 的信道传输，试估计恢复出的模拟信号可能达到的峰值信噪比。

16. 已知某线性 PCM 通信系统的线路误码率为 10^{-4}，模拟信号的最高频率为

3kHz,如果要求接收端恢复的模拟信号达到 30dB 的峰值信噪比,试问:

(1) PCM 量化器的比特数至少是多少?

(2) 传输系统的带宽至少是多少?

17. 试估计一张 650MB 的光盘可以存储:

(1) 多少分钟的标准 PCM 语音信号?

(2) 多少分钟的 CD 音乐信号?

(3) 多少分钟的 ADPCM(G.721)语音信号?

18. 已知正弦信号的频率为 4kHz,试分别设计线性 PCM 与 DM 系统,使量化信噪比都大于 30dB 要求,并比较两系统的数据率。

19. 已知增量调制器的抽样频率为 32kHz,输入为语音信号,幅度范围$[-5V,+5V]$。试计算信号不过载的量化台阶(提示:考虑频率为 3.4kHz 的正弦信号,幅度为 5V)。

20. 遥感探测系统中包括 4 个输入信号:$s_i(t)$,$i=1,2,3,4$。其中 $s_1(t)$ 和 $s_2(t)$ 的带宽均为 250Hz,另外两个信号 $s_3(t)$ 和 $s_4(t)$ 的带宽均为 1kHz。分别对 $s_3(t)$ 和 $s_4(t)$ 以每秒 2400 个样值的速率进行抽样。将此抽样速率除以 4 后作为 $s_1(t)$ 和 $s_2(t)$ 的抽样速率。

(1) 试设计一个 TDM 系统,将这四路信号复合成一个数字序列;

(2) 如果采用 8 比特量化,给出 TDM 的传输数据率。

21. 在 E1 系统中,试计算:(1)复帧时间长度;(2)每个信道的信令速率是多少?

22. 在 T1 系统中,试计算:(1)复帧时间长度;(2)每个信道的信令速率是多少?

第7章

信号空间分析与多元数字传输

在信号传输的分析中,许多信号波形(或函数)的表示形式与矢量空间理论中的数学表示方法十分类似。通过将信号类比为矢量,可以借助线性空间的理论来分析信号及其传输过程,形成信号空间分析方法。这种方法有助于研究者对数字传输系统及相关技术获得更为直观的认识与深刻的理解。结合统计检测与判决理论,它能够很好地研究AWGN信道上数字传输系统的最佳设计问题,简化误码性能的分析过程。所以,信号空间分析法是一项重要的理论分析工具。

MASK、MPSK与QAM是三种重要的数字频带调制。它们的频带利用率相同,特性类似,是一、二维传输信号的典型代表。运用信号空间分析方法可以直观地理解这三种调制的本质特征,还能够深入地分析与比较各种多元调制的误码性能。

MFSK是另一类基本的数字频带调制,它利用多种不同的正交载波来携带信息,其传输信号占用更宽的频带,但误码性能得到有效的改善。MFSK是 M 维正交信号的典型代表,是运用信号空间分析的另一个重要案例。

本章着重介绍信号空间分析方法,并运用它进一步讨论 MASK、MPSK、QAM 与MFSK 这几种多元数字传输技术。内容要点包括:

(1) 信号空间:矢量空间、信号空间、信号合成器、分析器与相关器、信号组及正交化方法。

(2) AWGN 信道:噪声矢量分解、接收信号的矢量分解、AWGN 信道矢量形式。

(3) 信号星座图:数字传输系统模型、信号空间与点集、星座图与云图。

(4) 最佳接收准则:最小差错概率准则、ML 与 MAP 准则、最小欧氏距离与最大相关准则。

(5) 最佳接收机结构:基于相关器或匹配滤波器的接收机、基于相干解调的接收机、最大相关接收机。

(6) 最小差错概率:旋转与平移不变性、最小差错概率的联合边界。

(7) MASK、MPSK 与 QAM 调制分析:信号星座图、最佳接收机、详细误码率分析、相互比较。

(8) MFSK 调制分析:信号星座图、最佳接收机、误码率分析。

7.1 信号空间分析

本节介绍信号空间的基本概念与有关的分析方法,并运用这种方法讨论噪声与接收信号,说明 AWGN 信道的矢量形式。

7.1.1 矢量空间回顾

矢量空间的概念在解析几何与线性代数等课程中有详细的讨论,下面简要地进行回顾。

在由 N 个相互正交的单位矢量 $e_1,e_2,\cdots,e_N$ 生成的(N 维)**矢量空间**(vector space)

中，任何一个矢量 $\boldsymbol{V}$ 可以唯一地写成 $\boldsymbol{e}_1, \boldsymbol{e}_2, \cdots, \boldsymbol{e}_N$ 的线性组合，即

$$\boldsymbol{V} = \sum_{j=1}^{N} v_j \boldsymbol{e}_j \tag{7.1.1}$$

其中，v_j 是 $\boldsymbol{e}_j$ 对应的系数。矢量组记为 $\{\boldsymbol{e}_j\}_{j=1}^{N}$，可视为该矢量空间的坐标轴，而数值 $v_1, v_2, \cdots, v_N$ 称为矢量 $\boldsymbol{V}$ 的**坐标值**。于是，空间中的矢量与一组数值一一对应、互相等价，即

$$\boldsymbol{V} = \begin{bmatrix} v_1 \\ v_2 \\ \vdots \\ v_N \end{bmatrix} = [v_1, v_2, \cdots, v_N]^{\mathrm{T}} \tag{7.1.2}$$

其中，$[\cdot]^{\mathrm{T}}$ 为矩阵的转置运算。

矢量组 $\{\boldsymbol{e}_j\}_{j=1}^{N}$ 又称为**标准正交基**（standard orthogonal basis），因为它们是彼此正交且长度归一的"基础"矢量，即

$$\boldsymbol{e}_j \cdot \boldsymbol{e}_k = \begin{cases} 1, & j = k \\ 0, & j \neq k \end{cases} \quad j, k = 1, 2, \cdots, N \tag{7.1.3}$$

其中，运算"·"称为**内积运算**（inner product）。

内积运算是矢量空间中最重要的基础运算之一。两个矢量的内积结果是一个数值，并可以由它们的坐标值来计算，假定 $\boldsymbol{V}_1 = [v_{11}, v_{12}, \cdots, v_{1N}]^{\mathrm{T}}$ 与 $\boldsymbol{V}_2 = [v_{21}, v_{22}, \cdots, v_{2N}]^{\mathrm{T}}$，则

$$\boldsymbol{V}_1 \cdot \boldsymbol{V}_2 \stackrel{\text{def}}{=\!=} \boldsymbol{V}_1^{\mathrm{T}} \boldsymbol{V}_2 = [v_{11}, v_{12}, \cdots, v_{1N}] \begin{bmatrix} v_{21} \\ v_{22} \\ \vdots \\ v_{2N} \end{bmatrix} = \sum_{j=1}^{N} v_{1j} v_{2j} \tag{7.1.4}$$

一般来说，内积的物理意义是两个矢量之间的相似程度。任何矢量 $\boldsymbol{V}$ 与单位矢量 $\boldsymbol{e}_j$ 的内积给出了 $\boldsymbol{V}$ 中所包含的"$\boldsymbol{e}_j$ 方向上的成分"，在几何上它表现为 $\boldsymbol{V}$ 向 $\boldsymbol{e}_j$ 的**投影**（projection）。如图 7.1.1 所示，这也正是求取矢量坐标值的方法，即

$$v_j = \boldsymbol{V} \cdot \boldsymbol{e}_j \tag{7.1.5}$$

空间上还有两个重要的概念（如图 7.1.2 所示）：

（1）**范数**（norm），也称为长度

$$l = \|\boldsymbol{V}\| = \sqrt{\boldsymbol{V} \cdot \boldsymbol{V}} = \sqrt{\sum_{j=1}^{N} v_j^2} \tag{7.1.6}$$

（2）**距离**（distance）

$$d = \|\boldsymbol{V}_1 - \boldsymbol{V}_2\| = \sqrt{\sum_{j=1}^{N} (v_{1j} - v_{2j})^2} \tag{7.1.7}$$

几何空间是矢量空间的直观例子，其中，平面点或立体点就是矢量，运用矢量空间的理论可以有效地分析各种几何问题。更广泛地讲，矢量可以表征一般集合的元素，矢量空间就是包含了许多元素的集合，其理论可以用来分析多种抽象的集合问题。

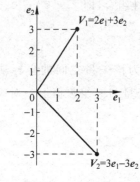

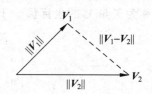

图 7.1.1　矢量示例　　　　　　　　图 7.1.2　矢量的长度与距离示例

7.1.2　信号空间的基本概念

如果把每个信号（或波形）$s(t)$抽象为元素，各种各样的信号构成了研究信号的集合。进一步考察发现，可以把信号元素 $s(t)$ 称为**信号矢量**（**signal vector**）或**信号点**（**signal point**），把信号集合称为**信号空间**（**signal space**），并作为矢量空间来分析。运用这种数学方法，可以直观、深刻地理解信号及其处理过程。

1. 信号的内积、长度与距离

在信号空间中，信号矢量表示为 s，它其实就是 $s(t)$ 的另一种记法，因此，信号矢量也简称为信号，等同于 $s(t)$。两个信号矢量 s_1 与 s_2 的内积定义为

$$s_1 \cdot s_2 = \int_{-\infty}^{+\infty} s_1(t) s_2(t) \mathrm{d}t \qquad (7.1.8)$$

由此，信号 s 的长度为

$$\sqrt{E} = \parallel s \parallel = \sqrt{s \cdot s} = \sqrt{\int_{-\infty}^{+\infty} s^2(t) \mathrm{d}t} \qquad (7.1.9)$$

信号间的距离为

$$d_{12} = \parallel s_1 - s_2 \parallel = \sqrt{\int_{-\infty}^{+\infty} \left[s_1(t) - s_2(t) \right]^2 \mathrm{d}t} \qquad (7.1.10)$$

上述术语的物理意义十分清楚：信号的长度就是其"有效值"（能量值的平方根）；信号间的内积就是它们的相关值；信号间的距离就是它们差信号的"有效值"。

显然，在信号空间的分析中，关注能量型信号，即长度有限的信号矢量。本章中重点关注的是时间有限的信号，例如，仅在 $[0, T]$ 上非零的信号。因此，除非特别声明，本章后面讨论的信号都是时间有限的能量型信号，并且，内积运算的积分限可由 $(-\infty, +\infty)$ 变更为 $[0, T]$。

2. 信号的坐标表示法

根据矢量空间的理论，空间中任何信号总能够表示为正交且归一的基本信号之和。

具体讲,记基本信号组为 $\{f_j(t)\}_{j=1}^N$,组中每个信号满足

$$\boldsymbol{f}_j \cdot \boldsymbol{f}_k = \int_0^T f_j(t)f_k(t)\mathrm{d}t = \begin{cases} 1, & j=k \\ 0, & j \neq k \end{cases} \quad j,k=1,2,\cdots,N \quad (7.1.11)$$

则,在该组基本信号生成的 N 维信号空间中,任何信号 $s(t)$ 可以唯一地表示为

$$s(t) = \sum_{j=1}^N s_j f_j(t) \quad (7.1.12)$$

其中,系数 s_j 是 $s(t)$ 的第 j 个坐标值。

于是,信号(原本是一个函数)与一个矢量(一组数值)唯一对应,即

$$s(t) \Leftrightarrow \boldsymbol{s} = \begin{bmatrix} s_1 \\ s_2 \\ \vdots \\ s_N \end{bmatrix} = [s_1, s_2, \cdots, s_N]^T \quad (7.1.13)$$

其中,$[s_1, s_2, \cdots, s_N]^T$ 也称为 $s(t)$ 的**系数矢量**。而具体的各个坐标值,可以按式(7.1.5)计算

$$s_j = \boldsymbol{s} \cdot \boldsymbol{f}_j = \int_0^T s(t)f_j(t)\mathrm{d}t \quad (7.1.14)$$

有了信号的坐标,就可以避开积分方便地完成如下的重要运算:

(1) 计算能量:$E = \displaystyle\sum_{j=1}^N s_j^2$;

(2) 计算差信号的强度:$d_{12} = \sqrt{\displaystyle\sum_{j=1}^N (s_{1j} - s_{2j})^2}$;

(3) 计算内积(相关值):$r_{12} = \displaystyle\sum_{j=1}^N s_{1j}s_{2j}$。

例 7.1 假定三维信号空间的基函数如图 7.1.3(a)所示,信号 $s(t)$ 如图 7.1.3(b)所示。试求:(1)$s(t)$ 的系数矢量;(2)给出例 $s(t)$ 的几何表示;(3)$s(t)$ 的能量。

解 (1) 显然 $s(t)$ 的系数矢量为

$$\boldsymbol{s} = \begin{bmatrix} A \\ A \\ 0 \end{bmatrix}$$

(2) $s(t)$ 在三维空间中的几何表示如图 7.1.3(c)所示。

(3) 信号能量为,$E_s = A^2 + A^2 + 0^2 = 2A^2$。

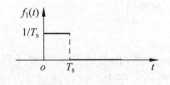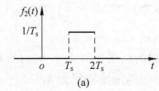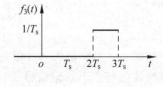

(a)

图 7.1.3 例 7.1 图

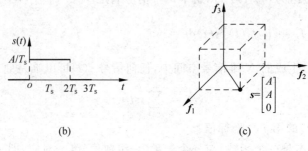

图 7.1.3 （续）

7.1.3 信号的合成器、分析器与相关器

信号的坐标计算、内积运算是信号空间分析中最基本的操作,可以用合成器、分析器与相关器来具体实现。

合成器由信号的坐标值 $s_1,s_2,\cdots,s_N$ 按式(7.1.12)生成信号 $s(t)$,相应的框图如图 7.1.4(a)所示;分析器由信号 $s(t)$ 按式(7.1.14)分析出坐标值 $s_1,s_2,\cdots,s_N$,相应的框图如图 7.1.4(b)所示。

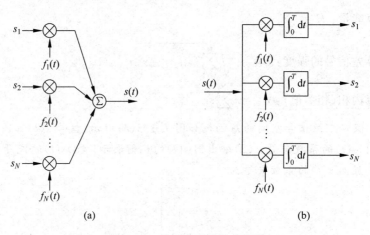

图 7.1.4 信号合成器与分析器

相关器可用于计算内积,因为

$$s_1 \cdot s_2 = \int_0^T s_1(t)s_2(t)\mathrm{d}t = \left[\int_0^T s_1(t)s_2(t+\tau)\mathrm{d}t\right]\Big|_{\tau=0}$$
$$= r_{12}(\tau)\,|_{\tau=0} = r_{12}(0)$$

不妨将 $r_{12}(0)$ 简记为 r_{12},相关器的框图如图 7.1.5(a)所示。其实,相关运算又等效于匹配滤波处理。不妨记信号 $s_2(t)$ 的匹配滤波器为 $h_2(t)=s_2(T-t)$,于是,$s_1(t)$ 通过 $h_2(t)$ 后在 $t=T$ 时刻的取样值为

$$[s_1(t) * h_2(t)] \mid_{t=T} = \left[\int_0^T s_1(u) h_2(t-u) \, du \right] \Bigg|_{t=T}$$

$$= \left\{ \int_0^T s_1(u) s_2 [T-(t-u) \, du] \right\} \Bigg|_{t=T}$$

$$= \int_0^T s_1(u) s_2(t) \, dt$$

匹配滤波处理的框图如图 7.1.5(b)所示,而图 7.1.5(c)是通过坐标值计算内积的方法。

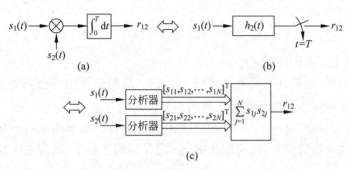

图 7.1.5　计算内积的方法

可见,内积是一个有趣的运算,它具有图 7.1.5 所示的多种等效计算方法,如

$$\text{信号的内积} = \text{信号间的相关度} : r_{12}(0)$$

$$= \text{信号间的匹配度} : s_1(t) * h_2(t) \mid_{t=T}$$

$$= \text{信号坐标值间的乘加值} : \sum_{j=1}^N s_{1j} s_{2j}$$

7.1.4　信号组及 Gram-Schmidt 正交化方法

要运用信号空间方法就必须先建立一个合适的空间,也就是要选择一组合适的基函数来作为坐标系。在数字通信中,经常需要讨论一组信号的传输问题,为此,应该建立一个"刚好"包含这组信号的空间。所谓"刚好包含"是指:建立的信号空间既要含有这组信号中的每一个,又要具有尽量小的规模(维数)。规模小有利于降低研究工作量。

给定 M 个信号组成的信号组(或信号集): $\{s_i(t)\}_{i=1}^M$。Gram-Schmidt 正交化方法能够系统地求出具有归一化正交性的基本函数集 $\{f_j(t)\}_{j=1}^N$,具体方法如下:

(1) 任选一个非零信号进行归一化,例如 $s_1(t)$,则

$$f_1(t) = \frac{s_1(t)}{\| s_1(t) \|} \tag{7.1.15}$$

(2) 取第二个信号,例如 $s_2(t)$,消去其中的"$f_1(t)$ 成分";若结果信号非零,则进行归一化得出

$$f_2(t) = \frac{s_2(t) - \alpha_{21} f_1(t)}{\| s_2(t) - \alpha_{21} f_1(t) \|} \tag{7.1.16}$$

其中,$\alpha_{21} = s_2 \cdot f_1 = \int_0^T s_2(t) f_1(t) \, dt$。

（3）取第三个信号，例如 $s_3(t)$，消去其中的"$f_1(t)$ 与 $f_2(t)$ 的成分"；若结果信号非零，则进行归一化，得出

$$f_3(t) = \frac{s_3(t) - \alpha_{31}f_1(t) - \alpha_{32}f_2(t)}{\parallel s_3(t) - \alpha_{31}f_1(t) - \alpha_{32}f_2(t) \parallel} \tag{7.1.17}$$

其中

$$\alpha_{31} = \boldsymbol{s}_3 \cdot \boldsymbol{f}_1 = \int_0^T s_3(t)f_1(t)\mathrm{d}t$$

$$\alpha_{32} = \boldsymbol{s}_3 \cdot \boldsymbol{f}_2 = \int_0^T s_3(t)f_2(t)\mathrm{d}t$$

（4）依此类推，直至取完所有 M 个信号。

在整个过程中，如果某一次消去前"$f_j(t)$ 成分"后的结果信号恰巧为 0，那么，这次就不产生基本函数，因此，基本函数的个数 $N \leqslant M$。

观察 $f_1(t)$，$f_2(t)$，$\cdots$，$f_N(t)$ 的产生过程可得：①各个基函数是归一化的；②每个基函数不包含其他基函数成分，因而彼此正交；③N 达到了最小，因为去除某个基函数都会造成与之对应的那个信号无法完全表示。④由于过程中选取信号的顺序可能不同，最终得出的基本函数可能不一样，但其个数 N 是完全一致的，并且所生成的信号空间也是完全一致的。

因此，按 Gram-Schmidt 方法获得的基本函数是一组标准正交基，由它生成的信号空间包含信号组 $s_1(t)$，$s_2(t)$，$\cdots$，$s_M(t)$，且规模最小。

7.1.5　AWGN 信道及其等效矢量形式

AWGN 信道是数字通信中最重要的基础信道，当信号 $s(t)$ 通过信道后，接收信号为 $r(t) = s(t) + n(t)$，其中 $n(t)$ 是功率谱为 $N_0/2$ 的零均值高斯白噪声。下面考察 $n(t)$ 与 $r(t)$ 在矢量空间中的有关问题。

1. 噪声的矢量分析

假定研究中所考虑的是 N 维信号空间，其标准正交基函数为 $\{f_j(t)\}_{j=1}^N$，由于白噪声 $n(t)$ 的样本函数可能具有任意的形状，它不可能在有限的 N 维空间中完整地表示出来，不妨记

$$n(t) = \sum_{j=1}^N n_j f_j(t) + n_E(t) \tag{7.1.18}$$

其中，$n_j = \int_0^T n(t)f_j(t)\mathrm{d}t$，代表 $n(t)$ 中的"$f_j(t)$ 成分"，而 $n_E(t)$ 是所有基函数都无法表示的部分，即超出该信号空间的"多余"噪声部分。

由于 $n(t)$ 是随机的，$[n_1, n_2, \cdots, n_N]^T$ 与 $n_E(t)$ 都是随机的，其统计特性如下：

（1）$n_1, n_2, \cdots, n_N$ 是彼此独立的同分布高斯随机变量，均值为零，方差为 $N_0/2$。

（2）$n_E(t)$ 与 $n_1, n_2, \cdots, n_N$ 统计独立。

证明 (1) 首先 $f_j(t)$ 都是确定函数,而积分运算是线性运算,高斯信号的积分结果仍然是高斯的,所以,各个 n_j 都是高斯随机变量。易见

$$E[n_j] = \int_0^T E[n(t)] f_j(t) \mathrm{d}t = 0, \quad j = 1, 2, \cdots, N$$

再任取 n_j 与 n_k,$j, k = 1, 2, \cdots, N$ 有

$$E[n_j n_k] = E\left\{ \left[\int_0^T n(t) f_j(t) \mathrm{d}t \right] \times \left[\int_0^T n(u) f_k(u) \mathrm{d}u \right] \right\}$$

$$= \int_0^T \int_0^T E[n(t) n(u)] f_j(t) f_k(u) \mathrm{d}t \mathrm{d}u$$

由于 $n(t)$ 是方差为 $N_0/2$ 的白噪声,$E[n(t)n(u)] = R_n(t-u) = \dfrac{N_0}{2} \delta(t-u)$,又借助 $\delta(t)$ 的筛选性质:$\int_0^T \delta(t - t_0) f(t) \mathrm{d}t = f(t_0)$,可得

$$E[n_j n_k] = \int_0^T \int_0^T \frac{N_0}{2} \delta(t - u) f_j(t) f_k(u) \mathrm{d}t \mathrm{d}u$$

$$= \frac{N_0}{2} \int_0^T f_j(u) f_k(u) \mathrm{d}u = \begin{cases} N_0/2, & j = k \\ 0, & j \neq k \end{cases} \tag{7.1.19}$$

由此可见,各个系数的方差同为 $N_0/2$,而不同系数之间彼此无关,对高斯随机变量而言,也就彼此独立。

(2) 由于

$$n_E(t) = n(t) - \sum_{j=1}^N n_j f_j(t)$$

是高斯随机量的线性运算的结果,因而 $n_E(t)$ 也是高斯的。而且,任取 n_k,$k = 1, 2, \cdots, N$,有

$$E[n_k n_E(t)] = E[n_k n(t)] - \sum_{j=1}^N E[n_k n_j] f_j(t)$$

$$= E\left\{ \left[\int_0^T n(u) f_k(u) \mathrm{d}u \right] n(t) \right\} - \frac{N_0}{2} f_k(t)$$

$$= \int_0^T E[n(u) n(t)] f_k(u) \mathrm{d}u - \frac{N_0}{2} f_k(t)$$

$$= \int_0^T \frac{N_0}{2} \delta(u - t) f_k(u) \mathrm{d}u - \frac{N_0}{2} f_k(t)$$

$$= \frac{N_0}{2} f_k(t) - \frac{N_0}{2} f_k(t)$$

$$= 0 \tag{7.1.20}$$

这说明 $n_E(t)$ 与各个 n_k 无关,进而彼此独立。 ■

2. 接收信号的矢量分析

由于含有 $n(t)$,接收信号 $r(t)$ 也无法用信号空间的基函数完整地表示,这时有

$$r(t) = s(t) + n(t) = \sum_{j=1}^{N} s_j f_j(t) + \sum_{j=1}^{N} n_j f_j(t) + n_E(t)$$

$$= \sum_{j=1}^{N} (s_j + n_j) f_j(t) + n_E(t) \tag{7.1.21}$$

其中，$s_j + n_j$ 正是 $r(t)$ 在信号空间中的投影，可记为 r_j，因为

$$r_j = \int_0^T r(t) f_j(t) \mathrm{d}t = \int_0^T s(t) f_j(t) \mathrm{d}t + \int_0^T n(t) f_j(t) \mathrm{d}t = s_j + n_j \tag{7.1.22}$$

显然，$r(t)$ 的特性由系数矢量 $\boldsymbol{r} = [r_1, r_2, \cdots, r_N]^T$ 与 $n_E(t)$ 完全决定，其中 $n_E(t)$ 中不包含任何信号特性，且与 $\boldsymbol{r}$ 统计独立，因此，它对于分析 $s(t)$ 而言，没有任何贡献。

从恢复信源的需求来看，接收端只需关注 $r(t)$ 在信号空间中的投影 $r_1, r_2, \cdots, r_N$ 就可以了，也就是说，$\boldsymbol{r}$ 已包纳了充分的信息。这也可以想象为所选的信号空间将无助于信息接收的多余噪声 $n_E(t)$ 滤除掉了。于是，有下述等效关系

$$r(t) = s(t) + n(t) \quad \Leftrightarrow \quad \boldsymbol{r} = \boldsymbol{s} + \boldsymbol{n} \tag{7.1.23}$$

即

$$\begin{bmatrix} r_1 \\ \vdots \\ r_N \end{bmatrix} = \begin{bmatrix} s_1 \\ \vdots \\ s_N \end{bmatrix} + \begin{bmatrix} n_1 \\ \vdots \\ n_N \end{bmatrix} \tag{7.1.24}$$

这表明，连续的（无限维的）AWGN 信道本质上等效于一个简单的 N 维矢量信道，如图 7.1.6 所示。

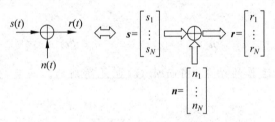

图 7.1.6　AWGN 信道的等效矢量信道

对于功率谱密度为 $N_0/2$ 的白噪声 $n(t)$，上述矢量信道中有关信号矢量的统计特性为：

(1) 噪声矢量：$\boldsymbol{n}$

$n_1, n_2, \cdots, n_N$ 是彼此独立的零均值高斯变量，方差同为 $N_0/2$。

(2) 接收矢量：$\boldsymbol{r} = \boldsymbol{s} + \boldsymbol{n}$

给定信号 $\boldsymbol{s} = [s_1, s_2, \cdots, s_N]^T$ 后，$r_1, r_2, \cdots, r_N$ 是彼此独立的高斯变量，其均值分别为 $s_1, s_2, \cdots, s_N$，方差同为 $N_0/2$。

由此可以写出有关的概率密度函数：

(1) 噪声矢量 $\boldsymbol{n}$ 服从如下的 N 维高斯分布

$$f(\boldsymbol{n}) = f(n_1, n_2, \cdots, n_N) = \prod_{i=1}^{N} \frac{1}{\sqrt{\pi N_0}} \exp\left(\frac{-n_i^2}{N_0}\right)$$

$$= \left(\frac{1}{\sqrt{\pi N_0}}\right)^N \exp\left(-\frac{1}{N_0} \sum_{i=1}^{N} n_i^2\right) \tag{7.1.25}$$

（2）在给定信号矢量 s 的条件下，接收矢量 r 服从如下的 N 维高斯分布

$$f(\boldsymbol{r} \mid \boldsymbol{s}) = f(r_1, r_2, \cdots, r_N \mid s_1, s_2, \cdots, s_N)$$

$$= \prod_{i=1}^{N} \frac{1}{\sqrt{\pi N_0}} \exp\left[-\frac{(r_i - s_i)^2}{N_0}\right]$$

$$= \left(\frac{1}{\sqrt{\pi N_0}}\right)^N \exp\left[-\frac{1}{N_0} \sum_{i=1}^{N} (r_i - s_i)^2\right] \tag{7.1.26}$$

7.2 信号星座图

本节将运用信号空间的理论来解释信号的发送与接收过程，说明几种典型数字传输系统所使用的信号点集与相应的星座图，并引入云图形象地解释接收信号中噪声的影响。

7.2.1 数字传输系统的一般模型

从各种基带与频带的数字传输系统可以看到它们的共同之处：①信息符号逐个按时发送；②每个符号以一种特定的信号波形来传输；③接收时，通过辨识收到的波形来恢复原来的符号。由此得出数字传输系统的一般模型，如图 7.2.1 所示。

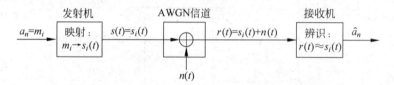

图 7.2.1　数字传输系统的一般模型（以第 n 时隙为例）

考虑 M 元信源每隔 T_s 发出一个符号，第 n 时隙发出的符号记为 a_n，取值集合为 $\{m_0, m_1, \cdots, m_{M-1}\}$。例如二元通信中符号取值集为 $\{0,1\}$；四元通信中，如 QPSK，符号取值集合为 $\{00,01,10,11\}$。假定各符号彼此独立，先验概率为 $p_0, p_1, \cdots, p_{M-1}$。在缺少先验概率信息时，通常认为各符号等概，即

$$p_i = P(a_n = m_i) = \frac{1}{M}, \quad i = 0, 1, \cdots, M-1 \tag{7.2.1}$$

为了发射多元符号，发射机使用 M 种信号波形：$s_0(t), s_1(t), \cdots, s_{M-1}(t)$，其集合称为发射信号集，记为 $\{s_i(t)\}_{i=0}^{M-1}$。根据信号空间的理论，它们确定出一个 $N(\leqslant M)$ 维空间，记相应标准正交基函数为 $\{f_j(t)\}_{j=0}^{N-1}$，这可以通过 Gram-Schmidt 正交化方法获得。各 $s_i(t)$ 对应于该空间中的一个信号点 s_i，它的坐标值记为 $[s_{i0}, s_{i1}, \cdots, s_{i(N-1)}]^T$。于是，发射机基于预置的基函数 $\{f_j(t)\}_{j=0}^{N-1}$ 与信号集 $\{s_i\}_{i=0}^{M-1}$ 发送信号。这包含两步工作：映射信号点与合成信号，即

$$映射：a_n = m_i \Rightarrow \boldsymbol{s}_i = \begin{bmatrix} s_{i0} \\ \vdots \\ s_{i(N-1)} \end{bmatrix} \tag{7.2.2}$$

$$合成：s(t) = \sum_{j=0}^{N-1} s_{ij} f_j(t) \tag{7.2.3}$$

考虑功率谱为 $N_0/2$ 的 AWGN 信道，假定其带宽足够，传输信号通过后无失真或失真可忽略。记接收到的信号为，$r(t) = s(t) + n(t)$，接收机逐个估计出发送的是哪一个信号，进而输出相应的符号。接收机也由两部分组成：分析信号和检测符号，即

$$分析：r_j = \int_0^{T_s} r(t) f_j(t) \mathrm{d}t, \quad j = 0, 1, \cdots, N-1 \tag{7.2.4}$$

$$检测：\boldsymbol{r} = \begin{bmatrix} r_0 \\ r_1 \\ \vdots \\ r_{N-1} \end{bmatrix} \Rightarrow \hat{a}_n = m_i \tag{7.2.5}$$

综上所述，图 7.2.1 的传输系统模型又可以进一步表示为图 7.2.2 的形式，其中信号合成器，信道与信号分析器正好构成 AWGN 信道的等效矢量信道。

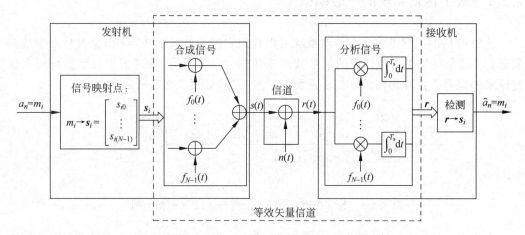

图 7.2.2　数字传输系统的信号空间模型

由于噪声的影响，检测与判决中会偶尔出现错误，因此，需要进行合理的设计使错误概率在统计意义上达到最小。系统的**错误概率**又称为**差错概率**（**probability of error**），指它的**平均符号错误概率**，即**误码率**（**probability of symbol error**）。它可以表示为

$$P_e = P(\hat{a}_n \neq a_n) = \sum_{i=0}^{M-1} P(a_n = m_i) P(\hat{a}_n \neq m_i \mid a_n = m_i)$$

$$= \sum_{i=0}^{M-1} p_i P(\hat{a}_n \neq m_i \mid a_n = m_i) \tag{7.2.6}$$

达到最小差错概率（误码率）的接收机称为**最佳接收机**（**optimal receiver**）。

7.2.2　信号空间与信号点集举例

图 7.2.1 与图 7.2.2 给出的一般模型适用于各种类型的数字传输系统，包括各种基带与频带系统。系统的不同其实只是选用的信号集不同而已。下面通过例子具体说明。

例 7.2 双极性 NRZ 二元数字基带系统：信号为 $s_0(t) = -g_T(t)$，$s_1(t) = +g_T(t)$，如图 7.2.3 所示（$g_T(t)$ 是高度为 A 宽度为 T_b 的矩形非归零脉冲）。

解 首先，依照 Gram-Schmidt 正交化方法求信号空间的基函数，记 $E_g = \int_0^{T_s} g_T^2(t)\mathrm{d}t$，易见

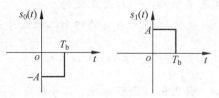

$$\| \boldsymbol{s}_0 \| = \left[\int_0^{T_s} g_T^2(t)\mathrm{d}t\right]^{1/2} = \sqrt{E_g}$$

因此

图 7.2.3 双极性 NRZ 基带系统的信号集

$$f_0(t) = -\frac{1}{\sqrt{E_g}}g_T(t)$$

由于 $s_1(t) + \sqrt{E_g}f_0(t) = 0$，所以，信号空间是一维的，可取基函数集为 $\{g_T(t)/\sqrt{E_g}\}$。信号点集为 $\{\boldsymbol{s}_0, \boldsymbol{s}_1\}$，其中，$\boldsymbol{s}_0 = \left[\sqrt{E_g}\right]$，$\boldsymbol{s}_1 = \left[-\sqrt{E_g}\right]$。 ■

例 7.3 $M = 4$ 元的数字基带系统：信号集为 $\{-3g_T(t), -g_T(t), +g_T(t), +3g_T(t)\}$，其中，$g_T(t)$ 为某个基带发送（成形）脉冲。

解 首先依照 Gram-Schmidt 正交化方法求信号空间的基函数，令

$$f_0(t) = \frac{1}{\sqrt{E_g}}g_T(t)$$

其中，$\sqrt{E_g} = \left[\int_0^{T_s} g_T^2(t)\mathrm{d}t\right]^{1/2}$。由于 $s_0(t) + 3\sqrt{E_g}f_0(t) = 0$，$s_1(t) + \sqrt{E_g}f_0(t) = 0$，$s_3(t) - 3\sqrt{E_g}f_0(t) = 0$，所以，信号空间是一维的，基函数集为 $\{g_T(t)/\sqrt{E_g}\}$。

信号点集为

$$\{\boldsymbol{s}_0, \boldsymbol{s}_1, \boldsymbol{s}_2, \boldsymbol{s}_3\} = \left\{\left[-3\sqrt{E_g}\right], \left[-\sqrt{E_g}\right], \left[+\sqrt{E_g}\right], \left[+3\sqrt{E_g}\right]\right\}$$
■

例 7.4 4PSK 系统：信号集为 $\{g_T(t)\cos(2\pi f_c t + i\pi/2)\}_{i=0}^3$，其中，$g_T(t)$ 为基带成形脉冲，并且 $2f_c T_s$ 为整数。

解 首先令

$$\begin{aligned}E_s &= \int_0^{T_s} g_T^2(t)\cos^2\left(2\pi f_c t + i\frac{\pi}{2}\right)\mathrm{d}t \\ &= \frac{1}{2}\int_0^{T_s} g_T^2(t)\mathrm{d}t + \frac{1}{2}\int_0^{T_s} g_T^2(t)\cos(4\pi f_c t + i\pi)\mathrm{d}t \\ &= \frac{1}{2}E_g\end{aligned}$$

其中，由于 $2f_c T_s$ 为整数，使第二项积分值为 0（其实，即使 $2f_c T_s$ 不为整数，通常 $f_c \gg 1/T_s$，第二项积分值仍然可以忽略不计）。

依照 Gram-Schmidt 正交化方法，容易得出信号空间为二维的，基函数为

$$f_0(t) = \frac{1}{\sqrt{E_s}}g_T(t)\cos 2\pi f_c t$$

$$f_1(t) = \frac{1}{\sqrt{E_s}}g_T(t)\cos\left(2\pi f_c t + \frac{\pi}{2}\right) = -\frac{1}{\sqrt{E_s}}g_T(t)\sin 2\pi f_c t$$

由 $2f_c T_s$ 为整数可得

$$\int_0^{T_s} f_0(t)f_1(t)\mathrm{d}t = \frac{1}{2}\int_0^{T_s} g_T^2(t)\sin4\pi f_c t\mathrm{d}t = 0$$

可见 $f_0(t)$ 与 $f_1(t)$ 是正交的。

显然，4PSK 系统的四个二维信号点为

$$\{\boldsymbol{s}_0,\boldsymbol{s}_1,\boldsymbol{s}_2,\boldsymbol{s}_3\} = \left\{\begin{bmatrix}\sqrt{E_s}\\0\end{bmatrix},\begin{bmatrix}0\\\sqrt{E_s}\end{bmatrix},\begin{bmatrix}-\sqrt{E_s}\\0\end{bmatrix},\begin{bmatrix}0\\-\sqrt{E_s}\end{bmatrix}\right\}$$

例 7.5 2FSK 系统：信号集为 $\{g_T(t)\cos2\pi f_0 t, g_T(t)\cos2\pi f_1 t\}$，$g_T(t)$ 为基带成形脉冲。并且，频率 f_0 与 f_1 满足正交条件：$\int_0^{T_s}\cos2\pi f_0 t\cos2\pi f_1 t\mathrm{d}t = 0$，且 $(f_0+f_1)T_s$ 为整数。

解 信号空间是二维的，由于频率 f_0 与 f_1 正交，基函数为

$$f_0(t) = \frac{1}{\sqrt{E_s}}g_T(t)\cos2\pi f_0 t$$

$$f_1(t) = \frac{1}{\sqrt{E_s}}g_T(t)\cos2\pi f_1 t$$

其中，$E_s = \int_0^{T_s} g_T^2(t)\cos^2 2\pi f_0 t\mathrm{d}t = \int_0^{T_s} g_T^2(t)\cos^2 2\pi f_1 t\mathrm{d}t = E_g/2$。

信号点集为 $\{\boldsymbol{s}_0,\boldsymbol{s}_1\} = \left\{\begin{bmatrix}\sqrt{E_s}\\0\end{bmatrix},\begin{bmatrix}0\\\sqrt{E_s}\end{bmatrix}\right\}$。

7.2.3 信号星座图

仿照上面的几个例子，可以分析各种基带与频带数字系统的信号集、信号空间与信号点集。表 7.2.1 列出了相应的结果。

表 7.2.1 基本数字传输系统的信号集、信号空间与信号点集

基带或频带数字系统	信号集	信号空间		信号点集
		维数	基函数	
单极性二元基带系统	$\{0, g_T(t)\}$	1	$\frac{1}{\sqrt{E_g}}g_T(t)$	$\{[0],[\sqrt{E_g}]\}$
双极性二元基带系统	$\{-g_T(t), g_T(t)\}$			$\{[-\sqrt{E_g}],[\sqrt{E_g}]\}$
M 元基带系统	$\{(2i-M+1)g_T(t)\}_{i=0}^{M-1}$			$\{(2i-M+1)\sqrt{E_g}\}_{i=0}^{M-1}$
2ASK	$\{0, g_T(t)\cos2\pi f_c t\}$		$\frac{1}{\sqrt{E_s}}g_T(t)\cos2\pi f_c(t)$	$\{[0],[\sqrt{E_s}]\}$
2PSK	$\{-g_T(t)\cos2\pi f_c t,\ g_T(t)\cos2\pi f_c t\}$			$\{[-\sqrt{E_s}],[\sqrt{E_s}]\}$
2FSK	$\{g_T(t)\cos2\pi f_0 t,\ g_T(t)\cos2\pi f_1 t\}$	2	$\frac{1}{\sqrt{E_s}}g_T(t)\cos2\pi f_0 t$ $\frac{1}{\sqrt{E_s}}g_T(t)\cos2\pi f_1 t$	$\left\{\begin{bmatrix}\sqrt{E_s}\\0\end{bmatrix},\begin{bmatrix}0\\\sqrt{E_s}\end{bmatrix}\right\}$

续表

基带或频带 数字系统	信 号 集	信号空间		信 号 点 集
		维数	基函数	
QPSK	$\{g_{\mathrm{T}}(t)\cos 2\pi f_c t,$ $g_{\mathrm{T}}(t)\sin 2\pi f_c t,$ $-g_{\mathrm{T}}(t)\cos 2\pi f_c t,$ $-g_{\mathrm{T}}(t)\sin 2\pi f_c t\}$	2	$\dfrac{1}{\sqrt{E_{\mathrm{s}}}}g_{\mathrm{T}}(t)\cos 2\pi f_c t$ $-\dfrac{1}{\sqrt{E_{\mathrm{s}}}}g_{\mathrm{T}}(t)\sin 2\pi f_c t$	$\left\{\begin{bmatrix}\sqrt{E_{\mathrm{s}}}\\0\end{bmatrix},\begin{bmatrix}0\\\sqrt{E_{\mathrm{s}}}\end{bmatrix},\right.$ $\left.\begin{bmatrix}-\sqrt{E_{\mathrm{s}}}\\0\end{bmatrix},\begin{bmatrix}0\\-\sqrt{E_{\mathrm{s}}}\end{bmatrix}\right\}$

这几种系统相应的信号点集可用几何图形直观地表示出来,如图 7.2.4 所示。信号点集的图形宛如天空中的星座,所以,它常被称为**信号星座图**(**constellation**)。

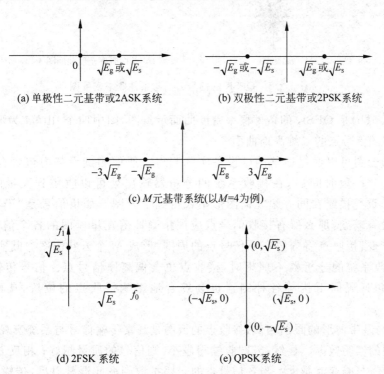

(a) 单极性二元基带或2ASK系统　　　(b) 双极性二元基带或2PSK系统

(c) M元基带系统(以$M=4$为例)

(d) 2FSK 系统　　　　　(e) QPSK系统

图 7.2.4　几种数字传输系统的信号星座图

7.2.4　云图

结合图 7.2.2 数字传输系统的信号空间模型可以看出,在信号传输过程中,发射端的映射操作将待传送的符号对应于星座图中的某个特定的信号点 s_i,该信号点通过等效的矢量 AWGN 信道后,再由接收端的分析器输出为接收点 r。r 原本应该落在信号空间中的 s_i 处,但由于噪声的存在,它将偏离 s_i 点,随机地落在其附近。r 点的各种可能位置围绕 s_i 点形成云状图形,称为**云图**(**cloud**)。

以 QPSK 为例，图 7.2.5(a)是其接收信号的云图示意图，图中点的疏密程度对应于 r 落在相应位置处的概率密度。由前面的讨论可知，r 的统计特性为多维高斯分布，其条件概率密度函数为

$$f(\boldsymbol{r} \mid \boldsymbol{s}_i) = f(r_0, r_1, \cdots, r_{N-1} \mid s_{i0}, s_{i1}, \cdots, s_{i(N-1)})$$

$$= \left(\frac{1}{\sqrt{\pi N_0}}\right)^N \exp\left[-\frac{1}{N_0}\sum_{j=0}^{N-1}(r_j - s_{ij})^2\right] \tag{7.2.7}$$

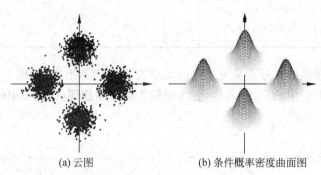

(a) 云图　　　　　　　(b) 条件概率密度曲面图

图 7.2.5　QPSK 的信号云图与条件概率密度图

图 7.2.5(b)是 QPSK 的条件概率密度曲面示意图，图中四个"山峰"为形状相同、中心对准星座图信号点的二维高斯曲面。

信号的云图可以通过通信测试设备实际测得。通信测试设备内包含有接收系统，持续接收信号一段时间后，在接收系统的分析器输出处可以收集到大量的接收信号点。将它们重叠描绘在同一幅几何图形中就得到了云图。如果信号是"干净"的，既没有噪声又没有畸变，那么所有接收信号点应该精确地落在星座图的各个信号点上。随着噪声的出现，接收点将分散在原信号点的周围，形成 M 个云状图案。其实，除加性噪声外，当接收系统的分析器不理想时，接收点也会偏离原信号点。信号传输过程中的其他畸变，包括码间干扰等各种因素也会综合地影响接收点的位置，从而反映到云图中。

因此，与基带波形的眼图相似，接收点的云图是观察传输信号与系统宏观质量的一种定性而方便的实验数据。显然，云图收缩得越小，则信号的质量越好；相反云团越散，则信号中的噪声与畸变就越大。当各信号点的云团扩散到彼此混叠以后，传输系统的错码会明显增加。

7.3　最佳接收系统

本节将采用信号空间的方法来直观地阐述最佳接收机的原理，解释实现最小错误概率的多种有关准则，介绍各种形式的最佳接收机结构，并说明最小差错概率的特性与计算方法。

7.3.1 最佳接收原理

1. 最佳检测器

接收系统的检测器要完成由接收点恢复符号的工作,即基于矢量 r 估计出符号 m_i,这时,r 也常称为**观察矢量**(observed vector),相应的接收信号空间称为**观察空间**。

检测器根据 r 的落点来选择应该输出的符号。具体地讲,r 落在空间中的某些点上,检测器选择 m_0,这些点组成的集合称为判决区域 0,记为 D_0;r 落在另一些点上时,检测器选择 m_1,这些点组成的集合称为判决区域 1,记为 D_1;依此类推,可得出其余的判决区域,$D_2, \cdots, D_{M-1}$。显然,信号空间中的每一个点都必定对应于唯一的一个符号,也就说,它属于且只属于一个判决区域。因此,$D_0, D_1, \cdots, D_{M-1}$ 彼此不重叠,并共同覆盖整个观测空间,或者说,集合组 $\{D_i\}_{i=0}^{M-1}$ 是观测空间的一个划分。

从数学上讲,检测器只不过是某个划分,它将观测空间划分为与发射信号点对应的 M 个判决区域,按照 r 落入的区域来估计发射的信号,进而选择相应的符号。判决规则通过这些判决区域来体现,检测器的不同就在于其判决区域定义得不同。

最佳接收机的目标就是要设计一个最佳检测器,或者说,分配一组最佳的判决区域 $\{D_i\}_{i=0}^{M-1}$,使系统的平均差错概率达到最小。由式(7.2.6)可见

$$P_e = \sum_{i=0}^{M-1} p_i P(\hat{a}_n \neq m_i \mid a_n = m_i) = 1 - \sum_{i=0}^{M-1} p_i P(\hat{a}_n = m_i \mid a_n = m_i) \quad (7.3.1)$$

其中,条件"$a_n = m_i$"就是发射点为 s_i;"$\hat{a}_n = m_i$"就是检测器输出为 m_i,即,$r \in D_i$。于是,上式可以改写为

$$P_e = 1 - \sum_{i=0}^{M-1} p_i P(r \in D_i \mid s_i) = 1 - \sum_{i=0}^{M-1} p_i \int_{D_i} f(r \mid s_i) \mathrm{d}r \quad (7.3.2)$$

显然,调整上式中的 D_i,即变更判决区域,可能降低 P_e。

仔细观察式(7.3.2)可以发现,最佳检测器的判决区域 $\{D_i\}_{i=0}^{M-1}$ 可以如下获得:对于空间中任意一点 r,比较下面 M 个函数值

$$y_0 = p_0 f(r \mid s_0), \quad y_1 = p_1 f(r \mid s_1), \cdots, y_{M-1} = p_{M-1} f(r \mid s_{M-1})$$

寻找其中最大函数值 y_i 对应的下标 i,即信号点 s_i 的下标,那么,令点 r 属于 D_i。依此方法将空间中所有点逐个划分,便形成了 $\{D_i\}_{i=0}^{M-1}$。这种划分可以使式(7.3.2)达到最小,因此,相应的检测器为最佳检测器。

上述最佳检测器通常采用下面的判决规则来表述

$$m_i : i = \arg\{\max_i \quad p_i f(r \mid s_i)\} \quad (7.3.3)$$

其中,m_i 是基于观察矢量 r 的最佳输出符号,其下标由冒号后面的公式给出。公式中 $\arg\{\max_i [\cdots]\}$ 表示使函数 $[\cdots]$ 达到最大值的自变量 i。

2. ML 与 MAP 准则

在检测与估计理论中,$p_i = P(a_n = m_i) = P(s_i)$ 称为先验概率,$f(r \mid s_i)$ 称为**似然函数**

（**likelihood function**），而 $f(s_i|r)$ 称为**后验概率密度函数**。几种函数之间由如下的 Bayes 公式联系在一起

$$f(s_i \mid r) = \frac{P(s_i)f(r \mid s_i)}{f(r)} \tag{7.3.4}$$

ML 与 MAP 准则定义为

（1）使似然函数最大的规则称为**最大似然**（**maximum Likelihood,ML**）**准则**，记为

$$\text{ML} \quad m_i: i = \arg\{\max_i f(r \mid s_i)\} \tag{7.3.5}$$

（2）使后验概率密度函数最大的规则称为**最大后验概率**（**maximum a posteriori probability,MAP**）**准则**，记为

$$\text{MAP} \quad m_i: i = \arg\{\max_i f(s_i \mid r)\} \tag{7.3.6}$$

由 Bayes 公式容易看出，对于 MAP

$$\arg\{\max_i f(s_i \mid r)\} = \arg\left\{\max_i \frac{p_i f(r \mid s_i)}{f(r)}\right\} = \arg\{\max_i p_i f(r \mid s_i)\}$$

因为 $f(r)$ 与 i 无关。该式正是最佳判决规则式(7.3.3)的右端。进而，如果先验概率相等，$p_i = \frac{1}{M}$ 与 i 无关，此时

$$\arg\{\max_i p_i f(r \mid s_i)\} = \arg\{\max_i f(r \mid s_i)\}$$

上式与式(7.3.5)形式一致。

综上可得：

（1）MAP 准则就是最佳检测规则，因此，MAP 接收机为最佳接收机，即最小差错概率接收机。

（2）如果先验概率相等，ML 准则等同于 MAP 准则，这时 ML 接收机也是最佳接收机。

在大多数实际应用与理论分析中都可以假定先验概率相同，因而，ML 准则是一个最常用的准则。

例 7.6 二元信号 $s_0 = [-\sqrt{E_g}]$ 与 $s_1 = [\sqrt{E_g}]$ 的先验概率分别为 0.25 与 0.75。说明 ML 与 MAP 准则下的判决规则。

解 记接收信号为 $r = [r]$，其条件概率为

$$f(r \mid s_0) = f(r \mid s_0) = \frac{1}{\sqrt{\pi N_0}}\exp\left[-\frac{(r + \sqrt{E_g})^2}{N_0}\right]$$

$$f(r \mid s_1) = f(r \mid s_1) = \frac{1}{\sqrt{\pi N_0}}\exp\left[-\frac{(r - \sqrt{E_g})^2}{N_0}\right]$$

对于 ML 准则，$f(r|s_0)$ 与 $f(r|s_1)$ 如图 7.3.1(a)所示。从图中可以看出判决区域 D_0 与 D_1 的范围应该从两曲线的交点处分界。由于 $f(r|s_0)$ 与 $f(r|s_1)$ 是相同的，可知区域的分界位置为 $V_T = \frac{1}{2}(-\sqrt{E_g} + \sqrt{E_g}) = 0$。ML 规则为，$r \gtrless_0^1 0$。

对于 MAP 准则，$0.25f(r|s_0)$ 与 $0.75f(r|s_1)$ 如图 7.3.1(b)示。与 ML 相似，判决区域 D_0 与 D_1 仍应从两曲线交点处分界。由于两曲线高低不同。区域的分界位置在原点

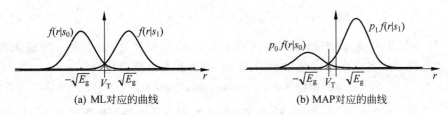

(a) ML对应的曲线   (b) MAP对应的曲线

图 7.3.1   ML 与 MAP 对应的曲线图形示例

的左边,即 $V_T < 0$。V_T 可由下面方程解出

$$\frac{0.25}{\sqrt{\pi N_0}} \exp\left[-\frac{(V_T + \sqrt{E_g})^2}{N_0}\right] = \frac{0.75}{\sqrt{\pi N_0}} \exp\left[-\frac{(V_T - \sqrt{E_g})^2}{N_0}\right]$$

具体值的结果为

$$V_T = -\frac{N_0}{4\sqrt{E_g}} \ln\frac{p_1}{p_0} = -\frac{N_0}{4\sqrt{E_g}} \ln 3$$

MAP 规则为 ,$r \underset{0}{\overset{1}{\gtrless}} V_T$。

3. 对数似然函数与最小欧氏距离准则

ML 准则中的似然函数 $f(\boldsymbol{r}|\boldsymbol{s}_i)$ 正是前面多次讨论过的条件概率密度函数,它是包含指数函数的高斯分布。对于指数型的似然函数,采用对数似然函数最为方便。

对数似然函数定义为

$$l(\boldsymbol{s}_i) \overset{\text{def}}{=} \ln f(\boldsymbol{r} \mid \boldsymbol{s}_i) \tag{7.3.7}$$

由于 $\ln()$ 是单调递增函数,易知,ML 准则可由对数似然函数等价地表述为

$$\text{ML} \quad m_i : i = \arg\{\max_i l(\boldsymbol{s}_i)\} \tag{7.3.8}$$

结合 $f(\boldsymbol{r}|\boldsymbol{s}_i)$ 的具体形式即式(7.2.7),可得

$$l(\boldsymbol{s}_i) = l(s_{i_0}, s_{i_1}, \cdots, s_{i_{N-1}}) = \ln\left\{\left(\frac{1}{\sqrt{\pi N_0}}\right)^N \exp\left[-\frac{1}{N_0}\sum_{j=1}^{N-1}(r_j - s_{ij})^2\right]\right\}$$

$$= -\frac{N}{2}\ln(\pi N_0) - \frac{1}{N_0}\sum_{j=0}^{N-1}(r_j - s_{ij})^2$$

式中第一项为常量,第二项中,$\sum_{j=0}^{N-1}(r_j - s_{ij})^2 = \parallel \boldsymbol{r} - \boldsymbol{s}_i \parallel^2$。可见,$l(\boldsymbol{s}_i)$ 的最大与 $\parallel \boldsymbol{r} - \boldsymbol{s}_i \parallel^2$ 的最小一一对应。其几何意义非常清楚,即选择距离接收点 $\boldsymbol{r}$ 最近的信号点 $\boldsymbol{s}_i$,输出相应的符号 m_i。

因而,ML 准则等价于**最小欧氏距离准则**

$$\text{ML} \quad m_i : i = \arg\{\min \parallel \boldsymbol{r} - \boldsymbol{s}_i \parallel^2\} \tag{7.3.9}$$

又由于

$$\parallel \boldsymbol{r} - \boldsymbol{s}_i \parallel^2 = (\boldsymbol{r} - \boldsymbol{s}_i) \cdot (\boldsymbol{r} - \boldsymbol{s}_i) = \boldsymbol{r} \cdot \boldsymbol{r} - 2\boldsymbol{r} \cdot \boldsymbol{s}_i + \boldsymbol{s}_i \cdot \boldsymbol{s}_i$$

$$= \parallel \boldsymbol{r} \parallel^2 - 2\boldsymbol{r} \cdot \boldsymbol{s}_i + \parallel \boldsymbol{s}_i \parallel^2$$

其中,$\parallel \boldsymbol{s}_i \parallel^2$ 是 $\boldsymbol{s}_i$ 的能量,记为 E_i;而 $\parallel \boldsymbol{r} \parallel^2$ 与 i 无关,因此 ML 准则又等价于

$$\text{ML} \quad m_i : i = \arg\left\{\max_i \ (\boldsymbol{r} \cdot \boldsymbol{s}_i) - \frac{1}{2}E_i\right\} \tag{7.3.10}$$

上式中,核心部分 $\boldsymbol{r} \cdot \boldsymbol{s}_i$ 反映的是观察矢量 $\boldsymbol{r}$ 与 $\boldsymbol{s}_i$ 的相关程度,因而是一种**最大相关准则**。不少系统中的各个信号点能量相同,这时,最大相关准则简化为

$$\text{ML} \quad m_i : i = \arg\{\max_i \ \boldsymbol{r} \cdot \boldsymbol{s}_i\} \tag{7.3.11}$$

综上所述,在 AWGN 信道中,最小欧氏距离准则或最大相关准则就是 MAP 准则,对于先验概率相同的数字传输系统,相应的接收机为最佳接收机。

例 7.7 假定先验概率相同,试说明 2FSK 系统在 AWGN 信道中的最佳判决准则。

解 由前面的讨论可知 2FSK 系统的星座图如图 7.3.2 所示。

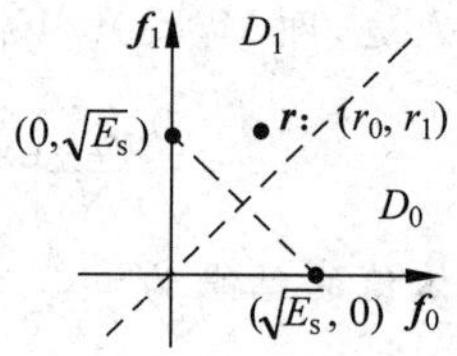

根据最小欧氏距离准则,最佳判决区域由两个信号点之间的中间线分开,显然,接收点 $\boldsymbol{r} \in D_1$ 等价于 $r_1 > r_0$,(r_1 与 r_0 分别是接收点的纵坐标与横坐标)。因此,判决准则为

图 7.3.2 2FSK 系统的判决准则

$$r_1 \mathrel{\substack{1 \\ \gtrless \\ 0}} r_0 \quad \text{或} \quad (r_1 - r_0) \mathrel{\substack{1 \\ \gtrless \\ 0}} 0$$

7.3.2 最佳接收机结构

由 7.2.1 节讨论的数字传输系统的一般模型,接收机由分析器与检测器两部分组成。结合刚刚讨论过的最佳接收原理可以得出两种结构的最佳接收机,如图 7.3.3 所示。根据 7.1 节,内积运算既可以用相关器实现,也可以用匹配滤波器实现。图 7.3.3(a) 与 (b) 中分别采用相关器与匹配滤波器来实现接收机中分析器的内积运算。又由于在大多数实际应用与理论分析中都可以假定先验概率相同,因而,图中与本文后面的最佳接收机,除特别声明外,通常都采用 ML 准则。

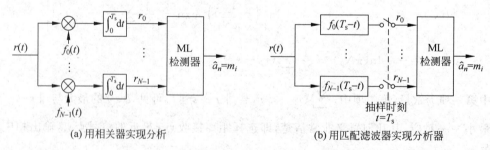

(a) 用相关器实现分析   (b) 用匹配滤波器实现分析器

图 7.3.3 相关器与匹配滤波器型的最佳接收机

例 7.8 设计 M 元基带传输系统的最佳接收机。

解 由表 7.2.1 与图 7.2.4 可知,基带传输系统的信号空间是一维的,基函数为

$$f_0(t) = \frac{1}{\sqrt{E_g}} g_T(t)$$

采用图 7.3.3(b) 的结构,可得出 M 元基带传输系统的匹配滤波器型接收机如图 7.3.4

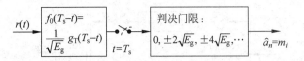

图 7.3.4 M 元基带传输系统的最佳接收机

所示。其中，匹配滤波器中的因子 $\frac{1}{\sqrt{E_g}}$ 可以去掉，相应的判决门限更改为 $\{0, \pm 2E_g, \pm 4E_g, \cdots\}$ 即可。

显然，上面例题中讨论的结论，原则上适用于其他具有一维星座图的系统。例如，单极或双极性的二元基带系统、2ASK 与 2PSK 系统。

数字频带系统的基函数包含载波，形如 $\frac{1}{\sqrt{E_s}}g_T(t)\cos 2\pi f_c t$，这时，接收机分析器可有图 7.3.5(a)~(d) 的几种等效形式。其中，图 7.3.5(a) 与 (b) 分别是匹配滤波器与相关器的两种基本形式；而图(c)是图(b)的简单变形，图(c)中将"乘以 $g_T(t)\cos 2\pi f_c t$"改为分两次进行；图(c)的虚线框内部是一个基带相关器，它又可以用图(d)的基带滤波器 $g_T(T_s-t)$ 来实现，因为 $g_T(t)$ 是带限的，因而不妨认为图(d)中含有一个带宽足够的 LPF，如虚线框部分所示。注意到，图(d)正是前面经常讨论的相干解调器形式。其实，频带信号的几种分析器都必须精确地知道载波的频率与相位，因而，本质上都属于相干解调方法。

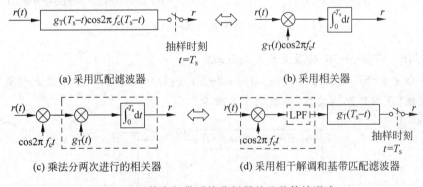

(a) 采用匹配滤波器 (b) 采用相关器

(c) 乘法分两次进行的相关器 (d) 采用相干解调和基带匹配滤波器

图 7.3.5 数字频带系统分析器的几种等效形式

例 7.9 设计 QPSK 系统的最佳接收机。

解 由表 7.2.1 与图 7.2.4 可知，QPSK 具有二维的信号星座图，基函数为 $\frac{1}{\sqrt{E_s}}g_T(t)\cos 2\pi f_c t$ 与 $\frac{1}{\sqrt{E_s}}g_T(t)\sin 2\pi f_c t$。利用图 7.3.5(d) 的分析器形式，可得如图 7.3.6 的最佳接收机结构。根据最小距离准则易知，ML 判决规则为

$$r_0 > |r_1|: \quad \hat{a}_n = 00; \quad r_1 > |r_0|: \quad \hat{a}_n = 01;$$
$$r_0 < -|r_1|: \quad \hat{a}_n = 10; \quad r_1 < -|r_0|: \quad \hat{a}_n = 11$$

根据式(7.3.10)的最大相关规则，又可以将最佳接收机的分析器与检测器合二为一，采用图 7.3.7(a) 的结构。注意到相关运算可以用匹配滤波器实现，因此也可以改用图 7.3.7(b) 的结构，该结构中还假定所有信号能量相同，它对应于式(7.3.11)。这两种

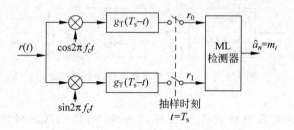

图 7.3.6　QPSK系统的最佳接收机

结构的分支数为 M，与符号元数相对应；而前面图 7.3.3 的结构中，分支数为 N，与信号空间的维数对应。显然，对于 $M > N$ 的情形，如 QPSK，基于最大相关规则的最佳接收机分支数增多，结构变得复杂。

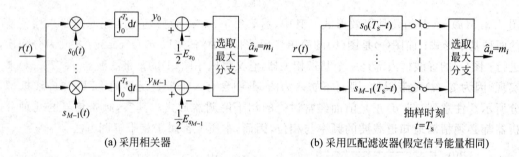

(a) 采用相关器　　　　　　　　　　　　(b) 采用匹配滤波器(假定信号能量相同)

图 7.3.7　基于最大相关规则的最佳接收机

例 7.10　设计 2FSK 的最大相关接收机。

解　由于 2FSK 的信号集为 $\{g_T(t)\cos 2\pi f_0 t, g_T(t)\cos 2\pi f_1 t\}$，基于最大相关规则，其最佳接收机(采用匹配滤波器)如图 7.3.8 所示。

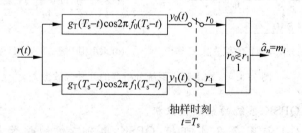

图 7.3.8　2FSK 的最大相关接收机

通常 2FSK 两个频率的信号是正交的，图 7.3.9 给出了输入信号及其匹配滤波器输出结果。注意到该输出中含有正弦载波，如果直接采样需要极准确的定时。一般应该先滤除振荡后再采样，或采用图 7.3.5(d)的形式。

最后，上述多种有趣的最佳接收机结构是彼此等价的，在理论分析与实际应用中，可以依据具体需求来选用。

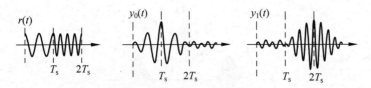

图 7.3.9　输入信号及其匹配滤波结果

7.3.3　最小差错概率

再来考虑一下最佳接收机的差错概率(误码率)及有关问题。由式(7.3.2)得

$$P_e = 1 - \sum_{i=0}^{M-1} \int_{D_i} p_i f(\mathbf{r} \mid \mathbf{s}_i) \, d\mathbf{r} \qquad (7.3.12)$$

其中,判决区域 $\{D_i\}_{i=0}^{M-1}$ 按 MAP 或 ML 准则来确定。一般而言,除一些简单情况外,具体划分 D_i 并计算相应的积分值是不容易的。

1. 差错概率的旋转与平移不变性

数字传输系统有一个有趣的特性称为**差错概率的旋转与平移不变性**:传输系统的最小差错概率由它的信号星座图的形状和先验概率唯一确定,即使对该星座图进行任意的旋转与平移,传输系统的最小差错概率不会改变。

为了理解这一特性,以 QPSK 系统的星座图为例,考察最佳判决区域 $\{D_i\}_{i=0}^{M-1}$ 与星座之间的关联性。图 7.3.10(a)是系统相应的 $p_0 f(\mathbf{r}\mid\mathbf{s}_0)$、$p_1 f(\mathbf{r}\mid\mathbf{s}_1)$、$p_2 f(\mathbf{r}\mid\mathbf{s}_2)$ 与 $p_3 f(\mathbf{r}\mid\mathbf{s}_3)$ 的合并图,MAP 准则正是基于这一图形来划定判决区域的。由于 $f(\mathbf{r}\mid\mathbf{s}_i)$ 形状相同且具有圆对称性,因此,在任何一点 $\mathbf{r}$ 处,各个 $p_i f(\mathbf{r}\mid\mathbf{s}_i)$ 的取值实质上由 $\mathbf{r}$ 相对于各个 $\mathbf{s}_i$ 点的位置决定,也就是说,$\mathbf{r}$ 点的区域属性完全取决于它相对于各信号点的位置。由于 $\mathbf{r}$ 是任意的,所以,整个观察空间的最佳划分完全由星座图的信号点决定,它随星座图的旋转而旋转,平移而平移,如图 7.3.10(b)与(c)所示。

这表明判决区域相对于星座图是不变的,而且,各区域上的 $p_i f(\mathbf{r}\mid\mathbf{s}_i)$ 相对于区域也是不变的,所以,P_e 公式(7.3.12)中的各个积分值不因星座的旋转与平移而变,P_e 具有旋转与平移的不变性。

例 7.11　假定等概二元系统的信号星座图如图 7.3.11(a)所示,求系统的最小差错概率。

解　根据差错概率的旋转与平移不变性,对原星座图进行适当的旋转与平移,可得图 7.3.11(b)的图形,相应的二维观察空间可退化为一维空间。由于先验概率相等,两条曲线是相同的,因此两判决区域的分界点在中央位置的 $d/2$ 处,所以

$$P_e = 1 - \frac{1}{2}\int_{D_0} f(r\mid s_0)\,dr - \frac{1}{2}\int_{D_1} f(r\mid s_1)\,dr$$

$$= 1 - \int_{D_0} f(r\mid s_0)\,dr = 1 - \int_{\frac{d}{2}}^{+\infty} \frac{1}{\sqrt{\pi N_0}}\exp\left(-\frac{r^2}{N_0}\right)dr$$

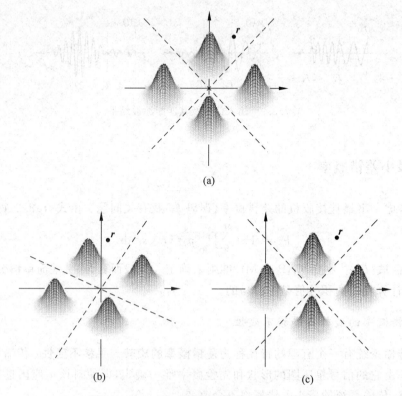

图 7.3.10　一种 QPSK 系统的 $p_i f(\boldsymbol{r}|\boldsymbol{s}_i)$ 图形

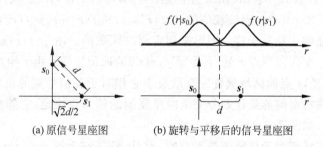

(a) 原信号星座图　　　　(b) 旋转与平移后的信号星座图

图 7.3.11　某二元系统的信号星座图

令 $u = \sqrt{\dfrac{2}{N_0}}\, r$，则

$$P_e = 1 - \int_{\sqrt{\frac{d^2}{2N_0}}}^{+\infty} \frac{1}{\sqrt{2\pi}} \exp\left(-\frac{u^2}{2}\right) \mathrm{d}u = Q\left(\sqrt{\frac{d^2}{2N_0}}\right) \tag{7.3.13}$$

从原图中可计算出这种系统每时隙的平均信号能量为

$$E_{\mathrm{av}} = \frac{1}{2}\left[\left(\frac{\sqrt{2}}{2}d\right)^2 + \left(\frac{\sqrt{2}}{2}d\right)^2\right] = \frac{d^2}{2}$$

所以，该系统的最小差错概率还可以表示为

$$P_e = Q\left(\sqrt{\frac{E_{\mathrm{av}}}{N_0}}\right)$$

容易看出,上例的讨论方法与式(7.3.13)的结论适用于各种信号点相距为 d 的二元数字传输系统。结合图 7.2.4 中几种二元系统的具体星座图,可以将 d 表示为各自的比特平均能量形式,并总结出表 7.3.1 的结果。容易看出,这些结果与第 3 章和第 5 章的有关结果是相同的。显然,基于信号空间的分析方法显得更为直观与简捷。

表 7.3.1　几种二元系统的差错概率

	E_{bav}	d^2	P_e 或 P_b	对照结论
单极性基带或 2ASK	$\dfrac{(0+d)^2}{2}$	$2E_{bav}$	$Q\left(\sqrt{\dfrac{E_{bav}}{N_0}}\right)$	4.3 节与 5.5 节
双极性基带或 2PSK	$\left(\dfrac{d}{2}\right)^2$	$4E_{bav}$	$Q\left(\sqrt{\dfrac{2E_{bav}}{N_0}}\right)$	4.3 节与 5.3 节
2FSK	$\left(\dfrac{\sqrt{2}}{2}d\right)^2$	$2E_{bav}$	$Q\left(\sqrt{\dfrac{E_{bav}}{N_0}}\right)$	5.5 节

*2. 差错概率的联合边界

虽然差错概率的旋转与平移不变性有助于简化 P_e 的计算,但当 M 较大和信号星座图的形状不具有良好的对称性时,具体的 P_e 仍然很难求得。这时,只能寻找 P_e 的近似上界。这种上界略大于 P_e 的理论值,大致给出了相应传输系统可能逼近的理想状况。在无法获得精确 P_e 的情况下,它对于系统的理论分析与实际设计都具有重要的指导意义。

一种简单而常用的上界公式称为**差错概率的联合边界(union bound)**,具体公式为

$$P_e \leqslant (M-1)Q\left(\sqrt{\frac{d_{\min}^2}{2N_0}}\right) \leqslant \frac{M-1}{\sqrt{\pi}}\exp\left(-\frac{d_{\min}^2}{4N_0}\right) \tag{7.3.14}$$

其中,$d_{\min}$ 为星座图中信号点间的最小距离,$Q(\ )$ 函数与指数函数具有相似的趋势,作为 $Q(\ )$ 的自变量 $d_{\min}$(或 $d_{\min}^2/N_0$)是 P_e 的主导因素。

从误码的产生原理可知,P_e 主要由星座图中相距最近的那些信号点彼此之间的码元错误决定,式(7.3.14)本质上体现的正是这一点,不过,式中考虑了最坏的情形,即所有的信号点都处于最近距离 $d_{\min}$ 的情形。因此,当 M 较大时,式(7.3.14)通常较为宽松,即离理论值较远。如果需要收紧边界,可将式(7.3.14)的因子 $(M-1)$ 改为 M_n,M_n 为星座图中相距最近的那些信号点的数目。

*3. 最小平均能量

优秀的数字传输系统应该按照前面讨论的方法进行最佳估计,以达到最小的差错概率。同时,还应该力求消耗尽量少的传输能量。利用信号星座图可以求出传输每个符号需要的平均能量为

$$E_{av} = \sum_{i=0}^{M-1} p_i \parallel s_i \parallel^2 \tag{7.3.15}$$

其中，p_i 为每个符号的先验概率，E_{av} 也称为**信号星座图的平均能量**。

将星座图平移可能进一步降低其平均能量，因此，可以求出某个平移矢量 b，使移动后星座 $s_i - b$ 的平均能量达到最低。由

$$E_{av} = \sum_{i=1}^{M-1} p_i \parallel s_i - b \parallel^2 = \sum_{i=0}^{M-1} p_i \left[(s_i - b)^T (s_i - b) \right]$$

$$= \sum_{i=0}^{M-1} p_i (s_i^T s_i - 2b^T s_i + b^T b)$$

为了寻求最佳 b，令

$$\frac{\partial}{\partial b} E_{av} = \sum_{i=0}^{M-1} p_i (0 - 2s_i + 2b) = 0$$

则

$$b = \sum_{i=0}^{M-1} p_i b = \sum_{i=0}^{M-1} p_i s_i = E[s_i] \tag{7.3.16}$$

其中，$E[s_i]$ 是信号星座图 $\{s_i\}_{i=0}^{M-1}$ 的统计平均矢量（或点）。

所以，统计平均矢量 $E[s_i]$ 为零的星座图具有最小的平均能量；当 $E[s_i]$ 非零时，平移为 $s_i - E[s_i]$ 后的统计平均为零，于是，新的星座图 $\{s_i - E[s_i]\}_{i=0}^{M-1}$ 具有最小平均能量。

从星座图易见，2PSK 是最小能量信号；而 2ASK 与 2FSK 都不是最小能量信号。由此可见，2ASK 与 2FSK 信号中有一部分能量对于保持最小差错概率传输而言是多余的。但这部分能量对于系统的其他需求是有价值的，比如，实现方面的简便性需求。很多实际系统都必须综合考虑多方面的目标，因而，像 2ASK、2FSK 等多种非最小平均能量的系统仍是具有实用价值的数字传输系统。

7.4 MASK、MPSK 与 QAM 及性能分析

MASK 与 MPSK 指 M 元幅移与相移键控，QAM 指 M 元正交幅度调制。它们是一类频带利用率相同，特性类似的多元频带调制方式。在同样的传输功率与白噪声条件下，QAM 的误码性能最佳，MPSK 次之，而 MASK 较差。

MASK 采用一维信号空间，MPSK 与 QAM 采用二维信号空间。它们是一、二维信号的典型代表。

7.4.1 信号星座图

基于第 5 章的介绍，可以对 MASK、MPSK 与 QAM 进行信号空间分析。它们的基函数及其信号特点可归纳如表 7.4.1，几种典型的星座图如图 7.4.1。其中，基函数是归一化与正交的，E_g 是信号 $g_T(t)$ 的能量，记信号时隙长为 T_s，则 $E_g = \int_0^{T_s} g_T^2(t) \mathrm{d}t$。

显然，MASK 信号是一维的，而 MPSK 与 QAM 信号是二维的。另一方面，MPSK 的信号点约束在圆周上，而 QAM 的没有约束。可以说，QAM 是一般形式，MPSK 与 MASK 是 QAM 的两种特殊形式，它们的信号点分别被限制在圆周与直线上。

表 7.4.1　MASK、MPSK 与 QAM 系统的信号集、信号空间基函数与特点

调制方式	信号空间基函数	信号特点
MASK	$f_0(t)=\sqrt{\dfrac{2}{E_g}}\,g_T(t)\cos 2\pi f_c t$	M 种电平等间隔,典型值为:$\pm 1,\pm 3,\cdots,\pm(M-1)$
MPSK	$f_0(t)=\sqrt{\dfrac{2}{E_g}}\,g_T(t)\cos 2\pi f_c t,$	M 种相位等间隔,相应信号点均匀分布在圆周上,使所有的信号保持相同的幅度与能量
QAM	$f_1(t)=-\sqrt{\dfrac{2}{E_g}}\,g_T(t)\sin 2\pi f_c t$	信号点可以充分利用二维平面。星座图形状可为圆形的、矩形的或其他形式的。基本原则是:使信号点总体上尽量集中且邻近点间的距离最大

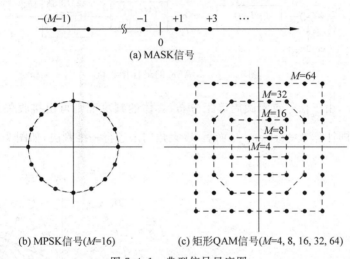

(a) MASK信号

(b) MPSK信号(M=16)　　(c) 矩形QAM信号(M=4, 8, 16, 32, 64)

图 7.4.1　典型信号星座图

　　QAM 的信号点可以充分利用整个二维平面。对于任何一个 M,其信号星座图可以是圆形的、矩形的或其他任何形式的。各信号点通常以原点对称,这样保证统计平均矢量 $E[s_i]=0$,从而使信号的平均能量最小。QAM 星座安排的基本考虑是:在给定平均信号能量 E_{av} 的情况下,使信号点之间的最小距离 d_{min} 最大,从而使系统的误码性能达到最佳;或者,在给定 d_{min} 的情况下,使 E_{av} 最小,从而使信号消耗最少的能量。

　　例 7.12　假定 8QAM 的信号星座图与映射关系如图 7.4.2 所示,图中圆的半径为 3。试给出:(1)一般信号公式;(2)比特组为 010 时的具体信号公式。

　　解　(1)记第 n 时隙比特组对应的信号点为 $s_i=[a_{cn},a_{sn}]^T$,则该 QAM 信号的一般公式为

$$s_{8QAM}(t)=a_{cn}f_0(t)+a_{sn}f_1(t)$$
$$=\sqrt{\frac{2}{E_g}}\,g_T(t)[a_{cn}\cos 2\pi f_c t - a_{sn}\sin 2\pi f_c t]$$

　　(2)比特组 010 对应的信号点为 $s_{010}=[-3,3]^T$,因此

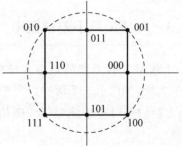

图 7.4.2　一种 8QAM 的信号星座图

$$s_{8\text{QAM}}(t) = 3\sqrt{\frac{2}{E_g}}\, g_1(t)\big[-\cos 2\pi f_c t - \sin 2\pi f_c t\big]$$

7.4.2 最佳接收机

假定各符号等概率出现,最佳接收机等同于 MAP 准则接收机。对于 MASK,参照图 7.3.4 与图 7.3.5(d),可以得出如图 7.4.3 的最佳接收机框图。对于 QAM 与 MPSK,最佳接收机采用正交结构,如图 7.4.4 所示,其中 MAP 判决器通常采用最小距离准则。它们正是第 5 章给出的相应方案。

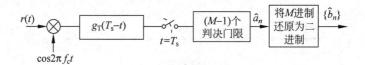

图 7.4.3　MASK 的最佳接收机

对于 MPSK,由于信号点沿圆周等距分布,具体的判决准则可由接收矢量 $\boldsymbol{r}=[r_0, r_1]^{\mathrm{T}}$ 的夹角来实施,即计算 $\theta_r = \arctan\dfrac{r_1}{r_0}$,而后,以夹角门限进行一维判决,如图 7.4.5 所示。

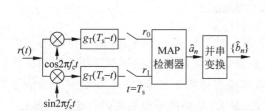

图 7.4.4　QAM 与 MPSK 的最佳接收机

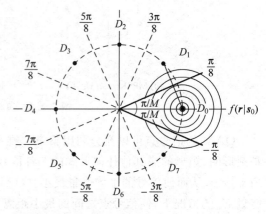

图 7.4.5　8PSK 判决区域、夹角门限以及 $f(\boldsymbol{r}\,|\,s_0)$ 示意

*7.4.3　MASK 最小差错概率

计算 MASK 系统的最小差错概率时,借助其星座图与各条件概率函数来分析。以 $M=4$ 为例,如图 7.4.6 所示。图中标出了各个条件概率 $f(r\,|\,s_i)$ 与判决区域 D_i,假定电平为 1 的信号对应于能量 E_s,则信号点的最小间距为 $d_{\min}=2\sqrt{E_s}$。考虑先验概率相同,则

$$P_e = \frac{1}{M}\sum_i \int_{r\notin D_i} f(r\,|\,s_i)\,\mathrm{d}r = \frac{1}{M}\,\text{阴影区总面积}$$

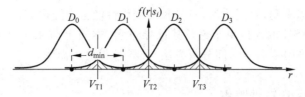

图 7.4.6　4ASK 的 $f(r|s_i)$ 图形

由于各个 $f(r|s_i)$ 形状相同,易知

$$\text{阴影区总面积} = 2(M-1) \times \text{高斯曲线单侧阴影区面积}$$

$$= 2(M-1)\int_{d_{\min}/2}^{\infty} \frac{1}{\sqrt{\pi N_0}}\exp\left(-\frac{r^2}{N_0}\right)\mathrm{d}r$$

令 $u=\sqrt{\dfrac{2}{N_0}}r$,则

$$\text{阴影区总面积} = 2(M-1)\int_{\sqrt{d_{\min}^2/2N_0}}^{\infty} \frac{1}{\sqrt{2\pi}}\exp\left(-\frac{u^2}{2}\right)\mathrm{d}u = 2(M-1)Q\left(\sqrt{\frac{d_{\min}^2}{2N_0}}\right)$$

所以

$$P_e = \frac{2(M-1)}{M}Q\left(\sqrt{\frac{d_{\min}^2}{2N_0}}\right) \tag{7.4.1}$$

再根据图 7.4.1(a),计算 MASK 的平均码元能量为

$$E_{av} = \frac{1}{M}\sum_{i=0}^{M-1} \| s_i \|^2 = \frac{1}{M}\sum_{i=0}^{M-1}\left[(2i-M+1)\sqrt{E_s}\right]^2 = \frac{M^2-1}{3}E_s$$

于是,$d_{\min}^2 = (2\sqrt{E_s})^2 = \dfrac{12}{M^2-1}E_{av}$,带入式(7.4.1)得到 MASK 系统的最小差错概率。

MASK 系统的最小差错概率公式为

$$P_e = \frac{2(M-1)}{M}\sqrt{\frac{6}{M^2-1} \times \frac{E_{av}}{N_0}}$$

$$= \frac{2(M-1)}{M}\sqrt{\frac{6\log_2 M}{M^2-1} \times \frac{E_{bav}}{N_0}}$$
$$\tag{7.4.2}$$

其中,$E_{bav} = E_{av}/\log_2 M$ 为 MASK 系统的平均比特能量。

作为多元系统,MASK 系统通常采用格雷编码,这样每次码元错误几乎只造成 1 个比特错误,这时,系统的误比特性能为最佳,具体结果为 $P_b \approx P_e/\log_2 M$。

根据式(7.4.2)可得出 MASK 的平均误码率曲线,如图 7.4.7 所示。从图中看到,对于给定的误码率 P_e 而言,随着 M 值的增大,需要更多的 E_{bav}/N_0。当 M 较小时,M 每增加 1 倍,E_{bav}/N_0 约需增加 4dB;当 M 很大时,E_{bav}/N_0 约

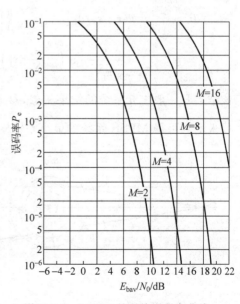

图 7.4.7　MASK 的平均误码率曲线

需增加 6dB。还可以看到,M 过大时,MASK 的误码性能会下降很多。

容易发现,MASK 的误码率结论及其推导过程,本质上与 4.4 节多元基带信号的相同。在这里,由于采用了信号空间分析方法,推导过程更为简明。

*7.4.4 MPSK 最小差错概率

计算 MPSK 的最小平均差错概率时,依据其最佳接收机的判决区域来分析。为此观察图 7.4.5,根据 MPSK 的 M 个判决区域与相应的 $f(\boldsymbol{r}|\boldsymbol{s}_i)$ 的对称性,结合式(7.3.12)可以得到

$$P_e = 1 - \sum_{i=1}^{M-1} p_i \int_{D_i} f(\boldsymbol{r} \mid \boldsymbol{s}_i) = 1 - M \times \left[\frac{1}{M}\int_{D_0} f(\boldsymbol{r} \mid \boldsymbol{s}_0) \mathrm{d}\boldsymbol{r}\right]$$

$$= 1 - \int_{D_0} f(\boldsymbol{r} \mid \boldsymbol{s}_0) \mathrm{d}\boldsymbol{r} = 1 - \iint_{D_0} \frac{1}{\pi N_0} \exp\left[-\frac{(r_0 - \sqrt{E_s})^2 + r_1^2}{N_0}\right] \mathrm{d}r_0 \mathrm{d}r_1$$

这里假设各个信号等概且能量为 E_s,则图中圆的半径为 $\sqrt{E_s}$。结合图示还可见,积分区域具有圆对称性,因而上式中的积分在极坐标中容易计算,令

$$\theta = \arctan\frac{r_1}{r_0}, \quad v = \sqrt{r_0^2 + r_1^2}$$

于是

$$P_e = 1 - \int_{-\pi/M}^{+\pi/M}\left[\int_0^\infty \frac{v}{\pi N_0} \exp\left(-\frac{v^2 - 2\sqrt{E_s}\,v\cos\theta + E_s}{N_0}\right) \mathrm{d}v\right] \mathrm{d}\theta \qquad (7.4.3)$$

除了 $M=2$ 与 4 的简单情形外,上式只能采用数值方法来计算。

当 M 较大和 E_s/N_0 较高时,图 7.4.5 的 D_0 及其上的积分可如图 7.4.8 进行近似。于是,按图 7.4.8(b)可得

$$P_e \approx \int_{\boldsymbol{r}\notin D_0} f(\boldsymbol{r} \mid \boldsymbol{s}_0) \mathrm{d}\boldsymbol{r} = 2\int_{d_{\min}/2}^{+\infty}\left\{\int_{-\infty}^{+\infty} \frac{1}{\pi N_0} \exp\left[-\frac{(r_0 - \sqrt{E_s})^2 + r_1^2}{N_0}\right]\mathrm{d}r_0\right\}\mathrm{d}r_1$$

$$= 2\int_{d_{\min}/2}^{+\infty} \frac{1}{\sqrt{\pi N_0}} \exp\left(-\frac{r_1^2}{N_0}\mathrm{d}r_1\right) = 2Q\left(\sqrt{\frac{d_{\min}^2}{2N_0}}\right)$$

该结果与一般二元系统的结果相似,参见式(7.3.13)。从图中可见,$d_{\min} = 2\sqrt{E_s}\sin\frac{\pi}{M}$,代入上式可得 MPSK 系统的最小差错概率。

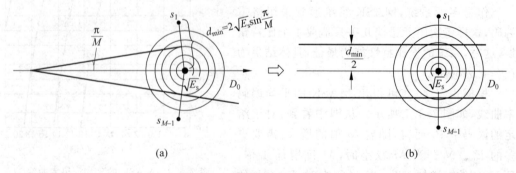

(a)   (b)

图 7.4.8　D_0 区域积分的近似

MPSK 系统的最小差错概率公式为

$$P_e \approx 2Q\left(\sqrt{2\,\frac{E_s}{N_0}}\,\sin\frac{\pi}{M}\right)$$

$$= 2Q\left(\sqrt{2\log_2 M \times \frac{E_{bav}}{N_0}}\,\sin\frac{\pi}{M}\right) \quad (7.4.4)$$

其中,$E_{bav} = E_s/\log_2 M$,为 MPSK 系统的平均比特能量。

与其他多元系统一样,MPSK 系统通常采用格雷编码。这时,系统的误比特率近似为 $P_b \approx P_e/\log_2 M$。

MPSK 的误码率曲线如图 7.4.9 所示。为了获得高的频带利用率,有时要增大 M。从图中看到,对于给定的误码率 P_e 而言,随着 M 值的增大,需要更多的 E_{bav}/N_0。例如,在 $P_e = 10^{-5}$ 处,8PSK 比 4PSK 差约 4dB;16PSK 比 8PSK 差约

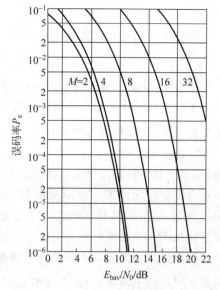

图 7.4.9 MPSK 系统的误码率曲线

5dB;当 M 更大时,M 每增加 1 倍,E_{bav}/N_0 约需增加 6dB。容易看出,M 过大时,MPSK 的误码性能下降很多。实际上,常用的主要是 4PSK、8PSK 与 16PSK 系统。

从 MPSK 的圆形星座图可以看出,它的信号点被限制在半径为 $\sqrt{E_s} = \sqrt{E_b \log_2 M}$ 的圆周上。当 M 增加时,大量的信号点挤在该圆周上,使信号点间的距离 d_{min} 明显下降,因而 P_e 恶化。如果解除这种圆周约束,充分利用二维信号空间的平面来安排信号点,就可能在增加 M 的时候,不显著地减小信号点间的最小距离 d_{min}。这就是 QAM 方式。

*7.4.5 QAM 最小差错概率

QAM 的星座图多种多样,求解通用的 P_e 公式一般来讲是非常困难的。这时可以利用联合边界公式给出大致的差错概率上界,利用公式(7.3.14)可得

$$P_e \leqslant (M-1)Q\left(\sqrt{\frac{d_{min}^2}{2N_0}}\right) \quad (7.4.5)$$

其中,d_{min} 是 QAM 星座中信号的最小距离。当 M 较大时,上界较宽松,可以按公式(7.3.14)后面讨论的方法进行调整。

矩形 QAM 星座在实际通信中应用十分广泛,它虽然不一定是最优 QAM 星座结构,但接近最优。在给定的 d_{min} 条件下,矩形 QAM 星座的平均信号能量 E_{av} 仅比最优 QAM 星座结构的 E_{av} 稍微大一点。而矩形星座排布规整,映射与判决规则简明,使得其信号的产生与接收比较容易实现。所以,下面重点关注矩形 QAM 星座的情形。

特别是 $M = 4, 16, 64, 256$ 等的 QAM,由于 $M = 2^K$,相应的 K 为偶数,此时的矩形星座是正方形的,称为**正方形星座**。由图 7.4.10 可见 M 元的正方形 QAM 星座是两个 $\sqrt{M}$ 元的 ASK 星座的笛卡儿积(Cartesian product)。以 $M = 16$ 为例,图中四个比特 $b_3 b_2 b_1 b_0$ 的高两位 $b_3 b_2$ 对应于信号点的横坐标 a_{cn},低两位 $b_1 b_0$ 对应于信号点的纵坐标 a_{sn},即

$$b_3 b_2 \leftrightarrow a_{cn}, b_1 b_0 \leftrightarrow a_{sn}$$

由此可以生成如下的两路 4ASK 信号

$$\begin{cases} s_{\mathrm{PAM1}} = a_{cn} g_{\mathrm{T1}}(t) \cos 2\pi f_c t \\ s_{\mathrm{PAM2}} = a_{sn} g_{\mathrm{T1}}(t) \sin 2\pi f_c t \end{cases} \quad (7.4.6)$$

于是，这类 M 元 QAM 信号可以转化为两路载波正交的 $\sqrt{M}$ 元 ASK 信号之和，即

$$s_{\mathrm{QAM}}(t) = s_{\sqrt{M}-\mathrm{ASK1}}(t) + s_{\sqrt{M}-\mathrm{ASK2}}(t) \quad (7.4.7)$$

而且，多元数字传输系统大都需要进行格雷编码，这对于正方形星座图的 QAM 不成问题，但对于其他形状的星座图，格雷编码不一定能有效地实施。所以，正方形星座的 QAM 系统更易于实际应用。

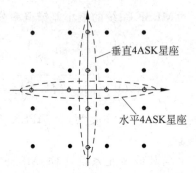

图 7.4.10 正方形 QAM 星座与 $\sqrt{M}$ 元的 ASK 星座

正方形星座图 QAM 的最小差错概率可如下计算：M 元 QAM 符号接收正确等同于两路 $\sqrt{M}$ 元的 ASK 信号同时接收正确，即 MQAM 符号正确接收的概率为

$$P_c = (1 - P_{\sqrt{M}})^2$$

其中，$P_{\sqrt{M}}$ 是一路 $\sqrt{M}$ 元 ASK 的差错概率，由式(7.4.2)得

$$P_{\sqrt{M}} = \frac{2(\sqrt{M}-1)}{\sqrt{M}} Q\left(\sqrt{\frac{6}{(M-1)} \times \frac{E_{\mathrm{av1}}}{N_0}}\right) \quad (7.4.8)$$

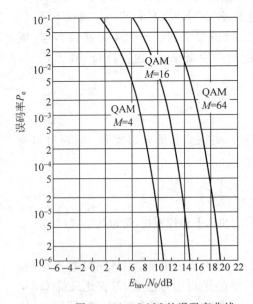

图 7.4.11 QAM 的误码率曲线

式中，E_{av1} 是 $\sqrt{M}$ 元 ASK 信号的平均符号能量。由于式(7.6.13)中的两路 ASK 信号正交，因此，E_{av1} 是 M 元 QAM 信号平均符号能量 E_{av} 的一半，即

$$\begin{aligned} P_{\sqrt{M}} &= \frac{2(\sqrt{M}-1)}{\sqrt{M}} Q\left(\sqrt{\frac{3}{(M-1)} \times \frac{E_{\mathrm{av}}}{N_0}}\right) \\ &= \frac{2(\sqrt{M}-1)}{\sqrt{M}} Q\left(\sqrt{\frac{3 \log_2 M}{(M-1)} \times \frac{E_{\mathrm{bav}}}{N_0}}\right) \end{aligned}$$

$$(7.4.9)$$

式中，$E_{\mathrm{bav}} \log_2 M = E_{\mathrm{av}}$，$E_{\mathrm{bav}}$ 是 QAM 的平均比特能量(也是 ASK 平均比特能量)。

于是，QAM 的差错概率为

$$\begin{aligned} P_e &= 1 - P_c = 2P_{\sqrt{M}} - P_{\sqrt{M}}^2 \\ &\leqslant 2P_{\sqrt{M}} = \frac{4(\sqrt{M}-1)}{\sqrt{M}} Q\left(\sqrt{\frac{3 \log_2 M}{(M-1)} \times \frac{E_{\mathrm{bav}}}{N_0}}\right) \end{aligned}$$

$$(7.4.10)$$

通常，$P_{\sqrt{M}}$ 很小，因此，$P_e \approx 2P_{\sqrt{M}}$。QAM 的误码率曲线如图 7.4.11 所示。当采用格雷编码时，误比特率最低，这时

$$P_b \approx \frac{P_e}{\log_2 M} \approx \frac{2P_{\sqrt{M}}}{\log_2 M} \quad (7.4.11)$$

一般的矩形星座图的 QAM 信号不一定能简单地拆分为两个 $\sqrt{M}$ 元的 ASK 信号,但可以证明其差错概率满足

$$P_e \leqslant 1 - \left[1 - 2Q\left(\sqrt{\frac{3E_{av}}{(M-1)N_0}}\right)\right]^2$$

$$\leqslant 4Q\left(\sqrt{\frac{3E_{av}}{(M-1)N_0}}\right) \tag{7.4.12}$$

其中,E_{av} 是 QAM 信号的平均符号能量。式中右边的上界与理论值很接近,而且,其形式也与式(7.4.10)相似。

7.4.6 差错概率的比较

多元传输系统在每个时隙上传送多个比特以提高频带利用率。但随 M 的增大,它们的误码率普遍变差。相比之下,QAM 的性能最好,MPSK 次之,而 MASK 最差。实际应用中,当 M 很大时,通常选择 QAM;当 M 中等时,除 QAM 外也考虑 MPSK,因为 MPSK 恒包络的优点有时会很有用;而 MASK 较少被采用,它虽然简单但性能恶化严重。

下面详细地比较 QAM 与 MPSK 的误码性能。通过比较,我们一方面能更好地理解 QAM 系统充分利用二维信号空间获得的益处;另一方面可以借助比较结果正确地选择合适的系统。

由式(7.4.4)与式(7.4.10),MPSK 与 QAM(以方形星座为例)的误码率公式分别为

$$P_e \approx 2Q\left(\sqrt{2\log_2 M \times \sin^2\frac{\pi}{M} \times \frac{E_{bav}}{N_0}}\right)$$

与

$$P_e \approx 4\left[\frac{\sqrt{M}-1}{\sqrt{M}}\right]Q\left(\sqrt{\frac{3\log_2 M}{M-1} \times \frac{E_{bav}}{N_0}}\right)$$

显然,两个公式中 Q 函数的自变量是主导因素。定义 R_M 为 QAM 与 MPSK 误码公式中两个 Q 函数自变量的比值,即

$$R_M = \left[\frac{3\log_2 M}{M-1} \times \frac{E_{bav}}{N_0}\right] \Big/ \left[2\log_2 M \times \sin^2\frac{\pi}{M} \times \frac{E_{bav}}{N_0}\right]$$

$$= \frac{3}{2(M-1)\sin^2\frac{\pi}{M}} \tag{7.4.13}$$

R_M 反映了同样 M 下,QAM 比 MPSK 在 Q 函数自变量上优越的倍数,也就是,为了达到同样的 P_e,MQAM 比 MPSK 在信噪比上优越的倍数。R_M 也常表示为分贝形式,反映着MQAM 相对于 MPSK 的信噪比改善量。表 7.4.2 给出了几种 M 值下 R_M 的分贝值。

表 7.4.2　MQAM 与 MPSK 的信噪比改善量

M	$10\log_{10} R_M$ (dB)	M	$10\log_{10} R_M$ (dB)
8	1.65	32	7.02
16	4.20	64	9.95

由表可见，QAM 比 MPSK 的误码性能明显优越，并随 M 的增大而迅速增加。以 $M=32$ 为例，为了达到同样的 P_e，QAM 可以比 MPSK 系统的 E_{bav}/N_0 低7.02dB，或者在同样的噪声环境下，同等功率的 QAM 比 MPSK 系统的误码率低得多。所以在实际通信系统中，在 $M>16$ 的情况下，几乎都采用 MQAM 系统。

*7.5 MFSK 及性能分析

MFSK 指多元频移键控，它利用正弦载波的频率传输 M 元符号。MFSK 的每个信号是正交的，它是正交调制的典型代表。这种调制制式具有恒定的包络，它的频带利用率低而抗噪性能好。

7.5.1 信号正交性条件

由第 5 章介绍，MFSK 信号可以表示为

$$s_{\mathrm{MFSK}}(t) = Ag_{\mathrm{T}}(t)\cos(2\pi f_n t), \quad (n-1)T_s \leqslant t \leqslant nT_s \tag{7.5.1}$$

其中，$g_{\mathrm{T}}(t)$ 通常为矩形 NRZ 脉冲；f_n 为第 n 时隙上的频率，M 种频率取值为：$f_c \pm \dfrac{\Delta f}{2}$，$f_c \pm 3 \times \dfrac{\Delta f}{2}, \cdots, f_c \pm (M-1) \times \dfrac{\Delta f}{2}$。这里 f_c 为载波频率，$\Delta f > 0$ 为频率间隔。MFSK 信号设计中要求这些频率彼此正交。这样，在运用相关器接收时各支路间互不影响。具体讲，任意两个频率 f_i 与 f_j 要求满足的正交条件为

$$\int_0^{T_s} \cos 2\pi f_i t \cos 2\pi f_j t \, dt = \frac{1}{2}\int_0^{T_s}[\cos 2\pi(f_i+f_j)t + \cos 2\pi(f_i-f_j)t]dt = 0$$

通常取 $(f_i+f_j)T_s$ 为整数，使上式中间的第一项为零（其实，由于 f_i+f_j 很大，该项总是可以忽略的）。于是上式等价于

$$\int_0^{T_s} \cos 2\pi f_i t \cos 2\pi f_j t \, dt = \frac{1}{2}\int_0^{T_s}\cos 2\pi(f_i-f_j)t \, dt = \frac{\sin[2\pi(f_i-f_j)T_s]}{4\pi(f_i-f_j)}$$

记 $\Delta f_{ij} = |f_i - f_j|$，则正交条件为

$$\mathrm{sinc}(2T_s\Delta f_{ij}) = \frac{\sin(2\pi T_s\Delta f_{ij})}{2\pi T_s\Delta f_{ij}} = 0 \tag{7.5.2}$$

可见，f_i 与 f_j 正交与否由差频 Δf_{ij} 的取值决定。式(7.5.2)如图 7.5.1 所示，容易看出：

(1) 当 $\Delta f_{ij} = \dfrac{k}{2T_s}$ 时（k 为整数），频率 f_i 与 f_j 正交；

(2) 当 $\Delta f_{ij} \gg \dfrac{1}{T_s}$ 时，频率 f_i 与 f_j 可以近似正交。

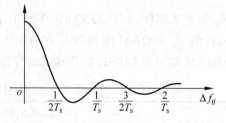

图 7.5.1 2FSK 系统频率正交条件

显然，保证频率正交的最小间隔为 $\Delta f = \dfrac{1}{2T_s} =$

$\dfrac{1}{2}R_s$。这是 FSK 的两个频率分量可被分辨从而实现正确接收所允许的最小频率间隔。

7.5.2 信号星座图与最佳接收机

由于 MFSK 信号的 M 种信号彼此正交,它们形成的信号空间是 $N = M$ 维的。MFSK 的基函数为

$$\begin{cases} f_0(t) = \sqrt{\dfrac{2}{E_g}}\, g_T(t)\cos 2\pi f_0 t \\ f_1(t) = \sqrt{\dfrac{2}{E_g}}\, g_T(t)\cos 2\pi f_1 t \\ \vdots \\ f_{M-1}(t) = \sqrt{\dfrac{2}{E_g}}\, g_T(t)\cos 2\pi f_{M-1} t \end{cases} \tag{7.5.3}$$

式中,$E_g = \displaystyle\int_0^{T_s} \left[g_T(t) \right]^2 \mathrm{d}t$,为基带脉冲的能量。设信号振幅为 A,能量为 E_s,易见,各信号矢量为

$$\begin{cases} \boldsymbol{s}_0 = \left[\sqrt{E_s}, 0, 0, 0, \cdots, 0 \right]^{\mathrm{T}} \\ \boldsymbol{s}_1 = \left[0, \sqrt{E_s}, 0, 0, \cdots, 0 \right]^{\mathrm{T}} \\ \vdots \\ \boldsymbol{s}_{M-1} = \left[0, 0, 0, 0, \cdots, \sqrt{E_s} \right]^{\mathrm{T}} \end{cases} \tag{7.5.4}$$

其中,$\sqrt{E_s} = \sqrt{\displaystyle\int_0^{T_s} \left[A g_T(t)\cos 2\pi f_i t \right]^2 \mathrm{d}t} = A\sqrt{\dfrac{E_g}{2}}$。MFSK 的星座图是 M 维空间中的点集,图 7.5.2 是 $M = 2$ 与 3 的例子。

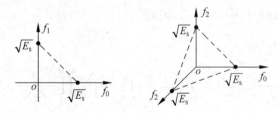

图 7.5.2 MFSK 信号星座图例子

参照图 7.3.5,可以得出如图 7.5.3 的 MFSK 的最佳接收机结构。按最近距离准则,应该选择各 r_i 中最大者所在的支路对应的码元作为输出。即第 D_i 区域为

$$D_i : r_i > r_j \quad i, j = 0, 1, \cdots, M-1, \quad i \neq j \tag{7.5.5}$$

MFSK 信号常用的解调方法还有多路包络检波法。它是一种非相干解调法,详见 5.6 节。

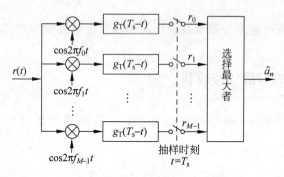

图 7.5.3　MFSK 的最佳接收机

7.5.3　最小差错概率

下面计算正交 MFSK 信号的最佳接收差错概率。在正交 MFSK 的各信号等概与等能量的情况下,根据 MFSK 的 M 个判决区域与相应的 $f(\boldsymbol{r}|\boldsymbol{s}_i)$ 的对称性,由式(7.3.12)可以得到

$$P_e = 1 - \sum_{i=0}^{M-1} p_i \int_{D_i} f(\boldsymbol{r}\mid\boldsymbol{s}_i) = 1 - M\times\left[\frac{1}{M}\int_{D_0} f(\boldsymbol{r}\mid\boldsymbol{s}_0)\mathrm{d}\boldsymbol{r}\right]$$

$$= 1 - \int_{D_0} f(\boldsymbol{r}\mid\boldsymbol{s}_0)\mathrm{d}\boldsymbol{r}$$

式中,$f(\boldsymbol{r}|\boldsymbol{s}_0)$ 是发送 $\boldsymbol{s}_0$ 时的条件概率密度函数。由于发送 $\boldsymbol{s}_0$ 时接收矢量为

$$\boldsymbol{r} = \boldsymbol{s}_0 + \boldsymbol{n} = \left[\sqrt{E_s}+n_0, n_1, n_2, n_3, \cdots, n_{M-1}\right]^{\mathrm{T}}$$

注意到 n_i 与 n_j 彼此独立,概率密度函数由式(7.1.26)给出

$$f(\boldsymbol{r}\mid\boldsymbol{s}_0) = \frac{1}{\sqrt{\pi N_0}}\exp\left[\frac{(r_0-\sqrt{E_s})^2}{N_0}\right]\times\prod_{i=1}^{M-1}\frac{1}{\sqrt{\pi N_0}}\exp\left(-\frac{r_i^2}{N_0}\right)$$

又 D_0 区域为 $r_j < r_0, (j=1,\cdots,M-1)$,因此

$$P_e = 1 - \int_{D_0} f(\boldsymbol{r}\mid\boldsymbol{s}_0)\mathrm{d}\boldsymbol{r}$$

$$= 1 - \int_{-\infty}^{+\infty}\left\{\frac{1}{\sqrt{\pi N_0}}\exp\left[\frac{(r_0-\sqrt{E_s})^2}{N_0}\right]\times\int_{-\infty}^{r_0}\cdots\int_{-\infty}^{r_0}\prod_{i=1}^{M-1}\frac{1}{\sqrt{\pi N_0}}\mathrm{e}^{-\frac{r_1^2}{N_0}}\mathrm{d}r_1\cdots\mathrm{d}r_{M-1}\right\}\mathrm{d}r_0$$

$$= 1 - \int_{-\infty}^{+\infty}\left\{\frac{1}{\sqrt{\pi N_0}}\exp\left[\frac{(r_0-\sqrt{E_s})^2}{N_0}\right]\times\left[\int_{-\infty}^{r_0}\frac{1}{\sqrt{\pi N_0}}\mathrm{e}^{-\frac{r_i^2}{N_0}}\mathrm{d}r_1\right]^{M-1}\right\}\mathrm{d}r_0$$

令 $x=\sqrt{2/N_0}\times r_0$ 与 $y=\sqrt{2/N_0}\times r_1$,可得

$$P_e = 1 - \int_{-\infty}^{+\infty}\frac{1}{\sqrt{2\pi}}\mathrm{e}^{-\frac{(x-\sqrt{2E_s/N_0})^2}{2}}\left(\int_{-\infty}^{x}\frac{1}{\sqrt{2\pi}}\mathrm{e}^{-\frac{y^2}{2}}\mathrm{d}y\right)^{M-1}\mathrm{d}x$$

$$= 1 - \int_{-\infty}^{+\infty}\frac{1}{\sqrt{2\pi}}\mathrm{e}^{-\frac{(x-\sqrt{2E_s/N_0})^2}{2}}\left[1-Q(x)\right]^{M-1}\mathrm{d}x \tag{7.5.6}$$

可见，P_e 是 E_s/N_0 的复杂函数，以 $E_b/N_0 = (E_s/N_0)/(\log_2 M)$ 为自变量，可以计算出 MFSK 的误码率曲线如图 7.5.4 所示。

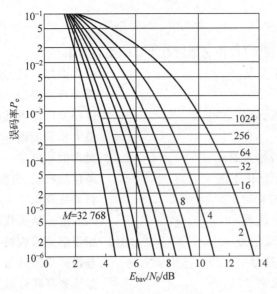

图 7.5.4　MFSK 的误码率曲线

通过与 MASK、MPSK 和 QAM 的曲线相比较可见，MFSK 很不相同，其误码率随 M 的增加反而减少。注意到在 T_s 保持不变的条件下，如果增大 M，那么，MFSK 的带宽随 M 成比例的增大，其频带利用率将不断下降；而 MASK、MPSK 和 QAM 的带宽保持不变，其频带利用率随 $\log_2 M$ 成正比的提高。所以，MFSK 误码性能的改善是以增加信号的频谱带宽为代价的。显然，它适用于带宽富裕的信道，通过充分利用信道带宽可以换取良好的抗噪性能。

为了比较不同 M 时的性能，可将误码率折算为误比特率。由于 MFSK 的信号点彼此完全对称，星座图中没有"某信号点更容易错成相邻信号点"的特点，因此，没有必要采用格雷编码。当 M 很大时有，$P_b \approx P_e/2$。其详细说明如下：

在发生一次误码时，记错误比特数为 k，$1 \leqslant k \leqslant K = \log_2 M$。针对每一种 k，错误样式有 C_K^k 种，因此全部错误样式的总错误比特数为 $N_b = \sum_{k=0}^{K} k C_K^k$。

利用 $(1+x)^K = \sum_{k=0}^{K} C_K^k x^k$，两边求导得 $K(1+x)^{K-1} = \sum_{k=0}^{K} k C_K^k x^{k-1}$，再令 $x = 1$ 得 $K 2^{K-1} = KM/2 = \sum_{k=0}^{K} k C_K^k$，于是，$N_b = KM/2$。MFSK 发生误码时，每种错误样式出现的概率相等，种类共 $M-1$ 种，因此，一次误码造成的平均错误比特数为 $E(k) = \dfrac{N_b}{M-1} = \dfrac{KM}{2(M-1)}$。所以

$$P_b = P_e \times \frac{E(k)}{K} = P_e \times \frac{M/2}{M-1} \tag{7.5.7}$$

通常 M 很大，于是，$P_b \approx P_e/2$。

本章关键词

通过下面的关键词，可以快速地回顾本章的主要知识点。

矢量空间、标准正交基	最大似然（ML）准则
内积、范数、距离	最大后验概率（MAP）准则
信号矢量、信号点、信号空间	最小欧氏距离准则
信号系数矢量	最大相关准则
合成器、分析器与相关器	对数似然函数
Gram-Schmidt 正交化方法	最佳接收机、分析器与检测器
接收矢量、噪声矢量	相关接收机
AWGN 等效矢量信道	匹配滤波器接收机
映射信号点与合成信号	相干解调接收机
分析信号与检测符号	差错概率旋转与平移不变性
错误概率、差错概率	差错概率联合边界公式
符号错误概率、误码率	信号平均能量
信号集、信号星座图	圆形、矩形与正方形星座图
云图	QAM 对于 MPSK 的信噪比改善
观察矢量与观察空间	正交调制星座图
先验概率、似然函数、后验概率密度函数	FSK 频率正交条件

习题

1. 假定持续时间为 T 的信号 $s_1(t)$ 和 $s_2(t)$ 的系数矢量分别为
$$\boldsymbol{s}_1 = [s_{11}, s_{12}, \cdots, s_{1N}]^T \quad \text{与} \quad \boldsymbol{s}_2 = [s_{21}, s_{22}, \cdots, s_{2N}]^T$$
试证明：

(1) 信号内积为：$r_{12} = \sum_{j=1}^{N} s_{1j} s_{2j}$；

(2) 信号能量为：$E_1 = \sum_{j=1}^{N} s_{1j}^2$；

(3) 信号的距离为：$d_{12} = \sqrt{\sum_{j=1}^{N} (s_{1j} - s_{2j})^2}$。

2. 三个信号 $s_1(t)$、$s_2(t)$ 和 $s_3(t)$ 的波形如图题 7.2 所示。

(1) 使用 Gram-Schmidt 正交过程，找出这组信号的正交基本函数；

(2) 用(1)的基本函数集表示这三个信号。

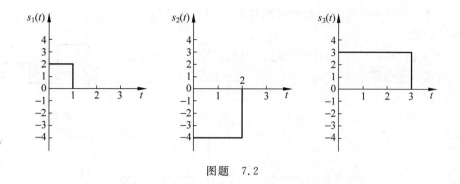

图题 7.2

3. 图题 7.3 给出了四个信号 $s_1(t)$、$s_2(t)$、$s_3(t)$ 和 $s_4(t)$ 的波形。

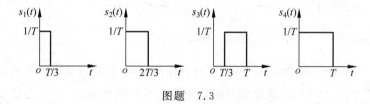

图题 7.3

(1) 使用 Gram-Schmidt 正交过程,找出这组信号的正交基本函数;

(2) 试给出信号空间图,并在其中标出这四个信号。

4. 假定持续时间为 T 的正交信号 $s_1(t)$ 和 $s_2(t)$ 分别与零均值白噪声进行相关运算,得到相关值 n_1 和 n_2,试证明 n_1 与 n_2 正交。

5. 信号集如图题 7.5 所示。

(1) 试说明它是正交信号集,并画出以它为基本函数、系数矢量为 $[1,1]$ 与 $[1,-1]$ 的信号波形;

(2) 通过加入反信号,可以将含 M 个信号的正交信号集扩展为含 $2M$ 个信号的双正交信号集。由图题 7.5 的信号给出双正交信号集,并画出其信号星座图。

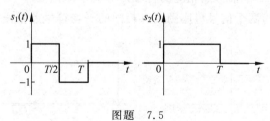

图题 7.5

6. 给出下列信号的信号星座图:(1)单极性 NRZ 码;(2)双极性 RZ 码;(3)曼彻斯特码。

7. 一个 8 电平 PAM 信号定义为

$$s_i(t) = A_i[u(t) - u(t-T)]$$

其中,$u(t)$ 为阶跃函数,$A_i = \pm 1, \pm 2, \pm 3, \pm 4$。试给出 $\{s_i(t)\}_{i=1}^{8}$ 的信号星座图。

8. 在曼彻斯特码中,二进制符号 1 与 0 分别由图题 7.8 所示的脉冲和其负信号表

示。试计算 AWGN 信道上曼彻斯特码在最大似然接收时的差
错概率的公式。

9. 正交信号 $s_1(t)$ 和 $s_2(t)$ 在时间 $0 \leqslant t \leqslant 3T$ 上的波形如图
题 7.9 所示。接收信号为

$$r(t) = s_k(t) + n(t), \quad 0 \leqslant t \leqslant 3T, k = 1, 2$$

其中，$n(t)$ 为零均值且功率谱密度为 $N_0/2$ 的高斯白噪声。

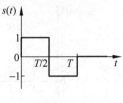

图题 7.8

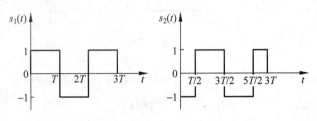

图题 7.9

（1）设计一个针对信号 $s_1(t)$ 或 $s_2(t)$ 的最佳接收机（假设这两个信号概率相等）；

（2）当 $E/N_0 = 10$ 时，计算该接收机的平均符号差错概率，其中 E 为信号能量。

10. 某数字通信系统在接收端抽样时刻的抽样值为 r

$$r = s_j + n, \quad j = 1, 2, 3, \quad 0 \leqslant t \leqslant T$$

其中 s_j 是发送端对应的三个可能值之一：$s_1 = -A, s_2 = 0, s_3 = +A$，它们出现概率依次为
0.25、0.5 与 0.25；n 是均值为零、方差 σ_n^2 的高斯随机变量。现在根据 r 的统计特性来进
行判决，使平均错判概率最小。试计算：

（1）发送 s_1 时的错判概率 $P(e|s_1)$；

（2）发送 s_2 时的错判概率 $P(e|s_2)$；

（3）发送 s_3 时的错判概率 $P(e|s_3)$；

（4）系统的平均错判概率（误符号率）P_e。

11. 假定图题 7.11 中信号点相应的符号是等概率的。

（1）试证明图中的两个信号星座图具有相同的平均符号差错概率；

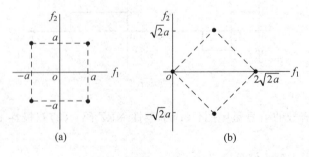

图题 7.11

（2）图中的两个星座图的平均能量分别是多少？

12. 2ASK 的信号集为 $\{Ag_T(t)\cos 2\pi f_c t, 0\}$，试参照图 7.4.3 给出其最佳接收机。

13. 4ASK 的信号集为 $\{A_i g_T(t)\cos 2\pi f_c t\}_{i=0}^3$, $\quad A_i = \pm 1, \pm 3$。

(1) 试分别参照图 7.4.3 与图 7.3.7(a) 设计两种最佳接收机，比较两种结构的特点；

(2) 试给出 4ASK 的非相干（包络检波）接收机结构。

14. 单极性 MASK 的信号波形为
$$\{0, A g_T(t)\cos 2\pi f_c t, 2A g_T(t)\cos 2\pi f_c t, \cdots, (M-1)A g_T(t)\cos 2\pi f_c t\}$$
试求：该信号的星座图与误码率。

15. 电话线频带为 $300 \sim 3300\,\text{Hz}$，符号率为 $2400\,\text{baud}$，试给出下面调制方式下的比特率与 $P_e = 10^{-5}$ 要求的 E_{bav}/N_0：

(1) QPSK、8PSK、16PSK；

(2) 4QAM、16QAM、64QAM。

16. 给定 8PSK 与 8QAM 信号空间图如图题 7.16 所示。试问：

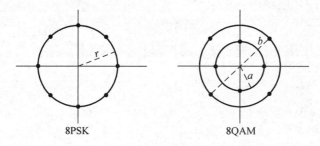

8PSK　　　　　　8QAM

图题　7.16

(1) 若 8QAM 信号空间图中两相邻矢量端点之间的最近欧式距离为 d，其内、外圆半径 a 与 b 的值是多少？

(2) 若 8PSK 信号空间图中两相邻矢量端点之间的最近欧式距离为 d，其半径 r 的值是多少？

(3) 计算并比较两种星座的误码率与平均能量。

17. 两个通带数字传输系统分别使用 16PSK 与 16QAM 制式，如果都要求达到 10^{-5} 的平均符号差错概率。

(1) 试给出各自的 E_{bav}/N_0 要求，比较两种信号的功率；

(2) 考虑正方形 QAM 星座图，比较两种信号的信号幅度特点。

18. 在带宽为 $25\,\text{kHz}$ 的无线信道上进行 $40\,\text{kbps}$ 的数据传输，试问：具有最小能量的调制与解调方式与达到 10^{-5} 误比特率的 E_{bav}/N_0 要求。

19. 2FSK 两频率间隔为 $\Delta f = \dfrac{1}{2T_b} = \dfrac{1}{2}R_b$ 时彼此正交，但当 $\Delta f = 0.715R_b$ 时，系统误码率可能更低，试给出这两种 Δf 情形下的 2FSK 的误码率并进行比较。

20. 4FSK 的信号集为
$$\{g_T(t)\cos 2\pi f_0 t, g_T(t)\cos 2\pi f_1 t, g_T(t)\cos 2\pi f_2 t, g_T(t)\cos 2\pi f_3 t\}$$
试分别参照图 7.5.3 与图 7.3.8 设计两种相干接收机，比较两种结构的特点。

第8章

现代数字传输技术

随着通信技术的广泛应用,特别是无线移动通信、宽带互联网、无线接入网、个人通信网、光纤通信、卫星通信和各类军事通信技术的快速发展,人们围绕着更好地利用有限的频谱资源、应对不平坦信道与恶劣多变的无线环境、实行宽带传输以提高数据速率、解决众多用户共享通信资源问题与实现军事与民用的特殊通信需要等多个方面不断地改进方法,发展出许多先进的数字传输技术。

本章在前面章节的基础上,介绍几种现代数字传输中的重要技术,包括最小频移键控(MSK)与高斯 MSK、正交频分复用(OFDM)与扩展频谱技术。它们广泛应用于各种重要的现代通信系统中,诸如,GSM 与 CDMA 数字蜂窝电话系统、数字音视频广播系统(DAB/DVB)、有/无线接入与个人网路(ADSL/WiFi/蓝牙)、WiMax、3G/4G 与 LTE 宽带无线通信系统、全球定位系统等。本章内容要点包括:

(1) 最小频移键控(MSK):连续相位 FSK 原理、MSK 信号及其频谱特点、发送与接收方法。

(2) 高斯 MSK:基本原理与特点。

(3) 正交频分复用(OFDM):多载波调制思想、OFDM 基本原理、基于 IFFT 的实现、循环前缀、系统方案、基本参数设计方法。

(4) 直接序列扩频(DSSS):原理与特点、抗窄带干扰分析、CDMA。

(5) 伪随机(PN)序列:m 序列特点、产生与同步方法、Gold 序列概念、主要应用。

(6) 跳频扩频(FHSS):原理与特点、抗干扰特性、CDMA。

(7) 典型应用案例:WiFi 中的 OFDM、ADSL 中的 OFDM、蜂窝移动电话中的 CDMA、GPS 中的 PN 序列、蓝牙中的 FHSS。

8.1 MSK 与 GMSK

最小频移键控(MSK)调制是一类连续相位的 FSK 调制,高斯最小频移键控(GMSK)是它的一种重要形式。MSK 信号最大的优点是它的包络恒定且频带非常集中,因此既容易放大发送,又节约信道资源。MSK 调制误码性能优良,它具有多种成熟方便的接收方法,是一种应用性很好的传输方案。现代无线通信系统中常常运用 MSK,例如著名的数字蜂窝移动通信 GSM 系统采用了 GMSK。

8.1.1 连续相位 FSK(CPFSK)

按照模拟调频的方法可以产生相位连续的 FSK 信号,其数学表示为

$$s(t) = A\cos\left[2\pi f_c t + 2\pi k_{\mathrm{FM}} \int_0^t m(\tau)\mathrm{d}\tau\right] \tag{8.1.1}$$

这里,k_{FM} 为频偏常数,$m(t)$ 为数字序列 $\{a_n, n = 0, 1, 2, \cdots\}$ 对应的基带信号。虽然 $m(t)$ 常常是间断的,但它积分后形成的相位必定是连续的。这种具有连续相位的 FSK 信号称为**连续相位频移键控(continuous-phase FSK,CPFSK)**信号。

假定基带发送脉冲为 $g_T(t)$，时隙宽度为 T，那么 $m(t) = \sum_{n=0}^{+\infty} a_n g_T(t-nT)$。最基本

的 $g_T(t)$ 为矩形 NRZ 脉冲，其高度通常取为 $1/2T$。它的积分记为 $q(t) = \int_0^t g_T(\tau)\mathrm{d}\tau$，它们

如图 8.1.1 所示。

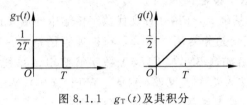

图 8.1.1　$g_T(t)$ 及其积分

记 f_d 为矩形脉冲 $g_T(t)$ 引起的峰值频偏，并定义调制指数为 $h = 2f_d T$。

由于 $f_d = k_{FM} \max|g_T(t)| = \dfrac{k_{FM}}{2T}$，于是 h 恰为 k_{FM}。对于二元信号，$a_n = \pm 1$，则 f_d 就

是最大频偏 $\Delta f_{max} = k_{FM}\max|m(t)|$。其实，$h$ 与常规 FM 信号调制指数的基本定义是类

似的。因为 $\dfrac{\Delta f_{max}}{B} = \dfrac{f_d}{0.5/T} = h$，其中，基带信号 $m(t)$ 的带宽 B 取其理论最小值 $0.5/T$。

显然，CPFSK 信号由其相位决定。下面我们研究该相位

$$\theta(t) = 2\pi k_{FM} \int_0^t m(\tau)\mathrm{d}\tau = 2\pi h \sum_{n=0}^{+\infty} a_n \int_0^t g_T(\tau - nT)\mathrm{d}\tau$$

$$= 2\pi h \sum_{n=0}^{+\infty} a_n q(t - nT)$$

(8.1.2)

考虑任意第 n 时隙上的情况，即 $t \in [nT, (n+1)T]$，

$$\theta(t) = 2\pi h \sum_{k=0}^{n-1} a_k q(t-kT) + 2\pi h a_n q(t-nT)$$

令上式右边第一项为 θ_n，在该项中恒有 $t - kT \geqslant nT - kT \geqslant T$，此时 $q(t-kT) = 1/2$。

于是

$$\theta(t) = \theta_n + 2\pi h a_n q(t-nT)，\text{其中 } \theta_n = \pi h \sum_{k=0}^{n-1} a_k$$

(8.1.3)

式中，第一项 θ_n 是本时隙的相位初始值，第二项是传送 a_n 的过程中相位的变化。如果从
$t=0$ 出发（取相位初值为零），按照数据序列逐时隙地推进相位路线，则得到一条特定的
相位轨迹（phase trajectory），它就是发送该序列的信号过程。所有可能的相位路线构成
的图形称为**相位树（Phase Tree）**。

例 8.1　假定二进制数据序列为 $\{10110011\}$，试绘出 CPFSK 信号的相位轨迹。

解　数据序列双极性形式为 $\{+1-1+1+1+1-1-1-1+1+1\}$，相应的相位轨迹如图 8.1.2
所示。

不难发现，CPFSK 信号的过程是一个带记忆的演进过程。它当前的取值既与新的
a_n 有关，又依赖于以前的状态。以前的状态是传送前面数据 $\{a_0, a_1, \cdots, a_{n-1}\}$ 的相位积累
结果，是 n 时隙的初始相位。这种记忆性可使信号的波形前后连续且平缓，因而节约

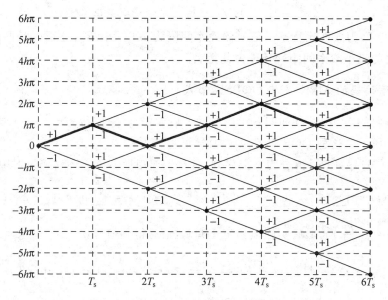

图 8.1.2　二进制 CPFSK 信号的相位轨迹举例

频带。

另一方面,若视 $q(t)$ 为发送脉冲,记 $m_{\mathrm{p}}(t) = \sum\limits_{n=0}^{\infty} a_n q(t - nT)$ 作为基带信号,由式(8.1.2)可得 $\theta(t) = 2\pi h m_{\mathrm{p}}(t)$,于是

$$s(t) = A\cos[2\pi f_c t + 2\pi h m_{\mathrm{p}}(t)] \qquad (8.1.4)$$

它是一种调相信号。由于 $q(t)$ 连续,其相位是连续的,因此,该信号又称为**连续调相**
(**continuous PM,或 CPM**)信号。改变 $q(t)$ 可以得到各种特性的 CPM 信号。可以预见,
若某种 $q(t)$ 导致相位的发展更平滑,则信号的频带就更集中,带宽更窄。

8.1.2　最小频移键控(MSK)

1. MSK 信号定义

MSK 是**最小频移键控**(**minimum-shift keying**)的简称,它是一种 $h = 0.5$ 的二进制
CPFSK 信号。

由式(8.1.3)与 $q(t)$ 为斜线的特点,在 $t \in [nT,(n+1)T]$ 上 MSK 信号可以表示为

$$\begin{aligned}
s_{\mathrm{MSK}}(t) &= A\cos[2\pi f_c t + \theta_n + \pi a_n q(t - nT)] \\
&= A\cos\left[2\pi f_c t + \theta_n + \frac{\pi a_n}{2T}(t - nT)\right] \\
&= A\cos\left[2\pi\left(f_c + \frac{a_n}{4T}\right)t + \varphi_n\right]
\end{aligned} \qquad (8.1.5)$$

上式中令 $\varphi_n = \theta_n - \dfrac{n\pi}{2}a_n$。由于 $a_n = \pm 1$,可见 MSK 信号确实是二元 FSK 信号,它的两个
频率值分别为

$$f_1 = f_c + R_b/4 \quad \text{与} \quad f_0 = f_c - R_b/4 \qquad (8.1.6)$$

其中, $R_b = 1/T$, 为数据比特率。信号的频率间隔为 $\Delta f = 0.5R_b$, 这正好是两个频率保持正交所需的最小频率间距, MSK 由此得名。

2. 带预编码的 MSK 及其 OQPSK 形式

带预编码的 MSK 调制如图 8.1.3 所示。后面将证明, 它等效于一种 OQPSK 调制, 如图 8.1.4 所示。这种 OQPSK 调制的具体过程如下:

(1) 将信息序列 $\{b_n\}$ 拆分为奇偶序列, 各自生成矩形 NRZ 基带信号(时隙宽 $2T$):

$$m_I(t) = \sum_{k=0}^{\infty} b_{2k+1} g_T(t - k \times 2T) \quad \text{与} \quad m_Q(t) = \sum_{k=0}^{\infty} b_{2k} g_T(t - k \times 2T)$$

(2) 用 $\sin\left(\dfrac{\pi t}{2T}\right)$ 成形后实施偏移正交调制, 最后得到信号,

$$s_{MSK1}(t) = A\left[m_I(t-T)\cos\frac{\pi t}{2T}\cos 2\pi f_c t - m_Q(t)\sin\frac{\pi t}{2T}\sin 2\pi f_c t \right] \qquad (8.1.7)$$

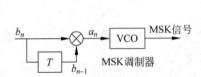

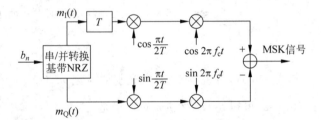

图 8.1.3　带预编码的 MSK 调制　　　图 8.1.4　MSK 信号的 OQPSK 生成框图

例 8.2　给定序列 $\{b_n\} = \{-1, -1, +1, +1, -1, +1, -1, -1, -1, -1, -1, -1, +1, +1, -1, -1\}$, 说明 MSK 信号的正交合成过程。

解　拆分序列, 而后产生各信号波形如图 8.1.5 所示。还可计算 $\{b_n\}$ 预编码后的输出为 $\{a_n\} = \{-1, +1, -1, +1, -1, -1, -1, +1, +1, +1, +1, +1, -1, +1, -1, +1\}$, 它与图中 MSK 波形的两种频率正好一一对应。■

图 8.1.5 最下面还给出了常规 QPSK 与 OQPSK 在带限情况下的波形, 可以比较这三种信号的包络波动特点:

(1) QPSK 在每个符号边界有四种可能的跳变, 这导致包络较大的波动。

(2) OQPSK 两支路错开 $T_s/2$, 在每个符号边界与中心各有两种可能的跳变, 其包络的波动较小。

(3) 采用正弦成形后可使 OQPSK 恰好合成恒定的包络, 这便是 MSK 信号。

上述讨论的是带预编码的 MSK 信号。用 OQPSK 调制也很容易产生无预编码的"原型"MSK 信号。这时只需在发送前先对数据作差分编码, 接收后再实施差分解码即可。因为差分与预编码是一对逆过程。具体的差分编/解码公式如下:

$$a_n = b_{n-1} \times b_n \quad \text{与} \quad b_n = b_{n-1} \times a_n \qquad (8.1.8)$$

该处理与 DPSK 的差分编/解码本质上一样, 只不过是双极性信号的形式。

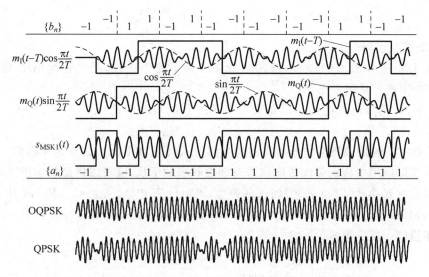

图 8.1.5　MSK 信号的正交合成示例、OQPSK 与 QPSK 波形

3. 发送与接收方法

MSK 信号的发送可以采用 $k_{FM}=0.5$ 的 VCO 电路,也可以采用 OQPSK 方案。其接收方法有多种。首先,它是一种 FSK 信号,因此可以采用非相干或相干的 FSK 接收方案。其次,它又是一种 OQPSK 信号,可以采用 OQPSK 的正交相干解调方案。相干解调方案可以获得低的 P_e。对于带预编码的 MSK 信号,采用 OQPSK 解调方案时,

$$P_{e-MSK1} = P_{e-QPSK} = Q(\sqrt{2E_s/N_0})$$

而对于无预编码的 MSK 信号还需要差分译码,这时 $P_{e-MSK} \approx 2P_{e-QPSK}$。

MSK 信号还常常按照 DPSK 差分检测的框图进行非相干解调。因为,由式(8.1.3),有

$$\theta(nT) - \theta((n-1)T) = \pi h a_n = \frac{\pi}{2}a_n$$

显然,借助差分检测技术求出相邻(时隙末端)的相位差,能够正确地判决出传送的符号。形象地讲,由相位差可以判定相位轨迹在当前时隙的走向是增加还是减少,从而可知相应的符号是 +1 或 -1。该方法的误码性能也与 DPSK 的类似。更详细的讨论可参考有关文献。

4. 功率谱与带宽

根据 MSK 信号是一种形式的 OQPSK 信号的特点,它的功率谱是相应基带信号功率谱平移至载频处的结果。分析时常常以 f_c 为基准点,只需直接计算其基带信号的功率谱即可。首先计算正弦脉冲 $g_s(t)$ 的傅里叶变换 $G_s(f)$,有

$$G_s(f) = \frac{4T}{\pi} \times \frac{\cos(2\pi Tf)}{1-16T^2f^2}$$

考虑 $\{a_n\}$ 为平稳无关的双极性序列,由第 4 章的结论可知 MSK 信号的功率谱形如

$$P(f) = K \mid G_s(f) \mid^2 = \left(\frac{\cos 2\pi T f}{1 - 16 T^2 f^2} \right)^2 \qquad (8.1.9)$$

其中，K 为某幅度因子。

图 8.1.6 是 MSK 信号功率谱的示意图。为了便于比较，图中还给出了 QPSK 与 BPSK 的功率谱。从图可见：

(1) MSK 信号功率谱的主瓣宽为 $0.75R_b$，它是 QPSK 的 1.5 倍，但只有 BPSK 的 0.75 倍。

(2) 更重要的是，MSK 信号功率谱的旁瓣比 QPSK 或 BPSK 的衰落快得多。

很多实际应用中特别关注传输信号对邻近频道的干扰，这可以借助基本带宽来考察。基本带宽指主要功率（例如 99%）所占的带宽，可以计算出 $B_{99-MSK} = 1.2R_b$，而 $B_{99-QPSK} = 7R_b$。即，MSK 信号 99% 的功率集中在 $1.2R_b$ 的频带内，比 QPSK"紧凑"得多。因此，它对邻近频道的干扰少得多。

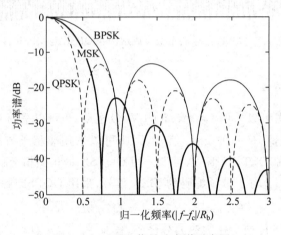

图 8.1.6　MSK 信号功率谱示意图

*5. OQPSK 等效形式的证明

下面证明 MSK 信号是一种 OQPSK 信号形式。首先，我们分析式 (8.1.5) 中的 φ_n。

$$\varphi_n - \varphi_{n-1} = (\theta_n - \theta_{n-1}) - \frac{n\pi}{2} a_n + \frac{(n-1)\pi}{2} a_{n-1}$$

利用式 (8.1.3) 可知，$\theta_n - \theta_{n-1} = \frac{\pi}{2} a_{n-1}$。于是

$$\varphi_n = \varphi_{n-1} + \frac{n\pi}{2}(a_{n-1} - a_n) = \begin{cases} \varphi_{n-1}, & \text{若 } a_n = a_{n-1} \\ \varphi_{n-1} \pm n\pi, & \text{若 } a_n \neq a_{n-1} \end{cases} \qquad (8.1.10)$$

不妨取初值 $\varphi_0 = 0$，使 φ_n 在模 2π 条件下为 0 或 $n\pi$，这样，$\sin\varphi_n = 0$。

其次，将 MSK 信号公式 (8.1.5) 展开为载波 f_c 的正交形式

$$s_{MSK}(t) = A \left[\cos\left(\varphi_n + \frac{\pi t}{2T} a_n \right) \cos 2\pi f_c t - \sin\left(\varphi_n + \frac{\pi t}{2T} a_n \right) \sin 2\pi f_c t \right]$$

$$= A [x(t) \cos 2\pi f_c t - y(t) \sin 2\pi f_c t]$$

上式中 $x(t)$ 与 $y(t)$ 如下，并可继续展开，

$$x(t) = \cos\left(\varphi_n + \frac{\pi t}{2T}a_n\right) = \cos\varphi_n\cos\left(\frac{\pi t}{2T}a_n\right) = (\cos\varphi_n)\cos\left(\frac{\pi t}{2T}\right)$$

$$y(t) = \sin\left(\varphi_n + \frac{\pi t}{2T}a_n\right) = \cos\varphi_n\sin\left(\frac{\pi t}{2T}a_n\right) = (a_n\cos\varphi_n)\sin\left(\frac{\pi t}{2T}\right)$$

展开时利用了 $\sin\varphi_n=0$，并基于 $a_n=\pm 1$ 化简了 cos 与 sin 项。

记 $I_n=\cos\varphi_n$ 与 $Q_n=a_n\cos\varphi_n$。因此，MSK 信号可表示为

$$s_{\text{MSK}}(t) = A\left[I_n\cos\frac{\pi t}{2T}\cos 2\pi f_c t - Q_n\sin\frac{\pi t}{2T}\sin 2\pi f_c t\right] \tag{8.1.11}$$

再由式(8.1.10) φ_n 的特性可以知道：

(1) 若 n 为偶数：总有 $\varphi_n=\varphi_{n-1}(\text{mod}2\pi)$。于是

$$\begin{cases} I_n = I_{n-1} \\ Q_n = a_nI_n = a_nI_{n-1} = (a_{n-1}a_n)(a_{n-1}I_{n-1}) = (a_{n-1}a_n)Q_{n-1} \end{cases}$$

(2) 若 n 为奇数，改写式(8.1.10)为 $\varphi_n = \begin{cases} \varphi_{n-1}, & \text{若 } a_{n-1}a_n=1 \\ \varphi_{n-1}\pm n\pi, & \text{若 } a_{n-1}a_n=-1 \end{cases}$。于是

$$\begin{cases} I_n = (a_na_{n-1})I_{n-1} \\ Q_n = a_nI_n = a_n(a_na_{n-1})I_{n-1} = a_{n-1}I_{n-1} = Q_{n-1} \end{cases}$$

I_n 与 Q_n 的上述特性可直观地表示如图 8.1.7(a)所示。并可发现：

$$\begin{cases} I_{2k+1} = (a_{2k+1}a_{2k})(a_{2k-1}a_{2k-2})\cdots(a_1a_0)I_0 \\ Q_{2k} = (a_{2k}a_{2k-1})(a_{2k-2}a_{2k-3})\cdots(a_0a_{-1})Q_{-1} \end{cases}$$

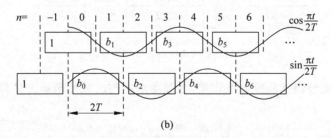

图 8.1.7　I_n 与 Q_n 的特性示意图

最后，考虑带预编码的 MSK 情形，有 $b_{n-1}b_n=a_n$，易见：

$$I_{2k+1} = b_{2k+1}\left(\prod_{i=0}^{2k} b_i^2\right)b_{-1}I_0 = b_{2k+1}b_{-1}I_0 = b_{2k+1} \quad (\text{不妨设 } b_{-1} = I_0 = 1)$$

$$Q_{2k} = b_{2k}\left(\prod_{i=-1}^{2k} b_i^2\right)b_{-2}Q_{-1} = b_{2k}b_{-2}Q_{-1} = b_{2k} \quad (\text{不妨设 } b_{-2} = Q_{-1} = 1)$$

如图 8.1.7(b)所示，图中还给出了 $\cos\dfrac{\pi t}{2T}$ 与 $\sin\dfrac{\pi t}{2T}$。将此图应用于式(8.1.11)中可得到式(8.1.7)。 ■

例 8.2 与图 8.1.5 可以帮助理解 MSK 的 OQPSK 合成原理。仔细观察可发现这里的 OQPSK 有些特殊。其正交调制前的基带信号分别为

$$m_{IS}(t) = m_I(t-T)\sin\frac{\pi(t-T)}{2T} \quad \text{与} \quad m_{QS}(t) = m_Q(t)\sin\frac{\pi t}{2T}$$

由于 $\sin\dfrac{\pi t}{2T}$ 的半周期为 $2T$，它与原矩形 NRZ 信号的时隙正好对齐。因此，$m_{IS}(t)$ 与 $m_{QS}(t)$ 其实是采用半正弦脉冲的基带信号，不过脉冲是正负交替使用的（注意 $\sin$ 信号前后半周期的差别）。其实可以直接使用半正弦脉冲（记它为 $g_s(t)$），这时基带信号就是

$$m_I(t) = \sum_{k=0}^{\infty} b_{2k+1}g_s(t-k\times 2T) \quad \text{与} \quad m_Q(t) = \sum_{k=0}^{\infty} b_{2k}g_s(t-k\times 2T)$$

这样生成的仍然是 MSK 信号。文献中有时称前一种（交替的）为**第 I 类 MSK**，后一种（不交替的）为**第 II 类 MSK**。显然，只要对奇/偶数据序列先交替调整符号，就能用第 II 类 MSK 调制器产生出第 I 类 MSK 信号，反之亦然。

8.1.3 高斯滤波的 MSK(GMSK)

若在常规 MSK 调制之前，先让矩形 NRZ 基带信号通过一个高斯型低通滤波器，如图 8.1.8 所示，这样的调制方式称为**高斯滤波的 MSK(Gaussian filtered MSK)**，简称为 GMSK。

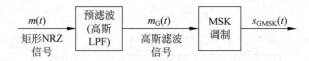

图 8.1.8 GMSK 信号产生框图

高斯型低通滤波器实施预滤波作用，其频率响应与时域冲激响应呈高斯函数形状，具体为

$$H_G(f) = e^{-\alpha^2 f^2}, \quad h_G(t) = \sqrt{\pi}\alpha^{-1}e^{-\pi^2 t^2/\alpha^2} \tag{8.1.12}$$

其中，$\alpha = B^{-1}\sqrt{\ln 2/2}$，而 B 为 3dB 带宽。滤波后的基带信号为

$$m_G(t) = \left[\sum_{n=0}^{\infty} a_n g_T(t-nT)\right] * h_G(t) = \sum_{n=0}^{\infty} a_n g_G(t-nT) \tag{8.1.13}$$

而

$$g_G(t) = g_T(t) * h_G(t) = \frac{1}{2T} \int_0^T h_G(t-\tau) \mathrm{d}\tau$$

$$= \frac{\sqrt{\pi}}{2T\alpha} \left[\int_0^\infty \mathrm{e}^{-\pi^2(t-\tau)/\alpha^2} \mathrm{d}\tau - \int_T^\infty \mathrm{e}^{-\pi^2(t-\tau)^2/\alpha^2} \mathrm{d}\tau \right] \qquad (8.1.14)$$

$$= \frac{1}{2T} \left\{ Q\left[\frac{2\pi B(t-T)}{\sqrt{\ln 2}} \right] - Q\left(\frac{2\pi Bt}{\sqrt{\ln 2}} \right) \right\}$$

几种 $g_G(t)$ 与 $q_G(t) = \int_{-\infty}^t g_G(\tau)\mathrm{d}\tau$ 如图 8.1.9 所示。参数 B 控制着滤波器的特性,通常将它表示为码率的 k 倍,即 $B=k/T$ 或 $BT=k$。实际上,我们习惯使用 BT 的取值来控制滤波特性。BT 小则频带集中,但误码性能可能下降。最为典型的选择为 $BT=0.3$; 而 $BT=\infty$ 对应于常规 MSK。理论上讲,$g_G(t)$ 是无限宽的,但实际应用中只需截取其中央部分来制作预滤波器。例如 $BT=0.3$ 时,取中央 $5T$ 部分已经可实现足够的精度。

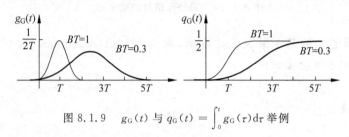

图 8.1.9　$g_G(t)$ 与 $q_G(t) = \int_0^t g_G(\tau)\mathrm{d}\tau$ 举例

对比 $q_G(t)$ 与 $q(t)$ 的图形可见,GMSK 信号不只是相位连续,而且其相位的转变是非常平滑的,并占用几个时隙来"缓慢"完成。试设想一下相位轨迹线的伸展过程,不难推测出 GMSK 信号波形的光滑性与记忆性更强,信号的频谱会更加集中。另一方面我们发现,预滤波处理使脉冲的宽度大大展宽,它本质上是一种相关编码技术,引入了码间串扰。

GMSK 的功率谱很难计算,通常需要计算机仿真,图 8.1.10 给出了仿真的结果。由图可见 GMSK 的带宽随 BT 的减小而减小,其主瓣与 MSK 的一样,而其旁瓣的衰减非常快,其基本带宽比 MSK 更窄。考虑距主峰 $1.5R_b$ 处有另一频道,常规 MSK 信号对其干扰达到主峰的 $-30\mathrm{dB}$,而 GMSK($BT=0.3$)的干扰低达 $-70\mathrm{dB}$。在许多无线通信的应用中这一点就十分重要。为了服务众多用户,需要安排很多的信道,因此信道间距常常很近。GMSK 卓越的谱带效率与恒包络特点使它在无线通信中获得了广泛应用。著名的数字移动电话系统 GSM 采用的调制制式就是 $BT=0.3$ 的 GMSK。

GMSK 的接收方法与常规 MSK 的基本一样。但由于存在较明显的码间串扰,其接收性能有所下降。以 $BT=0.3$ 为例,GMSK 相干接收的 SNR 损失约为 $0.46\mathrm{dB}$。实际应用中,GMSK 常常采用非相干的差分检测方案。它不仅可以按照 1 个时隙(T_b)实施差分检测,还可以按照 2 个时隙($2T_b$)实施差分检测,而且后者的性能更好一些。详细的方法可以参考有关文献。

GMSK 信号具有记忆性,而预滤波又引入了特定的码间干扰。针对这种有记忆、有关联的信号,理论上讲如果能在基本检测数据的基础上利用信号内部前后转移的特定规律,可以获得更好的接收性能。这类方法基于一段序列而非单个符号实施检测,称为**序列**

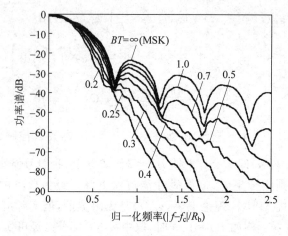

图 8.1.10 GMSK 信号的功率谱

估计法。最常用的一种基于最大似然准则,称为 MLSE(maximum likelihood sequence estimation),这里不做更多讨论。

8.2　OFDM

正交频分复用(OFDM)是一种把信道频谱划分为多个正交子带,再将数据分布到各个子带上并行传输的多载波通信方案。它的主要特点有:依靠正交性高效率地使用信道频带;采用宽码元与循环前缀巧妙地化解码间干扰问题;通过各子带的自适应调制以灵活应对各种不平坦与多变的信道条件;借助快速傅里叶变换技术高效地完成庞杂的并行处理。目前,OFDM 是面对复杂信道最为有效的通信方法之一。它成功地应用于各种重要的通信系统,例如,DAB 与 DVB、有线 ADSL、无线 WiFi 网络、WiMax、3G/4G 与 LTE 无线通信系统等。

8.2.1　多载波调制的由来

随着通信的广泛使用,人们越来越需要应对频率响应很不平坦的非理想信道。这种信道在时域上表现为信道的(基带)冲激响应被扩展了,远远大于发送脉冲的宽度,带来了严重的码间干扰(ISI),如图 8.2.1 所示。

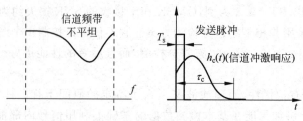

图 8.2.1　不平坦的信道及其时域冲激响应

典型的例子是不少的无线信道,它们存在多径效应,表现出频率选择性衰落。具体讲,电波在自由空间传播时往往能经过多条不同的路径到达收端,接收到的是多个信号的延时加权之和,这样信道的冲激响应被展宽了。考虑电波中 f_0 频率成分 $A\cos 2\pi f_0 t$ 经时延分别为 t_1 与 t_2 的两径传输后叠加的情况,有

$$A_1\cos 2\pi f_0(t+t_1) + A_2\cos 2\pi f_0(t+t_2)$$
$$= A_1\cos 2\pi f_0(t+t_1) + A_2\cos[2\pi f_0(t+t_1) + \theta]$$

其中 $\theta = 2\pi f_0(t_2 - t_1)$,是两个波的相对相位差。对于不同的 f_0(即信号频谱中不同处),θ 不同,因此,两个波可能同相相加,也可能反相相减。这就引起频谱起伏,某些频点上甚至出现衰落"低谷",这种现象就是**频率选择性衰落(frequency selective fading)**。

传统的处理方法是加强接收机的均衡技术,通过增大抽头数 N 来矫正信道大的延时展宽 τ_c,或采用更复杂的最大似然序列估计(MLSE)等方法应对 ISI。但这些方法并不容易。信道的特性常常是时变的,均衡器必须采用自适应算法。尤其是高速通信中,码元宽度 $T_s \ll \tau_c$,这要求很大的 N,常常很难做到满意。

20 世纪 60 年代前后,军用短波通信系统中采用了一种特别的解决方案——**并行(Parallel)**传输,也称为**多音(Multi-tone)**或**多载波(Multi-carrier)**调制,最早的见于 1957 年的 Kineplex。其方法是把信道频谱划分为 K 个狭小的子带,而后将数据分散到各个子带上并行传送,这实际上是一种**频分复用(FDM)**技术。这个方法很巧妙:只要 K 足够大,各子带就近似平坦,这种"化整为零"的策略正是计算非规则区域面积的经典思想。从时域上看,每个子信道上的码率只需为原来的 $1/K$,可以使码宽 $T = KT_s \gg \tau_c$,因此,ISI 可以忽略而无需均衡,如图 8.2.2 所示。有趣的是,这种方法甚至无需了解太多的信道信息,只要大致知道其时间展宽值 τ_c 就可以了。

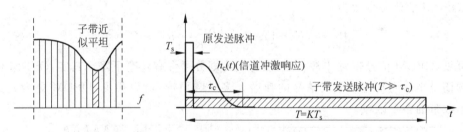

图 8.2.2　频带划分与子信道码元

当时这个方法并没有广泛使用,因为它存在几个问题:①每个子带之间必须留下保护间隔,因而有效带宽减小了;②每个子带需要一套完整的通信系统,因而重复单元多,设备庞大;③多路载波信号叠加后幅度起伏剧烈,造成峰均功率比高,要求后续处理(尤其是功放)保持高度的线性与动态范围。

20 世纪 70 年代,Weinstein 与 Ebert 提出了采用离散傅里叶正/反变换实现 OFDM 的运算方法。20 世纪 80 年代,FFT 的 DSP 与集成电路技术、线性放大器技术不断完善,OFDM 理论也逐渐成熟。20 世纪 90 年代以来,OFDM 技术逐步实用化,先后在数字音频广播(DAB,1995 年)、数字用户环路(DSL,1996 年)、数字视频广播(DVB-T,1997 年)、无线局域网(WLAN-802.11a,1999 年;802.11g,2002 年)、WiMAX(802.16d,2004 年)、

移动通信长期演进标准（LTE，2005年）与第4代移动通信（4G，2005年）等应用中取得大量成功。目前，OFDM是包括4G无线通信等在内的众多宽带通信系统的重要技术之一。

8.2.2 OFDM 方案

正交子载波（subcarrier）：考虑间隔为 ΔF 的 K 个子载波：$f_k = k\Delta F, k = 0, 1, \cdots, K-1$，（其中 K 通常取为2的整次幂）。它们彼此正交，即任取两个载波 f_k 与 $f_l (k \neq l)$，有

$$\int_0^T \cos(2\pi f_k t + \varphi_k)\cos(2\pi f_l t + \varphi_l)dt = 0 \qquad (8.2.1)$$

其中，$T = 1/\Delta F$ 为子带的符号间隔，φ_k 与 φ_l 可以是任意相位值。

证明 上式左端可展开为

$$\frac{1}{2}\int_0^T \cos[2\pi(f_k + f_l)t + \varphi_k + \varphi_l]dt + \frac{1}{2}\int_0^T \cos[2\pi|f_k - f_l|t + \varphi_k - \varphi_l]dt = 0$$

因为 $(f_k + f_l)$ 与 $|f_k - f_l|$ 是非零整数，上两项都是 cos 函数在整数个周期上的积分。 ∎

按照上述子载波与符号间隔来实施多载波调制，收端根据式(8.2.1)的正交性可以完美地分离各个子带。这种通信方案称为**正交频分复用（Orthogonal Frequency Division Multiplexing）**，简称 **OFDM**。

OFDM 中相邻的子载波（也称**副载波**）距离仅为 ΔF，假定采用矩形 NRZ，图8.2.3示意了 OFDM 的几个子载波与 $K=8$ 的频谱情况。我们从频域发现各子带之间完全没有保护间隔，甚至还彼此重叠。只要保持好正交性，它们之间互不干扰。显然，OFDM 各子带的码率为 ΔF，码元宽度为 T；系统总的码率为 $R_s = K\Delta F$，等效码元宽度为 $T_s = T/K$。易见，OFDM 的信号带宽为

$$B_T = (K+1)\Delta F = \frac{(K+1)}{K}R_s \approx R_s \qquad (8.2.2)$$

可见，OFDM 信号带宽非常有效，没有因为划分子带有丝毫下降。其实，OFDM 信号合成频谱呈矩形而常规单载波信号的频谱大多呈圆顶形，可以想见，OFDM 更为充分地利用了频带的整个区域。

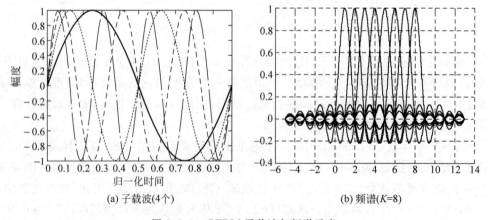

(a) 子载波(4个)　　　　　　　　　(b) 频谱(K=8)

图 8.2.3　OFDM 子载波与频谱示意

设计 OFDM 系统时，ΔF 的选择原则是使子载波码宽 $T = (\Delta F)^{-1} \gg \tau_c$。实际上无线信道的响应是随机变化的，相应的延时展宽 τ_c 为随机变量。应用中，人们使用均方值（RMS）σ_τ 来统计它，那么 τ_c 的范围一般为 $2\sim4\sigma_\tau$。根据经验，可选取 $T > 15\sigma_\tau$。

例 8.3 某无线 OFDM 系统的可用带宽为 5MHz。室内统计的延时展宽 RMS 值约 100ns；室外统计的值约 $8\mu s$。试问两种情况下：(1)子信道的码元宽度如何选择？(2)子载波的数目与频率间隔为多少？

解 (1) 为了在子信道传输时 ISI 可忽略，按 $T > 15\sigma_\tau$ 选择，于是

$$T_{\text{in-door}} > 15\sigma_\tau = 15 \times 0.1 = 1.5(\mu s)$$

$$T_{\text{out-door}} > 15\sigma_\tau = 15 \times 8 = 120(\mu s)$$

(2) 按 OFDM 方案，$K = B_T/\Delta F = B_T T$，因此

$$K_{\text{in-door}} > 5 \times 10^6 \times 1.5 \times 10^{-6} = 7.5$$

$$K_{\text{out-door}} > 5 \times 10^6 \times 120 \times 10^{-6} = 600$$

为了方便，选取 K 为 2 的整数次幂并考虑预留部分子载波，于是选择 $K_{\text{in-door}} = 32$ 与 $K_{\text{out-door}} = 1024$。相应的 $\Delta F_{\text{in-door}} = 156.25\text{kHz}$ 与 $\Delta F_{\text{out-door}} = 4882.8\text{Hz}$。∎

8.2.3 利用 FFT 的数字实现方法

1. OFDM 信号产生原理

根据 OFDM 原理，可按图 8.2.4 产生 OFDM 信号。考虑更为一般的情况：K 个子载波位于频带 $[f_c, f_c + K\Delta F]$，即各子载波为 $f_k = f_c + k\Delta F, k = 0, 1, \cdots, K-1$。该 OFDM 信号的具体过程如下：

(1) 串并变换：从比特流中取出 K 个符号 a_k，分配给 K 个子带。

(2) 子带调制：考虑通用的 QAM，在第 k 子带上，先将各符号按调制规则映射为星座点，记为 $X_k = a_{ck} + ja_{sk}$；而后由正交调制得到该子带的 QAM 信号，

$$x_k(t) = \text{Re}\big[X_k e^{j2\pi(f_c + k\Delta F)t}\big] \tag{8.2.3}$$

(3) 信号合成：所有子带的 QAM 信号叠加，得到最终 OFDM 信号。

$$s(t) = \sum_{k=0}^{K-1} x_k(t) = \text{Re}\bigg[\bigg(\sum_{k=0}^{K-1} X_k e^{j2\pi k\Delta F t}\bigg) e^{j2\pi f_c t}\bigg] \tag{8.2.4}$$

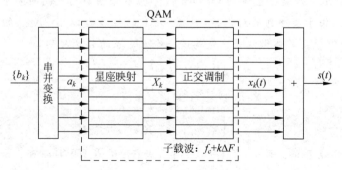

图 8.2.4 OFDM 信号原理

2. 利用 IFFT 的实现方法

从式(8.2.4)中令 $x(t) = \sum_{k=0}^{K-1} X_k \mathrm{e}^{\mathrm{j}2\pi k\Delta Ft}$，不难看出它正是 $s(t)$ 的复包络。在每个符号 T 上对 $x(t)$ 取 K 个样值，间隔为 $T_s = T/K$，简记样值为 $x_n, n = 0, 1, \cdots, K-1$，即

$$x_n = x(nT_s) = \sum_{k=0}^{K-1} X_k \mathrm{e}^{\mathrm{j}2\pi k\Delta FnT_s} = \sum_{k=0}^{K-1} X_k \mathrm{e}^{\mathrm{j}\frac{2\pi kn}{K}} \tag{8.2.5}$$

其中，$T_s \Delta F = T_s/T = 1/K$。由数字信号处理知识可以发现，$\{x_n\}$ 与 $\{X_k\}$ 正好是一对 K 点的离散傅里叶变换(DFT)，即

$$\{x_n\}_{n=0,1,\cdots,K-1} \overset{K\text{点DFT}}{\Longleftrightarrow} \{X_k\}_{k=0,1,\cdots,K-1} \tag{8.2.6}$$

K 通常取为 2 的整次幂，这样 DFT 可利用快速傅里叶变换(FFT)的高效算法来完成。由此可见，OFDM 信号可以用 IFFT(如图 8.2.5 所示)来产生。图中 D/A 为数字/模拟转换(样率为 $R_s = T_s^{-1}$)，最后的正交调制基于下式

$$s(t) = \mathrm{Re}[x(t)\mathrm{e}^{\mathrm{j}2\pi f_c t}] = x_c(t)\cos 2\pi f_c t - x_s(t)\sin 2\pi f_c t \tag{8.2.7}$$

式中，$x_c(t)$ 与 $x_s(t)$ 为 $x(t)$ 的实部与虚部。

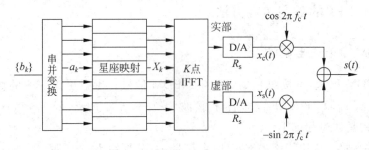

图 8.2.5　利用 IFFT 产生 OFDM 信号

OFDM 的接收过程正好与其产生过程相反。可按图 8.2.5 逆行，首先按 f_c 作正交解调，紧接着对正交与同相信号分别采样，而后根据符号同步将 K 个样值对齐成一组，以便采用 FFT 计算出 $\{X_k\}$。随后各子带上完成 QAM 判决，最后经并串变换还原比特序列。

有的实际应用中只需要基带的 OFDM 信号而不必调制到更高的频带处，这时不需要 f_c 与正交调制。由于实序列的对偶性，根据 DFT 的性质可以用 $2K$ 点的 FFT 直接得到 $2K$ 个实值基带信号。具体做法是：先构造一个 $2K$ 点的频域序列，

$$X_k' = \begin{cases} \mathrm{Re}(X_0), & k = 0 \\ X_k, & 0 < k < K \\ \mathrm{Im}(X_0), & k = K \\ X_{2K-k}^*, & K < k < 2K \end{cases} \tag{8.2.8}$$

这里，$(\quad)^*$ 为共轭运算。再由 $\{X_k'\}_{k=0,1,\cdots,2K-1}$ 进行 $2K$ 点 IFFT 即可。这时 OFDM 的框图如图 8.2.6 所示。

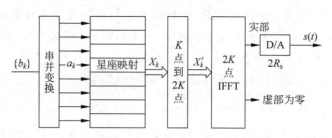

图 8.2.6　产生基带 OFDM 信号

8.2.4　保护间隔与循环前缀

　　OFDM 依靠很宽的子带码元弱化了 ISI 的影响,但是又出现了一个新的问题,信道展宽毕竟存在,它会破坏子带之间的正交性。解决的方法是在每个码元前预留一段长于信道展宽的保护时间 T_g,它由本码元的尾部复制而成,称为**循环前缀**(**cycle prefix**,**CP**),如图 8.2.7 所示。接收时简单地丢弃这一段,而用后面的 T 长段做 FFT 即可。这种做法既能够消除子信道的 ISI,又保持了它们之间的正交性。

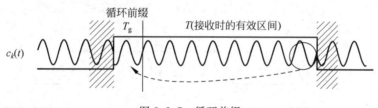

图 8.2.7　循环前缀

　　例 8.4　无线局域网 802.11a:在 20MHz 带宽上采用 OFDM 方案。据统计,办公大楼典型的时延展宽 RMS 值 σ_τ 为 40~70ns,但有的环境可达 200ns。802.11a 设计时按照 200ns 考虑,试建议:(1)循环前缀的长度 T_g 与子载波的符号间隔;(2)子带数目与间隔。

　　解　(1)通常取保护间隔为时延展宽 RMS 值的 2~4 倍,并取整个符号间隔为 T_g 的 4~5 倍以上。802.11a 设计人员的做法是:取 $T_g=4\sigma_\tau=0.8\mu s$ 与 $T_g+T=5T_g=4\mu s$。

　　(2)由于 $T=4-T_g=3.2(\mu s)$,$K=B_T/\Delta F=B_T T=20\times3.2=64$,它正好是 2 的幂次。而 $\Delta F=B_T/K=20/64=0.3125(MHz)$。实际的 802.11a 使用了这 64 个子载波中间的 52。

　　下面用图 8.2.8(a)两径传播的情形来解释循环前缀的道理。图中 $c_k(t)$ 与 $c_l(t)$ 分别是第 k 与 l 子带的第一径信号,$\alpha c_k(t-\tau)$ 与 $\alpha c_l(t-\tau)$ 为它们的第二径信号,其中,α 为衰减因子,τ 为相对时延。原来 $c_k(t)$ 与 $c_l(t)$ 是正交的,但现在 $[c_k(t)+\alpha c_k(t-\tau)]$ 与 $[c_l(t)+\alpha c_l(t-\tau)]$ 不再正交了。其原因是前一个码元的拖尾部分发生了影响,例如,$c_k(t)$ 与 $\alpha c_l(t-\tau)$ 之间不正交。

　　如果做一点改动,发送时在码元前空闲一段 T_g 长时域作为保护间隔,接收时跳过这一段再作积分。如图 8.2.8(b)中实线所示,为了简明,这里只是给出了 $c_k(t)$ 与 $\alpha c_l(t-\tau)$。

不难看出，虽然让过了前一码元的拖尾，但取值为零的保护段没能解决问题。有趣的是，如果把码元的尾部循环到前边填入保护间隔，如虚线所示，那么 T 段上的两个信号是完全正交的。因为，在该积分段上 $c_l(t-\tau)=\cos2\pi f_l(t-\tau)=\cos(2\pi f_l t-\varphi_l)$，$\varphi_l=2\pi f_l\tau$，注意到式(8.2.1)中 φ_k 与 φ_l 可以任意，不论 τ 取何值总有

$$\int_0^T c_k(t)c_l(t-\tau)\mathrm{d}t = \int_0^T \cos2\pi f_k t \cdot \cos(2\pi f_l t-\varphi_l)\mathrm{d}t = 0 \qquad (8.2.9)$$

其实子带信号以 T 为周期，插入循环前缀就是用周期拓展方法使信号延伸为 (T_g+T) 长，这样保持了信号的完整性。

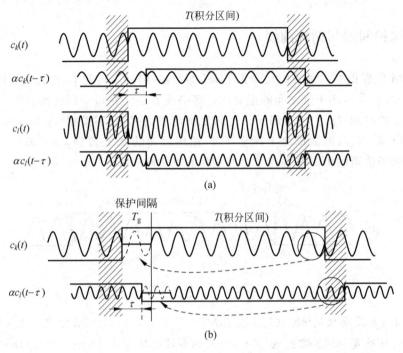

图 8.2.8　两径传播中的保护间隔与循环前缀

不过，保护间隔降低了子带的有效数据率，它从原来的 ΔF 降低为 $\dfrac{T}{T+T_g}\Delta F$。因此，应尽量减小 T_g。无线通信中有时遇到这样的情况，多数时候多径的时延都不是太大，但又有少数时候存在较大的时延路径。面对这种情形的办法是：按多数时候的信道展宽来设定 T_g，而后设计一个较为简单的均衡器，在大时延信号出现时，它能将 ISI 收缩到 T_g 以内，而不必完全清除它。这种处理称为**信道展宽收缩**（**channel shortening**）。

*8.2.5　OFDM 系统方案

一个典型的无线 OFDM 通信系统的发送与接收框图如图 8.2.9 所示。其中粗线框单元是前面已讨论过的基本单元，正交调制与解调采用模拟实现，这里归入 RF 单元中。下面对其他单元给予说明。

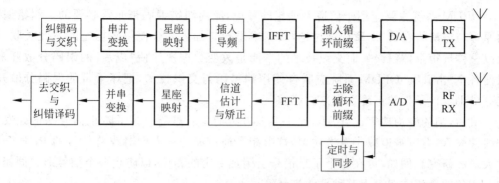

图 8.2.9 无线 OFDM 发送与接收框图

定时与同步是所有数字通信系统必备的重要单元。一方面,OFDM 接收机依靠定时信息才能对齐采样点,正确实施 FFT;另一方面,它基于准确的载波同步才能保持各子带之间正交。基本的办法是通过合理地插入导频来实现同步。在许多无线通信应用中常常发生载波频率偏移,其主要原因是通信设备移动时信号会产生多普勒频偏。高速运动时载波频偏尤其严重。矫正频偏是 OFDM 系统中既非常重要又很困难的任务。

信道估计单元为有效接收与判决 MQAM 信号提供基本信息。OFDM 接收机通过 FFT 获得所有子带的信号样值,由于各子带近似平坦,相应的信道可视为只有简单增益的 AWGN 信道。记第 k 子带的接收信号样值为 r_k,有

$$r_k = C_k X_k + n_k \qquad (8.2.10)$$

其中,X_k 为发送的星座信号值,C_k 为该信道的增益,n_k 为子带的白高斯噪声。为了配准判决区域,通常需要 C_k 信息来调节各自子带的增益。这实际上是一组只有单个抽头的均衡器。信道估计单元一般借助发送预先安排的训练码元来计算各子带的 C_k 与噪声功率 σ_{nk}^2。对于时变信道,系统在通信过程中需要周期地插入训练码元来及时探测信道特性。常常也运用"判决指导"策略,即利用实际数据的判决情况来直接统计与估算信道参数。

有了信道信息后还可以计算各子带的 E_b/N_0,进而开展自适应调制与编码。即各子带依据自己的情况选用合适的信号功率、调制与编码模式。一种方法是在子带之间分配不同的发送功率,使总的传输效果最佳;另一种方法是选用不同的调制与编码方式,使总的误码率最低。例如,设定误码要求为 $p_e = 10^{-6}$,如果某子带的 E_b/N_0 超过理论值 17.4dB,该子带可采用 32QAM;如果只有 10.6dB 多一点,该子带宜采用 BPSK 或 QPSK;如果信噪比过低,该子带暂时不用。简单地讲,多用好的信道,少用差的信道。从信息论的角度看,这是充分利用不平坦信道的最佳策略。信息论中有一个著名的"**注水(Water pouring)理论**",对它的形象解释如下:将信道的频响翻转过来,视为河道的河床,原来频响低处将导致 SNR 低,对应于河道底部高的位置(不利于疏通水流的位置),如图 8.2.10 所示。传输时要尽量多利用 SNR 高的位置(河道的深水区)。最佳的策略是"像水流填充河道那样"利用信道频带中的各个部分。

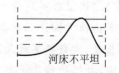

图 8.2.10 利用不平坦信道的河道解释

OFDM 系统主要应用于信道不理想的环境,应用纠错编码是非常必要的。纠错编码的原理与方法将在第 11 章详细讨论,其基本思想是加入冗余使得数据之间彼此关联,从而以整体抗拒个体错误。而交织技术的本质是改变数据次序使"成片"的误码分散开来,以便各个"击破"。OFDM 系统应联合使用纠错码与交织技术,把坏子带的误码分散开,充分借助其他子带的正确数据来纠错。

最后,高的峰均功率比(PAR)是多载波方案的固有难题。为了防止信号峰值处发生非线性失真,有时被迫减小发送功率,这限制了通信能力。人们对改善信号的 PAR 开展了大量的研究。例如,可在各个子带信号上附加一定的相位,以防止多个信号形成同相叠加。相位的取值方案可由某种算法来计算。

要深入了解 OFDM 系统的各个具体的技术与方法可以参考有关文献与书籍。

应用案例(1)——无线局域网(Wireless LAN)中的 OFDM

无线局域网常被人们通俗地称为 WiFi。其第一个标准 802.11(1997)采用扩频方案,速率只有 1 与 2Mbps,后来的 11b(1999)的速率为 5.5 与 11Mbps。第二个标准 11a(1999)与后来的 11g(2003)采用 OFDM 方案,最高速率达到了 54Mbps。

WLAN 中的 OFDM 系统信道带宽为 20MHz,采用中间 52 个子载波(间隔为 0.3125MHz)。符号宽 T_g+T 为 $4\mu s$,符号率 $R=1/4\mu s=250 k Baud$,其中,循环前缀等具体设计如前面例 8.4 所述。这些子载波从中心向两边编号,编号范围为 $-26\sim+26$。52 个中只有 48 个用于数据传输,另外 4 个,第 ±7 与 ±21 号子载波专门用作导频,供接收方进行载波同步。

标准中使用"1/2 的卷积码"作为纠错码,并规定了具体的交织方法。1/2 指纠错码的基本码率(即有效数据率)为 1/2。它还可以工作于 3/4 码率(通过所谓的"穿孔处理"来实现)。子载波的调制有 4 种方式:BPSK、QPSK、16QAM 与 64QAM。因此,调制与纠错码可组合出 8 种模式,适用于不同的环境。例如,(16QAM+1/2 码率)时,

$$48\text{ 码元}\times(4\text{bit}/\text{码元})\times250 k Baud\times(1/2)=24\text{Mbps}$$

依此类推,8 种模式的具体码率如表 8.2.1 所示。

表 8.2.1　802.11a 中 OFDM 的各种码率(Mbps)

	BPSK	QPSK	16QAM	64QAM
1/2	6	12	24	48
3/4	9	18	36	54

数据传输时以帧为单位。每帧包含:前导(16 符号)+信令(1 符号)+数据与结尾(可变)。这里每个符号 $4\mu s$,由 48 个子载波的符号共同组成。前导全部为训练码,可供收方实施信道估计。信令采用最可靠的(BPSK+1/2 码率)模式,主要提供数据率与数据序列长度,其数据率就是表 8.2.1 的 8 种之一。数据部分按信令指出的调制与纠错码模式传输,数据的结尾是卷积码的结尾位。■

应用案例(2)——非对称数字用户线路(ADSL)中的 OFDM

电信公司传统的入户电话线为一条铜质线路,用于传输频带 $300\sim3400 Hz$ 的话音。

数据通信开始以后,人们利用它传送数据,为此设计了大量的电话 modem,它的作用是把数字消息调制到 300～3400Hz 上,以便连接到电信局。因为该信道的频带很窄,电话 modem 需要很多元的 QAM 与复杂的调制与编码技术,例如 28.8kbps 用到了 960 元 QAM。即使这样,电话 modem 的最高速率也只能做到 56.6kbps 左右。**ADSL**(**Asymmetric Digital Subscriber Line**,1996)的出现彻底改变了这种状况。其实电话线直到 1MHz 左右的频带部分都可用于通信,只是随着频率的上升信号衰减明显,这部分频带是非平坦的。

ADSL 在有线线路上运用 OFDM 技术,既实现了电话、上行与下行数据三者的复用,又实现了宽带数字传输。这种技术有时也被称为**离散多音**(discrete-multitone,DMT)调制。ADSL 典型的频带划分方案如图 8.2.11 所示。它的频率间隔为 4312.5Hz,子带总数目为 256。具体的复用方法为:

(1) 第 0 子带(4kHz 以下):传统电话语音,可通过简单 LPF 分离出来。

(2) 第 6～31 子带(25.9～138kHz):上行数据通信。

(3) 第 32～255 子带(138～1104kHz):下行数据通信。

考虑到实际应用中上传与下载的速率特点,方案中的上/下行子载波数目作了非对称配置,因此称为 ADSL。

上/下行通信均采用 OFDM,导频分别占用第 64 与 96 号子载波。符号率同为 4kHz,循环前缀为码宽的 1/16,即 $T_g + T = 250\mu s$ 与 $T_g = 15.625\mu s$。这个保护间隔有时不够长,因此,ADSL 实现时常常用到信道展宽缩短均衡器,并配有充分的训练序列。各子带调制方式为 QPSK～64QAM,对应于每码元 2～6 比特。

其实,ADSL 的上/下行子载波数目允许灵活调整,甚至可以利用第 255 号子载波以上的频带部分,以达到更高的数据速率。

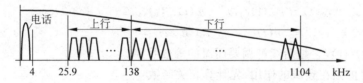

图 8.2.11　ADSL 的典型频带划分方案

8.3　扩展频谱技术与 CDMA

扩展频谱技术分为直接序列扩频与跳频扩频两种。它们采用独特的方法将数字传输信号的频谱扩展得很宽,使之具有好的隐蔽性、高的保密性与强的抗干扰性。它还具有码分多址(CDMA)、多径分离、信号精确配准等重要特性。这种技术源自于军事通信,但也非常适合于许多民用领域。目前,除了广泛的军事用途之外,它还在数字蜂窝电话、无线蓝牙、无线数据通信、遥测、全球定位系统等很多方面有着大量的应用。

8.3.1 直接序列扩频

1. 扩展频谱原理

直接序列扩频（**direct sequence spread spectrum**,**DSSS**）简称**直扩**,其典型系统框图如图 8.3.1 所示。在常规数字通信系统上它主要插入了扩频与解扩两个处理,如图中虚线框部分。**扩频**（**spread**）的作用是在发送信号前将它的码元"打碎";**解扩**（**de-spread**）的作用是在接收后还原出码元。这里,$c(t)$ 称为**扩频码**,它通常是一种取值 ± 1 的伪随机（PN）码（貌似随机的已知序列）。它的码元称为**码片**或"碎片"（chip）,码片宽度记为 T_c。通常 $T_c = T_s/L$,T_s 为基带信号码宽,整数 $L \gg 1$。

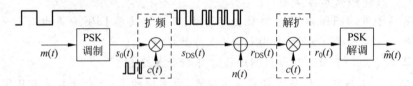

图 8.3.1 直接扩频系统框图

以基于 BPSK 的直扩（DSSS-BPSK）系统为例,记基带信号为 $m(t)$,则常规 BPSK 传输信号为 $s_0(t) = m(t)\cos 2\pi f_c t$,于是

$$s_{DS}(t) = m(t)c(t)\cos 2\pi f_c t = m_c(t)\cos 2\pi f_c t \tag{8.3.1}$$

其中,$m_c(t) = m(t)c(t)$,它是 $m(t)$ 的"碎片"形式。图 8.3.1 中示意了码元的变化过程,图中 $s_{DS}(t)$ 的波形中忽略了载波,实为 $m_c(t)$。接收时首先必须使本地 $c(t)$ 与信号的"对齐",称为扩频码同步。这样,$c^2(t) = 1$,于是

$$\begin{aligned} r_0(t) &= r_{DS}(t)c(t) = m(t)c^2(t)\cos 2\pi f_c t + n(t)c(t) \\ &= m(t)\cos 2\pi f_c t + n_0(t) \end{aligned} \tag{8.3.2}$$

而 $n_0(t) = n(t)c(t)$,它是后续解调要面对的等效噪声。

为了了解扩频在频域的作用,先计算相关函数

$$R_{m_c}(\tau) = E[m(t+\tau)c(t+\tau)m(t)c(t)] = R_m(\tau)R_c(\tau) \tag{8.3.3}$$

因此,相应的功率谱关系为

$$P_{m_c}(f) = P_m(f) * P_c(f) \tag{8.3.4}$$

这个过程如图 8.3.2 所示。从信号带宽上看,$B_{m_c} = B_m + B_c$。其实,$m(t)$ 的码宽为 T_s,而 $c(t)$ 与 $s_{DS}(t)$ 为 T_c,可知,$B_{m_c} \approx T_c^{-1} \gg B_m \approx T_s^{-1}$。因此,$m_c(t)$ 的频谱被扩展了,$s_{DS}(t)$ 的频谱也同样被扩展了。人们称这种处理技术为**扩展频谱**（**spectrum spread**,**SS**）,简称**扩频**或**扩谱**。

称 $L = B_{DS}/B_0$ 为**扩频因子**（**spreading factor**）。显然,$L = T_s/T_c$,并且 $B_{m_c} = B_m L$。

考察解扩对高斯白噪声的影响。由于解扩与扩频的数学处理是完全一样的,仿式（8.3.3）可知

$$R_{n_0}(\tau) = R_n(\tau)R_c(\tau) = \frac{N_0}{2}\delta(\tau)R_c(\tau) = \frac{N_0 R_c(0)}{2}\delta(\tau) \tag{8.3.5}$$

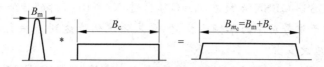

图 8.3.2 扩频处理的频域作用

这里，$R_c(0) = \lim_{T \to \infty} \dfrac{1}{T} \int_{-T/2}^{T/2} c^2(t)\mathrm{d}t = 1$，可以发现 $n_0(t)$ 同样是（双边）功率谱密度为 N_0 的高斯白噪声。所以，后续处理采用常规接收方法，而直扩系统与常规系统具有同样的误码率性能。例如，DSSS-BPSK 系统相干解调的性能为 $p_e = Q(\sqrt{2E_b/N_0})$。

2. 抗窄带干扰特性

扩频系统的一个重要特点是能够抵抗窄带干扰。假设信道中有一个功率为 P_J 的窄带干扰 $J(t)$，则解扩输出信号为

$$r_0(t) = m(t)\cos 2\pi f_c t + n_0(t) + J(t)c(t)$$

解扩对于 $J(t)$ 的频域作用如图 8.3.2 所示，即 $J(t)$ 的频谱被扩展为平坦形状，而其功率谱密度被降低了 L 倍，使得 $J(t)c(t)$ 仿佛是一般白噪声。经过后续的窄带滤波后，其影响变得很微小。从频域上看，整个过程如图 8.3.3 所示。

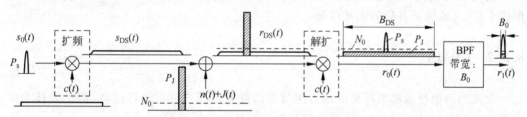

图 8.3.3 扩频系统中窄带干扰的频域过程

为了定量分析解扩对窄带干扰的作用，记干扰的谱密度为 J_0。如果干扰直接作用到常规信号的频带上，则 $J_0 = P_J/B_0$。而扩频系统的解扩处理使得 $J_0 = P_J/B_{DS}$。考虑影响误码率的 E_b/J_0 的改善情况，有

$$\frac{E_b/(P_J/B_{DS})}{E_b/(P_J/B_0)} = \frac{B_{DS}}{B_0} = L \tag{8.3.6}$$

因此，L 又常被称为**扩频处理增益**。

如果着眼于某个性能指标，要求处理后的 E_b/J_0 超过 $(E_b/J_0)_t$ 值，则要求

$$L \times \frac{E_b}{P_J/B_0} \geqslant (E_b/J_0)_t \quad \text{即} \quad \frac{P_J}{E_b B_0} \leqslant \frac{L}{(E_b/J_0)_t} \tag{8.3.7}$$

不妨考虑 $B_0 = T_s^{-1}$，这时信号功率为 $P_s = E_b/T_s = E_b B_0$。称如下的 P_J/P_s 为**干扰容限（interference margin）**，有

$$\frac{P_J}{P_s} = \frac{L}{(E_b/J_0)_t} \quad \text{即} \quad \left(\frac{P_J}{P_s}\right)_{dB} = L_{dB} - \left(\frac{E_b}{J_0}\right)_{t\_dB} \tag{8.3.8}$$

其含义是：在规定性能下扩频系统所能容忍的（相对）最大噪声功率。

例 8.5 某 DSSS-QPSK 系统在 AWGN 信道 $N_0 = 10^{-12}$ 时的性能为 $p_e = 10^{-9}$。当信道中出现 10 倍于信号功率的单频干扰时，要求系统仍能达到 $p_e = 10^{-8}$。试问系统的扩频因子 L 至少应该多少？

解 根据 QPSK 相干解调性能，$p_e = 10^{-9}$ 与 10^{-8} 分别要求 E_b/N_0 为 12.55dB 与 11.95dB，即比值为 18 与 15.67。因此

$$\frac{E_b}{N_0} = 18, \quad \text{而要求} \quad \frac{E_b}{N_0 + J_0} = 15.67$$

于是，要求 $\left(\dfrac{E_b}{J_0}\right)_t = \left(\dfrac{1}{15.67} - \dfrac{1}{18}\right)^{-1} = 121.06$，由式(8.3.8)有

$$L \geqslant \left(\frac{P_J}{P_s}\right)\left(\frac{E_b}{J_0}\right)_t = 10 \times 121.06 = 1210.6 \quad ■$$

对于宽带干扰，即分布于整个 B_{DS} 上的干扰，解扩处理一般无法降低它的功率谱，因此，扩频系统对它没有特别的抑制能力。

扩频技术源于军事需要。军事应用中希望通信信号具有三个特点：①不被敌方发现；②即使敌方接收到了也无法解开；③能够不被敌方阻塞保持畅通。扩频技术很好地实现了这三点。首先，扩频后的发射信号只有很低的功率谱，类似于噪声，它很难被察觉；其次，没有正确的扩频码，敌方无法解出信息；最后，它能够有效抵抗常见的窄带干扰。不难发现，扩频信号可以隐蔽在正常无线信号的背后，例如无线电广播，既不对现有信号形成干扰，又能保证自身的正常传输。

8.3.2 CDMA

常规的通信技术都是尽量少地占用信道以便更多用户可以进行通信，但扩频技术反其道而行，用到很宽的频带。它能在民用领域发挥什么作用呢？

下面首先说明直扩系统的等效基带形式，如图 8.3.4 所示。不妨考虑 $g_T(t)$ 为矩形 NRZ 脉冲，$c(t)$ 按码元宽度 T_s 周期重复，记其基本周期部分为 $c_T(t)$。则

$$s_{DS}(t) = \sum_k a_k g_T(t - kT_s)c(t) = \sum_k a_k c_T(t - kT_s) \quad (8.3.9)$$

可见，扩频信号可视为以 $c_T(t)$ 为其发送脉冲的信号，其接收机（图中虚线框部分）为相关接收机，也就是匹配滤波器接收机。考察同步后第 k 个码元的接收情况

$$r_k = \frac{1}{T_s}\int_{(k-1)T_s}^{kT_s}[s_{DS}(t) + n(t)]c(t)dt$$

$$= \frac{1}{T_s}\int_{(k-1)T_s}^{kT_s}a_k c_T(t-kT_s)c_T(t-kT_s)dt + \frac{1}{T_s}\int_{(k-1)T_s}^{kT_s}n(t)c_T(t-kT_s)dt$$

$$= a_k + n_k \quad (8.3.10)$$

其中，$\dfrac{1}{T_s}\int_{(k-1)T_s}^{kT_s}c_T(t-kT_s)c_T(t-kT_s)dt = \dfrac{1}{T_s}\int_0^{T_s}c^2(t)dt = 1$，$n_k$ 是 $n(t)$ 对应的积分。解扩的过程就是运用与之匹配的码型累积信号能量的过程。

扩频码是周期的。如果扩频码的周期小于等于码元宽度 T_s，则通常称它为**短码**；反之称它为**长码**。容易发现，即使 $c(t)$ 不以 T_s 为周期，解扩的本质与结果也是这样。

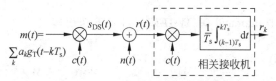

图 8.3.4 直扩系统的等效基带形式

现在考虑 M 个扩频信号出现在同一频带的情况,如图 8.3.5 所示。这时每个用户使用各自的扩频码 $c_i(t), i=0,1,\cdots,M-1$,而接收机收到的是 M 个信号的合成信号与噪声,即

$$r(t) = \sum_{i=0}^{M-1} s_{\mathrm{DS}i}(t) + n(t) \tag{8.3.11}$$

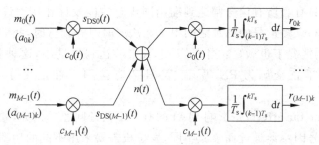

图 8.3.5 M 个扩频信号的情况

下面考察第 j 接收机解扩与解调第 k 信号的情形。假设所有信号是同步的(它们码片一致对齐),且接收机的本地 $c_j(t)$ 也与它们达到同步,于是

$$
\begin{aligned}
r_{jk} &= \frac{1}{T_s} \int_{(k-1)T_s}^{kT_s} r(t)c_j(t)\,\mathrm{d}t \\
&= \sum_{i=0}^{M-1} \left[\frac{1}{T_s} \int_{(k-1)T_s}^{kT_s} a_{ik}c_i(t)c_j(t)\,\mathrm{d}t \right] + \frac{1}{T_s} \int_{(k-1)T_s}^{kT_s} n(t)c_j(t)\,\mathrm{d}t
\end{aligned}
\tag{8.3.12}
$$

记扩频码 $c_i(t)$ 与 $c_j(t)$ 之间的互相关系数为 $R_{ij}(k)$,即

$$R_{ij}(k) = \frac{1}{T_s} \int_0^{T_s} c_i(t)c_j(t)\,\mathrm{d}t \tag{8.3.13}$$

有 $R_{jj}(k)=1$。于是

$$r_{jk} = \sum_{i=0}^{M-1} a_{ik}R_{ij}(k) + n_{jk} = a_{jk} + \sum_{i \neq j} a_{ik}R_{ij}(k) + n_{jk} \tag{8.3.14}$$

类似于码间干扰 ISI 的概念,式(8.3.14)中右端的第二项为多个用户之间的干扰,称为**多址干扰**(multiple-access interference,MAI)。利用互相关系数尽量小的不同扩频码,可以使 MAI 足够小,进而 $r_{jk} \approx a_{jk} + n_{jk}$。这样频带中的多个信号被分离开来,各个信号几乎互不干扰地各自通信。基于这种原理的复用方案称为**码分复用**(code division multiplexing,CDM),相应的多址方案称为**码分多址**(code division multiple access,CDMA)。

显然,最理想的是选择彼此正交的扩频码,使 $R_{ij}(k)=0,i \neq j$,则 MAI$=0$。这样,所有信号完全互不干扰,每个用户都能够像独自运行一样获得完好的通信性能。最著名的

正交扩频码为 **Walsh-Hadamard 码（W-H 码）**，可如下迭代构成。

$$W_2 = \begin{pmatrix} +1 & +1 \\ +1 & -1 \end{pmatrix}, \quad W_{2^k} = \begin{pmatrix} W_{2^{k-1}} & W_{2^{k-1}} \\ W_{2^{k-1}} & -W_{2^{k-1}} \end{pmatrix} \qquad (8.3.15)$$

例如 $n=2$，则

$$W_4 = \begin{pmatrix} +1 & +1 & +1 & +1 \\ +1 & -1 & +1 & -1 \\ +1 & +1 & -1 & -1 \\ +1 & -1 & -1 & +1 \end{pmatrix} \qquad (8.3.16)$$

矩阵中每一行可作为一个扩频码，它们彼此正交，长度为 4，共有 4 个。仿此可以根据需要构造出任意长度的正交的扩频码组。

　　然而，正交码只有当所有信号都达到准确同步时才能发挥作用。许多情况中各个发送方彼此独立工作，众多信号的码片之间根本无法同时对齐。这时，我们希望扩频码即使在只有自身同步的情况下也满足：当 $i \neq j$ 时，$R_{ij}(k)$ 达到尽量小，这种扩频码是**准正交码**。例如，常用的准正交码为 PN 码，而 W-H 码直接用于准正交分离时的性能并不太好。

　　近远效应（near-far effect）是影响 MAI 的有一个关键问题。例如，处于不同位置的无线通信机，传输信号因距离远近而衰减不同，发送机需要采用不同的功率。这种情况很像集会上人与人的交谈。离得远的需要适当加大音量，离得近的应该尽量压低声音，以免干扰他人，为了描述这种情况，需要在图 8.3.5 中为每个用户补充发送幅度 A_i 与传输衰减因子 g_i，这样，式（8.3.14）应该为

$$r_{jk} = A_j g_j a_{jk} + \sum_{i \neq j} A_i g_i a_{ik} R_{ij}(k) + n_{jk} \qquad (8.3.17)$$

显然，A_i 是可以调节的，通过对它的优化可以改善总的 MAI 情况。这种方法称为**功率控制（power control）**。通常为反馈控制算法，基本原理是调低近距离信号的功率，使之刚好能够保证有效通信，调高远距离信号的功率，使之能够达到基本的通信质量。

　　应用案例（1）——蜂窝移动电话系统 IS-95 中的 CDMA

　　北美第二代（2G）数字蜂窝电话标准（1993）IS-95 由高通（Qualcomm）公司提出。它是扩频技术的第一个商用例子，也是 CDMA 最成功的应用典范。蜂窝电话系统以蜂窝（即小区）为基本单位，每个小区设置一个基站与区内多个移动终端（手机）进行双向通信。IS-95 采用 FDD（频分双工）实现双向传输，设置前向与反向链路各为 1.25MHz，借助 CDMA 支持最多可达 61 个用户同时通话。

　　前向链路上基站向所有手机传送数据，这些数据码分复用在一起，用同一个无线发射机送出。信号发送框图如图 8.3.6(a)所示。每个用户的基本数据率为 9.6kbps，可以是数字语音或一般数据，经过 1/2 卷积码后变为 19.2bps，再由 64 长 W-H 正交码扩频到 1.2288Mcps。多个用户的数据在扩频后叠加在一起，同时还加入了专门的导频信号。最后合成信号通过 QPSK 调制发射。手机接收时借助导频实现同步，而后以指定的 W-H 码解扩，利用正交性完好地分离出自己的数据。图中的长码与短码是用于其他目的的 PN 码，长码实现用户数据加密，短码保证各个基站的信号彼此不相关。IS-95 采用功率

控制策略,基站依据接收情况还要发送相应的功率控制位,指示手机增减发射功率。

反向链路上各手机独立向基站发送数据,无线信号在空中混合后被基站的无线接收机收到。由于无法实现完全同步,这里只能采用准正交分离策略,信号框图如图 8.3.6(b)所示。为了应对性能的下降,发送前采用纠错能力更强的 1/3 卷积码,编码后数据率变为 28.8bps,再以 6 比特分组实施 64 元 W-H 正交调制,W-H 正交调制类似于 FSK(这里的 W-H 码与扩频没有任何关系),它具有更好的误码性能。而后各用户使用自己的长码对数据扩频 4 倍至 1.2288Mcps。长码为 42 阶 PN 码,基站接收时正是以此来解扩分离用户数据。最后,手机发送数据时改用 OQPSK,这样信号的包络比较稳定,有利于提高放大器效率,缓解手机的电池压力。■

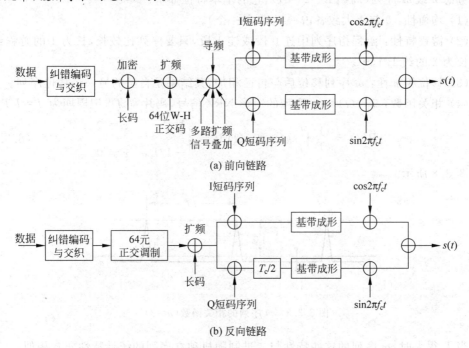

(a) 前向链路

(b) 反向链路

图 8.3.6 IS-95 的前向/反向链路的基本框图

从理论上讲,如果了解所有各路 A_i、g_i、$R_{ij}(k)$ 与接收到的 a_{ik},可以推算 MAI,从而很好地消除它。这类接收信号的方法属于**多用户检测**(**Multiuser detection,MUD**)。例如,基站上就有条件实施这样的方法。MUD 得到了大量的研究,但它极为复杂。在目前的各种实际应用中,主要使用的仍然是功率控制算法,它简单且有效。

*8.3.3 伪随机序列及其同步方法

伪随机(**pseudo-random**)或**伪噪声**(**pseudo-noise,PN**)序列是一种貌似随机的序列,但它毕竟是由已知方法产生的确定序列,因此只是伪随机的。最重要的 PN 序列是二进制的**最长线性反馈移位寄存器序列**,简称 **m 序列**。它可由几位极为简单的移位寄存器产生,如图 8.3.7 所示。以级数 $n(=3)$ 为例,只要恰当地连接几根反馈线(反馈时采用模二加),

在时钟的驱动下就可以逐位输出 m 序列。这种序列实际上是周期的,周期长为 $L=2^n-1$,而这正是 n 位寄存器所能形成的最长不重复周期,m 序列因此得名。

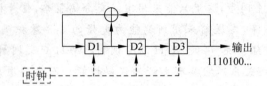

图 8.3.7 m 序列生成电路($n=3$)

考虑 n 级 m 序列(周期 $L=2^n-1$),它的基本特性如下:

(1) 均衡性:0 与 1 大致各占一半(1 多一个)。

(2) 游程特性:游程指序列中连 0 段或连 1 段,只要序列比较长,长为 1 的游程约占 $1/2$,长为 2 的约 $1/4$,…。

(3) 移位相加性:m 序列移位后与自己相加,其结果是自己的另一个移位序列。

(4) 相关函数:若 $c(t)$ 为 m 序列的矩形 NRZ 信号,码片宽 T_c,记周期为 $T=LT_c$,有

$$R(\tau) = \frac{1}{T}\int_0^T c(t+\tau)c(t)\mathrm{d}t = \begin{cases} 1, & \tau = 0 \\ -1/L, & \tau \neq 0 \end{cases} \qquad (8.3.18)$$

如图 8.3.8 所示。

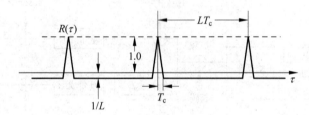

图 8.3.8 m 序列的相关函数($n=3$)

当 L 很大时,m 序列的这些特性与二进制随机独立序列的统计特性非常相似。

只要知道某一级 m 序列的反馈连接线位置,按图 8.3.7 就可以构造出其发生电路。表 8.3.1 列出了一批 m 序列,表中用八进制数简洁地表示出反馈线的连接方法,将八进制展开为二进制,LSB 对应最左的反馈输入,其他位依次对应各寄存器是否反馈(1=反馈)。

表 8.3.1 常见 m 序列

级 数	八进制	级 数	八进制	级 数	八进制	级 数	八进制
2	7	8	435	14	42103	20	4000011
3	13	9	1021	15	100003	21	10000005
4	23	10	2011	16	210013	22	20000003
5	45	11	4005	17	400011	23	40000041
6	103	12	10123	18	1000201	24	100000207
7	211	13	20033	19	2000047	25	200000011

扩频接收时必须对扩频码进行同步。m 序列的同步基于其相关峰的特点,原理框图如图 8.3.9 所示。其中圆圈中为一个周期的 m 序列的各比特值,它们用作相应支路的权因子。只有当输入信号与之对齐时输出端出现很高的相关峰。实际扩频系统中通常分为粗同步与细同步。粗同步采用图中的方案但每次只移动半个码片,捕获精度为 $\pm T_c/2$。细同步可在此基础上采用早迟门同步等方法将码片定时逐步细化对准。

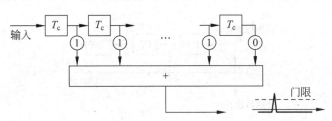

图 8.3.9 m 序列的捕获与同步

在码分多址的应用中,m 序列有一些重要缺陷。首先,周期相同的 m 序列数目不多,例如,$L=127$ 的只有 18 个,$L=1023$ 的只有 60 个。其次,不同 m 序列之间的互相关系数可能很大,很多时候达到相关峰的 30% 以上,这样会造成严重的 MAI。Gold 序列由两个 m 序列的模二相加生成,如图 8.3.10 所示。要达到好的性能,需要按一定条件挑选两个 m 序列,称为**优选对**。由 n 级优选对产生 Gold 序列时能够做到:①可配出 2^n-1 种不同的序列,加上两个 m 序列,共得到 2^n+1 个可用序列;②Gold 序列的互相关系数大幅度降低,例如,$n=10$ 的不超过相关峰的 6%,$n=11$ 的不超过 3%。因此 Gold 序列应用广泛。另外还有其他一些改进方法,例如,可由一个很长的 m 序列适当截取一段来使用,称为原 m 序列的**短截码**。

PN 序列在通信中有着非常广泛的应用。除扩频通信外,几个主要的用途如下:

(1) 扰码:符号序列中的长连码不利于同步,强周期性容易对相邻信号构成干扰。通信系统常常需要扰乱数据,改善它的统计特性。最便利的方法是运用 m 序列**扰码器**与**解扰器**,如图 8.3.11 所示。

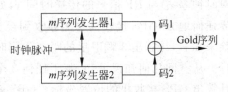

图 8.3.10 Gold 序列的生成原理

(2) 测量延时与距离:利用 m 序列尖锐的相关峰,可以在信号上进行相对定时,由此测出波形延时,进而计算传播距离,得出所关心的目标距离。显然,PN 序列的码片越窄则定时越准,序列长度越长(累积时间越长),则测量的信噪比越高。

(3) 测量误码率:误码率是数字通信系统主要的质量指标。m 序列中 0 与 1 随机且均衡,因此常被作为"标准"测试数据传送,收方在同步后可比较差错,统计误码。

(4) 数据加密:利用 PN 序列的随机性,将其与数据序列作模二加形成加密数据,接收后利用同样的序列再次模二加可还原数据。

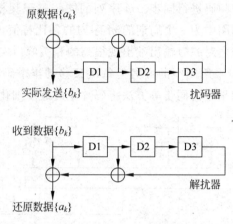

图 8.3.11　m 序列扰码器与解扰器

应用案例（2）——全球定位系统 GPS 中的 PN 序列

美国建立的全球定位系统（**Global positioning system，GPS**）利用 24 颗卫星覆盖地球，在世界的任何角落通过接收卫星的 RF 信号就可以准确确定所在的位置。GPS 的 24 颗卫星是同步工作的，每颗卫星以 BPSK 按 50bps 速率播发它的精确位置与时间。数据同时按两种扩频模式发送：C/A（粗/捕获）与 P（精确）模式。C/A 模式的扩频码为周期 1023 的 Gold 码，扩频因子 20460，码片速率 1.023Mcps；P 模式采用周期为 6.1871×10^{12} 的超长 PN 码（相当于 1 星期），扩频因子与码片速率提高 10 倍。一般用户只能接收 C/A 信号，P 模式用于军事。

GPS 接收机通过捕获扩频信号可以得到自己与卫星的相对时差，其中包含两者的绝对时钟差 τ_0 与 RF 信号的传播时间 τ，如果知道 τ 就可以测出自己与卫星的距离。在世界任何地方，GPS 接收机总能够收到至少 4 颗卫星的信号，由这 4 个的相对时差可以消除未知 τ_0，计算出 3 颗卫星的距离。同时，通过接收数据还可以得到各卫星播报的位置坐标。从空间几何知识可知，基于任何 3 个参考点的位置与相对距离，结合一些常识就可以计算出 GPS 接收机的位置坐标。GPS 就是这样工作的，其 C/A 模式的定位精度可以达到几十厘米，而 P 模式就更高了。

GPS 采用扩频信号有几个好处：①信号谱密度低，无须授权也不会干扰其他已有的信号；②定时应用可以占用一点时间，允许扩频信号充分累积，因而定时精度好且抗噪增益高；③借助 CDMA 多个卫星信号只需占用一个频带。

*8.3.4　跳频扩频

1. 基本原理

跳频扩（frequency hopping spread spectrum，FHSS）简称**跳扩**或**跳频**，它的做法是让信号的频率在一个很宽的范围内"随机跳跃"，使它的频谱扩散到整个频带。以 FHSS-BFSK 为例，典型的跳扩系统如图 8.3.12 所示。系统将一个带宽为 B_{FH} 的频谱划分为 L

个信道,构成频道集 F。发送时由 PN 序列控制频率合成器在 F 集上"随机"选出频率 f_h,再通过变频处理使信号"跳"到 f_h 进行传输。接收时必须首先使本地 PN 序列同步,再由它控制频率合成器产生出完全一样的频率序列,将跳跃的信号变回到原来的频率。图 8.3.13 示意了 $s_{FH}(t)$ 信号的频率跳跃过程。容易理解,$s_{FH}(t)$ 的带宽为 B_{FH},并且,$B_{FH} = LB_0$。其中,B_0 为原常规已调信号的带宽,L 为扩频因子。

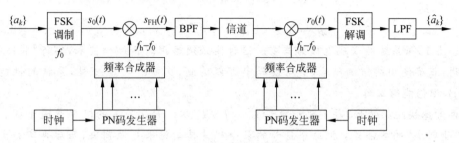

图 8.3.12　跳频扩频系统框图

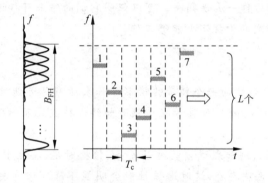

图 8.3.13　跳频过程与频谱

跳扩系统主要使用 FSK 调制,因为接收时很难做到载波同步,通常只得实施非相干解调。跳扩系统分为慢跳频与快跳频两种类型。慢跳频系统,每个码元或多个码元上频率只跳变一次;快跳频系统,每个码元内频率要跳变多次。设 PN 序列的码片宽度为 T_c,数据符号间隔为 T_s,则 $T_c \geqslant T_s$ 为慢跳频;否则为快跳频。

容易发现,FHSS 技术也很适用于军事应用,因为它的频率"跳跃恍惚",敌方不易捕获,没有 PN 码又无法跟踪,很宽的频带也难于完全阻断。另一方面,跳扩系统也方便实现 CDMA,只要设计好 PN 序列使多个设备的频率跳跃中彼此不要落入同一位置,它们就可以互不干扰,各自通信。

*2. 抗干扰特性

下面讨论 FHSS 的抗干扰特性。如果干扰是全频带的(即宽·带干扰),假设干扰功率为 P_J,则信号与干扰之比为

$$\gamma_b = \frac{E_b}{J_0} = \frac{E_b}{P_J/B_{FH}} = \frac{E_b}{P_J/B_0} \times L = \frac{P_s}{P_J} \times L \tag{8.3.19}$$

其中,$P_s = E_b R_b$,并认为 $R_b = B_0$。可见其增益为 L,L 越高改善越大。以 BFSK 为例,忽

略噪声的影响,这时系统的误码率为

$$p_e = \frac{1}{2}e^{-\gamma_b/2} \tag{8.3.20}$$

如果干扰集中于部分频带,记比例为 α,则有的频率上信号通畅,有的信号中断。先考虑慢跳频情形,码元不被干扰的比例为 $1-\alpha$,误码率为零;被干扰的比例为 α,误码率视为 0.5,则

$$p_e = 0 \times (1-\alpha) + 0.5\alpha = 0.5\alpha \tag{8.3.21}$$

即使 α 为 1‰,系统的误码也极为严重。这时候必须运用纠错编码技术,实行"联防"。可以证明,正确使用纠错编码后,平均误码率可以达到, $p_e = e^{-\gamma_b/4}$。可见,系统的性能虽下降 3dB,但仍能够工作。

再考虑快跳频情形,每个码元跳变 $L_h = T_s/T_c$ 次。每次有 α 的概率遭遇干扰。一种称为"硬判决"的方法是:把每个符号的多个码片传输结果先做判决,而后再实施大数裁决。另一种称为"软判决"的方法更好些,它把每个符号的多个码片传输结果先不做判决,而是按 SNR 加权叠加后作一次性判决。可以证明它们的结果可接近式(8.3.20)的结果,因此,快速 FHSS 在一定的干扰下也能够工作。

*3. CDMA

考虑多个跳频信号位于同一个频带的情形。如果所有信号能够同步,只要用户数目不大于 L 并精心选择 PN 序列,使信号在跳频时始终保持彼此互不碰撞,则可以获得完全的 CDMA。

如果同步无法保证,例如发送方的时钟差异、传播时延、甚至 PN 序列协调不佳或用户数目超过 L,则碰撞无法避免,这时通信性能会明显下降。但只要碰撞比例不大,可以将这种情况等效视为部分频带干扰,因此,通过加大 L 与使用纠错编码,并尽量限制碰撞比例,可以实现类似于准正交的 CDMA。

应用案例(3)——蓝牙(Bluetooth)中的 FHSS

蓝牙技术(1994)由欧洲的爱立信(Ericsson)公司发明,是一种无线个人网络(WPAN)通信技术。它适用于小巧电子产品,以近距离、中低速率、低功耗与方便灵活为特点,其典型的例子如蓝牙耳机。蓝牙技术工作在无需申请的 2.4~2.4835GHz 的 ISM 频带,它将该频带划分为 79 个 1MHz 间隔的信道,在这些信道上基于慢速 FHSS 技术构建微小网络,支持多达 8 个设备同时通信。

蓝牙网络采用主/从模式。主设备发送时钟使全网同步工作。跳频速度为 1600Hz。跳频时运用自适应跳频(AFH)技术使跳频序列自动避开已被占用的信道。基本的调制为 $BT=0.5$ 的 GFSK,数据率 1Mbps。GFSK 其实与 GMSK 很接近,泛指采用高斯低通滤波器过滤矩形 NRZ 基带信号的 FSK 调制方法。这里的调制指数取 0.35。新近的标准中数据率(EDR)可以达到 2 与 3Mbps,它改用 40 个 2MHz 的信道,并使用效率更高的 $\pi/4$DQPSK 与 8DPSK 调制。

其实 802.11(1997)最早使用过与蓝牙技术几乎同样的 FHSS 方案,但这种方案更适合小巧的中低速网络,因此,后来的 WiFi 标准中全部改用了 DSSS 与 OFDM 的方案。■

本章关键词

通过下面的关键词,可以快速地回顾本章的主要知识点。

连续相位 FSK(CPFSK)　　　　　　　ADSL 中的 OFDM

相位轨迹、相位树　　　　　　　　　直接序列扩频(DSSS)、直扩

连续调相(CPM)　　　　　　　　　　扩展频谱、扩谱、扩频、解扩

最小频移键控(MSK)　　　　　　　　扩频码、码片(chip)

带预编码的 MSK　　　　　　　　　　扩频因子、扩频处理增益

等效 OQPSK　　　　　　　　　　　　干扰容限

第 I,II 类 MSK　　　　　　　　　　码分多址(CDMA)、码分复用(CDM)

高斯滤波的 MSK(GMSK)　　　　　　多址干扰(MAI)

$BT=0.3$ 的 GMSK　　　　　　　　　Walsh-Hadamard 码(W-H 码)

多径与频率选择性衰落　　　　　　　近远效应、功率控制

RMS 延时展宽　　　　　　　　　　　蜂窝移动电话中的 CDMA

并行传输、多音/多载波调制　　　　　伪随机/伪噪声(PN)序列

正交频分复用　　　　　　　　　　　最长线性反馈移位器序列、m 序列

IFFT 的实现方法　　　　　　　　　　游程、相关函数

基带 OFDM 信号　　　　　　　　　　捕获与同步

循环前缀(CP)　　　　　　　　　　　Gold 序列、优选对

信道展宽收缩均衡　　　　　　　　　扰码器与解扰器

信道估计、自适应调制　　　　　　　测量延时与距离、测量误码率

注水理论　　　　　　　　　　　　　GPS 中的 PN 序列

峰均功率比 PAR　　　　　　　　　　跳频扩频(FHSS)、跳扩/跳频

WiFi 中的 OFDM　　　　　　　　　　蓝牙中的 FHSS

习题

1. 一个二进制数字序列的码元速率为 10kbps,采用 MSK 传输,如果载波频率为 5MHz,请给出 MSK 系统的参数:

(1) 传输码元 1 和 0 的频率;

(2) 系统的峰值频率偏移;

(3) 系统传输带宽;

(4) 给出传输信号表达式。

2. 如果 MSK 系统传输的二进制序列为 $\{a_n\}=11001000010$,请给出:

(1) 相位路径轨迹图。

(2) 正交支路和同相支路的基带波形;

(3) 正交支路和同相支路的调制波形和叠加后的 MSK 信号波形;

3. 试根据 MSK 信号的功率谱密度公式说明,MSK 传输信号的第一过零点带宽为输入基带信号速率的 1.5 倍。

4. 某无线 OFDM 系统的传输带宽为 20MHz。试问下述情况下子信道的码元宽度如何选择? 子载波的数目与频率间隔又如何?

(1) 室内统计的 NLOS(非视线)延时展宽 RMS 值约 300ns;

(2) 微蜂窝统计的延时展宽 RMS 值约 $2\mu s$;

(3) 宏蜂窝统计的延时展宽 RMS 值约 $8\mu s$。

5. 考虑 OFDM 信号复包络 $x(t)$ 如式(8.2.5)所示,记其实部为 $x_c(t) = [x(t) + x^*(t)]/2$。令 $x_m = x_c(mT_s/2), m = 0, 1, \cdots, 2K-1$。试求 $\{x_m\}_{m=0,1,\cdots,2K-1}$ 的 2K 点 DFT 值。

6. 某 WiMAX 系统在 20MHz 带宽上采用 OFDM 方案。信道数目 2048,标准要求保护间隔取总间隔的 1/4、1/8、1/16 或 1/32。考虑信道展宽 RMS 为 $4\mu s$,试问:(1)子载波的符号间隔与保护间隔;(2)子载波速率。

7. 某无线信道带宽 16MHz,延时展宽 RMS 值约 $0.2\mu s$,要求数据率 25Mbps,采用 1/2 的卷积码。试设计 OFDM 系统参数,包括循环间隔、符号间隔、子带间隔、载波数、FFT 点数。

8. 已知 16QAM 在 AWGN 信道中 $p_e = 10^{-6}$ 时要求 $E_b/N_0 = 14.5\text{dB}$。假设某 DSSS-16QAM 系统的扩频因子为 1000,忽略噪声影响,试问,该系统的噪声容限是多少?

9. 某 DSSS-8PSK 系统 $L = 1000$,在干扰功率 20 倍于信号时仍能保证 $p_e = 10^{-6}$(即 $E_b/N_0 = 14\text{dB}$),试问:无干扰时该系统的误码率能够达到多少?

10. 设有一个 DSSS 通信系统,采用 BPSK 调制,系统中共有 25 个同类发射机共用一段发射频率,每个发射机的发送信息速率为 10kbps,如不考虑接收噪声的影响,试问:

(1) 扩频码片的最低速率是多少才能保证解扩后的信号干扰比(E_b/J_0)不低于 12dB?

(2) 此时的误码率大约是多少?

11. 有一个 DSSS 通信系统,采用 BPSK 调制,发送信息的基带带宽是 10kHz,扩频后的基带带宽为 10MHz。在只有一个用户发送的情况下,接收信噪比为 16dB。

(1) 若要求接收信号干扰比(E_b/J_0)不低于 10dB,请问该系统可以容纳多少用户?

(2) 如果系统中的噪声可以忽略不计,试问可以容纳多少用户?

12. 考虑 M 个用户的 CDMA 应用。假定各直扩信号具有零均值、彼此正交且功率为 1,即 $E(a_i) = 0$;$E[a_{i(k+m)} a_{jk}] = 0, i \neq j$;$E[a_{i(k+m)} a_{ik}] = \delta[m]$。记第 j 用户 k 码元的 MAI 为 I_{jk},参见式(8.3.14)。试说明:

(1) $EI_{jk} = 0$ 与 $EI_{jk}^2 = \sum_{i \neq j} |R_{ij}(k)|^2$;

(2) 第 j 用户的接收误码率可近似为 $p_e = Q\left(\sqrt{\dfrac{2E_b}{N_0 + EI_{jk}^2}}\right)$。

13. 试给出一个 4 级 m 序列的产生框图,并给出其一个周期的序列。

14. 试给出 7 级 m 序列的自相关函数,并图示之。

15. 现有一个快跳频系统,每个二进制输入信息码元以不同的频率被发送 8 次,并采

用码率为 1/2 的纠错编码,码片速率为 64kbps,跳频带宽为 1.2MHz。试问:

(1) 跳频系统的输入符号速率与系统总的信息速率;

(2) 系统的扩频因子是多少?

16. 假设 FHSS-BFSK 系统每符号跳 n 次(n 为奇整数),符号能量记为 E_b。它采用硬判决方法工作于(双边)功率谱密度为 $N_0/2$ 的 AWGN 信道。试证明:

(1) 单个码片的传输误码率为 $p_{e0} = \dfrac{1}{2} e^{-E_b/(2nN_0)}$;

(2) 大数判决后的系统误码率为 $p_e = \sum_{i=(n+1)/2}^{n} \binom{n}{i} p_{e0}^n (1 - p_{e0})^{n-i}$。

第9章

多用户与无线通信

大量的通信系统都要求支持众多的用户,即多个用户在同一时间共享系统的资源,多用户通信涉及多路复用与多址接入。许多重要的多用户系统是无线通信系统,例如卫星通信系统与无线移动通信系统。

链路预算分析是无线通信系统设计中的一项重要工作,通过对电波传输中信号的增益与损耗、噪声的来源与大小的考察,可以宏观地把握系统的总体性能。

与有线通信方式相比,很多无线通信的重要特点是其信道的时变特征。若用户在移动中通信,则电波在传播过程中可能被建筑物、树木等遮蔽、阻挡,出现阴影衰落;同时电波在传播过程中由于散射、绕射、反射等作用,到达接收端的信号是多路径信号的合成,由于各条路径信号的相位和幅度有差异,合成波会出现起伏,产生多径衰落。

本章针对多用户无线通信系统的特点,从以下几个方面进行讨论:

(1) 多路复用与多址技术:多路复用与多址技术的概念,FDM/FDMA、TDM/TDMA、CDM/CDMA 举例,随机接入多址技术 ALOHA 和 CSMA/CD 协议。

(2) 无线通信链路预算:无线传输的增益和损耗,噪声温度和噪声系数,链路预算举例。

(3) 多径衰落与信号分集接收技术:无线电波传播机理、多径衰落信道、瑞利和莱斯衰减、时延扩展与相关带宽、分集接收技术等。

9.1 多址技术

随着通信系统的广泛应用,充分利用通信资源为多个用户提供服务是通信中的重要问题,这需要通过多路复用与多址技术来解决。本节介绍几种主要的多路复用与多址技术的基本原理,并通过实际例子说明它们的用法。

9.1.1 多路复用与多址技术概述

如何利用通信资源为多个用户提供服务很早就成为一个重要的问题。它早期表现在共同使用线路上,通常一条线路的可用带宽很宽,足以容纳多个用户的信号占据不同的频率位置共同传输,这样就形成了**多路通信**。多个用户的信号共用同一资源的理论基础是正交分割,即多个在某种特征上正交的信号在混合后还可以借助正交性彼此区分开来。最基本的通信资源是频带、时间与空间。实际系统中基本的划分体制有下面三种:

(1) **频分复用(FDM)**:在频域中划分出不重叠的子带,分别用于不同信号。

(2) **时分复用(TDM)**:在时域中把时隙(称为帧)划分为多个子时隙,分别用于不同的信号。

(3) **码分复用(CDM)**:借助一组正交编码,分别作用于不同信号,使它们之间的码特性彼此正交。

这三种复用技术在前面的章节中已经初步讨论过,图 9.1.1 是它们的形象表示。由图 9.1.1 可见,FDM 中各个信号的频带错开而时间上重合;TDM 中各个信号时隙上错开,而频带上重合;CDM 中(以跳频为例)各信号的时隙与频带"跳着"使用,彼此因正交而错开,不会"碰撞"。

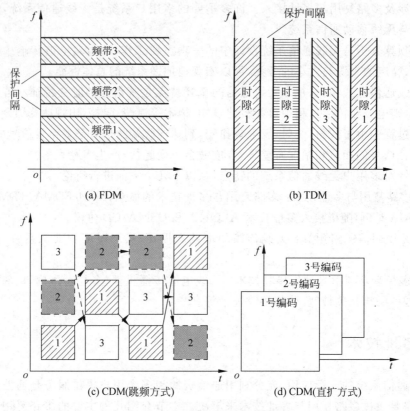

(a) FDM

(b) TDM

(c) CDM(跳频方式)

(d) CDM(直扩方式)

图 9.1.1　几种基本复用技术

　　显然,FDM 既适用于模拟通信也适用于数字通信;而 TDM 与 CDM 因其固有特点,只适用于数字通信。

　　还有两种结合上述复用方案主要应用于无线通信的划分体制:

　　(1) 空分复用:在空间与地域的不同位置上传输不同信号。典型的方法是利用窄波束的电磁波在不同空间上用相同频率传输信号。

　　(2) 极化复用:利用电磁波具有垂直与水平两种正交的极化方向,在同一频率上传输不同信号。

　　另外,光纤通信中还采用所谓的**波分复用(WDM)**,是按波长的不同来划分,使不同信号共用光纤信道。它本质上也是一种 FDM 技术,因载波频率处于光波频段,习惯上使用波长代替频率来讨论。而且,光波的传播也有一些特殊性,所以,需要与 FDM 分开来研究。

　　复用(multiplexing)技术使一条通信链路可以划分出多条信道供多个用户同时使用。随着通信范围的扩展,很多需要共用通信系统的用户分布于区域的不同地点,而且大量的用户都不需要永久地占用资源,其通信需求是时有时无的。为了充分发挥共有资源的效率,逐渐发展出了多址与接入技术。简单地讲,**多址(multiple access)技术**指的是位于不同地点的多个用户接入与共用通信系统的技术。多路复用与多址接入都是共享通信系统

的技术,它们有着许多相同之处,但也有一些差别:

(1) 多址技术侧重于分布于多个地点的多个用户(远程)共用通信系统的问题,而多路复用侧重于集中在收、发两个局部区域的用户(或汇集到收、发两端的用户)共用通信系统的问题。

(2) 多址技术侧重于处理暂时提出的与不易于预先固定的通信需求,通信资源必须动态分配;而多路复用技术侧重于用户需求固定或至多缓慢变化的通信需求,通信资源基本上可以预先静态分配。

下面,结合一些例子,简要说明一些典型的多路复用与多址技术应用中的相关问题、技术特点与方法。

9.1.2 FDM/FDMA 举例

频分复用(FDM)与频分多址(FDMA)的基本概念前面章节已经说明过。在第 1 章中给出了多个电视频道、FM 音频广播频道等共用频带的情形。第 3 章中又给出了 FM 立体声广播中左、右声道的差信号经 DSB-SC 调制后与和信号共用通信系统的情形;以及电视信号中伴音信号经 FM 调制后与视频信号共用通信系统的情形。

FDM/FDMA 的核心技术是频谱搬移,它主要运用第 3 章介绍的各种频带调制方法来完成;或者,对于数字通信,运用第 5 章介绍的各种数字频带调制方法来完成。FDM/FDMA 应用早,技术成熟,其优点是不需要复杂的同步与定时。缺点是(在用户很多时)并行设备多,系统复杂;多个频带信号叠加后会有大的包络起伏,而功率放大器工作在最大功率时往往是非线性的,这时会引起非线性失真,造成交调干扰。

下面再通过几个例子,进一步说明 FDM/FDMA 及其特点。

1. 采用 FDMA 的卫星模拟电话系统

著名的国际通信卫星机构(Intelsat)的系列卫星中采用了一种固定分配的 FDMA 制式来传送多路模拟话音,图 9.1.2 是频带分配的一个例子。

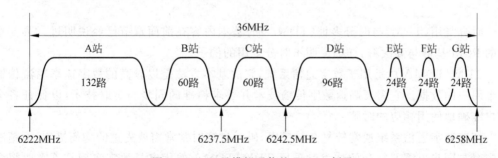

图 9.1.2 卫星模拟通信的 FDMA 例子

这种体制的要点是:

(1) 分布于世界各地(覆盖区内)的地面站 A、B、C 等共用卫星的 1 个 36MHz 的转发器。

（2）每个站点按预先分配好的频带同时向转发器发送信号，再由转发器一并转发给其他地面站。

以上面的 C 站为例，它分配有 5MHz 频带，位于 6237.5～6242.5MHz，供 60 路话音通信。60 路话音正好对应于一个 240kHz 的超群，该超群再以载频 6240MHz 进行 FM 调制形成 5MHz 带宽的 RF 信号，经对准卫星的天线发送至转发器。

2. 采用 FDMA 的卫星数字通信系统

Intelsat 系列卫星还可以安排为按需分配的 FDMA 制式传送话音，图 9.1.3 是数字电话通信系统的频率分配例子。

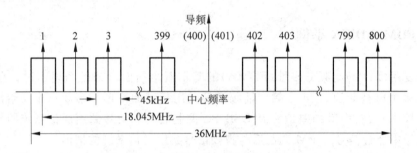

图 9.1.3　卫星数字通信的 FDMA 例子

这种体制的要点是：

（1）卫星转发器的带宽划分成 800 个 45kHz 的频带，称作信道。每个信道上传送 1 路 64kbps 的 PCM 数字电话，采用 QPSK 调制。已调信号带宽为 38kHz，另外 7kHz 为信道间的保护间隔。

（2）多达 49 个分布于各地的地面站可以按需申请占用其中 1 个或多个信道传输电话话音。

9.1.3　TDM/TDMA 举例

时分复用（TDM）与时分多址（TDMA）的基本内容在前面章节已经说明过。第 6 章中的 PCM 基群与高次群，详细说明了时分复用的例子。

TDM/TDMA 总是用于数字通信系统，它的基本方法是以较高的数字速率轮流传输多个用户的数据。它需要高速数字传输技术并要求精准的同步与定时技术，以保证各个用户准确地使用相应的时隙。

高速数字通信系统通常较复杂与昂贵，码元过窄时常常需要先进的均衡措施，而精准的定时与同步也需要复杂的技术。采用 TDM/TDMA 的优点是数字实现且不需要很多的并行设备，当用户很多时平均成本效率比 FDM 与 FDMA 更好；并且，TDM/TDMA 信号便于实现恒定包络，这样可以充分利用放大器而不必担心非线性失真。

GSM 是应用非常成功的数字蜂窝移动通信系统，其中采用了大量的先进技术。下面以 GMS 的复用与多址技术为例进一步说明。

1. GSM 中的 TDM 与 TDMA

移动通信中的无线传输发生在移动用户（手机）与基站之间。从基站至各用户称为**下行**（**downlink**），而从各用户至基站称为**上行**（**uplink**）。上行、下行中 GSM 的每个频道都采用 270.833kbps 的 GMSK 调制，已调信号占用 200kHz 的带宽。粗略地讲，GSM 系统中 TDMA 体制的要点是：

(1) 按 4.615ms 为 1 帧，每帧划分为 8 个 577μs 的时隙，如图 9.1.4(a) 所示。

(a) 帧与时隙

(b) 一种时隙结构

图 9.1.4　GSM 的 TDMA 原理

(2) 每个时隙针对一个用户。下行中，这些时隙供基站发送数据至移动用户；上行中，各个时隙供不同的用户发送数据至基站。

这样，分布在不同位置的多个（1～8 个）用户可以同时使用该信道进行通信。还要注意的是，GSM 的各个 577μs 的时隙不是简单的单个码元，而是由 156.25bit 组成的一组比特。图 9.1.4(b) 是时隙的一种基本结构。

这种帧结构的基本特点有：

(1) 尾比特：置于起始与结束时间，各占 3bit（约 11μs），也称为功率上升拖尾时间。因为各用户在时隙上突发传输，起始时载波电平必须从最低值迅速上升到额定值；结束时，载波电平必须从额定值迅速下降到最低值（如−70dB）。

(2) 信息比特：两组共 114bit 用于传送用户数据（例如语音编码数据）。

(3) 训练序列：主要用于均衡器训练。

(4) 保护期：8.25bit 相当于约 30μs，是为了防止不同用户发出的信号在到达基站时因距离不同而导致重叠。

实际上，有的时隙有特殊安排，其结构也有所不同，因为各个用户呼叫通信对方、接入与退出通信系统都需要信令。而且，整个通信系统还需要各种辅助控制。因此，在 GSM 系统中，把传送用户数据的时隙组成的通道称为**业务信道**（**service channel**），而把传送控制数据的时隙组成的通道称为**控制信道**（**control channel**），控制信道又分为多种类型。

2. GSM 中的 FDM/FDMA 与 FDD

GSM 实际上还利用到频分的技术：

（1）上行、下行以频带分开，称为**频分双工（FDD）**。上行频带 890～915MHz；下行频带 935～960MHz，收、发频率相距 45MHz。

（2）上行、下行频带各 25MHz，其中又按 200kHz 划分为 124 个频道而每个频道上实现 270.833kbps 的 GMSK 数字调制。

因此，GMS 系统联合使用频分与时分支持共 124×8＝992 个物理信道，去除控制的需要，可以支持几百个用户双向共享移动通信系统。

9.1.4 CDM/CDMA 及举例

码分复用（CDM）和码分多址（CDMA）与扩展技术关联在一起，从扩频通信可知，接收方只有使用与发送方相同的扩频码字才能正确接收。假定有多个时隙为 T 的数据信号 $s_1(t),s_2(t),\cdots,s_N(t)$，分别用扩频码信号 $c_1(t),c_2(t),\cdots,c_N(t)$ 进行扩频。$c_i(t)$ 与 $c_j(t)$ 在时隙 T 上彼此正交，即它们满足

$$c_i(t)c_j(t)=\begin{cases}0, & i\neq j\\ 1, & i=j\end{cases} \tag{9.1.1}$$

扩频后的信号叠加在一起形成和信号 $s(t)$，它可以表示为

$$s(t)=\sum_{i=1}^{N}c_i(t)s_i(t) \tag{9.1.2}$$

接收方使用 $c_1(t)$ 进行同步并解扩，得到

$$\int_0^T c_1(t)s(t)\mathrm{d}t=\int_0^T c_1^2(t)s_1(t)\mathrm{d}t+\sum_{c=2}^{N}\int_0^T c_1(t)c_i(t)s_i(t)\mathrm{d}t=s_1(t) \tag{9.1.3}$$

可见，由于 $c_i(t)$ 与 $c_j(t)(i\neq j)$ 正交，解扩处理可以理想地区分出 $s_1(t)$。如果 $c_i(t)$ 与 $c_j(t)$ 的正交性差一些，即互相关非零，则解出的信号中会包含部分其他信号，这部分残余信号称为**多用户干扰（multiuser interference）**。

CDM/CDMA 基于这种扩频码的正交性来区分信号，实现多个用户共同通信的目的。CDMA 方案相比于 TDMA 方案的优点是各个同时工作的发射机之间不需要精确同步，CDMA 技术应用于蜂窝系统时频率复用因子可提高到 100%。另外，CDMA 独特的保密性、抗干扰与抗衰特性都是其优点。下面将结合实际例子进一步加以说明。

美国高通公司（Qualcomm）提出的 IS-95 无线电话系统成功地运用了 FDMA/CDMA 技术。在频分方面，IS-95 采用了频分双工（FDD），并考虑每个频道为 1.25MHz 带宽。多个频道可以频分复用一个较宽的频带，为更多的移动用户服务。

在单个 1.25MHz 带宽的频道上，IS-95 系统采用 CDMA 技术支持多达 61 个移动用户同时通信。详细说明参见 8.3 节。

*9.1.5 随机接入多址技术

在多用户数据通信中,经常会出现分布在各点的用户接入与共用一个信道的问题。信道共享属于多址接入技术,可以分为随机接入与受控接入两大类。随机接入的特点是各个用户随意地自发使用信道,当两个或多个用户同时在信道上发送数据时会出现冲突,导致传输失败,因此,需要采用一定的协议,保证通信能够顺利进行。下面介绍两种重要的随机接入协议。

1. ALOHA 协议

ALOHA 协议是一种用于数据通信的随机接入多址协议,它最早的方案非常简单,有时也称为 **P-ALOHA(pure ALOHA)**,运用于 ALOHA 系统。1971 年美国夏威夷大学开始运用 ALOHA 系统,通过卫星通信把几个大学的计算机连接成网络。"ALOHA"是夏威夷人所讲的"Hello"的意思。

P-ALOHA 协议非常简单,其要点是:

(1) 随机发送:每个用户任何时候需要传送数据时,直接发送,发送中使用纠错编码。

(2) 监听结果、数据发出后,用户监听结果。因为随机发送的信号可能彼此冲突,这时接收方可以基于纠错编码发现错误,返回失败(NAK)信息。

(3) 重新发送:收到 NAK 后重新发送数据,重发前随机等待一段时间,以减小用户间再次冲突的概率。

(4) 超时重发:如果发送后长时期没有收到反馈结果,自动重新发送。

图 9.1.5 示出了 ALOHA 系统的工作过程。

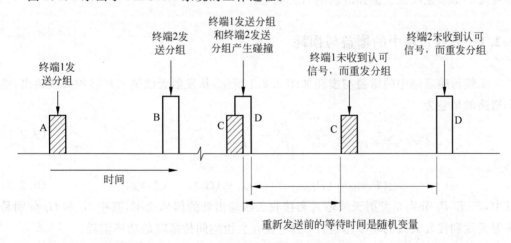

图 9.1.5　ALOHA 协议的工作过程

这种协议实际上是以竞争方式共享信道,是一种适用于广播信道的竞争协议。它在当时的应用中是成功的,但它的最大信道利用率其实只有约 18%。在它的基础上后来发展出了多种改进协议,如时隙 ALOHA 与预约 ALOHA,它们的信道利用率可提高至约

37%与67%。

2. CSMA/CD 协议

ALOHA 协议中用户在广播信道上随意发送数据可能造成大量冲突,因而限制了其信道利用率。局域网的线路是一个有线广播信道,在局域网上广为应用的**载波侦听多址接入协议**(carrier-sense multiple access with collision detection,**CSMA/CD**)是 ALOHA 协议的一种改进结果。其最大的特点是附加了一个硬件装置,在发送前侦听信道是否空闲并在发送中检测冲突是否出现,这种技术称为载波侦听与冲突检测。所谓载波其实指线路中的任何电平变化。实际上,局域网线路上使用曼彻斯特编码的基带数字信号,这种编码的每个比特都有跳变,借助这一特点容易检测出是否有信号存在。

CDMA/CD 协议的要点是:

(1) 侦听与延迟:用户在载波信号存在或最小数据包间隔期之内不发送信号。

(2) 传输与检测:在可以发送时启动传输,并检测冲突;如果冲突发生,中断传输,并送出 ABORT 信号通知所有用户。

(3) 随机重传:随机时延一段时间后重新尝试传输。如果反复重传,第 n 次重传的时延为 $0 \sim 2^{n-1} (0 < n \leqslant 10)$ 之间的随机数,延时单位为 512bit 的时间间隔。

9.2   无线通信链路预算分析

无线通信系统设计中一个重要的问题是进行链路预算分析,这包括无线电波传输中的增益与损耗、噪声的来源与度量等方面。通过链路分析以便宏观地把握通信系统的总体性能。本节说明无线链路分析的有关问题。

9.2.1   无线传输中的增益与损耗

无线传输通路中的增益与损耗如图 9.2.1 所示,从发射天线输入到接收天线输出,整个通路的增益为

$$\frac{P_r}{P_t} = \frac{G_t G_r}{L_f} \qquad (9.2.1)$$

或者

$$(P_r)_{dB} - (P_t)_{dB} = (G_t)_{dB} + (G_r)_{dB} - (L_f)_{dB} \qquad (9.2.2)$$

其中,P_t 和 P_r 分别是发射天线输入和接收天线输出处的信号功率,其中 G_t 和 G_r 分别是发射天线和接收天线的功率增益,L_f 为电波在自由空间传播时的功率损耗。

电波在传播过程中,能量随着传输距离的增加而扩散,全向天线辐射的能量是向周围均匀扩散的。当输入功率为 P_t 时,在距离为 d 的球面上辐射功率的密度,即单位面积上的辐射功率为

$$P_r' = \frac{P_t}{4\pi d^2} \qquad (9.2.3)$$

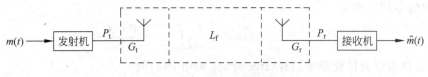

图 9.2.1 无线传输中的增益与损耗

图 9.2.2 上示出了各向同性辐射源的某一方向上,在不同距离(分别为 R_1 和 R_2)处以相同的接收天线面积 A 捕获辐射能量的情况。显然,距离较近的天线可以接收到更多的功率,而距离越远的天线接收到较少的信号功率。

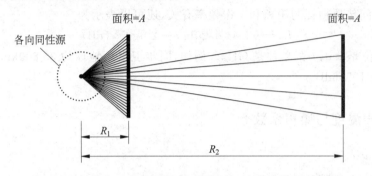

图 9.2.2 给定面积的天线在不同距离上所接收的辐射能量

通信系统中尽量采用定向天线,并用"天线增益"来表征其方向性。**发射天线增益(transmitting antenna gain)** G_t 为天线在最大辐射功率方向上单位立体角发射的功率与全方向天线的单位立体角发射的功率之比。如果采用定向天线,根据式(9.2.3)可以得到与发射端相距为 d 的单位面积所对应的信号功率 P_r' 为

$$P_r' = \frac{G_t P_t}{4\pi d^2} \tag{9.2.4}$$

接收天线增益(receiving antenna gain) G_r 可表示为

$$G_r = \frac{4\pi}{\lambda^2} A_e \tag{9.2.5}$$

其中,λ 为电波波长;A_e 为接收天线的**有效面积(effective area)**。天线是互易元,即用于发射和接收时具有相同的增益特性。常见各类天线的增益与有效面积参数如表 9.2.1 所示。

表 9.2.1 天线的增益与有效面积的关系

天 线 类 型	功率增益 G_A(绝对单位)	有效面积 A_e/m^2
各向同性	1	$\lambda^2/4\pi$
喇叭形天线,口形区域面积 A	$10A/\lambda^2$	$0.81A$
抛物面或碟盘形天线,面积 A	$7.0A/\lambda^2$	$0.56A$
绕杆式天线(两个交叉的振子,以 90°相差馈电)	1.15	$1.15\lambda^2/4\pi$
半波极子	1.64	$1.64\lambda^2/4\pi$
无穷小偶极子或环	1.5	$1.5\lambda^2/4\pi$

接收信号的功率为

$$P_r = P'_r A_e = G_t P_t \left(\frac{\lambda}{4\pi d}\right)^2 G_r = \frac{P_t G_t G_r}{L_f} \tag{9.2.6}$$

这里，定义自由空间传输路径损耗（free-space path loss）为

$$L_f = \left(\frac{4\pi d}{\lambda}\right)^2 \tag{9.2.7}$$

由于工作波长 λ 与频率 f 的关系为 $\lambda = c/f$，而 $c = 3\times10^8$ m/s，于是，式(9.2.7)可改写为

$$L_f = \left(\frac{4\pi d f}{c}\right)^2 \tag{9.2.8}$$

可见，自由空间传播损耗与距离和工作频率有关，还可以表示为

$$L_f = 92.44 + 20\lg d + 20\lg f \quad (\text{dB}) \tag{9.2.9}$$

其中，d 的单位是 km，f 的单位是 GHz。例如，同步卫星距地球约 35 800km，对于 4GHz 的载频，L_f 为 195.6dB。

9.2.2 噪声温度与噪声系数

1. 噪声源

热噪声是主要的噪声源，它近似为高斯白噪声，(双边)功率谱为常数，取值为

$$\frac{N_0}{2} = 2kTR \tag{9.2.10}$$

其中，$k = 1.38\times10^{-23}$ J/K（玻耳兹曼常数），$T = (273+C)$ K（热力学温度），C 为摄氏温度，R 为电阻值。

热噪声源加在匹配负载（$R_L = R$）上的时候，可得到最大功率谱，称为**可用噪声功率谱**（available noise PSD）

$$P_{av}(f) = \frac{N_0/2}{R} \times \left(\frac{1}{2}\right)^2 = \frac{1}{2}kT \tag{9.2.11}$$

在噪声宽带 B 上，相应的**可用噪声功率**（available noise power）

$$P_{av} = kTB \tag{9.2.12}$$

对于一般的噪声源，功率谱可能不平坦，但也可以测量其 P_{av}，并表示为式(9.2.12)形式，其中，$T = \dfrac{P_{av}}{kB}$，称为该噪声源的**噪声温度**（noise temperature）。显然，热噪声源的噪声温度就是它的实际物理温度；非热噪声源的温度不一定是它的物理温度，而是一个等效数值。

2. 线性双端系统

噪声通过系统会发生变化，而且设备还可能引入额外的噪声。假定输入与输出处达到阻抗匹配，设备的功率增益为 $G(f)$，并记输入噪声的功率谱为 $P_{ns}(f)$，设备引入的噪声部分功率谱为 $P_{nx}(f)$，则输出噪声的功率谱为

$$P_{no}(f) = P_{ns}(f)G(f) + P_{nx}(f)$$

定义系统（在频点 f 处）的**点噪声系数**（spot noise figure）为

$$F(f) = \frac{P_{\text{no}}(f)}{P_{\text{ns}}(f)G(f)} > 1 \qquad (9.2.13)$$

显然，低噪系统的 $F(f)$ 接近于 1，而无噪系统的 $F(f)=1$。又定义带宽 B 上的**平均噪声系数**（average noise figure）为

$$F = \frac{\displaystyle\int_{f_0-B/2}^{f_0+B/2} P_{\text{no}}(f)\,\mathrm{d}f}{\displaystyle\int_{f_0-B/2}^{f_0+B/2} P_{\text{ns}}(f)G(f)\,\mathrm{d}f} \qquad (9.2.14)$$

其中，f_0 为测量频带的中心频率。上式右边分子部分为输出噪声功率，记为 P_{no}。由于阻抗匹配，它也正是可用噪声输出功率。

如果在测量频带内输入噪声是白色的，且系统增益为常数 G，则

$$F = \frac{P_{\text{no}}}{kT_{\text{s}}BG} \qquad (9.2.15)$$

其中，T_{s} 是输入噪声的温度。

定义系统的**有效输入噪声温度**（effective input noise temperature）为 T_{e}，它满足

$$P_{\text{no}} = G(kT_{\text{s}}B) + G(kT_{\text{e}}B) = Gk(T_{\text{s}}+T_{\text{e}})B \qquad (9.2.16)$$

其物理意义为系统引入的噪声折合为温度是 T_{e} 的输入噪声。显然，如果系统是无噪声的，则 $T_{\text{e}}=0$。容易得到

$$F = \frac{T_{\text{s}}+T_{\text{e}}}{T_{\text{s}}} \quad \text{或} \quad T_{\text{e}} = T_{\text{s}}(F-1) \qquad (9.2.17)$$

3. 级联系统的情况

通信系统中常常是几个系统级联而形成整个系统。例如，接收机中 RF 放大器、传输线、下变频器与 IF 放大器常常级联在一起。系统级联框图如图 9.2.3 所示。

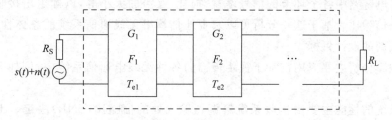

图 9.2.3　级联系统

级联系统的增益为

$$G = G_1 G_2 G_3 \cdots \qquad (9.2.18)$$

噪声系数与有效输入噪声温度为

$$F = F_1 + \frac{F_2-1}{G_1} + \frac{F_3-1}{G_1 G_2} + \cdots \qquad (9.2.19)$$

$$T_{\text{e}} = T_{\text{e1}} + \frac{T_{\text{e2}}}{G_1} + \frac{T_{\text{e3}}}{G_1 G_2} + \cdots \qquad (9.2.20)$$

通常，G_1，$G_1 G_2$，…相对较大，所以 F_1 与 T_{e1} 在整个系统的噪声中占有主导地位。于是在设计接收机时，第一级具有低噪声与高增益，对全系统的噪声性能有着非常重要的意义。

例 9.1 考虑两个系统级联的情况，证明

$$T_e = T_{e1} + \frac{T_{e2}}{G_1} \quad 与 \quad F = F_1 + \frac{F_2 - 1}{G_1}$$

解 第一级与第二级的噪声输出分别为

$$P_{n01} = G_1 k (T_s + T_{e1}) B$$

$$P_{n02} = G_2 P_{n01} + G_2 k T_{e2} B = G_2 G_1 k (T_s + T_{e1}) B + G_2 k T_{e2} B$$

注意到总的增益为 $G = G_1 G_2$，于是，整个系统的输出噪声功率为

$$P_{n0} = G k \left(T_s + T_{e1} + \frac{T_{e2}}{G_1} \right) B$$

对照定义式可见，整个系统的有效输入噪声温度为

$$T_e = T_{e1} + \frac{T_{e2}}{G_1}$$

又结合式(9.2.17)

$$T_e = T_s (F_1 - 1) + \frac{T_s (F_2 - 1)}{G_1} = T_s \left\{ \left[F_1 + \frac{T_s (F_2 - 1)}{G_1} \right] - 1 \right\}$$

对照式(9.2.17)，可见

$$F = F_1 + \frac{T_s (F_2 - 1)}{G_1}$$

9.2.3 链路预算分析

无线**链路预算**(**link budget**)实际上是对链路功率的预算，它分析从发射机至接收机的整个无线电链路中各个环节的信号增益、损耗、噪声的大小等，以确定出接收系统可以获得的输入信噪比。基于这一分析可以宏观地估算出无线通信系统的总体性能，印证其是否到达预期的设计目标。

链路预算分析主要应用在基于视距传输的各种无线电通信系统中，例如卫星通信系统等。

通信系统的性能主要由接收系统解调器输入处的信噪比(SNR)决定。工程应用中人们习惯于将解调前射频(或中频)信号的 SNR 称为**载干比**(**carrier-noise ratio**，**CNR**)，记为 $\left(\dfrac{C}{N} \right)$；而将解调后基带信号的 SNR 称为信噪比。因此，链路预算要计算的就是解调器输入处的 CNR。考虑图 9.2.4，其中包括了接收机前端环节，如接收天线至接收机的传输线、低噪放大器、滤波器、下变频器与中频放大器等。

应用前面的知识可知

$$P_r = \frac{P_t G_t G_r}{L_f} = \frac{P_{EIRP} G_r}{L_f} \tag{9.2.21}$$

其中，记 $P_{EIRP} = P_t G_t$，称为**等效全向辐射功率**(**effective isotropic radiation power**)。外来

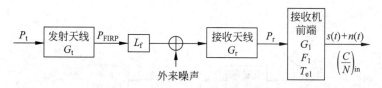

图 9.2.4　通信系统框图

噪声由接收天线引入,其大小用有效输入噪声温度 T_r 度量,因此,接收机输入处的总的有效噪声温度为

$$T_{tot} = T_r + T_{e1}$$

于是,在解调器输入处的 CNR 为

$$\left(\frac{C}{N}\right)_{in} = \frac{P_r}{kT_{tot}B} = \frac{P_{EIRP}G_r}{k(T_r + T_{e1})BL_f} \tag{9.2.22}$$

其中,B 为 RF(或 IF)信号的带宽。工程应用中通常采用 dB 表示,即

$$\left[\left(\frac{C}{N}\right)_{in}\right]_{dB} = (P_{EIRP})_{dBW} - (L_f)_{dB} + \left(\frac{G_r}{T_{tot}}\right)_{dB} - k_{dB} - B_{dB} \tag{9.2.23}$$

其中,P_{EIRP} 以瓦特为单位,因此其分贝数的单位是 dBW;$(L_f)_{dB}$ 如式(9.2.9);而且

$$k_{dB} = 10\lg(1.38 \times 10^{-23}) = -228.6$$

$$B_{dB} = 10\lg(B)$$

对于模拟通信系统,由第 3 章的知识,输出信号的 SNR 直接由解调器输入处的 CNR 决定。而对数字通信系统,还需要折算出 E_b/N_0 值。由于其中 R_b 为比特率

$$\left(\frac{C}{N}\right)_{in} = \frac{E_b \times R_b}{N_0 \times B}$$

因此

$$\left(\frac{E_b}{N_0}\right) = \left(\frac{C}{N}\right)_{in} \times \frac{B}{R_b} = \frac{P_{EIRP}G_r}{kT_{t_0}R_bL_f}$$

以 dB 为单位表示时

$$\left(\frac{C}{N}\right)_{in} = (P_{EIRP})_{dB} - (L_f)_{dB} + \left(\frac{G_r}{T_{t_0}}\right)_{dB} - k_{dB} - (R_b)_{dB} \tag{9.2.24}$$

为了确保通信可靠工作,工程上还要附加一个链路容限 M(dB),以防止实际应用中的一些无法预计的变化或突发状况,显然,M 越大,系统越安全,但付出的成本也越高。

例 9.2　如图 9.2.5 所示为一个典型的地面终端接收机,由一个低噪声射频放大器(低噪声放大器 LNA)、下变频器(混频器)、中频(IF)放大器构成。

这些组成部分以及接收天线的等效噪声温度为 $T_{antenna} = 50K$,$T_{RF} = 50K$,$T_{mixer} = 500K$ 与 $T_{IF} = 1000K$。两个放大器的有效功率增益为 $G_{RF} = 200 = 23dB$ 与 $G_{IF} = 1000 = 30dB$。

于是,接收机的等效噪声温度为

$$T_e = T_{antenna} + T_{RF} + \frac{T_{mixer} + T_{IF}}{G_{RF}} = 50 + 50 + \frac{500 + 1000}{200} = 107.5K$$

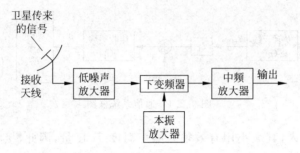

图 9.2.5 地面终端接收机框图

例 9.3 某地球站工作在 C 频段（频率为 6.10GHz），天线增益为 54dB，发射功率 100W。卫星接收天线增益 26dB，与地球站的距离是 37 500km。转发器等效噪声温度 500K，带宽 36MHz，增益 110dB。试计算：(1)链路传输损耗（含 2dB 附加损耗）；(2)转发器输入噪声功率；(3)转发器输入 C/N；(4)转发器输出（信号）功率。

解

(1) 由式(9.2.9)，链路损耗

$$L_f = 92.44 + 20\lg d + 20\lg f$$
$$= 92.44 + 20\lg 37\,500 + 20\lg 6.1 + 2 = 201.6(\text{dB})$$

(2) 噪声功率为

$$P_{n\_dBW} = k_{dB} + T_{tot\_dB} + B_{dB}$$
$$= -228.6 + 10\lg 500 + 10\lg(36 \times 10^6)$$
$$= -126.0(\text{dBW})$$

(3) 由式(9.2.6)，转发器输入载波功率为

$$P_{r\_dBW} = 10\lg P_t + 10\lg G_t + 10\lg G_r - 10\lg L_f$$
$$= 10\lg 100 + 54 + 26 - 201.6$$
$$= -101.6(\text{dBW})$$

于是，载噪比为

$$\left[\left(\frac{C}{N}\right)_{in}\right]_{dB} = P_{r\_dBW} - P_{n\_dBW} = -101.6 + 126.0 = 24.4(\text{dB})$$

(4) 卫星转发器输出（信号）功率为 $-101.6 + 110 = 8.4(\text{dBW})$，即 6.9W。∎

*9.3 多径衰落与信号分集接收技术

本节主要讨论无线电波传播过程中出现的多径衰落问题，以及改进通信性能所采用的不同分集接收技术。

对于无线通信系统，发射机与接收机之间的传播路径非常复杂，除了视距传播以外，在传播过程还可能受到建筑物、山脉、树木的遮挡而产生反射、折射和散射，移动通信系统的信道传播特性具有很大的随机性。随着发射机和接收机之间距离的增加，电

波的衰减将剧增。另外,移动台相对于发射台移动的方向和速度也对接收信号产生影响。

9.3.1 无线电波传播机理

无线电波的传播环境十分复杂,传播机理多种多样。但从总体上看,大致可以归结为反射、绕射和散射波。

1. 反射波

反射波是指通过地面或其他障碍物反射到达接收点的电波。当电磁波遇到比波长大得多的物体时发生反射,反射发生于地球表面、建筑物和墙壁表面。多径反射波是从不同建筑物或其他物体反射后,到达接收点的传播信号。当接收信号由直射波和一路反射波组成时,为两径模型,在开阔地区,两径模型接近实际移动通信系统。在城区或地形有起伏的地区,要用三径、四径等多径模型来描述移动信道。

2. 绕射波

绕射波是指当发射机和接收机之间的无线路径被尖利的边缘阻挡时电波会发生绕射。由阻挡表面产生的二次波散布于空间,当发射机和接收机之间不存在视距路径,围绕阻挡体也产生电波的弯曲。

3. 散射波

散射波是指当电波在传播过程受到遮挡的物体小于波长,且单位体积内阻挡体的个数非常巨大时,发生散射。散射波产生于粗糙表面、小物体或其他不规则物体。在实际通信系统中,树叶、街道标志和灯柱等会引起散射。

9.3.2 多径衰落信道举例

在无线通信系统中,随处可见多径衰落信道。例如,地面蜂窝移动通信系统、手机和基站之间传输信息过程中,信号可能因建筑物、树木、山丘等障碍物而产生反射,这样无论在基站端还是手机端接收到的都是来自不同路径的多条信号。又如,高频信号通过电离层传输。电离层是由离地球表面上方约 $60\sim400$km 高度的带电离子组成,由于电离层的多层特性,信号将以不同的时延和不同传播路径到达接收端,具有不同时延的信号分量称为多径分量,多径分量通常具有不同的载波相位偏移,叠加后将对信号造成破坏。再如,两架飞机之间的通信,可能会接收到来自地面反射的二次信号分量,地面反射信号分量到达接收端的时延和衰落程度不同。另外,飞机之间的相对运动会使信号传输产生多普勒频移。

从上面两个例子可以看出,无线信道具有两种基本特征：一种特征是传输信号通过多条具有不同时延的传输路径到达接收端,另一种特征是在传输一个宽度极窄的脉冲时,由于多种散射体引起的不同时延导致了接收信号在时间上的扩展。可见,传输介质结构随时间而变化,因此任何信号通过该信道都会产生时变的响应。多次重复进行窄脉冲试验,会发现由于传输介质的物理结构变化而引起接收信号的改变,包括多散射信号的相对时延。图 9.3.1 是窄脉冲在信道传输时的变化波形。

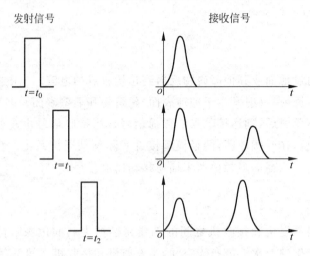

图 9.3.1　窄脉冲在信道传输时的响应

假定传输的未调制的载波为 $A\cos 2\pi f_c t$,则无噪声的多径信号叠加后可表示为

$$x(t) = A\sum_n a_n(t)\cos[2\pi f_c(t-\tau_n(t))]$$

$$= A\mathrm{Re}\Big[\sum_n a_n(t)\mathrm{e}^{-\mathrm{j}2\pi f_c\tau_n(t)}\mathrm{e}^{\mathrm{j}2\pi f_c t}\Big] \qquad (9.3.1)$$

其中,$a_n(t)$ 是与第 n 条传输路径相关的时变传输衰减因子,$\tau_n(t)$ 是相应的传输时延。其复值信号可表示为

$$z(t) = \sum_n a_n(t)\mathrm{e}^{-\mathrm{j}2\pi f_c\tau_n(t)} = \sum_n a_n(t)\mathrm{e}^{-\mathrm{j}\phi_n(t)} \qquad (9.3.2)$$

从上式可以看出,虽然信道输入为单频信号,但输出却包含多个频率分量,新的频率分量是由随时间变化的信道响应产生的。其中,$z(t)$ 的均方根频谱宽度称为多普勒频率扩展,其大小用来度量信号 $z(t)$ 随时间变化的快慢。如果 $z(t)$ 变化缓慢,则多普勒频率扩展较小,反之,则多普勒频率扩展较大。

接收信号会引起衰落,这种衰落程度主要由时变相位因子 $\phi_n(t)$ 决定。信道中的时变多径传输将引起接收信号幅度的变化,称为**信号衰落(signal fading)**。

时变多径信道模型可以用图 9.3.2 表示。图 9.3.2 所示的信道模型由均匀间隔的抽头延迟线构成,相邻抽头之间的间隔为 T_s,因此,该模型的时间分辨率为 T_s。记各加权系数为 $\{c_n(t)=a_n(t)\mathrm{e}^{\mathrm{j}\phi_n(t)}\}$,其他的特性可以用相互无关的高斯复随机过程描述。延迟线长度与多径信道中的时间展宽量相对应,称为**多径扩展(multipath spread)**,表示为 $T_m = NT_s$,其中,N 为多径信号分量的最大数目。

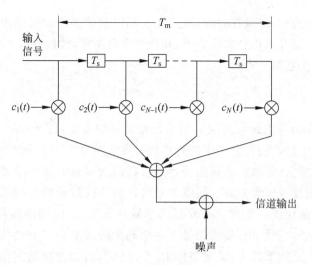

图 9.3.2 时变多径信道模型

9.3.3 瑞利和莱斯衰减模型

图 9.3.2 描述的信道模型中,加权系数可以描述为复高斯随机过程,各加权系数表示为

$$c(t) = c_r(t) + jc_i(t) \tag{9.3.3}$$

其中,$c_r(t)$ 和 $c_i(t)$ 为统计独立且平稳的高斯随机实过程。$c(t)$ 也可表示为

$$c(t) = a(t)e^{j\phi(t)} \tag{9.3.4}$$

其中,$a(t)$ 和 $\phi(t)$ 分别表示幅度和相位,且

$$a(t) = \sqrt{c_r^2(t) + c_i^2(t)} \quad \text{与} \quad \phi(t) = \arctan\frac{c_i(t)}{c_r(t)}$$

如果 $c_r(t)$ 和 $c_i(t)$ 是均值为零的高斯过程,则 $a(t)$ 幅度的统计特征可以用瑞利概率分布来描述,且相位 $\phi(t)$ 在 $[0, 2\pi]$ 上服从均匀分布。瑞利衰落信号的幅度可表示为如下概率密度函数

$$f(a) = \frac{a}{\sigma^2}e^{-a^2/2\sigma^2}, \quad a \geqslant 0 \tag{9.3.5}$$

其中,参数 $\sigma^2 = E[c_r^2] = E[c_i^2]$。当 $a < 0$ 时,$f(a) = 0$。

对于飞机之间的无线通信,$c_r(t)$ 和 $c_i(t)$ 是非零均值高斯过程,则 $a(t)$ 幅度的统计特征可以用莱斯概率分布来描述,而相位 $\phi(t)$ 也是非零均值的。莱斯衰落信号的幅度可表示为如下概率密度函数

$$f(a) = \frac{a}{\sigma^2}e^{-(a^2+s^2)/2\sigma^2}I_0\left(\frac{sa}{\sigma^2}\right), \quad a \geqslant 0 \tag{9.3.6}$$

9.3.4 时延扩展与相关带宽

由于无线信道中各种反射物的存在,导致信号幅度、相位以及时间的变化,这些因素

使发射波到达接收机时,形成在时间、空间上互相区别的多个无线电波,形成多径传播效应。这些多径分量具有随机分布的幅度、相位和入射角度,被接收机天线按照向量进行合并,使接收信号产生衰落失真。

1. 时延扩展

时延扩展定义为最大传输时延和最小传输时延的差值,即脉冲展宽的时间,记为 Δ。在多径传播条件下,接收信号会产生时延扩展。发送端发送一个窄脉冲信号,通过多条不同长度的传播路径进行传播。而传播路径随着移动台的运动而不断变化,这样各条路径到达接收机的时延就有较大差异。接收信号由许多不同时延的脉冲组成,这些脉冲可能是离散的,也可能是连成一片的。若发送的窄脉冲宽度为 T,则接收信号宽度为 $T+\Delta$。在数字传输中,由于时延扩展,接收信号中一个码元的波形会扩展到其他码元周期中,引起码间串扰。当码元速率较小,满足条件 $R_b < 1/\Delta$ 时,可以避免码间串扰,否则会引起码间串扰。不同环境下,平均时延扩展是不一样的。为了避免码间串扰,应该使码元周期大于多径引起的时延扩展。

2. 相关带宽

在无线移动信道中,存在两类扩展:多径效应在时域产生时延,多普勒效应在频域产生多普勒频移。**相关带宽**(coherent bandwidth)Δf 可表示为

$$\Delta f = \frac{1}{T_m} \tag{9.3.7}$$

上式中 T_m 为多径扩展。

对于无线移动通信,存在一个固有的相关带宽。当信号的带宽小于相关带宽时,发生非频率选择性衰落;当信号的带宽大于相关带宽时,发生频率选择性衰落。

9.3.5 分集技术及分类

电波在传播过程中受到建筑物、树木等的遮蔽和阻挡,会出现阴影效应和多径衰落,当信道衰落比较大时(即信道是深度衰落的)会发生大量错误,导致通信性能严重下降甚至不能接收和检测。分集是补偿信道衰落的一种有效方式,如果接收机通过独立衰落信道得到两个或多个含相同信息的传输信号副本,则所有信号分量同时衰落的概率会降低。在接收端对这些信号进行适当的合并,以便大大降低多径衰落的影响,从而提高传输的可靠性。由于无需增加发射功率或带宽,分集技术能以较低的成本改善通信的性能。

在接收端得到相互独立的传输路径,可以通过时域、频域和空域等方法来实现,相对应的分集技术分别是时间分集、频率分集和空间分集。此外,在实际系统中还会用到角度分集和极化分集。

1. 时间分集

对于一个随机衰落信号来说,若对其振幅进行顺序取样,时间间隔大于相干时间的两

个样点是互不相关的。通过在 N 个不同的时隙上传输相同的信息,来获得 N 条包含相同信息的独立衰落信号副本,其中两条相邻时隙的间隔等于或大于信道的相干时间,这种方法称为**时间分集**。

2. 频率分集

在 N 个 OFDM 载波频率上传输相同信息,获得 N 条包含相同信息的独立衰落信号副本,其中两条相邻载波的间隔要等于或大于信道的相干带宽,那么在接收端就可以得到衰落特性不相关的信号,从而产生分集效果,这种方法称为**频率分集**。

3. 空间分集

在无线移动通信系统中,很难保证发射机和接收机之间存在一视距路径,由于移动终端周围物体的散射,导致接收信号出现 Rayleigh 衰落。若接收端采用多副天线进行接收,只要天线间空间距离足够远,以保证信号的多径分量具有完全不同的传输路径。为了获得独立衰落的信号,一对接收天线之间的距离通常为波长的若干倍,这种方法称为**空间分集**。图 9.3.3 给出了空间分集的例子。

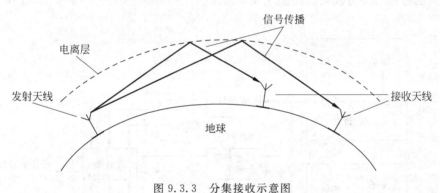

图 9.3.3　分集接收示意图

9.3.6　分集合并技术

接收端收到 N 条独立的衰落信号后,如何利用这些信号以减小衰落的影响,这就是合并问题。在接收端可以使用多种方法将传输信息从接收信号中提取出来。

根据在接收端合并技术的位置不同,可以分为检测前合并技术和检测后合并技术。常用的合并技术包括选择式合并、最大比合并、等增益合并、平方律合并。

1. 选择式分集

接收机监测 N 个接收信号的功率电平,选择其中功率最强的信号进行解调和检测。由于信号强度的时变性,会导致频繁地从一个信号切换到另一个信号。改进方法之一是预设功率电平门限值,只要信号功率电平超过门限值,就可以解调和检测。当信号衰落低于门限值时,选择具有最大接收功率电平的信号进行解调和检测,该方法称为**选择式分集**。

2. 最大比合并

为了获得更好的分集效果,可以采用相关解调和检测分集接收方法,对解调后的 N 个接收信号进行估计并修正其相位偏移。对 N 个接收信号的功率电平进行估计且修正相位,修正后的解调器输出信号按照接收信号强度(功率电平平方根)比例进行加权,再送入检测器,该方法称为**最大比分集合并**。

3. 等增益合并

与最大比合并相对应,如果 N 个解调器输出的相位修正信号叠加后送到检测器,则该方法称为**等增益合并**。

4. 平方律合并

如果正交信号通过 N 条独立的衰落信道传输信息,则接收端使用非相干解调来处理。此时 N 个解调器的输出先平方再相加,然后输出到检测器,该方法称为**平方律合并**。
不同的分集合并方式可以用图 9.3.4 表示。

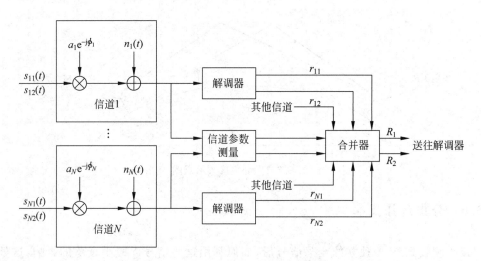

图 9.3.4 N 阶分集的二进制数字通信系统模型

在图 9.3.4 中,对于等增益合并,可以表示为

$$R_m = \sum_{i=1}^{N} r_{im} \mathrm{e}^{\mathrm{j}\phi_i}, \quad m = 1,2 \tag{9.3.8}$$

对于最大比合并,可以表示为

$$R_m = \sum_{i=1}^{N} a_i r_{im} \mathrm{e}^{\mathrm{j}\phi_i}, \quad m = 1,2 \tag{9.3.9}$$

对于平方律合并,可以表示为

$$R_m = \sum_{i=1}^{N} \mid r_{im} \mid^2, \quad m = 1,2 \tag{9.3.10}$$

9.3.7 Rake 接收机

Rake 接收机是由 Price 和 Green 于 1958 年首先提出来的,Rake 接收技术是 CDMA 系统的关键技术之一。信号在传播过程中受到障碍物的遮蔽和阻挡,出现反射和折射,到达接收端的信号是多条路径的合成信号。对于 CDMA 系统,扩频码片宽度与扩频带宽成反比,且是扩频带宽的倒数。如果这些多径信号之间的时延超过一个码片,接收机可以分别对它们进行解调,解调后的信号再加以合并,然后进行判决,这就是 Rake 接收机的原理。换言之,Rake 接收机使用相关接收机组,对每条路径使用一个相干接收机,各相干接收机与同一期望信号的一个延迟形式相关。

Rake 接收机由搜索器、解调器和合并器 3 个模块组成。搜索器完成路径搜索,主要原理是利用码的相关特性。解调器完成信号的解扩、解调,多径数决定了解调器的个数。

图 9.3.5 是 Rake 解调器的框图。在图 9.3.5 中,以 $1/T$ 的码元速率对单频载波进行调制来传输数字信息,且信道的有效带宽 W 超过相干带宽。假定码元持续时间 T 满足 $T \ll T_\alpha$(相干时间)的条件,则在时间 T 范围内信道是缓慢变化的,呈慢衰落状态。同时由于有效带宽大于相干带宽,信道是频率选择性的。

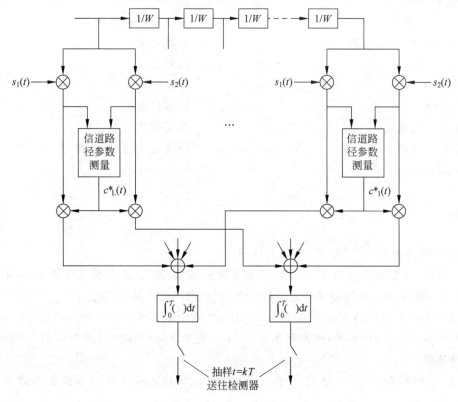

图 9.3.5　Rake 解调器

带通信号带宽为 W，其等效低通信号占用的带宽为 $W/2$，因此可采用带限低通信号 $s(t)$，接收信号可以表示为

$$r(t) = \sum_{n=1}^{L} c_n(t) s(t - n/W) \tag{9.3.11}$$

该解调器具有相同的加权间隔和加权系数，可以有效地收集接收信号的所有分量。

本章关键词

通过下面的关键词，可以快速地回顾本章的主要知识点。

多址技术	自由空间传输路径损耗
多路复用	可用噪声功率谱
频分多址与频分复用	可用噪声功率
时分多址与时分复用	噪声温度
码分多址与码分复用	点噪声系数
波分复用	平均噪声系数
频分双工、时分双工	有效输入噪声温度
上行、下行	链路预算
蜂窝系统	载干比
GSM 系统	等效全向辐射功率
业务信道、控制信道	链路容限
IS-95 系统	信号衰落
ALOHA	多径扩展
CSMA/CD	时延扩展
发射天线增益	相关带宽
接收天线增益	分集接收、分集合并
有效面积	Rake 接收

习题

1. 试简要说明 FDMA 和 FDM 的异同点。

2. TDMA 帧通常包含多个子帧，子帧又常称为"突发"。有些突发作为基准，不包含业务数据；而包含业务数据的突发也都带有非业务数据的"报头"部分。

（1）假定某 TDMA 帧总长度为 40 800bit，由 8 个业务突发和 1 个参考突发组成。业务突发的报头和参考（基准）突发都需要 560bit，突发之间的保护间隔等效为 120bit。试计算帧效率。

（2）若帧周期为 2ms，话音信道的比特速率为 64kbps，计算可承载的等效话音信道数。

3. 一组用户共享一个速率为 56kbps 的异步 ALOHA 信道。每个用户平均每 10s 输

出 1 个包,包长为 2000bit,包的产生过程服从泊松分布。信道繁忙时,用户数据包缓存在缓冲区内。问这条信道最多可以支持的用户数是多少?

4. $P_r = P_t G_t G_r \left(\dfrac{\lambda}{4\pi d} \right)^2$ 为自由空间传播的一种形式。试证明该公式也可由以下的等价形式表示:

(1) $P_r = \dfrac{P_t A_t A_r}{\lambda^2 d^2}$ (2) $P_r = \dfrac{P_t A_t G_r}{4\pi d^2}$

其中,P_t 为发射功率,A_t 为发射天线的有效面积,A_r 为接收天线的有效面积,P_r 为接收功率。

5. 如果发射机的发射功率为 30W,发射天线和接收天线都为单位增益天线,载频为 2000MHz,求出在自由空间中距发射机 500m 处的接收功率。

6. 假定相距 20km 的两个电台之间无阻挡,电台工作频率 900MHz,求电波传播损耗。

7. 一无线链路采用一对各自效率为 55% 的 2.4m 蝶型天线,分别作为发射和接收天线。链路的其他参数为:发射功率 1.2dBW,载波频率 4GHz,接收机与发射机之间的距离 120m。试计算:

(1) 自由空间传播损耗;

(2) 每个天线的功率增益;

(3) 单位为 dBW 的接收功率。

8. 设天线的噪声温度为 35K,通过损耗为 0.5dB 的馈线与 LNA 相连。LNA 的噪声温度为 90K。试计算以下点的系统噪声温度:

(1) 馈线输入端;

(2) LNA 输入端。

9. 某接收机由损耗波导、低噪声射频放大器、下变频器以及中频放大器组成,如图题 9.9 所示。这四个部分的噪声系数和功率增益已在图中标注。天线温度为 50K,试计算:

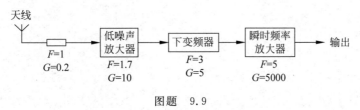

图题 9.9

(1) 图中四个部分的等效噪声温度,假设室温为 290K;

(2) 计算整个接收机的有效噪声温度。

10. 接收机配置如图 9.2.5 所示。假设有损耗的波导被插入到接收天线与低噪声放大器之间。波导损耗为 2dB,其物理温度为 300K。其他参数与例 9.2 的相同,试计算接收机的有效噪声温度。

11. 一个微波发射机在 2GHz 的输出为 0.1W,假定该发射机用于发射和接收天线都

是直径为 1.8m 的抛物面天线的微波系统,计算:

(1) 天线的增益;

(2) 发射信号的 EIRP;

(3) 如果接收机位于自由路径损耗环境中,距离发射天线 30km 处。求接收天线可接收到的信号功率。

12. 在无线通信系统中,上行链路(反向链路)的载波频率小于下行链路(前向链路)。请说明这种选择的正确性。

13. 天线对准了一个方向后,其噪声温度为 50K。它连接到噪声系数为 2.0dB 的前置放大器,且在有效频带的 10MHz 带宽上可得到增益 30dB。

(1) 试求前置放大器的有效输入噪声温度;

(2) 试求前置放大器输出可得到的噪声功率。

14. 比较以下两种情况下的最大多普勒频移:

(1) 工作频率 900MHz,移动台运动速度 50km/s;

(2) 工作频率 2GHz,移动台运动速度 100km/s。

15. 考虑一个单支路 Rayleigh 衰落信号,它以 30% 的概率低于某平均 SNR 阈值 4dB。以阈值作参考,求出 Rayleigh 衰落信号的均值。并且尝试找到在平均 SNR 阈值之下 4dB 处的两路或者多路选择分集接收机。

第 10 章

信息论基础

信息论是一门运用概率论与数理统计方法研究信息的度量、传递、变换等规律的应用数学学科。这门学科的出现正是源于以香农为代表的学者对于通信中的信息及其相关问题的研究。

信息的本质与消息中的不确定性相关联，而信息传递过程的本质是使接收者得到比较确切的消息，从而降低其不确定性的过程。信息论中定义熵，以度量消息中的不确定性；定义互信息，以度量传递信息的多少。

通信的根本任务是有效与可靠地传递信息。利用熵与互信息等概念，信息论对通信系统进行数学模型化和宏观分析，获得了许多重要的结论。信息论的结论指出：通信的效率可以借助信源压缩编码来提高——压缩信源的极限是信源的熵；噪声信道中可以借助信道编码来实现无差错的通信——无差错通信的速率上限是信道的容量。

本章着重介绍信息论中与通信系统关联的一些基础知识，内容要点包括：

(1) 熵与互信息：离散无记忆信源、不确定性与熵、联合熵与条件熵、互信息。

(2) 信道的容量：离散无记忆信道、二进制对称信道、信道容量、信道编码定理、典型序列。

(3) 连续信源：相对熵、联合与条件相对熵。

(4) 高斯信道模型：高斯信道容量公式，通信系统的容量与带宽、信号功率和噪声功率的关系。

(5) 无失真信源编码：压缩与编码、信源编码定理、定长与变长编码、Huffman 编码算法。

(6) 限失真信源编码：速率-失真函数、二进制信源与高斯信源的速率-失真函数。

10.1　熵与互信息

第 1 章引入了信息量的概念，指出消息信号具有不确定性，因而包含信息。本节将进一步阐述熵、条件熵与互信息的概念，说明信息的本质是"不确定性的减少"。

10.1.1　熵及其特性

1. 信源的模型

信源及其输出的消息符号主要分为数字的与模拟的两大类。数字信源的数学模型为取值离散的随机序列。最简单的数字信源的模型称为**离散无记忆信源**（**discrete memoryless source，DMS**），所谓"无记忆"是指每个时刻的符号是独立同分布的随机变量。给定 M 元符号的字符集 $\{a_1, a_2, \cdots, a_M\}$ 与取值概率 $\{p_1, p_2, \cdots, p_M\}$，就完整地描述了一个 DMS。

模拟信源的数学模型为连续时间的随机过程 $X(t)$。通常，消息信号总是带限的，因此，可以按足够高的采样率对 $X(t)$ 进行采样，将它转换为离散时间的随机序列 $\{X_i\}$ 来建模。许多情形中，认为各时刻的样点是无记忆的与同分布的随机变量，它是连续取值的，于是可以用其概率密度函数 $f_X(x)$ 来描述。

综上所述,信源均可以描述为随机变量的序列,并常常简化为无记忆的。本节首先关注取值离散的情形。

2. 熵的定义与特性

以 DMS 为基础,第 1 章引入了熵的概念,定义为

$$H(X) = -\sum_{i=1}^{M} p_i \log p_i \tag{10.1.1}$$

作为信源(或其符号)X 所蕴含的不确定性的度量。有时称 $I(p_i) = -\log p_i$ 为自信息量,于是 $H(X)$ 是自信息量的平均值。公式中采用 $\log(\cdot)$ 是为了满足下面几个要求:

(1) 不确定性的大小应该只依赖于 X 的概率 p_i,而与取值 a_i 无关。

(2) $I(\cdot)$ 是 p_i 的连续函数,它的取值非负,并呈递减关系。

(3) 具有可加性:如果 $p_i = p_{i_1} p_{i_2}$(独立性的特征),则 $I(p_i) = I(p_{i_1}) + I(p_{i_2})$。

可以证明,只有对数函数满足这些要求。公式中,对数的底常常取为 2,这时 $H(X)$ 的单位为比特(bit);如果对数的底为 e(自然对数),则熵的单位为奈特(nat);如果对数的底为 10,则熵的单位为哈特莱(Hartley)。还注意到 $H(X)$ 其实并非随机变量 X 的函数,而是取值概率 p_i 的函数,因此,有时还特别将其改记为 $H(p_1, p_2, \cdots, p_M)$。

下面不加证明地给出熵的几个重要特性:

(1) 最小值为 0:当且仅当某个 $p_i = 1$,而其他的 p_i 为 0 时,$H(X) = 0$。这是消息完全确定的情形。

(2) 最大值为 $\log_2 M$:当且仅当 M 个取值等概($p_i = 1/M$)时,熵达到了最大值,$H(X) = \log_2 M$(bit)。这是消息完全随机的情形。

(3) 划分(grouping)性质:将 X 的取值划分为 A 与 B 两组,从而形成三个新的随机变量:X_2 取值 0 与 1(0 表示属于 A 组),A 取值 $\{a_1, a_2, \cdots, a_t\}$,$B$ 取值 $\{a_{t+1}, a_{t+2}, \cdots, a_M\}$,(其中 $0 < t \leqslant M$);X_2 的取值概率为 $p_A = P(X_2 = 0) = \sum_{i=1}^{t} p_i$ 与 $p_B = P(X_2 \neq 0) = \sum_{i=t+1}^{M} p_i$,则

$$H(X) = H(X_2) + p_A H(A) + p_B H(B)$$
$$= H(p_A, p_B) + p_A H\left(\frac{p_1}{p_A}, \cdots, \frac{p_t}{p_A}\right) + p_B H\left(\frac{p_{t+1}}{p_B}, \cdots, \frac{p_M}{p_B}\right) \tag{10.1.2}$$

可见,熵的值是正的,范围为 $[0, \log_2 M]$bit,熵的值随取值数目与取值等概程度的增加而提高。

例 10.1 二进制 DMS 的熵:假定二进制信源 X 的两种取值为 $[0, 1]$,相应的概率分别为 p 与 $1-p$,则由定义

$$H(X) = H(p, 1-p) = -p \log_2 p - (1-p) \log_2 (1-p) \text{(bit)} \tag{10.1.3}$$

其函数曲线如图 10.1.1 所示。根据曲线容易验证其最大值与最小值。二进制符号熵的公式应用广泛,常简记为 $H_2(p)$。

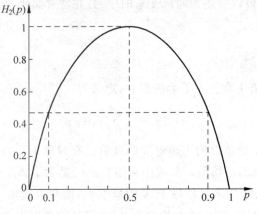

图 10.1.1 二进制 DMS 的熵 $H_2(p)$

10.1.2 联合熵与条件熵

在研究两个或多个随机变量时,用到"联合"与"条件"的概念。

1. 定义与基本性质

假定两个随机变量(X,Y)的取值为(x_i,y_j),概率为$p(x_i,y_j)=P(X=x_i,Y=y_j)$,并记条件概率为

$$p(x_i \mid y_j) = P(X=x_i \mid Y=y_j) = \frac{P(X=x_i,Y=y_j)}{P(Y=y_j)} = \frac{p(x_i,y_j)}{p(y_j)}$$

那么

(1) 定义**联合熵**(**joint entropy**)为

$$H(X,Y) = -\sum_i \sum_j p(x_i,y_j)\log p(x_i,y_j) \tag{10.1.4}$$

它反映了 X 与 Y 共同蕴含的不确定性。

(2) 定义**条件熵**(**conditional entropy**)为

$$H(X \mid Y) = -\sum_i \sum_j p(x_i,y_j)\log p(x_i \mid y_j) \tag{10.1.5}$$

它反映了在 Y 已知的条件下,X 尚存的不确定性。

考虑 $Y=y_j$ 的具体取值时,条件随机变量 $X|Y=y_j$ 的熵为

$$H(X \mid Y=y_j) = -\sum_i P(X=x_i \mid Y=y_j)\log P(X=x_i \mid Y=y_j)$$

再对 Y 的条件取值进行平均,得到平均条件熵为

$$\sum_j H(X \mid Y=y_j)P(Y=y_j)$$

$$= -\sum_i \sum_j P(X=x_i \mid Y=y_j)P(Y=y_j)\log P(X=x_i \mid Y=y_j)$$

$$= -\sum_i \sum_j p(x_i, y_j) \log p(x_i \mid y_j)$$

$$= H(X \mid Y)$$

容易发现,有两种极端情况:

(1) $X = Y$ 时,$H(X|Y) = 0$;

(2) X 与 Y 独立时,$H(X|Y) = H(X)$。

它们显然是合乎常理的。而且可以证明

$$H(X \mid Y) \leqslant H(X) \tag{10.1.6}$$

其中等号仅在 X 与 Y 独立时成立。它的物理解释为:给定 Y 总有可能减少 X 的不确定性,而决不会增加。

例 10.2 证明

$$H(X, Y) = H(Y) + H(X \mid Y) \tag{10.1.7}$$

证明 利用概率公式 $p(x_i, y_j) = p(x_i \mid y_j) p(y_j)$ 与全概率公式 $\sum_i p(x_i, y_j) = p(y_j)$ 可得

$$
\begin{aligned}
H(X, Y) &= -\sum_i \sum_j p(x_i, y_j) \log p(x_i, y_j) \\
&= -\sum_i \sum_j p(x_i, y_j) \log [p(x_i \mid y_j) p(y_j)] \\
&= -\sum_i \sum_j p(x_i, y_j) \log p(x_i \mid y_j) - \sum_i \sum_j p(x_i, y_j) \log p(y_j) \\
&= H(X \mid Y) - \sum_j \left(\sum_i p(x_i, y_j) \right) \log p(y_j) \\
&= H(X \mid Y) - \sum_j p(y_j) \log p(y_j) \\
&= H(Y) + H(X \mid Y)
\end{aligned}
$$

以上例题的结论可直观地解释为:X 与 Y 共同的不确定性是其中一个的不确定性,加上"除开"它以后还存留的不确定性。结合式(10.1.6),还发现

$$H(X, Y) \leqslant H(X) + H(Y) \tag{10.1.8}$$

并在 X 与 Y 独立时,上式取等号。

2. 多元情形与信源的熵速率

两个随机变量的联合熵与条件熵的概念很容易推广到多个随机变量的情形。给定 n 个随机变量,记为 n 维矢量 $\boldsymbol{X} = (X_1, X_2, \cdots, X_n)$,联合熵定义为

$$
\begin{aligned}
H(\boldsymbol{X}) &= H(X_1, X_2, \cdots, X_n) \\
&= -\sum_{i_1} \sum_{i_2} \cdots \sum_{i_n} p(x_{i_1}, x_{i_2}, \cdots, x_{i_n}) \log p(x_{i_1}, x_{i_2}, \cdots, x_{i_n}) \tag{10.1.9}
\end{aligned}
$$

条件熵定义为

$$
\begin{aligned}
&H(X_n \mid X_1, X_2, \cdots, X_{n-1}) \\
&= -\sum_{i_1} \sum_{i_2} \cdots \sum_{i_n} p(x_{i_1}, x_{i_2}, \cdots, x_{i_n}) \log p(x_{i_n} \mid x_{i_1}, x_{i_2}, \cdots, x_{i_{n-1}}) \tag{10.1.10}
\end{aligned}
$$

根据条件概率的链式公式，仿例 10.2 可以证明

$$H(X_1,X_2,\cdots,X_n)=H(X_1)+H(X_2\mid X_1)+H(X_3\mid X_1,X_2)+\cdots$$
$$+H(X_n\mid X_1,X_2,\cdots,X_{n-1}) \tag{10.1.11}$$

运用多元联合熵与条件熵可以研究一段信息序列的熵与信源的熵率。考虑信源输出的随机序列为 $(X_1,X_2,\cdots,X_n,\cdots)$，可见：

第 1 个符号的熵为：$H(X_1)$；

在第 1 个符号的基础上，第 2 个符号新增的熵为：$H(X_2|X_1)$；

在第 1 与第 2 个符号的基础上，第 3 个符号新增的熵为：$H(X_3|X_1,X_2)$；

$\vdots$

在前 $n-1$ 个符号的基础上，第 n 个符号新增的熵为：$H(X_n|X_1,X_2,\cdots,X_{n-1})$。

因此直到 n 为止，前 n 个符号总的熵为式(10.1.11)。

定义信源的**熵速率**（**entropy rate**）为平均每个符号（提供）的熵，记为 H

$$H=\lim_{n\to\infty}\frac{1}{n}H(X_1,X_2,\cdots,X_n) \tag{10.1.12}$$

如果信源是平稳的，那么上述极限存在。由于平稳信源稳定地输出熵，因此，应该有

$$H=\lim_{n\to\infty}H(X_n\mid X_1,X_2,\cdots,X_{n-1}) \tag{10.1.13}$$

例 10.3 分析 DMS 的熵速率。

解 由于 DMS 各个符号是独立同分布的，记单个符号的熵为 $H(X)$，于是

$$H(X_n\mid X_1,X_2,\cdots,X_{n-1})=H(X)$$

与

$$H(X_1,X_2,\cdots,X_n)=nH(X)$$

易见，熵速率 $H=H(X)$。∎

显然，对于一般有记忆的信源而言，研究多元联合熵与条件熵是必要的。

10.1.3 互信息

式(10.1.6)指出借助观察 Y 可能减少有关 X 的不确定性，这种减少意味着观察过程获得了 X 的一些有用信息，或者说 X 传递给 Y 了一些信息。基于这种想法引出了互信息的概念。

定义 X 与 Y 的**互信息**（**mutual information**）为

$$I(X;Y)=H(X)-H(X\mid Y) \tag{10.1.14}$$

它反映通过观察 Y 所获得的有关 X 的信息。

考虑两种极端的情况：

（1）X 与 Y 独立，则

$$I(X;Y)=H(X)-H(X)=0$$

即，有了 Y 仍然无法得到任何有关 X 的信息。

（2）$X=Y$，则

$$I(X;Y)=H(X)-0=H(X)$$

即，有了 Y 便有了全部有关 X 的信息。

容易发现,互信息还有下述性质:

(1) 它总是非负的,即 $I(X;Y) \geqslant 0$;

(2) 它是对称的,即 $I(X;Y) = I(Y;X)$;

(3) 它是双方共享的部分,即

$$I(X;Y) = H(X) + H(Y) - H(X,Y) \tag{10.1.15}$$

如图 10.1.2 所示。

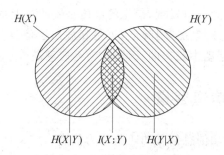

图 10.1.2　熵、条件熵与互信息关系

通过把 Y 形象地想象为观察镜,图 10.1.3 直观地解释了互信息的概念。

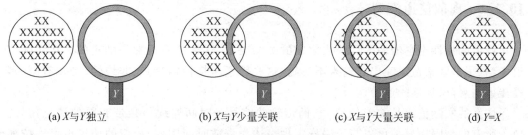

(a) X 与 Y 独立　　(b) X 与 Y 少量关联　　(c) X 与 Y 大量关联　　(d) $Y=X$

图 10.1.3　互信息的直观解释

例 10.4　分析二元信息传输中的互信息。如图 10.1.4 所示,假定信道的误码率为 10%;二元输入符号 X 的概率为 $p = P(X=1) = 0.6$,经传输后接收到的符号为 Y。

解　根据概率论的有关公式可计算出各种基本概率与条件概率,并按定义求出 $H(X|Y)$,如表 10.1.1 所示。

图 10.1.4　二元符号的传输框图

表 10.1.1　各种概率、条件概率与 $H(X|Y)$

x_i, y_j	$p(y_j|x_i)$	$p(x_i, y_j)$	$p(y_j)$	$p(x_i|y_j)$	$-p(x_i, y_j)\log_2 p(x_i|y_j)$
0 0	0.9	0.36	0.42	0.857	0.080
1 0	0.1	0.06		0.143	0.168
0 1	0.1	0.04	0.58	0.069	0.154
1 1	0.9	0.54		0.931	0.056
					$H(X|Y) = \sum = 0.458$

由熵的定义与例 10.1 的 $H_2(p)$ 公式可知：

$$H(X) = H_2(0.6) \approx 0.971(\text{bit}) \quad \text{与} \quad H(Y) = H_2(0.58) \approx 0.982(\text{bit})$$

由于误码的影响，Y 的取值概率比 X 的更趋于均匀，其不确定性也更高。又

$$I(X;Y) = I(Y;X) = H(X) - H(X \mid Y) = 0.513(\text{bit})$$

可见，该信道将 X 中 0.512bit 的信息传递给了 Y，而还有 0.458bit 是从 Y 中无法获得的。如果信道没有误码，则 $Y=X$，X 的全部 0.971bit 都可以传递给 Y。 ■

考察熵与互信息的概念可以发现，信息的本质是熵的减少量，而熵是对"未知程度"的度量；熵的减少意味着"未知程度"的降低，于是释放出了信息。这使人联想到势能与功的关系。可见，信息是在互动中获得的，因而称为互信息。

10.2 离散信道与信道容量

介于收发信者之间传输消息信号的通路称为信道。广义地讲，一个把输入信号映射为输出信号的系统都可以被视为信道。本章将介绍离散无记忆信道模型，给出信道容量的定义与信道编码定理，说明信道容量是信息通过信道的速率上限。

10.2.1 离散信道模型

信道的特性由它的输入和输出之间的关系决定，这种关系通常是随机的。在实际信道中，有很多因素造成输出与输入不一致，这些因素包括传输衰减、非线性、带宽有限、多径传播与衰落、加性噪声等。

许多的实际信道是波形信道，它们传输的信号是时间连续与频带有限的消息信号。由于所有的带限信号都可以基于采样定理表述为离散时间序列，相应的信道也可以按离散时间形式来描述与分析。

如果离散时间信道的输入与输出变量的取值是离散的，那么就可以称其为**离散信道**。信道在某 n 时刻的输出 $Y(n)$ 有时不只取决于当前的输入 $X(n)$，还与此前（甚至于此后）的输入有关，例如，系统存在码间干扰时。信道的这种特性称为**记忆性**。

简单且常用的信道是**离散无记忆信道**（discrete memoryless channel，DMC），这种信道每个时刻的特性是相同的，且输出只与当前的输入有关。其具体的数学描述为：

（1）输入字符为 M 元的，字符集记为 $\{x_1, x_2, \cdots, x_M\}$；

（2）输出字符为 J 元的，字符集记为 $\{y_1, y_2, \cdots, y_J\}$；

（3）输入至输出的关系由条件概率表示，记为 $p(y_j \mid x_i)$，共 $M \times J$ 个，可用 $M \times J$ 的矩阵描述。

图 10.2.1 离散无记忆信道模型

离散无记忆信道模型如图 10.2.1 所示。

二进制对称信道（binary symmetric channel，BSC）是最基本的离散无记忆信道，如图 10.2.2(a) 所示。它的输入与输出都是二元符号，条件概率是对称的，即

$$P(1 \mid 0) = P(0 \mid 1) = p_e$$
$$P(0 \mid 0) = P(1 \mid 1) = 1 - p_e$$

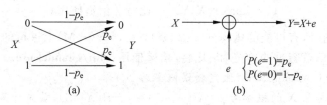

图 10.2.2　二进制对称信道(BSC)模型

其中，p_e 为信道的错误概率。显然，BSC 又如图 10.2.2(b)所示，其输入与输出的关系还可以表示为

$$Y = X \oplus e \qquad (10.2.1)$$

其中，"$\oplus$"为模二加，e 为错误比特，定义为

$$e = \begin{cases} 1, & \text{发生错误，概率为 } p_e \\ 0, & \text{不发生错误，概率为 } 1 - p_e \end{cases} \qquad (10.2.2)$$

例 10.5　AWGN 中的 2PSK 系统。

解　AWGN 的 2PSK 系统可以视为传输二元序列的 BSC 信道，其参数为

$$p_e = Q\left(\sqrt{\frac{2E_b}{N_0}}\right)$$

其中，E_b 是传输信号的平均比特能量，$N_0/2$ 为 AWGN 信道的功率谱密度值。■

10.2.2　信道容量

1. 信道容量的定义

通信的目的是传输信息，在每次运用信道将输入符号 X 传输成 Y 的过程中，传递的信息可以用互信息来分析。考虑离散无记忆信道，由定义可得

$$
\begin{aligned}
I(X,Y) &= H(Y) - H(Y \mid X) \\
&= -\sum_j p(y_j)\log p(y_j) + \sum_i \sum_j p(x_i, y_j)\log p(y_j \mid x_i) \\
&= -\sum_j \sum_i p(x_i, y_j)\log \sum_i p(x_i, y_j) + \sum_i \sum_j p(x_i, y_j)\log p(y_j \mid x_i) \\
&= \sum_i \sum_j p(x_i, y_j)\log \frac{p(y_j \mid x_i)}{\sum_i p(x_i, y_j)} \\
&= \sum_i \sum_j [p(y_j \mid x_i)p(x_i)]\log \frac{p(y_j \mid x_i)}{\sum_i p(y_j \mid x_i)p(x_i)} \qquad (10.2.3)
\end{aligned}
$$

其中，$p(y_j|x_i)$ 是信道的特性，而 $p(x_i)$ 是输入符号的特性。可见，信道的互信息不仅取决于信道自身，还取决于如何输入符号，也就是，如何使用信道。

所谓信道的能力，应该是在充分运用信道的情况下，其能够传递的最大信息量。以传递一个符号作为一次信道使用，**信道容量**(**channel capacity**)定义为

$$C = \max_{\langle p(x_i) \rangle} I(X,Y) \quad (\text{比特／信道使用}) \tag{10.2.4}$$

式中的最大化是在所有可能的概率分布 $\{p(x_i), i=1,2,\cdots,M\}$ 上进行的。注意信道是按次使用的,因此,信道容量的单位为:**比特/信道使用,(bit/channel-use)**。

例 10.6 BSC 的信道容量(假定错误概率为 p_e)。

解 记输入符号 X 的概率为 $p = P(X=1) = 1 - P(X=0)$,首先计算 $H(Y|X)$,可得

$$H(Y \mid X) = \sum_i \sum_j [p(y_j \mid x_i)p(x_i)]\log p(y_j \mid x_i)$$

由于 $p(0|0) = p(1|1) = 1-p_e$ 与 $p(1|0) = p(0|1) = p_e$,可得

$$\begin{aligned}
H(Y \mid X) &= -(1-p_e)p\log(1-p_e) - p_e p\log p_e \\
&\quad - (1-p_e)(1-p)\log(1-p_e) - p_e(1-p)\log p_e \\
&= -(1-p_e)\log(1-p_e) - p_e\log p_e \\
&= H_2(p_e)
\end{aligned}$$

于是

$$I(X,Y) = H(Y) - H_2(p_e)$$

由于 Y 是二元随机变量,因此,$H(Y)$ 的最大值为 1bit,得到信道容量为

$$C = 1 - H_2(p_e)$$

$H(Y)$ 的最大值发生在 Y 达到等概时,容易知道,这时,X 也是等概的,即 $p=0.5$。式(10.2.4)的曲线如图 10.2.3 所示,可见,BSC 的信道容量在为 $0 \sim 1$bit,当 $p_e = 0.5$ 时,信道容量为 0;而 $p_e = 0$ 与 1 时信道容量为最大值 1,其中的物理意义是明显的。 ■

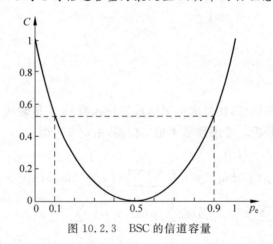

图 10.2.3 BSC 的信道容量

2. 信道编码定理

在信道容量的分析中可以发现,要充分运用信道应该预先调整输入符号的特性,这一处理称为**信道编码(channel coding)**。具有信道编码/译码的数字通信系统的如图 10.2.4 所示。以二元通信为例,编码单元将 $k$bit 映射为 $n$bit,显然,必须满足 $n \geqslant k$ 才能保证映射是可逆的。定义**编码效率**为

$$r = \frac{k}{n} \tag{10.2.5}$$

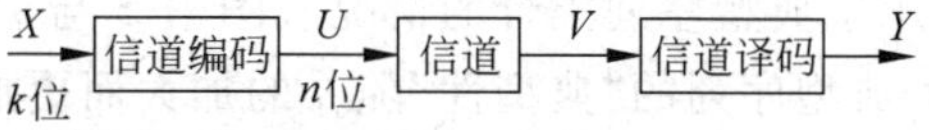

图 10.2.4　具有信道编码/译码的数字通信系统

信道编码定理：假定信源 X 按 R_s(sym/s)的速率产生消息符号，而传输系统按 R_c(信道使用/s)的频次使用信道，如果

$$R_s H(X) \leqslant R_c C \tag{10.2.6}$$

则存在一种编码方法，使信源能够以任意小的错误概率在信道中传输。

　　粗略地讲，在有错误的信道上，只要信息率不大于信道容量，就可以实现无错误的可靠通信，或者说，C 是可靠通信的最高允许速率。信道编码定理也称为**香农第二定理**，是信息论的基本定理之一。在有误码的信道上是否可以没有错误地进行有效的传输一直是令人困惑的问题，1948 年，香农提出的该定理回答了这个问题。定理其实只肯定了可靠通信的可能性与存在条件，而没有给出具体的实现方法；并且，定理对于可靠通信的解释是误码率可以趋于零，而没有给出精确的计算公式。

*10.2.3　典型序列

　　下面说明典型序列理论，而后借助它进一步解释信道编码定理。

1. 典型序列

　　考虑取值 1 与 0 的概率分别为 p 与 $1-p$ 的二进制独立同分布随机序列，$\{U_1, U_2, \cdots\}$，从中任取 n 长的一段序列，由大数定理易知，当 n 充分大时，这段序列中 1 的个数约为 np，而 0 的个数约为 $n(1-p)$。这种 1 与 0 的个数分别在 np 与 $n(1-p)$ 左右的 n 长序列称为**典型序列**（typical sequence）。相应地，其他 n 长序列称为非典型（或稀有）序列。

　　关于典型序列，可以发现下面这些特点：

　　(1) 典型序列是一类定义较为"模糊"的序列，它由约 np 个 1 与 $n(1-p)$ 个 0 组成，其 0 与 1 的顺序是任意的。

　　(2) 各个典型序列大致等概，它的概率约为

$$\begin{aligned}
p^{np}(1-p)^{n(1-p)} &= 2^{np\log_2 p} \times 2^{n(1-p)\log_2(1-p)} \\
&= 2^{n[p\log_2 p + (1-p)\log_2(1-p)]} \\
&= 2^{-nH(U)}
\end{aligned}$$

　　(3) 典型与非典型序列将全体 n 长序列的集合划分为两大类，分别记为 T 与 $\overline{T}$。任取一个 n 长序列 s，则

$$P(s \in T) \approx 1 \quad \text{与} \quad P(s \in \overline{T}) \approx 0 \quad (n \text{ 足够大}) \tag{10.2.7}$$

因为当 n 充分大时，序列 s 中 1 的个数总是约为 np。

　　(4) 典型序列的总数 n_T 约为 $2^{nH(U)}$。因为，在近似等概的特点下

$$n_T \approx \frac{\text{总概率}}{\text{每个的概率}} \approx \frac{1}{2^{-nH(U)}} = 2^{nH(U)} \tag{10.2.8}$$

图 10.2.5 形象地表示了典型序列集合的情况。图中 S 与 T 分别是 n 长序列全体的集合与典型序列的集合。典型序列的"典型性"随 n 的加大而更加凸现。典型序列的数目 $n_T = 2^{nH(U)}$，通常只占 n 长序列总数 2^n 中的少部分，只有当序列中 0 与 1 等概（$p = 0.5$）时，$H(U) = 1$，使 $n_T = 2^n$，这时，所有的序列都是典型的。

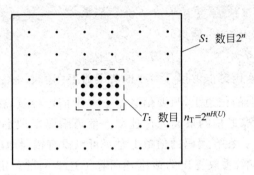

图中标注：S：数目 2^n；T：数目 $n_T = 2^{nH(U)}$

图 10.2.5 典型序列集合的情况

2. 可靠传输方法

典型序列的理论指出：当 n 充分大时，$\{U_1, U_2, \cdots, U_n\}$ 的 2^n 种可能序列中，几乎只有 $n_T = 2^{H(U)}$ 种会出现。而且，随着 n 的加大，这种倾向性趋于必然。

考虑图 10.2.4 中传输 n 位二元序列 $\{U_1, U_2, \cdots, U_n\}$ 的问题，假定信道是错误概率为 p_e 的 BSC 信道，那么，接收到的序列可以表示为

$$\{V_1, V_2, \cdots, V_n\} = \{U_1 \oplus e_1, U_2 \oplus e_2, \cdots, U_n \oplus e_n\}$$

其中，$\{e_1, e_2, \cdots, e_n\}$ 是 n 长错误序列。依据典型序列理论，错误序列在 n 充分大时，基本上只有约 $n_{T_e} = 2^{nH(e)} = 2^{nH_2(p_e)}$ 种。于是，只要避开这 n_{T_e} 种错误，就可以实现可靠传输。为此在 n 长序列 $\{U_1, U_2, \cdots, U_n\}$ 中选出一批序列，记各个序列为 s_k，把各 s_k 的所有 n_{T_e} 种典型错误结果作为集合 T_k。选择 s_k 时要确保形成的这些 T_k 彼此完全不交叠。初步估计，这种序列的数目可以达到约为

$$\frac{2^n}{n_{T_e}} = \frac{2^n}{2^{nH_2(p_e)}} = 2^{n[1 - H_2(p_e)]} = 2^{nC} \tag{10.2.9}$$

其中，$C = 1 - H_2(p_e)$ 正是 BSC 信道的容量。

设计编码器，使它输出的 n 长序列只是这 2^{nC} 种 s_k 序列，显然，它们每一个通过信道后，即使有错也应该落在各自的集合 T_k 之内。由于 T_k 之间互不重叠，因此接收方能够正确地区别并还原不同的发送序列，从而实现可靠通信。还可以发现，这种可靠性是在 n 充分大时才具有的，并随 $n \to \infty$ 而趋于必然。

另一方面，编码器输入的信息序列为 k 位的 $\{X_1, X_2, \cdots, X_k\}$，同样按照典型序列的理论，在 k 充分大时，它基本上只有 $2^{kH(X)}$ 种，这里 $H(X)$ 是信源符号的熵。为了保证唯一性，信息序列的种类必须小于或等于编码器输出序列的种类，即

$$2^{kH(X)} \leqslant 2^{nC} \quad \text{或者} \quad kH(X) \leqslant nC \tag{10.2.10}$$

这正是信道编码定理公式(10.2.6)。因为编码器输入信息符号的速率为 k(次/编码)，使

用信道的速率为 n(次/编码)。

10.3 相对熵与高斯信道容量

前面两节着重讨论了离散取值的信源与信道的有关问题。本节将其中的一些概念扩展到连续取值的情形中,进而导出了相对熵的概念与信息论的另一个基本公式——高斯信道容量公式。

10.3.1 连续信号的相对熵与互信息

考虑一个连续取值的信源,它由概率密度函数为 $f_X(x)$ 的随机变量 X 来描述,类似于离散随机变量,定义

$$h(X) = -\int_{-\infty}^{+\infty} f_X(x) \log f_X(x) \mathrm{d}x \qquad (10.3.1)$$

为 X 的**相对熵**(**differential entropy**)。

相对熵有别于普通熵(绝对熵),因为连续随机变量 X 在任何一单点处的取值概率为零,因而无法直接定义该取值的自信息。将 X 写成离散随机变量的极限形式,令区间宽度为 Δx,则 X 落入区间 $[x_k, x_k + \Delta x)$ 的概率为 $f_X(x_k)\Delta x$。于是,X 的熵可以表述为下面的极限形式

$$
\begin{aligned}
H(X) &= -\lim_{\Delta x \to 0} \sum_{k=-\infty}^{+\infty} [f_X(x_k)\Delta x] \log [f_X(x_k)\Delta x] \\
&= -\lim_{\Delta x \to 0} \sum_{k=-\infty}^{+\infty} [f_X(x_k)\Delta x] \log f_X(x_k) - \lim_{\Delta x \to 0} \sum_{k=-\infty}^{+\infty} [f_X(x_k)\Delta x] \log \Delta x \\
&= -\lim_{\Delta x \to 0} \sum_{k=-\infty}^{+\infty} [f_X(x_k)\log f_X(x_k)]\Delta x - \lim_{\Delta x \to 0} \sum_{k=-\infty}^{+\infty} [f_X(x_k)\Delta x] \log \Delta x \\
&= -\int_{-\infty}^{+\infty} f_X(x) \log f_X(x) \mathrm{d}x - \lim_{\Delta x \to 0} \left[\int_{-\infty}^{+\infty} f_X(x) \mathrm{d}x \right] \log \Delta x \\
&= h(X) - \lim_{\Delta x \to 0} \log \Delta x
\end{aligned}
$$

由于 $\int_{-\infty}^{+\infty} f_X(x) \mathrm{d}x = 1$,可得

$$H(X) = h(X) - \lim_{\Delta x \to 0} \log \Delta x \qquad (10.3.2)$$

易见,$-\lim_{\Delta x \to 0} \log \Delta x = +\infty$,这表明 X 的熵为无穷大。直观上讲,这个结论是合理的,因为连续随机变量的取值区间是无限稠密的,它蕴含着无限多的不确定性。为了方便,不妨将式(10.3.2)中的 $-\lim_{\Delta x \to 0} \log \Delta x$ 项作为公共参考量,而只使用相对熵 $h(x)$ 进行讨论。

进一步,定义 X 与 Y 的**联合相对熵**与**条件相对熵**为

$$h(X, Y) = -\iint_{-\infty \quad -\infty}^{+\infty +\infty} f_{XY}(x, y) \log f_{XY}(x, y) \mathrm{d}x \mathrm{d}y \qquad (10.3.3)$$

$$h(X \mid Y) = \int_{-\infty}^{+\infty}\int_{-\infty}^{+\infty} f_{XY}(x,y)\log f_{X|Y}(x \mid y)\mathrm{d}x\mathrm{d}y \tag{10.3.4}$$

显然，X 与 Y 的互信息仍然为

$$I(X;Y) = H(X) - H(X \mid Y) = h(X) - h(X \mid Y) \tag{10.3.5}$$

注意到，式中公共参考量相互抵消，因此，互信息的概念与特性与离散随机变量的完全一样。

例 10.7 随机变量 X 在 $[0,a]$ 上均匀分布，求它的相对熵。

解 由于

$$f_X(x) = \begin{cases} 1/a, & 0 \leqslant X \leqslant a \\ 0, & \text{其他} \end{cases}$$

于是，按定义有

$$h(x) = \int_0^a \frac{1}{a}\log_2 a\,\mathrm{d}x = \log_2 a \quad (\text{bit}) \tag{10.3.6}$$

注意到 $a \in (0,1)$ 时，$h(x)<0$，这说明相对熵不同于普通熵，相对熵是一个相对量，它可以为负。

例 10.8 高斯随机变量 $X \sim N(\mu,\sigma^2)$，求它的相对熵。

解 首先

$$f_X(x) = \frac{1}{\sqrt{2\pi\sigma^2}}\exp\left[-\frac{(x-\mu)^2}{2\sigma^2}\right]$$

于是

$$\log_2 f_X(x) = -\log_2\sqrt{2\pi\sigma^2} - \frac{(x-\mu)^2}{2\sigma^2}\log_2 e$$

进而

$$h(X) = \log_2\sqrt{2\pi\sigma^2}\int_{-\infty}^{+\infty} f_X(x)\mathrm{d}x + \frac{\log_2 e}{2\sigma^2}\int_{-\infty}^{+\infty}(x-\mu)^2 f_X(x)\mathrm{d}x$$

易知，式中第一个积分为1，第二积分为 σ^2，因此

$$h(X) = \frac{1}{2}\log_2(2\pi\sigma^2) + \frac{1}{2}\log_2 e = \frac{1}{2}\log_2(2\pi e\sigma^2) \quad (\text{bit}) \tag{10.3.7}$$

该式表明，高斯变量的相对熵与均值无关，而由方差唯一确定；方差越大，相对熵也越大。

另外，还可以证明：如果 X 是方差为 σ^2 的连续随机变量，则

$$h(X) \leqslant \frac{1}{2}\log_2(2\pi e\sigma^2) \tag{10.3.8}$$

并且，当且仅当 X 为高斯变量时式中的等号成立。可见，对于有限方差的连续随机变量，高斯变量具有最大的相对熵，或者说，高斯分布具有最大的不确定性。

10.3.2 高斯信道的容量

1. 高斯信道模型

理论分析与实际应用中经常需要研究有限功率信号在高斯信道上的传输问题。考虑

传输信号 $X(t)$ 的带宽为 B、功率设定为 P，而信道为 AWGN 信道，噪声功率谱密度为 $N_0/2$。于是，信道的输出信号可表示为

$$Y(t) = X(t) + N(t) \tag{10.3.9}$$

其中，$N(t)$ 是均值为零，方差为 $N_0 B$ 的带限高斯白噪声，而且 $N(t)$ 与 $X(t)$ 独立。基于带限信号的采样定理，可以将上式转换为离散时间序列的形式

$$Y(nT_s) = X(nT_s) + N(nT_s)$$

其中，T_s 为采样间隔，并假设抽样点之间是彼此独立的。

为了书写简便，下面讨论中将上式简记为

$$Y = X + N \tag{10.3.10}$$

依据前面的假设可知：X 满足 $E[X^2]=P$，N 服从高斯分布 $N(0, N_0 B)$，X 与 N 独立。式(10.3.10)称为**离散时间无记忆 AWGN 信道模型**，简称为**高斯信道模型**。容易发现，该信道的输入至输出的关系还可以用下面的条件概率描述

$$f_{Y|X}(y \mid x) = \frac{1}{\sqrt{2\pi N_0 B}} e^{-\frac{(y-x)^2}{2N_0 B}} \tag{10.3.11}$$

高斯信道模型是理论分析与实际应用中非常重要和常用的一种信道模型。

2. **高斯信道的容量**

下面研究高斯信道的容量。由定义

$$C = \max_{f_X(x)} I(X;Y) = \max_{f_X(x)} [h(Y) - h(Y \mid X)] \tag{10.3.12}$$

其中，最大化是在概率密度 $f_X(x)$ 上进行的，而且约束条件为 $E[X^2]=P$。

下面分两步来讨论：首先，可以证明，当 X 与 N 独立时，$h(Y|X)=h(N)$。于是

$$C = \max_{f_X(x)} [h(Y) - h(N)] \tag{10.3.13}$$

为了获得 C，必须使 $h(Y)$ 最大，由式(10.3.8)可知，Y 必须是高斯的。

而后，由于 $X=Y-N$ 是两个高斯变量之差，可见，X 也必定是高斯的，不妨设其均值为 μ_X，易见

$$\sigma_Y^2 = \sigma_X^2 + \sigma_N^2 = P - \mu_X^2 + N_0 B$$

为了得到最大的 $h(Y)$，σ_Y^2 应该达到最大，这要求 $\mu_X=0$，因此，$X \sim N(0,P)$。此时，$\sigma_Y^2 = P + N_0 B$。

最后，代入式(10.3.10)可得

$$C = \frac{1}{2}\log_2[2\pi e(P+N_0 B)] - \frac{1}{2}\log_2(2\pi e N_0 B)$$

$$= \frac{1}{2}\log_2\left(1 + \frac{P}{N_0 B}\right) \quad \text{(bit/channel-use)} \tag{10.3.14}$$

考虑采样率为 $2B$，于是信道使用率为 $2B$ 次/s，这样

$$C = B\log_2\left(1 + \frac{P}{N_0 B}\right) = B\log_2\left(1 + \frac{S}{N}\right) \quad \text{(bps)} \tag{10.3.15}$$

其中，$P/N_0 B$ 实际是信号与噪声的功率比，因此，常记为 S/N。这便是著名的**高斯信道容量公式**，也称为**香农第三定理**的常见形式。

例 10.9 设电话线路频带为 $300\sim3300\,\text{Hz}$，信噪比为 30dB，按 AWGN 信道计算其容量。

解 易见，$B=3000\,\text{Hz}$，$S/N=1000$，于是

$$C = 3000\log_2(1+1000) = 29\,902\,(\text{bps})$$

10.3.3 信道容量公式的讨论

高斯信道容量公式是信息论中最重要的结论之一，它高度概括了通信系统的容量与它的关键参量：带宽、信号功率和噪声功率（或信噪比）之间的关联。由于高斯分布具有最大的不确定性，在各种研究中高斯信道模型也被广泛用为保守模型。

*1. 容量与带宽的关系

考察一下信道容量与带宽的关系。在加性白噪声信道上，增加系统带宽会同时带来两方面的影响：①有助于提高传输速率；②更多的噪声会进入接收机。信道容量公式(10.3.15)中的两个 B 也反映了这两点。实际上，单纯增加带宽不能无限地增大信道容量，在 $B\to\infty$ 时，容量 C 将趋于某固定值。借助极限公式 $\lim\limits_{x\to\infty}\left(1+\dfrac{1}{x}\right)^x=\text{e}$，由式(10.3.15)可见

$$\begin{aligned}
C_\infty &= \lim_{B\to\infty}C = \lim_{B\to\infty}\frac{P}{N_0}\log_2\left(1+\frac{1}{N_0B/P}\right)^{N_0B/P}\\
&= \frac{P}{N_0}\log_2\text{e} = 1.44\,\frac{P}{N_0}\,(\text{bps})
\end{aligned}\tag{10.3.16}$$

2. E_b/N_0 与频带利用率 η 的关系

考察 AWGN 上数字通信的情况，由信道编码定理可知，系统的信息传输率必须满足

$$R_b \leqslant C = B\log_2\left(1+\frac{P}{N_0B}\right)$$

在数字通信系统的分析中，常常采用 E_b/N_0 与频带利用率 $\eta=R_b/B$，由于 $P=E_bR_b$，易知

$$\eta \leqslant \log_2\left(1+\eta\times\frac{E_b}{N_0}\right)$$

由此可解出

$$\frac{E_b}{N_0} \geqslant \frac{2^\eta-1}{\eta}\tag{10.3.17}$$

基于上式可以给出图 10.3.1 的两个区域，并进行下面的讨论：

(1) 图中左上（阴影）区域为无法实现可靠通信的区域；右下方为能够实现可靠通信的区域；而分界线对应于 $R_b=C$ 的理想通信系统。显然，好的通信系统应该处于右下区域并尽量接近分界线。

(2) 在带宽充足时，η 可以尽量小，这时主要关心降低发送功率的问题，这种情形常常称为功率受限情形。极端情况下，无限地增加 B 使 $\eta\to0$，由图可见分界线上 $E_b/N_0\to$ -1.6dB。这表明：即使带宽无限（或码率接近零），系统仍需要至少 -1.6dB 的 E_b/N_0

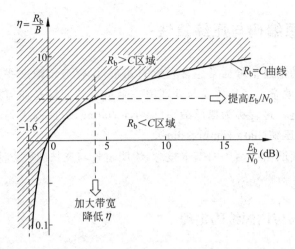

图 10.3.1　数字通信系统中 η 与 E_b/N_0 的关系

才能实现可靠通信。极限值 -1.6dB 称为**香农极限（Shannon limit）**，可由式（10.3.17）如下求得

$$\lim_{\eta \to 0} \frac{E_b}{N_0} = \lim_{\eta \to 0} \frac{(2^\eta - 1)'}{\eta'} = \lim_{\eta \to 0} \frac{2^\eta \ln 2}{1} = 0.693 = -1.6\text{dB} \qquad (10.3.18)$$

（3）另一方面，在带宽受限的情形中，常常采用低维数的多元调制系统，这时，η 可能很高，需要提高信号功率来实现可靠通信。

实际通信系统中，MFSK 是功率受限系统的典型例子。图 10.3.2 中"□"标出了几种 MFSK 系统（取误码率 $P_e = 10^{-5}$）。可见，随 M 加大，系统的 E_b/N_0 趋于香农极限。另一方面，图 10.3.2 中还用"○"标出了几种 MPSK 系统（也取误码率 $P_e = 10^{-5}$）。它们与 MQAM 可以作为带宽受限系统的例子。

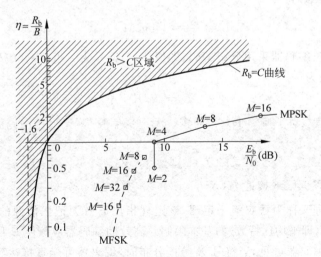

图 10.3.2　功率受限与带宽受限系统的例子（$P_e = 10^{-5}$）

10.4　离散信源编码与压缩算法

物理信源产生的消息信号通常包含大量的冗余,保存与传输这些冗余会浪费有限的系统资源,降低通信效率。信息传输与处理中一个重要的问题是如何将消息信号表示为规范、有效的形式,这一过程称为**信源编码**（source coding）。信源编码常常能够缩小数据量,因此也称为**数据压缩**（data compression）。

本节主要讨论离散信源编码的基本概念,说明定长与变长编码方法,给出信源编码定理,并介绍 Huffman 编码算法。

10.4.1　定长编码与信源编码定理

为了规范、有效地表示消息信号,信源编码应该注意下面几个基本要求:

(1) 编码过程应该可逆,这样才可以从编码后的码字序列中无失真地恢复出原始消息信号,这种编码也因此称为**无失真**（或无损）编码。

(2) 编码输出码字占用的资源要尽量地少,其衡量方法通常采用单位消息符号所需要的**平均码字长度**,记为 $\bar{L}$ 或 $\bar{R}$;平均码字长度也称为**码速率**（code rate）,它的单位为比特/符号（bit/sym）。

(3) 输出码字主要采用二进制格式,这种格式是常用的规范格式。

定长编码（fixed-length coding）是基本的信源编码方式,定长编码器的输入与输出是固定长度的。假设 M 元离散无记忆信源 X 的取值与概率分别为 $\{a_1,a_2,\cdots,a_M\}$ 与 $\{p_1,p_2,\cdots,p_M\}$,最简单的定长编码器以单个符号作为输入,产生 N 长的二进制码字。易见,必须使 $2^N \geqslant M$ 才能实现无失真编码,即 $N \geqslant [\log_2 M]+1$,这里 $[\cdot]$ 为取整运算。显然,输出码字的平均码长（或码率）为

$$\bar{L} = \frac{N}{1} = [\log_2 M] + 1$$

更一般的定长编码器采用分组编码,即以 K 个符号为一组,一并编码为 N 长二进制码字,则平均码长为

$$\bar{L} = N/K$$

信源编码定理:对于熵为 $H(X)$ 的离散无记忆信源 X,无失真编码的平均码长 $\bar{L}$（或码速率 $\bar{R}$）满足

$$\bar{L} = \bar{R} \geqslant H(X) \tag{10.4.1}$$

而且,$\bar{L}$（或 $\bar{R}$）可以无限地接近 $H(X)$。

信源编码定理又称为**香农第一定理**,该定理指出离散无记忆信源的熵 $H(X)$ 是其每个符号平均码长 $\bar{L}$（即平均比特数）的基本限制。高效的编码器应该使 $\bar{L}$ 尽力接近 $H(X)$。考察每个符号的编码器可见,当符号 X 等概分布时,编码器可能直接达到高效率的极限,因为 $H(X)=\log_2 M$。但在 X 不等概时,单个符号的编码器显然是不够的,这时,K 个符号为一组的分组编码器可以获得更短的平均码长,并在 $K \to \infty$ 时趋于定理给出的极限。

下面采用 M 元典型序列的理论加以说明。

对于 M 元 K 长序列 $\{X_1, X_2, \cdots, X_K\}$：

（1）典型序列指大约含有 Kp_1 个 a_1，Kp_2 个 a_2，$\cdots$，Kp_M 个 a_M 的 K 长序列；序列的概率大约为

$$p_1^{Kp_1} p_2^{Kp_2} \cdots p_M^{Kp_M} = 2^{Kp_1 \log_2 p_1 + Kp_2 \log_2 p_2 + \cdots + Kp_M \log_2 p_M} = 2^{-KH(X)}$$

它们大致是彼此等概的。

（2）典型序列全体的集合 T 占有的概率，随 K 的增大而趋于 1，即在 K 充分大以后，任取 K 长序列 s，则

$$P(s \in T) \approx 1$$

由此可得，典型序列的个数大致为

$$n_{\mathrm{T}} = \frac{\text{总概率}}{\text{单个序列概率}} = 2^{KH(X)} \tag{10.4.2}$$

n_{T} 通常远小于 K 长序列的总数 M^K。

将典型序列理论运用于定长编码器可见，当 K 充分大时，编码器的任何输入序列 s 几乎都是典型序列，因此，s 大约只有 $2^{KH(X)}$ 种。于是编码器只需采用约 $N = [KH(X)] + 1$ 位二进制就可以完全表示这 $2^{KH(X)}$ 种序列。而编码器忽略其他序列时造成错误的概率可以任意小，当 $K \to \infty$ 时，这种错误概率将趋于零。由于，$KH(X) + 1 > N \geqslant KH(X)$，所以，这种编码器的平均码长满足

$$H(X) + \frac{1}{K} > \overline{L} \geqslant H(X) \tag{10.4.3}$$

即，$\overline{L}$ 大于 $H(X)$ 并随 K 的增加而无限接近 $H(X)$。

10.4.2　变长编码及相关定理

具有使用价值的信源编码器实际上大都采用**变长**（**variable-length**）方式，重要的例子有 Huffman 编码、Lempel-Ziv 编码与游长编码等。有的变长编码器将固定长度的输入序列编码为不同长度的输出序列；有的则将不同长度的输入序列编码为固定长度的输出序列；还有的输入与输出序列都是不同长度的。

下面主要以定长输入、变长输出编码器为例，说明有关的编码方法及要注意的问题。表 10.4.1 示意了几种变长编码的例子，其输入长度均为 1。

表 10.4.1　几种变长编码的例子

取值	概率	定长编码	变长编码 I	变长编码 II	变长编码 III
a_1	0.6	00	0	0	0
a_2	0.2	01	1	10	01
a_3	0.1	10	00	110	011
a_4	0.1	11	11	111	0111
平均长度		2	1.2	1.6	1.7

由表 10.4.1 可见，各个变长编码的平均码长都比定长的要小一些。以输入序列 $\{a_1a_2a_3a_1\cdots\}$ 为例，三种变长编码的输出码流分别是

(1) 码 I ：01$\underline{000}$…

(2) 码 II ：0101100…

(3) 码 III ：$\underline{0010110}$…

假定译码器沿各码流从左向右逐位译码。易见，码 I 的译码有问题，因为无法确定"000"（下划线处）到底是"$a_1a_1a_1$"或是"a_1a_3"或是"a_3a_1"。究其原因，问题出在"非前缀"条件上，即某些码字正好是另一些码字的前缀（前部分）。同样，码 III 的译码也有这种问题（见下划线处），而码 II 没有问题。

所谓"非前缀"（prefix-free）条件指：任何一个码字都不是其他码字的前缀。满足"非前缀"条件的编码称为**非前缀码**（**prefix-free code**）。显然，非前缀码是可以唯一译码的，因而是广为讨论的一类变长编码。可以证明，非前缀码具有下述定理。

> 对于熵为 $H(X)$ 的离散无记性信源，存在输入序列长度为 K 的非前缀码，其输出码字的平均长度 $\bar{L}$ 满足
>
> $$H(X)+\frac{1}{K}>\bar{L}\geqslant H(X) \tag{10.4.4}$$

根据该定理，采用输入序列足够长的非前缀码，就可以使平均码字长度任意接近信源熵 $H(X)$，逼近最高编码效率。

10.4.3 Huffman 算法

Huffman（**霍夫曼**）**算法**是一种构造优良非前缀码的方法。它的基本思想是为信源字符集的各个符号规定不同长度的二进制序列，序列的长度与相应符号的信息量大致相同，于是，这种编码的平均码长接近信源的熵。

下面通过具体例子说明 Huffman 算法。

例 10.10 Huffman 编码算法。八元符号的取值概率分别为 $\{0.33, 0.24, 0.11, 0.22, 0.01, 0.05, 0.03, 0.01\}$，其 Huffman 算法过程如图 10.4.1 所示，其中树状图也称为 **Huffman 树**（**Huffman tree**）。

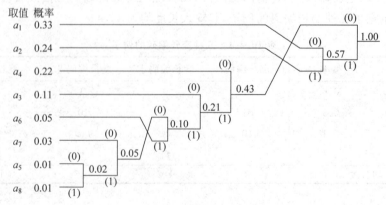

图 10.4.1　Huffman 编码树

图中 Huffman 算法的具体步骤为：

(1) 排序：按概率递减顺序排列信源符号；

(2) 合并：为概率最小的两个分支分配比特 0 与 1，而后合二为一，合并后的概率为原来的和；

(3) 再排序：将合并后的概率与其他概率再按递减顺序排序；

(4) 再合并：再为概率最小的两个分支分配比特 0 与 1，而后又合二为一，新概率为原概率之和。

如此反复直至全部合并为一。最后，由最终合并点出发反向搜索至各符号处，收集分配的比特，形成各个码字序列，如表 10.4.2 所示。

表 10.4.2 Huffman 码字表

符 号	概 率	码 字	符 号	概 率	码 字
a_1	0.33	10	a_6	0.05	0111
a_2	0.24	11	a_7	0.03	01100
a_4	0.22	00	a_5	0.01	011010
a_3	0.11	010	a_8	0.01	011011

可以求得，$H(X)=2.3536(\text{bit})$ 与 $\bar{L}=2.38(\text{bit})$。

容易发现，Huffman 算法构造出的码字不是唯一的，但其平均长度是不变的。很多因素可以引起码字的变化，例如：①最后一次分配的比特 0 与 1 可以任意；②相同概率的排序可以任意。实际应用中常常尽量高地放置合成概率（图 10.4.1 就是这样），因为这样产生的码字的长度变化可以小一些。

Huffman 算法自提出以后长期作为主要的无失真数据压缩方法。Huffman 算法的主要缺点是它需要先统计信源的概率特性，而且当信源具有记忆性时，为了获得好的压缩效果，编码的复杂性会大幅度升高。在这些方面，后来提出的 Lempel-Ziv 算法具有更好的适应性，且十分易于实现。Lempel-Ziv 算法是一种变长输入、定长输出的编码算法。它在英语文本压缩上可以达到 55% 的压缩率，而 Huffman 编码通常只有 43%。Lempel-Ziv 算法通用性很好，性能优良，因此，广泛应用于计算机软件中。常见的 ZIP、ZOO、LZH 与 ARJ 等都是这种算法的不同版本。

*10.5 率失真函数与限失真编码定理

上一节的信源编码定理指出，保持平均码速率 $\bar{R} \geqslant H(X)$ 就可能对熵为 $H(X)$ 的信源进行无失真编码。然而，实际情况中常常必须将编码速率降到更低的数值，这就免不了会造成失真。

本节讨论在这类情况下有效控制失真的理论，说明编码过程中的失真、失真与码率间的函数关系，给出率失真定理，并讨论二进制信源编码器与高斯信源编码器的率失真函数。

10.5.1　失真与率失真定理

许多实际的信源编码系统中，一定程度的失真是不可避免的，也是可以接受的。最明显的情形是模拟信源的数字化问题，模拟信号涉及连续取值的随机变量，它的绝对熵是无穷大，因此，采用任何有限位的码字进行编码都会带来失真。在第 6 章中看到，模拟信源数字化过程中的一个核心处理单元是量化器，量化器用有限种离散的取值去近似模拟样本值，在量化的过程中会不可避免地引入量化误差。

即使是离散信源，当它的熵 $H(X)$ 过大时，系统也常常必须牺牲一部分细节信息，以更低的码率对它进行保存与传输。例如，在保存或传输已经数字化后的图像与语音时，人们总是尽可能地降低数据量，为此，相应的编码算法在去除内在冗余的同时，还不得不放弃大量次要信息，以有限的失真换取高效的压缩率。

其实，大多数的信息接收者，人或计算机，只有有限的感知灵敏度与分辨率，超过其灵敏度与分辨率提供的信息部分是没有意义的，因此，去除这些内容是完全允许的。可见，有限失真下的编码问题是很值得研究的，它是信息理论中的一个重要的基本问题。

1. 失真与"D 允许"编码器

下面主要以离散无记忆信源为例来说明失真与有失真情形下的编码问题。假定广义编码器模型如图 10.5.1 所示，该模型中包含：

（1）输入符号 X 为 M 元的，取值记为 $\{x_1, x_2, \cdots, x_M\}$，概率记为 $\{p(x_1), \cdots, p(x_M)\}$；

（2）输出码字 Y 为 N 元的，取值记为 $\{y_1, y_2, \cdots, y_N\}$，概率记为 $\{p(y_1), \cdots, p(y_N)\}$；

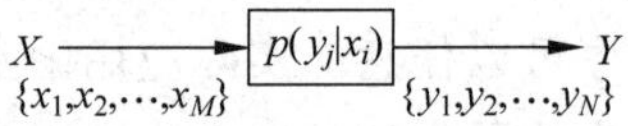

图 10.5.1　信源编码器模型

（3）编码器的特性由条件概率描述：$p(y_j|x_i)$，共 $M\times N$ 个。广义地讲，编码器不一定是一对一的，同一个输入 x_i，在不同情况下，可能被表示为不同的码字 y_j。

当编码器用码字 y_j 表示输入符号 x_i 时，记相应的编码失真（或误差）为 $d(x_i, y_j)$。于是，输入符号 x_i 的平均失真为 $\sum_{j=1}^{N} d(x_i, y_j) p(y_j|x_i)$，而对于输入符号 X 的所有取值，编码器的平均失真为

$$\bar{d} = E[d(x_i, y_j)] = \sum_{i=1}^{M} \sum_{j=1}^{N} d(x_i, y_j) p(y_j \mid x_i) p(x_i) \tag{10.5.1}$$

为了控制失真，可以指定某个失真值 D，并称其为**允许失真 D**，要求编码器的平均失真满足，$\bar{d} \leqslant D$。由式(10.5.1)可见，对于给定的信源分布 $p(x_i)$ 与失真计算公式 $d(x_i, y_j)$，条件 $\bar{d} \leqslant D$ 是否满足由条件概率 $p(y_j|x_i)$ 决定，即由编码器的具体设计决定。

在 $\bar{d} \leqslant D$ 约束条件下，编码器所有可能的条件概率函数构成的集合记为

$$P_D = \{p(y_j \mid x_i); \bar{d} \leqslant D\} \tag{10.5.2}$$

该集合称为"**D 允许**"的编码器集合。它是某信源的失真度限制在 D 以内的各种编码器

的全体。

2. 率失真函数与编码定理

另一方面,从信息论的角度考察编码过程可见,将符号 X 编码为 Y 的过程中,编码器传递的信息可用 $I(X,Y)$ 互信息来度量,由式(10.2.3)得

$$I(X,Y) = H(Y) - H(Y \mid X)$$

$$= \sum_i \sum_j [p(y_j \mid x_i)p(x_i)]\log_2 \frac{p(y_j \mid x_i)}{\sum_i p(y_j \mid x_i)p(x_i)}$$

传递给 Y 的信息越多,Y 需要占用的资源就越多。在保证失真满足要求时,应该只传递最必要的那部分信息。因此,在限定失真的前提下,总是期望编码器传递最少的信息量。显然,这时编码器输出的码速率最低,编码器的效率也最高。

定义**速率-失真函数**(**rate-distortion function**)(简称**率失真函数**)为

$$R(D) = \min_{p(y_j \mid x_i) \in P_D} \{I(X;Y)\} \qquad (10.5.3)$$

其中,最小化在 D 允许的编码器中进行,约束条件为 $\sum_j p(y_j \mid x_i) = 1$。

可以证明,互信息 $I(X,Y)$ 是 $p(y_j \mid x_i)$ 的下凹函数与 $p(x_i)$ 的上凸函数,因此,它关于 $p(y_j \mid x_i)$ 有最小值,而关于 $p(x_i)$ 有最大值 C。由式(10.5.3)与式(10.5.2)还可见,$R(D)$ 依赖于 D,其实,它与信源分布 $p(x_i)$、失真的具体计算公式 $d(x_i,y_j)$ 也有关。而另一方面,$R(D)$ 本质上与编码器的码字速率相关联,因此,它取名为速率-失真函数。下面的定理指出,$R(D)$ 是编码器的速率下界,该定理证明较为复杂,请参见相关书籍。

速率-失真定理:对于无记忆信源,失真限定为 D 以内的编码器的最小平均输出码率满足

$$\overline{R} \geqslant R(D) \qquad (10.5.4)$$

速率-失真定理其实是限定失真条件下的信源编码定理。显然,限失真编码的方向是寻找码率接近 $R(D)$ 的编码方法,这一点与无失真编码中寻找码率接近信息熵 $H(X)$ 的编码方法本质上是一致的。

10.5.2 二进制信源编码器的率失真函数

二进制无记忆信源是最基本与重要的一类离散信源,下面分析这种信源的率失真函数。假定二进制无记忆信源概率分布为 $P(X=1) = 1 - P(X=0) = p$,相应编码器的特性为 $p(0|1) = 1 - p(1|1) = p_e$ 与 $p(1|0) = 1 - p(0|0) = p_e$。定义失真度量公式为

$$d(x_i, y_j) = \begin{cases} 1, & y_j \neq x_i \\ 0, & y_j = x_i \end{cases} \qquad (10.5.5)$$

该度量公式称为**汉明失真**,其含义是用 y_j 表示 x_i 有错。易见,编码器的平均失真为

$$\overline{d} = E[d(x_i, y_j)] = 1 \times p_e \times (1-p) + 1 \times p_e \times p = p_e$$

即平均失真就是编码器输出出现错误的概率。

可以证明，允许误差为 D 时的率失真函数为

$$R(D) = \begin{cases} H_2(p) - H_2(D), & 0 \leqslant D \leqslant \min(p, 1-p) \\ 0, & \text{其他} \end{cases} \quad (10.5.6)$$

其中，$H_2(\cdot)$ 如式(10.1.3)。以 $p=0.5$ 为例，相应曲线如图 10.5.2 所示。由图可见，码率与允许失真 D 呈反向变化关系，例如：

（1）极端情况下 $R=0$：这时编码器特性为 $p_e=0.5$，其输出与输入完全无关，失真达到最大。

（2）$D=0$ 时：要求编码器绝对正确，其特性为 $p_e=0$，这时平均码率达到最大值 1bit/sym。

（3）$D=0.1$ 时：允许编码器有 10% 的错误，特性为 $p_e=0.1$，其平均码率为

$$R = 1 - H_2(0.1) \approx 1 - 0.47$$
$$= 0.53(\text{bit/sym})$$

该值低于二元信源正确传输要求的 1bit/sym。

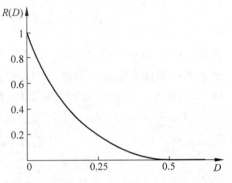

图 10.5.2　二进制 DMS 编码器的率失真函数 $(p=0.5)$

例 10.11　假定二进制信源的概率分布为 $P(X=1) = 1 - P(X=0) = 0.5$，编码器将 5 比特编码为 4 比特：只输出前 4 比特，抛弃最后 1 比特（恢复时简单填 1）。试分析这种编码器的速率与失真。

解　显然，平均码率为 $R = 4/5 = 0.8(\text{bit/sym})$。

恢复时，最后 1 比特错误概率为 0.5，因此，平均错误概率为 $p_e = 0.5/5 = 0.1$。于是，采用汉明失真时有，$\bar{d} = E[d(x_i, y_j)] = p_e = 0.1$。

由式(10.5.6)可见，理想的最低平均码率为，$R(0.1) = 1 - H_2(0.1) \approx 0.53$，本例的实际数值为 0.8，没有达到理想值。即一定还有更好的编码方法，在 $R=0.8$ 时可获得低于 0.1 的 p_e；或者，在接近 0.53 的码率下获得 0.1 的 p_e。

可以发现，图 10.5.1 的编码器与图 10.2.1 的离散无记忆信道模型形式相同，而且，上面给出的二进制信源编码器与图 10.2.2 的 BSC 信道模型的形式也相同。其实，编码器与信道都是将 X 映射为 Y 的系统，而且，研究它们的基本方法都是分析互信息 $I(X, Y)$。但编码器与信道所关心的问题与背景是不同的。熵（或相对熵）、互信息、信道容量与率失真函数是信息论中的四个基本概念，它们相互密切关联，物理含义清楚。熵是随机变量内在不确定性的度量；互信息是熵（或相对熵）的差值；而信道容量与率失真函数是互信息的最大值（关于 $p(x_i)$）与最小值（关于 $p(y_j|x_i)$）。

10.5.3　高斯信源编码器的率失真函数

高斯无记忆信源是最基本与最重要的一类连续信源，下面分析这种信源的率失真函数。假定信源 X 是时间离散与无记忆的，其取值连续并服从高斯分布，记为 $X \sim N(0, \sigma_x^2)$。相

应编码器的输出为 Y。当用 y_j 表示 x_i 时,定义失真度量公式为

$$d(x_i, y_j) = (x_i - y_j)^2 \tag{10.5.7}$$

于是,编码器的平均失真为 $\bar{d} = E[(X-Y)^2]$。它就是编码器的均方误差(失真)。

可以证明,允许误差为 D 时的率失真函数为

$$R(D) = \begin{cases} \dfrac{1}{2}\log_2\left(\dfrac{\sigma_X^2}{D}\right), & 0 \leqslant D \leqslant \sigma_X^2 \\ 0, & \text{其他} \end{cases} \tag{10.5.8}$$

相应曲线如图 10.5.3 所示。由图可见,码率与允许失真 D 呈反向变化关系。当 $D \to 0$ 时,$R(D) \to \infty$;而 $D \to \sigma_X^2$ 时,$R(D) = 0$。

例 10.12 假定高斯无记忆信源的均值为零、方差为 1。试分析:(1)采用 8 或 16 比特量化时最小平均失真与信噪比分别是多少?(2)采用 8 或 16 比特均匀量化时,不过载量化噪声功率与信噪比分别是多少?

解 (1)由式(10.5.8)可见

$$D(R) = \sigma_X^2 2^{-2R} \tag{10.5.9}$$

分别代入 $R = 8$ 与 $R = 16$,以及 $\sigma_X^2 = 1$ 得

$$D(8) = 2^{-16} \approx 1.526 \times 10^{-5} \quad \text{与} \quad D(16) = 2^{-32} \approx 2.328 \times 10^{-10}$$

它们分别为 -48.16dB 与 -96.32dB。

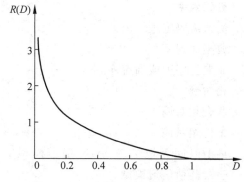

图 10.5.3　高斯无记忆信源编码器的率失真函数

由速率-失真定理,上述失真下,编码器码长至少需要 8 与 16 比特。反之,码长设定为 8 与 16 比特时,失真最小可低到 -48.16dB 与 -96.32dB。或者说,8 或 16 比特量化器可能达到的最大信噪比分别为 48.16dB 与 96.32dB。

(2)由于信源服从均值为零、方差为 σ_X^2 的高斯分布,取均匀量化器的量化范围 $[-3\sigma_X, 3\sigma_X]$,可保证过载的概率小于 0.003,因此忽略不计。根据均匀量化器的相关知识可知,量化噪声功率(即均方量化误差)为

$$\sigma_q^2 = \frac{\Delta^2}{12} = \frac{(6\sigma_X/2^n)^2}{12} = 3 \times 2^{-2n}\sigma_X^2$$

分别代入 $n = 8$ 与 $n = 16$,以及 $\sigma_X^2 = 1$ 得

$$\sigma_q^2(8) = 3 \times 2^{-16} \approx 4.578 \times 10^{-5} \quad \text{与} \quad \sigma_q^2(16) = 3 \times 2^{-32} \approx 6.984 \times 10^{-10}$$

它们分别为 -43.39dB 与 -91.56dB,或者说,8 或 16 比特均匀量化器可达到的信噪比分别为 43.39dB 与 91.56dB。它们与理想值差 4.77dB。 ■

本章关键词

通过下面的关键词,可以快速地回顾本章的主要知识点。

离散无记忆信源(DMS)	自信息
熵	联合熵

条件熵	香农极限
熵速率	信源编码、数据压缩
互信息	无失真（或无损）编码
离散无记忆信道（DMC）	平均码字长度、码速率
二进制对称信道（BSC）	定长编码、变长编码
信道容量、比特/信道使用	信源编码定理
信道编码	"非前缀"条件
编码效率	非前缀码
信道编码定理	Huffman 算法
典型序列	Huffman 树
非典型序列或稀有序列	允许失真 D
相对熵	"D 允许"的编码器
联合相对熵	速率-失真函数、率失真函数
条件相对熵	速率-失真定理
离散时间无记忆 AWGN 信道模型、	汉明失真
高斯信道模型	均方误差失真
高斯信道容量公式	

习题

1. 某 DMS 信源字符集为 $\{a_1, a_2, a_3, a_4, a_5\}$，取值概率为 $\left\{\dfrac{1}{2}, \dfrac{1}{8}, \dfrac{1}{16}, \dfrac{1}{16}, \dfrac{1}{4},\right\}$ 试求：(1)信源熵是多少？(2)如果符号率为 100sym/s，信源熵率是多少？(3)如果信源符号是等概的，信源熵又是多少？

2. 试证明：M 元随机变量 X 当且仅当取值等概时熵达到了最大值，$H(X) = \log_2 M$(bit)。（提示：借助不等式 $\ln x \leqslant x - 1$，等号在 $x = 1$ 时成立）

3. 试证明：
(1) $X = Y$ 时，$H(X|Y) = 0$；　　　　(2) X 与 Y 独立时，$H(X|Y) = H(X)$；
(3) $H(X|Y) \leqslant H(X)$。

4. 已知 $Y = g(X)$，其中 g 为确定函数，试证明：
(1) $H(Y) \leqslant H(X)$；　　　　(2) $H(Y|X) = 0$。

5. 试证明：互信息满足：
(1) $I(X;Y) \geqslant 0$；　　　　(2) $I(X;Y) = I(Y;X)$；
(3) $I(X;Y) = H(X) + H(Y) - H(X,Y)$。

6. 已知随机变量 A 与 B 的联合概率为 $P(A = B = 0) = P(A = B = 1) = P(A = 1, B = 0) = \dfrac{1}{3}$，试求：$H(A)$、$H(B)$、$H(A|B)$、$H(B|A)$、$H(A,B)$ 与 $I(A,B)$。

7. 已知 BSC 信道的错误概率为 $p_e = 0.1$ 与 0.9，试计算信道容量。

8. **二进制删除信道（binary erasure channel，BEC）**如图题 10.8 所示，其中，u 表示传输不可靠，无法（删除）判决。

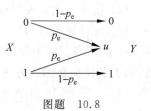

图题 10.8

(1) 试证明该信道的容量为，$C_{BEC}=1-p_e$（bit/channel-use）。

(2) 假定 $p_e=0.1$，计算 BEC 的容量并与相应 BSC 的比较。

9. **M 进制对称信道（M-ary uniform channel，MUC）**的输入与输出都是 M 元的，条件概率为

$$p(y_j \mid x_i) = \begin{cases} 1-p_e, & i=j \\ p_e/(M-1), & i \neq j \end{cases} \quad i,j \in \{1,2,\cdots,M\}$$

(1) 试证明该信道的容量为

$$C_{MUC} = \log M + p_e \log \frac{p_e}{M-1} + (1-p_e)\log(1-p_e) \quad \text{(bit/channel-use)}$$

(2) 考虑 $M=8$，$p_e=10^{-4}$，计算信道的容量。

10. 已知二元信源的 0 与 1 的取值概率分别是 0.2 与 0.8。现有 3 个 10 长序列（0000000000）、（0111011111）与（1111111111）。试问：（1）其中哪个是典型序列？（2）各自的概率是多少？

11. 已知 3 元 DMS 的字符集为 $\{a_1,a_2,a_3\}$，取值概率为 $\{0.1,0.3,0.6\}$，该信源产生长度为 100 的序列，试问：

(1) 全部序列与典型序列的数目分别是多少？

(2) 最可能序列的概率与典型序列的概率是多少？

(3) 最可能序列是否为典型序列？

(4) 描述全部序列与仅描述典型序列分别需要的比特数？

12. 试求下列情况中，连续随机变量 X 的相对熵。

(1) X 是参数为 $\lambda>0$ 的指数随机变量：$f(x)=\frac{1}{\lambda}e^{-\frac{x}{\lambda}} (x \geqslant 0)$；

(2) X 是参数为 $\lambda>0$ 的拉普拉斯随机变量：$f(x)=\frac{1}{2\lambda}e^{-\frac{|x|}{\lambda}}$；

(3) $X=aY$，其中，Y 具有连续概率密度函数且相对熵为 $h(Y)$。

13. 已知加性高斯白噪声信道的带宽为 5MHz，噪声功率谱为 $N_0/2=10^{-8}$ W/Hz，假定信号功率为 5W，试求该信道的容量。

14. 试计算下面 3 种 AWGN 信道的容量：

(1) 电话信道带宽 300～3300Hz，信噪比 35dB；

(2) 卫星转发器带宽 36MHz，$P/N_0=5\times10^8$；

(3) 深空通信带宽为 10MHz 或 100MHz，$P/N_0=10^6$。

15. DMS 信源字符集为 $\{a_1,a_2,a_3\}$，取值概率为 $\{0.5,0.3,0.2\}$。

(1) 信源熵是多少？

(2) 设计 Huffman 编码，计算编码效率。

（3）设计二次扩展（每次取两个字符）Huffman 编码,计算编码效率。

16. 统计表明,正常英文中包括"and"、"the"、"to"、"of"和"you"在内的 43 个词汇占约 50% 的概率。如果要对 8192 个词汇进行编码传输,试问是否存在编码率为 10.5 比特/词汇的无失真编码方案。

17. 二元 DMS 信源每秒输出 1000 比特,其符号 0 与 1 的概率分别是 0.25 与 0.75,试问:

（1）信源的符号率是多少?

（2）无差错传输的最小信息速率是多少?

（3）如果允许错误概率 0.1,传输所需的最小信息速率是多少?

18. 已知高斯信源的功率为 4。试问:

（1）在容量为 2（比特/信道使用）的信道上传输时所能达到的最小均方误差是多少?

（2）如果要求输出信噪比大于 20dB,允许的最大均方误差是多少? 信道容量至少是多少?

19. 已知无记忆高斯样值序列的均值为零、方差为 4,假定以 10×10^3 样值/s 的速率通过带宽为 3000Hz 的 AWGN 信道,允许接收端的失真（按均方误差计算）小于 1。试问:

（1）信息传输的速率至少是多少?

（2）该信道的容量至少是多少,相应的信噪比至少是多少?

（3）如果采用 QPSK 调制进行传输,最低数据率是多少? 以 $P_e = 10^{-5}$ 计,信道的信噪比至少是多少?

第11章

纠错编码

一般地,信息传输涉及可行性编码、可靠性编码、有效性编码和安全性编码这四个领域的编码或信号设计。可靠性编码常又称为信道编码,狭义的信道编码又称为纠错编码,主要目的是通过设计信号自身具有的数据结构,使信息传输的接收端能够检测或纠正数据在传输中发生的部分差错。

本章内容要点为:

(1) 编码信息的传输:运用纠错编码的信息与码字传输模型,信道编码定理、香农限以及编码增益;

(2) 纠错码的基本概念:基本参量,基本的纠错编码方法,译码模式和纠错码的应用方式;

(3) 线性分组码:编码与译码原理,汉明码、LDPC 码等典型码例,伴随式、标准阵列、比特翻转等适用于一般线性分组码的译码方法;

(4) 循环码:基本概念和多项式表示,基于有限域的循环码——BCH 码和 RS 码;

(5) 卷积码:基本概念、多项式生成矩阵、栅格图表示以及维特比译码,Turbo 码概念。

11.1 编码信息传输模型

11.1.1 信息、信号与编码的传输模型

在统计学或概率意义上,信息作为一个随机事件由称为消息的样本及其样本数予以度量。样本在数据结构上总可以表述为一串二元数据,从而任何信息总可以表述为具有某种概率分布的随机数据"1"或"0"构成的序列或向量,例如 $u=(u_0,\cdots,u_{k-1})$,并称 u 为数据分组,u_i 为消息或消息码元。

将数据分组 $u=(u_0,\cdots,u_{k-1})$ 转换为信号 $x(t)$ 或 $x=(x_0,\cdots,x_{n-1})$,$n\geqslant k$ 的过程统称为编码与调制。$x=(x_0,\cdots,x_{n-1})$ 所对应的数据向量 $c=(c_0,\cdots,c_{n-1})$ 通常有一定的数学结构,并称为**码字**(codeword),c_i 称为一个编码码元或简称为**码元**(code symbol)。

调制与解调是传输信息的基本物理途径,然而最有效的保障数据传输无误差性的基本途径却是**差错控制编码**(error control coding)或**纠错编码**(error correcting coding),它在码元间建立某种数学约束关系,并且对特定的信道,总存在某种纠错编码的信号可以实现以最小的能量、或最小的带宽、或最小的时间代价获得最小的数据传输差错。

信息传输通过数据传输实现,而数据传输又通过信号传输实现,有效性编码与可行性编码完成信息至数据的转换,调制与可靠性编码则完成数据至信号的转换,信号传输是信息传输的物理层次,数据传输是信息传输的逻辑层次,图 11.1.1 表示了信息传输、数据传输与信号传输的层次关系和各类编码在信息传输系统中的作用。

一般来讲,作为物理量的信号传输总是模拟传输,其基带传输模型表述为

$$y = hx + z$$

其中,h 是等效的基带信号幅度衰落系数,z 是等效的基带噪声值。

通常 h 假设为参数为 α 的瑞利分布随机变量,均值 $\mu=\alpha\sqrt{\pi/2}$,方差 $\sigma^2=\alpha^2(2-\pi/2)$。而 z 假设为均值 $\mu=0$、方差 $\sigma^2=N_0/2$ 的正态或高斯分布随机变量。在时间与频谱特性

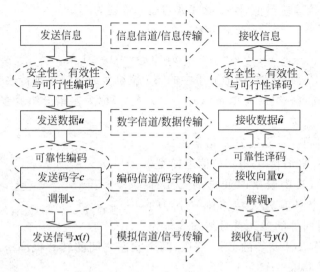

图 11.1.1　编码在信息传输、数据传输与信号传输中作用

上 $z = z(t)$ 为白噪声过程,功率谱密度值为 $N_0/2(\mathrm{W/Hz})$,并称相应的信道为 AWGN(加性白高斯噪声)信道。

实际二元传输中的常用模型是 B-AWGN 信道,信道输入为 BPSK 信号,信号幅度 x 呈两值 $\{-A, +A\}$ 分布,信道无衰落 $h = 1$,加性干扰 z 为白噪声。

在信道输出为硬判决时,传输信号的差错概率表现为传输符号差错概率 $P_{\mathrm{symb}}(e)$ 或 $P_s(e)$。若二元数据的发送概率 $P(0) = P(1) = 1/2$,则 AWGN 信道上采用相干解调的 BPSK 符号差错概率 $P_{\mathrm{symb}}(e) = P_{\mathrm{BPSK}}(e) = Q(\sqrt{2E/N_0})$,其中 $Q(x)$ 是高斯概率函数,E 是信号能量。若符号持续时间为 T,带宽为 B,则比值 $E/N_0 = (E/T)/(BN_0) = P/\sigma^2$ 恰等于信号平均功率与噪声平均功率之比而被称为信噪比,记为 (S/N),其分贝(dB)数为 $10\log_{10}(S/N) = 10\log_{10}(P/\sigma^2)$。

在传输符号层次上,编码信道抽象为符号的概率转移过程,按符号差错的分布特性不同,可将编码信道上的差错形式简单分为随机差错和突发差错两类。

随机差错(**random error**)是符号差错在传输符号序列中均匀分布的差错形式。通常认为单纯 AWGN 信道上的差错是随机差错。随机差错信道的一个必要条件是信道无记忆性或有独立性,即任何传输时序点上的差错不相关。

突发差错(**burst error**)是符号差错在传输符号序列中有局部高密度分布(如差错概率大于 0.05)的差错形式,各个不同突发密度区间的最大长度 b 称为突发长度。瑞利随机衰落总会导致突发差错的出现。

在硬判决情形下,最简单的随机差错模型是**无记忆二元对称信道模型 BSC(p)**(**binary symmetric channel**),如图 11.1.2 所示,其中概率 p 称为 BSC 的信道转移概率。例如对 BPSK 调制和相干解调,$p = P_{\mathrm{BPSK}}(e)$。利用 $0 \oplus 1 = 1 \oplus 0 = 1, 0 \oplus 0 = 1 \oplus 1 = 0$ 所定义的模 2(Mod2)加算术运算

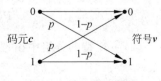

图 11.1.2　BSC 模型

规则,记参量 e 为传输差错值,BSC 的代数与概率描述为

$$\begin{cases} v = c \oplus e \\ P(e = 1) = p, P(e = 0) = 1 - p \end{cases} \quad (11.1.1)$$

显然对于 BSC,当且仅当传输分组中的第 i 位符号或比特出现传输差错时 $e_i = 1$。由差错值为分量构成的分组或向量 $e = (e_0, e_1, \cdots, e_{n-1})$ 称为差错分组或差错向量或**差错图案（error pattern）**。

在硬判决情形下,二元突发差错信道的一个模型是两状态吉尔伯特(Gilbert)信道模型,如图 11.1.3 所示,其中衰落时间内的二元符号传输等价为一个具有较大转移概率 p_{Bad} 的 BSC 信道,衰落时间外的二元符号传输等价为

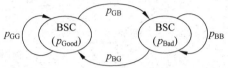

图 11.1.3 两状态吉尔伯特信道模型

一个具有较小转移概率 p_{Good} 的 BSC 信道,两个状态之间的转移概率 p_{BG}、p_{BB}、p_{GB} 和 p_{GG} 满足 $p_{\text{BG}} + p_{\text{BB}} = 1$, $p_{\text{GB}} + p_{\text{GG}} = 1$。

在逻辑意义上,码字的传输单位是分组或向量,而不是符号或比特,因为一个分组或码字的各个分量必须联合处理才可能恢复该分组承载的全部消息,所以编码信道的传输模型是分组传输,如图 11.1.4 所示。

图 11.1.4 编码信道的分组传输模型

记 $T_b = T$ 为一个消息比特(符号)持续时间,$E_t = E$ 为编码后发送一个比特(符号)的能量,如果不考虑任何处理延时和信道传输延时,那么对于时间顺序上的逐个符号调制与传输,纠错编码传输具有如下基本特性:

(1) 总有编码符号数大于等于消息符号数,即 $n \geqslant k$,并记比值 $R_c = k/n$。

(2) 编码信道上的数据传输时延为 2 个数据分组时间 $2kT_b$。

(3) 在消息传输总时间保持不变的条件下,编码传输信号的带宽 B_t 是无编码时信号带宽 $B = 1/T_b$ 的 n/k 倍,即 $B_t = B/R_c$。

(4) 在消息传输总能量保持不变的条件下,编码后一个消息比特等价具有的能量 E_b 是传输比特能量 E_t 的 n/k 倍,即 $E_b = E_t/R_c$。

(5) 在消息传输的总时间和总能量均保持不变的条件下,有无纠错编码的信息传输均保持传输功率不变,即 $P_t = E_t/T_t = (R_c E_b)/(R_c T_b) = P_b$。

对 BSC(p) 的常见概率计算有如下性质:

(1) n 比特的分组中恰好出现 t 个比特差错的概率为

$$P_W(e \mid t; p, n) = \binom{n}{t} p^t (1 - p)^{n-t} \quad (11.1.2)$$

(2) n 比特的分组中出现比特差错的个数的均值或平均差错个数 $\bar{t}$ 为

$$\bar{t} = \sum_{j=0}^{n} j \binom{n}{j} p^j (1 - p)^{n-j} = np \quad (11.1.3)$$

对 BSC,信道平均差错率 $p_0 = \bar{t}/n = p$。一个典型的电信级信道要求平均差错率 $p_0 \leqslant p \approx 10^{-5}$,即平均 10 万个传输比特中只有 1 个差错,如果 $p_0 > 10^{-3}$,则认为信道不可用。

(3) n 比特的分组中出现比特差错的个数的方差 σ_t^2 为

$$\sigma_t^2 = E\left[(t-\bar{t})^2\right] = \sum_{j=0}^{n}(j-\bar{t})^2 \binom{n}{j}p^j(1-p)^{n-j} = np(1-p) \tag{11.1.4}$$

(4) 3σ 比特差错区间(比特差错个数偏离平均数 3 倍标准差的趋势或程度)为

$$t_{3\sigma} = \bar{t} + 3\sigma_t = \bar{t} + 3\sqrt{np(1-p)} = np\left(1 + 3\sqrt{\frac{1-p}{np}}\right) \tag{11.1.5}$$

$t_{3\sigma}$ 是衡量分组传输差错特性的一个重要参量,因为差错数超 3σ 错误区间的概率为

$$P_W(e \mid t \geqslant t_{3\sigma}) = \sum_{j=[t_{3\sigma}]}^{n}\binom{n}{j}p^j(1-p)^{n-j} = 1 - \sum_{j=0}^{[t_{3\sigma}]-1}\binom{n}{j}p^j(1-p)^{n-j}$$

$$\approx \binom{n}{1}p(1-p)^{n-j}, (t_{3\sigma} \leqslant 1)$$

$$\approx \bar{t}, (t_{3\sigma} \leqslant 1, p \ll 1)$$

(5) 差错数目越少的差错图案是出现概率越大的差错图案,因为总有 $p \leqslant 1/2$ 以及
$$(1-p)^n \geqslant p(1-p)^{n-1} \geqslant \cdots \geqslant p^t(1-p)^{n-t} \geqslant \cdots \geqslant p^n$$

11.1.2　分组码

分组编码是在 n 个码元 $c_0, c_1, \cdots, c_{n-1}$ 之间构造某种约束关系而使其成为一个逻辑整体,并称此整体为码字 $\boldsymbol{c} = (c_0, c_1, \cdots, c_{n-1})$,全体码字称为一个码(code)。

q 元 $[n, M]$ 分组码(**block code**)C 或 $C[n, M]$ 是具有相同约束关系的 M 个码字的集合,n 称为码长,码元 c_i 选自有 q 个元素的集合 A。

对于分组码,如果又有 $\log_q M = k$ 恰为整数,则称此分组码为 q 元 $[n, k]$ 分组码。由于此时 $M = q^k$,每个码字可以唯一的对应同一集合 A 上的 k 长消息向量,所以正整数 k 称为消息(位)长,$r = n - k$ 称为校验(位)或冗余(位)长。

平均每个码元等效传输的消息符号数称为 q 元 $[n, M]$ 码的编码码率,或简称**码率**(**code rate**),记为 R_c。

$$R_c = \frac{\log_q M}{n} \tag{11.1.6}$$

显然,对于 q 元 $[n, k]$ 分组码,$R_c = k/n$。

例 11.1　二元 n-重复码。

n-重复码的码字选取准则是每个码字的码元都是同一个码元的重复,共重复 $n-1$ 次。在长为 3 的 8 个不同二元向量中选择向量集合 $\{(000),(111)\}$ 构成的 $[n, k] = [3, 1]$ 分组码称为二元 3-重复码,并有

$$R_c = (\log_2 2^k)/n = k/n = 1/3, \quad r = n - k = n - 1 = 2$$

用 3-重复码和 BPSK 调制传输 1 个比特消息数据的对应关系为

数据 $0 \leftrightarrow$ 码字 $(000) \leftrightarrow$ 信号向量 $\boldsymbol{X}(t) = (+A, +A, +A)$

数据 $1 \leftrightarrow$ 码字 $(111) \leftrightarrow$ 信号向量 $\boldsymbol{X}(t) = (-A, -A, -A)$

例 11.2 四元重复码。

四元 2-重复码 $\boldsymbol{C} = \{(00), (11), (22), (33)\}$ 是一个 $[n, M] = [2, 4]$ 的四元分组码

$$R_c = \log_q M/n = (\log_4 4)/2 = 1/2, \quad r = n - k = 2 - 1 = 1$$

四元 2-重复码的每个码元平均传输的消息比特数为 $R_c \log_2 q = (1/2)\log_2 4 = 1$ 比特，一个码字传输的消息比特数为 $\log_2 M = 2$ 比特。由于 $q = 4$，所以每个码元等价的数据比特数为 $\log_2 q = \log_2 4 = 2$ 比特，从而对四元码的逐个符号调制是诸如 QPSK 调制类的四元调制。

例 11.3 二元 m/n 等比码。

以 5 元组中恒定有 3 个分量为 1 为选取准则的二元 $m/n = 3/5$ 等比码是在长为 5 的 32 个不同二元向量中选择的一个二元 $[n, M] = [5, 10]$ 码。该码常用于传输十进制数字符号，码字集合和码率分别为

$$\boldsymbol{C} = \left\{ \begin{array}{l} (00111), (01110), (11100), (11001), (10011) \\ (10101), (01011), (10110), (01101), (11010) \end{array} \right\}$$

$$R_c = \frac{\log_q M}{n} = \frac{\log_2 \binom{n}{m}}{n} = \frac{\log_2 \binom{5}{3}}{5} = \frac{\log_2 10}{5} = 0.6644$$

其中，$\binom{n}{m} = \dfrac{n!}{m!(n-m)!} = \dfrac{1 \cdot 2 \cdot \cdots \cdot n}{(1 \cdot 2 \cdot \cdots \cdot m)(1 \cdot 2 \cdot \cdots \cdot (n-m))}$ 表示 n 中取 m 的组合数。由于 $k = \log_2 \binom{5}{3}$ 不是整数值，所以不存在整数值的消息位长和冗余位长。

11.2 无差错信息传输原理

11.2.1 传输速率与误码率

香农于 1948 年创立的信息无差错传输原理的核心理论是：如果纠错编码的码率小于编码信道上信息传输的最大速率，即小于信道容量，那么存在一种分组码可以使得在码长趋于无穷大时，表示信息的数据传输差错概率趋于 0。

信道容量 C 是对给定信道（即对给定的传输干扰特性），通过调整信源数据的概率分布所能达到的最大信息传输速率。如果信道传输的基本单位是符号，则信道容量的计量单位是比特/符号。

BSC(p) 的信道容量 C_{BSC} 为

$$C_{\mathrm{BSC}} = 1 + p\log_2 p + (1-p)\log_2(1-p) \quad （比特 / 符号） \tag{11.2.1}$$

AWGN 样点信道的信道容量为

$$C = \frac{1}{2}\log_2\left(\frac{1+P}{\sigma^2}\right) \quad （比特 / 符号） \tag{11.2.2}$$

B-AWGN 符号信道的信道容量为

$$C_{\text{B-AWGN}} = 1 - \int_{-\infty}^{+\infty} \frac{1}{\sqrt{2\pi\sigma^2}} \exp\left(\frac{-(y-A)^2}{2\sigma^2}\right) \log_2\left(1 + \exp\left(-\frac{2Ay}{\sigma^2}\right)\right) \mathrm{d}y \quad (\text{比特／符号})$$

$$(11.2.3)$$

尽管不可物理实现,但是若信号幅度可以呈理想的高斯分布,并有其带宽为 B,在 AWGN 信道上的信号平均信噪比为 P/σ^2,那么折算到单位时间上的 AWGN 信道容量为 C_{AWGN}

$$C_{\text{AWGN}} = B\log_2\left(1 + \frac{P}{\sigma^2}\right) \quad (\text{比特／秒}) \qquad (11.2.4)$$

若信道符号传输速率为 R_t(比特/秒),则符号信道容量与时间波形信道容量的关系为

$$C^T(\text{比特／秒}) = R_t(\text{符号／秒}) \times C \quad (\text{比特／符号}) \qquad (11.2.5)$$

除信道容量外,信息传输涉及多个物理概念既不同又关联的速率参量:

(1) 发信(速)率 R_b(或信源比特速率)

发信率是单位时间内信源发送出的表示信息的消息比特数,单位为"比特/秒"(bps 或 bits/s)。

(2) 传输(速)率 R_t(或信道比特速率)

传输率是单位时间内信道传输的二元符号或二元码元(比特)数。一个信道应有 $R_t \geqslant R_b$。

在常规差错性能分析中,包括本书的分析中,除特别说明,均不考虑数据传输所需要的同步开销以及数据帧结构开销,因此若纠错编码的码率为 R_c,则信道具备的实际传信能力为 $R_t R_c$,即对给定的信源速率 R_b,有

$$R_t = R_b / R_c \qquad (11.2.6)$$

(3) **传信(速)率 R_{info}(或信息比特速率)(information rate)**

传信率是单位时间内信道传输的信息量,单位为"比特/秒"(bps 或 bits/s)。显然 $R_{\text{info}} \leqslant C^T$。对于 q 元传输,若折算为二元传输时的符号信道的互信息量和信道容量分别为 $I_{\text{BSC}}(X;Y)$ 和 C_{BSC},并注意到计算信道容量时并不区分传输比特差错是消息比特差错还是纠错冗余比特差错,所以

$$R_{\text{info}}\left(\frac{\text{信息量比特}}{\text{秒}}\right) = R_t\left(\frac{\text{传输比特}}{\text{秒}}\right) \cdot I_{\text{BSC}}(X;Y)\left(\frac{\text{信息量比特}}{\text{传输比特}}\right)$$

$$\leqslant R_t C_{\text{BSC}} = C^T \qquad (11.2.7)$$

无损失信息传输的基本要求是信道提供的传信能力大于等于信源的发信能力,即 $R_{\text{info}} \geqslant R_b$,通常就认为 $R_{\text{info}} = R_b$,也称 R_b 为传信率。显然与 $R_{\text{info}} \geqslant R_b$ 等价的是 $C_{\text{BSC}} \geqslant R_c$,即无损失的信息传输要求符号信道容量(比特/符号)大于等于纠错编码的编码速率。

消息传输的差错特性主要由可以物理统计的比特差错概率描述,信息本身的传输"损耗"只能通过对表示信息的消息数据的差错统计特性间接描述。这里的比特差错概率也称为误码率(考虑二元数据),与前述的各种速率概念相对应,信息传输涉及的差错概率(或信息减损率)的参量有三种:

（1）信道（传输）误码率 $P_t(e)$

信道误码率又称为传输误码率，是传输中等效的二元符号的差错数与等效的总发送二元符号数的比值。例如对均匀分布的信源，BPSK 传输时 $P_t(e)=P_{symb}(e)=P_{BPSK}(e)$。

（2）信息误码率 $P_b(e)$

信息误码率本质上是消息比特错误概率，简称误码率，是传输中的差错消息比特数与总发送消息比特数的比值。$P_b(e)$ 与具体纠错码运用和其相关的译码算法有关，并在译码门限之上有 $P_b(e) \leqslant P_t(e)$。无纠错编码时，$P_b(e)=P_{symb}(e)=P_t(e)$。

（3）信息减损率 L

信息传输本质上难以定义信息的差错，而是定义为信息传输的减损。信息减损率是传输中减损的信息量与总发送信息量的比值。记 T_{all} 为总传输时间，注意到信道的互信息与信源分布和误码率有关，记为 $I_{BSC}(X;Y)=I_{BSC}(P(x),P_b(e))$，所以

$$L=\frac{T_{all}R_t-T_{all}R_{info}}{T_{all} \cdot R_t}=1-\frac{R_{info}}{R_t}=1-I_{BSC}(P(x),P_b(e))$$
$$\leqslant 1-C_{BSC}(P_b(e)) \tag{11.2.8}$$

例 11.4 某个二元信息源的消息数据比特为等概分布，纠错编码速率 $R_c=1$ 或者 $R_c=0.75$，信道传输速率限定为 $R_t=100\text{Mbps}$，选用不同纠错码在译码后的不同误码率 $p=P_b(e)$ 所等价的 BSC 容量 C_{BSC}、信息比特减损率 L 和传信率 R_{info}（Mbps）如表 11.2.1 所示。

表 11.2.1　不同误码率时信息传输的信息减损率与传信率

误码率 $p=P_b(e)$	0.5	0.3	10^{-1}	5×10^{-2}	10^{-2}	10^{-4}	10^{-6}
信道容量 C_{BSC}	0	0.1187	0.5310	0.7136	0.9524	0.9985	0.999985
信息减损率 L	1	0.8813	0.4690	0.286	0.048	1.5×10^{-3}	1.5×10^{-5}
传信率 $R_{info}(R_c=1)$	0	11.87	53.10	71.36	95.24	99.85	99.9985
传信率 $R_{info}(R_c=0.75)$	0	8.903	39.825	53.520	71.430	74.888	74.99888

对表 11.2.1 的数据分析表明：

（1）极低误码率时信息减损率逼近误码率，例如 $P_b(e)=p=10^{-6} \to 0$ 时，可以认为 $L \to P_b(e)$，但在 $p=0.5$ 时的另一个极端情形，传输中的信息减损因信道容量为 0 而为 100%。

（2）传信率并不能直接由误码率 $P_b(e)$ 所确定的消息比特差错比例获得，例如 $P_b(e)=0.05$ 只表明平均 100 个消息比特传输中平均有 5 个消息比特差错，在无编码时，若 $R_t=100\text{Mbps}$，则相应的传信率 $R_{info}=71.36\text{Mbps}$，而并非等于 $R_t \times (1-0.05)=95\text{Mbps}$。

（3）虽然在统计意义上 $P_b(e)$ 可以大于 1/2，但由于 $C_{BSC}(P_b(e))=C_{BSC}(1-P_b(e))$，$P_b(e)$ 大于等于 1/2 时可取其数据反码传输信息，因此比特符号作为载体传输消息时的差错概率总小于等于 1/2，但 L 大于 1/2 却实际表明一半以上的信息传输减损。■

例 11.5 等概发送的二元 n-重复码在 BSC 上按择多判决准则（即译码输出 0 当且仅当接收向量中半数以上分量码元为 0），译码的消息比特差错概率为

$$P_b(e)=\sum_{j=[n/2]+1}^{n}\binom{n}{j}p^j(1-p)^{n-j}=1-(1-p)^n\sum_{j=0}^{[(n-1/2)]}\binom{n}{j}\left(\frac{p}{1-p}\right)^j$$

于是 $P_b(e) \to 0$ 当且仅当 $n \to \infty$，但同时此 n-重复码的码率 $R_c = 1/n \to 0$，信道所能提供的传信能力为 $R_b = R_t R_c \to 0$。因此尽管此时等价的 $C_{BSC}(P_b(e)) \to 1$，但对于有限的信道传输速率 $R_t < \infty$，在 $P_b(e) \to 0$ 意义上，$R_{info} = R_b \to 0$。所以 n-重复码不能获得 $P_b(e) \to 0$ 意义上的有效信息传输。

11.2.2　香农信道编码定理与香农限

在通信的实现中，一方面物理上不可能实现由传输符号能量 $E \to \infty$ 而使 $P_{symb}(e) \to 0$ 并直接导致 $P_b(e) \to 0$，另一方面不恰当的编码不可能获得有效的无信息损失传输。尽管信息无损失传输要求 $C_{BSC} \geqslant R_c$，但是只是香农（Shannon）信道编码定理才证明了一定存在某种纠错码可以实现 $R_b \not\to 0$ 条件下 $P_b(e) \to 0$。

记 $\boldsymbol{y}$ 表示接收向量，译码输出码字为 $\hat{\boldsymbol{c}}$，则使码字译码差错概率 $P_w(e) = P(\hat{\boldsymbol{c}} \neq \boldsymbol{c})$ 最小的译码准则是选择 $\boldsymbol{c}$ 使后验概率 $P(\boldsymbol{c} \mid \boldsymbol{y})$ 最大。再运用贝叶斯准则，最大后验概率译码准则可以表示为

$$\hat{\boldsymbol{c}} = \arg \max_{\{c \in C\}} \{P(\boldsymbol{c} \mid \boldsymbol{y})\} = \arg \max_{\{c \in C\}} \left\{ \frac{P(\boldsymbol{c})P(\boldsymbol{y} \mid \boldsymbol{c})}{P(\boldsymbol{y})} \right\} = \arg \max_{\{c \in C\}} \{P(\boldsymbol{c})P(\boldsymbol{y} \mid \boldsymbol{c})\}$$

因此如果信源概率分布为均匀分布，$P(\boldsymbol{c})$ 为常数，则由于 $P(\boldsymbol{y} \mid \boldsymbol{c})$ 是发送 $\boldsymbol{c}$ 收到 $\boldsymbol{y}$ 的似然值，所以最小差错概率译码准则简化为最大似然（ML）译码准则，即

$$\hat{\boldsymbol{c}} = \arg \max_{\{c \in C\}} \{P(\boldsymbol{y} \mid \boldsymbol{c})\} \tag{11.2.9}$$

对于离散无记忆符号信道（DMC）上的传输，码字 $\boldsymbol{c} = (c_0, \cdots, c_{n-1})$ 与接收向量 $\boldsymbol{y} = \boldsymbol{v}$ 的差异由两向量间不同分量的个数 $d(\boldsymbol{y}, \boldsymbol{c}) = d_H(\boldsymbol{v}, \boldsymbol{c})$（又称为汉明距离）确定，对于更简单的 BSC 有

$$P(\boldsymbol{y} \mid \boldsymbol{c}) = P(\boldsymbol{v} \mid \boldsymbol{c}) = p^{d_H(\boldsymbol{v}, \boldsymbol{c})} (1-p)^{n - d_H(\boldsymbol{v}, \boldsymbol{c})} = (1-p)^n \left(\frac{p}{(1-p)} \right)^{d_H(\boldsymbol{v}, \boldsymbol{c})}$$

至此，最大似然译码准则简化为汉明距离意义上的最小距离（MD）译码准则，即

$$\hat{\boldsymbol{c}} = \arg \min_{\{c \in C\}} \{d_H(\boldsymbol{v}, \boldsymbol{c})\} \tag{11.2.10}$$

定理 11.2.1（香农信道编码定理）　对符号信道容量为 C（比特/符号）的 q 元传输信道，存在一种编码码率为 $R_c = k/n \leqslant C/\log_2 q$ 的分组码，在码长 $n \to \infty$ 时，按最大似然译码准则的译码码字差错概率 $P_w(e) \to 0$。反之，若 $R_c > C/\log_2 q$，则不存在任何条件下的分组码可使 $P_w(e) \to 0$。

信道编码定理可以从以下几个方面进一步理解：

（1）无差错传输条件，即符号编码速率小于等于符号信道容量 $R_c \leqslant C/(\log_2 q)$，在时间上的等价形式是信源信息比特速率小于等于时间信道容量，即

$$R_b \leqslant R_{info} = R_t R_c \leqslant R_t C = C^T \text{（比特 / 秒）} \tag{11.2.11}$$

因此常认为 $R_b = R_{info}$。

（2）在码的结构确定后，码字与消息的对应也相应确定，所以若码字差错概率 $P_w(e) \to 0$ 必然有消息比特差错概率 $P_b(e) \to 0$。

（3）存在某种码以 $R_b \to C^T$ 的速率无差错（$P_b(e) \to 0$）地传输信息。

（4）信道编码定理不是一个关于具体纠错码的构造性定理，至少依据此定理不能衡量或比较不同码在具体信道上的极限（$n \to \infty$ 或 $R_c \to 0$）性能。

通信的极限目标是消息比特差错概率趋于 0，但通信的基本资源或基本开销是：时间，频率和能量，因此纠错码甚至通信系统的本质性能是达到极限目标时通信基本资源的耗用性能。为此分别从能量效率和频谱效率两个侧面定义两个极限参量：**香农限（Shannon limit）**和比特谱效率。

香农限 $\eta_m = (E_b/N_0)_{\min}$ 是传输一个信息比特所需的最小（功率）信噪比。

对于 BSC 上的信息传输，若 E_t 或 E 是一个传输比特的能量，那么折算到传输一个消息比特的能量为 $E_{tb} = E/R_c$。显然消耗 $100E_{tb}$ 的能量并不表示无差错传输了 100 个信息比特。记 E_b 为无差错传输一个信息比特的能量，那么

$$\left(\frac{E_b}{N_0}\right) = \frac{(E_{tb}/N_0)}{I_{BSC}(P(x), P_b(e))} \geqslant \frac{(E_{tb}/N_0)}{C_{BSC}(P_b(e))} = \frac{(E/N_0)}{R_c C_{BSC}(P_b(e))} \quad (11.2.12)$$

信息传输的信息比特谱效率 γ 是单位时间单位带宽上传输的信息比特数，即

$$\gamma = \frac{R_b}{B} \quad （比特／秒·赫兹） \quad (11.2.13)$$

信息比特谱效率的物理意义是：γ 值越小，系统的开销或代价越大或耗用通信资源的效率越低。

注意 γ 是信息传输效率而不是消息或数据传输效率的归一化衡量参量，对于模拟信道上的信息传输，由无误差传输条件 $R_b \leqslant C^T \leqslant C_{AWGN}$ 得到

$$R_b \leqslant C_{AWGN} = B\log_2\left(1 + \frac{P}{\sigma^2}\right) = B\log_2\left(1 + \frac{ER_B}{N_0 B}\right) = B\log_2\left(1 + \frac{E_b}{N_0}\frac{R_b}{B}\right)$$

其中 E 为传输符号能量，R_B 为符号速率或波特率。所以信息比特信噪比与信息比特谱效率的关系为

$$\eta = \left(\frac{E_b}{N_0}\right) \geqslant \frac{2^{R_b/B} - 1}{R_b/B} = \frac{2^\gamma - 1}{\gamma} \quad (11.2.14)$$

$$\eta_{\min} = \lim_{B \to \infty}\left(\frac{E_b}{N_0}\right) = \lim_{R_b \to 0}\left(\frac{E_b}{N_0}\right) = \lim_{\gamma \to 0}\frac{2^\gamma - 1}{\gamma} = \log_e 2 = 0.693(-1.59\text{dB})$$

通常称数值 $\eta_{\min} = (E_b/N_0)_{\min} = 0.693$ 或 -1.59dB 为信息比特谱效率趋于零时的香农限，它是任何系统传输一个信息比特所需信噪比的最小极限指标。

通信系统的能量带宽效率平面是由参量对 (η, γ) 界定的二维平面，满足不等式(11.2.14)的参数点在此平面上限定了一个称为可达区域的区域，参见图 11.2.1，可达区域内确定的任何系统均可能实现无误差信息传输，而任何不在此区域的系统均不可能实现无误差信息传输。

可达区域内系统参数点的移动表征系统的某种结构和性能变化，如图 11.2.1 中系统 A 到系统 B 的变化表示在不增加信号带宽和保持相同的比特谱效率的条件下可以降低实

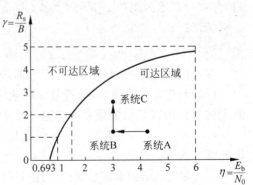

图 11.2.1 编码信息传输系统的能量带宽效率平面

现无误差信息传输所需要的信噪比,系统 B 到系统 C 的变化表示在不增加信噪比的条件下可以提高比特谱效率。

可以证明对 BPSK 调制,当码率 $R_c \to 0$ 时,在 BSC 信道的香农限为

$$\left(\frac{E_b}{N_0}\right)_{min} = \frac{\pi \log_e 2}{2} = 1.089 (= 0.37\text{dB})$$

对于理想软判决二元传输,信道模型为 B-AWGN,若调制为 BPSK,信号幅度 $A = \sqrt{E} = \sqrt{R_c E_b}$,信道输出为 $y = \pm A + z$,则由无差错传输的必要条件有

$$R_c \leqslant C_{\text{B-AWGN}} = 1 - \int_{-\infty}^{+\infty} \frac{1}{\sqrt{2\pi\sigma^2}} \exp\left(\frac{-(y-A)^2}{2\sigma^2}\right) \log_2\left[1 + \exp\left(-\frac{2Ay}{\sigma^2}\right)\right] \mathrm{d}y$$

$$= 1 - \int_{-\infty}^{+\infty} \frac{1}{\sqrt{\pi N_0}} \exp\left(-\frac{(y-\sqrt{R_c E_b})^2}{N_0}\right) \log_2\left[1 + \exp\left(-\frac{4\sqrt{R_c E_b}\, y}{N_0}\right)\right] \mathrm{d}y$$

$$\text{(11.2.15)}$$

该式的数值解表述了 B-AWGN 信道上香农限 $\eta_m = (E_b/N_0)_{min}$ 与编码码率 R_c 之间的数值关系,见表 11.2.2 所示。同时还可以证明,BPSK 信号当码率 $R_c \to 0$ 时在 B-AWGN 信道的香农限仍然为 $0.693(-1.59\text{dB})$。

表 11.2.2　B-AWGN 信道上不同码率的香农限 $\eta_m = (E_b/N_0)_{min}$(dB)

R_c	0.01	0.05	0.10	0.15	0.20	0.25	0.30	0.35	0.40	0.45
η_m	−1.55	−1.44	−1.29	−1.13	−0.96	−0.79	−0.62	−0.43	−0.24	−0.03
R_c	0.50	0.55	0.60	0.65	0.70	0.75	0.80	0.85	0.90	0.95
η_m	0.19	0.42	0.68	0.96	1.28	1.63	2.05	2.54	3.21	4.18

例 11.6　假设信源均匀分布,以 BPSK 信号在白高斯噪声信道上传输消息,在等同传输能量即等同功率消耗条件下,分别计算无纠错编码和应用 n-重复码时的 (E_b/N_0)。

等能量消耗指有编码和无编码的平均消息比特传输能量相等 $E_{bu} = E_{bc} = E$,因此有 $E_{tu} = E$ 和 $E_{tc} = R_c E$。由符号传输差错概率 $P_s(e) = Q(\sqrt{2(E_t/N_0)})$ 得到有编码和无编码时的误码率 $P_b(e)$ 和相应的 (E_b/N_0) 分别为

$$P_{bu}(e) = Q(\sqrt{2(E/N_0)}), \quad \left(\frac{E_b}{N_0}\right)_u = \frac{(E/N_0)}{C_{\text{BSC}}(P_{bu}(e))}$$

$$P_{bc}(e) = \sum_{j=\lceil n/2 \rceil+1}^{n} \binom{n}{j} p^j (1-p)^{n-j}, \quad p = P_s(e) = Q(\sqrt{2R_c(E/N_0)}), \quad \left(\frac{E_b}{N_0}\right)_c = \frac{(E/N_0)}{C_{\text{BSC}}(P_{bc}(e))}$$

$$C_{\text{BSC}}(P_b(e)) = 1 + \frac{1}{\log_e 2}[P_b(e)\log_e P_b(e) + (1 - P_b(e))\log_e(1 - P_b(e))]$$

$(E/N_0) = 0.1$ 和 $(E/N_0) = 8$ 时的计算实例如表 11.2.3 所示。

该例的计算数据表明:

(1) 传输比特能量在数值上可能小于香农限,但等价的 (E_b/N_0) 总大于香农限,例如无编码 −10dB 传输信噪比所等价的 (E_b/N_0) 为 0.71dB。

(2) 不恰当的纠错编码不但不能提高信息传输性能,反而会导致性能恶化。例如信息比特信噪比为 9.03dB 时,5-重复码的性能劣于无编码的传输性能,而 3-重复码的性能优于无编码的传输性能。

表 11.2.3　BPSK 传输 n-重复码的差错特性

(E/N_0)	差错特性	无编码	3-重复码	5-重复码
0.1(−10dB)	(E_t/N_0)	0.100(−10dB)	0.033(−14.77dB)	0.020(−16.99dB)
	$P_s(e)$	$Q(\sqrt{0.2})\approx0.326$	$Q(\sqrt{0.2}\sqrt{1/3})\approx0.397$	$Q(\sqrt{0.2}\sqrt{1/5})\approx0.421$
	$P_b(e)$	0.326	0.348	0.354
	$C_{BSC}(P_b(e))$	0.085	0.068	0.062
	(E_b/N_0)	1.176(0.71dB)	1.471(1.67dB)	1.613(2.08dB)
8(9dB)	(E_t/N_0)	8.00(9.03dB)	2.67(4.26dB)	1.60(2.04dB)
	$P_s(e)$	0.000 032	0.0011	0.037
	$P_b(e)$	0.000 032	0.000 003 6	0.000 478 8
	$C_{BSC}(P_b(e))$	0.999 476	0.999 929 7	0.994 029 1
	(E_b/N_0)	8.0042(9.033dB)	8.0006(9.031dB)	8.0481(9.057 dB)

（3）纠错码需在原始误码率高于某个信噪比阈值（称为译码阈值或译码门限）后才能提高传输性能。例如在 −10dB 传输信噪比情形下，运用重复码总难以获得性能改善。不同的纠错码存在不同的译码门限值。

（4）单纯增加重复码码长，并不能改善传输性能。这说明重复码不是可以达到香农限或实现完全无差错信息传输的纠错码，虽然编码定理保障存在一种码率小于 0.085 的纠错码能够在 −10dB 传输信噪比情形下当码长 $n\to\infty$ 时达到 $P_b(e)\to0$。

例 11.7　Turbo 码（Turbo code）和低密度校验码 LDPC 码（low density parity check codes，低密度校验码）是目前实验验证可以逼近香农限的两类纠错码。

由 C. Berrou 等人于 1993 年提出的一种 8 状态1/3码率码长为 5000 的 Turbo 码在采用 8 至 10 次迭代译码的条件下，可以在 $(E_b/N_0)=0$dB 时实现 $P_b(e)\leqslant10^{-7}$，而 1/3 码率的香农限为 −0.51dB。

Sae-Young Chung 等人在 2001 年发现并计算机仿真验证了一种码率1/2的 LDPC 码在码长达到 10^7 时，实现 $P_b(e)\leqslant10^{-6}$，(E_b/N_0) 离香农限仅有 0.0045dB。 ∎

11.2.3　编码增益

信息比特谱效率以及香农限给出的是无差错消息传输的极限特性，当容忍一定程度的差错时，分析系统实际具有的 (E_b/N_0) 至香农限的距离，或不同系统的 (E_b/N_0) 的差异更有意义。

由信号解调与检测理论，对于给定的调制解调方式和给定的信道，总存在相近的常数 A_1,A_2 以及相近的常数 B_1,B_2 使得传输符号差错概率 $P_s(e)$ 满足

$$A_1Q\left(B_1\sqrt{\frac{E_t}{N_0}}\right)\leqslant P_s(e)\leqslant A_2Q\left(B_2\sqrt{\frac{E_t}{N_0}}\right)$$

这表明 $P_s(e)$ 是 (E_t/N_0) 的单调降函数，并且 $P_s(e)$ 具有 $Q(x)$ 形式的随 (E_t/N_0) 增大而急剧减小的"瀑布"曲线规律，如图 11.2.2 所示。

$P_b(e)$ 虽然因信号解调方式不同以及因编码与译码方式不同是 $P_s(e)$ 的不同函数，但

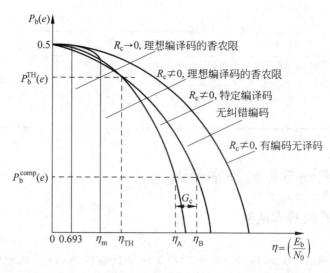

图 11.2.2 编码信息传输系统的能量差错概率平面

是对给定的编码方式(给定 n、R_c、d_{min} 等)以及译码方式,$P_b(e)$ 仍然应当与 $P_s(e)$ 有单调关系,所以仍然存在某对常数 A,B 使得$P_b(e)$ 满足

$$P_b(e) \approx AQ\left(B\sqrt{\frac{E_b}{N_0}}\right) \tag{11.2.16}$$

编码增益 G_c 是在相同 $P_b(e)$ 时两个信息传输系统的(E_b/N_0)的比值,即

$$G_c = (E_b/N_0)_B/(E_b/N_0)_A \tag{11.2.17}$$

$$G_c(\text{dB}) = 10\log_{10}G_c = (E_b/N_0)_B(\text{dB}) - (E_b/N_0)_A \quad (\text{dB})$$

由(E_b/N_0)与 $P_b(e)$ 所确定的平面称为信息传输系统的能量差错概率平面,由此平面可见:

(1) 编码系统由于编码后等效的码元符号能量降低而存在门限现象,即只有在信噪比$\eta=(E_b/N_0)$大于门限值 η_{TH}后,具有恰当纠错译码的编码系统才会有误码率随信噪比的增加而呈现"瀑布"特性趋势地减小。门限值取决于码的结构和具体的译码方式,但一定大于相应码率的香农限 η_m。

(2) 在不同的比较参照点 $P_b^{comp}(e)$,相应的编码增益 G_c 不同。通常 G_c 指渐进编码增益 G_{ac},即 G_{ac} 是 $P_b^{comp}(e) \to 0$ 即 $\eta \gg 1$ 时的编码增益,对于码率为 R_c、最小码距为 d 的分组码有

$$G_{ac} \approx 10\log_{10}(R_c d) \tag{11.2.18}$$

典型编码系统在采用 BPSK 调制时的编码增益经验值如表 11.2.4 所示,其中 $G_c @P_b(e)=10^{-5}$表示误码率为 10^{-5} 时的编码增益。

表 11.2.4 典型编码系统采用 BPSK 调制时的编码增益(dB)

编 码 技 术	$G_c @P_b(e)=10^{-5}$	$G_c @P_b(e)=10^{-8}$
理想编码	11.2	13.6
分组码:$R_c=1/2,d\approx0.3n$,硬判决	3.0~4.0	4.5~5.5
分组码:$R_c=1/2,d\approx0.3n$,软判决	5.0~6.0	6.5~7.5
卷积码:$R_c=1/2,K=7$,软判决 Viterbi	4.0~5.5	5.0~6.5

编码技术	$G_c@P_b(e)=10^{-5}$	$G_c@P_b(e)=10^{-8}$
级联码：RS(255,233)码，硬判决＋卷积码 $R_c=1/2$，$K=7$，软判决 Viterbi	$6.5\sim7.5$	$8.5\sim9.5$
Turbo 码：$R_c=1/3$，8 状态，$n\approx5000$MAP，6～8 次	$9.0\sim10.0$	$12.0\sim13.0$
随机 LDPC 码：$R_c=1/2$，$n\approx10^7$BP，60～80 次	~11.1	~13.6

11.3 纠错编码与译码基本原理

11.3.1 纠错码的基本结构

纠错码的纠错能力是由构造码字的精巧数学结构保障的，这些数学结构的主要特征也就成为纠错码的基本结构特征。最主要的结构特征有：**汉明重量**（**Hamming weight**）、**汉明距离**（**Hamming distance**）、**汉明球**（**Hamming sphere**）和**最小码距**（**minimum code distance**），等等。

n 维向量 $\boldsymbol{a}=(a_0,\cdots,a_{n-1})$，$a_i\in A$ 的汉明重量 $w_H(\boldsymbol{a})$ 就定义为 $\boldsymbol{a}$ 中非零码元（分量）的个数，即

$$w_H(\boldsymbol{a})=\sum_{a_i\neq0}1 \tag{11.3.1}$$

向量 $\boldsymbol{a}$ 与 $\boldsymbol{b}$ 之间的汉明距离 $d_H(\boldsymbol{a},\boldsymbol{b})$ 即是 $\boldsymbol{a}$ 与 $\boldsymbol{b}$ 之间不同分量的个数，即

$$d_H(\boldsymbol{a},\boldsymbol{b})=\sum_{a_i\neq b_i}1,\boldsymbol{a}=(a_0,\cdots,a_{n-1}),\boldsymbol{b}=(b_0,\cdots,b_{n-1})\in A^n \tag{11.3.2}$$

如果能够定义 A 上两个元素的加法与减法，则定义两个向量的加法和减法运算为

$$\boldsymbol{a}+\boldsymbol{b}=(a_0+b_0,\cdots,a_{n-1}+b_{n-1}),\boldsymbol{a}-\boldsymbol{b}=(a_0-b_0,\cdots,a_{n-1}-b_{n-1})$$

于是 $a_i\neq b_i$ 必然使 $\boldsymbol{a}-\boldsymbol{b}$ 的汉明重量加 1，从而有

$$d_H(\boldsymbol{a},\boldsymbol{b})=w_H(\boldsymbol{a}-\boldsymbol{b}) \tag{11.3.3}$$

显然，若记全零向量为 $\boldsymbol{\theta}=(0,0,\cdots,0)$，并有 $\boldsymbol{a}-\boldsymbol{\theta}=\boldsymbol{a}$ 以及在 $\boldsymbol{a}\neq\boldsymbol{\theta}$ 时 $\boldsymbol{\theta}-\boldsymbol{a}\neq\boldsymbol{\theta}$，则

$$w_H(\boldsymbol{a})=d_H(\boldsymbol{a},\boldsymbol{\theta})$$

例 11.8 汉明距离和汉明重量计算例。

$$d_H((00001111),(11001100))=\sum_{a_i\neq b_i}1=4$$

$$d_H((01021121),(12021011))=\sum_{a_i\neq b_i}1=4$$

$$w_H((10100101))=d_H((10100101),(00000000))=4$$ ∎

注意分组码 $\boldsymbol{C}$ 是向量的集合，因此分组码 $\boldsymbol{C}$ 的最小码距 d_{min} 或 $d_{min}(\boldsymbol{C})$ 是任意两码字间汉明距离的最小值

$$d_{min}=\min\{d_H(\boldsymbol{c},\boldsymbol{c}')\mid\forall\boldsymbol{c},\boldsymbol{c}'\in\boldsymbol{C}\} \tag{11.3.4}$$

具有最小码距 $d=d_{min}$ 的 $[n,M]$ 或 $[n,k]$ 分组码又记为 $[n,M,d]$ 或 $[n,k,d]$ 分组码。

由最大似然译码原理可见，最小化译码差错概率等价为最大化码字信号间的距离。

对于逐个符号的调制,码字信号间欧几里得距离最大必有码字间的汉明距离最大,所以纠错码设计的第一目标是:在给定码长 n 和码字数 M 的条件下,设计的码具有最小汉明距离 $d=d(C)$ 最大,即

$$d = \max\{d_{\min}(\boldsymbol{C}^{(l)}) \mid \boldsymbol{C}^{(l)} \mid = M, \boldsymbol{C}^{(l)} = \{(c_0^{(l)},\cdots,c_{n-1}^{(l)})\}, l = 1,2,\cdots\}$$

另一方面,信息传输追求单位信号传输的消息量最大,或编码码率最大,故纠错码设计的第二目标是:在给定码长 n 和最小距离 d 的条件下,设计的码字数 M 最大,即

$$M = \max\{M^{(l)} \mid d_{\min}(\boldsymbol{C}^{(l)}) = d, \boldsymbol{C}^{(l)} = \{(c_0^{(l)},\cdots,c_{n-1}^{(l)})\}, l = 1,2,\cdots\}$$

从减小传输差错概率的角度,码的设计应当以纠错码设计为第一目标,即最大化最小码距为目标。在 n 和 M 限定的条件下,码的最小码距由辛格里顿(Singleton)界上限定。达到辛格里顿(Singleton)界,即最小码距最大化的码称为最大距离可分码(MDS code,maximum distance separable code),RS(Reed-Solomon)码是一类已找到的 MDS 码。

从增加传信率的角度,码的设计应当以纠错码设计为第二目标,即最大化码率或码字数为目标。最优码(optimal code)即是给定码长和最小码距的最大码率码。在 n 和 d 限定的条件下,使 M 最大的码构造,在几何上是在 n 维空间中如何填充尽可能多地以每个码字为中心、以 d 为半径的汉明球,故又称纠错码的第二目标设计问题为球填充问题。

完备码是码结构效率最高的纠错码。一个完备码有如下两个重要特性:

(1) 完备码的最小码距 d 为奇数,即 $d=2t+1$。

(2) 完备码的基本参数 n,M 和 t 满足所谓球填充条件,即 $M \cdot V(n,t)=q^n$。当 $M=q^k$,球填充的一个必要条件为

$$q^{n-k} = \sum_{i=0}^{t} \binom{n}{i}(q-1)^i \tag{11.3.5}$$

例 11.9 二元 4-重复码不是完备码,但是二元 5-重复码是完备码,即

$$\boldsymbol{C} = \{\boldsymbol{c}_0 = (00\,000), \boldsymbol{c}_1 = (11\,111)\}$$

一个好码的构造需要非常精巧的设计。 ∎

例 11.10 为传输 2 比特信息,考察如下几种码长 4 的码构造方法、编码映射和基本特性。

(1) 二元 $(n,k)=(4,2)$ 码,随机选择 4 个 4 元组有

$$\boldsymbol{C} = \{(0001),(0011),(1011),(0010)\}$$
$$\phi:(00)\leftrightarrow(0001),(01)\leftrightarrow(0011),(10)\leftrightarrow(1011),(11)\leftrightarrow(0010)$$
$$R_c = k/n = 2/4 = 0.5, r = n-k = 4-2 = 2, d = 1$$

(2) 二元 $(n,k)=(4,2)$ 码,每两位消息比特重复一次,有

$$\boldsymbol{C} = \{(0000),(0101),(1010),(1111)\}$$
$$\phi:(00)\leftrightarrow(0000),(01)\leftrightarrow(0101),(10)\leftrightarrow(1010),(11)\leftrightarrow(1111)$$
$$R_c = k/n = 2/4 = 0.5, r = n-k = 4-2 = 2, d = 2$$

(3) 二元 $(n,k)=(4,2)$ 码,选择 4 个(恰仅有 4 个)重量等于 3 的 4 元组(获得一个 3/4 等比码),有

$$\boldsymbol{C} = \{(0111),(1110),(1101),(1011)\}$$
$$\phi:(00)\leftrightarrow(0111),(01)\leftrightarrow(1110),(10)\leftrightarrow(1101),(11)\leftrightarrow(1011)$$

$$R_c = k/n = 2/4 = 0.5, r = n - k = 4 - 2 = 2, d = 2$$

(4) 四元$(n,k) = (4,1)$，4-重复码，有

$$C = \{(0000), (1111), (2222), (3333)\}$$

$$\phi: (0) \leftrightarrow (0000), (1) \leftrightarrow (1111), (2) \leftrightarrow (2222), (3) \leftrightarrow (3333)$$

$$R_c = (\log_q M)/n = (\log_4 4)/4 = 1/4 = 0.25, k = \log_q M = \log_4 4 = 1$$

$$r = n - k = 4 - 1 = 3, d = 4$$

(5) 一种三元码，有

$$C = \{(0000), (0011), (1100), (2222)\}$$

$$\phi: (0) \leftrightarrow (0000), (1) \leftrightarrow (0011), (2) \leftrightarrow (1100), (3) \leftrightarrow (2222)$$

$$R_c = (\log_q M)/n = (\log_3 4)/4 = 0.3155, d = 4$$

11.3.2 检错与纠错的基本方法

利用码的结构特性判断接收向量是否是码字的传输结果称为检错。显然，实现检错译码的前提是发送方和接收方具有完全相同的码 C，检错译码更适用于硬判决信道，即DMC信道。检错译码的基本原理是：

若接收向量不是一个码字，即 $v \notin C$，则判断存在传输差错。

由检错译码基本原理直接产生的差错检测方法——检错译码方法，是穷举搜索方法，即将接收向量与所有码字比较。一个不可检测的差错图案 e 是导致发送码字 c 错为另一个码字 $c' \in C, c' \neq c$ 的一种干扰，对于加性干扰情形 $c' = c + e$。

例 11.11 n-重复码用于检错时的全0/1判断法。

对于3-重复码 $C = \{(000), (111)\}$，码字仅是8种3元组中的全0和全1两个向量，检错译码器简单地确认接收分组是否为码字，即全部接收码元是否全0或全1来判断是否存在传输差错，操作见表11.3.1。此方法可以对所有1个至2(即 $n-1$)个码元差错做出有无传输差错的正确判断。

表 11.3.1 3-重复码检错译码操作表

接收分组	译出码字	译码状态	接收分组	译出码字	译码状态
000	0	无错	100	?	有错
001	?	有错	101	?	有错
010	?	有错	110	?	有错
011	?	有错	111	1	无错

记接收向量为 $v \in A^n$，利用全0/1判决方法的一般性检错方法可描述为：若 $0 < w_H(v) < n$，则有错；否则无错。

例 11.12 二元偶或奇校验法。

偶校验编码是将 k 位消息分组扩展为 $n = k+1$ 位的码字分组，增加的一个码元总使得码字分组中码元为1的个数恒定为偶数或零，并称增加的一个码元为偶校验位或偶校验码元。于是偶校验码的结构参数为

$$n = k + 1, \quad r = 1, \quad R_c = k/(k+1), \quad d = 2$$

[4,3]偶校验码的编码映射方法见表 11.3.2 所示。显然 $(n,k)=(4,3)$ 偶校验码的许用码字是所有 $2^n = 16$ 种 $n = 4$ 元组中的 $2^{n-1} = 8$ 个向量。

表 11.3.2 [4,3]偶校验码编码表

消息 u	000	001	010	011	100	101	110	111
码字 c	000<u>0</u>	001<u>1</u>	010<u>1</u>	011<u>0</u>	100<u>1</u>	101<u>0</u>	110<u>0</u>	111<u>1</u>

偶校验码的检错译码方法是:若接收分组中 1 的个数为偶数或零(称偶校验有效),则认为该码字传输无错,否则有错。此方法对所有奇数个码元的差错检测做出正确判断。

偶校验方法的一般性描述是:记接收向量为 $v \in A^n$

若 $w_H(v) = $ 偶数或零,则无错;否则有错。 ■

专用于检错的纠错码称为检错码,其设计目标是使不可检差错概率 $P_{UD}(e)$ 最小。对于 DMC 信道上的检错,检错码的设计是使所有最可能出现的差错图案 e 均不能导致任意码字 $c = c' + e$。

利用码的结构特性首先判断接收向量是否存在传输差错,然后纠正有错接收向量中的差错符号称为纠错。纠错译码的实现方式与信道模型紧密关联,本章仅讨论硬判决信道上的纠错译码。

实现纠错译码的基本前提是发送方和接收方具有完全相同的码或码字集合,以及差错图案重量越小其出现概率越大。

例 11.13 择多判决法。

择多判决法尤其适用于对重复码的纠错译码。在 3-重复码 $C = \{(000),(111)\}$ 的译码中,由于一个分组中两个比特错误的概率小于一个比特错误的概率,所以此码是纠正一个比特错的[3,1]码,纠错操作见表 11.3.3 和图 11.3.1。

表 11.3.3 3-重复码纠错译码操作表

信息 u	发送码字 c	接收分组 v	译码码字 $\hat{c}$	译码消息 $\hat{u}$	译码状态
0	000	000	000	0	正确译码
0	000	001	000	0	正确译码
0	000	010	000	0	正确译码
0	000	011	111	1	错误译码
1	111	100	000	0	错误译码
1	111	101	111	1	正确译码
1	111	110	111	1	正确译码
1	111	111	111	1	正确译码

n-重复码的择多判决译码操作可以一般性的用接收分组的汉明重量检测描述为

$$\begin{cases} w_H(v) < n/2 \Rightarrow \hat{u} = 0 \\ w_H(v) > n/2 \Rightarrow \hat{u} = 1 \\ w_H(v) = n/2 \Rightarrow \hat{u} = ? \end{cases}$$

n-重复码的译码操作还可以一般性的用接收分组与码字的汉明距离描述为

$$\begin{cases} d_{\mathrm{H}}(\boldsymbol{v},\boldsymbol{c}_0) < d_{\mathrm{H}}(\boldsymbol{v},\boldsymbol{c}_1) \Leftrightarrow \hat{\boldsymbol{u}} = \boldsymbol{c}_0 \\ d_{\mathrm{H}}(\boldsymbol{v},\boldsymbol{c}_0) > d_{\mathrm{H}}(\boldsymbol{v},\boldsymbol{c}_1) \Leftrightarrow \hat{\boldsymbol{u}} = \boldsymbol{c}_1 \\ d_{\mathrm{H}}(\boldsymbol{v},\boldsymbol{c}_0) = d_{\mathrm{H}}(\boldsymbol{v},\boldsymbol{c}_1) \Leftrightarrow \hat{\boldsymbol{u}} = ? \quad\blacksquare \end{cases}$$

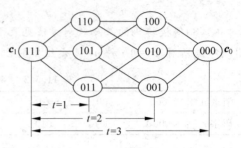

图 11.3.1 纠 1 位差错的 3-重复码

例 11.14 偶校验阵列。

在传输 4 比特信息时要纠正任意一个可能的比特差错,对 4 比特信息作阵列校验构成码率 $R_c=4/9=0.444$ 的二维 $[9,4]$ 偶校验阵列码,其码字为

$$\boldsymbol{c} = \begin{bmatrix} m_{00} & m_{01} & p_{02} \\ m_{10} & m_{11} & p_{12} \\ p_{20} & p_{21} & p_{22} \end{bmatrix}$$

其中,p_{02},p_{12} 分别是第 1,2 行的偶校验码元,p_{20},p_{21} 分别是第 1,2 列的偶校验码元,p_{22} 是第 3 行或第 3 列的偶校验码元。

显然任意 1 位码元错误一定在某特定行和某特定列上同时导致偶校验失效,从而由二维坐标体系确定此码元错误位置,继而完成差错的纠正。　　　　　　　　　■

11.3.3　译码模式与检纠错能力

译码模式或译码器工作模式是译码器对接收分组 $\boldsymbol{v}$ 进行纠检错的处理方式,可分为检错模式、纠错模式和混合纠检错模式三类。

（1）检错模式

译码器对任意 $\boldsymbol{v}$ 只给出有无传输差错的标志 s 或者输出 $z=(\boldsymbol{v},s)$,其中常定义

$$s = \phi(\boldsymbol{v}) = \begin{cases} 0, & \boldsymbol{v} \in C(\text{无差错}) \\ 1, & \boldsymbol{v} \notin C(\text{有差错}) \end{cases} \tag{11.3.6}$$

（2）纠错模式

译码器对任意 $\boldsymbol{v}$ 总输出码字 $z=\hat{\boldsymbol{c}}$,即 $z=\hat{\boldsymbol{c}}=\Psi(\boldsymbol{v})\in C$。若 $\hat{\boldsymbol{c}}=\boldsymbol{c}$,则称为译码正确。若 $\hat{\boldsymbol{c}}\neq\boldsymbol{c}$,则称为译码错误。采用最小距离译码的纠错准则为

$$d_{\mathrm{H}}(\boldsymbol{c}_i,\boldsymbol{v}) \leqslant d_{\mathrm{H}}(\boldsymbol{c}_j,\boldsymbol{v})\,|_{i\neq j} \Leftrightarrow \hat{\boldsymbol{c}} = \boldsymbol{c}_i \tag{11.3.7}$$

（3）混合纠检错模式

混合纠检错模式又称为限定距离译码模式。译码器对任意 $\boldsymbol{v}$ 或者输出码字 $z=\hat{\boldsymbol{c}}$ 或者输出其他预设向量 $z=\tilde{\boldsymbol{v}}$ 或 $z=(\boldsymbol{y},s)=(\boldsymbol{v},1)$,即对于某个预定的不可译向量集合 $\boldsymbol{B}\subset\boldsymbol{V}$

$$z = \phi(\boldsymbol{v}) = \begin{cases} \hat{\boldsymbol{c}}, & \boldsymbol{v} \in \boldsymbol{V}-\boldsymbol{B}, \hat{\boldsymbol{c}} \in C \\ \tilde{\boldsymbol{v}}, & \boldsymbol{v} \in \boldsymbol{B} \end{cases} \tag{11.3.8}$$

当译码器输出码字,即 $\phi(\boldsymbol{v})\in C$ 时,称为译码成功。译码成功中若 $\hat{\boldsymbol{c}}=\boldsymbol{c}$,则称为译码正确。若 $\hat{\boldsymbol{c}}\neq\boldsymbol{c}$,则称为译码错误。当译码器不能输出码字,即 $\Psi(\boldsymbol{v})\notin C$ 时,称为译码

失败。

确立限定距离 $t_e \leqslant t_c = [(d-1)/2]$ 的混合纠检错译码准则为

$$\begin{cases} d_H(\boldsymbol{v}, \boldsymbol{c}_i) \leqslant t_e \mid_{i=1,2,\cdots,M} \Rightarrow \hat{\boldsymbol{c}} = \boldsymbol{c}_i \\ d_H(\boldsymbol{v}, \boldsymbol{c}_i) \leqslant t_e \mid_{i=1,2,\cdots,M} \Rightarrow s = 1 \end{cases} \tag{11.3.9}$$

应注意混合纠检错译码并非是先纠错译码后又检错译码或者先检错译码后又纠错译码。译码器只能在三种译码模式的某一种模式下工作,见图 11.3.2 所示,检错和纠错能力分别表述为最大检错数 t_d 和最大纠错数 t_c,它是译码器可以检测或纠正任意位置上码元差错的最大数目。

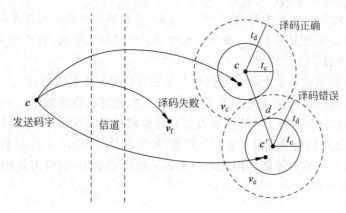

图 11.3.2 译码正确($\boldsymbol{v}_c$)、译码错误($\boldsymbol{v}_e$)与译码失败($\boldsymbol{v}_f$)

定理 11.3.1(检纠错数定理) 若分组码有最小距离 d,那么该码的最大检错数 t_d 和最大纠错数 t_c 满足:

(1) 在检错模式时,有

$$t_d = d - 1 \tag{11.3.10}$$

(2) 在纠错模式时,记 $[x]$ 为小于或等于 x 的最大整数,则有

$$t_c = [(d-1)/2] \tag{11.3.11}$$

(3) 在混合纠检错模式时有

$$t_c + t_d \leqslant d - 1 \quad \text{并同时有} \quad t_c < t_d \tag{11.3.12}$$

证明 记发送码字为 c,并有 $d_H(c, c') = d$,三种工作模式的检纠错数参见图 11.3.3。

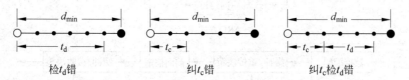

图 11.3.3 分组码的检纠错数图示

由于任意 $t \leqslant d-1$ 个传输差错均不可能使 $\boldsymbol{v} = \boldsymbol{c}' \neq \boldsymbol{c}$,所以在检错模式时,$t_d = d-1$。

按最小距离纠错译码准则,$d_H(\boldsymbol{c}', \boldsymbol{v}) < d_H(\boldsymbol{c}, \boldsymbol{v})$,当且仅当传输差错数 $t > [(d_{min}-1)/2]$,所以在纠错模式时,$t_c = [(d_{min}-1)/2]$。

对于混合纠检错，注意第一种情形是仅当 $d_H(\boldsymbol{c},\boldsymbol{v})\leqslant t_c$ 且 $t_c<d_H(\boldsymbol{c}',\boldsymbol{v})$ 时有正确的纠错译码，$d_H(\boldsymbol{c}',\boldsymbol{v})\leqslant t_c$ 时有错误的纠错译码；第二种情形是仅当 $t_c<d_H(\boldsymbol{c},\boldsymbol{v})$ 且 $t_c<d_H(\boldsymbol{c}',\boldsymbol{v})\leqslant d-d_H(\boldsymbol{c},\boldsymbol{v})$ 时有正确的检错译码，而此时的差错数即是 $t_d=d_H(\boldsymbol{c},\boldsymbol{v})$，所以在混合模式时，必同时满足 $t_c<t_d$ 和 $t_c+t_d<d$。由于对同一接收向量只有上述两种情形中的一种出现，所以混合译码是或者必给出码字输出的纠错译码或者仅检测有无差错的检错译码的一种译码模式。

证毕。

混合模式下的纠检错数目可以等价地表述为，一个分组码纠正 t_c 个错误或检测 t_c+1，$t_c+2,\cdots,t_c+t_\delta=t_d$ 个错误，当且仅当 $d_{\min}>2t_c+t_\delta$。

例 11.15 对于一个 6-重复码，$d=d_{\min}$ 为 6。检错模式应用时的最大检错数为 5。纠错模式应用时的最大纠错数为 2。混合纠检错模式时若纠 1 个错，则可检 4 个错；若纠 2 个错，则可检 3 个错。

应注意最大检错数和最大纠错数指码字上任意位置上的差错数目。一个设计良好的检错译码算法不仅可以检测任意小于等于 t_d 个差错，还可以检测部分 t_d+1 个差错，甚至部分 $t_d+2,t_d+3,\cdots$ 个差错。同样一个设计良好的纠错译码算法不仅可以纠正任意小于等于 t_c 个差错，还可以检测部分 t_c+1 个差错，甚至部分 $t_c+2,t_c+3,\cdots$ 个差错。因此最大检错数和最大纠错数并不能全面反映一个码的检纠错能力，而要用差错概率来全面评估码的检纠错能力。

11.3.4 纠错码的应用与发展

纠错码在通信、数据存储、计算机、组合实验设计、密码设计、系统可靠性检测与评估、甚至在游戏设计等等领域有非常广泛的运用。

通信中的差错控制方式有 FEC、ARQ、IRQ 三类，如图 11.3.4 所示。

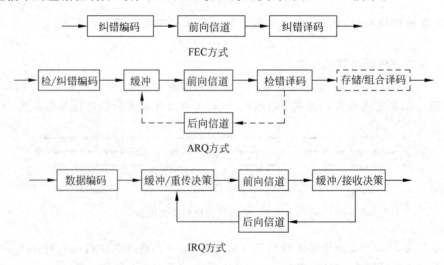

图 11.3.4　差错控制方式 FEC、ARQ 与 IRQ

1. 前向纠错(forward error correction,FEC)

FEC 是消息接收端只根据收到的接收分组判断是否存在传输差错并对有错分组进行纠错,因此 FEC 只有从发送端到接收端单方向上的编码分组传输。

纠错码在 FEC 方式中获得大量运用。例如 GSM 和 3G 移动通信中不可或缺的运用了卷积码、RM(Reed-Muller)码,Turbo 码等各种纠错码作为前向纠错码;在太空探测与载人航天等工程中必不可少的运用了级联码等强纠错码;在数字电视传播中 LDPC 码成为前向传输的一个必备手段。

2. 自动重传请求(automatic repeat request,ARQ)

ARQ 是消息接收端根据收到的接收分组,判断是否存在前向信道(即发送端至接收端)的传输差错并对有错分组请求发送端重传,因此在发送端与接收端之间的两个方向上均有在某种协议控制下的不同的编码分组传输。

显然 ARQ 方式中反馈回传的数据量大大小于发送数据量,从而常假设反馈信道(即后向信道或接收端至发送端)是无差错数据传输信道。

基本的 ARQ 协议分为停等(stop and wait,SW)协议、回退 N 步(go back N,GB-N)协议和选择重传(selective repeat,SR)协议。

HARQ(hybrid ARQ,混合 ARQ)协议是 SW-ARQ 协议的重要改进。在三种类型的 HARQ 方式中,HARQ-1 即是常规的 ARQ。HARQ-2 的译码器将多次重传码字的相应接收向量通过类似"编码分集"的方法合并"译码"得到可靠性更高的码字。HARQ-3 又称为增量 ARQ,发送端根据需要逐渐补充发送原始码字的部分数据,接收端根据累积获得的增量数据通过"编码分集"的方法合并"译码"得到可靠性更高的码字。

现代各类通信机制的出现,又衍生出多种多样的 ARQ 方式,如适于无线信道和卫星信道的多信道 SW-ARQ 等,如基于码率兼容纠错码运用的 RB-ARQ 等。

检错码主要运用于基本的 ARQ 方式,例如在 SW-ARQ 中运用了多种 CRC(循环冗余校验,Cyclic Redundancy Check)码,在 HARQ 方式中不仅需要运用检错码还需要运用纠错码。

3. 信息重传(information repeat request,IRQ)

IRQ 是不使用纠错码或检错码的差错控制方式。

在 IRQ 方式中,发送端对接收端反馈回传的数据与此前发出的数据进行比较,并判断有无传输差错,继而确定是否重传数据,因此在发收双向上均有在某种协议控制下的数据分组传输。

显然 IRQ 方式的运用依赖于系统提供双向的传输信道,并且通常要求双向信道均有极小的传输差错概率。

数据存储系统是另一个重要的纠错码运用领域,其纠错码运用方式有与通信运用相同的 FEC 和独特的 FED(forward error detection,前向检错)。FED 的目的是提供对存储数据可靠性的一种判断,甚至对存储介质可靠性的一种判断。

通信中的"好纠错码"要求在码长增大时可纠正的差错数同比例增长,从而可能以非零码率或非零传信率无差错传输信息。在此意义上，纠错码的发展主线就是不断以多种途径寻求好码的构造和其相应的最佳译码方法。

纠错码的多种研究途径可表现为对纠错码的多种基本分类，例如：

（1）分组码与卷积码：按消息分组与码字的对应关系是一对一还是多对一分类。

（2）循环码与非循环码：按码字是否具有循环移位不变特性分类，循环码因其循环特性而极大简化其工程实现。

（3）线性码与非线性码：按码字集合是否为线性空间分类。

（4）域上码与非域上码：按码元集合是否为有限域分类，环上循环码即是一种非域上码。

（5）汉明空间码与非汉明空间码：按是否以汉明距离度量码字间以及码字与接收向量间的差异分类，如基于李(Lee)距离设计的纠错码。

（6）时域码与空域码：按是否提供空间冗余分类，常规纠错码均是时域码，即码的冗余性体现在时间序列上，而格上构造的陪集码是运用于 TCM(trellis coded modulation)的具有空间冗余性的信号空间码或空域码，目前热门的空时码也可属于空域码范畴。

不论对纠错码有多少种研究途径，但是归纳起来纠错码的研究和发展可以大致分为如下四个基本领域：

（1）码限：码或某一类码的整体性能极限特性或性能界。

（2）码构造：具体码或某一类码的构造和实现。

（3）译码：具体码或某一类码的译码及其相应的纠检错性能。

（4）码的应用。

纠错码的发展源自 20 世纪 40 年代末两个几乎同期但相互独立的工程性研究工作。

一是为解决噪声中的可靠通信问题开展的研究，其创新性的代表成果是香农的具有存在性和概率性的无差错编码传输原理，因其蕴含的随机编码思想促进了数字通信的信号设计与编码的工程技术发展和应用。

二是为解决消息存储中少量比特差错纠正问题的研究，其创新性的代表成果是汉明和戈莱(Golay)的具有代数构造性和组合性的检纠错码，因其蕴含的组合学特性而由此促使了"纠错码"这样一个在代数与近世代数、组合数学、数论、计算数学等数学门类基础上的新的数学分支的诞生和发展。

纠错码研究和发展的标志性成就如表 11.3.4 所示。

表 11.3.4　纠错码的重要发展标志

	名称与时间	简 要 评 述
码 限	Shannon 随机编码限，1948	开创性证明可用纠错编码方法实现无差错信息传输
	Gilbert-Varshamov 限，1952/1957	首次标明好码码率下界
	MacWilliams 恒等式，1963	线性码与其对偶码重量分布之间的重要关系
	McEliece 限，1977	任意码码率的至今最佳上界
	Tsfasman-Vladut-Zink 限，1982	代数几何码好码的码率下界的重要改进

续表

名称与时间	简 要 评 述
Golay 码,1949	第一个完备纠多错码,组合数学的经典应用
Hamming 码,1950	第一类完备检纠错码,编码基本概念的创始
Reed-Muller 码,1954	通过多元布尔函数构造二元码的典例
卷积码,Elias,1955	有分组间链接关系的另一类纠错码
循环码,Prange,1957	具有循环结构的线性分组码
Reed-Solomon(RS)码,1960	迄今唯一的一类非平凡最大距离可分码
BCH 码(Hocquenghem 1959,Bose 与 Chaudhuri 1960)	第一类可以由所需纠错数确定码结构的纠错码
级连码,1966	构造新码且可获得渐近好码,Forney 全面阐释
有限几何码,Rudolph 1967	由有限几何构造纠错码的新方法
栅格分组码,Wolf 1978	用类似卷积码栅格图的方式描述和分析分组码
Goppa 码,1981	由 RS 码推广的一类具有好码特性的代数几何码
TCM 码,Ungerboeck 1982	可实现无带宽扩展的第一类信号空间码
Turbo 码,Berrou 1993	第一类迭代译码可逼近香农限的并行级联卷积码
LDPC 码,Gallager 1962/MacKay,Lin 等 1995—2001	采用迭代译码的线性分组码,重新证明此类码可逼近香农限,旧码新发现的"神话"
Alamouti 空时码,1998	第一个能获得空间全分集增益的简单时空二维码
PGZ 译码算法,Peterson 1960	提出第一个可以达到 BCH 码限的译码算法
大数逻辑译码,1963	一类分组码的有效译码方法,Massey 总结
Fano 译码,Fano 1963	第一个可用于卷积码译码的实用算法
GMD 译码,Forney 1966	可软判决译码的广义最小距离译码
B-M 算法,Berlekamp 1967/Massey 1969	从工程上解决了 BCH 码的有效译码问题
Viterbi(维特比)算法,1967	迄今唯一的卷积码以及栅格图结构码的最有效最大似然译码,还是一种最优的动态规划算法
Chase 算法,1972	利用接收符号可靠信息以有限搜索方式来改善代数译码算法性能的简单译码算法
MAP 或 BCJR 算法,Bahl 等 1974	首个使比特错误概率最小的软输入软输出译码算法
SOVA 算法,Hagenauer 1989	首个软输出 Viterbi 译码算法
Turbo/MAP 迭代译码,Berrou 1993	首次提出 Turbo 迭代译码思想,还运用到迭代均衡和迭代信号检测等领域
LOG-MAP 算法,Robertson 1995	有同样性能的 MAP 算法的简化
BP 算法与和积算法,1995	基于 Tanner 图描述的最佳译码,LDPC 码逼近香农限的关键
List 译码或 GS 译码算法,Guruswami 和 Sudan 1999	首个 RS 码和 AG(仿射几何)码的可超过最小距离限的译码算法
KV 算法,Koetter 和 Vardy 2003	将 GS 译码算法应用于 RS 码软判决译码的重要改进

续表

	名称与时间	简 要 评 述
典型应用	水手号深空宇宙探测,1969	Reed-Muller 码及至纠错码在重大通信工程中不可替代的成功运用典范
	光盘数据存储标准,1980	RS 码成功应用典例,由索尼和飞利浦提出并制定光盘存储的数据标准
	CCITT V34,1996	TCM 应用于 33.6kbps 的调制解调器标准,奠定电话和电缆线上大容量数据传输的技术基础
	IS-95,1995	奠定在移动通信中运用卷积码等纠错码的基础
	漫游者号火星探测器,2004	以(15,1/6)CC+(255,223)RS 级联码实现在 X 波段(8.4GHz)上的 168kbps BPSK 传输,成功将火星表面的图像高质量传回地球
	漫游者号火星探测器,2006	以(8920,1/6)CCSDS Turbo Codes 实现 Ka 波段(32GHz)上 168kbps QPSK 传输,将火星探测数据可靠回传地球
	DVB 数字电视,2007	首个 LDPC 码工业应用标准

11.4 线性分组码

11.4.1 生成矩阵与校验矩阵

线性分组码（**linear block code**）是一类特殊的分组码。

一个二元 (n,k) 线性分组码,记为 $C(n,k)$ 或 C,是一个由 $M=2^k$ 个 n 长码字构成的集合,该集合由一个行秩为 k 的 $k \times n$ 矩阵 G 与任意 k 维消息向量 $u=(u_0,\cdots,u_{k-1})$ 的乘积构造而成,故又记码 $C=\{(c_0,\cdots,c_{n-1})\}$,即

$$C=\{(c_0,\cdots,c_{n-1})\}=\{c \mid c=u \cdot G; u=(u_0,\cdots,u_{k-1}); u_j=0,1\} \quad (11.4.1)$$

$$G=\begin{bmatrix} g_0 \\ \vdots \\ g_{k-1} \end{bmatrix}=\begin{bmatrix} g_{0,0} & \cdots & g_{0,n-1} \\ \vdots & & \vdots \\ g_{k-1,0} & \cdots & g_{k-1,n-1} \end{bmatrix} \quad (11.4.2)$$

对于二元码的构造,矩阵 G 的元素 $g_{i,j}$ 均为 0 或 1,矩阵运算涉及的元素加运算和元素乘运算分别为整数模 2 加和整数模 2 乘。由于线性分组码完全由矩阵 G 确定,所以称矩阵 G 为线性分组码的**生成矩阵**（**generator matrix**）。

线性分组码的代数结构是群和线性子空间,因而线性分组码又称为群码。

线性分组码在基于生成矩阵分析时的基本特性有:

(1) 全零向量一定是码字,即 $\theta \in C$。

(2) 任意两码字的和仍是码字,即对 $c,c' \in C$ 有 $c+c'=(c_0+c_0',\cdots,c_{n-1}+c_{n-1}') \in C$。

(3) 最小汉明码距等于非零码字的最小汉明重量,即 $d_{\min}=\min\limits_{c \neq \theta, c \in C}\{w_H(c)\}$。

(4) 生成矩阵 G 不唯一,因为 G 的任意行初等变换仍然生成相同的码,并称为行初等变换等价码。

(5) 对给定的 n 和 k,不同(行初等变换不等价)的生成矩阵或不同的二元线性分组码的个数为 $N(n,k)$

$$
\begin{aligned}
N(n,k) &= \frac{(2^n-1)(2^{n-1}-1)\cdots(2^{n-k+1}-1)}{(2^k-1)(2^{k-1}-1)\cdots(2-1)} \\
&= N(n-1,k) + 2^{n-k}N(n-1,k-1)
\end{aligned} \tag{11.4.3}
$$

(6) 编码影射 $c = u \cdot G$ 可以等价为一个仅由一系列模 2 乘,以及模 2 加或异或运算组成的布尔逻辑方程组

$$
\begin{cases}
c_0 = \varphi_0(u_0,\cdots,u_{k-1}) \\
\vdots \\
c_{n-1} = \varphi_{n-1}(u_0,\cdots,u_{k-1})
\end{cases} \tag{11.4.4}
$$

由编码的布尔逻辑方程组可见,在一般的编码映射中,码字码元 c_i 与消息码元 u_j 不一定直接相等,而译码输出的最终目标是获得消息比特 $\hat{u}_j$ 的译码输出,所以译码还需进行较为复杂的 $\hat{c}$ 到 $\hat{u}$ 的逆变换,影响码的实用性能。

如果编码方法使得某 k 个码字码元与 k 个消息码元恒定相等,则称此类编码方法构造的码为系统码,记为 C_s,即有

$$
c_{i_j} = u_j, j = 0,1,\cdots,k-1, i_j \in \{0,1,\cdots,n-1\} \tag{11.4.5}
$$

标准形系统码 C_{NS},仍简记为 C_s,是生成矩阵 $G = G_s$ 具有如下两种形式之一的码

$$
G_S = \begin{bmatrix} I_k & Q_{k\times r} \end{bmatrix}_{k\times n} \quad \text{或} \quad G_S = \begin{bmatrix} Q_{k\times r} & I_k \end{bmatrix}_{k\times n}
$$

其中,I_k 为单位矩阵。

系统码的基本特性有:

(1) 由矩阵行等价原理,任何线性分组码均可以通过行初等变换转换为系统码,但并非所有的码都可以等价为标准形系统码。

(2) 由矩阵行等价原理和列置换不改变最小距离原理,系统码或标准形系统码与原码有相同的码率和最小码距,称码率和最小距离相同的码为纠错设计等价码。

(3) 尽管由矩阵行等价可以有 $C = C_s$,但是码字码元与消息码元的对应却可不同,即行等价码仍可有 $u \cdot G \ne u \cdot G_s$。

不失一般性,仅考虑标准系统码结构有

$$
\begin{cases}
c_0 = u_0 \\
\cdots \\
c_{k-1} = u_{k-1} \\
c_k = \varphi'_0(u_0,\cdots,u_{k-1}) \\
\cdots \\
c_{n-1} = \varphi'_{r-1}(u_0,\cdots,u_{k-1})
\end{cases}
=
\begin{cases}
c_0 = u_0 \\
\cdots \\
c_{k-1} = u_{k-1} \\
c_k = \varphi'_0(c_0,\cdots,c_{k-1}) \\
\cdots \\
c_{n-1} = \varphi'_{r-1}(c_0,\cdots,c_{k-1})
\end{cases}
$$

显然,该编码方程组的后 r 个方程构成该线性分组码的校验方程组,同样由于上述方程是仅由一系列模 2 乘,以及模 2 加或异或运算组成的布尔逻辑方程组,即

$$
\begin{cases}
\varphi'_0(c_0,\cdots,c_{k-1}) - c_k = 0 \\
\cdots \\
\varphi'_{r-1}(c_0,\cdots,c_{k-1},c_{n-1}) - c_{n-1} = 0
\end{cases}
=
\begin{cases}
\varphi''_0(c_0,\cdots,c_{k-1},c_k,\cdots,c_{n-1}) = 0 \\
\cdots \\
\varphi''_{r-1}(c_0,\cdots,c_{k-1},c_k,\cdots,c_{n-1}) = 0
\end{cases}
$$

$$= \begin{cases} h_{0,0}c_0 + \cdots + h_{0,n-1}c_{n-1} = 0 \\ \cdots \\ h_{r-1,0}c_0 + \cdots + h_{r-1,n-1}c_{n-1} = 0 \end{cases}$$

于是校验方程组 $\{\varphi''_i\}$ 可以表述为矩阵形式

$$\boldsymbol{c} \cdot \boldsymbol{H}^{\mathrm{T}} = (c_0, \cdots, c_{n-1})\boldsymbol{H}^{\mathrm{T}} = (\underbrace{0, \cdots, 0}_{r}) = \boldsymbol{\theta}^{(r)} \qquad (11.4.6)$$

$$\boldsymbol{H} = \begin{bmatrix} \boldsymbol{h}_0 \\ \vdots \\ \boldsymbol{h}_{r-1} \end{bmatrix} = \begin{bmatrix} h_{0,0} & \cdots & h_{0,n-1} \\ \vdots & & \vdots \\ h_{r-1,0} & \cdots & h_{r-1,n-1} \end{bmatrix} = [h_{i,j}]_{r \times n} \qquad (11.4.7)$$

显然，对于任意码字 $\boldsymbol{c} = (c_0, \cdots, c_{n-1})$，矩阵 $\boldsymbol{H}$ 均满足式(11.4.6)，从而称 $\boldsymbol{H}$ 为 (n,k) 线性分组码 $\boldsymbol{C}$ 的一致校验矩阵，简称校验矩阵。

线性分组码基于校验矩阵分析的基本特性有：

(1) 向量 $\boldsymbol{v}$ 是码字当且仅当 $\boldsymbol{v} \cdot \boldsymbol{H}^{\mathrm{T}} = \boldsymbol{\theta}^{(r)}$，从而 (n,k) 线性分组码 $\boldsymbol{C}$ 由 $\boldsymbol{H}$ 定义为

$$\boldsymbol{C} = \{\boldsymbol{v} \mid \boldsymbol{v} \cdot \boldsymbol{H}^{\mathrm{T}} = \boldsymbol{\theta}^{(r)}; \quad \boldsymbol{v} = (v_0, \cdots, v_{n-1}); \quad v_j = 0, 1\}$$

(2) (n,k) 线性分组码 $\boldsymbol{C}$ 的校验矩阵 $\boldsymbol{H}$ 与生成矩阵 $\boldsymbol{G}$ 满足

$$\boldsymbol{G} \cdot \boldsymbol{H}^{\mathrm{T}} = [0]_{k \times r} \qquad (11.4.8)$$

更一般地，若 $\boldsymbol{G}$ 和 $\boldsymbol{H}$ 的任意行初等变换分别为 $\boldsymbol{G}'$ 和 $\boldsymbol{H}'$，那么仍然有 $\boldsymbol{G}' \cdot (\boldsymbol{H}')^{\mathrm{T}} = [0]_{k \times n}$，但是这并不表明 $\{\boldsymbol{u} \cdot \boldsymbol{G}\} \neq \{\boldsymbol{u} \cdot \boldsymbol{G}'\}$。

(3) 校验矩阵 $\boldsymbol{H}$ 的行秩等于 r。

(4) 若 $\boldsymbol{G}_{\mathrm{S}} = [\boldsymbol{I}_k \cdot \boldsymbol{Q}_{k \times r}]_{k \times n}$，则

$$\boldsymbol{H}_{\mathrm{S}} = [-(\boldsymbol{Q}_{k \times r})^{\mathrm{T}} \cdot \boldsymbol{I}_r] \qquad (11.4.9)$$

更一般地，$\boldsymbol{G}, \boldsymbol{G}_{\mathrm{S}}$ 与 $\boldsymbol{H}, \boldsymbol{H}_{\mathrm{S}}$ 仍然满足

$$\boldsymbol{G} \cdot \boldsymbol{H}_{\mathrm{S}}^{\mathrm{T}} = \boldsymbol{G} \cdot \boldsymbol{H}^{\mathrm{T}} = \boldsymbol{G}_{\mathrm{S}} \cdot \boldsymbol{H}_{\mathrm{S}}^{\mathrm{T}} = \boldsymbol{G}_{\mathrm{S}} \cdot \boldsymbol{H}^{\mathrm{T}} = [0]_{k \times r}$$

以 (n,k) 线性分组码 $\boldsymbol{C}$ 的校验矩阵 $\boldsymbol{H}$ 作为生成矩阵而构成的线性分组码，记为 $\boldsymbol{C}^*$，称为 (n,k) 线性分组码的对偶码。

校验矩阵提供一个较容易确定线性分组码最小码距 $d = d_{\min}$ 的方法。

定理 11.4.1（最小码距判别定理） 线性分组码的最小码距 d 等于其校验矩阵 $\boldsymbol{H}$ 的最小线性相关的列数，或者 $d = d_{\min}$ 当且仅当其校验矩阵 $\boldsymbol{H}$ 中任意 $d-1$ 列线性无关，某 d 列线性相关。

证明 必要性证明。记 $\boldsymbol{H}$ 列向量形式为 $[\boldsymbol{h}_1, \boldsymbol{h}_2, \cdots, \boldsymbol{h}_n]$，若有其中某 $d-1$ 列线性相关

$$a_{i1}\boldsymbol{h}_{i1} + a_{i2}\boldsymbol{h}_{i2} + \cdots + a_{i,d-1}\boldsymbol{h}_{i,d-1} = \boldsymbol{\theta}$$

则可以构造码字 $\boldsymbol{c}$ 为

$$\boldsymbol{c} = (0, \cdots, 0, a_{i1}, 0, \cdots, 0, a_{i2}, 0, \cdots, 0, a_{i,d-1}, 0, \cdots, 0)$$

显然，因 a_{ij} 不全为 0，此码字的重量 $w_{\mathrm{H}}(\boldsymbol{c}) \leqslant d-1$，这与 d 是该码的最小码重矛盾。从而证明若最小码距为 d，则 $\boldsymbol{H}$ 中任意 $d-1$ 列线性无关。

充分性证明。若任意 $d-1$ 列线性无关，某 d 列 $\boldsymbol{h}_{i1}, \cdots, \boldsymbol{h}_{id}$ 线性相关，那么必存在非全零的 $a_{i1}, \cdots, a_{id}$ 使得 $a_{i1}\boldsymbol{h}_{i1} + a_{i2}\boldsymbol{h}_{i2} + \cdots + a_{id}\boldsymbol{h}_{id} = \boldsymbol{\theta}$，因此码字

$$c = (0,\cdots,0,a_{i1},0,\cdots,0,a_{id},0,\cdots,0)$$

的重量 $w_H(c)$ 恰好为 d 且是最小重量码字。

证毕。

此定理还表明校验矩阵及其生成矩阵的列置换不改变码的最小距离。

注意最小码距 $d_{\min}=d$ 是 H 的最小线性相关的列数，并不等于矩阵 H 的（列）秩 r（即 H 的最大线性无关列数 r，或 H 的某 r 列无关且任意 $r+1$ 列相关）。由此可以得到关于最小码距的辛格里顿（Singleton）限为：任意 (n,k) 线性分组码有

$$d_{\min} \leqslant r+1 = n-k+1 \tag{11.4.10}$$

并称最小码距达到 Singleton 限的 (n,k) 线性分组码为**最大距离可分码 MDS 码（maximum distance separable code）**。

11.4.2 典型码例

目前几乎所有实用中的分组码都是线性分组码，如**汉明码（Hamming code）**，**RM 码（RM code）**，**Golay 码（Golay code）**，**BCH 码（BCH code）**，**RS 码（RS code）**，**LDPC 码**，等等。

1. 简单码例

例 11.16 4-重复码的生成矩阵和校验矩阵分别是

$$G = \begin{bmatrix} 1 & 1 & 1 & 1 \end{bmatrix}, \quad H = \begin{bmatrix} 1 & 0 & 0 & 1 \\ 0 & 1 & 0 & 1 \\ 0 & 0 & 1 & 1 \end{bmatrix}$$

由于 H 的所有任意 3 列均线性无关，H 的全部 4 列相关，所以 $d_{\min}=4$。

例 11.17 一个 $(4,3)$ 偶校验码是最小码距为 $d=2$ 的线性分组码，编码方程组、生成矩阵和校验矩阵分别为

$$\begin{cases} c_0 = u_0 \\ c_1 = u_1 \\ c_2 = u_2 \\ c_3 = u_0+u_1+u_2 \end{cases}, \quad G = \begin{bmatrix} 1 & 0 & 0 & 1 \\ 0 & 1 & 0 & 1 \\ 0 & 0 & 1 & 1 \end{bmatrix}, \quad H = \begin{bmatrix} 1111 \end{bmatrix}$$

例 11.18 2 元 $[n,k]=[4,2]$ 码 $C=\{(0111),(1110),(1101)(1011)\}$ 由于没有全零向量为码字，不能构成群结构，所以不是线性分组码，不存在生成矩阵描述。此外还可以发现该码也不可能构成系统码。该码最小码距由穷举搜索可得 $d_{\min}=\min\limits_{c\neq c'}\{d_H(c,c')\}=2$。

例 11.19 一个 $(5,3)$ 线性分组码的生成矩阵 G，标准型生成矩阵 G_S，标准型一致校验矩阵 H_S 分别为

$$G = \begin{bmatrix} 1 & 0 & 1 & 1 & 0 \\ 0 & 1 & 0 & 1 & 1 \\ 1 & 1 & 0 & 1 & 0 \end{bmatrix}, \quad G_S = \begin{bmatrix} 1 & 0 & 0 & 0 & 1 \\ 0 & 1 & 0 & 1 & 1 \\ 0 & 0 & 1 & 1 & 1 \end{bmatrix}, \quad H_S = \begin{bmatrix} 0 & 1 & 1 & 1 & 0 \\ 1 & 1 & 1 & 0 & 1 \end{bmatrix}$$

其中，G 到 G_S 的行初等变换过程为：$R_3 \leftarrow R_3+R_2$；$R_1 \leftarrow R_1+R_3$；$R_1 \leftrightarrow R_3$（R_i 表示第 i 行）。

此码由于 H_S 的第 1 列和第 5 列相同而线性相关，因而 H_S 最小线性相关的列数为 2，

故此码 $d_{\min}=2$。该码用不同生成矩阵构造的码字和对偶码的码字见表11.4.1所示。■

表 11.4.1　(5,3)线性分组码

消息 u	G 生成的码字	G_S 生成的码字	对偶码的码字
000	00000	00000	
001	11010	00111	
010	01011	01011	00000
011	10001	01100	11101
100	10110	10001	01110
101	01100	10110	10011
110	11011	11010	
111	00111	11101	

2. 汉明码

汉明(Richard W. Hamming)码是由汉明在1950年首次发现的一类纠正单个错误的线性分组码。

二元 m 阶汉明码 $C=\mathcal{H}(2,m)$ 的校验矩阵 $H=H(2,m)$ 是以全部二元非零 m 维向量为列向量的矩阵,因此二元 m 阶汉明码的基本特性有:

(1) 码长 n、消息长 k 和校验长 r 为 $n=2^m-1, k=2^m-1-m, r=m$,,正整数 $m \geqslant 3$。

(2) 码率为 $R_c=1-m/(2^m-1)$。

(3) 最小码距 $d_{\min}=3$,最大纠错数 $t_c=1$。

(4) 汉明码是完备码,即

$$\sum_{i=0}^{t_c=1}\binom{n}{i}=1+n=1+2^m-1=2^m=2^{n-k}=2^r$$

(5) 二元汉明码的一致校验矩阵满足如下递归关系

$$H(2,m+1)=\begin{bmatrix} 0\cdots0 & 1 & 1\cdots1 \\ & 0 & \\ H(2,m) & \vdots & H(2,m) \\ & 0 & \end{bmatrix}, \quad m \geqslant 2 \tag{11.4.11}$$

(6) 记 A_i 表示一个码中重量为 i 的码字的个数,则二元汉明码的重量分布多项式为

$$A(x)=\sum_{i=0}^{n}A_ix^i=\frac{1}{n+1}\left[(1+x)^n+n(1-x)(1-x^2)^{(n-1)/2}\right]$$

$$=\frac{1}{n+1}\left[(1+x)^n+n(1+x)^{(n-1)/2}(1-x)^{(n+1)/2}\right] \tag{11.4.12}$$

注意在汉明码 $\mathcal{H}(2,m)$ 的一致校验矩阵 $H(2,m)$ 构造中,每一种不同的非零列向量的排列顺序或者对已有 $H(2,m)$ 的任意列初等置换,均获得不同形式的校验矩阵 $H'(2,m)$,这些不同形式的 $H(2,m)$ 所定义的码在编码映射意义上虽然不同,但是它们都具有相同的上述6项汉明码的基本特性,因此称这些不同的码是在码结构参数意义上等价的汉

明码。

例 11.20 $(n,k,d)=(15,11,3)$ 二元汉明码的两种等价的校验矩阵分别为

$$\boldsymbol{H}(2,4)=\begin{bmatrix}1&0&0&0&1&0&0&1&1&0&1&0&1&0&1&1\\0&1&0&0&1&1&0&0&0&1&1&1&1&0&1&1\\0&0&1&0&0&1&1&0&1&0&1&0&1&1&1&0&1\\0&0&0&1&0&0&1&1&0&1&0&1&0&1&1&1\end{bmatrix}$$

$$\boldsymbol{H}'(2,4)=\begin{bmatrix}1&0&1&0&1&0&1&0&1&0&1&0&1&0&1\\0&1&1&0&0&1&1&0&0&1&1&0&0&1&1\\0&0&0&1&1&1&1&0&0&0&0&1&1&1&1\\0&0&0&0&0&0&0&1&1&1&1&1&1&1&1\end{bmatrix}$$

应当指出：存在满足汉明码基本特性(1)～(3)的却不等价为汉明码的非线性分组码。

例 11.21 二元汉明码可以推广到多元汉明码。例如一个三元三阶$(12,10,3)$汉明码的一致校验矩阵为 $\boldsymbol{H}(3,3)$

$$\boldsymbol{H}(3,3)=\begin{bmatrix}0&0&0&0&1&1&1&1&1&1&1&1\\0&1&1&1&0&0&0&1&1&1&2&2&2\\1&0&1&2&0&1&2&0&1&2&0&1&2\end{bmatrix}$$

例 11.22 二元三阶汉明码是一个$(7,4,3)$线性分组码，其某种系统码形式的一致校验矩阵和生成矩阵分别为 $\boldsymbol{H}(3)$和 $\boldsymbol{G}(3)$，编码电路原理图如图 11.4.1 所示。

$$\boldsymbol{H}(3)=\begin{bmatrix}1&1&1&0&1&0&0\\0&1&1&1&0&1&0\\1&1&0&1&0&0&1\end{bmatrix},\quad\boldsymbol{G}(3)=\begin{bmatrix}1&0&0&0&1&0&1\\0&1&0&0&1&1&1\\0&0&1&0&1&1&0\\0&0&0&1&0&1&1\end{bmatrix}$$

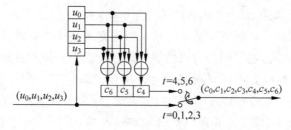

图 11.4.1　二元$(7,4)$汉明码编码电路原理图

对于消息向量 $\boldsymbol{u}=(u_0u_1u_2u_3)$，等价的编码方程和编码联立方程组分别为

$$(c_0c_1c_2c_3c_4c_5c_6)=(u_0u_1u_2u_3)\cdot\boldsymbol{G}(3)$$

$$\begin{cases}c_i=u_i,i=0,1,2,3\\c_4=u_0+u_1+u_2\\c_5=u_1+u_2+u_3\\c_6=u_0+u_1+u_3\end{cases}$$

汉明码的码长和码率不连续存在，对某些应用情形，例如要求码长恰为存储器字节

长，则必须对码结构进行调整或对码进行变形。码的常见基本变形分为三类六种：（1）扩展（extending）与打孔（puncturing）；（2）增广（augmenting）与删信（expunging 或 expurgating）；（3）延长（lengthening）与缩短（shortening）。

二元扩展汉明码是汉明码的全校验位扩展，码参数为 $(n, k, d) = (2^m, 2^m - m, 4)$，扩展方法是增加一位总偶校验位 c^* 使得 $c^* = c_0 + \cdots + c_{2^m - 2}$。

3. 码的组合

码的常见组合有：（1）乘积（product）；（2）交织（interleaving）；（3）级连（concatenating）。

码的乘积是对消息阵列采用相同或不同的纠错码（称为子码）分别作消息行和消息列的编码。记乘积码的列子码和行子码分别为 (n_1, k_1, d_1) 码和 (n_2, k_2, d_2) 码，则 $k_1 \times k_2$ 消息阵列的乘积编码图示为图 11.4.2。乘积码的行码列码编码顺序不影响乘积码的最小距离 d^* 并且有 $d^* = d_1 d_2$。

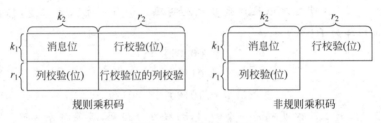

图 11.4.2　乘积码结构

对于行码产生的校验位可以作为"新的数据位"再用列码的方式进行编码，也可以先用列码编码，然后对列码的校验位作行码编码，从而形成规则形的乘积码。为提高编码码率，也可以不对校验位的数据进行二次编码。

码的级连是对消息编码后的码字再进行一次（或多次）编码。分组码的级联编码获得一种具有非常强的纠错能力的 (Nn, Kk, d^*) 分组码，并且 $d^* \geqslant Dd$，这里 D 为外码最小码距，d 为内码最小码距，是既纠正随机差错又纠正突发差错的有效纠错编码方法。采用 Reed-Solomon 码为外码，卷积码为内码的级联码已经成为一种工业标准。

例 11.23　级连编码首次所用的码称为外码（离信道"更远"），外码通常是 2^k 元的 (N, K) 码，最后一次所用的码称内码（离信道"更近"），通常是二元的 (n, k) 码或二元卷积码，参见图 11.4.3 所示，图中外码是八元 $(4, 2)$ 码，内码是二元 $(5, 3)$ 码，级联后为一个相应的二元 $(20, 6)$ 码。

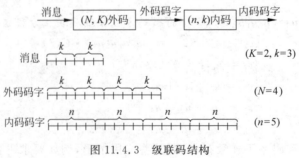

图 11.4.3　级联码结构

码的交织或交织编码是改变多个码字或者一个码字中各码元传送顺序的一种"编码"方法。交织编码分为分组交织和卷积交织两种基本类型。

典型的分组交织过程见图 11.4.4 所示。D 个 n 长码字作为 $D \times n$ 阵列的 D 个行向量，交织码字则是阵列的 n 个列向量 $\boldsymbol{a}^{(1)}, \boldsymbol{a}^{(2)}, \cdots, \boldsymbol{a}^{(n)}$，信道传送顺序为递增列序。参数 D 称为交织深度。

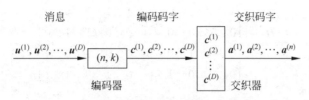

图 11.4.4 分组交织

显然分组交织不改变码率。

如果交织编码所用的 (n, k, d) 码可以纠正 t 个随机差错，那么交织深度为 D 的交织编码可以纠正小于等于 $b_{\max} = D \cdot t$ 长的连续差错或突发差错。因为接收解交织阵列 $\boldsymbol{v}$ 中，连续 b 个信道差错被均匀地分布到解交织阵列的各个行中，从而每一行上的差错数目小于 $[b/D]$，这里 $[x]$ 表示大于 x 的最小正整数。

交织码是最为有效的纠正突发差错的码，在无线信道等有较强衰落的干扰环境的通信中几乎都采用了各种形式的交织方案。

4. LDPC 码

LDPC 码由 Gallager 于 1962 年提出，至 1996 年被 Mackay 等人通过基于置信传播 BP(belief propagation)的迭代译码算法"再发现"为逼近香农限的好码而获得广泛研究和应用。

码长为 n 且校验位长为 $r = n - k$ 的 LDPC 码是由行秩为 r、矩阵大小为 $m \times n (m \geqslant r)$ 的校验矩阵 $\boldsymbol{H}$ 定义的线性分组码。

一个 LDPC 码也可以由一个**二分图(bipartite graph)**表示。在二分图表示中，一个消息节点或变量节点表示一个码元，每个校验节点表示一个检验方程。在消息节点与校验节点之间若有一条边直接连线，则表示该消息节点所表示的码元是该连线所对应校验方程的一个校验变量。如果有一个边的连接序列，导致某个消息节点连接到校验节点，再连接到其他消息节点和校验节点，并最终连接回该消息节点，则称此连接序列称为一个环，连接序列所具有的边的数目称为该连接环的环长。

至目前的研究结果表明，一个性能良好的 LDPC 码其最小环的环长至少应大于等于 6。

一个规则的无最小环长 4 的 (n, γ, ρ) 二元 LDPC 码满足以下三个条件：

(1) (规则)$\boldsymbol{H}$ 的每行元素中恒有 ρ 个 1，每列中恒有 γ 个 1；

(2) (低密度)$\boldsymbol{H}$ 是稀疏矩阵，即 ρ/n 和 γ/m 均很小(如小于 0.1)；

(3) (无长 4 环)$\boldsymbol{H}$ 的任意两行(或任意两列)在相同列(或行)位置上的元素均为 1 的

个数不超过1。

不满足规则条件和无长4环条件的 LDPC 码仍通称为非规则 LDPC 码。

例 11.24 一个 $(10,2,4)$ 规则 LDPC 码的校验矩阵如下所示,相应的二分图如图 11.4.5 所示,其中校验节点表示为 z_j,变量节点表示为 x_i。

$$H = \begin{bmatrix} 1 & 1 & 1 & 1 & 0 & 0 & 0 & 0 & 0 & 0 \\ 1 & 0 & 0 & 0 & 1 & 1 & 1 & 0 & 0 & 0 \\ 0 & 1 & 0 & 0 & 1 & 0 & 0 & 1 & 1 & 0 \\ 0 & 0 & 1 & 0 & 0 & 1 & 0 & 1 & 0 & 1 \\ 0 & 0 & 0 & 1 & 0 & 0 & 1 & 0 & 1 & 1 \end{bmatrix}$$

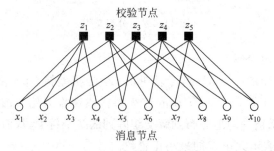

图 11.4.5 $(10,2,4)$ LDPC 码双向图

一个 LDPC 码的性能完全由其校验矩阵 H 确定,不同校验矩阵 H 的构造方法都是为了实现:增大环长,优化不规则码的节点分布,减小编码复杂度。典型的 H 矩阵构造方法有:随机与半随机构造,准循环构造、有限几何方法构造、BIBD 组合数学方法构造、整数线性同余方法构造等。

5. 伴随式译码

对于离散无记忆加性噪声信道模型,线性分组码的码字传输过程表示为码字 c 与某个任意形式的差错向量或差错图案 e 的向量相加,并称相加结果 v 为接收向量或接收序列,即

$$v = (v_0,\cdots,v_{n-1}) = (c_0,\cdots,c_{n-1}) + (e_0,\cdots,e_{n-1}) = c + e \qquad (11.4.13)$$

记线性分组码校验矩阵为 H,由于向量 v 是码字当且仅当 $v \cdot H^T = \theta$,所以 $v \cdot H^T$ 可以作为接收向量 v 是否为码字的一个标志,并称为伴随式向量或**伴随式**(**syndrome**),记为 s

$$s = v \cdot H^T, \quad v \in V \qquad (11.4.14)$$

注意到

$$s = v \cdot H^T = c \cdot H^T + e \cdot H^T = \theta + e \cdot H^T = e \cdot H^T \in V_r(F_q)$$

所以伴随式 s 是一个仅与差错图案相关的信道传输特征。自然地,利用伴随式的线性分组码检错译码准则为

$$\begin{cases} \text{若 } s \neq \boldsymbol{\theta}\text{,则一定存在差错} \\ \text{若 } s \neq \boldsymbol{\theta}\text{,则无传输差错或差错图案恰为某个码字} \end{cases}$$

在伴随式与差错图案之间建立的一对一对应关系,称为伴随式译码表$\{(s,e)\}$。伴随式译码算法的基本步骤为:

(1) 构造伴随式译码表$\{(s,e)\}$,选择最大可能出现的差错图案为$\{(s,e)\}$的表项;

(2) 计算伴随式$s = v \cdot H^{T}$;

(3) 通过伴随式对译码表寻址获得预设的差错图案$\hat{e}$,并实现纠错译码,$\hat{c} = v - \hat{e} = v - \chi(s) = v - \chi(v \cdot H^{T})$,其中$\chi$表示$\{(s,e)\}$表寻址操作。

不同伴随式的数目为$|\{s\}| = 2^{r}$,故不同伴随式唯一对应的可纠正差错图案的数目满足所谓汉明限

$$2^{r} \geqslant \sum_{t=0}^{t=t_{c}} \binom{n}{t} \tag{11.4.15}$$

6. 标准阵列与标准阵列译码

线性分组码的另一种通用译码方法是**标准阵列**(standard array)译码。

标准阵列$A = \{a_{ij} | 1 \leqslant i \leqslant 2^{r}, 1 \leqslant j \leqslant 2^{k}\}$是对接收空间$V$的一种"正交"分解,具体构造方法为:

(1) 以所有码字排为阵列的第 1 行,并以全零码字e_{1}为第 1 行第 1 列元素;

(2) 选择阵列第 1 行中没有出现过的汉明重量最小的向量为第 2 行第 1 列元素,并与第 1 行所有列元素(码字)对应相加构成第 2 行的所有列元素;

(3) 选择阵列前$i-1$行中均没有出现过的汉明重量最小的向量为第i行第 1 列元素,并与第 1 行所有列元素(码字)对应相加构成第i行的所有列元素,直至$i = 2^{r}$;

标准阵列如表 11.4.2 所示,$c_{1} = e_{1} = \theta$。

表 11.4.2　标准阵列

e_{1}	$a_{11} = e_{1} + c_{1}$	$\cdots$	$a_{1j} = e_{1} + c_{j}$	$\cdots$	$a_{1,2^{k}} = e_{1} + c_{2^{k}}$
$\vdots$					
e_{i}	$a_{i1} = e_{i} + c_{1}$	$\cdots$	$a_{ij} = e_{i} + c_{j}$	$\cdots$	$a_{i,2^{k}} = e_{i} + c_{2^{k}}$
$\vdots$					
$e_{2^{r}}$	$a_{2^{r},1} = e_{2^{r}} + c_{1}$	$\cdots$	$a_{2^{r},j} = e_{2^{r}} + c_{j}$	$\cdots$	$a_{2^{r},2^{k}} = e_{2^{r}} + c_{2^{k}}$

可证明标准阵列$A = [a_{ij}], 1 \leqslant i \leqslant 2^{r}, 1 \leqslant j \leqslant 2^{k}$,有以下特点:

(1) 任意两行均不相同,即$\{a_{ij} | 1 \leqslant j \leqslant 2^{k}\} \bigcap \{a_{i'j} | i' \neq i, 1 \leqslant j \leqslant 2^{k}\} = \varnothing$。

(2) 任意两列均不相同,即$\{a_{ij} | 1 \leqslant i \leqslant 2^{r}\} \bigcap \{a_{ij'} | j' \neq j, 1 \leqslant i \leqslant 2^{r}\} = \varnothing$。

(3) 每行都有相同的伴随式,即$a_{ij}H^{T} = a_{i'j}H^{T}$。

(4) 所有阵列元素组成全部可能的n元组,即$V = A[a_{ij}]$。

记$A_{i} = \{a_{ij} | 1 \leqslant j \leqslant 2^{k}\}$和$B_{j} = \{a_{ij} | 1 \leqslant i \leqslant 2^{r}\}$分别表示标准阵列的第$i$行和第$j$列,$z$为译码器的输出,则应用标准阵列进行纠错码的三种译码模式,参见图 11.4.6,为

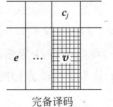
完备译码

限定距离译码

图 11.4.6　标准阵列纠错译码

(1) 检错译码：若 $\boldsymbol{v} \notin A_i$，则有传输差错。

(2) 完备译码：若 $\boldsymbol{v} \in B_j$，则 $z = \hat{\boldsymbol{c}} = c_j$。

(3) 限定距离译码：若 $\boldsymbol{v} \in B_j \cap \left(\bigcup_{i=1}^{m} A_i \right)$，则 $z = \hat{\boldsymbol{c}} = c_j$，否则 $z = (\boldsymbol{v}, \boldsymbol{s})$。

显然在限定距离译码中，$z = \hat{\boldsymbol{c}} = c_j$ 时为译码成功，$z = (\boldsymbol{v}, \boldsymbol{s})$ 时为译码失败，参数 m 的选择是使该译码方法恰能纠正所有 $t \leqslant t_c$ 个差错，即 $2^m = \sum_{0 \leqslant t \leqslant t_c} \binom{n}{t}$，或者 $w_H(\boldsymbol{e}_m) \leqslant t_c < w_H(\boldsymbol{e}_{m+1})$。

例 11.25 对于例 11.19 中的 $(5,3)$ 线性分组码，设定校验矩阵为系统码形式，在 BSC 上相应的一种伴随式译码表和一种标准阵列分别如表 11.4.3 和表 11.4.4 所示。 ■

表 11.4.3 伴随式译码表

s	e	s	e
00	00000	10	00010
01	00001	11	01000

表 11.4.4 标准阵列

00000	11010	01011	10001	10110	01100	11101	00111
00001	11011	01010	10000	10111	01101	11100	00110
00010	11000	01001	10011	10100	01110	11111	00101
01000	10010	00011	11001	11110	00100	10101	01111

由于单个差错的差错图案不能穷尽所有单个差错情形，即

$$2^r = 2^2 < \binom{n}{1} = \binom{5}{1} = 5$$

因而单错图案的不同选择可有多种形式，相应的伴随式译码表和标准阵列也有多种形式。

7. 比特翻转译码

伴随式译码和标准阵列译码都是确定性的译码方法，对于较大的码长或校验位长，不论是伴随式译码表还是标准阵列均难以工程实现。对于长码，或者是利用码自身的特性（如循环特性）设计更为简单的确定性译码方法，如用于 BCH 码译码的 Berlekamp-Messay 算法等，或者利用同时对某一比特进行校验的所有校验方程的校验状况设计确定性的或概率性的译码方法，如门限译码算法以及**比特翻转 BF（bit flipping）**译码算法等。

校验矩阵 $\boldsymbol{H}$ 的第 i 行，$i = 0, 1, \cdots, n-m-1$，$\boldsymbol{h}_i = (h_{i,0}, \cdots, h_{i,n-1})$ 确定一个校验方程 $h_{i,0} v_0 + \cdots + h_{i,n-1} v_{n-1} = s_i$，$h_{i,j} = 1$ 表示接收码元 v_j 参与第 i 个校验方程的校验，因此记有 v_j 参与校验计算的第 i 个校验方程的校验值为 $s_{i,j}$，则单个比特的硬判决 BF 译码算法可描述为：

输入：校验矩阵 $\boldsymbol{H} = [h_{i,j}]_{m \times n}$；接收向量 $\boldsymbol{v} = (v_0, \cdots, v_{n-1})$；最大迭代次数 t_{TH}；

输出：码字 $c=(c_0,\cdots,c_{n-1})$ 或迭代向量 $v=(v_0,\cdots,v_{n-1})$；

算法：

（1）$t\leftarrow 1$；

（2）对 $i=0,\cdots,m-1$ 以及 $j=0,\cdots,n-1$ 计算每个比特所参与的每个校验值 $s_{i,j}$，即

$$s_{i,j}=h_{i,0}v_0+\cdots+h_{i,j}v_j+\cdots+h_{i,n-1}v_{n-1}\bmod 2,\quad h_{i,j}=1 \qquad (11.4.16)$$

（3）若对所有 $i=0,\cdots,m-1$ 和 $j=0,\cdots,n-1$ 均有 $s_{i,j}=0$，则输出 $v=(v_0,\cdots,v_{n-1})$；

（4）$t\leftarrow t+1$；

（5）若 $t>t_{\mathrm{TH}}$，则输出 $v=(v_0,\cdots,v_{n-1})$；

（6）计算 v_j 参与的全部校验方程计算中均校验有错的次数 z_j，即

$$z_j=|\{s_{i,j}\mid s_{i,j}=1,i=0,\cdots,m-1\}|,\quad j=0,\cdots,n-1 \qquad (11.4.17)$$

（7）若 $z_l=\max\limits_{j=0,\cdots,n-1}\{z_j\}$，则翻转 v_l，即 $v_l\leftarrow v_l+1\bmod 2,v_j\leftarrow v_j,j\neq l$；

（8）返回（2）。

BF 译码算法的有效实现需要校验矩阵中的 1 的数目尽可能少，因而成为 LDPC 码的主要译码方法之一。

11.5 线性循环码

11.5.1 线性循环码的描述

纠错码的有效构造甚至有效译码总是使码具有更精致的数学结构，从而也带来更多的约束条件。分组特性是一种约束，线性特性是另一种约束，循环特性是第三种约束。

1. 二元域上的多项式

不严格地讲，**二元域（binary field）** F_2 即是一个仅由整数 0 和 1 构成的集合 $F_2=\{0,1\}$，其中集合元素的加法运算和乘法运算分别为模 2 加法运算和模 2 乘法运算。

二元域上的多项式 $v(x)=v_{n-1}x^{n-1}+v_{n-2}x^{n-2}+\cdots+v_2x^2+v_1x+v_0$ 是多项式系数 v_i 均取自二元域 F_2 的多项式，即 $v_i\in F_2$。$v(x)$ 的次数是 $\partial^{\circ}v(x)=\max\{i\mid v_i\neq 0,i=0,1,\cdots\}$。首一式特指多项式的最高次数项系数为 1 的多项式，显然二元域上的多项式均是首一式。

两多项式相加为同幂次项系数相加，即

$$a(x)+b(x)=(a_0+b_0)+(a_1+b_1)x+\cdots+(a_n+b_n)x^n \qquad (11.5.1)$$

两多项式相乘是两多项式系数的卷积，即

$$\begin{cases}a(x)b(x)=c(x)=c_0+c_1x+\cdots+c_lx^l=\sum_{i=0}^{n+m}\left(\sum_{j=0}^{i}a_j\cdot b_{i-j}\right)x^i\\ l=\partial^{\circ}c(x)=\partial^{\circ}a(x)+\partial^{\circ}b(x)=n+m\end{cases} \qquad (11.5.2)$$

若 $a(x)=f(x)b(x)$，则称 $a(x)$ 为 $f(x)$ 的倍式，$f(x)$ 为 $a(x)$ 的因式。若 $a(x)\neq f(x)b(x)$，则由欧几里得除法原理，总存在唯一的一对分别称为商式和余式的多项式 $(q(x),r(x))$ 使得

$$a(x) = q(x)f(x) + r(x) \quad 0 \leqslant \partial^\circ r(x) < \partial^\circ f(x) \tag{11.5.3}$$

并称 $a(x)$ 与 $r(x)$ 模 $f(x)$ 相等，$r(x)$ 称为 $a(x)$ 模 $f(x)$ 的余式，记为

$$a(x) = r(x) \bmod f(x) \tag{11.5.4}$$

求多项式的模运算可以通过长除法实现。

例 11.26 求 $(x^5 + x^4 + x^2 + x + 1) \bmod (x^3 + x + 1)$，利用长除法计算如下

$$
\begin{array}{r}
x^2+x+1 \\
x^3+x+1 \overline{\smash{\big)}\, x^5+x^4\ \ \ +x^2+x+1} \\
\underline{x^5+0+x^3+x^2} \\
x^4+x^3+x^2+x \\
\underline{x^4+0+x^2+x} \\
x^3+0+0+1 \\
\underline{x^3\ \ \ \ +x+1} \\
x^2+x
\end{array}
$$

所以 $(x^5 + x^4 + x^2 + x + 1) \bmod (x^3 + x + 1) = x^2 + x$，即

$$x^5 + x^4 + x^2 + x + 1 = (x^2 + x + 1)(x^3 + x + 1) + (x^2 + x) \quad\blacksquare$$

2. 向量的循环移位与多项式表示

向量 $\boldsymbol{v} = (v_0, v_1, \cdots, v_{n-2}, v_{n-1})$ 的 1 次或 j 次循环右移移位变换分别记为

$$\boldsymbol{v}^{(1)} = (v_{n-1}, v_0, v_1, \cdots, v_{n-3}, v_{n-2}) \tag{11.5.5}$$

$$\boldsymbol{v}^{(j)} = (v_{n-j}, \cdots, v_{n-1}, v_0, v_1, \cdots, v_j, \cdots, v_{n-j-1}), \quad j = 0, 1, 2, \cdots, n-1 \tag{11.5.6}$$

显然，向量 $\boldsymbol{v}$ 的 j 次循环左移等于 $n-j$ 次循环右移 $\boldsymbol{v}^{-(n-j)}$。因此除特别注明，循环移位均指循环右移移位。

一个向量 $\boldsymbol{v} = (v_0, v_1, \cdots, v_{n-2}, v_{n-1})$ 和其移位 $\boldsymbol{v}^{(1)}$ 与 $\boldsymbol{v}^{(i)}$ 的多项式表示分别为

$$\boldsymbol{v}(x) = v_{n-1}x^{n-1} + v_{n-2}x^{n-2} + \cdots + v_2 x^2 + v_1 x + v_0 \tag{11.5.7}$$

$$\boldsymbol{v}^{(1)}(x) = v_{n-2}x^{n-1} + v_{n-3}x^{n-2} + \cdots + v_1 x^2 + v_0 x + v_{n-1} \tag{11.5.8}$$

$$\boldsymbol{v}^{(i)}(x) = v_{n-1-i}x^{n-1} + a_{n-2-i}x^{n-2} + \cdots + v_1 x^{i+1} + v_0 x^i$$
$$+ v_{n-1}x^{i-1} + \cdots + v_{n-i} \tag{11.5.9}$$

比较 $\boldsymbol{v}(x), \boldsymbol{v}^{(1)}(x), \boldsymbol{v}^{(i)}(x)$ 的形式可以发现

$$\boldsymbol{v}^{(1)}(x) = v_{n-2}x^{n-1} + v_{n-3}x^{n-2} + \cdots + v_1 x^2 + v_0 x + v_{n-1}$$
$$= x(v_{n-1}x^{n-1} + v_{n-2}x^{n-2} + \cdots + v_1 x^1 + v_0) - x(v_{n-1}x^{n-1}) + v_{n-1}$$
$$= x \cdot \boldsymbol{v}(x) - v_{n-1}(x^n - 1)$$

由于多项式 $\boldsymbol{v}^{(1)}(x)$ 的次数 $\partial^\circ \boldsymbol{v}^{(1)}(x) < n$，所以运用多项式模运算原理有

$$\boldsymbol{v}^{(1)}(x) = (\boldsymbol{v}^{(1)}(x)) \bmod (x^n - 1) = (x \cdot \boldsymbol{v}(x) - v_{n-1}(x^n - 1)) \bmod (x^n - 1)$$
$$= (x \cdot \boldsymbol{v}(x)) \bmod (x^n - 1)$$

从而

$$\boldsymbol{v}^{(2)}(x) = (x \cdot \boldsymbol{v}^{(1)}(x)) \bmod (x^n - 1) = (x^2 \cdot \boldsymbol{v}(x)) \bmod (x^n - 1)$$

$$\boldsymbol{v}^{(i)}(x) = (x^i \cdot \boldsymbol{v}(x)) \bmod (x^n - 1), \quad i = 0, 1, 2, \cdots, n-1 \tag{11.5.10}$$

这表明 n 维向量的 i 次循环右移等价为其相应描述多项式的 i 次升幂后取模为 $x^n - 1$

的模多项式剩余。

3. 循环码定义与多项式表示

循环码(cyclic code)是任意码字均是某另一个码字的循环移位的分组码，即

$$\boldsymbol{C}=\{\boldsymbol{c}\mid \boldsymbol{c}=(\boldsymbol{c}')^{(i)};\quad \boldsymbol{c}'\in\boldsymbol{C},i\geqslant 0\} \tag{11.5.11}$$

线性分组循环码是具有线性分组码特性的循环码，通常简称为循环码。

例 11.27 二元3/5等比码是一个非线性的循环码，

$$\boldsymbol{C}=\begin{Bmatrix}(00111),(01110),(11100),(11001),(10011)\\(10101),(01011),(10110),(01101),(11010)\end{Bmatrix}$$

■

例 11.28 如下确定的 $\boldsymbol{C}_A$ 是线性循环码，$\boldsymbol{C}_B$ 是非循环的线性分组码，$\boldsymbol{C}_C$ 是非线性的循环码。

$$\boldsymbol{C}_A=\begin{Bmatrix}(000)\\(110)\\(011)\\(101)\end{Bmatrix}\quad \boldsymbol{C}_B=\begin{Bmatrix}(000)\\(100)\\(011)\\(111)\end{Bmatrix}\quad \boldsymbol{C}_C=\begin{Bmatrix}(000)\\(100)\\(010)\\(001)\end{Bmatrix}$$

■

码字向量 $\boldsymbol{c}$ 的表示多项式 $\boldsymbol{c}(x)$ 称为码多项式，简称码式，于是循环码的多项式描述为

$$\boldsymbol{C}(x)=\{\boldsymbol{c}(x)\mid \boldsymbol{c}(x)=\boldsymbol{b}^{(i)}(x);\quad \boldsymbol{b}^{(i)}(x)\in\boldsymbol{C}(x),\quad i\geqslant 0\} \tag{11.5.12}$$

例 11.29 对例11.27的二元3/5等比码，任意码式或者为 $\boldsymbol{c}_1(x)=(x^2+x^3+x^4)$ 移位 $\boldsymbol{c}(x)^{(i)}=(x^2+x^3+x^4)^{(i)}$ 或者为 $\boldsymbol{c}_2(x)=(1+x^3+x^4)$ 的移位 $\boldsymbol{c}(x)^{(j)}=(1+x^3+x^4)^{(j)}$，即

$$\begin{aligned}\boldsymbol{C}(x)&=\begin{Bmatrix}x^2+x^3+x^4,x+x^2+x^3,1+x+x^2,1+x+x^4,1+x^3+x^4\\1+x^3+x^4,x+x^3+x^4,1+x^2+x^3,x+x^2+x^4,1+x+x^3\end{Bmatrix}\\&=\{\boldsymbol{c}(x)\mid \boldsymbol{c}(x)=(x^2+x^3+x^4)^{(i)},\boldsymbol{c}(x)=(1+x^3+x^4)^{(j)},i,j=0,1,2,3,4\}\end{aligned}$$

■

4. 生成多项式与校验多项式

循环码的重要特性表述如下两个定理。

定理 11.5.1 (n,k)线性循环码 $\boldsymbol{C}(x)$ 中必定存在一个非零的、首一的、最低次数为 r 的码式 $\boldsymbol{g}(x)$，并且满足：(1)$\boldsymbol{g}(x)$是唯一的；(2)$\boldsymbol{g}(x)$的零次项 $g_0\neq 0$；(3)次数小于等于 $n-1$ 的多项式 $\boldsymbol{c}(x)$ 是码式当仅当 $\boldsymbol{c}(x)$ 是 $\boldsymbol{g}(x)$ 的倍式；(4)$r=n-k$。

证明 (n,k)线性循环码至少有一个非零向量为码字，所以非零码式 $\boldsymbol{g}(x)$ 必存在。由线性性可知 $a\boldsymbol{g}(x)$ 必是码式，所以可设 $\boldsymbol{g}(x)$ 为首一式。次数作为非负整数必有最小值 r，故可假设 $\boldsymbol{g}(x)$ 为最低次数恰等于 r 的码式

$$\boldsymbol{g}(x)=x^r+g_{r-1}x^{r-1}+\cdots+g_1x+g_0 \tag{11.5.13}$$

若 $\boldsymbol{g}'(x)$ 是另一个次数为 r 的非零首一码式，那么由线性性可知 $\boldsymbol{g}(x)-\boldsymbol{g}'(x)=\boldsymbol{g}''(x)$ 仍是码式，但 $\boldsymbol{g}''(x)$ 的次数小于 r，这与 $\boldsymbol{g}(x)$ 是最低次的码式假设矛盾。$\boldsymbol{g}(x)$ 的唯一性得证。

若 $g_0=0$，则由于 $r<n$ 而有

$$\boldsymbol{g}(x)=x(g_1+g_2x+\cdots+g_{r-1}x^{r-2}+x^{r-1})=x\cdot\boldsymbol{g}'(x)=x\cdot\boldsymbol{g}'(x)\bmod (x^n-1)$$

即 $g(x)$ 是另一次数更低的码式 $g'(x)$ 的循环移位，这与 $g(x)$ 是最低次码式假设矛盾。

由循环移位性有 $x^i g(x)$，$i=1,2,\cdots,n-1-r$ 均是码式，再由线性分组码的群特性知

$$a_{n-1-r} g(x) x^{n-1-r} + \cdots + a_1 g(x) x + a_0 g(x) = a(x) g(x) \quad (11.5.14)$$

也必是码式，所以若 $g(x)$ 的倍式 $a(x)g(x)$ 的次数小于 n，则 $a(x)g(x)$ 必是码式。

反之，如果 $f(x)$ 是码式，则由 $f(x)=a(x)g(x)+r(x)$，$0\leqslant\partial°r(x)<\partial°g(x)$，必有 $r(x)=0$。因为若 $r(x)\neq0$，那么由线性性知 $r(x)=f(x)-a(x)g(x)$ 一定是码式，且次数小于 r，这又与 $g(x)$ 为最低次码式假设矛盾，因此必有 $r(x)=0$，从而码式 $f(x)=a(x)g(x)$ 一定是 $g(x)$ 的倍式。

由式(11.5.14)知，不同码式的数目为 q^{n-r} 个，而 q 元循环码作为 (n,k) 分组码恰有 q^k 个码字，所以 $n-r=k$。

证毕。

由定理 11.5.1 所确定的码式 $g(x)$ 称为 (n,k) 线性循环码的**生成多项式**（generator polynomial），简称生成式。于是 (n,k) 线性循环码可表示为

$$C(x) = \{c(x) \mid c(x) = a(x)g(x), \partial°g(x)=r, \partial°a(x)<k\} \quad (11.5.15)$$

因此 (n,k) 线性循环码的构造转换为生成多项式 $g(x)$ 的构造。一种 $g(x)$ 的构造方法由对 x^n-1 的因式分解实现，其正确性由如下定理给出。

定理 11.5.2 $g(x)$ 是 (n,k) 循环码的生成多项式，当且仅当 $g(x)$ 是 x^n-1 的 $r=n-k$ 次因式。

证明 必要性证明：若 $g(x)$ 是生成式，则由欧几里得除法有

$$x^k g(x) = 1(x^n-1) + r(x), \quad \partial°r(x)<n$$

由循环码的循环移位定义知 $r(x)$ 是 $g(x)$ 的循环移位而且是码式，所以有

$$x^n-1 = x^k g(x) - r(x) = x^k g(x) - a(x)g(x) = g(x)[x^k - a(x)]$$

从而证明 $g(x)$ 是 x^n-1 的因式。

充分性证明：设 $n-k=r$ 次 $g(x)$ 是 x^n-1 的因式，那么如下线性组合

$$a_0 g(x) + a_1(xg(x)) + \cdots + a_{k-1}(x^{k-1}g(x)) = a(x)g(x) \quad (11.5.16)$$

是 (n,k) 分组码的全部码式。另一方面，任意码式 $c(x)$ 的升幂 $xc(x)=xa(x)g(x)$ 可以表示为

$$\begin{aligned} xa(x)g(x) &= x(c_0 + c_1 x + \cdots + c_{n-1}x^{n-1}) \\ &= c_{n-1}(x^n-1) + (c_{n-1} + c_0 x + c_1 x^2 + \cdots + c_{n-2}x^{n-1}) \\ &= c_{n-1}(x^n-1) + c^{(1)}(x) \\ &= c_{n-1}f(x)g(x) + c^{(1)}(x) \end{aligned}$$

于是该式成立的必然结果是码式 $c(x)$ 的一次移位 $c^{(1)}(x)$ 仍是 $g(x)$ 的倍式，即

$$c^{(1)}(x) = xa(x)g(x) - c_{n-1}f(x)g(x) = b(x)g(x)$$

类似地，可以证明任意码式 $c(x)$ 的任意次循环移位 $c^{(i)}(x)$ 均是 $g(x)$ 的倍式，所以由式(11.5.16)生成的 (n,k) 分组码是一个 (n,k) 循环码。

证毕。

由于 $x^n-1 = g(x)h(x)$，故称 $h(x)$ 为循环码的**一致校验多项式**（parity check polynomial），简称校验式

$$\begin{cases} \boldsymbol{h}(x) = (x^n - 1)/\boldsymbol{g}(x) = h_0 + h_1 x + \cdots + h_{k-1} x^{k-1} + h_k x^k \\ k = n - \partial^\circ \boldsymbol{g}(x) = n - r \end{cases} \tag{11.5.17}$$

5. 循环码码例

例 11.30 在二元域 F_2 上,$x^7 - 1 = x^7 + 1$,该式的因式分解为
$$x^7 + 1 = (x+1)(x^3 + x^2 + 1)(x^3 + x + 1)$$

因此,码长为 $n = 7$ 的二元循环码可以由 $x^7 + 1$ 的任意因式生成(尽管其性能可能大不相同)。

(1) $(7,4)$ 循环码 A,生成式为 $\boldsymbol{g}(x) = x^3 + x^2 + 1$,$\boldsymbol{h}(x) = (x+1)(x^3 + x + 1)$,码式 $\boldsymbol{c}(x)$ 为
$$\boldsymbol{c}(x) = (a_0 + a_1 x + a_2 x^2 + a_3 x^3)(x^3 + x^2 + 1)$$

(2) $(7,4)$ 循环码 B,生成式为 $\boldsymbol{g}(x) = x^3 + x + 1$,码式 $\boldsymbol{c}(x)$ 为
$$\boldsymbol{c}(x) = (a_0 + a_1 x + a_2 x^2 + a_3 x^3)(x^3 + x + 1)$$

(3) $(7,3)$ 循环码 A,生成式为 $\boldsymbol{g}(x) = (x^3 + x + 1)(x+1)$,码式 $\boldsymbol{c}(x)$ 为
$$\boldsymbol{c}(x) = (a_0 + a_1 x + a_2 x^2)(x^4 + x^2 + x + 1)$$

(4) $(7,1)$ 循环码,生成式为 $\boldsymbol{g}(x) = (x^3 + x + 1)(x^3 + x + 1)$,$\boldsymbol{h}(x) = (x+1)$,码式 $\boldsymbol{c}(x)$ 为
$$\boldsymbol{c}(x) = a_0(x^6 + x^5 + x^4 + x^3 + x^2 + x + 1)$$

显然这是一个 7 重复码。

(5) $(7,6)$ 循环码,生成式为 $\boldsymbol{g}(x) = x + 1$,码式 $\boldsymbol{c}(x)$ 为
$$\begin{aligned} \boldsymbol{c}(x) &= (a_0 + a_1 x + a_2 x^2 + a_3 x^3 + a_4 x^4 + a_5 x^5)(x+1) \\ &= a_0 + (a_0 + a_1)x + (a_1 + a_2)x^2 + (a_2 + a_3)x^3 \\ &\quad + (a_3 + a_4)x^4 + (a_4 + a_5)x^5 + a_5 x^6 \end{aligned}$$

可以证明它等价为一个偶校验码。

需注意,循环码是由生成式 $\boldsymbol{g}(x)$ 和码长 n 两者共同界定的线性分组码,循环码的码参数值不可能连续分布。

例 11.31 由于 F_2 上 $x^5 - 1$ 只有 $x - 1$ 和 $x^4 + x^3 + x^2 + x + 1$ 两个因式,所以不存在码长 $n = 5$,信息位长 $k = 2, 3$ 的线性循环码,但是存在非线性的 $(5,3)$ 循环码,如 3/5 等比码。

6. 生成矩阵与校验矩阵

由于循环码是线性分组码的子类,所以 (n,k) 循环码的生成矩阵是 (n,k) 循环码作为线性分组码的生成矩阵,校验矩阵是对应线性分组码的校验矩阵。

注意 $\boldsymbol{g}(x), \boldsymbol{g}(x)x, \cdots, \boldsymbol{g}(x)x^{k-1}$ 的升幂形式所对应的 k 个 n 维码向量 $\boldsymbol{w}, \boldsymbol{w}^{(1)}, \cdots, \boldsymbol{w}^{(k-1)}$ 为线性无关向量
$$\begin{cases} \boldsymbol{w}^{(0)} = (g_0, g_1, \cdots, g_{r-1}, g_r, 0, \cdots, 0, 0) \\ \boldsymbol{w}^{(1)} = (0, g_0, \cdots, g_{r-2}, g_{r-1}, g_r, \cdots, 0, 0) \\ \vdots \\ \boldsymbol{w}^{(k-1)} = (0, 0, \cdots, 0, g_0, g_1, \cdots, g_{r-1}, g_r) \end{cases}$$

$$\boldsymbol{G} = \begin{bmatrix} \boldsymbol{w}^{(0)} \\ \boldsymbol{w}^{(1)} \\ \vdots \\ \boldsymbol{w}^{(k-1)} \end{bmatrix}_{k \times n} = \begin{bmatrix} g_0 & g_1 & g_2 & \cdots & g_{r-1} & g_r & 0 & 0 & 0 \\ 0 & g_0 & g_1 & g_2 & \cdots & g_{r-1} & g_r & 0 & 0 \\ & & \cdots & & & & \cdots & & \\ 0 & 0 & 0 & g_0 & g_1 & g_2 & \cdots & g_{r-1} & g_r \end{bmatrix}_{k \times n} \qquad (11.5.18)$$

常简记循环码的生成矩阵 $\boldsymbol{G}$ 为 $\boldsymbol{G} = \langle g_0 g_1 \cdots g_r \rangle_{k \times n}$。

将检验式 $\boldsymbol{h}(x)$ 乘码式 $\boldsymbol{c}(x)$ 有

$$\boldsymbol{b}(x) = \boldsymbol{c}(x)\boldsymbol{h}(x) = \boldsymbol{a}(x)\boldsymbol{g}(x)\boldsymbol{h}(x) = \boldsymbol{a}(x)(x^n - 1) = \boldsymbol{a}(x)x^n - \boldsymbol{a}(x)$$

$$b_0 + b_1 x + b_2 x^2 + \cdots + b_{k-1}x^{k-1} + b_k x^k + \cdots + b_{n+k-k}x^n + b_{n+1}x^{n+1} + \cdots + b_{n+k-1}x^{n+k-1}$$
$$= (a_0 x^n + a_1 x^{n+1} + \cdots + a_{k-1}x^{n+k-1}) - (a_0 + a_1 x + \cdots + a_{k-1}x^{k-1})$$

因此 $x^k, x^{k+1}, \cdots, x^{n-1}$ 共 r 项的系数必为 0，即 $b_k = 0, b_{k+1} = 0, \cdots, b_{n-1} = 0$。另一方面由多项式乘法规则可得

$$\boldsymbol{c}(x)\boldsymbol{h}(x) = (c_0 + c_1 x + \cdots + c_{n-1}x^{n-1})(h_0 + h_1 x + \cdots + h_k x^k) = \sum_{i=0}^{n-1+k} \left(\sum_{j=0}^{i} c_j h_{i-j} \right) x^i$$

所以比较 $\boldsymbol{c}(x)\boldsymbol{h}(x)$ 上述两种形式的同幂次项系数，由 $x^k, x^{k+1}, \cdots, x^{n-1}$ 系数为 0 得到一组方程式

$$\sum_{i=0}^{k} h_i c_{n-i-j} = 0, \quad 1 \leqslant j \leqslant n - k = r \qquad (11.5.19)$$

因此若定义 n 长或 n 维向量 $\boldsymbol{h}^{(j)}, j = 1, 2, \cdots, r$，为

$$\boldsymbol{h}^{(j)} = (\underbrace{0, \cdots, 0}_{r-j}, h_k, h_{k-1}, \cdots, h_1, h_0, \underbrace{0, \cdots, 0}_{j-1}) = (h_0^{(j)}, h_1^{(j)}, \cdots, h_{n-j}^{(j)}, \cdots, h_{n-2}^{(j)}, h_{n-1}^{(j)})$$

那么展开校验方程式(11.5.19)得到

$$
\begin{aligned}
0 &= & h_0 c_{n-j} &+ & h_1 c_{n-j-1} &+ \cdots + & h_{k-1}c_{n-j-k-1} &+ & h_k c_{n-j-k} \\
&= & 0 \cdot c_{n-1} &+ & 0 \cdot c_{n-2} &+ \cdots + & 0 \cdot c_{n-j} &+ & 0 \cdot c_{n-j+1} \\
&&+ h_0 c_{n-j} &+ & h_1 c_{n-j-1} &+ \cdots + & h_{k-1}c_{n-j-k-1} &+ & h_k c_{n-j-k} \\
&&+ 0 \cdot c_{n-j-k-1} &+ & 0 \cdot c_{n-j-k-2} &+ \cdots + & 0 \cdot c_1 &+ & 0 \cdot c_0
\end{aligned}
$$

这表明校验方程式等价为码字向量 $\boldsymbol{c} = (c_0, c_1, \cdots, c_{n-2}, c_{n-1})$ 与向量 $\boldsymbol{h}^{(j)}$ 的点积为 0，即

$$\boldsymbol{c} * \boldsymbol{h}^{(j)} = c_{n-1}h_{n-1}^{(j)} + c_{n-2}h_{n-2}^{(j)} + \cdots + c_1 h_1^{(j)} + c_0 h_0^{(j)} = 0, j = 1, 2, \cdots, r \qquad (11.5.20)$$

显然 $\{\boldsymbol{h}^{(j)} | j = 1, 2, \cdots, r\}$ 是线性无关的向量组，因此以 $\boldsymbol{h}^{(r+1-j)}, j = 1, 2, \cdots, r$ 为行向量构成的 $r \times n$ 矩阵 $\boldsymbol{H}$ 是 (n, k) 循环码的一致校验矩阵

$$\boldsymbol{H} = \begin{bmatrix} \boldsymbol{h}^{(r)} \\ \boldsymbol{h}^{(r-1)} \\ \vdots \\ \boldsymbol{h}^{(1)} \end{bmatrix}_{r \times n} = \begin{bmatrix} h_k & h_{k-1} & \cdots & h_1 & h_0 & 0 & 0 & 0 \\ 0 & h_k & h_{k-1} & \cdots & h_1 & h_0 & 0 & 0 \\ & & \vdots & & & \vdots & & \\ 0 & \cdots & 0 & h_k & h_{k-1} & \cdots & h_1 & h_0 \end{bmatrix}_{r \times n} \qquad (11.5.21)$$

简记 $\boldsymbol{H} = \langle h_k h_{k-1} \cdots h_1 h_0 \rangle_{r \times n}$。

例 11.32 在例 11.30 中各循环码的 $\boldsymbol{G}$ 和 $\boldsymbol{H}$ 分别为

(1) $(7, 4)$ 循环码 A，$\boldsymbol{h}(x) = x^4 + x^3 + x^2 + 1$

$$\boldsymbol{G} = \begin{bmatrix} 1 & 0 & 1 & 1 & 0 & 0 & 0 \\ 0 & 1 & 0 & 1 & 1 & 0 & 0 \\ 0 & 0 & 1 & 0 & 1 & 1 & 0 \\ 0 & 0 & 0 & 1 & 0 & 1 & 1 \end{bmatrix}, \quad \boldsymbol{H} = \begin{bmatrix} 1 & 1 & 1 & 0 & 1 & 0 & 0 \\ 0 & 1 & 1 & 1 & 0 & 1 & 0 \\ 0 & 0 & 1 & 1 & 1 & 0 & 1 \end{bmatrix}$$

注意 H 是所有二进制 3 元组构成非零列向量的矩阵,可见此码是 $m=3$ 的汉明码。

(2) $(7,4)$ 循环码 B,$h(x)=x^4+x^2+x+1$,此码仍是 $m=3$ 的汉明码

$$G = \begin{bmatrix} 1 & 0 & 1 & 1 \\ & 1 & 0 & 1 & 1 \\ & & 1 & 0 & 1 & 1 \\ & & & 1 & 0 & 1 & 1 \end{bmatrix}, \quad H = \begin{bmatrix} 1 & 0 & 1 & 1 & 1 \\ & 1 & 0 & 1 & 1 & 1 \\ & & 1 & 0 & 1 & 1 & 1 \end{bmatrix}$$

(3) $(7,3)$ 循环码 A,$h(x)=x^3+x+1$

$$G = \begin{bmatrix} 1 & 1 & 1 & 0 \\ & 1 & 1 & 1 & 0 \\ & & 1 & 1 & 1 & 0 \end{bmatrix}, \quad H = \begin{bmatrix} 1 & 0 & 1 & 1 \\ & 1 & 0 & 1 & 1 \\ & & 1 & 0 & 1 & 1 \\ & & & 1 & 0 & 1 & 1 \end{bmatrix}$$

(4) $(7,1)$ 循环码,$h(x)=x+1$,此码为重复码

$$G = \begin{bmatrix} 1 & 1 & 1 & 1 & 1 & 1 & 1 \end{bmatrix}, \quad H = \begin{bmatrix} 1 & 1 \\ & 1 & 1 \\ & & 1 & 1 \\ & & & 1 & 1 \\ & & & & 1 & 1 \\ & & & & & 1 & 1 \end{bmatrix}$$

(5) $(7,6)$ 循环码,$h(x)=x^6+x^5+x^4+x^3+x^2+x+1$,此码为偶校验码,生成矩阵 G 是 $(7,1)$ 循环码的一致校验矩阵 H,而校验矩阵 H 是 $(7,1)$ 循环码的 G。由此还可见 $(7,6)$ 循环(偶校验)码与 $(7,1)$ 循环(重复)码互为对偶码。 ■

(n,k) 循环码 $g(x)$ 和 $h(x)$ 与 G 和 H 的关系总结如图 11.5.1 所示。

$$\begin{array}{c} \text{生成式与生成矩阵:} (g(x), \partial^0 g(x)=r) \leftrightarrow (G_{k \times n}\langle g_0 \cdots g_r\rangle) \\ \updownarrow \qquad\qquad\qquad\qquad \updownarrow \\ g(x)h(x)=x^n-1 \qquad GH^T=[0]_{k \times r} \\ \updownarrow \qquad\qquad\qquad\qquad \updownarrow \\ \text{校验式与校验矩阵:} (h(x), \partial^0 h(x)=k) \leftrightarrow (H_{r \times n}\langle h_k \cdots h_0\rangle) \end{array}$$

图 11.5.1 循环码生成式,校验式间的关系

7. 系统码

与线性分组码类似,循环码具有系统码形式。

(n,k) 循环码的标准系统码是码式 $c(x)$ 的高次幂部分等于消息多项式 $u(x)$ 的循环码,即对 $u(x)=u_0+u_1 x+\cdots+u_{k-1}x^{k-1}$ 有

$$\begin{aligned} c(x) &= c_0+c_1 x+\cdots+c_{n-k-1}x^{n-k-1}+c_{n-k}x^{n-k}+c_{n-k+1}x^{n-k+1}+\cdots+c_{n-1}x^{n-1} \\ &= p_0+p_1 x+\cdots+p_{n-k-1}x^{n-k-1}+u_0 x^{n-k}+u_1 x^{n-k+1}+\cdots+u_{k-1}x^{n-1} \\ &= p(x)+x^{n-k}u(x) \end{aligned} \tag{11.5.22}$$

其中,$p(x)$ 称为系统码校验位多项式,$\partial^0 p(x) < r = n-k$。

由于码式是生成式的倍式,所以由 $p(x)+x^{n-k}u(x)=a(x)g(x)=0 \bmod g(x)$ 得到

$$p(x) = (-x^r u(x)) \bmod g(x) \tag{11.5.23}$$

以及循环码的标准系统码码式为

$$c(x) = x^r u(x) + p(x) = x^r u(x) - (x^r u(x) \bmod g(x)) \qquad (11.5.24)$$

例 11.33　一个 $(7,4)$ 汉明码的生成式 $g(x)=1+x+x^3$ 于是由

$$x^3 = g(x) + (1+x), \qquad\qquad c_0(x) = 1+x+x^3$$
$$x^4 = xg(x) + (x+x^2), \qquad\qquad c_1(x) = x+x^2+x^4$$
$$x^5 = (x^2+1)g(x) + (1+x+x^2), \quad c_2(x) = 1+x+x^2+x^5$$
$$x^6 = (x^3+x+1)g(x) + (1+x^2), \quad c_3(x) = 1+x^2+x^6$$

得到

$$G_{\mathrm{S}} = \begin{bmatrix} 1&1&0&1&0&0&0 \\ 0&1&1&0&1&0&0 \\ 1&1&1&0&0&1&0 \\ 1&0&1&0&0&0&1 \end{bmatrix} \leftrightarrow \begin{bmatrix} g(x) \\ xg(x) \\ (x^2+1)g(x) \\ (x^3+x+1)g(x) \end{bmatrix} = \begin{bmatrix} c_0(x) \\ c_1(x) \\ c_2(x) \\ c_3(x) \end{bmatrix}$$

$$c(x) = u_0 c_0(x) + u_1 c_1(x) + u_2 c_2(x) + u_3 c_3(x)$$

当 $u(x)=1+x+x^2+x^3$，系统码码式为

$$c(x) = c_0(x) + c_1(x) + c_2(x) + c_3(x) = 1+x+x^2+x^3+x^4+x^5+x^6$$
$$= 1+x+x^2+x^3(1+x+x^2+x^3)$$

11.5.2　BCH 码与 RS 码

通过分解多项式 x^n-1 的因式来构造的常规循环码难以在构造前获悉其最小码距等码的结构性能，而运用有限域等现代数学工具构造的 BCH 码和 RS 码是两类可以先确定纠错能力后求解生成式的循环码，因而在理论上和实际运用中都有重大的意义。

1. 有限域简要介绍

有限域（**finite field**）又称为伽罗华（Galois）域，得名于法国数学家 E. Galois 在 19 世纪初的突出贡献，因此 q 个元素构成的有限域 F_q 又记为 $GF(q)$。

有限域中的运算本质上是在符号之间建立称为加法和乘法的两种符号对应规则，这种抽象的符号对应并不能方便地在工程中直接运用，所以需要寻找一种可以方便"数值"计算的符号来作为抽象运算的实例。一种典型的可以"数值"计算的有限域符号形式是多项式，在最简单的二元域 $GF(2)$ 上可以构造出有 2^n 个多项式符号或多项式元素的有限域 $GF(2^n)$。

如果一个 $GF(2)$ 上的多项式 $p(x)$ 不能分解为次数更低的多项式的乘积，则称此多项式是不可约多项式或**既约多项式**（**irreducible polynomial**），简称既约式。既约式的作用类似于整数中的素数。

例 11.34　由于在 $GF(2)$ 上有

$$x^4+x^2+x+1 = x^2(x^2+1)+(x+1) = x^2(x+1)(x+1)+(x+1)$$
$$= (x+1)[x^2(x+1)+1]$$

所以 x^4+x^2+x+1 是 $GF(2)$ 上的可约多项式,也是既约式 $x+1,x^3+x^2+1$ 的最小公倍式。

较低次的 $GF(2)$ 上的简单既约式有

$$1+x,1+x+x^3,1+x^2+x^3,1+x+x^4,1+x+x^2+x^3+x^4$$

不加证明的给出如下关于有限域构造的重要定理。

定理 11.5.3 若 $p(x)$ 是 $GF(2)$ 上的 n 次首 1 既约式,并且多项式之间的加法 $\oplus$ 是模 $p(x)$ 加、乘法 $\otimes$ 是模 $p(x)$ 乘,$F_2[x]/p(x)=\{a(x)\mid\partial^\circ a(x)<\partial^\circ p(x)\}$,则代数系 $(F_2[x]/p(x),\oplus,\otimes)$ 是一个有限域 $GF(2^n)$,并称 $p(x)$ 为构造域 $GF(2^n)$ 的域多项式。

例 11.35 $(F_2[x]/1+x+x^3,\oplus,\otimes)$ 是有 $2^3=8$ 个元素的有限域,域多项式 $p(x)=1+x+x^3$,模 $p(x)$ 加与模 $p(x)$ 乘的运算表见表 11.5.1 和表 11.5.2 所示,其中由于交换律成立而只需表出一半。由表中括号内的希腊字母 ω_j 可以看出符号间的抽象对应关系。

表 11.5.1　模 $1+x+x^3$ 加法表

$\oplus$	0	1	x	$x+1$	x^2	x^2+1	x^2+x	x^2+x+1
$0(\omega_1)$	0	1	x	$x+1$	x^2	x^2+1	x^2+x	x^2+x+1
$1(\omega_2)$		0	$x+1$	x	x^2+1	x^2	x^2+x+1	x^2+x
$x(\omega_3)$			0	1	x^2+1	x^2+x+1	x^2	x^2+1
$x+1(\omega_4)$				0	x^2+x+1	x^2+x	x^2+1	x^2
$x^2(\omega_5)$					0	1	x	$x+1$
$x^2+1(\omega_6)$						0	$x+1$	x
$x^2+x(\omega_7)$							0	1
$x^2+x+1(\omega_8)$								0

表 11.5.2　模 $1+x+x^3$ 乘法表

$\otimes$	0	1	x	$x+1$	x^2	x^2+1	x^2+x	x^2+x+1
$0(\omega_1)$	0	0	0	0	0	0	0	0
$1(\omega_2)$		1	x	$x+1$	x^2	x^2+1	x^2+x	x^2+x+1
$x(\omega_3)$			x^2	x^2+x	$x+1$	1	x^2+x+1	x^2+1
$x+1(\omega_4)$				x^2+1	x^2+x+1	x^2	1	x
$x^2(\omega_5)$					x^2+x	x	x^2+1	1
$x^2+1(\omega_6)$						x^2+x+1	$x+1$	x^2+x
$x^2+x(\omega_7)$							x	x^2
$x^2+x+1(\omega_8)$								$x+1$

记有限域元素 ω 的幂次计算为

$$\omega^{-\infty}=0,\quad \omega^0=1,\quad \omega^i=\omega\cdot\omega^{i-1},\quad \omega^{-i}=(\omega^{-1})^i,\quad i=0,1,2,\cdots$$

则有限域中一定有所谓的**本原元**(**primitive element**)$\alpha\in GF(q)$ 使得全部域元素可表为 α 的某个幂次,即

第 **11** 章　纠错编码

$$GF(q) = \{0 = \alpha^{-\infty}, \alpha^0 = 1, \alpha, \alpha^2, \cdots, \alpha^i, \cdots, \alpha^{q-2}\}$$

本原元是有限域的最重要乘法特性,而域特征是有限域的最重要加法特性。$GF(2^n)$的特征为2,即任何两相同元素相加为0。于是对任意的正整数k和任意的$GF(2)$上的$f(x)$有

$$(\alpha + \beta)^{2^k} = \alpha^{2^k} + \beta^{2^k}, \quad k = 1, 2, 3, \cdots \tag{11.5.25}$$

$$(f(x))^{2^k} = f(x^{2^k}) \tag{11.5.26}$$

例 11.36 $GF(2^3) = F_2[x]/1 + x + x^3$ 中 $\alpha = x, \beta = x^2, \gamma = x + 1$ 均是本原元,相应的域可表示如表11.5.3所示。 ■

表 11.5.3 $F_2[x]/1+x+x^3$ 的本原元表示

多项式	$\alpha = x$	$\beta = x^2$	$\gamma = x+1$
0	$\alpha^{-\infty}$	$\beta^{-\infty}$	$\gamma^{-\infty}$
1	α^0	β^0	γ^0
x	α^1	β^4	γ^5
$x+1$	α^3	β^5	γ^1
x^2	α^2	β^1	γ^3
x^2+1	α^6	β^3	γ^2
x^2+x	α^4	β^2	γ^6
x^2+x+1	α^5	β^6	γ^4

有限域理论的另一个重要结论是:$GF(2)$上n次式$f(x)$一定在某个更大的称为扩域的域$GF(2^m)$中有其全部n个根$\{\omega_1, \cdots, \omega_n\}$,即

$$f(\omega_j) = f_0 + f_1\omega_j + f_2\omega_j^2 + \cdots + f_n\omega_j^n = 0, \quad j = 1, 2, \cdots, n \tag{11.5.27}$$

并且若ω是$f(x)$的一个根,则$\Omega(\omega) = \{\omega^{2^k} | 0 \leqslant k \leqslant m-1\}$的全部元素均是$f(x)$的根,并称其为$\omega$的共轭根系。

对于给定的$\omega \in GF(2^m)$,以ω为根的次数最低的首1多项式$m_\omega(z)$称为ω的极小多项式。极小多项式是唯一的,并且是$GF(2)$上的一个既约式。若$\{\omega^{2^k} | 0 \leqslant k \leqslant m-1\} = \{\omega, \omega^2, \omega^4, \cdots, \omega^{2^{s-1}}\}$,则$m_\omega(z)$可以表示为

$$m_\omega(z) = (z - \omega)(z - \omega^2)(z - \omega^{2^2}) \cdots (z - \omega^{2^{s-1}}) \tag{11.5.28}$$

例 11.37 $F_2[x]/1 + x + x^3$ 的各个元素的极小多项式如表11.5.4所示,其中$\alpha = x$为本原元。 ■

表 11.5.4 $F_2[x]/1+x+x^3$ 的极小多项式

元素ω的多项式形式	共轭根系 $\Omega(\omega)$	极小多项式 $m_\omega(z)$
0	$\alpha^{-\infty}$	z
1	α^0	$z+1$
x, x^2, x^2+x	$\alpha, \alpha^2, \alpha^4$	z^3+z+1
$x+1, x^2+1, x^2+x+1$	$\alpha^3, \alpha^6, \alpha^5$	z^3+z^2+1

$GF(2^m)$的本原元α的极小多项式$m_\alpha(z)$称为本原多项式,常记为$p(z) = m_\alpha(z)$。

2. BCH 码和 RS 码定义

BCH 码是由 A. Hocquenghem 在 1959 年和 R. C. Bose 与 D. K. Ray-Chaudhuri 在 1960 年初分别独立发明的第一类可以先确定纠错性能后设计相应码参数的纠错码。RS 码或 Reed-Solomon 码是由 I. S. Reed 和 G. Solomon 在 1960 年发明的一类多进制的多项式描述的纠错码,其突出的有效纠错能力使此码获得广泛应用。BCH 码和 RS 码的有效译码算法则是其后多年及至现代的一个研究热点。

由有限域理论,一定存在某个正整数 m 使得二元 (n,k) 循环码的生成式 $g(x)$ 在 $GF(2^m)$ 中有其全部根 ω_j,$j=1,\cdots,r$,即 $g(x)=(x-\omega_1)(x-\omega_2)\cdots(x-\omega_r)$。由此获得一个构造循环码的思路是:先设计 $GF(2^m)$,然后选择其中的某 r 个元素作为设想中的生成式 $g(x)$ 的根并由此确定 $g(x)$ 以及码长 n 和消息位长 k。

定理 11.5.4 若二元 (n,k) 循环码的生成式 $g(x)$ 在 $GF(2^m)$ 中的全部根为 $\{\omega_1,\cdots,\omega_r\}$,并且 ω_i 的极小式为 $m_i(x)$,β_i 的阶为 n_i(使 $\beta_i^l=1$ 的最小正整数 $l_{\min}=n_i$),那么

$$\begin{cases} g(x) = \mathrm{LCM}\{m_1(x),\cdots,m_r(x)\} \\ n = \mathrm{LCM}\{n_1,\cdots,n_r\} \\ k = n-r = n-\partial^\circ g(x) \end{cases} \quad (11.5.29)$$

其中 LCM$\{\cdots\}$ 表示最小公倍式或最小公倍数。

证明 由极小式特性,对所有 $i=1,2,\cdots,r$,$g(\omega_i)=0$ 当且仅当 $m_i(x)\mid g(x)$,$g(x)$ 作为最低次码式一定是所有 $m_i(x)$ 的最小公倍式。此外,由 $g(x)$ 整除 x^n-1,有 ω_i 也是 x^n-1 的根,从而 $n_i\mid n$,$i=1,2,\cdots,r$,所以 n 是所有 n_i 的最小公倍数。

证毕。

$GF(q)$ 上广义 q 元 BCH 码是以 $GF(q^m)$ 中非零的 $\delta-1$ 个连续幂次元素 $\{\beta^\lambda,\beta^{\lambda+1},\beta^{\lambda+2},\cdots,\beta^{\lambda+\delta-2}\}$ 为根的循环码,其中整数 $\lambda>0$,整数 $\delta>1$,并称 $GF(q)$ 为码元域,$GF(q^m)$ 为根域,由极小多项式的概念可得到

$$\begin{cases} g_{\mathrm{BCH}}(x) = \mathrm{LCM}\{m_\lambda(x),m_{\lambda+1}(x),\cdots,m_{\lambda+\delta-2}(x)\} \\ n_{\mathrm{BCH}} = \mathrm{LCM}\{n_\lambda,n_{\lambda+1},\cdots,n_{\lambda+\delta-2}\} \end{cases} \quad (11.5.30)$$

其中,$m_\lambda(x),m_{\lambda+1}(x),\cdots,m_{\lambda+\delta-2}(x)$ 和 $n_\lambda,n_{\lambda+1},\cdots,n_{\lambda+\delta-2}$ 分别是 $\beta^\lambda,\beta^{\lambda+1},\cdots,\beta^{\lambda+\delta-2}$ 中的极小式和阶。

如果 $\lambda=1$,则称相应的 BCH 码为狭义 BCH 码;如果 $\{\beta^\lambda,\beta^{\lambda+1},\beta^{\lambda+2},\cdots,\beta^{\lambda+\delta-2}\}$ 中任何一个元素为本原元,则称相应的 BCH 码为本原 BCH 码,否则为非本原 BCH 码。

对于本原 BCH 码,显然有 $n=q^m-1$。

BCH 码的最重要特性是关于其最小码距的码限定理。此处不加证明表述如下:

定理 11.5.5(BCH 码码限定理) BCH 码的最小码距 $d_{\min}\geqslant\delta$,并称设计参数 δ 称为 BCH 码的设计距离。

该定理指出,对 BCH 码的应用,可以先确定最小纠错能力 δ,然后设计确定 $GF(q^m)$,继而计算确定 $(g(x),n)$。

2^m 元 RS 码是码长 $n=2^m-1$,$(\lambda,2^m-1)=1$,并且码元域和根域同为 $GF(2^m)$ 的广义

BCH 码。

因此记本原元 $\alpha \in GF(2^m)$，选择 λ 满足 $(\lambda, 2^m-1)=1$，设计距离为 $\delta=2t+1$ 的 2^m 元 RS 码的根集合为 $\{\alpha^\lambda, \alpha^{\lambda+1}, \alpha^{\lambda+2}, \cdots, \alpha^{\lambda+\delta-2}\}$，RS 码的生成式为

$$\begin{aligned} g_{RS}(x) &= (x-\alpha^\lambda)(x-\alpha^{\lambda+1})(x-\alpha^{\lambda+2})\cdots(x-\alpha^{\lambda+\delta-2}) \\ &= x^{\delta-1}+g_{\delta-2}x^{\delta-2}+g_{\delta-3}x^{\delta-3}+\cdots+g_2x^2+g_1x+g_0 \end{aligned} \quad (11.5.31)$$

$$\partial^\circ g_{RS}(x) = r = \delta-1 = 2t \quad (11.5.32)$$

注意 $(\lambda, q^m-1)=1$ 保证 α^λ 为本原元。此外由于根域等于码元域 $GF(q^m)$，所以容许 $\lambda=0$。

RS 码的最重要特性是：对 (n,k) RS 码有 $d_{\min}=n-k+1$，即 RS 码是最大距离可分码。因为一方面 RS 码作为线性分组码满足辛格尔顿限，有 $d_{\min}\leqslant n-k+1$，即 $d_{\min}\leqslant r+1=\delta$，另一方面 RS 码作为 BCH 码有 $\delta\leqslant d_{\min}$，从而 $d_{\min}=\delta=r+1$。

因此设计距离为 δ 的 2^m 元 RS 码参数总结为

$$(n,k,d)=(n,k,n-k+1)=(2^m-1,2^m-\delta,\delta)=(2^m-1,2^m-1-2t,2t+1)$$

3. 码例

例 11.38 以例 11.37 中域 $GF(2^3)=F_2[x]/1+x+x^3$ 为根域，构造 BCH 码例有：

(1) 若 $\lambda=1,\delta=3$，以 $\{\beta^\lambda,\beta^{\lambda+1},\cdots,\beta^{\lambda+\delta-2}\}=\{\alpha,\alpha^2\}$ 为根集合构造的 BCH 码为本原 BCH 码，$n=2^3-1=7$，$g(x)=\mathrm{LCM}\{m_1(x),m_2(x)\}=m_1(x)=x^3+x+1$。显然此码是一个汉明码。

(2) 若 $\lambda=1,\delta=4$，以 $\{\beta^\lambda,\beta^{\lambda+1},\cdots,\beta^{\lambda+\delta-2}\}=\{\alpha,\alpha^2,\alpha^3\}$ 为根集合构造的 BCH 码为本原 BCH 码，$n=2^3-1=7$。

$$\begin{aligned} g(x) &= \mathrm{LCM}\{m_1(x),m_2(x),m_3(x)\}=m_1(x)m_3(x) \\ &= (x^3+x+1)(x^3+x^2+1)=x^6+x^5+x^4+x^3+x^2+x+1 \end{aligned}$$

显然此码是个重复码。

例 11.39 二元 $(23,12)$ 戈莱码是纠双错的二元狭义非本原 BCH 码。

由 $n=23$ 以及 $2^{11}-1=2047=89\times23$，记 α 是 $GF(2^{11})$ 中的本原元，选择 $\beta=\alpha^{89}$，则 $|\beta|=|\alpha^{89}|=23$，故设计根集合为 $\{\beta,\beta^2,\beta^3,\beta^4\}$ 的狭义非本原 BCH 码必有码长为

$$n = \mathrm{LCM}\{|\beta|,|\beta^2|,|\beta^3|,|\beta^4|\} = \mathrm{LCM}\left\{23, \frac{23}{(2,23)}, \frac{23}{(3,23)}, \frac{23}{(4,23)}\right\} = 23$$

考察 $\beta=\alpha^{89}$ 的共轭元系

$$\begin{aligned} \Omega(\beta) &= \{\beta,\beta^2,\beta^4,\beta^8,\beta^{16},\beta^{32},\beta^{64},\beta^{128},\beta^{256},\beta^{512},\beta^{1024},\beta^{2048}=\beta\} \\ &= \{\beta,\beta^2,\beta^4,\beta^8,\beta^{16},\beta^9,\beta^{18},\beta^{13},\beta^3,\beta^6,\beta^{12}\} \end{aligned}$$

发现 $\beta,\beta^2,\beta^3,\beta^4 \in \Omega(\beta)$，所以此 BCH 码生成式为

$$\begin{aligned} g(x) &= m_\beta(x) = (x-\beta)(x-\beta^2)(x-\beta^3)(x-\beta^4)(x-\beta^6)(x-\beta^8) \\ &\quad \cdot (x-\beta^9)(x-\beta^{12})(x-\beta^{13})(x-\beta^{16})(x-\beta^{18}) \\ &= g_0+g_1x+g_2x^2+g_3x^3+\cdots+g_{10}x^{10}+g_{11}x^{11} \end{aligned}$$

由于 β^{-1} 的阶 $|\beta^{-1}|=|\beta|=23$，其极小式为 $m_{\beta^{-1}}(x)$ 为 $m_\beta(x)$ 的互反式 $g^*(x)=m_\beta^*(x)$，

$$\boldsymbol{g}^*(x) = m_{\beta^{-1}}(x) = (x-\beta^{-1})(x-\beta^{-2})(x-\beta^{-3})(x-\beta^{-4})(x-\beta^{-6})(x-\beta^{-8})$$
$$\cdot (x-\beta^{-9})(x-\beta^{-12})(x-\beta^{-13})(x-\beta^{-16})(x-\beta^{-18})$$
$$= g_0^* + g_1^* x + g_2^* x^2 + g_3^* x^3 + \cdots + g_{10}^* x^{10} + g_{11}^* x^{11}$$

注意 BCH 码仍然是循环码,此外以 $\boldsymbol{g}^*(x)$ 仍然生成一个码长 $n=23$ 的循环码,再注意 $\partial^{\circ}\boldsymbol{g}(x)=\partial^{\circ}\boldsymbol{g}^*(x)=11$,以及 x^n-1 必有因式 $x-1$,所以必然有

$$x^{23}-1 = (x-1)\boldsymbol{g}(x)\boldsymbol{g}^*(x)$$

$$x^{22}+x^{21}+x^{20}+\cdots+x^3+x^2+x+1 = \boldsymbol{g}(x)\boldsymbol{g}^*(x) = \sum_{i=0}^{22}\left(\sum_{j=0}^{i} g_j g_{i-j}^*\right)x^i$$

从而得到关于未知量 $\{g_i\}$ 和 $\{g_i^*\}$ 的非线性代数联立方程组

$$\begin{cases} \sum_{j=0}^{i} g_j g_{i-j}^* = 1, i = 0,1,2,3,\cdots,21,22 \\ g_j^* = g_{11-j}, j = 0,1,2,\cdots,10,11 \end{cases}$$

解此非线性代数联立方程组即得两个不同的循环码生成式 $\boldsymbol{g}(x),\boldsymbol{g}^*(x)$。

$$\boldsymbol{g}(x) = x^{11} + x^{10} + x^6 + x^5 + x^4 + x^2 + 1$$
$$\boldsymbol{g}^*(x) = x^{11} + x^9 + x^7 + x^6 + x^5 + x + 1$$

由于此 BCH 码的最小距离满足 $5=\delta \leqslant d_{\min} \leqslant w_{\mathrm{H}}(\boldsymbol{g}(x))=7$ 以及此码不可能有偶数值的最小距离,所以必有 $d_{\min}=7$,从而码长 $n=23$ 且纠双错的狭义非本原 BCH 码是 $(23,12,7)$ 分组码,即是二元戈莱码。 ∎

例 11.40　国际空间数据系统咨询委员会(Consultative Committee for Space Data System)在 CCSDS 101.0-B-5(2001-06)号建议中对空间数据传输所用 RS 码的参数设计为:

(1) 码元域为:$GF(2^8) = F_2[x]/(x^8+x^7+x^2+x+1)$;

(2) 码长为:$n=2^8-1=255$;

(3) 对于满足 $\alpha^8+\alpha^7+\alpha^2+\alpha+1=\alpha$ 的域元素 α,生成式为

$$g(x) = \prod_{j=128-t}^{127+t} (x-\alpha^{11j}) = \sum_{i=0}^{2t} g_i x^i$$

(4) 符号纠错数为:$t=8,16$。

对 $t=8,16$ 获得两种不同码率的 RS(n,k,d) 码,分别为 RS$(255,239,17)$ 码和 RS$(255,223,33)$ 码。 ∎

11.5.3　CRC 码与差错检测译码

CRC 码(cyclic redundancy check codes)全称为循环冗余校验码,是对某一类循环码作特殊的截短处理后用于差错检测的纠错码,截短前的原循环码生成式 $\boldsymbol{g}(x)$ 仍称为 CRC 码生成式。

1. 循环码的伴随式

在硬判决信道模型中,若记 $e_i \neq 0$ 为错值,相应的 x^i 为错位,那么分组码的差错图

案可以用所谓差错多项式予以表示为 $e(x)=e_0+e_1x+e_2x^2+\cdots+e_{n-1}x^{n-1}$。对无记忆加性干扰，接收向量用接收多项式表示为 $\boldsymbol{v}(x)=\boldsymbol{c}(x)+\boldsymbol{e}(x)$。再由 $\boldsymbol{c}(x)=\boldsymbol{a}(x)\boldsymbol{g}(x)$，得到 $\boldsymbol{v}(x)\bmod \boldsymbol{g}(x)=\boldsymbol{e}(x)\bmod \boldsymbol{g}(x)$，由此定义循环码的伴随多项式 $\boldsymbol{s}(x)$，简称伴随式，为

$$\boldsymbol{s}(x)=\boldsymbol{v}(x)\bmod \boldsymbol{g}(x)=s_0+s_1x+s_2x^2+\cdots+s_{r-1}x^{r-1} \tag{11.5.33}$$

显然 $\boldsymbol{s}(x)$ 只是差错式 $\boldsymbol{e}(x)$ 的函数，一个可检测差错图案 $\boldsymbol{e}(x)$ 是使得 $\boldsymbol{s}(x)=\boldsymbol{s}_{\mathrm{e}}(x)\neq 0(x)$ 的差错图案。

在实际应用中常以修正伴随式 $\boldsymbol{s}^{(r)}(x)=x^r\boldsymbol{v}(x)\bmod \boldsymbol{g}(x)=x^r\boldsymbol{e}(x)\bmod \boldsymbol{g}(x)$ 去实现差错检测。

2. 循环码的检错能力

由分组码的基本性质可以得到：若循环码最小码距 $d_{\min}=d$，$r=\partial^{\circ}\boldsymbol{g}(x)$，则循环码可以检测任意 $t_{\mathrm{d}}<d$ 个随机差错，或者检测任意 $b\leqslant r$ 长的突发差错。二元 (n,k) 循环码检测突发差错和随机差错的能力可以进一步描述为：

(1) 检测 $b=r+1$ 的突发差错比例为

$$\gamma_{r+1}=\frac{|\{\boldsymbol{e}(x)\mid b=r+1,\boldsymbol{s}_{\mathrm{e}}(x)\neq\boldsymbol{\theta}\}|}{|\{\boldsymbol{e}(x)\mid b=r+1\}|}=1-2^{1-r} \tag{11.5.34}$$

(2) 检测 $b>r+1$ 的突发差错比例为

$$\gamma_{b>r+1}=\frac{|\{\boldsymbol{e}(x)\mid b>r+1,\boldsymbol{s}_{\mathrm{e}}(x)\neq\boldsymbol{\theta}\}|}{|\{\boldsymbol{e}(x)\mid b>r+1\}|}=1-2^{-r} \tag{11.5.35}$$

(3) 若循环码的生成式 $\boldsymbol{g}(x)=(x+1)\boldsymbol{p}(x)$ 且 $\boldsymbol{p}(x)$ 是本原式，则此循环码可检测所有奇数重量差错。

3. 循环码的截短

循环码截短是对 (n,k) 系统循环码截去高幂次 b 个消息位的方法，其中一种常见的截短方法的具体步骤是：

(1) 若实际需要传输的消息位长 $l=k-b$，则构造信息分组为

$$\boldsymbol{u}=(u_0,u_1,\cdots,u_{l-1},\underbrace{0,0,\cdots,0}_{b=k-l})$$

(2) 用循环码 $\boldsymbol{g}(x)$ 对消息 $\boldsymbol{u}$ 编码获得系统循环码码字

$$\boldsymbol{c}=(c_0,c_1,\cdots,c_{r-1},u_0,u_1,\cdots,u_{l-1},\underbrace{0,0,\cdots,0}_{b=k-l})$$

(3) 截去 $\boldsymbol{c}$ 的 b 个高次位的全部 0 码元获得截短码字 $\boldsymbol{c}'$ 作为实际传输码字

$$\boldsymbol{c}'=(c_0,c_1,\cdots,c_{r-1},u_0,u_1,\cdots,u_{l-1})=(c_0,c_1,\cdots,c_{r-1},c_r,c_{r+1},\cdots,c_{r+l-1})$$

可以证明，按上述截短方法所得截短循环码的基本特性有：

(1) (n,k) 码在 b 位截短后为 $(n',k')=(n-b,k-b)$ 码，码率略为降低

$$R'=(k-b)/(n-b)<k/n=R$$

（2）一般地，循环码的截短码不再是循环码。

这一特性使突发检测更为有利，因为突发不可能循环绕过截取的确认为全零的 b 位信息位。

（3）截短码的伴随式是截短码"还原"为循环码的修正伴随式。

在高位先传时，对接收式 $\boldsymbol{v}'(x)$，恢复无截短的接收向量为

$$\boldsymbol{v} = (v_0', \cdots, v_{n'-1}', \underbrace{0, \cdots, 0}_{b}) = (\boldsymbol{c}' + \boldsymbol{e}', \underbrace{0, \cdots, 0}_{b})$$

$$\boldsymbol{v}(x) = \boldsymbol{v}'(x) + 0 \cdot x^{b+n'} = \boldsymbol{c}'(x) + \boldsymbol{e}'(x) + 0 \cdot x^{b+n'} \tag{11.5.36}$$

所以为减少不存在的 b 个连 0 位的校验计算，截短码的修正伴随式设定为

$$\boldsymbol{s}^{(r+b)}(x) = (x^{r+b}\,\boldsymbol{v}'(x)) \bmod \boldsymbol{g}(x) \tag{11.5.37}$$

（4）截短循环码与原循环码有相同的检纠错能力。

因为截短循环码与原循环码有相同的生成多项式，并且恢复的 b 个全零位并不存在任何"差错"，所以循环码截短不影响原码的检纠错能力。

例 11.41　构造一个 $(n', k') = (40, 32)$ 截短循环码。

可以验证由生成式 $\boldsymbol{g}(x) = (x^2+x+1)(x^6+x+1) = x^8+x^7+x^6+x^3+1$ 生成 $(n,k) = (63,55)$ 循环码，因此构造 $(40,32)$ 截短循环码需截断 $(63,55)$ 循环码的信息位数目为 $b = n - n' = 63 - 40 = 23$ 个。

截短后的修正伴随式为

$$\begin{aligned}
\boldsymbol{s}^{(r+b)}(x) &= x^{r+b}\,\boldsymbol{v}'(x) \bmod \boldsymbol{g}(x) \\
&= (x^{31}\,\boldsymbol{v}'(x)) \bmod (x^8+x^7+x^6+x^3+1) \\
&= [(x^7+x^5+x+1)\,\boldsymbol{v}'(x)] \bmod (x^8+x^7+x^6+x^3+1)
\end{aligned}$$

因此修正伴随式的计算包含对接收式 $\boldsymbol{v}'(x) = v_0' + v_1'x + \cdots + v_{39}'x^{39}$ 的多项式乘和多项式取模的混合运算，其计算电路如图 11.5.2 所示，图中移位寄存器的上半部分反馈电路形成模多项式运算电路，下半部分前馈电路形成多项式乘法运算电路。电路输入顺序为 $v_{39}', \cdots, v_1', v_0'$，当输入数据完成，移位寄存器的内容即是修正伴随式的值。

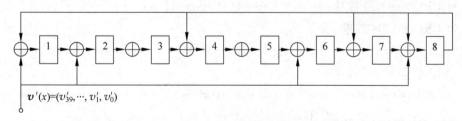

$$\boldsymbol{v}'(x) = (v_{39}', \cdots, v_1', v_0')$$

图 11.5.2　修正伴随式算例电路原理图（乘除混合电路）

4. CRC 码构造和算例

CRC 码通常由截短循环码构成，其主要特性是：

（1）选择某个本原式 $\boldsymbol{p}(x)$，构造 CRC 码的 $\boldsymbol{g}(x)$ 为

$$\boldsymbol{g}(x) = (x+1)\boldsymbol{p}(x) \tag{11.5.38}$$

（2）CRC 码可以有任意码长 N，因为截短位数可任选。

（3）CRC 码与构成其码的原循环码有相同的检错能力。

例 11.42 在 CDMA(IS-95) 系统中，前向链路在 9600bps 和 4800bps 两种不同传输速率下分别应用 (184,172) 和 (88,80) 两个 CRC 码实现 CRC 校验，生成式分别是

$$g(x) = x^{12} + x^{11} + x^{10} + x^9 + x^8 + x^4 + x + 1$$

$$g(x) = x^8 + x^7 + x^4 + x^3 + x + 1$$

4800bps 速率的 CRC 编码和校验电路分别如图 11.5.3 和图 11.5.4 所示，其中所有开关在前 80 个比特时间向上连接，后 8 个比特时间向下连接。在实际应用时，移位寄存器的初态全部设定为 1，这样对于全零消息数据不会产生全零的校验数据。

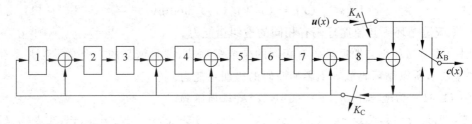

图 11.5.3 IS-95 系统 4800bps 速率的 CRC 编码电路原理图

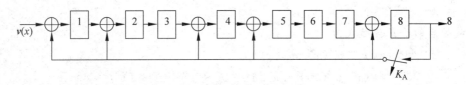

图 11.5.4 IS-95 系统 4800bps 速率的 CRC 校验电路原理图

实用中，工业标准 CRC 码有：

（1）CRC4 标准：$g(x) = x^4 + x^3 + x^2 + x + 1$

（2）CRC8 标准：$g(x) = (x+1)(x^5 + x^4 + x^3 + x^2 + 1)(x^2 + x + 1)$

（3）CRC16-ANSI 标准：$g(x) = (x+1)(x^{15} + x + 1) = x^{16} + x^{15} + x^2 + 1$

（4）CRC16-ITU 标准

$$g(x) = (x+1)(x^{15} + x^{14} + x^{13} + x^{12} + x^4 + x^3 + x^2 + x + 1) = x^{16} + x^{12} + x^5 + 1$$

（5）CRC16-SDLC 标准

$$g(x) = (x+1)^2(x^{14} + x^{13} + x^{12} + x^{10} + x^8 + x^6 + x^5 + x^4 + x^3 + x + 1)$$
$$= x^{16} + x^{15} + x^{13} + x^7 + x^4 + x^2 + x + 1$$

（6）IEC TC57 标准

$$g(x) = (x+1)^2 \cdot (x^{14} + x^{10} + x^9 + x^8 + x^5 + x^3 + x^2 + x + 1)$$
$$= x^{16} + x^{14} + x^{11} + x^8 + x^6 + x^5 + x^4 + 1$$

（7）IEEE 802.3 标准

$$g(x) = x^{32} + x^{26} + x^{23} + x^{22} + x^{16} + x^{12} + x^{11} + x^{10} + x^8$$
$$+ x^7 + x^5 + x^4 + x^2 + x + 1$$

11.6 二元线性卷积码

11.6.1 二元线性卷积码的描述

1. 卷积码的矩阵描述

与分组编码不同,**卷积码编码**(**convolutional coding**)的当前输出 $\boldsymbol{v}(l)$ 不仅与当前输入消息 $\boldsymbol{u}(l)$ 相关,还与此前输入的 m 个消息 $\boldsymbol{u}(l-1),\cdots,\boldsymbol{u}(l-m)$ 相关,即

$$\boldsymbol{v}(l) = f(\boldsymbol{u}(l),\boldsymbol{u}(l-1),\cdots,\boldsymbol{u}(l-m)),l=0,1,2,\cdots$$

对于二元线性卷积码,f 是仅由模 2 加运算组成的布尔函数,若记 $\boldsymbol{u}$ 的长度恒为 k 比特,$\boldsymbol{v}$ 的长度恒为 n 比特,均称为一段,那么一个 (n,k,m) 二元线性卷积码的串行电路原理框图如图 11.6.1 所示。

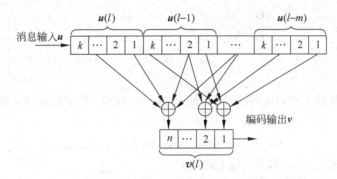

图 11.6.1 二元线性 (n,k,m) 卷积码的串行编码原理框图

卷积编码电路中移位寄存器初态可设定为全 0,电路为按段工作方式,即对每段 k 比特输入,产生一段 n 比特输出。由图 11.6.1 可见,任意一输入段 $\boldsymbol{u}(l-h)$ 与输出段 $\boldsymbol{v}(l)$ 的关系都是一个特殊的 (n,k) 线性分组码的编码关系,即存在 $m+1$ 个 $k\times n$ 的矩阵 $\boldsymbol{G}_h$ 使得

$$\boldsymbol{v}(l) = \boldsymbol{u}(l-h)\boldsymbol{G}_h, \quad h=0,1,2,\cdots,m$$

因此对于消息段序列 $\boldsymbol{u}=(\boldsymbol{u}(0),\boldsymbol{u}(1),\cdots,\boldsymbol{u}(m),\boldsymbol{u}(m+1),\cdots)$,相应的输出段序列为 $\boldsymbol{v}=(\boldsymbol{v}(0),\boldsymbol{v}(1),\cdots,\boldsymbol{v}(m),\boldsymbol{v}(m+1),\cdots)$,并且满足

$$\boldsymbol{v}(0) = \boldsymbol{u}(0)\boldsymbol{G}_0$$
$$\boldsymbol{v}(1) = \boldsymbol{u}(0)\boldsymbol{G}_1 + \boldsymbol{u}(1)\boldsymbol{G}_0$$
$$\boldsymbol{v}(m) = \boldsymbol{u}(0)\boldsymbol{G}_m + \boldsymbol{u}(1)\boldsymbol{G}_{m-1} + \cdots + \boldsymbol{u}(m-1)\boldsymbol{G}_1 + \boldsymbol{u}(m)\boldsymbol{G}_0$$
$$\boldsymbol{v}(m+1) = \boldsymbol{u}(1)\boldsymbol{G}_m + \boldsymbol{u}(2)\boldsymbol{G}_{m-1} + \cdots + \boldsymbol{u}(m)\boldsymbol{G}_1 + \boldsymbol{u}(m+1)\boldsymbol{G}_0$$

或者一般性的有

$$\begin{cases} \boldsymbol{v}(l) = \boldsymbol{u}(l-m)\boldsymbol{G}_m + \boldsymbol{u}(l-m+1)\boldsymbol{G}_{m-1} + \cdots + \boldsymbol{u}(l-1)\boldsymbol{G}_1 + \boldsymbol{u}(l)\boldsymbol{G}_0 \\ \qquad = \sum_{h=0}^{m} \boldsymbol{u}(l-h)\boldsymbol{G}_h, l=0,1,2,\cdots \\ \boldsymbol{u}(l) = 0, l<0 \end{cases} \tag{11.6.1}$$

式(11.6.1)称为卷积编码的离散卷积表达式。

参量 m 称为卷积码的记忆长度(段)。$K = m+1$ 称为卷积码的**约束长度**(constrain length)(段)，相应的约束比特长度为 $n_A = Kn$。

注意进入卷积编码器的最后 m 段消息仍是要编码输出的消息，对这最后 m 段消息的编码处理，称为卷积编码的结尾处理。一种常见的结尾处理方法是额外输入 m 段无效的 0 数据比特，一方面将存储的 m 段消息编码全部推出，另一方面保证编码器回到全 0 的初态。因此，卷积码对于有限 L 段长消息的编码速率 R_L 和渐近编码速率 R 分别为

$$R_L = \frac{Lk}{Ln + mn} = \frac{k}{n}\left(1 - \frac{m}{L+m}\right) \tag{11.6.2}$$

$$R = \frac{k}{n}, (L \to \infty) \tag{11.6.3}$$

如果卷积编码的输入即消息长度是无限长，则卷积编码的输出也是无限长，此时描述输入输出关系的半无穷大矩阵 $\boldsymbol{G}_\infty$ 称为卷积码的生成矩阵

$$\boldsymbol{G}_\infty = \begin{bmatrix} \boldsymbol{G}_0 & \boldsymbol{G}_1 & \boldsymbol{G}_2 & \cdots & \boldsymbol{G}_{m-1} & \boldsymbol{G}_m & & \\ & \boldsymbol{G}_0 & \boldsymbol{G}_1 & \boldsymbol{G}_2 & \cdots & \boldsymbol{G}_{m-1} & \boldsymbol{G}_m & \\ & & \boldsymbol{G}_0 & \boldsymbol{G}_1 & \boldsymbol{G}_2 & \cdots & \boldsymbol{G}_{m-1} & \boldsymbol{G}_m \\ & & & \cdots & \cdots & \cdots & \cdots & \cdots \end{bmatrix} \tag{11.6.4}$$

显然 $\boldsymbol{G}_\infty$ 由其前 k 行，$(m+1) \times n$ 列组成的子矩阵 $\boldsymbol{G}_B$ 完全确定，$\boldsymbol{G}_B$ 称为卷积码的基本生成矩阵

$$\boldsymbol{G}_B = [\boldsymbol{G}_0 \boldsymbol{G}_1 \boldsymbol{G}_2 \cdots \boldsymbol{G}_{m-1} \boldsymbol{G}_m] = [g_{it}]_{k \times Kn} \tag{11.6.5}$$

如果将 $\boldsymbol{G}_B$ 的元素 g_{it} 的列下标 t 表示为

$$t = j + hn, j = 1, 2, \cdots, n, h = 0, 1, 2, \cdots, m$$

那么 $g_{it} = 1$ 表示输入移位寄存器中的第 h 段的第 i 位输入比特 $u(l-t, i)$ 参与第 j 位输出比特的编码，$g_{it} = 0$ 则表示不参与输出编码，因此可以用 $k \times n$ 个所谓生成序列 $\{\boldsymbol{g}(i,j)\}$ 描述各段第 i 位输入对第 j 位输出编码的影响

$$\begin{cases} \boldsymbol{g}(i,j) = (g_{i,j}, g_{i,(n+j)}, g_{i,(2n+j)}, \cdots, g_{i,(hn+j)}, \cdots, g_{i,(mn+j)}) \\ i = 1, 2, \cdots, k; j = 1, 2, \cdots, n; h = 0, 1, 2, \cdots, m \end{cases} \tag{11.6.6}$$

例 11.43 一个 $(4,3,2)$ 卷积码如图 11.6.2 所示。

由图 11.6.2 所示电路图可以立即得到该卷积码的递归方程组描述为

$$\begin{cases} v_1(l) = u_1(l) \\ v_2(l) = u_2(l) \\ v_3(l) = u_3(l) + u_3(l-2) \\ v_4(l) = u_3(l-1) \end{cases} \quad l = 0, 1, 2, \cdots$$

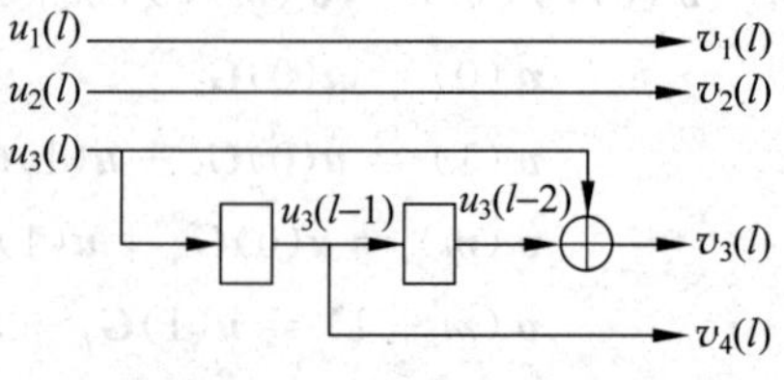

图 11.6.2　$(4,3,2)$ 卷积码电路图

同时，由电路连接关系可以发现该卷积码的生成序列为

$$g(1,1) = (100), g(1,2) = (000), g(1,3) = (000), g(1,4) = (000)$$
$$g(2,1) = (000), g(2,2) = (100), g(2,3) = (000), g(2,4) = (000)$$

$$g(3,1)=(000),g(3,2)=(000),g(3,3)=(101),g(3,4)=(010)$$

由此获得 $\boldsymbol{G}_B$ 为

$$\boldsymbol{G}_B=\begin{bmatrix}\boldsymbol{G}_0\boldsymbol{G}_1\boldsymbol{G}_2\end{bmatrix}=\begin{bmatrix}1000 & 0000 & 0000\\0100 & 0000 & 0000\\0010 & 0001 & 0010\end{bmatrix}$$

2. 卷积码的多项式描述

注意到时间序列与多项式的对应关系,消息段序列 $\boldsymbol{u}=(\boldsymbol{u}(0),\boldsymbol{u}(1),\cdots,\boldsymbol{u}(l),\cdots)$ 与编码输出段序列 $\boldsymbol{v}=(\boldsymbol{v}(0),\boldsymbol{v}(1),\cdots,\boldsymbol{v}(l),\cdots)$ 可以分别用多项式 $\boldsymbol{u}(x)$ 和 $\boldsymbol{v}(x)$ 表示为

$$\boldsymbol{u}(x)=\boldsymbol{u}(0)+\boldsymbol{u}(1)x+\cdots+\boldsymbol{u}(l)x^l+\cdots$$

$$=\begin{bmatrix}u_1(0)\\\vdots\\u_k(0)\end{bmatrix}+\begin{bmatrix}u_1(1)\\\vdots\\u_k(1)\end{bmatrix}x+\cdots+\begin{bmatrix}u_1(l)\\\vdots\\u_k(l)\end{bmatrix}x^l+\cdots=\begin{bmatrix}u_1(x)\\\vdots\\u_k(x)\end{bmatrix}$$

其中,$u_i(x)$ 对二元卷积码是多项式系数为 0 或 1 的多项式,即

$$u_i(x)=u_i(0)+u_i(1)x+\cdots+u_i(l)x^l+\cdots,i=1,2,\cdots,k$$

类似地

$$\boldsymbol{v}(x)=\begin{bmatrix}v_1(x)\\\vdots\\v_n(x)\end{bmatrix}$$

$$v_j(x)=v_j(0)+v_j(1)x+\cdots+v_j(l)x^l+\cdots,\quad j=1,2,\cdots,n$$

利用段序列描述方式,二元 (n,k,m) 卷积码编码器更直接地描述为一个 k(比特)并行输入且 n(比特)并行输出的系统,如图 11.6.3 所示。

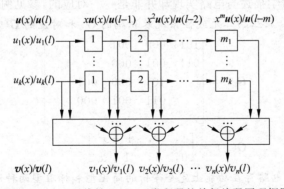

图 11.6.3 二元线性 (n,k,m) 卷积码的并行编码原理框图

注意到 $u_i(l-h)$ 的多项式表示为 $x^h u_i(x)$,所以对 $j=1,2,\cdots,n$ 得到

$$v_j(l)=g_{1,j}u_1(l)+g_{2,j}u_2(l)+\cdots+g_{k,j}u_k(l)$$
$$+g_{1,n+j}u_1(l-1)+g_{2,n+j}u_2(l-1)+\cdots+g_{k,n+j}u_k(l-1)+\cdots$$
$$+g_{1,mn+j}u_1(l-m)+g_{2,mn+j}u_2(l-m)+\cdots+g_{k,mn+j}u_k(l-m)$$
$$v_j(x)=g_{1,j}u_1(x)+g_{2,j}u_2(x)+\cdots+g_{k,j}u_k(x)$$

$$+ g_{1,n+j}xu_1(x) + g_{2,n+j}xu_2(x) + \cdots + g_{k,n+j}xu_k(x) + \cdots$$
$$+ g_{1,mn+j}x^m u_1(x) + g_{2,mn+j}x^m u_2(x) + \cdots + g_{k,mn+j}x^m u_k(x)$$
$$= (g_{1,j} + g_{1,n+j}x + \cdots + g_{1,mn+j}x^m)u_1(x)$$
$$+ (g_{2,j} + g_{2,n+j}x + \cdots + g_{2,mn+j}x^m)u_2(x) + \cdots$$
$$+ (g_{k,j} + g_{k,n+j}x + \cdots + g_{k,mn+j}x^m)u_k(x)$$
$$= g(1,j)(x)u_1(x) + g(2,j)(x)u_2(x) + \cdots + g(k,j)(x)u_k(x)$$

由此得到线性 (n,k,m) 卷积码的多项式表达式为

$$\begin{cases} \boldsymbol{v}(x) = (v_1(x), v_2(x), \cdots, v_j(x), \cdots, v_n(x)) = \boldsymbol{u}(x)\boldsymbol{G}(x) \\ \boldsymbol{u}(x) = (u_1(x), u_2(x), \cdots, u_i(x), \cdots, u_k(x)) \\ \boldsymbol{G}(x) = [g(i,j)(x)]_{k \times n} \\ g(i,j)(x) = g_{i,j} + g_{i,n+j}x + \cdots + g_{i,mn+j}x^m \end{cases} \tag{11.6.7}$$

称 $k \times n$ 多项式矩阵 $\boldsymbol{G}(x)$ 为线性 (n,k,m) 卷积码的多项式生成矩阵，由于 x 的幂次 x^h 等价为 h 段时间延迟 D^h，又称 $\boldsymbol{G}(D)$ 为卷积码的延迟算子生成矩阵。

例 11.44 最典型的一个 $(2,1,2)$ 卷积码如图 11.6.4 所示，其中 (σ_2, σ_1) 表示两个寄存器的状态。

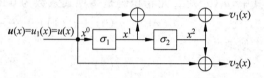

$$\begin{cases} v_1(x) = (1 + x + x^2)u(x) \\ v_2(x) = (1 + x^2)u(x) \end{cases}$$

图 11.6.4 $(2,1,2)$ 卷积码电路图

$$\boldsymbol{G}(x) = [1 + x + x^2, 1 + x^2] \quad \blacksquare$$

由上讨论可见，线性 (n,k,m) 卷积码可以由其多项式生成矩阵 $\boldsymbol{G}(x)$，或生成矩阵 $\boldsymbol{G}_\infty$ 或生成序列 $\{g(i,j)\}$ 进行完全的描述、分析和设计。

但是卷积码的数学描述与电路实现却并非是一一对应的，参见例 11.45。

例 11.45 一个 $(3,2,2)$ 二元线性系统卷积码的 $\boldsymbol{G}_\infty$ 和对应的 $\boldsymbol{G}(x)$ 分别为

$$\boldsymbol{G}_\infty = \begin{bmatrix} 101 & 000 & 001 & & \\ 011 & 001 & 000 & & \\ & 101 & 000 & 001 & \\ & 011 & 001 & 000 & \\ & & & \cdots & \cdots \end{bmatrix}$$

$$\boldsymbol{G}(x) = \begin{bmatrix} 1, & 0, & 1 + x^2 \\ 0, & 1, & 1 + x \end{bmatrix}$$

实现此卷积码的电路存在功能上完全等价的简化型和标准型两种形式，如图 11.6.5(a) 的简化型电路和图 11.6.5(b) 标准型电路所示，显然电路图 11.6.5(b) 比电路图 11.6.5(a) 多用一个寄存器单元。 $\blacksquare$

3. 卷积码的状态转移图与栅格图描述

卷积码与分组码的明显区别是卷积码编码器要存储 m 段消息，这些消息数据既要因新的输入而改变，又要影响当前的编码输出，因此称表达这些存储数据的参量为卷积编码器的**内部状态**（**internal state**），简称状态。

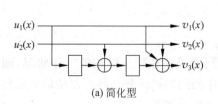
(a) 简化型

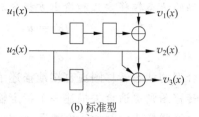
(b) 标准型

图 11.6.5　(3,2,2)卷积码的两种电路实现形式

若二元(n,k,m)卷积编码器有效的存储单元数为M,则第l时刻的状态变量记为状态向量$s(l)$或简记为s

$$s(l) = (\sigma_M(l), \sigma_{M-1}(l), \cdots, \sigma_2(l), \sigma_1(l)) \tag{11.6.8}$$

常将第l时刻二元(n,k,m)卷积码的2^M个不同状态表示为$S_0, S_1, \cdots, S_{2^M-1}$。

显然,编码器状态为$s(l)$(或s)时,输入段$u(l)$(或u)产生的编码输出段为$v(l)$(或v),并使该状态改变(称为转移)到新的状态$s(l+1)$(或s')。称s到s'的转移过程为一个转移分支,记为(s,s')或$(s(l),s(l+1))$,分支的标记为$v(l)/u(l)$或v/u。

尽管卷积码有2^M个状态,但是由于每段u的输入为k比特,只有2^k种状态的变化,每个状态只转移到2^M个状态的某个子集(2^k个状态)中去,每个状态也只能由某2^k个状态的状态子集转移而来。

例 11.46　前述例 11.44 中$(2,1,2)$码的状态向量为$s=(\sigma_2,\sigma_1)$,共有 4 种状态S_0,S_1,S_2,S_3,根据电路图容易获得其状态变化如表 11.6.1 所示,状态转移图如图 11.6.6 和图 11.6.7 所示。

表 11.6.1　(2,1,2)码状态转移表

u	$(\sigma_2\sigma_1)/(v_1v_2)$ 初态(0,0)	$(\sigma_2\sigma_1)/(v_1v_2)$ 初态(0,1)	$(\sigma_2\sigma_1)/(v_1v_2)$ 初态(1,0)	$(\sigma_2\sigma_1)/(v_1v_2)$ 初态(1,1)
(0)	(0,0)/(0,0)	(1,0)/(1,0)	(0,0)/(1,1)	(1,0)/(0,1)
(1)	(0,1)/(0,1)	(1,1)/(0,1)	(0,1)/(0,0)	(1,1)/(1,0)

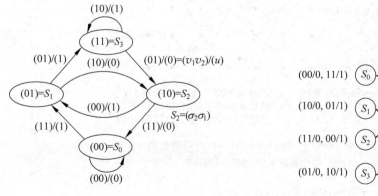

图 11.6.6　例 11.46 卷积码的状态转移图(闭合型)　　图 11.6.7　例 11.46 卷积码的状态转移图(开放型)

该码的状态转移方程和输出方程分别为

$$\begin{cases} \sigma'_1 = u \\ \sigma'_2 = \sigma_1 \end{cases} \qquad \begin{cases} v_1 = u + \sigma_1 + \sigma_2 \\ v_2 = u + \sigma_2 \end{cases}$$

闭合型的状态转移图更直接地描述了卷积编码器在任一时刻的工作状况，而开放型的状态转移图则更适合去描述一个特定输入序列的编码过程。将开放型的状态转移图按时间顺序级联形成的图称为**栅格图**（**trellis graph**）或篱笆图。

消息段序列 $u=(u(0),\cdots,u(l),\cdots)$ 在产生编码输出段序列 $v=(v(0),\cdots,v(l),\cdots)$ 的同时，也产生状态转移序列 $(s)=(s(0),s(1),\cdots,s(l),s(l+1),\cdots)$，若路径分支段表示为 $p(l)=(s(l),s(l+1))$，则 $(p)=(p(0),p(1),\cdots,p(l-1),\cdots)$ 表示状态序列 (s) 在栅格图中形成的有向路径，并称这种有向路径 p 为卷积码的**编码路径**（**coding path**）。

当有向路径始于全 0 状态 S_0 又终于 S_0 时，表明编码器又回到全 0 初态，因此定义始于 S_0 又首次终于 S_0 的路径为一个卷积码码字。

对于 $k=1$ 的卷积码，常用实线表示 $u=0$ 时输入产生的转移分支，用虚线表示 $u=1$ 时输入产生的转移分支。

例 11.47　前述例 11.44 的 (2,1,2) 卷积码的栅格图及几条路径例如图 11.6.8 和图 11.6.9 所示。

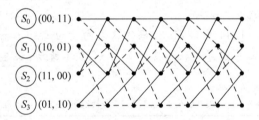

图 11.6.8　例 11.44 的 (2,1,2) 码栅格图
（实线表示 $u=1$，虚线表示 $u=0$）

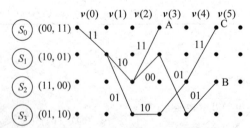

路径 $p_A=(S_0,S_1,S_2,S_0)$　　　消息 A(100)　　　输出 A(11 10 11)
路径 $p_B=(S_0,S_1,S_2,S_1,S_3,S_2)$　消息 B(10110)　　输出 B(11 10 00 01 01)
路径 $p_C=(S_0,S_1,S_3,S_3,S_2,S_0)$　消息 C(110100)　　输出 C(11 01 10 01 11)

图 11.6.9　例 11.44 的 (2,1,2) 码路径例
其中路径 p_A 和路径 p_C 为码字

由上讨论得到卷积码用栅格图描述的几点结论：
（1）卷积码的一个分支或转移是栅格图（或状态图）中接续状态的容许连接。

（2）卷积码的一条路径是可容许连接的分支串。

（3）卷积码的码字是始于零状态并首次终于零状态的路径。

11.6.2 维特比译码与好码

1. 维特比（Viterbi）算法

记发送码字 $\boldsymbol{v}=(\boldsymbol{v}(0),\cdots,\boldsymbol{v}(l),\cdots)$ 对应编码路径 $\boldsymbol{p}=(\boldsymbol{p}(0),\cdots,\boldsymbol{p}(l),\cdots)$，无记忆信道上的接收段序列为 $\boldsymbol{y}=(\boldsymbol{y}(0),\cdots,\boldsymbol{y}(l),\cdots)$，$\boldsymbol{y}(l)=(y_1(l),\cdots,y_n(l))$，则在消息比特等概出现的假设下，卷积编码的各个编码路径等概发送，于是卷积码的最大似然译码是在栅格状态图中寻找一条路径，使似然值（概率）$P(\boldsymbol{y}|\boldsymbol{v})$ 或对数似然值 $\log P(\boldsymbol{y}|\boldsymbol{v})$ 最大。

对于 BSC(p) 信道，第 i 个状态 $\boldsymbol{s}_i(l)$ 连接至第 i' 个状态 $\boldsymbol{s}_i'(l+1)$ 的分支记为 $\boldsymbol{p}_{i,i'}(l)=\boldsymbol{p}_{i,i'}(l,l+1)=(\boldsymbol{s}_i(l),\boldsymbol{s}_i'(l+1))$，其路径值 $\gamma_{i,i'}(l)$ 定义为当前时刻该分支编码段数据为 $\boldsymbol{v}(l)=\boldsymbol{v}_{i,i'}(l)$ 且接收段数据为 $\boldsymbol{y}(l)$ 的对数概率，于是

$$\gamma_{i,i'}(l)=\log P(\boldsymbol{y}(l)\mid\boldsymbol{v}_{i,i'}(l))=\log(p^{d_{i,i'}(l)}(1-p)^{n-d_{i,i'}(l)})$$

$$=d_{i,i'}(l)\log\frac{p}{1-p}+n\log(1-p) \tag{11.6.9}$$

其中，$d_{i,i'}(l)=d_H(\boldsymbol{y}(l),\boldsymbol{v}_{i,i'}(l))$ 为 $\boldsymbol{y}(l)$ 与 $\boldsymbol{v}_{i,i'}(l)$ 之间的汉明距离。

因 $p<1/2$，$\log(p/(1-p))$ 和 $\log(1-p)$ 均为负值，所以最大似然译码需极大化路径值 $\sum_l\gamma(l)$ 等价为极小化距离值 $\sum_l d(l)$，从而最大似然译码过程等价为最小距离译码过程，因此可重新定义分支路径值 $\gamma_{i,i'}(l)$ 为

$$\gamma_{i,i'}(l)=d_H(\boldsymbol{v}_{i,i'}(l),\boldsymbol{y}(l)) \tag{11.6.10}$$

在第 l 时刻状态 $\boldsymbol{s}_i(l)$ 的最大似然值 $\Gamma(\boldsymbol{s}_i(l))$ 应是从全零起点开始至此节点的最大累积似然值或最小累积距离值，相应的路径称为连接至 $\boldsymbol{s}_i(l)$ 的**幸存路径**（**survivor path**），记为 $\hat{\boldsymbol{p}}_i(0,l)$

$$\hat{\boldsymbol{p}}_i(0,l)=(\hat{\boldsymbol{p}}(0,1),\hat{\boldsymbol{p}}(1,2),\cdots,\hat{\boldsymbol{p}}(l-1,l))=(\hat{\boldsymbol{p}}(0),\hat{\boldsymbol{p}}(1),\cdots,\hat{\boldsymbol{p}}(l-1))$$

于是连接至 $\boldsymbol{s}_i'(l+1)$ 的幸存路径的最小累积距离值 $\Gamma(\boldsymbol{s}_i'(l+1))$ 应当满足

$$\Gamma(\boldsymbol{s}_i'(l+1))=\min_{\{\boldsymbol{p}(0,l+1)\}}\left\{\sum_{t=0}^l\gamma(t)\right\}=\min_{\{\boldsymbol{p}_{i,i'}(l)\}}\{\Gamma(\boldsymbol{s}_i(l))+d_H(\boldsymbol{y}(l),\boldsymbol{v}_{i,i'}(l))\}$$

$$=\min_{\{\boldsymbol{p}_{i,i'}(l)\}}\{\Gamma(\boldsymbol{s}_i(l))+\gamma_{i,i'}(l)\} \tag{11.6.11}$$

这表明，连接至 $\boldsymbol{s}_i'(l+1)$ 的幸存路径可以转化为先求解出连接至 $\boldsymbol{s}_i(l)$ 的幸存路径，然后求解所有可能 $\boldsymbol{s}_i(l)$ 至 $\boldsymbol{s}_i'(l+1)$ 的最短路径。对任意 $L>0$，这种求解至 $\boldsymbol{s}_i(L)$ 的最短路径的迭代算法称为**维特比算法**（**viterbi algorithm**）。

有限长度为 L 的维特比算法形式化描述如下。

基于距离计算的有限长度 L 的维特比算法：

（1）初始化

（1.1）段计数 $l\leftarrow 0$；

（1.2）最小累积路径值 $\Gamma_i(0)\leftarrow 0$，$i=0,1,2,\cdots,2^M-1$；

（1.3）幸存路径 $\hat{\boldsymbol{p}}_i(0,0) \leftarrow (\varnothing)$，$i=0,1,2,\cdots,2^M-1$。

（2）迭代

（2.1）接收序列段 $\boldsymbol{y}(l)$；

（2.2）根据状态转移规律，对 $i=0,1,2,\cdots,2^M-1$ 重复进行：

（2.2.1）对 $j=0,1,2,\cdots,2^k-1$ 计算分支路径值 $\gamma_{i_j,i}(l)$
$$\gamma_{i_j,i}(l) = d_{\mathrm{H}}(\boldsymbol{y}(l),\boldsymbol{v}_{i_j,i}(l))$$

（2.2.2）对 $j=0,1,2,\cdots,2^k-1$ 分别计算候选累积路径值 $\Gamma_{i_j,i}(l+1)$
$$\Gamma_{i_j,i}(l+1) = \Gamma_i(l) + \gamma_{i_j,i}(l)$$

（2.2.3）计算最小累积路径值 $\Gamma_i(l+1)$
$$\Gamma_i(l+1) = \Gamma_{i_d,i}(l+1) = \min_{j=0,1,2,\cdots,2^k-1}\{\Gamma_{i_j,i}(l+1)\}$$

（2.2.4）形成并存储连接至 $s_i(l+1)$ 的幸存路径 $\hat{\boldsymbol{p}}_i(0,l+1)$
$$\hat{\boldsymbol{p}}_i(0,l+1) = (\hat{\boldsymbol{p}}_i(0,l),\boldsymbol{p}_{i_d}(l)) = (\hat{\boldsymbol{p}}_i(0,l),(s_{i_d}(l),s_i(l+1)))$$

（3）迭代计数

（3.1）段计数加 1，即 $l \leftarrow l+1$；

（3.2）若 $l<L$，则返回第（2）步迭代；

（3.3）若 $l\geqslant L$，则求最小累积路径值为 $\hat{\Gamma}(L+1)$ 的幸存路径 $\hat{\boldsymbol{p}}=\hat{\boldsymbol{p}}_d$ 并输出该条路径对应的消息序列 $\hat{\boldsymbol{u}}$，即
$$\hat{\Gamma}(L+1) = \min_{i=0,1,2,\cdots,2^M-1}\{\Gamma_i(L+1)\}; \quad \hat{\boldsymbol{u}} \leftrightarrow \hat{\boldsymbol{p}}$$

维特比算法的实现涉及以下几个问题：

（1）分支度量值 γ 的计算方式对于不同的信道特性，如硬判决或软判决信道有较大的不同。

（2）算法的（2.2.2）、（2.2.3）、（2.2.4）步骤称为维特比算法的 ACS（加/比/存）操作，是维特比算法中最耗费时间和空间的单项操作。

（3）由于幸存路径长度为 L，共需 $L2^M$ 个段存储单元存储全部幸存路径，因此对实际应用中几乎无穷大的传送序列，若记 $L=L_d$ 为译码输出时刻，L_d 的值不可能太大，通常 L_d 选择为 $5\sim10$ 倍约束长度 K，称为译码深度（decoding depth），即 $L_d=(5\sim10)K$。

（4）当实际序列长度 $L \gg L_d$ 时，译码器可以是逐 L_d 段长进行译码。

（5）由于译码器最终需输出消息序列 $\hat{\boldsymbol{u}}$，所以获得译码输出的幸存路径后还需进行该路径"回逆"以确定该路径对应的消息序列 $\hat{\boldsymbol{u}}$。

2. 卷积码好码

卷积码的纠错性能难以用单一的代数表达式准确给出和评估。

卷积码的**自由距离**（free distance）d_f（任意两等长编码序列的汉明距离的最小值）是比较不同卷积码特性的一个重要参考参数。当 n,k,m 确定后，d_f 取决于其连接方式或编码结构，目前尚无一般的设计方法可以由给定的 n,k,m,d_f 来确定生成多项式矩阵 $\boldsymbol{G}(x)$。

此外，对给定的 n,k,m,d_f 还存在一种误差传播码，或称恶性码。即使是采用最大似

然的 Viterbi 译码算法,恶性码的少量译码差错仍可导致无穷多的差错。

所以一个好的卷积码是对给定 n,k,m,具有最大 d_f 并是非恶性码。

常见的具有最大自由距离的非恶性码如表 11.6.2 所示,其中码结构参数是 $G(x)$ 的八进制表示。例如 1/2 码率,$K=4$ 的码为 $(15,17)=(001101001111)$,多项式生成矩阵为

表 11.6.2 具有最大自由距离的非恶性卷积码

码率 k/n	K	$g(i,1)(x)$	$g(i,2)(x)$	$g(i,3)(x)$	$g(i,4)(x)$	d_f	d_f 上限
1/2	3	5	7			5	5
	4	15	17			6	6
	5	23	35			7	8
	6	53	75			8	8
	7	133	171			10	10
	8	247	371			10	11
	9	561	753			12	12
	10	1167	1545			12	13
	11	1335	3661			14	14
1/3	3	5	7	7		8	8
	4	13	15	17		10	10
	5	25	33	37		12	12
	6	47	53	75		13	13
	7	133	145	175		15	15
	8	225	331	367		16	16
	9	557	663	711		18	18
1/4	3	5	7	7	7	10	10
	4	13	15	15	17	13	15
	5	25	27	33	37	16	16
	6	53	67	71	75	18	18
	7	135	135	147	163	20	20
	8	235	275	313	357	22	22
	9	463	535	733	745	24	24
2/3	2	$\begin{bmatrix}3\\3\end{bmatrix}$	$\begin{bmatrix}1\\2\end{bmatrix}$	$\begin{bmatrix}2\\3\end{bmatrix}$		3	4
	3	$\begin{bmatrix}2\\7\end{bmatrix}$	$\begin{bmatrix}7\\5\end{bmatrix}$	$\begin{bmatrix}7\\2\end{bmatrix}$		5	6
	4	$\begin{bmatrix}11\\16\end{bmatrix}$	$\begin{bmatrix}06\\15\end{bmatrix}$	$\begin{bmatrix}15\\17\end{bmatrix}$		7	7
	5	$\begin{bmatrix}03\\34\end{bmatrix}$	$\begin{bmatrix}16\\31\end{bmatrix}$	$\begin{bmatrix}15\\17\end{bmatrix}$		8	8

$$G(x) = [1+x+x^3, 1+x+x^2+x^3]$$

又如码率 $2/3$,$K=2$ 的码为 $\begin{bmatrix}3&1&2\\3&2&3\end{bmatrix}=\begin{bmatrix}011&001&010\\011&010&011\end{bmatrix}$,多项式生成矩阵为

$$G(x) = \begin{bmatrix} 1+x & x & 1 \\ 1+x & 1 & 1+x \end{bmatrix}$$

3. Turbo 码

Turbo 码又称为并行级联卷积码（PCCC），由 C. Berrou 等在 1993 年提出。

Turbo 码巧妙地将系统卷积码和随机交织器 π 结合在一起，实现了随机编码的思想，即对同一个数据组 u 在进行系统卷积编码即**分量编码**（**component coding**）的同时，还对其作随机交织并对交织后的数据组 $\tilde{u}$ 进行另一个系统卷积编码或另一个分量编码，从而获得一个渐近码率为 1/3 的码字，如图 11.6.10 所示。

Turbo 码的译码是在软判决条件下实现的一种译码输出为实数值的"软"输出迭代译码。限于篇幅，本书不再介绍软判决译码和进一步的 Turbo 译码。

注意到 $(u, v_2) = (v_1, v_2)$ 和 $(u, v_3) = (v_1, v_3)$ 分别是对同一个数据组进行的码率 1/2 的系统卷积编码输出，当交织器足够大时（同时消息长足够大时），可以设想 v_1 中的某个特定消息比特差错即使不能通过分量译码器 1 进行正确译码，也有可能在 v_2 对应的分量译码器 2 中进行正确译码。

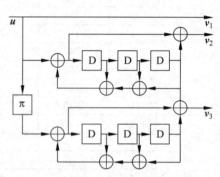

图 11.6.10　Turbo 码编码原理图

因此，分量译码器 1 与分量译码器 2 之间可以有某种意义上的关于同一消息比特是否正确的信息交互，或者说分量译码器 1 的"软"译码输出可以作为分量译码器 2 的辅助译码输入，分量译码器 2 的"软"译码输出又可以作为分量译码器 1 的辅助译码输入，这种可以形成交互迭代的译码结构类似于涡轮（Turbo）发动机结构而称为 Turbo 译码器，并称需要 Turbo 译码的码为 Turbo 码。

Turbo 译码方法不仅适用与卷积码形式的 Turbo 码，还可用于乘积码、级联码等分组码的译码。进一步地，Turbo 译码思想已推广到信号检测、信道均衡等其他领域。

本章关键词

通过下面的关键词，可以快速地回顾本章的主要知识点。

码	差错图案
编码	前向纠错 FEC
随机差错	自动重传请求 ARQ
突发差错	香农限
码率	编码增益
信道编码	传信率
纠错码	误码率
二元对称信道	分组码

卷积码	有限域
循环码	既约多项式
系统码	本原元
汉明距离	BCH 码
汉明重量	RS 码
最小码距	生成矩阵
设计距离	校验矩阵
奇偶校验	生成多项式
循环冗余校验 CRC	约束长度
译码	栅格图
译码模式	幸存路径
伴随式	维特比算法
标准阵列	译码深度
纠错数	低密度校验码
检错数	二分图
重复码	比特翻转
汉明码	Turbo 码
Golay 码	分量码

习题

1. 奇校验码码字是 $c=(m_0, m_1, \cdots, m_{k-1}, p)$，其中奇校验位 p 满足方程

$$m_0 + m_1 + \cdots + m_{k-1} + p = 1 \bmod 2$$

证明奇校验码的检错能力与偶奇校验码的检错能力相同，但奇校验码不是线性分组码。

2. 一个 $(6,2)$ 线性分组码的一致校验矩阵为

$$\boldsymbol{H} = \begin{bmatrix} h_1 & 1 & 0 & 0 & 0 & 1 \\ h_2 & 0 & 0 & 0 & 1 & 1 \\ h_3 & 0 & 0 & 1 & 0 & 1 \\ h_4 & 0 & 1 & 1 & 1 & 0 \end{bmatrix}$$

(1) 求 $h_i, i=1,2,3,4$ 使该码的最小码距 $d_{\min} \geqslant 3$。

(2) 求该码的系统码生成矩阵 $\boldsymbol{G}_s$ 及其所有 4 个码字。

3. 一个纠错码消息与码字的对应关系如下：

　　$(00)-(00000), (01)-(00111), (10)-(11110), (11)-(11001)$

(1) 证明该码是线性分组码。

(2) 求该码的码长，编码效率和最小码距。

(3) 求该码的生成矩阵和一致校验矩阵。

(4) 构造该码 BSC 上的标准阵列。

（5）若在转移概率 $p=10^{-3}$ 的 BSC 上消息等概发送，求用标准阵列译码后的码字差错概率和消息比特差错概率。

4. 证明线性分组码的码字重量或者为偶数（包括 0）或者恰好一半为偶数（包括 0）另一半为奇数。

5. 一个通信系统消息比特速率为 10kbps，信道为衰落信道，在衰落时间（最大为 2ms 内可以认为完全发生数据比特传输差错。

（1）求衰落导致的突发差错的突发比特长度。

（2）若采用汉明码和交织编码方法纠正突发差错，求汉明码的码长和交织深度。

（3）若用分组码交织纠正突发差错并限定交织深度不大于 256，求合适的码长和最小码距。

（4）若用某个 BCH 码交织来纠正突发差错并限定交织深度不大于 256，求合适的码长和 BCH 码生成多项式。

6. 若循环码以 $g(x)=1+x$ 为生成多项式，则

（1）证明 $g(x)$ 可以构成任意长度的循环码；

（2）求该码的一致校验多项式 $h(x)$；

（3）证明该码等价为一个偶校验码。

7. 已知 $(8,5)$ 线性分组码的生成矩阵为

$$G = \begin{bmatrix} 1 & 0 & 0 & 0 & 0 & 1 & 1 & 1 \\ 0 & 1 & 0 & 0 & 0 & 1 & 0 & 0 \\ 0 & 0 & 1 & 0 & 0 & 0 & 1 & 0 \\ 0 & 0 & 0 & 1 & 0 & 0 & 0 & 1 \\ 0 & 0 & 0 & 0 & 1 & 1 & 1 & 1 \end{bmatrix}$$

（1）证明该码为循环码；

（2）求该码的生成多项式 $g(x)$、一致校验多项式 $h(x)$ 和最小码距 d。

8. ATM 协议对帧头 4 字节（32 比特）地址和路由信息校验所用的 8 比特 CRC 码生成多项式为 $g(x)$

$$g(x) = x^8 + x^2 + x + 1$$

在实际应用中是以此码构造一个最小码距为 $d=4$ 的 $(40,32)$ 码，讨论其构造方法。

9. 已知如图题 11.9（a）和（b）两卷积码。

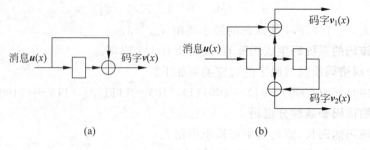

（a）   （b）

图题 11.9

（1）求卷积码的多项式生成矩阵 $\boldsymbol{G}(x)$，生成矩阵 $\boldsymbol{G}_\infty$，渐进编码效率 R，约束长度 K，状态数 M。

（2）求自由距离 d_f。

（3）画出开放型的状态转移图，栅格图。

（4）求消息 $\boldsymbol{u}=(100110)$ 的卷积码码字序列 $\boldsymbol{v}=(v_0,v_1,v_2,\cdots)$。

（5）在栅格图上画出消息 $\boldsymbol{u}=(100110)$ 的编码路径。

（6）若消息 $\boldsymbol{u}=(100110)$ 的相应码字序列 $\boldsymbol{v}=(v_0,v_1,v_2,\cdots)$ 在 BSC 上传送，差错图案是 $\boldsymbol{e}=(1000000\cdots)$，给出维特比译码的译码过程和输出 $\hat{\boldsymbol{v}}$ 与 $\hat{\boldsymbol{u}}$。

附录 A 常用数学公式

1. 三角和复数

$$\sin x = \frac{e^{jx} - e^{-jx}}{2j} \qquad\qquad \cos x = \frac{e^{jx} + e^{-jx}}{2}$$

$$e^{\pm jx} = \cos x \pm j\sin x \qquad\qquad e^{\pm j\pi/2} = \pm j$$

$$R\cos(x+\theta) = A\cos x - B\sin x，\text{其中，}\begin{cases} R = \sqrt{A^2 + B^2} \\ \theta = \tan^{-1}(B/A) \end{cases} \begin{cases} A = R\cos\theta \\ B = R\sin\theta \end{cases}$$

$$\cos(x \pm y) = \cos x\cos y \mp \sin x\sin y \qquad 2\cos x\cos y = \cos(x-y) + \cos(x+y)$$

$$\sin(x \pm y) = \sin x\cos y \pm \cos x\sin y \qquad 2\sin x\sin y = \cos(x-y) - \cos(x+y)$$

$$2\sin x\cos y = \sin(x-y) + \sin(x+y)$$

$$\cos\left(x \pm \frac{\pi}{2}\right) = \mp\sin x \qquad\qquad \sin\left(x \pm \frac{\pi}{2}\right) = \pm\cos x$$

$$\cos 2x = \cos^2 x - \sin^2 x \qquad\qquad \sin 2x = 2\sin x\cos x$$

$$2\cos^2 x = 1 + \cos 2x \qquad\qquad 2\sin^2 x = 1 - \cos 2x$$

$$4\cos^3 x = 3\cos x + \cos 3x \qquad\qquad 4\sin^3 x = 3\sin x - \sin 3x$$

2. 微分规则

$$[u(x)v(x)]' = u'(x)v(x) + u(x)v'(x) \qquad \left[\frac{u(x)}{v(x)}\right]' = \frac{u'(x)v(x) - u(x)v'(x)}{v^2(x)}$$

$$\frac{du}{dx} = \frac{du}{dv}\frac{dv}{dx}$$

3. 导数表

$$(x^n)' = nx^{n-1} \qquad \left(\frac{1}{x}\right)' = -\frac{1}{x^2} \qquad (\sqrt{x})' = \frac{1}{2\sqrt{x}}$$

$$(e^x)' = e^x \qquad\qquad (a^x)' = a^x\ln a$$

$$(\ln x)' = \frac{1}{x} \qquad\qquad (\log_a x)' = \frac{1}{x}\log_a e$$

$$(\cos ax)' = -a\sin ax \qquad\qquad (\sin ax)' = a\cos ax$$

$$(\tan ax)' = \frac{a}{\cos^2 ax} \qquad\qquad (\tan^{-1} ax)' = \frac{a}{1 + (ax)^2}$$

$$(\cos^{-1} ax)' = -\frac{a}{\sqrt{1 - (ax)^2}} \qquad\qquad (\sin^{-1} ax)' = \frac{a}{\sqrt{1 - (ax)^2}}$$

4. 积分技巧

换元法：$\displaystyle\int_a^b f(x)dx \xdef\blank{}\overset{x=\varphi(t)}{=\!=\!=} \int_{\varphi^{-1}(a)}^{\varphi^{-1}(b)} f[\varphi(t)]\varphi'(t)dt$

分部积分法：$\int_a^b uv' \mathrm{d}x = (uv)\Big|_b^a - \int_a^b u'v\,\mathrm{d}x$

5. 不定积分表

$\int k\mathrm{d}x = kx + C$　（以下公式中常数 C 略去）

$\int x^n \mathrm{d}x = \dfrac{1}{n+1}x^{n+1}, (n \neq -1)$ 　　　$\int (a+bx)^n \mathrm{d}x = \dfrac{(a+bx)^{n+1}}{b(n+1)}, (n \neq -1)$

$\int \dfrac{1}{x}\mathrm{d}x = \ln|x|$ 　　　$\int \dfrac{\mathrm{d}x}{a+bx} = \dfrac{1}{b}\ln|a+bx|$

$\int \cos x\mathrm{d}x = \sin x$ 　　　$\int \sin x\mathrm{d}x = -\cos x$

$\int x\cos x\mathrm{d}x = \cos x + x\sin x$ 　　　$\int x\sin x\mathrm{d}x = \sin x - x\cos x$

$\int x^2\cos x\mathrm{d}x = 2x\cos x + (x^2-2)\sin x$ 　　　$\int x^2\sin x\mathrm{d}x = 2x\sin x - (x^2-2)\cos x$

$\int a^x\mathrm{d}x = a^x \log_a \mathrm{e}$ 　　　$\int \mathrm{e}^{ax}\mathrm{d}x = \dfrac{\mathrm{e}^{ax}}{a}$

$\int x\mathrm{e}^{ax}\mathrm{d}x = \mathrm{e}^{ax}\left(\dfrac{x}{a} - \dfrac{1}{a^2}\right)$ 　　　$\int x^2\mathrm{e}^{ax}\mathrm{d}x = \mathrm{e}^{ax}\left(\dfrac{x^2}{a} - \dfrac{2x}{a^2} + \dfrac{2}{a^3}\right)$

$\int \mathrm{e}^{ax}\sin x\mathrm{d}x = \dfrac{\mathrm{e}^{ax}}{a^2+1}(a\sin x - \cos x)$ 　　　$\int \mathrm{e}^{ax}\cos x\mathrm{d}x = \dfrac{\mathrm{e}^{ax}}{a^2+1}(a\cos x - \sin x)$

$\int \dfrac{1}{1+x^2}\mathrm{d}x = \tan^{-1}x$ 　　　$\int \dfrac{1}{\sqrt{1-x^2}}\mathrm{d}x = \sin^{-1}x$

6. 有限项级数

$\displaystyle\sum_{n=1}^{N} n = \dfrac{N(N+1)}{2}$ 　　　$\displaystyle\sum_{n=0}^{N} q^n = \dfrac{1-q^{N+1}}{1-q}$

$\displaystyle\sum_{n=1}^{N} n^2 = \dfrac{N(N+1)(2N+1)}{6}$ 　　　$\displaystyle\sum_{n=1}^{N} n^3 = \dfrac{N^2(N+1)^2}{4}$

$\displaystyle\sum_{n=0}^{N} \binom{N}{n} a^{N-n}b^n = (a+b)^N$，其中，$\dbinom{N}{n} = \dfrac{N!}{(N-n)!n!}$

7. 无穷级数

$\mathrm{e}^x = \displaystyle\sum_{n=0}^{\infty} \dfrac{x^n}{n!}$ 　　　$\cos x = \displaystyle\sum_{n=0}^{\infty} \dfrac{(-1)^n x^{2n}}{(2n)!}$ 　　　$\sin x = \displaystyle\sum_{n=0}^{\infty} \dfrac{(-1)^n x^{2n+1}}{(2n+1)!}$

泰勒级数：$f(x) = \displaystyle\sum_{n=0}^{\infty} \dfrac{f^{(n)}(x_0)}{n!}(x-x_0)^n$

傅里叶级数：$x(t) = \displaystyle\sum_{n=-\infty}^{\infty} c_n \mathrm{e}^{\mathrm{j}n(2\pi/T)t}$，其中，$c_n = \dfrac{1}{T}\displaystyle\int_T x(t)\mathrm{e}^{-\mathrm{j}n(2\pi/T)t}\mathrm{d}t$

附录 B 典型概率分布及主要统计特性

名称 概率密度(分布)函数 (分布律)	图 示	均值 $E[X]$ 方差 $\mathrm{Var}(X)$	特征函数 (概率母函数)
$(0-1)$分布、两点分布 $P(X=1)=p$ $P(X=0)=q$ $f(x)=p\delta(x-1)+q\delta(x)$ $F(x)=pu(x-1)+qu(x)$		p pq	$p\mathrm{e}^{\mathrm{j}v}+q$ $pz+q$
二项分布：$B(n,p)$ (binomial) $P_n(k)=\binom{n}{k}p^kq^{n-k}$ $k=0,1,2,\cdots,n,p+q=1$		np npq	$(p\mathrm{e}^{\mathrm{j}v}+q)^n$ $(pz+q)^n$
泊松分布：$P(\lambda)$ (Poisson) $P(k)=\dfrac{\lambda^k}{k!}\mathrm{e}^{-\lambda}$ $k=0,1,2,\cdots,+\infty$		λ λ	$\mathrm{e}^{-\lambda(1-\mathrm{e}^{\mathrm{j}v})}$ $\mathrm{e}^{-\lambda(1-z)}$
离散均匀分布 (uniform) $P(X=k)=\dfrac{1}{N}$ $k=0,1,2,\cdots,N-1$		$\dfrac{N-1}{2}$ $\dfrac{N^2-1}{12}$	$\dfrac{1-\mathrm{e}^{\mathrm{j}Nv}}{N(1-\mathrm{e}^{\mathrm{j}v})}$ $\dfrac{1-z^N}{N(1-z)}$
均匀分布：$U(a,b)$ (uniform) $f(x)=\begin{cases}\dfrac{1}{b-a},a<x\leqslant b\\[2mm]0,\quad\ \ \text{其他}\end{cases}$		$\dfrac{a+b}{2}$ $\dfrac{(b-a)^2}{12}$	$\dfrac{\mathrm{e}^{\mathrm{j}bv}-\mathrm{e}^{\mathrm{j}av}}{\mathrm{j}v(b-a)}$

名称 概率密度(分布) 函数(分布律)	图　示	均值 $E[X]$ 方差 $\mathrm{Var}(X)$	特征函数 (概率母函数)
指数分布 (exponential) $f(x)=\begin{cases}\lambda e^{-\lambda x}, & x\geqslant 0\\ 0, & x<0\end{cases}$ $F(x)=\begin{cases}1-e^{-\lambda x}, & x\geqslant 0\\ 0, & x<0\end{cases}$ $(\lambda>0)$		$\dfrac{1}{\lambda}$ $\dfrac{1}{\lambda^2}$	$\dfrac{1}{1-jv/\lambda}$
正态(高斯)分布：$N(\mu,\sigma^2)$ (normal/Gaussian) $f(x)=\dfrac{1}{\sqrt{2\pi}\sigma}e^{-(x-\mu)^2/2\sigma^2}$		μ σ^2	$e^{j\mu v-\sigma^2 v^2/2}$
χ^2 分布：$\chi^2(n)$ (Chi-square) $f(x)=\dfrac{x^{\frac{n}{2}-1}}{2^{\frac{n}{2}}\Gamma\left(\frac{n}{2}\right)}e^{-\frac{x}{2}},x\geqslant 0$ $\Gamma\left(\dfrac{n}{2}\right)=\displaystyle\int_0^\infty x^{\frac{n}{2}-1}e^{-x}dx$		n $2n$	$(1-j2v)^{-n/2}$
伽马(Γ)分布：$\Gamma(r,\lambda)$ (Gamma) $f(x)=\begin{cases}\dfrac{x^{r-1}e^{-\lambda x}}{\Gamma(r)\lambda^{-r}}, & x\geqslant 0\\ 0, & x<0\end{cases}$ $(r>0,\lambda>0)$		$\dfrac{r}{\lambda}$ $\dfrac{r}{\lambda^2}$	$(1-jv/\lambda)^{-r}$
对数正态分布 (log-normal) $f(x)=\dfrac{1}{x\sqrt{2\pi}\sigma}e^{-(\ln x-\mu)^2/2\sigma^2}$ $x>0$		$e^{\mu+\sigma^2/2}$ $e^{2\mu+\sigma^2}(e^{\sigma^2}-1)$	—
瑞利分布 (Rayleigh) $f(x)=\begin{cases}\dfrac{x}{\sigma^2}e^{-\frac{x^2}{2\sigma^2}}, & x\geqslant 0\\ 0, & x<0\end{cases}$ $(\sigma>0)$		$\sqrt{\dfrac{\pi}{2}}\sigma$ $(2-\pi/2)\sigma^2$	$e^{-\sigma^2 v^2/2}\times$ $\left(1+j\sqrt{\dfrac{\pi}{2}}\sigma v\right)$

续表

名称 概率密度(分布) 函数(分布律)	图　示	均值 $E[X]$ 方差 $\mathrm{Var}(X)$	特征函数 (概率母函数)
莱斯分布 （Rician） $f(x)=\dfrac{x}{\sigma^2}\mathrm{e}^{-(x^2+a^2)/2\sigma^2}I_0\left(\dfrac{ax}{\sigma^2}\right)$ $(a>0,\sigma>0)$ $I_0(\eta)=\dfrac{1}{2\pi}\displaystyle\int_0^{2\pi}\mathrm{e}^{\eta\cos\theta}\mathrm{d}\theta$		$\left[(1+r)I_0\left(\dfrac{r}{2}\right)+rI_1\left(\dfrac{r}{2}\right)\right]\dfrac{\sqrt{\pi}}{2}\sigma\mathrm{e}^{-\frac{r}{2}}$, $(r=a^2/2\sigma^2)$ —	—
拉普拉斯分布 （Laplacian） $\dfrac{1}{2\lambda}\mathrm{e}^{-|x-\mu|/\lambda}$, $-\infty<x<\infty,(\lambda>0)$		μ $2\lambda^2$	$\dfrac{\mathrm{e}^{\mathrm{j}\mu v}}{1+\lambda^2 v^2}$
柯西分布 （Cauchy） $\dfrac{\alpha/\pi}{(x-\mu)^2+\alpha^2}$, $-\infty<x<\infty,(\alpha>0)$		不存在 不存在	$\mathrm{e}^{\mathrm{j}\mu v-\alpha|v|}$

附录 C　Q(x)函数表

x	0	1	2	3	4	5	6	7	8	9	$\times 10^{-n}$
0.	0.5000	0.4602	0.4207	0.3821	0.3446	0.3085	0.2743	0.2420	0.2119	0.1841	$\times 1$
1.	1.5866	1.3567	1.1507	0.9680	0.8076	0.6681	0.5480	0.4457	0.3593	0.2872	$\times 10^{-1}$
2.0	2.2750	2.2216	2.1692	2.1178	2.0675	2.0182	1.9699	1.9226	1.8763	1.8309	
2.1	1.7864	1.7429	1.7003	1.6586	1.6177	1.5778	1.5386	1.5003	1.4629	1.4262	
2.2	1.3903	1.3553	1.3209	1.2874	1.2545	1.2224	1.1911	1.1604	1.1304	1.1011	$\times 10^{-2}$
2.3	1.0724	1.0444	1.0170	0.9903	0.9642	0.9387	0.9137	0.8894	0.8656	0.8424	
2.4	8.1975	7.9763	7.7603	7.5494	7.3436	7.1428	6.9469	6.7557	6.5691	6.3872	
2.5	6.2097	6.0366	5.8677	5.7031	5.5426	5.3861	5.2336	5.0849	4.9400	4.7988	
2.6	4.6612	4.5271	4.3965	4.2692	4.1453	4.0246	3.9070	3.7926	3.6811	3.5726	
2.7	3.4670	3.3642	3.2641	3.1667	3.0720	2.9798	2.8901	2.8028	2.7179	2.6354	$\times 10^{-3}$
2.8	2.5551	2.4771	2.4012	2.3274	2.2557	2.1860	2.1182	2.0524	1.9884	1.9262	
2.9	1.8658	1.8071	1.7502	1.6948	1.6411	1.5889	1.5382	1.4890	1.4412	1.3949	
3.0	1.3499	1.3062	1.2639	1.2228	1.1829	1.1442	1.1067	1.0703	1.0350	1.0008	
3.1	9.6760	9.3544	9.0426	8.7403	8.4474	8.1635	7.8885	7.6219	7.3638	7.1136	
3.2	6.8714	6.6367	6.4095	6.1895	5.9765	5.7703	5.5706	5.3774	5.1904	5.0094	
3.3	4.8342	4.6648	4.5009	4.3423	4.1889	4.0406	3.8971	3.7584	3.6243	3.4946	
3.4	3.3693	3.2481	3.1311	3.0179	2.9086	2.8029	2.7009	2.6023	2.5071	2.4151	$\times 10^{-4}$
3.5	2.3263	2.2405	2.1577	2.0778	2.0006	1.9262	1.8543	1.7849	1.7180	1.6534	
3.6	1.5911	1.5310	1.4730	1.4171	1.3632	1.3112	1.2611	1.2128	1.1662	1.1213	
3.7	1.0780	1.0363	0.9961	0.9574	0.9201	0.8842	0.8496	0.8162	0.7841	0.7532	
3.8	7.2348	6.9483	6.6726	6.4072	6.1517	5.9059	5.6694	5.4418	5.2228	5.0122	
3.9	4.8096	4.6148	4.4274	4.2473	4.0741	3.9076	3.7475	3.5936	3.4458	3.3037	
4.0	3.1671	3.0359	2.9099	2.7888	2.6726	2.5609	2.4536	2.3507	2.2518	2.1569	$\times 10^{-5}$
4.1	2.0658	1.9783	1.8944	1.8138	1.7365	1.6624	1.5912	1.5230	1.4575	1.3948	
4.2	1.3346	1.2769	1.2215	1.1685	1.1176	1.0689	1.0221	0.9774	0.9345	0.8934	
4.3	8.5399	8.1627	7.8015	7.4555	7.1241	6.8069	6.5031	6.2123	5.9340	5.6675	
4.4	5.4125	5.1685	4.9350	4.7117	4.4979	4.2935	4.0980	3.9110	3.7322	3.5612	
4.5	3.3977	3.2414	3.0920	2.9492	2.8127	2.6823	2.5577	2.4386	2.3249	2.2162	$\times 10^{-6}$
4.6	2.1125	2.0133	1.9187	1.8283	1.7420	1.6597	1.5810	1.5060	1.4344	1.3660	
4.7	1.3008	1.2386	1.1792	1.1226	1.0686	1.0171	0.9680	0.9211	0.8765	0.8339	
4.8	7.9333	7.5465	7.1779	6.8267	6.4920	6.1731	5.8693	5.5799	5.3043	5.0418	$\times 10^{-7}$
4.9	4.7918	4.5538	4.3272	4.1115	3.9061	3.7107	3.5247	3.3476	3.1792	3.0190	
5.	2.8665	1.6983	0.9964	0.5790	0.3332	0.1899	0.1072	0.0599	0.0332	0.0182	$\times 10^{-7}$
6.	9.8659	5.3034	2.8232	1.4882	0.7769	0.4016	0.2056	0.1042	0.0523	0.0260	$\times 10^{-10}$
7.	1.2798	0.6238	0.3011	0.1439	0.0681	0.0319	0.0148	0.0068	0.0031	0.0014	$\times 10^{-12}$
8.	6.2210	2.7480	1.2019	0.5206	0.2232	0.0948	0.0399	0.0166	0.0068	0.0028	$\times 10^{-16}$
9.	1.1286	0.4517	0.1790	0.0702	0.0273	0.0105	0.0040	0.0015	0.0006	0.0002	$\times 10^{-19}$

参 考 文 献

[1] Leon W Couch II. Digital and Analog Communication Systems, 6th ed. 影印版. 北京：科学出版社, 2003

[2] John G Proakis, Masoud Salehi. Communication Systems Engineering, 2nd ed. New Jersey：Prentice-Hall Inc., 2002

[3] B. P. Lathi. Modern Digital and analog communication systems, 4th ed. 北京：电子工业出版社, 2011

[4] Simon Haykin 著. 通信系统(第四版). 沈连丰等译. 北京：电子工业出版社, 2003

[5] 曹志刚, 钱亚生. 现代通信原理. 北京：清华大学版社, 1992

[6] 樊昌信. 通信原理教程. 北京：电子工业出版社, 2004

[7] 周炯槃, 庞沁华, 续大我, 吴伟陵, 杨鸿文. 通信原理(第3版). 北京：北京邮电大学出版社, 2008

[8] Alan V Oppenheim, Alan S Willsky 著. 信号与系统(第二版). 刘树棠译. 西安：西安交通大学出版社, 1998

[9] 李晓峰, 周宁, 傅志中, 李在铭. 随机信号分析(第4版). 北京：电子工业出版社, 2011

[10] Stephen G Wilson. Digital Modulation and Coding. 影印版. 北京：电子工业出版社, 1998

[11] Proakis J G. Digital Communications, 4th ed. 影印版. 北京：电子工业出版社, 2001

[12] Bernard Sklar 著. 数字通信——基础与应用(第二版). 沈连丰等译. 北京：电子工业出版社, 2002

[13] Roy Blake. Electronic Communication Systems, 2nd ed. 影印版. 北京：电子工业出版社, 2002

[14] Andrew S Tanenbaum 著. 计算机网络(第四版). 潘爱民, 徐明伟译. 北京：清华大学出版社, 2004

[15] William Stallings 著. 计算机网络与 Internet 协议与技术. 林琪, 阎慧译. 北京：中国电力出版社, 2005

[16] 王福昌, 熊兆飞, 黄本雄. 通信原理. 北京：清华大学出版社, 2006

[17] 仇佩亮, 陈惠芳, 谢磊. 数字通信基础. 北京：电子工业出版社, 2007

[18] 张树京, 冯玉珉. 通信系统原理. 北京：清华大学出版社, 北京交通大学出版社, 2003

[19] 郭梯云, 邬国扬, 李建东. 移动通信(修订版). 西安：西安电子科技大学出版社, 1995

[20] 王新梅, 肖国镇. 纠错编码——原理与方法(修订版). 西安：西安电子科技大学出版社, 1991

[21] Lin S, Costello D J 著. 差错控制编码. 晏坚, 何元智, 潘亚汉等译. 北京：机械工业出版社, 2007

[22] 樊昌信, 曹丽娜. 通信原理(第6版). 北京：国防工业出版社, 2011

[23] Matthew S. Gast 著. 802.11 无线网络权威指南(第2版). O'Reilly Taiwan 公司编译. 南京：东南大学出版社, 2007

[24] Jhong Sam Lee, L. E. Miller 著. CDMA 系统工程手册. 许希斌, 周世东等译. 北京：人民邮电出版社, 2000

[25] David Tse, P. Viswanath 著. 无线通信基础. 李锵, 周进等译. 北京：人民邮电出版社, 2007

[26] Joseph Boccuzzi 著. 通信信号处理. 刘祖军, 田斌, 易克初译. 北京：电子工业出版社, 2010

[27] 李晓峰, 唐斌, 舒畅等. 应用随机过程. 北京：电子工业出版社, 2013